U0814397

21世纪高等学校土木工程专业规划教材

钢 结 构

——原理与设计

（精编本）

（第 2 版）

主 编 刘声扬 王汝恒

武汉理工大学出版社
·武 汉·

内容提要

本书系“21世纪高等学校土木工程专业规划教材”之一。全书包括钢结构原理和设计两部分。原理部分主要系统地讲述钢结构设计的基本理论和方法，其中包括绪论、钢结构的材料、钢结构的设计方法、钢结构的连接、基本构件（受弯构件、轴心受力构件、拉弯和压弯构件）的设计原理和设计方法等。设计部分则讲述目前钢结构最常用的钢屋盖、平板网架和（轻钢）门式刚架等的设计方法，并举实例详述设计步骤和计算公式的引用。

本书内容新颖，密切结合我国现行的最新钢结构设计、施工、材料等的有关规范、规程、标准。

本书可作为高等学校土木工程专业本科教材，但经适当节选，也适用于相关专业的高等专科及高等职业技术学院。另外也可供有关土建工程技术人员参考。

图书在版编目（CIP）数据

钢结构——原理与设计/刘声扬主编．—2版．—武汉：武汉理工大学出版社，2010.7
（2016.5重印）
ISBN 978-7-5629-3149-2

Ⅰ.①钢…　Ⅱ.①刘…　Ⅲ.①钢结构-高等学校-教材　Ⅳ.TU391

中国版本图书馆CIP数据核字（2010）第102253号

项目负责人：田道全　刘永坚　蔡德民　徐　扬　　责任编辑：徐秋林
责任校对：丁　冲　　装帧设计：董君承
出版发行：武汉理工大学出版社
社　　址：武汉市洪山区珞狮路122号
邮　　编：430070
网　　址：http://www.wutp.com.cn
经　　销：各地新华书店
印　　刷：京山德兴印刷有限公司
开　　本：850×1168　1/16
印　　张：25.5
插　　页：1
字　　数：703千字
版　　次：2005年10月第1版　2010年7月第2版
印　　次：2016年5月第17次印刷　总第22次印刷
印　　数：72001—75000册
定　　价：42.00元

凡购本书，如有缺页、倒页、脱页等印装质量问题，请向出版社发行部调换。
本社购书热线电话：027-87515778　87515848　87785758　87165708（传真）
·版权所有　盗版必究·

21世纪土木工程专业规划教材
编审委员会

（第2版）

主　　任　石永久　周　云　王汝恒

副 主 任　战高峰　杨德健　何浙浙　周　东　孙　凌　刘永坚
　　　　　岳建平　柳炳康　刘　平　王　来　冯为民　王泽云
　　　　　宋少民

委　　员　（按姓氏笔画顺序排列）
　　　　　马芹永　王汝恒　王成刚　王　来　王月明　王志伟
　　　　　王泽云　石永久　田道全　冯为民　刘声扬　刘永坚
　　　　　刘　平　刘瑾瑜　孙　凌　孙靖立　沈小璞　何浙浙
　　　　　李　珠　李京玲　李玉顺　李文渊　李世禹　宋高嵩
　　　　　苏有文　张大长　张长友　陈伟清　陈国平　陈倩华
　　　　　周　东　周　云　杨德健　林德忠　岳建平　姚　勇
　　　　　柳炳康　赵　平　战高峰　黄林青　舒秋华　崔清洋
　　　　　熊丹安

总责任编辑　徐　扬

秘 书 长　蔡德民

前　言（第2版）

如第1版前言所述，本书参照引用的设计、施工和材料的有关规范、规程、标准等，均为当前颁行的最新版，以求与时俱进，符合时代要求。因此，将钢结构的最新内容纳入教材，奉献给读者，即本书之宗旨。结合最近一些有关钢结构的新发展，以及广大读者对使用本书时反馈的宝贵建议，故修订再版。

近年来，一系列新国标如《碳素结构钢》、《低合金高强度结构钢》、《建筑结构用钢板》(GJ钢板)、《耐候结构钢》(NH钢)、《热轧H型钢和剖分T型钢》、《热轧型钢》(含工字钢、槽钢、角钢)等相继修订并颁发实施，全面涉及钢结构的用材内容，故本版对有关这方面内容作了较大篇幅的细致修改(包括附录钢材规格及截面特性表)，俾使教材内容紧密跟进市场，不致脱离实际。另外，对第9章(轻钢)门式刚架内容，结合CECS:2002规范管理组“对门式刚架轻型房屋钢结构技术规程的勘误和补遗”一文，本版也相应作了修改。

本版还在某些章节新增加了星号，以便于读者结合教学实际需要，对其内容进行取舍。

参加本书编写的人员有：刘声扬(第1、2、4、6、7章)，王汝恒(第3、5章)，田杰(第8章)，张秀华(第9章)。

衷心希望读者一如既往地关爱本书，不吝指正，我们必将慎之改之，使其更臻完善，是乃至盼也。谢谢。

编　者

2010.3

前　言(第1版)

本书包括钢结构原理和设计两部分。原理部分主要系统地讲述钢结构设计的基本理论和方法。其中包括:钢材、设计方法、连接、基本构件(受弯构件、轴心受力构件、拉弯和压弯构件)和疲劳,并穿插一些结构(钢平台、吊车梁等)的设计作为例题,以加强对设计原理的理解和计算公式的应用。设计部分则针对目前钢结构工程上用得较多的钢屋盖、平板网架、(轻钢)门式刚架等结构,分别用专门章节对其设计方法加以讲述,并举设计实例,详述设计步骤和计算公式的引用。

作者从事钢结构工作数十年,深感于当前我国钢结构飞速发展,而钢结构的教学却还不能很好地适应需要,尤其是在教材内容编写的深度和广度上,更需亟待改进。如何达到在有限的教学时数内取得最佳的学习效果,掌握好钢结构的基本原理和设计方法,而且既便于教又便于学,是本书编写之宗旨。

本书的编写原则是"精编"二字,即力求体系完整、条理清晰、内容适当、文字流畅。对有关设计理论着重在基本概念上浓墨渲染,以达到述理深透,但不囿于计算公式的推导。对结构设计则紧密结合国家有关规范、规程,精雕细琢,步骤分明,使读者通过本书学习,能够学以致用,触类旁通,达到从钢结构理论到设计应用的融会贯通。

本书内容新颖,参照引用的设计、施工和材料的现行有关规范、规程、标准等,均为当前颁行的最新版,以求与时俱进,符合时代要求。

本书钢结构原理部分可用于土木工程专业本科的教学,设计部分则偏重于房屋建筑工程。经过适当节选,本书也适合用作同类专业的专科教材。书中带星号的章节和第三章结构设计方法中与其他结构有共性的内容,读者可酌量学习。

为了更好地配合本书学习,加深对书中某些理论和设计方法的理解,掌握设计规范条文的背景,读者宜参阅《钢结构疑难释义——附解题指导》第三版(刘声扬编著．中国建筑工业出版社,2004)一书。该书对本书各章节的重点、难点、思考题和易忽略处及学习方法均结合教学、设计和施工作了进一步的阐述(本书在有关内容处作了页末注),对习题则采用边解边议形式指出解题思路和每一步骤需注意的问题。

参加本书编写的人员有:刘声扬(第1、2、6、7章),王汝恒(第3、5章),董事尔(第4章),田杰(第8章),张秀华(第9章)。

感谢武汉理工大学出版社领导和编辑对本书出版的鼎力支持。该社多年来在我国策划出版了大量土木建筑工程类教材,贡献巨大,功不可没,值得褒扬。

武汉理工大学
刘声扬
2005.7

目　录

1 绪　论

提要

随着我国经济的高速发展，钢结构在我国现代化建设中的地位正日益突出，在国民经济的各个领域都得到了大量应用。加之近年来我国钢产量的持续增长，遥遥领先于世界各国，今后钢结构的发展前景和应用范围将更加宽广。

1.1 钢结构的特点和应用

1.1.1 钢结构的特点

钢结构是以钢材(钢板和型钢等)为主制作的结构，与其他材料的结构相比，钢结构具有如下特点：

(1) 强度高、自重轻——钢比混凝土、砌体和木材的强度和弹性模量要高出很多倍，因此，钢结构的自重常较轻。例如在跨度和荷载都相同时，普通钢屋架的质量只有钢筋混凝土屋架的 1/4～1/3，若采用冷弯薄壁型钢屋架，只有约 1/10，轻得更多。由于自重小、刚度大，钢结构特别适宜于建造大跨度和超高、超重型的建筑物。由于质量轻，钢结构也便于运输和吊装，且可减轻下部结构和基础的负担，降低造价。

(2) 材质均匀——钢材由现代化工厂冶炼和轧制，其内部组织均匀，非常接近于各向同性体。且在一定的应力范围内，属于理想弹性工作，符合工程力学所采用的基本假定。因此，可根据力学理论对钢结构进行计算，且计算结果准确可靠。

(3) 塑性、韧性好——钢材具有良好的塑性。钢结构在一般情况下，不会发生突发性破坏，而是在事先有较大的变形作预兆。此外，钢材还具有良好的韧性，能很好地承受动力荷载和地震作用。这些都为钢结构的安全应用提供了可靠保证。

(4) 工业化程度高——钢结构是用各种型材(H 型钢、T 型钢、工字钢、槽钢、角钢、钢管)和钢板，经切割、焊接等工序制造成钢构件，然后运至工地安装。一般钢构件都可在金属结构厂采用机械化程度高的专业化生产，故精确度高，制造周期短。对一些轻型屋面结构(压型钢板屋面、彩板拱形波纹屋面等)，甚至可在工地边压制边安装。钢结构的安装，由于是装配化作业，故效率也很高，建造期短，发挥投资效益快。

(5) 拆迁方便——钢结构由于强度高，故适宜于建造质量轻、连接简便的可拆迁结构。对已经使用的钢结构，也便于加固、改建，甚至拆迁。

(6) 密闭性好——焊接的钢结构可以做到完全密闭，因此适宜于建造要求气密性和水密性好的气罐、油罐、管道和高压容器。

(7) 耐腐蚀性差——一般钢材较易锈蚀，特别是在湿度大和有侵蚀性介质的环境中更甚。因此须采用除锈、刷油漆等防护措施，而且还须定期维修，需要一定的维护费用。在必要时，可采用具有防锈性能的耐候钢。

(8) 耐火性差——当辐射热温度低于100℃时，即使长期作用，钢材的主要性能变化也很小，其屈服点和弹性模量均降低不多，因此其耐热性能较好。但当温度超过250℃时，其材质变化较大，故当结构表面长期受辐射热达150℃以上或在短时间内可能受到火焰作用时，须采用隔热和防火措施(涂装防火涂料等)。

1.1.2 钢结构的应用

钢结构由于具有强度高、自重轻、施工速度快等优点，故一直是人们喜爱采用的一种结构，近百年来得到了快速的发展。尤其是在20世纪下半叶，随着世界钢产量的大幅度增加，钢结构也相应扩展了应用领域。

有钢结构应用传统的重工业建筑，如冶金工厂的炼钢车间、轧钢车间，重型机械厂的铸钢车间、水压机车间，造船厂的船体车间，发电厂等。近年来，随着生产水平的高速发展、生产工艺的不断革新，厂房更加大型化，柱距、跨度、高度和起重能力都日趋扩大，同时对建厂投产工期却要求尽可能缩短，这些都促使钢结构发挥其特点，继续保持并扩大其应用领域。

在构筑物方面，除传统的冶金炉体(高炉、热风炉)、石油化学工业的塔架罐体、电厂锅炉刚架、输电铁塔、水工闸门、栈桥通廊、贮仓漏斗、起重机架(桥式吊、塔吊、龙门吊、汽车吊等)、输油输气管道等仍为钢结构的应用领域外，在新开发的构筑物中，如近海石油平台、无线电塔桅、卫星、飞船和导弹发射架等，现在也都是钢结构应用的专属领域。

在大跨度结构方面，由于网架、塔架、悬索结构等的应用，使钢结构不仅在飞机制造厂的装配车间、飞机库、贮煤库等工业建筑中得到广泛的应用，而且在公共建筑方面，如各种大跨度的体育馆和会议展览中心也是钢结构的应用领域。

在高层建筑方面，以往仅在工业建筑(如发电厂主厂房)中有所应用。现在随着城市经济和人民物质文化水平的提高，以及钢结构高层框架具有的突出优点(截面小、自重轻、施工简便快速)，故在高层和超高层的商贸、金融等建筑中，钢结构已不再罕见。

在桥梁方面，虽然公路桥梁可用混凝土结构，但大型铁路桥梁和公路铁路两用桥梁仍是钢结构的专属领域。

上述的钢结构应用领域主要还是在大(跨度)、高(耸)、重(型)、动(力荷载)结构范围。但是，随着轻型钢结构的发展(冷弯型钢、压型钢板等)，钢结构的应用范围已扩大到轻工业厂房和公用与民用房屋，如大型超市、停车场、住宅、餐厅、旅游、科学考察和建筑工地活动房屋等。

我国在改革开放政策的指引下，国民经济取得了辉煌成就。在20世纪80年代，我国钢产量结束了十年徘徊局面，并逐年稳步地以200～300万t的增长速度提高，且在1996年突破1亿t，居于世界首位。进入21世纪后，又超过了2亿t，2009年则飞跃至5.678亿t，约占世界钢产量的一半，遥遥领先于世界各国。

随着国民经济和钢产量的增长，近年来我国钢结构也得到了前所未有的发展。钢结构的制造能力已超过每年千万吨，冷弯型钢产量也达年产100万t。在大型钢铁基地——上海宝山钢铁总厂一、二、三期的工程建设中，数以百万m^2计的全钢结构厂房相继竣工投产，其他各个钢铁公司——武钢、鞍钢、包钢、攀钢等在扩建时亦大量采用了钢结构。除冶金工业外，钢结构在石油、化工、机械、电力、煤炭、轻工、造船等工业上的应用更是不胜枚举。在桥梁建筑上，新建了特大跨度的西陵长江大桥(单跨跨度900m)、江阴长江大桥(单跨跨度1385m)、九江长江大桥(铁路、公路两用桥、11孔，全长12135m，杆拱栓焊结构，最大跨度216m)和更大跨度的芜湖长江大桥(中跨跨度312m)，而超大跨度的公路、铁路两用桥——武汉天兴洲长江大桥(4条火车道，主跨度480m，双塔钢桁梁斜拉桥)也在日前建成通车。在高耸钢结构方面，高达600m(塔身450m、无线桅杆150 m)的新广州电视塔(广州塔)已于2010年建成。另外，数座全钢结构的大型石油平台已相继在近海投入工作。在钢结构超高层建筑方面，继首批建成的深圳发展中心(地上48层，地下2层，高153.98m)和北京京广中心(地上57层，地下3层，高208m)后，又相继建成了10余幢，其中尤以1996年建成的深圳地王商业中心(地上78层，地下3层，高342.95m，加桅杆总高383.95m，钢结构重24500t，高强度螺栓50万个，焊缝长60万m)、1999年建成的上海金茂大厦(88层，高420.5m)和2008年建成的上海环球金融中心(101层，高492m)，规模宏大，而且矗立其旁更高的上海中心大厦(121层，高632m)也已动工，近年即将建成。另外在大跨度建筑方面也取得了很大成绩，如国家体育馆(鸟巢，333m×297m)，长春体育馆网架(120m×166m)等。在轻型钢结构方面，门式刚架配上彩涂钢板的屋面板和墙板，其建造面积已达每年1000万m^2以上。另外，近年来异军突起的彩板拱形波纹屋面，年建造面积也达100万m^2以上。

图1.1～图1.5所示为我国及国外近年来新建的几个有代表性的钢结构建筑的资料图片。图1.1为武钢第三炼钢厂房。图1.2为国家大剧院网壳(212.4m×143.64m，重6750t，2007年建成)。图1.3为上海环球金融中心、上海金茂大厦和上海中心大厦。图1.4为阿拉伯联合酋长国迪拜市哈里发塔(160层，高828m，2010年建成)。图1.5为武汉铁路局武昌客车技术整备所彩色拱形波纹屋面(跨度27m，长516m)。

图1.1　武钢第三炼钢厂房

图 1.2　国家大剧院网壳

图 1.3　上海环球金融中心、上海金茂大厦和上海中心大厦

图 1.4　阿拉伯联合酋长国哈里发塔

图 1.5 武汉铁路局武昌客车技术整备所彩色拱形波纹屋面

1.2 钢结构的发展

我国钢结构不论在规范的制定、工程上的应用规模，以及设计、制造、安装等方面，现在都已具备较高水平，并步入了一个新的历史时期。尤其值得高兴的是，随着我国经济建设的蓬勃发展，钢产量的大幅度增长，国家已取消以前限制使用钢结构的政策，转为鼓励使用，并制定了《国家建筑钢结构产业"十五"计划和 2015 年发展规划纲要》，其中的目标是钢结构的钢材用量要分别达到钢材总产量的 3%和 6%。

诚然，钢结构在我国因一些条件的限制，在应用上还有一定的局限。但是，今后除了在国家重点发展的钢铁、电力、煤炭、石油、化工等工业和交通运输方面，钢结构仍会有大量的应用外，在公共建筑和民用住宅以及轻工业方面，也大有用武之地。现根据冶金工业和工程界的意向，对钢结构的发展趋势从下列几方面加以介绍。

1.2.1 推广应用高效钢材

钢结构离不开钢材。要改变钢结构面貌，给其注入新的活力，不仅要在钢材的数量上，而且还应在钢材的质量和品种上加以提高和扩充，这就需要推广应用下述高效钢材。

(1) 研制应用高强度和高质量钢材

应用高强度和高质量钢材，对大(跨度)、高(耸)、重(型)的结构非常有利，如对超高层建筑可有效地减轻结构自重。我国现行的《钢结构设计规范》(GB 50017—2003)在原《钢结构设计规范》(GBJ 17—88)①所采用的 Q235、Q345 和 Q390 钢的基础上，将 Q420(屈服强度 420N/mm²)钢列为

① 本书以下对《钢结构设计规范》(GB 50017—2003)简称《设计规范》。对原《钢结构设计规范》(GBJ 17—88)则简称原《设计规范》。

推荐钢种，这使我国在钢结构用材的强度级别上又有了提高，它也标志着我国近年来建筑用低合金高强度结构钢冶炼技术的提高。更可喜的是，近年来更高一级的 Q460 钢和综合性能更好的高性能建筑结构用钢板(简称 GJ 钢板。GJ 为其汉语拼语的首位字母)，以及在厚度方向具有抗层状撕裂性能的厚钢板(简称 Z 向钢板)在我国几个标志性建筑中也有所应用。如 Q460GJEZ35、Q390GJEZ25、Q345GJD、Q345GJDZ15、Q345GJDZ25 钢(钢的牌号详见 2.5.2 节)厚板，在鸟巢、国家大剧院、首都新机场、CCTV 新楼、上海环球金融中心等工程的重要构件中均有应用。另外，于 2009 年 10 月 1 日实施的国标《低合金高强度结构钢》(GB/T 1591—2008)中新增加了 Q500、Q550、Q620、Q690 四个更高强度等级的结构钢牌号，这也标志着钢结构的用材今后有了更大空间。

(2) H 型钢、T 型钢

我国钢结构在 20 世纪一贯采用的型钢品种是工字钢、槽钢和角钢。由于其截面形式和尺寸的限制，故在应用时材料很难充分合理地发挥作用。但国外自 1970 年以来，就大量采用了 H 型钢和 T 型钢(图 1.6(*a*)、(*b*))。由于其截面开展，可直接用来做梁、柱或屋架杆件等，使制造工作量减低 15%～20%，工期缩短，经济效果显著。我国近年来已有多家工厂生产，并在一些厂房和高层建筑中得到应用，但今后还需大力推广。

(3) 彩(色)涂(层)钢板、热镀锌或镀铝锌钢板

镀锌或镀铝钢板是在薄钢板(厚度 0.3～2mm，屈服点≥280N/mm^2 或≥345N/mm^2)表面热浸镀锌或镀铝锌而成，具有很好的耐腐蚀性能，而后者更甚于前者。彩涂钢板则是以镀锌(或镀铝锌)钢板作基板，再在其表面辊涂 1～2 层彩色聚酯类涂料，故其抗大气腐蚀性能更佳。再者，由于其厚度小，易于冷压成型，色彩鲜艳，故可将其冷压(轧)成各种波形的压型钢板(图 1.6(*c*)和图 2.14)，直接用作屋面板、墙板。还可用两层压型钢板在其间填充聚胺酯或岩棉做成夹芯保温板(图 1.6(*d*))，不但质量轻(自重仅 0.1kN/m^2)，外形美观，而且施工简便。另外，将 0.6～1.5mm 厚彩涂钢板先压成单个梯形或 U 形直槽板，再沿槽向弯成拱形，然后一一拼接做成彩板拱形波纹屋面，是近年来应用彩涂钢板异军突起的一种轻型结构。它不需屋架、檩条等承重构件，甚至不需柱子而做成落地拱。其跨度一般为 6～36m，用钢量仅 10～20kg/m^2。我国现在采用彩涂钢板建造的房屋已达数百万平方米/年(其中拱形波纹屋面约百万平方米/年)规模，且还在增长。

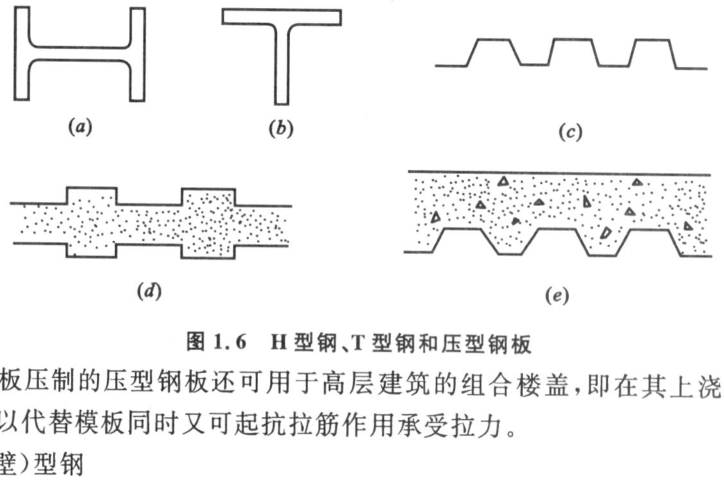

图 1.6　H 型钢、T 型钢和压型钢板

另外，用镀锌板压制的压型钢板还可用于高层建筑的组合楼盖，即在其上浇灌混凝土(图 1.6(*e*))，此时它既可以代替模板同时又可起抗拉筋作用承受拉力。

(4) 冷弯(薄壁)型钢

冷弯型钢是用 1.5～5mm 薄钢板(或镀锌钢板、镀铝锌钢板)经冷轧(弯)形成各种截面形式的型钢(见图 2.13)。由于壁薄，故相对而言，其材料离形心轴较普通型钢远，因此能有效地利用，从而达到节约钢材的目的。如用冷弯型钢制造的屋架，其用钢量仅 10 kg/m^2 左右，约比热轧型钢制

造的省 40%。将冷弯型钢用于建造住宅，亦是当前有待开发的轻钢结构。若使其达到产业化，造价降低，将使我国住宅建筑出现一个新面貌。

冷弯型钢的生产，近年来在我国已形成一定规模，产量超过了 100 万 t/年，壁厚亦达到 14mm（美国可冷弯 25.4mm，已超出薄壁范围的概念)，这也为其应用创造了良好条件。但目前市场仍存在品种规格不齐现象，高强度低合金钢材质的产品亦有待改善，以利于应用。

(5) 耐候钢、耐火钢

耐候钢(包括耐盐腐蚀钢)具有良好的抗腐蚀性能，可节约钢结构大量的涂装和维护费用。耐火钢则可改善普通钢材不耐高温的特性，保证结构的安全使用。我国目前对这两种钢材的开发已取得可喜成果。如武钢生产的 WGJ510C2(屈服点≥325N/mm²)耐火耐候建筑用钢，其耐候性能为普通钢材的 2～8 倍，耐火性能则达到保证在 600℃高温下的屈服点不低于室温时的 2/3(普通钢材在 600℃时强度接近于零)的建筑防火安全指标。

1.2.2 改进设计方法

经过我国钢结构工程技术人员多年来勤奋工作，现行的《设计规范》在原《设计规范》的基础上又作了较多改进。在设计方法上仍采用当前国际上结构设计最先进方法——以概率理论为基础的极限状态设计方法，但对各部分内容均作了不同程度的修改。如对轴心受压构件的稳定计算增加一条柱子曲线；对单轴对称截面绕对称轴失稳时改用换算长细比 λ_{yz}代替 λ_y 以考虑弯扭屈曲；对承受静荷载的工字形截面组合梁，按考虑腹板屈曲后强度来计算梁的抗剪和抗弯承载力，即不再计算梁腹板的局部稳定等等。现行《设计规范》表明，我国已能较好地掌握运用现代科技的测试和计算技术，使钢结构的计算方法反映结构的实际工作情况，从而能更合理地使用材料。然而，在某些问题上仍有待于进一步的改进和提高，如对设计方法，虽然改变了过去长期凭经验或半概率法确定的定值安全系数法，使计算方法由定性分析前进到以概率论和数理统计为基础制定的按结构可靠度的定量分析方法，将所计算的结构构件的可靠度达到预期的一致性和可比性，但它还只是构件或某一截面的可靠度。若要对结构体系的性能研究采用概率方法，则需要进行的研究工作更多。另外，对疲劳计算虽然用应力幅，但采用的是按容许应力幅，而未采用按极限状态计算，这亦有待于进一步研究。另外，相应于新近修订的碳素结构钢、低合金高强度结构钢、GJ 钢、NH(耐候)钢等标准，钢结构设计规范的相关内容亦将作出修订。将更高强度等级钢号纳入规范中推荐，亦需对有关指标和参数进行统计研究。同时，对抗震、防火、防腐方面的内容，亦有待作一定补充。

1.2.3 采用新型结构

(1) 轻型钢结构

发展轻型钢结构，降低耗钢指标，使同样数量的钢材发挥更大作用，且可减轻结构自重，降低工程造价。采用门式刚架形式的轻钢结构建造的轻工业厂房、超市等在我国已得到广泛应用，但仍有待于定型化，并形成规模。

轻型钢结构应大力生产冷弯型钢和压型钢板等高效经济截面钢材，并将其推广使用于轻型钢结构住宅。另外，彩板拱形波纹屋面由于其经济价值显著，也应大力发展。

(2) 预应力钢结构

预应力钢结构通常是在结构体系中，采用增加少量高强度钢材(钢丝束、钢绞线、钢丝绳或圆钢)的构件，并对其施加适当的预应力，从而增加结构的承载能力，达到节约用钢的目的。我国近年来，在以往经验的基础上又有了少量应用。如宁夏大武口电站跨度 60m 的输煤栈桥，采用在钢桁架下弦增设撑杆和拉索(7ϕ4 钢绞线)施加预应力,使承载能力大幅度增加,经济效果显著。另外,在四川攀枝花市体育馆大跨度钢网壳(跨度 64m)屋盖空间结构中,采用了在网壳边缘下加撑杆,配置 4×7ϕ12.7、强度 1860N/mm^2 的钢绞线锚于球节点上施加预应力的新颖结构形式,不仅造型美观,而且耗钢量仅 35kg/m^2(较原非预应力平板网架约省一半)。然而,与国外的应用情况相比,还存在较大差距。现在国外的发展趋势是不论平面结构还是空间结构(网架、悬索结构等)或塔桅结构,均广泛施加预应力,以减轻结构自重,节约钢材,同时对结构的刚度加以改善。

(3) 空间结构

大跨空间结构在我国已有较大发展,尤其是近年来,以国家大剧院、国家体育场(鸟巢)为代表,各地兴建了数以百计的各种类型的钢网架(网壳)结构,已超过 1000 万 m^2,它标志着我国房屋建筑由传统的平面结构体系向空间结构体系迈进了一大步,节约了大量钢材。今后除了配合开发高效钢材,挖掘潜力,改进平板网架的设计外,还应开发更加省钢的悬索结构。

悬索结构在大跨度建筑中是一种造型美观、对建筑平面图形适应性强的结构形式,由于主要承重构件受拉,因此可最大限度地利用材料,用钢量很低(约 10kg/m^2 以下,比网架结构降低 60%~70%),但我国应用还较少。用预应力加强悬索结构,更具有明显的经济效果,还须作进一步的推广。

大跨度建筑的最大跨度在我国虽已超过 100m,但还须研制 150m 甚至 200m 的超大跨度,以适应市场发展需要。

(4) 膜结构

膜结构是用高强薄膜材料(PVC 或 Teflon)及加强构件(钢架、钢柱及钢索)组成。它可分为张拉膜结构和充气结构。前者是通过柱及钢架支承钢索张拉成型。后者则是在室内不断充气产生一定的压力差,使屋盖膜布受到一定的上浮力而成型,可以实现较大跨度,且造型优美灵活。一般钢结构屋顶,屋面材料不参加受力,而膜结构本身就承受活荷载,包括温度应力等。所以,膜既是覆盖物,又是结构的一部分。膜结构由于单位质量轻,在跨度为 70~300m 时,平均自重(包括所有构件)仅为 15~25kg/m^2。近年来它已在我国很多体育场所、广场和公园中得到应用。由于建造简单,形式多样,膜结构很受青睐,值得推广。

(5) 组合结构

将钢和混凝土组合起来共同受力并发挥各自的长处,可有效地节约材料。除前述的压型钢板组合楼盖外,目前推广应用的还有组合梁(图 1.7(*a*))和钢管混凝土柱(图 1.7(*b*))等。组合梁是用圆柱头焊钉、槽钢或弯起钢筋作抗剪连接件将钢梁和混凝土板连成一体共同受力。由于组合梁一般均在混凝土板和钢梁的连接部位局部加厚做成板托,因而其塑性中和轴常可位于混凝土翼板内,这样将使钢梁只受拉而混凝土板只受压,以充分发挥各自的特性,从而达到节约材料的目的。钢管

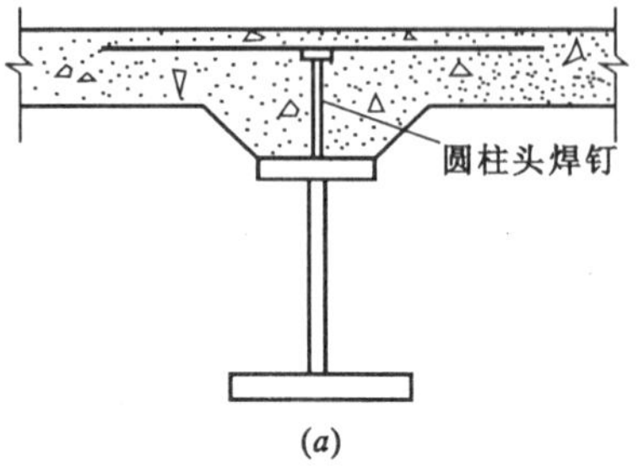

(*a*)

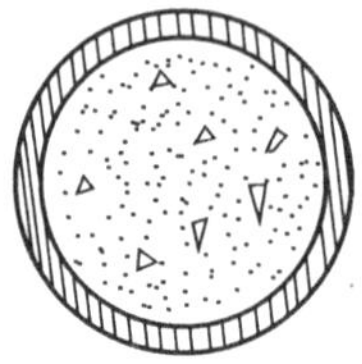

(*b*)

图 1.7 组合梁和钢管混凝土柱

混凝土柱是在钢管内浇灌混凝土的组合柱，由于柱中混凝土被钢管约束，能很好地共同工作，故其整体强度可大幅度提高，且具有良好的塑性和韧性，经济效果显著。

组合结构中劲性钢筋混凝土柱亦是具有开发价值的一种结构形式。它是内部采用钢骨架再在外面包上钢筋混凝土的结构，故亦称 SRC 组合结构。SRC 柱在高层房屋建筑中使用时可有效地节约用钢，其承载力、稳定性和抗震性能均较好，它可弥补全钢结构用钢量过多和全混凝土结构截面过大的缺点。同时，其钢骨架在施工时可先作为承重骨架，有利于开展工作面，加快施工进度。SRC 柱可视荷载情况在高层建筑中的某些区段使用，如地下和地上的下部几层和局部区域，这样可从上部的全钢结构逐步过渡到钢筋混凝土的地下室和基础。

1.2.4 应用优化原理

电子计算机的应用，已使确定优化的结构形式和优化的截面形式成为可能，从而取得极大的经济效果。例如用计算机解得吊车梁优化的截面尺寸可比过去的标准设计节省钢材 5%～10%。对整体结构的优化设计今后还须作进一步研究。另外，计算机辅助设计和绘制钢结构施工详图(Auto CAD)亦应大力开发提高。

1.2.5 构件的定型化、系列化、产品化

从设计着手，结合制造工艺，将一些易于定型化、标准化的产品，如网架、平行弦人字形屋架等，使其杆件规格统一，便于互换和大量制造系列化产品，以达到批量生产，降低造价。

1.3 钢结构课程的主要内容、特点和学习方法

1.3.1 钢结构课程的主要内容

钢结构课程的主要内容包括材料、连接(包括构件的连接)、基本构件(受弯构件、轴心受力构件和拉弯、压弯构件)和结构设计等部分。前面几部分是钢结构的设计原理，是钢结构的基础，而结构设计部分则是它们的综合应用。

1.3.2 钢结构课程的特点

(1) 是理论性较强的学科

由于钢材的内部组织比较均匀，接近于各向同性体，且在一定的应力范围内属于理想弹性工作，故符合工程力学所采用的假定。因此，钢结构的计算方法注重力学理论的应用，如材料力学、结构力学、弹性稳定理论等。但是，钢材的工作除有弹性阶段外，其后还有弹塑性—塑性—应变硬化—破坏等阶段，且还含有冶炼、轧制、制造等过程产生的内部缺陷和残余应力等的影响，故其性能亦会有所不同。这样钢结构除需应用弹性理论外，还要应用弹塑性、塑性理论，有时对板件甚至还要考虑屈曲后的性能。

再者，钢结构不同于混凝土结构。一般情况，其构件均肢宽壁薄，故要强调其整体稳定性，还要考虑组成构件的板件的局部稳定性。整体稳定性除弯曲屈曲外，还有扭转屈曲、弯扭屈曲等形式。局部稳定性的平板屈曲也因受力不同而有多种屈曲形式。所有这些都涉及到结构稳定理论。

(2) 是理论密切联系实践的学科

钢结构是一门应用学科，它密切联系工程实践。不论是基本构件和连接，还是结构设计，其计

算理论都涉及选材、结构形式、结构布置、制造、安装等方面。因此，在理论和实践上沟通交流、相互补充，才能作出好的工程设计和好的产品。

另外，钢结构的理论体系虽然比较完整，然而许多内容还须结合实验和通过实际工程的检验才能完善，这不仅包括基本构件的计算方法，还包括连接和疲劳等的计算和构造要求等，都离不开实验的验证。

(3) 是既古老又年轻的学科

人类在发展钢结构的计算理论和实际应用方面已有较长的历史。仅理想轴心压杆的弹性屈曲临界力，早在二百多年前欧拉就作出了杰出的贡献，且迄今还有较高的应用价值。然而，钢结构这门学科又是一门很有生命力的学科。随着冶炼轧制技术的发展，各种高效钢材的大量开发和新型结构的不断涌现，计算技术和试验手段的现代化，钢结构也随着更新和发展，内容经常改进扩充，有关钢结构的"标准"、"规范"也在不断修订和充实。

1.3.3 钢结构课程的学习方法

(1) 掌握基本理论，学好基本概念

对钢结构的学习应将基本理论和基本概念放在重要位置。如设计方法中采用的结构的两类极限状态；稳定理论中按极限状态的最大强度理论和一般屈曲理论；弹性、弹塑性和塑性工作阶段的受力特性；基本构件的强度、刚度、整体稳定性和局部稳定性等等，都要从概念和理论上分清它们的特点，并从中找出它们的区别和有无联系之处。

(2) 善于归纳分析，不断加深理解

钢结构的内容是一个有机的整体，从材料、连接到基本构件和结构的设计，都存在相互呼应和密切联系之处。大范围的如压弯构件稳定性的计算方法与轴心受压构件和受弯构件之间的联系；小范围的如工字形截面压弯构件腹板的局部稳定性的受力特性和计算方法，与轴心受压构件和受弯构件腹板的局部稳定性之间的联系等等。通过对它们的分析比较，常可取得事半功倍的效果。

(3) 吸取感性认识，联系工程实践

由于在日常生活环境中，钢结构往往不易于接触，因此对其形象概念亦不易于建立，这对学习和应用这门密切联系工程实践的应用学科来说，确实是不足的。钢结构的感性认识除了由实际建筑物如工业与民用房屋获取外，也可参考其他构筑物，如桥梁(包括人行天桥、跨线桥等)、输电铁塔、起重机械等。再参观钢结构制造厂和安装工地，同时多看一些施工图，对吸取感性知识也是很必要的。

(4) 解题条理清晰，单位取用得当

在解钢结构的习题和设计时，应条理清晰、步骤分明，这样做可防止计算中的遗漏和错误。如基本构件一般都需作强度、刚度、整体稳定性和局部稳定性四方面的计算，有的方面还需分项计算。如梁的强度方面就有抗弯强度、抗剪强度、局部承压强度和折算应力等，应有条不紊地按几个方面逐项进行，以免疏漏。但同时也要结合其具体情况进行分析，有时可以省略其中某一方面或某一项计算。如轴心受压构件，除了对截面有削弱的短杆可能需要考虑对强度方面进行计算外，一般总是由稳定性条件计算截面。再如局部稳定性方面，由于我国型钢(工字钢、槽钢、角钢)壁厚均较大，如角钢肢的宽厚比一般为 8～13，工字钢和槽钢腹板的宽厚比为 20～30，故一般不会产生局部失稳问题。

在钢结构计算中选用的倍数单位和分数单位亦应有一定的规律，以免产生混乱。现以使用最多的力和截面几何特性为例。如力采用SI(国际单位制)①导出单位N或加上表示倍数为10^3的SI词头k的kN,长度采用SI基本单位m或加上表示分数为10^{-2}、10^{-3}的SI词头c、m的cm、mm,由此可得到力矩(弯矩、扭矩)的单位为N·m、kN·m、N·cm、kN·cm、N·mm、kN·mm,截面面积、面积矩、截面模量、惯性矩等的单位亦有以m、cm、mm表示的系列,从而强度、应力等的单位亦可相应表示为多种形式。但《设计规范》中采用的钢材和连接的强度设计值单位均为N/mm^2,故计算公式中有关力和截面几何特性的单位最终均应以N和mm表示,以便于比较。然而,在计算一开始就将关于力和截面几何特性的单位都选用N和mm,则往往会造成数值过大,使计算和书写冗繁。因此,在对钢结构进行计算时,习惯上一般均将力的单位根据《建筑结构荷载规范》(GB 50009—2001)②采用kN和kN/m^2,故力矩(弯矩、扭矩)采用kN·m。而截面几何特性则以cm为基准,如截面面积、截面模量、惯性矩分别用cm^2、cm^3、cm^4等。在作强度、稳定性计算时才将上述单位统一换算成N和mm。

由于钢结构所具有的特点(既属于建筑结构,但又不完全是土建性质,很多方面还偏于机械工程),在钢结构的设计、计算以及施工中还有一些约定俗成的习惯。如计算截面惯性矩(包括焊缝截面)时,一般均忽略厚度方向对自身轴的惯性矩。在计算简图和施工图中通常均以毫米为单位标注尺寸。对型钢规格和截面尺寸也常以毫米为单位称呼等等。

另外,在钢结构的计算中还应注意有效数字的取用问题。由于现代计算工具——计算器的应用,往往在计算书中写出一长串数字,通常这是不必要的。在工程设计中一般宜取3～4个有效数字(强度取小数点后一位数字)即可满足需要。

小 结

(1) 钢结构具有强度高,自重轻,材质均匀,塑性、韧性好,施工速度快等优点。

(2) 钢结构最适合于大(跨度)、高(耸)、重(型)、动(力荷载)结构,但是随着我国工业生产和城市建设的高速发展,国民经济的不断提高,钢结构的应用范围也扩大到轻工业厂房和民用住宅等。

(3) 钢结构的发展关键是要节约钢材。要从生产高效钢材(高强度、高质量、新品种)、改进设计方法、完善结构形式、提高制造和安装工艺等方面不断进行研究。

(4) 钢结构是一门理论性较强但又密切联系实践的课程。学习时应掌握好基本理论,学好基本概念,并吸取感性认识,联系工程实践,总结经验。

思 考 题

1.1 钢结构有哪些特点?结合这些特点,你认为应怎样选择其合理应用范围?

1.2 高效钢材包括哪些种类?为什么钢结构的发展要对其进行研究?

1.3 钢结构课程有哪些主要内容和特点?你准备怎样进行学习?

习 题

1.1 查阅因特网有关钢结构的网站,了解当前国内外关于钢结构的动态,如材料、设计、制造、安装、典型工程、相关企业……,并加以论述,以丰富知识面。

1.2 你知道哪些钢结构工程?试述其特点。

---

① 关于国际单位制(SI)及其应用可参阅《钢结构疑难释义——附解题指导》(第三版)(刘声扬编著.中国建筑工业出版社,2004)1.4节。本书以下对该书简称《疑难释义》。

② 本书以下对《建筑结构荷载规范》(GB 50009—2001)简称《荷载规范》。

2 钢结构的材料

提要

钢结构的材料不仅密切关系到钢结构的计算理论，同时还对钢结构的制造、安装、使用、造价、安全等均有直接联系。所以，本章内容是学习钢结构的基础。学习时，应全面了解钢材的性能，从而做到能正确选用并防止脆性破坏的产生。

2.1 钢结构对钢材性能的要求

钢结构的主材是钢材。随着现代炼钢技术的高速发展，钢材的种类众多，性能多样，以适应各行业的不同用途。

建筑钢结构需承受各种荷载，且工作环境和情况亦不尽相同。因此，对其使用的钢材性能有下列要求：

(1) 较高的强度

钢材强度高可减小构件截面，从而减轻结构自重，节约钢材，降低造价。

(2) 较好的塑性和韧性

塑性好的钢材具有足够的应变能力，能在结构破坏前产生明显的变形，从而降低结构脆性破坏的危险性。同时，塑性变形还能调整局部应力高峰，使应力分布逐渐趋于均匀。

韧性好的钢材具有较强的抵抗脆性破坏的能力。对低温寒冷地区和承受重复荷载作用需验算疲劳的钢结构，对钢材的韧性要求更高。

(3) 良好的加工和可焊性能

将钢材制造成钢结构，需经过冷加工（剪切、钻孔、冷弯等）、热加工（气割、热弯等）和焊接等工序，故钢材不仅应具有易于冷、热加工的工艺性能和可焊性能，而且材性（强度、塑性、韧性等）不会明显改变，否则对结构会产生不利影响。

(4) 专用的特种性能（耐候、耐火、Z 向性能）

露天钢结构或在有害介质作用下的钢结构均有较高的防腐要求，对重要的建筑钢结构还有较高的防火要求。然而，一般钢材的防腐、防火性能均较差（在600℃时完全丧失承载力。在高温火焰燃烧下，仅 15min 即可能垮塌），虽可涂刷防腐或防火涂料加以改善，但操作较繁，且维护费用较高。若钢材自身能具有耐候（抗大气腐蚀）、耐火性能，则有利于钢结构的应用。

高层建筑钢结构用的钢板常沿 Z 向（厚度方向）受拉，故可能产生层状撕裂。因此，对厚度较大钢板应有 Z 向性能要求。

2.2 钢材的性能

钢材的性能通常用力学性能、工艺性能和可焊性能表述。专用钢材则另外附加其他特种性能，如耐火、耐候性能等。

2.2.1 钢材的力学性能和工艺性能

钢材的力学性能和工艺性能可用钢材在标准条件下的单向拉伸、冲击和冷弯等试验，测定其强度、塑性和韧性等各种特性指标加以衡量。

2.2.1.1 强度

在静载、常温（20±5℃）条件下，对钢材标准圆形（或板式）试件（图 2.1）的一次单向均匀拉伸试验是机械性能试验中最具有代表性的。它简单易行，可得到反映钢材强度和塑性的几项主要机械性能指标，且对其他受力状态（受压、受剪）也有代表性。图 2.2(*a*)为低碳钢（碳含量≤0.25%）单向均匀拉伸试验的应力-应变（σ-ε）曲线（图 2.2(*b*)为曲线的局部放大），从中可看出钢材受力的几个阶段和强度、塑性的几项指标。

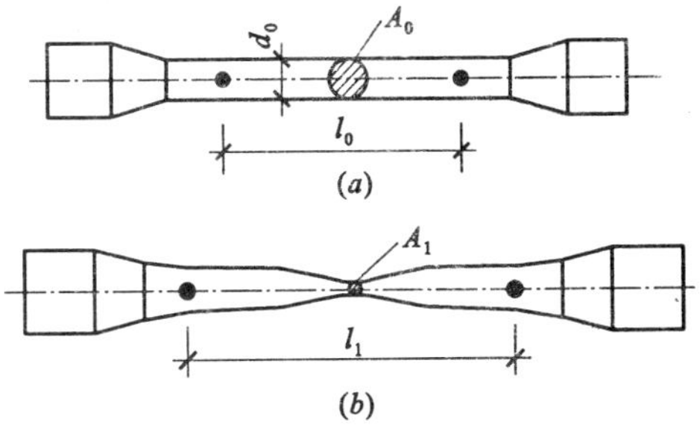

图 2.1 静力拉伸试验的标准试件

(*a*) 试验前；(*b*) 试验后

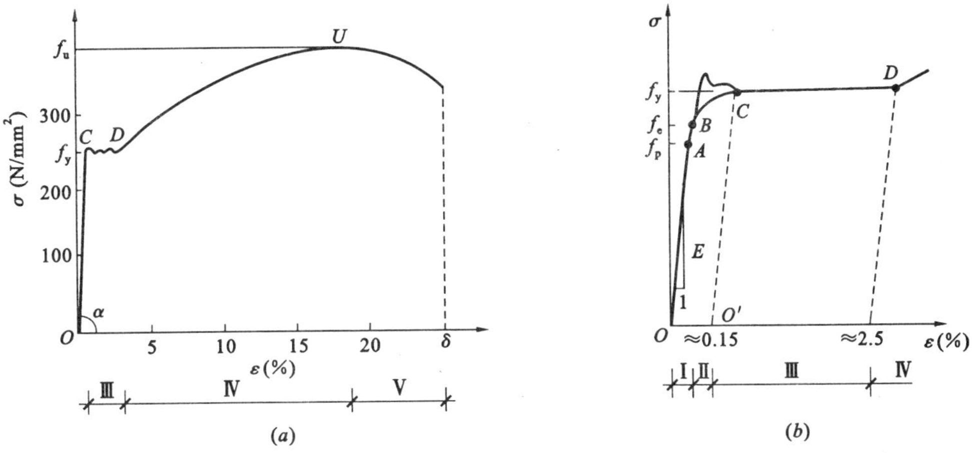

图 2.2 低碳钢单向均匀拉伸的应力-应变曲线

(1) 弹性阶段

曲线开始的斜直线终点 A 所对应的最大应力称为比例极限 f_p。当试件横截面上的应力 $\sigma=N/A\leqslant f_p$ 时（N 为试件承受的轴心拉力，A 为试件的横截面面积），应力和应变 $\varepsilon=\Delta l/l_0$（l_0 为原标距长度，Δl 为其伸长量）成正比，符合虎克定律，即 $\sigma=E\varepsilon$。$E=\tan\alpha$，为斜直线的斜率，称为钢材的弹性模量，一般可统一取 $E=206\times10^3\,\mathrm{N/mm^2}$。当 $\sigma>f_p$ 以后，曲线弯曲，应力-应变关系呈非线性，但钢材仍具有弹性性质，即此时若卸荷（N 回零），则应变也降至零，不出现残余变形，这称为钢材受力的弹性阶段。弹性阶段（图 2.2(*b*)中区段Ⅰ）终点 B 对应的应力称为弹性极限 f_e，它常与 f_p 十分接近，一般可不加区分。

（2）弹塑性阶段

当$\sigma > f_e$后，钢材受力进入弹塑性阶段（图2.2(*b*)中区段Ⅱ），其变形包括弹性变形和塑性变形两部分，即后者在卸荷后不会消失而成为残余变形。其后，曲线出现锯齿形波动，直到C点。如在此时卸荷，将产生由C点沿平行于OA线向下的虚线至O'点，而不是沿原曲线回归O点。OO'即残余变形。

由于AC段曲线呈非线性，故此段的模量应改用瞬时切线模量或简称切线模量$E_t = d\sigma/d\varepsilon$，其值随$\sigma$的增加而逐渐减小，直至$C$点时趋近于0。

（3）塑性阶段（屈服阶段）

σ-ε曲线经弹塑性阶段后期的上下波动，σ将逐渐趋于平稳，此时即使应力保持不变，应变仍持续增大，这称为钢材受力的塑性流动阶段（图2.2中区段Ⅲ），也就是钢材对外力的屈服阶段。对应于C点的应力称为屈服点f_y。屈服阶段曲线的最高点和最低点分别称为上屈服强度和下屈服强度，国标钢材标准以R_{eH}和R_{eL}表示①。下屈服强度比较稳定，故通常取其值作为屈服点代表值。

（4）强化阶段

屈服阶段后，钢材内部组织经重新调整，又部分地恢复了继续承载能力，曲线有所上升，此称为钢材受力的强化阶段（图2.2(*a*)中区段Ⅳ）。但在此阶段变形增长较快，直至曲线最高点U，该点对应的应力即钢材能承受的最大拉应力，称为钢材的抗拉强度f_u（国标钢材标准以R_m表示）。

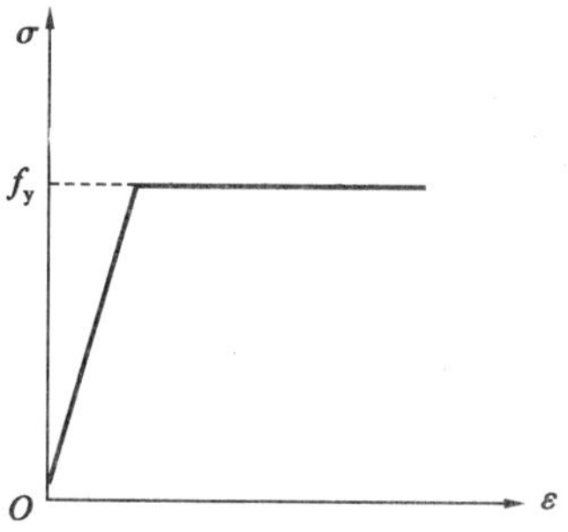

图2.3 理想弹塑性材料的应力-应变曲线

（5）颈缩阶段

当应力达到f_u时，试件局部出现横向收缩变细——颈缩，变形亦随之剧增，荷载下降，直至断裂，此称为颈缩阶段（图2.2(*a*)中区段Ⅴ）。

通过上述静力拉伸试验可见，有代表性的强度指标为比例极限f_p、弹性极限f_e、屈服点f_y和抗拉强度f_u。但钢材内常存在残余应力（因轧制、切割、焊接、冷弯、矫正等原因在钢材内部形成的初应力），在其影响下，f_e和f_p很难区分，且二者与f_y也很接近，另外f_y之前应变又很小（$\varepsilon \approx 0.15\%$），$f_y$之后应变却急剧增长（流幅$\varepsilon \approx 0.15\% \sim 2.5\%$），故通常可简化为$f_y$之前材料为完全弹性体，$f_y$之后则为完全塑性体（忽略应变硬化作用），从而将钢材视为理想的弹-塑性材料，即其σ-ε曲线简化为如图2.3所示的双直线。因此，当$\sigma > f_y$时，由于钢材将暂时丧失继续承受荷载的能力，且同时产生不适于继续使用的过大变形，故钢结构设计时，应取屈服点f_y作为承载能力极限状态强度计算的限值，即钢材强度的标准值f_k，并据以确定钢材的（抗拉、抗压和抗弯）强度设计值f（见3.2节）。

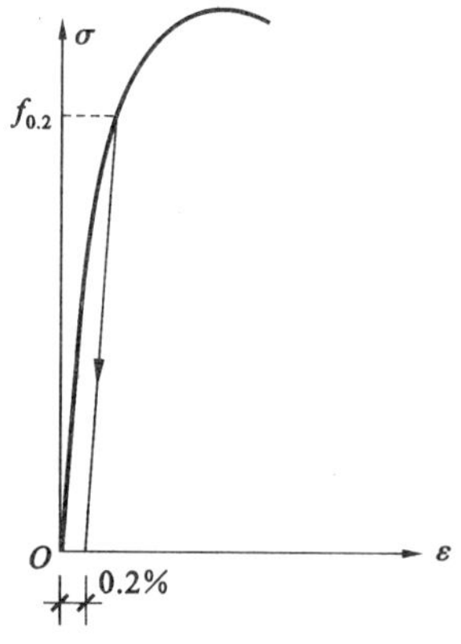

图2.4 钢材的条件屈服点

没有明显屈服点和塑性平台的钢材（如制造高强度螺栓的经热处理高强度钢材），可以卸荷后试件残余应变$\varepsilon = 0.2\%$所对应的应力为其屈服点，称为条件屈服点或屈服强度$f_{0.2}$（图2.4）。

---

① 屈服强度的统计代表值，2006年发布的新国标《碳素结构钢》改用R_{eH}。2005年发布的《建筑结构用钢板》（GJ钢板）也采用R_{eH}，但规定了其下限值和上限值，并规定了屈强比。而2008年发布的新《低合金高强度结构钢》则明确为R_{eL}（参见表2.2、表2.5和表2.8）。

抗拉强度 f_u 是钢材破坏前能承受的最大应力，但这时钢材产生了巨量塑性变形（约为弹性变形的 200 倍），所以其实用意义不大。然而它可直接反映钢材内部组织的优劣，同时还可作为钢材的强度储备，故在要求 f_y 的同时，还应要求钢材具有一定的 f_u，即 f_y/f_u（屈强比）愈小，强度储备愈大，愈安全。如 GJ 钢规定屈强比范围为小于 0.80～0.85（详见表 2.8）。另外，当钢结构采用塑性设计时，《设计规范》强制性规定钢材应满足强屈比 $f_u/f_y \geqslant 1.2$。

综上所述可见，屈服点 f_y 和抗拉强度 f_u 是钢材强度的两项重要指标。

2.2.1.2 塑性

塑性是指钢材破坏前产生塑性变形的能力，可由静力拉伸试验得到的力学性能指标伸长率 δ 和截面收缩率 Ψ 来衡量。δ 和 Ψ 数值愈大，表明钢材塑性愈好。

伸长率 δ 等于试件拉断后的原标距的塑性变形（即伸长值）和原标距的比值，以百分数表示，即

$$\delta = \frac{l_1 - l_0}{l_0} \times 100\% \tag{2.1}$$

式中 l_0——试件原标距长度（图 2.1）；

l_1——试件拉断后标距的长度。

δ 随试件的标距长度与试件直径 d_0（对圆形试件为 d_0；对板式试件可取等效直径 $d_0 = \sqrt{4A_0/\pi}$，A_0 为其截面面积）的比值 l_0/d_0 增大而减小①。标准试件一般取 $l_0 = 5d_0$，所得伸长率用 δ_5 表示。

截面收缩率 Ψ 等于颈缩断口处截面面积的缩减值与原截面面积的比值，以百分数表示，即

$$\Psi = \frac{A_0 - A_1}{A_0} \times 100\% \tag{2.2}$$

式中 A_0——试件原截面面积；

A_1——颈缩断口处截面面积。

Ψ 可反映钢材（颈缩部分）在三向拉应力状态下的最大塑性变形能力，这对于高层建筑结构用钢板须考虑 Z 向（厚度方向）抗层状撕裂时更为重要。

2.2.1.3 Z 向性能②

Z 向性能即钢板在厚度方向的抗层状撕裂性能，可用厚度方向的截面收缩率 Ψ_Z 进行衡量。试验时，试件应取厚度方向，并采用摩擦焊将试件两端加长，以便于夹持。

根据《建筑结构用钢板》（GB/T③ 19879—2005）的规定，对于厚度方向性能的钢板分 3 种厚度方向性能级别，即 Z15、Z25 和 Z35，它们分别表示其 $\Psi_Z \geqslant 15\%$、25%和 35%。

2.2.1.4 韧性

钢材的韧性用冲击试验确定，它是衡量钢材在冲击荷载（动力）作用下抵抗脆性破坏的力学性能指标。

钢材的脆断常从裂纹和缺口等应力集中和三向受拉应力处产生，故为了具有代表性，冲击试验一般采用截面 10mm×10mm、长 55mm 且中间开有 V 形缺口的试件，放在冲击试验机上用摆锤击断（图 2.5），并得出其吸收（消耗）的冲击功 A_{kV}（单位 J），以作为冲击韧性指标。A_{kV} 值愈大，则钢材的韧性愈好。

---

① δ 随 l_0/d_0 增大而减小的原因可参阅《疑难释义》第 3.10 节。

② 关于 Z 向性能还可参阅《疑难释义》第 3.11 节。

③ GB 代表强制国家标准，即必须执行。GB/T 代表推荐性国家标准，即可以选择执行或不执行，但是一经选用（要明示）就必须强制执行。一般是涉及安全、卫生等的标准制定为强制性标准，其余为推荐性标准，故前者数量较少，而后者是大量的。

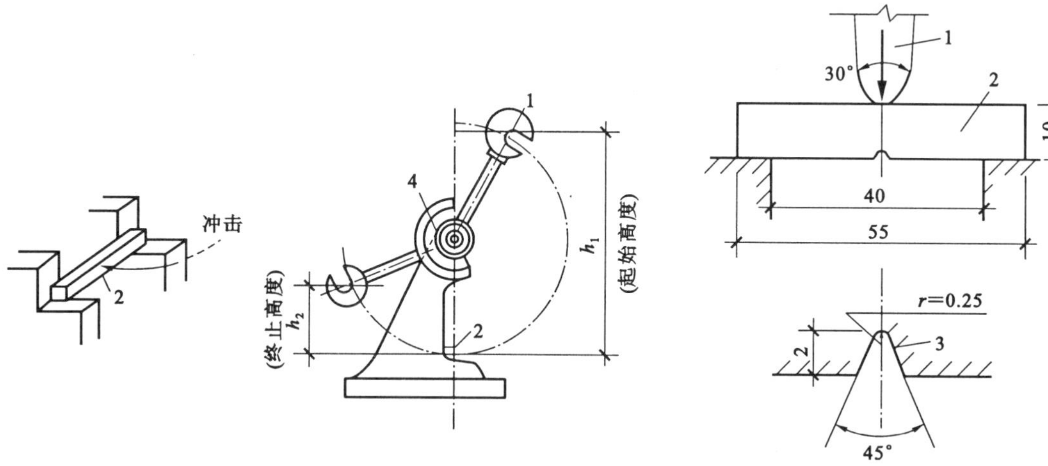

图 2.5　冲击韧性试验及试件缺口形式

1—摆锤；2—试件；3—V 形缺口；4—刻度盘

冲击韧性除与钢材的质量密切相关外，还与钢材的轧制方向有关。由于顺着轧制方向(纵向)的内部组织较好，故在这个方向切取的试件冲击韧性值较高，横向则较低。现钢材标准规定按纵向采用。

冲击韧性值还与温度特别是负温有关。当达到一定负温时，冲击韧性急剧降低。故钢材的冲击韧性根据钢材质量等级的不同，有 20℃(常温)、0℃、−20℃和−40℃等不同指标。

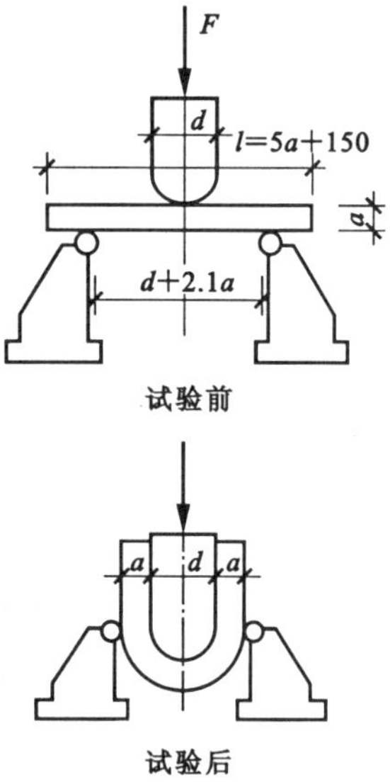

图 2.6　冷弯性能试验

2.2.1.5　冷弯性能(工艺性能)

冷弯性能可衡量钢材在常温下冷加工弯曲时产生塑性变形的能力。冷弯性能试验是用弯心直径为 d(d 与试件厚度成一定比例，参见表 2.2 和表 2.5)的冲头对试件加压，使其弯曲 180°(图 2.6)，然后检查试件表面，以不出现裂纹和分层为合格。

冷弯性能是检验钢材工艺性能的一项指标，但它也是比单向拉伸试验更为严格的一种试验方法，故常作为拉伸试验和冲击试验的补充试验方法。它不仅能直接检验钢材的塑性和冷加工性能，而且也能暴露钢材内部的缺陷(如非金属夹杂和分层等)，因此是一项衡量钢材力学性能的综合指标。

2.2.2　钢材的可焊性能

钢结构的制作和安装现在几乎全部采用焊接。因此，钢材是否具备可焊性能，是其能否应用的重要条件。

钢材的焊接是将焊缝及其附近母材金属经升温熔化，然后再冷却凝结成一体的过程。钢材的可焊性则指在一定的焊接工艺条件下，所施焊的焊缝熔敷金属和母材金属均不产生裂纹，且焊接接头的力学性能不低于母材的力学性能。

影响钢材可焊性的因素很多，除钢材品种(属非合金钢还是低合金钢、合金钢)、化学成分(碳、锰含量高低及合金元素成分，有害元素硫、磷的含量等)及规格(属厚板还是薄板)等自身因素外，还与节点复杂程度(属简单对接还是复杂节点)、约束程度(焊缝能自由收缩还是不能)、焊接的环境温度(属常温还是负温)、焊接材料(焊条、焊剂等是否与母材匹配等)和焊接工艺(焊接方法、坡口形式和尺寸、焊前预热和焊后热处理等)等众多外在因素有关。因此,钢材的可焊性优劣应根据上述各种因素对焊接难易的影响程度进行区分。易焊钢材的可焊性好。反之,难焊钢材的可焊性差。

《建筑钢结构焊接技术规程》(JGJ 81—2002)[①]根据节点的复杂程度,焊缝的约束程度和板厚(按 $t<30$mm、$30\text{mm}\leqslant t\leqslant 80$mm 和 $t>80$mm 划分)、钢材的碳当量(按 $C_{eq}<0.38\%$、$C_{eq}=0.38\%\sim0.45\%$和 $C_{eq}>0.45\%$划分),将焊接难度区分为一般、较难和难三个等级。其中后面两项涉及钢材性能。

厚钢板因冶金缺陷较多,化学成分偏析也较严重,且焊接时产生的残余应力分布很复杂(参见图 4.38),故其焊接难度较薄板高。

钢材化学成分的碳含量对焊接难度的影响最大,高碳钢(C>0.45%)属于难焊钢材。钢材中的其他合金元素(锰、铬、钼、钒、铜、镍等)对焊接难度也有不同程度的影响,一般可采用国际焊接学会(IIW)的公式将其折算为碳当量进行衡量,即

$$C_{eq}=C+\frac{Mn}{6}+\frac{Cr+Mo+V}{5}+\frac{Cu+Ni}{15}\quad(\%)\tag{2.3}$$

C_{eq}小,表明钢材焊接难度较小,反之则较大。钢结构常用的 Q235 钢和 Q345 钢(钢的牌号含义见第 2.5 节),其 C_{eq}一般不超过 0.38%,故属于易焊钢材。Q390 钢和 Q420 钢,其 C_{eq}一般为 0.45%左右,而 Q460 钢,其 C_{eq}甚至可达 0.5%左右,故均属于较难焊钢材。因此,为了不致过大加剧焊接难度,钢材标准对低合金高强度结构钢和 GJ 钢的各种牌号,均按不同轧制和热处理工艺,根据板厚规定了 C_{eq}的限值(详见表 2.4 和表 2.7)。

另外,衡量钢材焊接难度还可采用焊接裂纹敏感性指数 P_{cm},它也是综合考虑各种化学成分对焊接难度影响的另外一个指标,即

$$P_{cm}=C+\frac{Si}{30}+\frac{Mn}{20}+\frac{Cu}{20}+\frac{Ni}{60}+\frac{Cr}{20}+\frac{Mo}{15}+\frac{V}{10}+5B\quad(\%)\tag{2.4}$$

同样,对低合金高强度结构钢和 GJ 钢板,也按不同轧制和热处理工艺,根据板厚规定了 P_{cm}的限值(参见表 2.4 和表 2.7),一般不大于 0.20%。

由表 2.4 和表 2.7 可见,对 C_{eq}和 P_{cm}的限值,如交货状态为 TMCP 或 TMCP+T,即以热机械轧制(温度-形变控轧控冷)或热机械轧制加回火工艺可达最低值。因此,对重要结构采用的 GJ 板,可提出按此状态交货(轧制和热处理详见节 2.4.2)。

由于钢材的可焊性还涉及其他众多因素,故对可焊性较差的较难焊钢材,采用合理的焊缝构造和有针对性的工艺措施,也能达到良好的焊接质量。反之,对可焊性好的易焊钢材,若焊缝构造和工艺措施不当,则焊接质量也有可能达不到要求。

2.2.3 钢材的耐火、耐候性能

耐火、耐候性能是针对某些专用钢材所具有的附加性能。

2.2.3.1 耐火性能

对建筑钢材的耐火性能要求,不同于对耐热钢(用于工业生产)有长时间高温强度的要求。它只需满足在一定高温下,保持结构在一定时间内不致垮塌,以保证人员和重要物资安全撤离火灾现场。因此,它不需要在钢中添加大量贵重的耐热性高的合金元素(如铬、钼),而只需添加少量较便

① 本书以下对《建筑钢结构焊接技术规程》(JGJ 81—2002)简称《焊接规程》。JGJ 代表建筑工业行业标准。

宜的合金元素,即可具备一定的耐火性能。

建筑钢材的耐火性能指标应满足下式要求,即

$$f_{y(600℃)} \geqslant \frac{2}{3} f_y \tag{2.5}$$

上式表示钢材在600℃高温时的屈服点应具有高于常温时屈服点的2/3,这也是保证建筑防火安全性的一个许用指标。

耐火钢一般是在低碳钢或低合金钢中添加V(钒)、Ti(钛)、Nb(铌)合金元素,组成Nb-V-Ti合金体系。或再加少量Cr(铬)、Mo(钼)合金元素。

具有耐火性能的钢材,可根据防火要求的需要,不用或减薄防火涂料,故有良好的经济效果,且可加大使用空间。

2.2.3.2　耐候性能

在自然环境下,普通钢材每5年的腐蚀厚度可达0.1～1mm。若处于腐蚀气体环境,则更为严重。

对建筑钢材的耐候性能要求,不需要像对不锈钢那样的高要求,它只需满足在自然环境下可裸露使用(如输电铁塔等),其耐候性提高到普通钢材的6～8倍,即可获得良好效果。

耐候钢一般是在低碳钢或低合金钢中添加合金元素,如Cu、P、Cr、Ni等,以提高抗腐蚀性能。在大气作用下,耐候钢表面可形成致密的稳定锈层,以阻绝氧气和水的渗入而产生的电化学腐蚀过程。若在耐候钢上再涂装防腐涂料,其使用年限将远高于一般钢材。

如第一章所述,钢材还可在钢厂将其表面镀锌或镀铝锌,然后再在上面辊涂彩色聚酯类涂料,以使其具有优良的耐候性能,但这种工艺只能生产彩涂薄钢板。

从以上关于钢材的耐火、耐候性能的叙述中可见,为取得这些性能,一般均是在低碳钢或低合金钢中添加与其相关的合金元素,且添加的某些合金元素可综合提高数种性能(包括力学性能、Z向性能和可焊性能)。因此,这类钢种可兼具一定的耐火、耐候和Z向性能。

2.3　钢材的破坏形式——塑性破坏和脆性破坏

通过上一节对低碳钢钢材在标准条件下所进行的拉伸试验可见,其加荷的延续时间长,试件拉断时有比较大的伸长和变细,断口呈纤维状,色发暗,有时还能看到滑移的痕迹,断口与作用力的方向约呈45°。由于此种破坏的塑性特征明显,故称塑性破坏或延性破坏。钢材在塑性破坏时有大量的变形,很容易及时发现和采取措施进行补救,因而不致引起严重后果。另外,塑性变形后出现的内力重分布,会使结构中原先应力不均匀的部分趋于均匀,同时也可提高结构的承载能力。

现在进行另一种试验,即将同材质的标准试件加粗,但在中部车一小槽,使其净截面面积仍与标准试件的截面面积相同。当这种试件在拉力试验机上均匀地加荷直至拉断时,其受力性能和破坏特征却呈现出非常明显的区别。带小槽试件的抗拉强度比光滑试件的高,但在拉断前塑性变形很小,且几乎无任何迹象而突然断裂,其断口平齐,呈有光泽的晶粒状,故此种破坏形式称为脆性破坏。这是因为在槽口处应力集中,应力线产生曲折,试件处于复杂应力状态,以致塑性性能降低,导致脆性破坏(详见图2.11)。

从上述钢材的两种破坏形式可见,突然性的脆性破坏要比有着显著变形的塑性破坏危险得多。而且,即使塑性良好的钢材,由于某些因素的影响,也仍有可能产生脆性破坏。因此,在钢结构的设计、制造和安装中,均应认真对待并采取适当措施加以防止。

2.4 影响钢材性能和脆性破坏的因素

影响钢材性能和脆性破坏的因素很多,现对其分别加以论述。对其中会促使钢材产生脆性破坏的因素,应格外重视。

2.4.1 化学成分的影响

钢的化学成分直接影响钢的颗粒组织和结晶构造,并与钢材力学性能关系密切。钢的基本元素是铁(Fe)和少量的碳(C)。碳素结构钢中纯铁约占99%,其余是碳和硅(Si)、锰(Mn)等有利元素以及在冶炼过程中不易除尽的有害杂质元素硫(S)、磷(P)、氧(O)、氮(N)等。在低合金高强度结构钢中,除上述元素外,还含有改善钢的某些性能的合金元素,主要有钒、钛、铌和铝以及铬、镍、钼、稀土(RE)等。其总含量一般低于3%。在钢中碳和其他元素的含量尽管不大,但对钢的力学性能却有着决定性的影响,现分述如下:

碳是除纯铁外的最主要元素,其含量直接影响钢材的强度、塑性、韧性和可焊性等。随着碳含量的增加,钢材的屈服点和抗拉强度提高,而塑性和冲击韧性尤其是低温冲击韧性下降,冷弯性能、可焊性和抗锈蚀性能也明显恶化,容易脆断。因此,钢结构采用的钢材碳含量不宜太高,故新结构钢标准①对各牌号钢改为只规定其上限值为0.17%~0.22%,即在低碳钢范围(见表2.1和表2.3)。

硅是作为强脱氧剂而加入钢中,以制成质量较优的镇静钢。适量的硅可提高钢的强度,而对塑性、冲击韧性、冷弯性能及可焊性无明显不良影响。碳素结构钢中硅含量应不大于0.35%,低合金高强度结构钢则一般应不大于0.50%。

锰是一种较弱的脱氧剂。当锰含量不太多时可有效地提高钢材的屈服点和抗拉强度,降低硫、氧对钢材的热脆影响,改善钢材的热加工性能和冷脆倾向,且对钢材的塑性和冲击韧性无明显降低。但随着锰含量的增加,钢材的可焊性能将随之降低,故新结构钢标准对各牌号钢也改为只规定其上限值,即碳素结构钢中锰含量应不大于1.4%(较原标准的上限值0.6%~0.8%有较大幅度提高),低合金高强度结构钢中则一般应不大于1.7%。

硫与铁的化合物硫化铁(FeS)一般散布于纯铁体的间层中,在高温(800~1200℃)时会熔化而使钢材变脆,故在焊接或热加工过程中有可能引起裂纹——热脆。此外,硫还会降低钢的塑性、冲击韧性和抗锈蚀性能。因此,应严格控制钢材中硫含量,且质量等级愈高,即钢材对韧性要求愈高,其含量控制愈严格。碳素结构钢一般应不大于0.035%~0.050%。低合金高强度结构钢应不大于0.020%~0.035%。对GJ钢板则应不大于0.015%,若为Z向性能钢板更严格,应不大于0.005%~0.01%。

磷能提高钢的强度和抗锈蚀能力,但严重地降低钢的塑性、冲击韧性、冷弯性能和可焊性,特别是在低温时使钢材变脆——冷脆。因此钢材中磷含量也要严格控制。同样,质量等级愈高,控制愈严。碳素结构钢一般应不大于0.035%~0.045%,低合金高强度结构钢应不大于0.025%~0.035%。对GJ钢板则应不大于0.020%~0.025%,Z向钢板则一律应不大于0.020%。

氧和氮也属于有害杂质。氧的影响与硫相似,使钢"热脆"。氮的影响则与磷相似,使钢"冷脆"。因此,氧和氮的含量也应严加控制,一般氧含量应不大于0.05%,氮含量应不大于0.008%。

---

① 新《碳素结构钢》(GB/T 700—2006)代替原GB/T 700—1998,于2007年2月1日实施。新《低合金高强度结构钢》(GB/T 1591—2008)代替原GB/T 1591—1994,于2009年10月1日实施。

合金元素可明显提高钢的综合性能。如钒、钛、铌能细化钢的晶粒，提高钢的韧性和耐火、耐候和Z向性能。稀土有利于脱氧、脱硫，改善钢的性能。铬、镍、钼能发挥微合金沉淀强化作用，提高钢的强韧性，尤其是低温韧性，且提高耐热性。另外铜能提高钢的耐蚀性能，但降低可焊性能。铝能很好地细化钢的晶粒，提高钢的韧性，故低合金高强度结构钢各牌号的高质量等级（C、D、E级）均规定铝含量应不小于0.015%。

2.4.2　冶炼、浇铸、轧制和热处理的影响

钢材的生产要经过冶炼、浇铸和轧制等工艺过程，在这些过程中，可能出现化学成分偏析、夹杂、裂纹、分层等缺陷而影响钢材性能。

冶炼是将生铁水、废钢和石灰石等原料加入炼钢炉（氧气转炉、电炉等）炉膛，再用燃料（纯氧、煤气或重油等）加热燃烧至温度约1650℃，使铁水中多余的碳和硫、磷等元素，在高温下经过熔化、氧化、还原等物理化学反应过程而被除去，从而炼成合乎化学成分要求的各类钢种。轧制工艺目前分为两种：一种是有百余年历史的传统方法，即在钢炼好后，将钢液浇铸于钢锭模中成为体积较大的钢锭，经脱锭车间脱模后运至初轧厂再经均热炉加温，然后在初轧机中开坯，轧成厚度较小且长、宽适当的各种钢坯供应给各钢厂（轨梁厂、轧板厂、无缝钢管厂等），轧成各种钢材。另一种是近20年来快速发展的连（续）铸（锭）连（续）轧（钢）方法，它省去了铸锭开坯工序，直接将炼好的钢水在钢厂连铸机中浇铸成近终型的钢坯（薄板坯、中厚板坯、方坯、圆坯、异形坯等），然后经轧机连续轧制成各种钢材。

另外，钢在熔炼时的氧化过程会生成氧化铁等夹杂，使钢的性能变坏，因而在浇铸过程需用与氧亲和力比铁高的脱氧剂加入钢液中脱氧。常用的脱氧剂为锰、硅和铝等，由于它们对钢的脱氧方法和脱氧程度不同，从而区分为沸腾钢、镇静钢和特殊镇静钢。

沸腾钢是因采用锰作脱氧剂，其脱氧作用低，故在传统的模铸钢锭时仍有较多的氧化铁和碳生成一氧化碳（CO）气体大量逸出，引起钢液的剧烈沸腾而得名。沸腾钢冷却速度快，氧、氮等杂质气体不能全部逸出，并易在钢中形成气泡。同时也可能使钢中的化学元素分布不均匀，出现偏析现象。另外，气泡内的杂质（硫化物和氧化物）还可能产生非金属夹杂、裂纹、分层等缺陷。

镇静钢是因采用硅作脱氧剂，其脱氧作用强，因而脱氧较充分，钢液不产生沸腾，表面较平静而得名。硅在脱氧过程中还放出很多热量，故钢液冷却速度较慢，气体能充分逸出，钢中气泡少，晶粒细，组织致密，偏析小。①

特殊镇静钢是在用硅脱氧后加铝（或钛）进行补充脱氧，故其晶粒更细，塑性和低温性能更好，尤其是可焊性显著提高。

用连铸方法浇铸体积较小的钢坯，不但改变了传统模铸单个体积较大的钢锭形式，而且其脱氧充分，浇铸过程没有沸腾现象，材质均匀，故产品一般均为镇静钢。

化学成分偏析使钢材的塑性、冷弯性能、冲击韧性及可焊性变坏。非金属夹杂中的硫化物使钢材“热脆”，氧化物则严重地降低钢材的力学性能和工艺性能。裂纹使钢材的冷弯性能、冲击韧性和抗脆性破坏的能力大大降低。钢材在厚度方向不密合的分层，虽各层间仍相互连接，并不脱离，但它将严重降低冷弯性能。分层的夹缝处还易锈蚀，甚至形成裂纹，这将大大降低钢材的冲击韧性及抗脆断能力，尤其是在承受垂直于板面的拉力时，易产生层状撕裂。

钢材热轧可改善钢锭（坯）的铸造组织，它可使结晶致密，消除冶炼过程中的部分缺陷，故铸钢

---

①　沸腾钢和镇静钢的名称由来和区别还可参阅《疑难释义》第3.5节。

的质量得到提高。尤其是轧制压缩比大的小型钢材，如薄板、小型钢等，其强度、塑性、冲击韧性均优于压缩比小的大型钢材，故钢材的力学性能标准根据厚度进行了分段（见表 2.2、表 2.5 和表 2.8）。[①] 另外，钢材性能还与轧制方向有关，顺着轧制方向（纵向）较好，横向较差。

钢材的热处理一般采用正火、淬火和回火。其作用是通过改变钢的组织，细化晶粒，消除残余应力来改善钢的性能。正火是将钢材加热至 900℃以上并保温一定时间，然后在空气中冷却。普通热轧钢材轧制后在空气中自然冷却，可以说也是处于正火状态，但往往因停轧温度过低或过高，而使钢的组织改变，降低了钢材性能。故对质量要求高的钢材（Q390、Q420、Q460 钢和 GJ 钢等）常需正火处理或控制停扎（控制停轧温度为 900～850℃）。淬火是将钢材加热至 900℃以上并保温一定时间后，放入水或油中快速冷却。淬火后钢材强度大幅提高，但塑性、韧性显著降低，故淬火后要及时回火，即将钢材加温至 500～600℃，经保温后在空气中冷却。采用淬火后回火的调质工艺处理，可显著地提高钢材强度，且能保持一定的塑性和韧性。高强度螺栓用钢即采用这种热处理方法。

2.4.3　钢材的硬化

2.4.3.1　时效硬化

冶炼时留在纯铁体中的少量氮和碳的固溶体，随着时间的增长将逐渐析出，并形成氮化物和碳化物，它们对纯铁体的塑性变形起着阻碍作用，从而使钢材的强度提高，塑性和韧性下降，这种现象称为时效硬化（图 2.7(*a*)）。

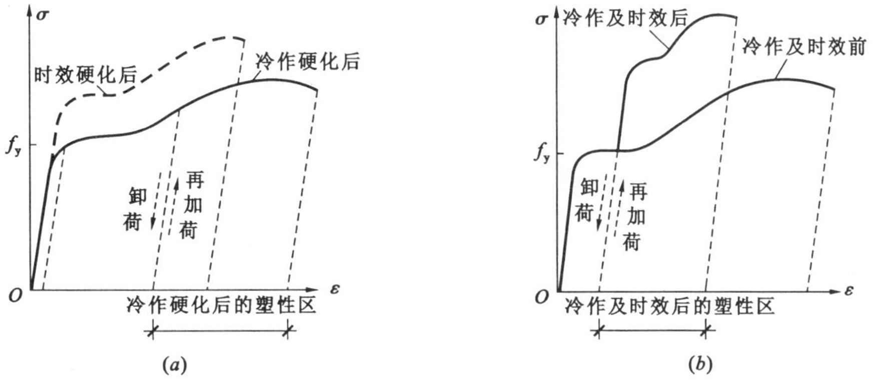

图 2.7　冷作硬化与时效硬化

时效硬化的过程有短有长（几天至几十年），但在材料经塑性变形（约 10%）后加热到 250℃，可使时效硬化加速发展，只需几小时即可完成，这称为人工时效（图 2.7(*b*)）。它一般被用于对特别重要结构使用的钢材时效，然后测定其冲击韧性。

2.4.3.2　冷作硬化（应变硬化）

前已述及，钢材在弹性阶段卸荷后，不产生残余变形，也不影响工作性能。但是，在弹塑性阶段或塑性阶段卸荷后再重复加荷时，其屈服点将提高，即弹性范围增大，而塑性和韧性降低（图 2.7(*a*)），这种现象称为冷作硬化。钢结构在制造时一般需经冷弯、冲孔、剪切、辊压等冷加工过程，这些工序的性质都是使钢材产生很大的塑性变形，甚至断裂，对强度而言，就是超过钢材的屈服点，甚至抗拉强度，这必然引起钢材的硬化，降低塑性和韧性，增加脆性破坏的危险，这对直接承受动力荷载的结构尤其不利。因此，钢结构一般不利用冷作硬化所提高的强度，且为消除冷作硬化

① 钢材的力学性能标准为什么要按厚度（或直径）进行分段还可参阅《疑难释义》第 3.7 节。

的影响，对重要结构用材(如吊车工作级别高的吊车梁的受拉翼缘板)还需刨边(将冷作硬化的板边刨除)。

2.4.4　温度的影响

前面所讨论的均是钢材在常温下的工作性能。当温度升高至约100℃时，钢材的抗拉强度 f_u、屈服点 f_y 及弹性模量 E 均有变化。总的情况是强度降低，塑性增大，但数值不大(图2.8)。然而在250℃左右时，f_u 却有提高，而塑性和冲击韧性则下降，出现脆性破坏特征，这种现象称为"蓝脆"(因表面氧化膜呈现蓝色)。在蓝脆温度范围内进行热加工，则钢材易发生裂纹。当温度超过250～350℃时，f_y 和 f_u 显著下降，而伸长率 δ 却明显增大，产生徐变现象。当温度达600℃时，强度接近为零。因此，当结构的表面长期受辐射热达150℃以上，或可能受到炽热熔化金属的侵害时，应采用砖或耐热材料做成的隔热层加以防护。

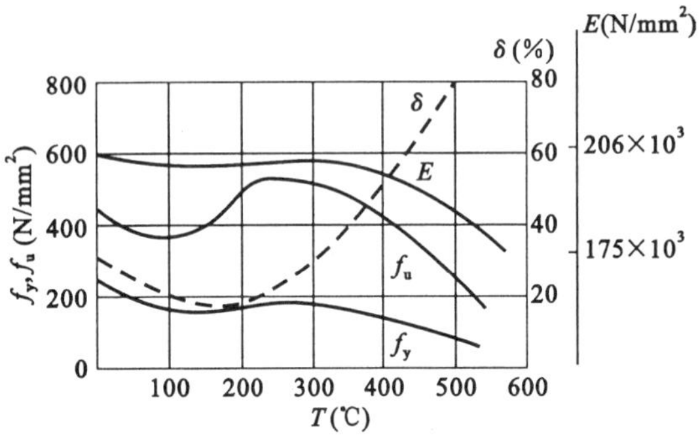

图2.8　温度对钢材性能的影响

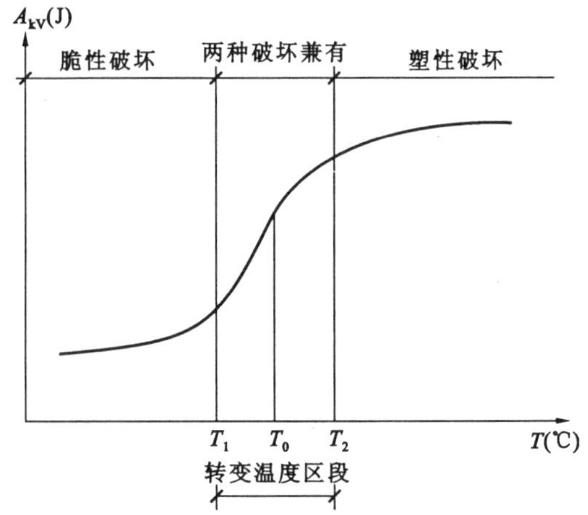

图2.9　温度对钢材冲击韧性的影响

当温度从常温下降时，钢材的强度将略有提高，但塑性和韧性降低，脆性增大。尤其是当温度下降到负温某一区间时，其冲击韧性陡然急剧降低，破坏特征明显地由塑性破坏转变为脆性破坏，出现低温脆断，即表现为如图2.9所示 $T_1 \sim T_2$ 温度区段间的 A_{kV}-T 关系曲线陡降。$T_1 \sim T_2$ 区段称为钢材的脆性转变温度区段。该区段内曲线的最陡点(反弯点)所对应的温度 T_0 称为脆性转变温度。每种钢材的脆性转变温度区段 $T_1 \sim T_2$ 可由大量的试验数据统计确定。为了防止脆性破坏，在对钢结构进行设计时一般应使结构工作温度高于钢材脆性转变温度区段的下限值 T_1(若取上限值 T_2 虽更安全，但过于严格，易造成浪费和选材困难)。

2.4.5　复杂应力作用的影响

钢材在单向应力作用时，是以屈服点 f_y 作为由弹性工作状态转入塑性工作状态的标志。但当钢材受复杂应力作用，即在双向或三向应力作用时，此时钢材的屈服不能以某一方向的应力达到 f_y 来判别，而是应按材料力学的能量强度理论用折算应力 σ_{eq} 与钢材在单向应力时的 f_y 比较来判别。

当用主应力表示时(图2.10(a))

$$\sigma_{eq} = \sqrt{\frac{1}{2}[(\sigma_1 - \sigma_2)^2 + (\sigma_2 - \sigma_3)^2 + (\sigma_3 - \sigma_1)^2]} \tag{2.6}$$

当用应力分量表示时(图2.10(b))

$$\sigma_{eq} = \sqrt{\sigma_x^2 + \sigma_y^2 + \sigma_z^2 - (\sigma_x\sigma_y + \sigma_y\sigma_z + \sigma_z\sigma_x) + 3(\tau_{xy}^2 + \tau_{yz}^2 + \tau_{zx}^2)} \tag{2.7}$$

若 $\sigma_{eq} < f_y$——弹性状态；

$\sigma_{eq} \geqslant f_y$——塑性状态。

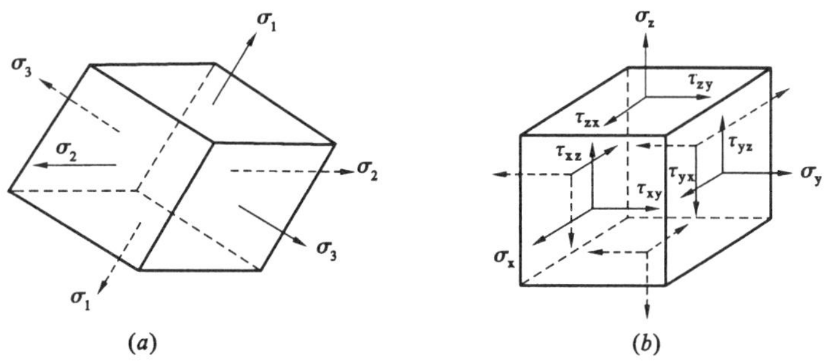

图 2.10 复杂应力作用状态

当三向应力中有一向应力很小(如钢材厚度较薄时,厚度方向的应力可忽略不计)或等于零,则为平面应力状态,式(2.6)、式(2.7)可简化为

$$\sigma_{eq} = \sqrt{\sigma_1^2 + \sigma_2^2 - \sigma_1\sigma_2} \tag{2.8}$$

$$\sigma_{eq} = \sqrt{\sigma_x^2 + \sigma_y^2 - \sigma_x\sigma_y + 3\tau_{xy}^2} \tag{2.9}$$

在普通梁中,一般只有正应力 σ 和剪应力 τ 作用,即 $\sigma_x=\sigma$、$\tau_{xy}=\tau$ 和 $\sigma_y=0$,则上式可简化为

$$\sigma_{eq} = \sqrt{\sigma^2 + 3\tau^2} \tag{2.10}$$

当受纯剪时,只有剪应力 τ,$\sigma=0$,则

$$\sigma_{eq} = \sqrt{3\tau^2} \tag{2.11}$$

取 $\sigma_{eq}=f_y$,则得

$$\tau = \frac{f_y}{\sqrt{3}} = 0.58 f_y \tag{2.12}$$

即剪应力达到 f_y 的 0.58 倍时,钢材进入塑性状态。因此,《设计规范》对钢材的抗剪强度设计值 f_v 取 $0.58f$(见表 3.5),f 为抗拉强度设计值。

由式(2.6)可见,三个主应力 σ_1、σ_2、σ_3 同号且差值又很小时,即使各自都远超过 f_y,材料也很难进入塑性状态,甚至到破坏时也没有明显的塑性变形,呈现脆性破坏。但是当有一向为异号应力,且同号两个应力相差又较大时,材料即比较容易进入塑性状态,破坏呈塑性特征。

2.4.6 应力集中的影响

在钢构件中一般常存在孔洞、缺口、凹角以及截面的厚度或宽度变化等,由于截面的突然改变,致使应力线曲折、密集,故在孔洞边缘或缺口尖端等处,将局部出现高峰应力,而其他部位应力则较低,截面应力分布很不均匀,这种现象称为应力集中(图 2.11(*a*))。

在应力集中处,由于应力线曲折,与构件受力方向不一致,因此将产生横向应力 σ_y(图 2.11(*b*))。若构件较厚时,还将产生 σ_z。由于 σ_y、σ_z 和 σ_x 同号,故构件处于同号的双向或三向应力场的复杂应力状态,从而使钢材沿受力方向的变形受到约束,以致塑性降低而产生脆性破坏。

图 2.11(*c*)所示为开槽不同的 4 种拉伸试件的应力-应变曲线,它显示应力集中的程度取决于槽口形状的变化。若变化越剧烈,则抗拉强度增长越多,而钢材的塑性降低也越多,脆性破坏的危险性也越大。

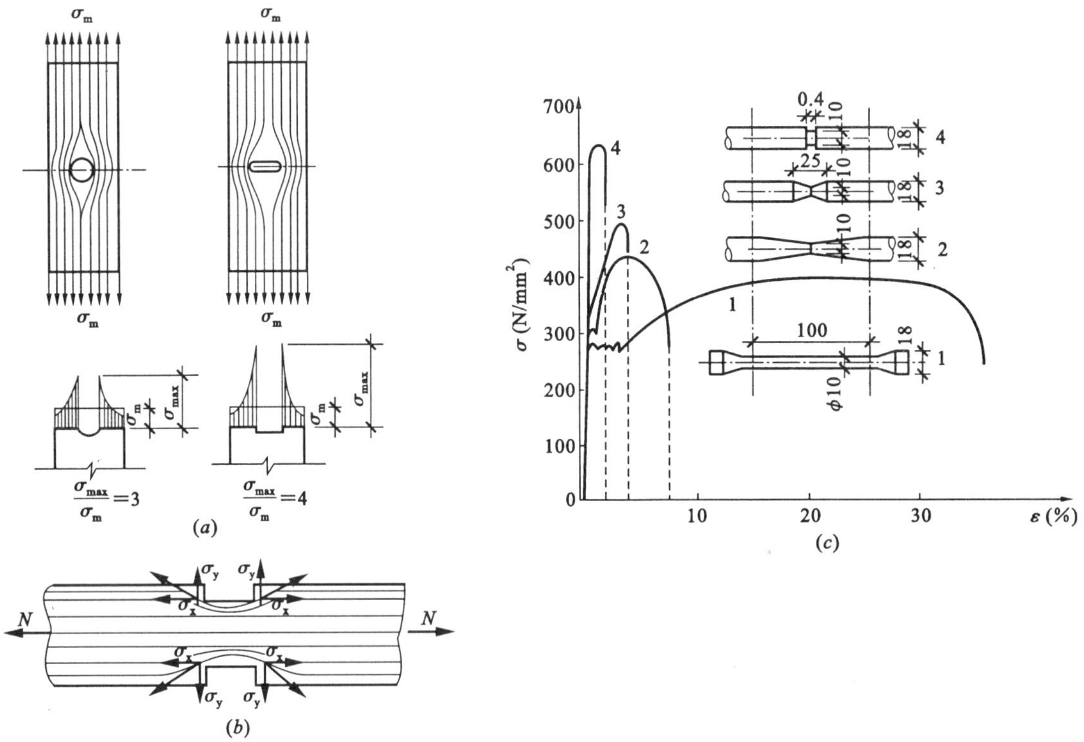

图 2.11　应力集中对钢材性能的影响

由于钢结构采用的钢材塑性较好，当内力增大时，应力不均匀现象会逐渐趋于平缓，故不影响截面的极限承载能力。因此，对承受静力作用在常温下工作的构件，设计时一般可不考虑应力集中的影响。但是，对低温下直接承受动力作用的构件，若应力集中严重，加上冷作硬化等的不利影响，则是脆性破坏的重要因素。故设计时，应采取避免截面急剧改变等构造措施，以减小应力集中。

2.4.7　残余应力的影响

残余应力是钢材在热轧、氧割、焊接时的加热和冷却过程中产生的，在先冷却部分常形成压应力，而后冷却部分则形成拉应力。残余应力对构件的刚度和稳定性都有降低，其详情将在以后诸章中论述。

2.4.8　重复荷载作用的影响(疲劳)

在重复荷载作用下，钢材的破坏强度低于静力作用下的抗拉强度，且呈现突发性的脆性破坏特征，这种破坏现象称为钢材的疲劳，其详情将在第 3.3 节中论述。

2.5　钢和钢材的种类及选用

2.5.1　钢结构用钢的种类

钢的种类繁多。参照 ISO(国际标准化组织)的相关标准，我国新修订的国标《钢分类第一部分：按化学成分分类》(GB/T 13304.1—2008)首先将钢分为非合金钢、低合金钢和合金钢三大类。然后，再依照《钢分类第二部分：按主要质量等级和主要性能或使用特性的分类》(GB/T 13304.2—

2008)将三类钢进行细分。适合于钢结构采用的一般钢种只是非合金钢中的碳素结构钢和低合金钢中的低合金高强度结构钢。[①] 另外,针对某些专门的使用要求,还有对上述两种钢附加上一些特殊性能的专用结构钢种,如高性能建筑结构钢(GJ 钢)、抗大气腐蚀的耐候结构钢(简称 NH 或 GNH 钢。NH 或 GNH 为耐候或高耐候汉语拼音的首位字母)等。

碳素结构钢按主要特性分类属于规定最低强度的非合金钢。其中 Q235 钢的 A 级和 B 级属于普通质量非合金钢,C 和 D 级属于优质非合金钢。

低合金高强度结构钢按主要特性分类属于可焊接低合金高强度结构钢。其中 Q345A 属于一般用途的普通质量低合金结构钢;Q345 的 B～D 级和 Q390 的 A～D 级属于一般用途的优质低合金结构钢;Q345E、Q390E 和 Q420、Q460 各级则属于一般用途的特殊质量低合金结构钢。

GJ 钢亦按上述进行分类,但均为特殊质量等级。如其中 Q235GJ 的 B～E 级属于特殊质量非合金钢;Q345GJ、Q390GJ、Q420GJ 的 B～E 级则属于特殊质量低合金钢。NH 或 GNH 钢的所有牌号均属于特殊质量低合金钢。

另外,用于钢结构连接的普通螺栓、高强度螺栓以及焊条等的钢材种类,除碳素结构钢、低合金高强度结构钢外,还有合金钢类,其特性和使用将在第 4 章中分别介绍。

2.5.2 钢结构用钢的牌号

钢结构用钢的一般牌号,是采用国家标准《碳素结构钢》(GB/T 700—2006)和《低合金高强度结构钢》(GB/T 1591—2008)[②]的表示方法。它由代表屈服强度的字母、屈服强度(按厚度 $t \leqslant 16$mm 钢材)的数值、质量等级符号、脱氧方法符号等 4 个部分按顺序组成。所采用的符号分别用下列字母表示:

Q——钢材屈服强度“屈”字汉语拼音首位字母;

A、B、C、D、E——分别为质量等级;

F——沸腾钢“沸”字汉语拼音首位字母;

Z——镇静钢“镇”字汉语拼音首位字母;

TZ——特殊镇静钢“特镇”两字汉语拼音首位字母。

在牌号组成表示方法中,“Z”与“TZ”符号予以省略。根据上述牌号表示方法,如碳素结构钢的 Q235AF 表示屈服强度为 235N/mm^2、质量等级为 A 级的沸腾钢;Q235B 表示屈服强度为 235N/mm^2、质量等级为 B 级的镇静钢;低合金高强度结构钢的 Q345C 表示屈服强度为 345N/mm^2、质量等级为 C 级的镇静钢;Q420E 表示屈服强度为 420N/mm^2、质量等级为 E 级的特殊镇静钢(低合金高强度结构钢全为镇静钢或特殊镇静钢,故 Z 与 TZ 符号均省略)。

GB/T 700—2006 对碳素结构钢的牌号共分 4 种,即 Q195、Q215、Q235 和 Q275。其中 Q235 钢是《设计规范》推荐采用的钢材,属于低碳钢,它的质量等级分为 A、B、C、D 四级,各级的化学成分和力学性能相应有所不同(表 2.1 和表 2.2)。另外,A、B 级钢分沸腾钢或镇静钢,而 C 级钢全为镇静钢,D 级钢则全为特殊镇静钢。在力学性能中,A 级钢保证 f_u、f_y、δ_5 和冷弯试验 4 项指标,不要求冲击韧性,而 B、C、D 级钢均保证 f_u、f_y、δ_5、冷弯试验和冲击韧性(温度分别为:B 级 20℃、C 级 0℃、D 级 −20℃)5 项指标。

---

① 关于碳素结构钢和低合金高强度结构钢名称分类的由来及其特性,还可参阅《疑难释义》第 3.2 节。

② 新国标《低合金高强度结构钢》(GB/T 1591—2008)于 2008 年 12 月 6 日发布,2009 年 10 月 1 日实施。其修订内容主要为:增加了 Q500、Q550、Q620、Q690 强度级别;加强了 P、S 控制;增加了 C_{eq} 和 P_{cm} 计算公式及规定;修订了力学性能及厚度组距;明确屈服强度为下屈服强度;提高了冲击功值;增加了厚度方向性能要求。

GB/T 1591—2008 对低合金高强度结构钢的牌号共分 8 种，即 Q345、Q390、Q420、Q460、Q500、Q550、Q620、Q690。前面三个牌号是《设计规范》推荐采用的钢材，其化学成分、碳当量 C_{eq}、焊接裂纹敏感性指数 P_{cm} 和力学性能见表 2.3、表 2.4 和表 2.5（表中加入了 Q460。其他 4 个牌号未列）。从表中可见，三个牌号的合金元素均以锰为主，另外至少再加入钒、铌、钛、铝中的一种，以细化钢晶粒。再还可加入稀土元素和钼、氮等，以更进一步改善钢的性能。三个牌号全为镇静钢或特殊镇静钢①。在力学性能方面，除 A 级钢不要求冲击韧性外，其余级别均保证 f_y、f_u、δ_5、冷弯和冲击韧性（温度分别为：B 级 20℃、C 级 0℃、D 级 −20℃、E 级 −40℃）5 项指标。

表 2.1　Q235 钢的化学成分（%）（摘自 GB/T 700—2006）

<table>
<tr><th rowspan="2">质量等级</th><th rowspan="2">脱氧方法</th><th>C</th><th>Mn</th><th>Si</th><th>S</th><th>P</th></tr>
<tr><th colspan="5">≤</th></tr>
<tr><td>A</td><td rowspan="2">F、Z</td><td>0.22</td><td rowspan="4">1.4</td><td rowspan="4">0.35</td><td>0.050</td><td rowspan="2">0.045</td></tr>
<tr><td>B</td><td>0.20</td><td>0.045</td></tr>
<tr><td>C</td><td>Z</td><td rowspan="2">0.17</td><td>0.040</td><td>0.040</td></tr>
<tr><td>D</td><td>TZ</td><td>0.035</td><td>0.035</td></tr>
</table>

注：(1) 在保证力学性能的情况下，Q235A 级钢的 C、Mn、Si 含量可以不作为交货条件，但其含量应在质量证明书中注明。

(2) 经需方同意，Q235B 的碳含量可不大于 0.22%。

(3) Q235D 钢应有足够细化晶粒的元素，当采用铝脱氧时，钢中酸溶铝含量应不小于 0.015%或全铝含量应不小于 0.020%。

表 2.2　Q235 钢的力学性能和工艺性能（摘自 GB/T 700—2006）

<table>
<tr><th rowspan="3">钢材厚度或直径
(mm)</th><th colspan="3">拉　伸　试　验</th><th colspan="2" rowspan="2">180°冷弯试验
(b=2a)
b 为试样宽度
a 为钢材厚度（直径）
d 为弯心直径</th><th colspan="3">夏比（V 型）冲击韧性</th></tr>
<tr><th>上屈服强度
R_{eH}(N/mm²)</th><th rowspan="2">抗拉强度 R_m
(N/mm²)</th><th>伸长率 δ_5
(%)</th><th rowspan="2">质量
等级</th><th rowspan="2">温度
(℃)</th><th>冲击功
A_{kV}(J)
(纵向)</th></tr>
<tr><th>≥</th><th>≥</th><th>纵　向</th><th>横　向</th><th>≥</th></tr>
<tr><td>≤16</td><td>235</td><td rowspan="6">370～500</td><td rowspan="2">26</td><td rowspan="3">d=a</td><td rowspan="3">d=1.5a</td><td rowspan="2">A</td><td rowspan="2">—</td><td rowspan="2">—</td></tr>
<tr><td>>16～40</td><td>225</td></tr>
<tr><td>>40～60</td><td>215</td><td>25</td><td>B</td><td>20</td><td rowspan="4">27</td></tr>
<tr><td>>60～100</td><td>215</td><td>24</td><td>d=2a</td><td>d=2.5a</td><td>C</td><td>0</td></tr>
<tr><td>>100～150</td><td>195</td><td>22</td><td colspan="2" rowspan="2">供需双方协商</td><td rowspan="2">D</td><td rowspan="2">−20</td></tr>
<tr><td>>150～200</td><td>185</td><td>21</td></tr>
</table>

注：(1) 如供方能保证冷弯试验符合表中规定，可不做检验。Q235A 冷弯试验合格时，抗拉强度上限可不作为交货条件。

(2) 用 Q235B 沸腾钢轧制的钢材，其厚度（或直径）不大于 25mm。

(3) 厚度大于 100mm 的钢材，抗拉强度下限值允许降低 20N/mm²。宽带钢（包括剪切钢板）抗拉强度上限值不作交货条件。

(4) 厚度小于 25mm 的 Q235B 钢材，如供方能保证冲击功值合格，经需方同意，可不做检验。

(5) 做拉伸和冷弯试验时，型钢和钢棒取纵向试样；钢板、钢带取横向试样，伸长率允许比表中数值降低 2%（绝对值）。窄钢带如果受宽度限制时，可取纵向试样。

---

① 低合金高强度结构钢为何全为镇静钢或特殊镇静钢的原因可参阅《疑难释义》第 3.6 节。

表 2.3 Q345、Q390、Q420、Q460 **钢的化学成分**(%)(摘自 GB/T 1591—2008)

<table>
<tr><th rowspan="2">钢号</th><th rowspan="2">质量等级</th><th>C</th><th>Si</th><th>Mn</th><th>P</th><th>S</th><th>Nb</th><th>V</th><th>Ti</th><th>Cr</th><th>Ni</th><th>Cu</th><th>N</th><th>Mo</th><th>B</th><th>Als</th></tr>
<tr><th colspan="14">≤</th><th>≥</th></tr>
<tr><td rowspan="5">Q345</td><td>A</td><td rowspan="3">0.20</td><td rowspan="5">0.50</td><td rowspan="5">1.70</td><td rowspan="2">0.035</td><td rowspan="2">0.035</td><td rowspan="5">0.07</td><td rowspan="5">0.15</td><td rowspan="5">0.20</td><td rowspan="5">0.30</td><td rowspan="5">0.50</td><td rowspan="5">0.30</td><td rowspan="5">0.012</td><td rowspan="5">0.10</td><td rowspan="5">—</td><td rowspan="2">—</td></tr>
<tr><td>B</td></tr>
<tr><td>C</td><td rowspan="2">0.030</td><td>0.030</td><td rowspan="3">0.015</td></tr>
<tr><td>D</td><td rowspan="2">0.18</td><td>0.025</td></tr>
<tr><td>E</td><td>0.025</td><td>0.020</td></tr>
<tr><td rowspan="5">Q390</td><td>A</td><td rowspan="5">0.20</td><td rowspan="5">0.50</td><td rowspan="5">1.70</td><td rowspan="2">0.035</td><td rowspan="2">0.035</td><td rowspan="5">0.07</td><td rowspan="5">0.20</td><td rowspan="5">0.20</td><td rowspan="5">0.30</td><td rowspan="5">0.50</td><td rowspan="5">0.30</td><td rowspan="5">0.015</td><td rowspan="5">0.10</td><td rowspan="5">—</td><td rowspan="2">—</td></tr>
<tr><td>B</td></tr>
<tr><td>C</td><td rowspan="2">0.030</td><td>0.030</td><td rowspan="3">0.015</td></tr>
<tr><td>D</td><td>0.025</td></tr>
<tr><td>E</td><td>0.025</td><td>0.020</td></tr>
<tr><td rowspan="5">Q420</td><td>A</td><td rowspan="5">0.20</td><td rowspan="5">0.50</td><td rowspan="5">1.70</td><td rowspan="2">0.035</td><td rowspan="2">0.035</td><td rowspan="5">0.07</td><td rowspan="5">0.20</td><td rowspan="5">0.20</td><td rowspan="5">0.30</td><td rowspan="5">0.80</td><td rowspan="5">0.30</td><td rowspan="5">0.015</td><td rowspan="5">0.20</td><td rowspan="5">—</td><td rowspan="2">—</td></tr>
<tr><td>B</td></tr>
<tr><td>C</td><td rowspan="2">0.030</td><td>0.030</td><td rowspan="3">0.015</td></tr>
<tr><td>D</td><td>0.025</td></tr>
<tr><td>E</td><td>0.025</td><td>0.020</td></tr>
<tr><td rowspan="3">Q460</td><td>C</td><td rowspan="3">0.20</td><td rowspan="3">0.60</td><td rowspan="3">1.80</td><td rowspan="2">0.030</td><td>0.030</td><td rowspan="3">0.11</td><td rowspan="3">0.20</td><td rowspan="3">0.20</td><td rowspan="3">0.30</td><td rowspan="3">0.80</td><td rowspan="3">0.55</td><td rowspan="3">0.015</td><td rowspan="3">0.20</td><td rowspan="3">0.004</td><td rowspan="3">0.015</td></tr>
<tr><td>D</td><td>0.025</td></tr>
<tr><td>E</td><td>0.025</td><td>0.020</td></tr>
</table>

注:(1) 在保证力学性能的情况下,各牌号 A 级钢的 C、Mn、Si 化学成分可不作交货条件。

(2) 当需要加入细化晶粒元素时,钢中应至少含有 Al、Nb、V、Ti 中的一种。当细化晶粒元素组合加入时,20(Nb+V+Ti)≤0.22%,20(Mo+Cr)≤0.30%。

(3) 当采用全铝含量(Alt)表示时,Alt 应不小于 0.020%。

(4) 为改善钢性能,各牌号可加入 RE 元素,其加入量按钢水质量的 0.02%~0.20%计算。

(5) 型材及棒材的 P、S 含量可提高 0.005%,其中 A 级钢上限可为 0.045%。

表 2.4 Q345、Q390、Q420、Q460 **钢** C_{eq} **和** P_{cm} **限值**(%)(摘自 GB/T 1591—2008)

<table>
<tr><th rowspan="5">牌 号</th><th colspan="8">C_{eq}(≤)</th><th>P_{cm}(≤)</th></tr>
<tr><th colspan="8">交 货 状 态</th><th>交货状态</th></tr>
<tr><th colspan="2">AR</th><th colspan="3">N、NR、N+T</th><th colspan="3">TMCP 或 TMCP+T</th><th rowspan="3">TMCP
或
TMCP+T</th></tr>
<tr><th colspan="8">钢材厚度(mm)</th></tr>
<tr><th>≤63</th><th>63~250</th><th>≤63</th><th>63~120</th><th>120~250</th><th>≤63</th><th>63~120</th><th>120~150</th></tr>
<tr><td>Q345</td><td>0.44</td><td>0.47</td><td>0.45</td><td rowspan="2">0.48</td><td>0.48</td><td>0.44</td><td>0.45</td><td>0.45</td><td rowspan="4">0.20</td></tr>
<tr><td>Q390</td><td rowspan="2">0.45</td><td rowspan="2">0.48</td><td>0.46</td><td>0.49</td><td rowspan="2">0.46</td><td rowspan="2">0.47</td><td>0.47</td></tr>
<tr><td>Q420</td><td>0.48</td><td>0.50</td><td>0.52</td><td>0.48</td></tr>
<tr><td>Q460</td><td>0.46</td><td>0.49</td><td>0.53</td><td>0.54</td><td>0.55</td><td>0.47</td><td>0.48</td><td></td></tr>
</table>

注:(1) AR:热轧、控轧;N:正火;NR:正火轧制;T:回火;TMCP:热机械轧制(温度-形变控轧控冷)。

(2) TMCP 或 TMCP+T 状态交货的钢材其碳含量不大于 0.12%时,可采用 P_{cm} 代替 C_{eq} 评估钢材可焊性。

(3) 经供需双方协商,可指定采用 C_{eq} 或 P_{cm} 作为衡量可焊性的指标。当未指定时,供方可任选其一。

(4) C_{eq} 和 P_{cm} 应由熔炼分析成分采用式(2.3)和式(2.4)计算。

表 2.5 Q345、Q390、Q420、Q460 钢的力学性能和工艺性能(摘自 GB/T 1591—2008)

钢号	质量等级	拉伸试验															夏比(V 型)冲击韧性		180°弯曲试验 d=弯心直径 a=试样厚度	
		下屈服强度 R_{eL}(N/mm²)						抗拉强度 R_m(N/mm²)					伸长率 δ_5(%)				钢材厚度 12~150 (mm)		钢材厚度(直径、边长)(mm)	
		钢材厚度(直径,边长)(mm)						钢材厚度(直径,边长)(mm)					钢材厚度(直径,边长)(mm)				温度(℃)	冲击功 A_{kv}(J)(纵向试样)	≤16	>16~100
		≤16	>16~40	>40~63	>63~80	>80~100	>100~150	≤40	>40~63	>63~80	>80~100	>100~150	≤40	>40~63	>63~100	>100~150		≥		
		≥											≥							
Q345	A	345	335	325	315	305	285	470~630	470~630	470~630	470~630	450~600	20	19	19	18	—	—	$d=2a$	$d=3a$
	B																20	34		
	C												21	20	20	19	0			
	D																−20			
	E																−40			
Q390	A	390	370	350	330	330	310	490~650	490~650	490~650	490~650	470 620	20	19	19	18	—	—		
	B																20	34		
	C																0			
	D																−20			
	E																−40			
Q420	A	420	400	380	360	360	340	520~680	520~680	520~680	520 680	500 650	19	18	18	18	—	—		
	B																20	34		
	C																0			
	D																−20			
	E																−40			
Q460	C	460	440	420	400	400	380	550~720	550~720	550~720	550~720	530~700	17	16	16	16	0	34		
	D																−20			
	E																−40			

注:(1) 当屈服不明显时,可测量 $R_{p0.2}$ 代替下屈服强度。

(2) 宽度不小于 600 mm 扁平材,拉伸和弯曲试验取横向试样;宽度小于 600 mm 的扁平材、型材及棒材取纵向试样,伸长率最小值相应提高 1%(绝对值)。

(3) 若供方能保证弯曲试验符合表中的规定,可不作弯曲性能检验。A 级钢弯曲试验合格时,抗拉强度上限可以不作为交货条件。

《建筑结构用钢板》(GB/T 19879—2005)的牌号共分 5 种,即 Q235GJ、Q345GJ、Q390GJ、Q420GJ 和 Q460GJ,其化学成分、碳当量 C_{eq} 和焊接裂纹敏感性指数 P_{cm} 及力学性能分别见表 2.6、表 2.7 及表 2.8。从表中可见,与相同强度等级的碳素结构钢或低合金高强度结构钢比较,其化学成分均有一定调整,尤其是降低了 S、P 含量。对于厚度方向性能钢板,S、P 含量降低更多。在力学性能方面,还规定了屈服强度波动范围和较低的屈强比,以保证强度指标的稳定和较多的强度储备。

表 2.6 建筑结构用钢板的化学成分(%)(摘自 GB/T 19879—2005)

钢号	质量等级	厚度(mm)	C	Si	Mn	P	S	V	Nb	Ti	Als	Cr	Cu	Ni
Q235GJ	B	6~100	≤0.20	≤0.35	0.60~1.20	≤0.025	≤0.015	—	—	—	≥0.015	≤0.30	≤0.30	≤0.30
	C													
	D		≤0.18			≤0.020								
	E													
Q345GJ	B	6~100	≤0.20	≤0.55	≤1.60	≤0.025	≤0.015	0.020~0.150	0.015~0.060	0.010~0.030	≥0.015	≤0.30	≤0.30	≤0.30
	C													
	D		≤0.18			≤0.020								
	E													
Q390GJ	C	6~100	≤0.20	≤0.55	≤1.60	≤0.025	≤0.015	0.020~0.200	0.015~0.060	0.010~0.030	≥0.015	≤0.30	≤0.30	≤0.70
	D		≤0.18			≤0.020								
	E													
Q420GJ	C	6~100	≤0.20	≤0.55	≤1.60	≤0.025	≤0.015	0.020~0.200	0.015~0.060	0.010~0.030	≥0.015	≤0.40	≤0.30	≤0.70
	D		≤0.18			≤0.020								
	E													
Q460GJ	C	6~100	≤0.20	≤0.55	≤1.60	≤0.025	≤0.015	0.020~0.200	0.015~0.060	0.010~0.030	≥0.015	≤0.70	≤0.30	≤0.70
	D		≤0.18			≤0.020								
	E													

注:(1) 对于厚度方向性能钢板,P≤0.02%。硫含量:级别 Z15,S≤0.010%;Z25,S≤0.007%;Z35,S≤0.005%。

(2) 允许用全铝含量 Alt 来代替酸铝含量 Als 的要求,此时 Alt≥0.020%。

(3) Cr、Ni、Cu 为残余元素时,其含量应各不大于 0.30%。

(4) 为改善钢板性能可添加微合金元素 V、Nb、Ti 等。当单独添加时,其含量应不低于表中所列的下限;若混合加入时,则表中下限含量不适用,其 V、Nb、Ti 总和不大于 0.22%。

表 2.7 建筑结构用钢板的 C_{eq} 和 P_{cm} 限值(摘自 GB/T 19879—2005)

牌 号	交货状态	C_{eq}(%)		P_{cm}(%)	
		钢板厚度(mm)		钢板厚度(mm)	
		≤50	>50~100	≤50	>50~100
Q235GJ	AR、N、NR	≤0.36	≤0.36	≤0.26	≤0.26
Q345GJ	AR、N、NR、N+T	≤0.42	≤0.44	≤0.29	≤0.29
	TMCP	≤0.38	≤0.40	≤0.24	≤0.26

续表 2.7

牌号	交货状态	C_{eq}(%) 钢板厚度(mm) ≤50	C_{eq}(%) 钢板厚度(mm) >50～100	P_{cm}(%) 钢板厚度(mm) ≤50	P_{cm}(%) 钢板厚度(mm) >50～100
Q390GJ	AR、N、NR、N+T	≤0.45	≤0.47	≤0.29	≤0.30
	TMCP	≤0.40	≤0.43	≤0.26	≤0.27
Q420GJ	AR、N、NR、N+T	≤0.48	≤0.50	≤0.31	≤0.33
	TMCP	≤0.43	供需双方协商	≤0.29	供需双方协商
Q460GJ	AR、N、NR、N+T、Q+T、TMCP	供需双方协商			

注:(1) AR:热轧;N:正火;NR:正火轧制;T:回火;Q:淬火;TMCP:温度-形变控轧控冷。

(2) C_{eq}和 P_{cm}应由熔炼分析成分采用式(2.3)和式(2.4)计算。

(3) 钢板一般以 C_{eq}交货。经供需双方协商并在合同中注明,也可用 P_{cm}代替。

表 2.8　建筑结构用钢板的力学性能和工艺性能(摘自 GB/T 19879—2005)

钢号	质量等级	上屈服强度 R_{eH}(N/mm²) 钢板厚度(mm) 6～16	>16～35	>35～50	>50～100	抗拉强度 R_m(N/mm²)	伸长率 δ_5(%)	冲击功(纵向) A_{KV}(J) 温度(℃)	≥	180°弯曲试验 d=弯心直径 a=试样厚度 钢板厚度(mm) ≤16	>16	屈强比 ≤
Q235GJ	B	≥235	235～355	225～345	215～335	400～510	≥23	20	34	$d=2a$	$d=3a$	0.80
	C							0				
	D							−20				
	E							−40				
Q345GJ	B	≥345	345～465	335～455	325～445	490～610	≥22	20	34	$d=2a$	$d=3a$	0.83
	C							0				
	D							−20				
	E							−40				
Q390GJ	C	≥390	390～510	380～500	370～490	490～650	≥20	0	34	$d=2a$	$d=3a$	0.85
	D							−20				
	E							−40				
Q420GJ	C	≥420	420～550	410～540	400～530	520～680	≥19	0	34	$d=2a$	$d=3a$	0.85
	D							−20				
	E							−40				
Q460GJ	C	≥460	460～600	450～590	440～580	550～720	≥17	0	34	$d=2a$	$d=3a$	0.85
	D							−20				
	E							−40				

注:(1) 若供方能保证弯曲性能符合表中规定,可不做弯曲性能试验。若需方要求做弯曲试验,应在合同中注明。

(2) 对于厚度方向性能钢板,断面收缩率:ψ_Z≥15%(Z15 级)、ψ_Z≥25(Z25 级)、ψ_Z≥35(Z35 级)。Z35、Z25 钢板应逐张进行检验,Z15 级可根据用户要求逐张或按批检验。

新国标《耐候结构钢》(GB/T 4171—2008)[①]分 NH(耐候)和高耐候(GNH)两类，其牌号也按屈服强度数值排序：即 NH 为 Q235NH、Q295NH、Q355NH、Q425NH、Q460NH、Q520NH 和 Q550NH 共 7 种；GNH 类为 Q265GNH、Q295GNH、Q310GNH 和 Q355GNH 共 4 种。各牌号的质量等级有 A～E 共 5 级。

2.5.3 钢材的选用

钢材的选用原则是：保证结构安全可靠地满足使用要求，同时要经济合理，节约钢材，降低造价。

如前所述，钢材的强度和质量等级可由力学性能中的 f_u(抗拉强度)、δ_5(伸长率)、f_y(屈服点)、180°冷弯和 A_{kV}(常温及负温冲击韧性)等指标和化学成分中的碳、锰、硅、硫、磷和合金元素的含量是否符合规定，以及脱氧方法(沸腾钢、镇静钢、特镇钢)等作为标准来衡量。显然，不论何种构件，一律采用强度和质量等级高的钢材或 GJ、NH 钢材是不合理的，而且钢材强度等级高(如 Q345、Q390、Q420 钢)或质量等级高(C、D、E 级)以及 GJ 钢或增加 Z 向性能，其价格亦增高。因此，钢材的选用应结合需要全面考虑，合理选择。现就需考虑的主要因素分述如下[②]：

(1) 结构的重要性

根据《建筑结构可靠度设计统一标准》(GB 50068—2001)[③]的规定，建筑物(及其构件)按其破坏后果的严重性，分为重要的、一般的和次要的三类，相应的安全等级为一、二和三级(见表 3.4)。因此，对安全等级为一级的重要的房屋(及其构件)，如重型厂房钢结构、大跨钢结构、高层钢结构等，应选用质量好的钢材。对一般或次要的房屋及其构件可按其性质，选用普通质量的钢材。另外，对构件，若其破坏产生的后果严重(如导致结构不能正常使用)时，也应对其选用质量好的钢材。反之，可选普通质量的钢材。

(2) 荷载性质

结构所受荷载分静力荷载和动力荷载两种，对直接承受动力荷载的构件如吊车梁，应选用综合质量和韧性较好的钢材。如需验算疲劳时，则应选用更好的钢材。对承受静力荷载的结构，可选用普通质量的钢材。

(3) 应力特征

拉应力易使构件产生断裂，后果严重，故对受拉和受弯构件应选用较好质量的钢材。而对受压和压弯构件可选用普通质量的钢材。

(4) 连接方法

钢结构的连接方法有焊接和非焊接(采用紧固件连接)之分。焊接结构由于焊接过程的不均匀加热和冷却，会对钢材产生许多不利的影响(详见第 4 章)，因此，其钢材质量应高于非焊接结构，需选择碳、硫、磷含量较低，塑性和韧性指标较高，可焊性较好的钢材。

(5) 工作条件

结构的工作环境对钢材有很大影响，如钢材处于低温工作环境时易产生低温冷脆，此时应选用抗低温脆断性能较好的镇静钢。另外，对周围环境有腐蚀性介质或处于露天的结构，易引起锈蚀，

---

① 新国标《耐候结构钢》(GB/T 4171—2008)整合修订了相关标准，重新制定了牌号和化学成分、力学性能以代替《高耐候结构钢》(TB/T 4171—2000)、《焊接结构用耐候钢》(GB/T 4172—2000)和《集装箱用耐腐蚀钢板及钢带》(GB/T 18982—2003)。耐候结构钢还适用于铁塔、车辆、集装箱等。

② 钢材的选用应考虑哪些问题，如何做到经济合理、安全适用还可参阅《疑难释义》第 3.12 节。

③ 本书以下对《建筑结构可靠度设计统一标准》(GB 50068—2001)简称《统一标准》。

则应选择具有相应抗腐蚀性能的耐候钢材。

(6) 钢材厚度

厚度大的钢材不仅强度、塑性、冲击韧性较差，而且其焊接性能和沿厚度方向的受力性能亦较差。故在需要采用大厚度钢板时，应选择质量好的厚板或 Z 向性能钢板。

根据上述原则，《设计规范》结合我国多年来的工程实践和钢材生产情况，对承重结构的钢材推荐采用 Q235、Q345、Q390、Q420 钢。

沸腾钢质量较差，但在常温、静力荷载下的机械性能和焊接性能与镇静钢无显著差异，可满足一般承重结构的要求。虽然随着我国炼钢工艺由模铸改为连铸，沸腾钢的产量已很少，其价格也与镇静钢持平，但考虑到目前还有少量模铸生产，故《设计规范》仍对承重结构和构件不应采用 Q235 沸腾钢有如下规定：对焊接结构：① 直接承受动力荷载或振动荷载且需要验算疲劳的结构；② 工作温度低于－20℃时的直接承受动力荷载或振动荷载但可不验算疲劳的结构以及承受静力荷载的受弯及受拉的重要承重结构；③ 工作温度等于或低于－30℃的所有承重结构。对非焊接结构：工作温度等于或低于－20℃的直接承受动力荷载且需要验算疲劳的结构。

对承重结构采用的钢材，应具有抗拉强度、伸长率、屈服点(通称 3 项保证)和硫、磷含量的合格保证，对焊接结构尚应具有碳含量的合格保证。另外，焊接承重结构以及重要的非焊接承重结构采用的钢材还应具有冷弯试验的合格保证(合称 4 项保证)。

以上规定是《设计规范》的强制性条文，是承重结构钢材应具有的强度和塑性性能的基本保证和可焊性能保证。对于承受静力荷载或间接承受动力荷载的焊接结构，如一般的屋架、托架、梁、柱、天窗架、操作平台等以及类似结构的钢材，可按此要求选用。如对 Q235 钢，可选用 Q235BF(厚度或直径应不大于 25 mm)或 Q235B。

《设计规范》还进一步规定：对于需要验算疲劳的焊接结构(特重级和重级工作制吊车梁、重级和中级工作制吊车桁架等)和吊车起重量等于或大于 50t 的中级工作制吊车梁，以及承受静力荷载的重要的受拉及受弯焊接结构(跨度 $l \geqslant 30$m 的屋架和 $l \geqslant 24$m 的托架、托梁、高层建筑的框架等)的钢材，应具有常温(20℃)冲击韧性的合格保证(合称 5 项保证)，即应选用各钢号的 B 级钢材。当结构工作温度不高于 0℃但高于－20℃时，Q235 和 Q345 钢应具有 0℃冲击韧性的合格保证，即应选用 Q235C 和 Q345C 钢；对 Q390 和 Q420 钢应具有－20℃冲击韧性的合格保证，即应选用 Q390D 和 Q420D 钢。当结构工作温度不高于－20℃时，对 Q235 和 Q345 钢应具有－20℃冲击韧性的合格保证，即应选用 Q235D 和 Q345D 钢；对 Q390 和 Q420 钢应具有－40℃冲击韧性的合格保证，即应选用 Q390E 和 Q420E 钢。

对于需要验算疲劳的非焊接结构的钢材亦应具有常温冲击韧性的合格保证。当结构工作温度不高于－20℃时，对 Q235 和 Q345 钢应具有 0℃冲击韧性的合格保证，即应选用 Q235C 和Q345C 钢；对 Q390 和 Q420 钢应具有－20℃冲击韧性的合格保证，即应选用 Q390D 和 Q420D 钢。

对于超高层建筑、大跨度结构等的重要承重构件或承受重大动力荷载的构件，应选用 GJ 钢。对还需要厚度方向性能的钢板，则应附加 Z 向性能。对于露天结构或处于腐蚀环境的结构，应选用 NH 或 GNH 钢。

从经济角度考虑，一般钢结构常选用 Q235 或 Q345 钢，质量等级也按需选用。对于选用更高强度的钢材，则应作经济效益比较。Q460 钢目前虽未纳入《设计规范》推荐钢材，但在已有少量工程实践(鸟巢等)的经验上，可论证选用。

2.5.4 钢材的品种和规格

钢结构采用的钢材品种主要为热轧钢板、钢带和型钢以及冷轧钢板、钢带和冷弯薄壁型钢及压型板。

(1) 钢板和钢带(或称带钢)

钢板和钢带分热轧和冷轧两种。其规格用符号"—"和宽度×厚度×长度的毫米数表示。如:—300×10×3000 表示宽度为 300mm,厚度为 10mm,长度为 3000mm 的钢板或钢带。厚钢带可直接用于焊接 H 型钢的翼缘或腹板和焊接钢管,而薄钢带可用于冷弯薄壁型钢结构。

热轧钢板:厚度 0.5～200mm,宽度 600～2000mm,长度 1200～6000mm。

热轧钢带:厚度 1.2～25mm,宽度 120～1900mm,长度 1200～6000mm 或卷板(对薄钢带)。

冷轧钢板:厚度 0.2～5mm,宽度 600～2000mm,长度 1200～2300mm。

冷轧钢带:厚度 0.2～5mm,宽度>600mm,卷板。

(2) 热轧型钢

常用的热轧型钢有 H 型钢、T 型钢、工字钢、槽钢、角钢和钢管(图 2.12)。

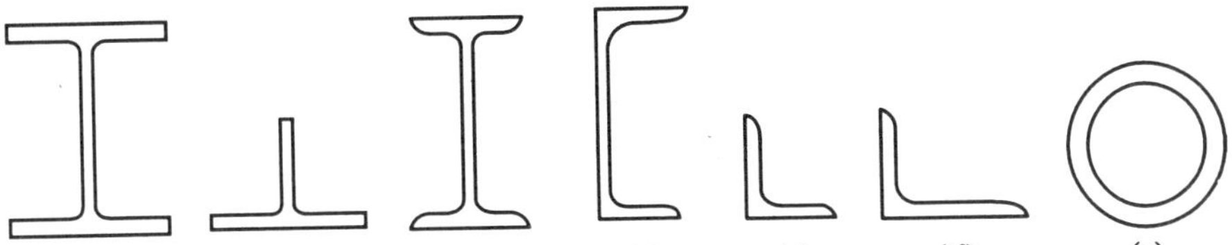

图 2.12 热轧型钢

(*a*) H 型钢;(*b*) T 型钢;(*c*) 工字钢;(*d*) 槽钢;(*e*) 等边角钢;(*f*) 不等边角钢;(*g*) 钢管

H 型钢和 T 型钢(全称为剖分 T 型钢,因其由 H 型钢对半分割而成)是近年来我国广泛应用的热轧型钢,其新国标为《热轧 H 型钢和剖分 T 型钢》(GB/T 11263—2005)[①]。H 型钢和 T 型钢的截面形状较之于传统型钢(工、槽、角钢)合理,能使钢材更高地发挥效能(与工字钢比较,两者自重相近时,H 型钢不仅高度方向的截面模量 W_x 要大 5%～10%,且宽度方向的惯性矩 I_y 要大 1～1.3 倍),且其内、外表面平行,便于与其他构件连接,因此只需少量加工,便可直接用作柱、梁和屋架杆件。H 型钢和 T 型钢均分为宽、中、窄三种类别,而 H 型钢还增列有轻型类别,其代号分别为 HW、HM、HN、HT(附表 4。附表 5 为 HN 型钢与工字钢型号及截面特性参数对比表)和 TW、TM、TN(附表 6),W、M、N、T 为其英语的首位字母。宽翼缘 HW 型的翼缘宽度 B 与其截面高度 H 一般相等,适用于制作柱;中翼缘 HM 型的 $B \approx (2/3 \sim 1/2)H$,适用于制作柱或梁;窄翼缘 HN 型的 $B=(1/2 \sim 1/3)H$,则适用于制作梁。HT 型为轻型薄壁类型,适用于制作轻型房屋的柱、梁、檩条等。H 型钢和 T 型钢的规格标记均采用:高度 H×宽度 B×腹板厚度 t_1×翼缘厚度 t_2。如 HM482×300×11×15 表示 500×300 型号中的一种(另外一种为 HM488×300×11×18,同型号 H 型钢的内侧净空相等),用其剖分的 T 型钢为 250×300 型号中的 TM241×300×11×15。

工字钢、槽钢、角钢为用于钢结构的传统热轧型钢,至今已有百余年历史,其新国标为 2008 年

① 新标准较原 GB/T 11263—1998 标准缩小了截面颈部圆角的半径 r,使截面外观较清瘦,相应地也缩小了截面面积和质量;另外还调整并增加了部分规格,如 HW 增加了 500×500 型号,HN 增加了 100×300 型号。另外,还增加了 HT 类别,可代替《热轧轻型 H 型钢》(YB/T 4113—2003)和《结构用高频焊接薄壁 H 型钢》(JG/T 137—2001)的相关规格。H 型钢与焊接 H 型钢相比,前者的外形和质量都更好,且价格也低,生产耗能较少。

8 月 19 日发布，2009 年 4 月 1 日实施的《热轧型钢》(GB/T 706—2008)①。

工字钢型号用符号“I”及号数表示(附表 7)，号数代表截面高度的厘米数。20 号和 32 号以上的工字钢，同一号数中又分 a、b 和 a、b、c 类型，b 和 c 型腹板厚度和翼缘宽度较 a 型按 2mm 递增。如 I36a 表示截面高度为 360mm、腹板厚度为 a 类的工字钢。工字钢宜尽量选用腹板厚度最薄的 a 类，这是因其质量轻，而截面惯性矩相对却较大。我国生产的最大工字钢为 63 号，长度为 5～19m。工字钢由于宽度方向的惯性矩和回转半径比高度方向的小得多，因而在应用上有一定的局限性，一般宜用于单向受弯构件。

槽钢型号用符号“[”及号数表示(附表 8)，号数也代表截面高度的厘米数。14 号和 24 号以上的槽钢，同一号数中又分 a、b 和 a、b、c 类型，b 和 c 型腹板厚度和翼缘宽度较 a 型按 2mm 递增。如[36a 表示截面高度为 360mm、腹板厚度为 a 类的槽钢。我国生产的最大槽钢为 40 号，长度为 5～19m。

角钢分等边角钢(附表 9)和不等边角钢(附表 10)两种。等边角钢的型号用符号“∟”和肢宽×肢厚的毫米数表示，如∟100×10 表示肢宽 100mm、肢厚 10mm 的等边角钢。不等边角钢的型号用符号“∟”和长肢宽×短肢宽×肢厚的毫米数表示。如∟100×80×8 表示长肢宽 100mm、短肢宽 80mm、肢厚 8mm 的不等边角钢。我国目前生产的最大等边角钢的肢宽为 250mm，最大不等边角钢的两个肢宽为 200mm×125mm。角钢的长度一般为 3～19m。

钢管分焊接钢管(附表 11)和无缝钢管(附表 12)两种，型号用“ϕ”和外径×壁厚的毫米数表示，如 ϕ219×14 为外径 219mm、壁厚 14mm 的钢管。我国生产的最大无缝钢管为 ϕ1016×120，最大焊接钢管为 ϕ2540×65。

(3) 冷弯型钢和压型钢板

建筑中使用的冷弯型钢常用厚度为 1.5～5mm 薄钢板或钢带经冷轧(弯)或模压而成，故也称冷弯薄壁型钢(图 2.13)。另外还有用厚钢板(大于 6mm)冷弯成的方管、矩形管、圆管等，称为冷弯厚壁型钢。压型钢板是冷弯型钢的另一种形式，它是用厚度为 0.3～2mm 的镀锌或镀铝锌钢板、彩色涂层钢板经冷轧(压)成的各种类型的波形板，图 2.14 所示为其中数种。冷弯型钢和压型钢板分别适用于轻钢结构的承重构件和屋面、墙面构件。

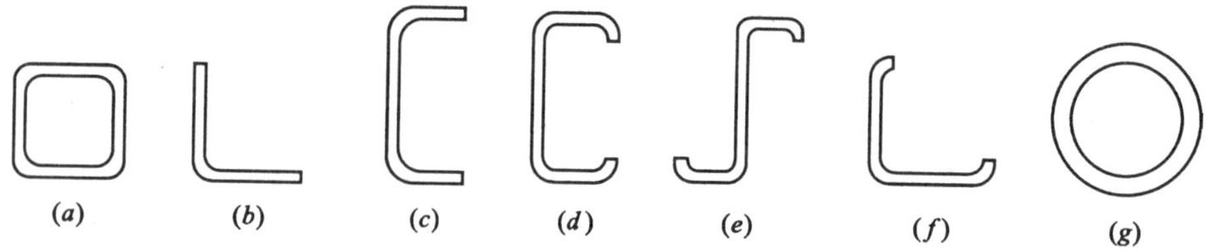

图 2.13　冷弯薄壁型钢

(*a*) 方钢管；(*b*) 等肢角钢；(*c*) 槽钢；(*d*) 卷边槽钢；(*e*) 卷边 Z 形钢；(*f*) 卷边等肢角钢；(*g*) 焊接薄壁钢管

图 2.14　压型钢板部分板型

① 《热轧型钢》(GB/T 706—2008)合并代替原《热轧工字钢》(GB/T 706—1998)、《热轧槽钢》(GB/T 707—1998)、《热轧等边角钢》(GB/T 9787—1988)、《热轧不等边角钢》(GB/T 9788—1988)。除原有规格外，新增加了部分规格，如等边角钢增加了∟220 和∟250 系列等。

冷弯型钢和压型钢板都属于高效经济截面，由于壁薄，截面几何形状开展，截面惯性矩大，刚度好，故能高效地发挥材料的作用，节约钢材。

小　结

(1) 钢材在受力破坏时有塑性破坏和脆性破坏两种特征。后者为变形小的突然性断裂，危险性大，应在设计、制造、安装中严加防止。

(2) 钢材的力学性能和工艺性能包括强度、塑性、韧性和弯曲性能等方面。强度指标为屈服点 f_y 和抗拉强度 f_u，塑性指标为伸长率 δ_5 和截面收缩率 Ψ 及 Ψ_Z，韧性指标为 A_{kV}，弯曲性能可检验钢材工艺性能，同时也是衡量钢材力学性能更为严格的一种补充试验方法。它们可由单向均匀拉伸试验、冲击试验和 180°冷弯试验取得。采用的钢材均应符合各自的标准。

(3) 钢材的可焊性优劣用焊接难易程度进行区分，它涉及的因素众多，其中包括化学成分、钢材厚度、节点复杂程度、约束程度、焊接的环境温度、焊接材料和焊接工艺等。碳含量只是化学成分中一个较重要因素，其他的合金元素也有一定影响，应按式(2.3)或式(2.4)折算成碳当量 C_{eq} 或焊接裂纹敏感性指数 P_{cm} 进行衡量。一般 $C_{eq} \leqslant 0.38\%$ 属于易焊钢材，Q235、Q345 钢的 C_{eq} 在此范围，而 Q390、Q420、Q460 钢的 C_{eq} 在 0.45%～0.50%，故均属于较难焊钢材。另外，硫、磷含量超标将使焊接性能极度变坏。

(4) 碳素结构钢的化学成分是基本元素铁约占 99%，其他为碳、硅、锰等有利元素和硫、磷、氧、氮等杂质元素。在低合金高强度结构钢中则还含有总量低于 3% 以改善钢的某些性能的合金元素，如锰、钒、铌、钛及稀土元素等。所有化学元素的含量均应符合标准规定，尤其是碳和硫、磷的含量更应严格要求，否则会影响钢材的强度、塑性、韧性和可焊性，增加脆性断裂的危险。

(5) 影响钢材性能和脆性破坏的因素除化学成分最主要外，其他因素还有冶炼、浇铸、轧制和热处理等工艺(脱氧程度，镇静钢还是沸腾钢，是否产生偏析、非金属夹杂、裂纹、分层)；加工工艺(冷作硬化、焊接和氧割等产生的残余应力使构件的刚度和稳定性能降低)；受力状态(三向同号应力会导致脆断)；构造(孔洞、截面突变等使应力集中引起脆断)；重复荷载(引起疲劳破坏)和环境温度(低温冷脆、高温蓝脆和使强度降低)等。

(6)《设计规范》推荐采用的钢材为 Q235、Q345、Q390、Q420 钢。

Q235 钢分 A、B、C、D 4 个质量等级，且 A、B 级按脱氧方法还分沸腾钢(F)和镇静钢(Z)，而 C、D 级则分别为镇静钢和特殊镇静钢(TZ)。Q345、Q390、Q420 钢全为镇静钢或特殊镇静钢，且分 A、B、C、D、E 共 5 个质量等级。

(7) 钢材应根据结构的重要性、荷载性质、应力特征、连接方法、工作条件和钢材厚度等选用，一般可按重要的(一级)建筑物高于一般的(二级)和次要的(三级)建筑物。重要构件(吊车梁等)高于一般构件(屋架、梁、柱等)和次要构件(梯子、栏杆等)。受拉及受弯构件高于受压和压弯构件。承受动力荷载的构件高于承受静力荷载的构件。需要计算疲劳的结构和吊车起重量 $Q \geqslant 50$t 的中级工作制吊车梁高于中、轻级工作制吊车梁。焊接结构高于栓接结构。低温结构(工作温度等于或低于 0℃或－20℃)高于常温结构。受侵蚀介质作用的结构高于正常工作环境的结构。厚钢板结构高于薄钢板结构。

(8) 焊接承重结构采用的钢材一般应具有 f_u、f_y、δ_5、冷弯和 C、S、P 的合格保证。对需要验算疲劳的焊接结构和吊车起重量 $Q \geqslant 50$t 的中级工作制吊车梁的钢材，应具有＋20℃冲击韧性的合格保证。当结构工作温度 $-20℃ < T \leqslant 0℃$ 时，对 Q235、Q345 钢应具有 0℃冲击韧性的合格保证；对 Q390、Q420 钢应具有－20℃冲击韧性合格保证。当结构工作温度 $T \leqslant -20℃$ 时，对 Q235、

Q345钢应具有－20℃冲击韧性的合格保证；对Q390、Q420钢应具有－40℃冲击韧性的合格保证。

(9) 一般钢结构宜选用Q235或Q345钢，质量等级也应按需选用。对于超高层建筑、大跨度结构等的重要承重构件或承受重大动力荷载的构件，应选用GJ钢。需要厚度方向性能时，则应附加Z向性能。选用更高强度钢材或GJ钢、Z向性能钢材时，应做经济效益比较，因随着强度、质量等级和性能的提高，其价格亦增高。

(10) 一般应多选用热轧型钢，且宜优先选用H型钢和T型钢。热轧型钢较焊接型钢价格低、加工简便、生产耗能少，且质量稳定。

思 考 题

2.1 钢结构对钢材性能有哪些要求？

2.2 钢结构产生脆性破坏的因素有哪些？在化学成分中以哪几种元素的影响最大？

2.3 钢材的可焊性能是否仅与碳含量有关？其他还有哪些因素对钢材焊接的难易程度有影响？

2.4 钢材有哪几项主要力学性能指标？各项指标可用来衡量钢材哪些方面的性能？钢结构设计是以其中哪一项指标来确定钢材的强度设计值 f 的？

2.5 钢材的力学性能为什么要按厚度或直径进行划分？试比较Q235钢中不同厚度钢材的屈服点。

2.6 碳、锰、硫、磷对碳素结构钢的力学性能分别有哪些影响？

2.7 Q235钢中4个质量等级的钢材在脱氧方法和力学性能上有何不同？

2.8 钢材在复杂应力作用下是否仅产生脆性破坏？有否可能还产生塑性破坏？为什么？

2.9 碳素结构钢、低合金高强度结构钢、GJ钢、NH和GNH钢牌号中的符号分别表示什么意义？

2.10 应力集中对钢材的力学性能有哪些影响？为什么？

2.11 钢材的选用原则有哪些？选择时需考虑哪些主要因素？

2.12 焊接承重结构的钢材应保证哪几项力学性能和化学成分？对需要验算疲劳的焊接结构，为什么结构工作温度愈低，要求钢材的质量等级愈高？

2.13 一中级工作制、吊车起重量为50t的焊接吊车梁，－20℃以上工作温度，现拟采用Q235钢，应选用哪一种质量等级的钢材？

(答案：Q235C)

3 钢结构的设计方法

提要

钢结构的设计方法也是遵循《统一标准》规定的概率极限状态设计法，故本章内容有与其他结构设计方法的共性，也有钢结构的专业性，如采用应力表达设计式、疲劳计算按容许应力幅等。涉及共性的内容（第 3.2 节），读者可根据已掌握的程度酌量学习。

设计方法应掌握承载能力极限状态荷载效应基本组合和正常使用极限状态荷载效应标准组合的设计表达式。疲劳计算应掌握吊车梁的疲劳计算方法，且可与第 5 章吊车梁结合一起学习。

3.1 概　　述

3.1.1 钢结构设计的目的

钢结构设计的目的是使所建造的结构能充分满足各种预定的功能要求，并做到技术先进、经济合理、安全适用和确保质量。

3.1.2 结构的功能要求

结构的功能要求按《统一标准》的规定为：

（1）安全性　在正常施工和正常使用时能承受可能出现的各种作用（包括直接施加在结构上的各种荷载，或引起结构外加变形或约束变形的其他间接作用，如地震、温度变化等）和在设计规定的偶然事件发生时及发生后，仍能保持必需的整体稳定性，如仅产生局部损坏而不致发生连续倒塌。

（2）适用性　在正常使用时具有良好的工作性能，如不出现影响正常使用的过大变形等。

（3）耐久性　结构在正常维护下具有足够的耐久性能，如不产生影响结构能够正常使用到规定的设计使用年限的严重锈蚀等。

3.1.3 结构的可靠性和可靠度

结构功能要求规定的安全性、适用性和耐久性三者总括起来，可称为结构的可靠性。也可以说它是关于三者的概称，是指结构在规定的时间（设计使用年限，见表 3.1）内，在规定的条件（正常设计、正常施工、正常使用）下，完成预定功能（安全性、适用性、耐久性）的能力。

表 3.1　设计使用年限分类

类　　别	设计使用年限(年)	示　　例
1	5	临时性建筑
2	25	易于替换的结构构件
3	50	普通房屋和构筑物
4	100	纪念性建筑和特别重要的建筑结构

用来度量结构可靠性的指标称为可靠度，是对结构可靠性的定量描述，它直接关系到人身安全和经济效益等问题。

影响结构可靠性的因素很多，如荷载、材料性能、施工质量和计算方法等，而这些因素一般又都是随机变量，在设计时对其数据的取值与结构的实际状况常有一定的出入。例如：荷载采用的计算值和结构实际承受的数值不可能完全一致；钢材机械性能的取值和材料的实际数值也不会完全相同；其他还有计算截面和实际截面尺寸之间、计算所得应力和结构实际应力数值之间，以及预计的制造、安装质量和实际的工程质量之间等，都会存在一定的差异。而且这些因素都是随机的，不能事先确定，故较科学的方法是用概率来描述。因此，结构可靠度可定义为“结构在规定的时间内，在规定的条件下，完成预定功能的概率”，它是对结构可靠性的概率度量，是从统计数学观点出发的比较科学的定义。

根据以上所述可见，结构可靠度应采用以概率理论为基础的极限状态设计方法分析确定。我国现行的《设计规范》，即采用此设计方法，虽然它仍有一定的近似性并有待完善，但已迈入国际先进行列。

3.2　概率极限状态设计法①

概率极限状态设计法是将影响结构功能的诸因素作为设计变量，因而对所设计的结构的预定功能亦只作出一定的概率保证，即认为任何设计都不能保证绝对安全，而是存在着一定风险。但是，只要其失效概率小到人们可以接受的程度，便可认为所设计的结构是安全的。根据这种认识，在结构的可靠与经济之间选择一种合理的平衡的设计方法，即称为概率极限状态设计法。

3.2.1　结构的极限状态

若整个结构或结构的一部分超过某一特定状态就不能满足设计规定的某一功能要求，此特定状态称为该功能的极限状态。换言之，结构的极限状态系指结构或结构构件能满足设计规定的某一功能要求的临界状态。

根据功能要求，结构的极限状态可分为下列两类：

(1) 承载能力极限状态

系指当结构或结构构件达到最大承载能力或达到不适于继续承载的变形时的极限状态。它可理解为结构或结构构件发挥允许的最大承载功能的状态，如倾覆、强度破坏、丧失稳定、疲劳破坏、结构变为机动体系等。另外，结构或结构构件由于过度的塑性变形而使几何形状发生显著改变，虽未达到最大承载能力，但已彻底不能使用，也属于达到这种状态（轴心受拉构件强度的计算方法即

① 关于结构可靠度和概率极限状态设计法还可参阅《疑难释义》第2章。

按此状态确定)。

(2) 正常使用极限状态

系指结构或结构构件达到正常使用或耐久性能的某项规定限值时的极限状态。当达到此限值时,虽然结构或结构构件仍具备继续承载的能力,但在正常荷载作用下产生的变形已使结构或结构构件不适于继续使用,其中包括在静力荷载作用下产生过大的变形和局部损坏或在动力荷载作用下产生剧烈的振动等,故正常使用极限状态也称为变形极限状态。

3.2.2　失效概率 P_f 和可靠指标 β

度量结构的可靠性可以采用可靠概率 P_s(即能完成预定功能的概率)或失效概率 P_f(即不能完成预定功能的概率),两者互补,即 $P_s+P_f=1$。由于以 P_f 度量的物理意义明确,能够较好地反映问题的实质,故一般常采用 P_f 度量。

设结构或结构构件的承载能力用 R 表示,它取决于材料性能和结构构件的几何特征(如截面面积或截面模量等),R 亦称为结构的抗力。设作用对结构构件产生的效应(内力的总和)用作用效应 S 表示。组成结构抗力 R 的各种因素和产生作用效应 S 的各种作用,都是独立的随机变量,应该按照它们各自的统计数值应用概率理论来确定它们各自的设计值。当然,结构抗力 R 和作用效应 S 也是独立的随机变量,也应该用概率理论进行分析。

结构设计过程是进行 R 和 S 的概率运算,设计原则是要求结构抗力 R 不小于作用效应 S。但是,R 小于 S 的可能性还是必然存在的,其大小可用失效概率 P_f 表示。

设影响结构可靠性的几个相互独立的随机变量为 $X_i(i=1,2,\cdots,n)$,其函数关系为

$$Z = g(X_1, X_2, \cdots, X_n) \tag{3.1}$$

现将其简化为用 R 与 S 两个基本随机变量表达的函数并定义为结构的功能函数,即

$$Z = g(R,S) = R - S \tag{3.2}$$

随着条件的不同,Z 有三种可能性:

当 $Z>0$ 时,即 $R>S$,表示结构处于可靠状态;

当 $Z<0$ 时,即 $R<S$,表示结构处于失效状态;

当 $Z=0$ 时,即 $R=S$,表示结构处于极限状态。

因此,结构或结构构件的失效概率 P_f,可用下列公式表示

$$P_f = P(Z<0) = P(R-S<0) \tag{3.3}$$

设 $f_R(R)$ 及 $f_S(S)$ 分别为 R 及 S 的正态分布密度函数,而 $f(R,S)$ 为 R 与 S 的综合分布密度函数(R、S 相互独立),亦服从正态分布,则 $f(R,S)=f_R(R)\cdot f_S(S)$,故其失效概率(图 3.1)为:

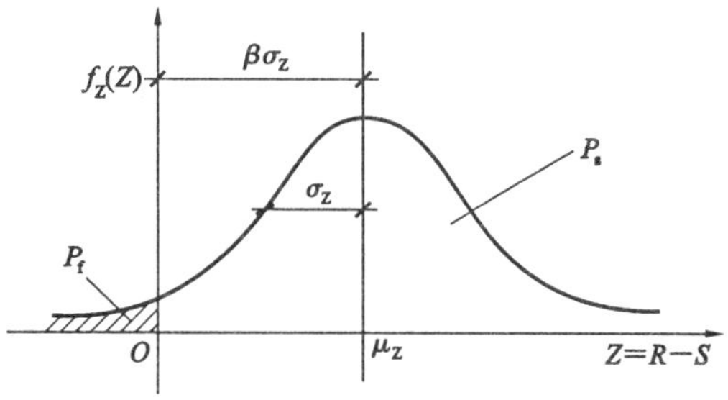

图 3.1　失效概率与可靠指标的关系

$$P_f = P(Z=R-S<0) = \iint_{R-S<0} f(R,S)\mathrm{d}R\mathrm{d}S = \iint_{R-S<0} f_R(R)\cdot f_S(S)\mathrm{d}R\mathrm{d}S \tag{3.4}$$

由上式可知,计算 P_f 需先求出 R 及 S 的分布密度函数,这在目前是比较困难的,且计算时还要通过多维积分,在数学上比较复杂。因此,现在一般均采用 β(可靠指标)来具体度量结构可靠性。

如图 3.1 所示,图中阴影部分面积即为式(3.4)表示的 P_f(无阴影部分面积为 P_s,$P_s=1-P_f$)。若令 Z 的平均值 μ_Z 等于 $\beta\sigma_Z$,即用 Z 的标准差 σ_Z 对其进行度量,从而将 β 引入。显然,β 与 P_f 存在着对应关系(表 3.2)。当 β 增大,P_f 则减小,即结构可靠概率增加,反之则减小。已知 β 即可求

得 P_f，故其完全可以用来作为度量结构可靠度的定量指标，并可称为可靠指标。

表 3.2 β 与 P_f 的对应关系

β	P_f	β	P_f
1.0	1.59×10^{-1}	3.0	1.35×10^{-3}
1.5	6.68×10^{-2}	3.5	2.33×10^{-4}
2.0	2.28×10^{-2}	4.0	3.17×10^{-5}
2.5	6.21×10^{-3}	4.5	3.40×10^{-6}

β 与 P_f 的关系式为

$$\beta = \Phi^{-1}(1-P_f) \tag{3.5}$$

或

$$P_f = \Phi(-\beta) \tag{3.6}$$

式中，$\Phi(\cdot)$和 $\Phi^{-1}(\cdot)$为标准正态分布函数及其反函数（详见有关概率论书籍）。

计算 β 可避开先求出 R 与 S 的分布密度函数，而只需利用其分布的特征值即可。设 Z、R、S 的平均值分别为 μ_Z、μ_R、μ_S，标准差分别为 σ_Z、σ_R、σ_S。根据平均值及标准差的性质，即

$$\mu_Z = \mu_R - \mu_S \tag{3.7}$$

$$\sigma_Z^2 = \sigma_R^2 + \sigma_S^2 \tag{3.8}$$

则

$$\beta = \frac{\mu_Z}{\sigma_Z} = \frac{\mu_R - \mu_S}{\sqrt{\sigma_R^2 + \sigma_S^2}} \tag{3.9}$$

此式系按 R、S 为正态分布假定求出。当基本变量不按正态分布时，则需将其转化为相应的当量正态分布，然后以其平均值和标准差代入此式计算。

β 是度量结构可靠度的尺度，故对其需选取一个最优值以达到结构可靠和经济的最佳平衡，并作为设计依据。在理论上，β 应根据各种结构构件的重要性、破坏性质（脆性或延性）及失效后果以优化方法分析确定。但是，限于目前条件，一时还难以这样处理。考虑到标准和规范的现实继承性，因此很多国家都从实际出发，采用“校准法”确定 β。“校准法”是通过对各种结构的以往规范的可靠度的反演计算和综合分析，找出校准点，以确定今后设计所采用的可靠指标。可见，经这样确定的 β 可保持原有的可靠度水准，且比较稳妥，有着长期工程实践的基础。

根据校准结果，《统一标准》按破坏类型（延性破坏或脆性破坏）和安全等级（见表 3.4），分别规定了结构构件按承载能力极限状态设计时采用的不同 β 值。如安全等级为二级的属延性破坏的构件取 $\beta=3.2$（对应的 $P_f=6.9\times10^{-4}=1/1450$——若按普通房屋规定的设计使用年限 50 年计算，即每年 $P_f=1/72500$，可认为已足够小。$P_f=0$ 的绝对安全结构是没有的），即一般钢结构构件均可取 $\beta=3.2$。属脆性破坏的取 $\beta=3.7$；对于安全等级为一级、三级时，β 取值在此基础上分别增减0.5（表 3.3）。

表 3.3 结构构件承载能力极限状态的可靠指标 β 和对应的失效概率 P_f

破坏类型	安全等级					
	一级		二级		三级	
	β	P_f	β	P_f	β	P_f
延性破坏	3.7	1.1×10^{-4}	3.2	6.9×10^{-4}	2.7	3.5×10^{-3}
脆性破坏	4.2	1.3×10^{-5}	3.7	1.1×10^{-4}	3.2	6.9×10^{-4}

式(3.9)可改写为

$$\mu_S + \beta\sqrt{\sigma_R^2 + \sigma_S^2} \leqslant \mu_R \tag{3.10}$$

由于

$$\sqrt{\sigma_R^2 + \sigma_S^2} = \frac{\sigma_R^2 + \sigma_S^2}{\sqrt{\sigma_R^2 + \sigma_S^2}}$$

则式(3.10)可变为

$$\mu_S + \alpha_S\beta\sigma_S \leqslant \mu_R - \alpha_R\beta\sigma_R \tag{3.11}$$

或简写为

$$S^* \leqslant R^* \tag{3.12}$$

式中

$$S^* = \mu_S + \alpha_S\beta\sigma_S$$

$$R^* = \mu_R - \alpha_R\beta\sigma_R$$

$$\alpha_S = \frac{\sigma_S}{\sqrt{\sigma_R^2 + \sigma_S^2}}$$

$$\alpha_R = \frac{\sigma_R}{\sqrt{\sigma_R^2 + \sigma_S^2}}$$

式(3.11)即是以概率理论为基础的极限状态设计法的设计表达式，它只采用一阶原点矩(平均值 μ)和二阶中心矩(方差 σ^2)，也就是最高只考虑到二阶矩，故又称为一次二阶矩概率极限状态设计法，或简称二阶矩设计法。

3.3 概率极限状态设计法的设计表达式

考虑到直接应用结构可靠度或结构失效概率进行概率运算比较复杂，为了方便工程设计，因此在概率设计法的基础上，《设计规范》将其用优化方法，等效转化为工程技术人员长期习惯地用基本变量标准值和分项系数形式的概率极限状态设计表达式。表达式中的分项系数根据规定的可靠指标按概率设计法确定。

3.3.1 分项系数 γ_G、γ_Q、γ_R 的取值

对结构或结构构件产生作用效应 S 的各种作用主要是永久荷载和可变荷载，现以仅有永久荷载 G 和一种可变荷载 Q 的简单情况为例，简述分项系数的确定方法。

将二阶矩法设计式(3.12)等号左侧按永久荷载和可变荷载分开表达，即

$$S_G^* + S_Q^* \leqslant R^* \tag{3.13}$$

按基本变量标准值和分项系数的设计表达式可写为如下形式，即

$$\gamma_G S_{G_k} + \gamma_Q S_{Q_k} \leqslant \frac{R_k}{\gamma_R} \tag{3.14}$$

式中 S_{G_k}、S_{Q_k}、R_k——按标准值计算的永久荷载效应值、可变荷载效应值和构件抗力值；

γ_G、γ_Q、γ_R——永久荷载、可变荷载和抗力的分项系数。

为使式(3.14)和式(3.13)等价，必须满足下列条件，即

$$\left.\begin{aligned} \gamma_G &= S_G^*/S_{G_k} \\ \gamma_Q &= S_Q^*/S_{Q_k} \\ \gamma_R &= R_k/R^* \end{aligned}\right\} \tag{3.15}$$

由式(3.12)可知，S_G^*、S_Q^* 和 R^* 不仅与给定的 β 有关，而且与各基本变量的统计参数如平均

值、标准差有关。因此,在确定各分项系数的数值时,为使 β 符合给定值,当可变荷载效应与永久荷载效应的比值 $\rho=S_{Q_k}/S_{G_k}$ 改变时,γ 亦必将随之改变而为一系列数值,这显然是不符合实用要求的。如取 γ_G、γ_Q 为定值,γ_R 亦按各种构件取不同的定值,则按式(3.14)设计表达式设计的构件,其实际具有的 β 值就不可能与给定的 β 值完全一致。显然,在各项标准值已给定的前提下,最佳的各分项系数的取值,是通过优选使两者的 β 值相差最小。

《统一标准》经计算分析,规定在一般情况下荷载分项系数统一取

$$\gamma_G=1.2,\quad \gamma_Q=1.4$$

当永久荷载效应与可变荷载效应异号时(计算时两者数值要相减,如屋面的风荷载为吸力时),永久荷载对结构承载能力起有利作用。此时,若永久荷载分项系数 γ_G 仍取同号效应时相同的值,则结构可靠度将严重不足。在这种情况下荷载分项系数应取

$$\gamma_G=1.0,\quad \gamma_Q=1.4$$

当永久荷载效应与可变荷载效应相比很大时,若仍取 $\gamma_G=1.2$,经分析,结构的可靠度将远不能达到目标值的要求。因此,在采用由永久荷载效应控制的组合设计式(见后述)时,应取 $\gamma_G=1.35$。

对于某些特殊情况,允许对 γ_Q 作合理调整。例如,对于标准值大于 4kN/m^2 的工业建筑楼面活荷载,由于其变异系数较小,从经济上考虑,可取 $\gamma_Q=1.3$。

在最优荷载分项系数确定后(实际上也可说是在同时),相应地还需对抗力分项系数 γ_R 进行匹配,即同样按使所设计的构件具有的 β 与给定的 β 相差最小的原则确定。各类钢构件求得的 γ_R 数值相差不大,可统一采用:Q235 钢取 $\gamma_R=1.087$;Q345、Q390、Q420 钢取 $\gamma_R=1.111$。

3.3.2 分项系数概率极限状态设计表达式

3.3.2.1 承载能力极限状态

对于承载能力极限状态,应采用荷载效应的基本组合,必要时尚应考虑荷载效应的偶然组合进行设计。为了适用于普遍情况,现将式(3.14)进一步改写为下列形式的分项系数设计表达式。

(1) 对荷载效应的基本组合,应按下列极限状态设计表达式两式中的最不利值确定:

① 由可变荷载效应控制的组合:

$$\gamma_0\left(\gamma_G S_{G_k}+\gamma_{Q_1}S_{Q_{1k}}+\sum_{i=2}^{n}\gamma_{Q_i}\psi_{c_i}S_{Q_{ik}}\right)\leqslant\frac{R_k}{\gamma_R}\tag{3.16}$$

② 由永久荷载效应控制的组合:

$$\gamma_0\left(\gamma_G S_{G_k}+\sum_{i=1}^{n}\gamma_{Q_i}\psi_{c_i}S_{Q_{ik}}\right)\leqslant\frac{R_k}{\gamma_R}\tag{3.17}$$

在钢结构设计中习惯采用应力表达形式,故将上两式等号两侧同除以 a_k——截面面积或截面模量等几何参数的标准值,可得对于承载能力极限状态荷载效应的基本组合的下列设计表达式,并按两式中最不利值确定:

① 由可变荷载效应控制的组合:

$$\gamma_0\left(\gamma_G\sigma_{G_k}+\gamma_{Q_1}\sigma_{Q_{1k}}+\sum_{i=2}^{n}\gamma_{Q_i}\psi_{c_i}\sigma_{Q_{ik}}\right)\leqslant f\tag{3.18}$$

② 由永久荷载效应控制的组合:

$$\gamma_0\left(\gamma_G\sigma_{G_k}+\sum_{i=1}^{n}\gamma_{Q_i}\psi_{c_i}\sigma_{Q_{ik}}\right)\leqslant f\tag{3.19}$$

式中 γ_0——结构重要性系数,对安全等级为一级或设计使用年限为 100 年及以上的结构构件,不应小于 1.1;对安全等级为二级或设计使用年限为 50 年的结构构件,不应小于 1.0;

对安全等级为三级或设计使用年限为 5 年的结构构件，不应小于 0.9；

σ_{G_k}——永久荷载标准值 G_k 在结构构件截面或连接中产生的应力；

$\sigma_{Q_{1k}}$——在基本组合中起控制作用的第一个可变荷载标准值 Q_{1k} 在结构构件截面或连接中产生的应力(该应力使计算结果为最大)；

$\sigma_{Q_{ik}}$——其他第 i 个可变荷载标准值 Q_{ik} 在结构构件截面或连接中产生的应力；

γ_G——永久荷载分项系数，当其效应对结构构件的承载能力不利时，对式(3.18)取 1.2，对式(3.19)取 1.35；当其效应对结构构件的承载能力有利时，取 1.0；

γ_{Q_1}、γ_{Q_i}——第 1 个和其他第 i 个可变荷载分项系数，当可变荷载效应对结构构件的承载能力不利时，在一般情况下取 1.4，在楼面活荷载标准值大于 4.0kN/m^2 时取1.3；当其有利时，取为 0；

ψ_{c_i}——第 i 个可变荷载的组合值系数，其值不大于 1[按《荷载规范》选取]；

f——结构构件和连接的强度设计值，$f=f_k/\gamma_R$(钢材的强度设计值见表 3.5)；

γ_R——抗力分项系数，Q235 钢取 1.087；Q345、Q390、Q420 钢取 1.111；

f_k——材料(焊缝为熔敷金属)强度的标准值。

对于一般排架、框架结构，由可变荷载效应控制的组合可采用下列简化的设计表达式，并仍与式(3.19)同时使用

$$\gamma_0\left(\gamma_G\sigma_{G_k}+\psi\sum_{i=1}^{n}\gamma_{Q_i}\sigma_{Q_{ik}}\right)\leqslant f \tag{3.20}$$

式中 ψ——简化式中采用的荷载组合系数，一般情况下取 0.9，当只有一个可变荷载时取 1.0。

在一般情况，采用由可变荷载效应控制的组合较不利。采用由永久荷载效应控制的组合并取 $\gamma_G=1.35$ 的式(3.19)，只可能出现于第 1 个可变荷载组合值系数 ψ_{c1} 很大的情况。如 $\psi_{c1}=1.0$ 的工业建筑中的金工车间、仪器仪表车间仓库、轮胎厂准备车间、粮食加工车间等的楼面活荷载[见《荷载规范》]。其他的可能是出现在屋面荷载较大的重型屋盖，如钢筋混凝土大型屋面板屋盖、高炉邻近的屋面积灰荷载屋盖以及其他少量特殊情况。

(2) 对荷载效应的偶然组合，其极限状态设计表达式宜按下列原则确定：偶然作用的代表值不乘分项系数；与偶然作用同时出现的可变荷载，应根据观测资料和工程经验采用适当的代表值。具体的设计表达式及各种系数还应符合专门规范的规定。

3.3.2.2 正常使用极限状态

对于正常使用极限状态，结构构件应根据不同的设计要求采用荷载效应的标准组合、频遇组合和准永久值组合进行设计，使其变形值等不超过容许值。根据多年来的经验，钢结构只考虑标准组合，且用荷载的标准值计算，使结构或结构构件的变形值不超过其容许变形值。其设计表达式为

$$\upsilon=\upsilon_{G_k}+\upsilon_{Q_{1k}}+\sum_{i=2}^{n}\psi_{c_i}\upsilon_{Q_{ik}}\leqslant[\upsilon] \tag{3.21}$$

式中 υ_{G_k}——永久荷载的标准值 G_k 在结构或结构构件中产生的变形值；

$\upsilon_{Q_{1k}}$——起控制作用的第 1 个可变荷载标准值 Q_{1k} 在结构或结构构件中产生的变形值(该值使计算结果为最大)；

$\upsilon_{Q_{ik}}$——其他第 i 个可变荷载标准值 Q_{ik} 在结构或结构构件中产生的变形值；

$[\upsilon]$——结构或结构构件的容许变形值。

下面再就上述几个设计表达式中的物理量和系数作一简介：

(1) 结构重要性系数 γ_0

结构的可靠度是建立在规定的设计使用年限内的，而设计使用年限是设计中规定的一个时期，即房屋建筑在正常设计、正常施工、正常使用和维护下所应达到的使用年限。在这一规定时期内，结构或结构构件只需进行正常的维护而不需进行大修，就能按预期目的使用，完成预定的功能。当结构的使用年限超过设计使用年限，结构的失效概率可能较设计预期值大。另外，建筑结构设计还应根据结构破坏可能产生的后果(危及人的生命、造成经济损失、产生社会影响等)的严重性，采用不同的安全等级(表 3.4)。故表达式中用结构重要性系数 γ_0 以区分不同的设计使用年限和安全等级的要求。

表 3.4　建筑结构的安全等级

安全等级	破坏后果	建筑物类型
一　级	很严重	重要的房屋
二　级	严　重	一般的房屋
三　级	不严重	次要的房屋

注：对特殊的建筑物，其安全等级应根据具体情况另行确定。

(2) 荷载标准值(G_k、Q_k)

荷载标准值是结构设计时荷载的基本代表值，也是在结构的使用期间可能出现的最大荷载值。施加在结构上的荷载，不但具有随机性质，而且一般还与时间参数有关，故应用随机过程来描述。根据概率极限状态设计法的要求，荷载标准值应为设计基准期内最大荷载概率分布的某一分位值。《统一标准》所采用的设计基准期为 50 年，即其所考虑的荷载统计参数，都是按此年限确定的。荷载标准值可按《荷载规范》选取。

(3) 荷载组合值($\psi_c Q_k$)

当结构承受两个或两个以上可变荷载时，考虑到所有可变荷载同时达到其单独出现时可能达到的最大值的概率极小，因此，除主导荷载(产生最大效应的荷载)仍可以其标准值为代表值外，其他伴随荷载均应采用相应时段(设计基准期)内的最大荷载，即以小于其标准值的组合值作为荷载代表值——用标准值 Q_k 乘以小于 1 的荷载组合值系数 ψ_c 组成荷载组合值 $\psi_c Q_k$。荷载组合值作为荷载代表值只是对可变荷载，且主要用于承载能力极限状态按基本组合设计和正常使用极限状态按标准组合设计。

(4) 荷载设计值($\gamma_G G_k$、$\gamma_Q Q_k$)

在采用分项系数概率极限状态设计表达式进行计算时，对于承载能力极限状态，由于给出了各种分项系数，故称表达式中乘有荷载分项系数的 $\gamma_G G_k$、$\gamma_Q Q_k$ 为荷载设计值。还应指出，《设计规范》在采用分项系数概率极限状态设计表达式时，虽对各类构件的具体计算公式左边均用各自的应力形式，但不出现荷载分项系数和组合值系数，以及结构重要性系数等。现以单向受弯构件为例，其抗弯强度弹性计算公式为

$$\frac{M}{W_n} \leqslant f$$

式中 W_n 为净截面模量，M 为由不同荷载计算的弯矩，所以粗看起来公式的形式和以往《设计规范》没太大区别。但是，应注意在计算 M 时，对自重等永久荷载应乘以 γ_G，对可变荷载应乘以 γ_Q，必要时还应乘以组合值系数，另外 f 与以往容许应力[σ]数值亦不相同。不仅如此，最重要的是公式的

实质是完全不同的。

3.3.3 钢材的强度设计值

在分项系数概率极限状态设计表达式中，结构构件钢材的强度设计值为 $f=f_k/\gamma_R$，据此关系即可求得钢材的强度设计值。

如前所述，钢材的强度极限一般取钢材的屈服点 f_y，故《设计规范》取其作为钢材强度的标准值 f_k，由此可得各牌号钢材不同厚度的强度设计值如表 3.5(均按 5 的整倍数取值)。

表 3.5 钢材的强度设计值(N/mm²)

钢材		抗拉、抗压和抗弯 f	抗剪 f_v	端面承压(刨平顶紧) f_{ce}
钢号	厚度或直径(mm)			
Q235 钢	≤16	215	125	325
	>16～40	205	120	
	>40～60	200	115	
	>60～100	190	110	
Q345 钢	≤16	310	180	400
	>16～35	295	170	
	>35～50	265	155	
	>50～100	250	145	
Q390 钢	≤16	350	205	415
	>16～35	335	190	
	>35～50	315	180	
	>50～100	295	170	
Q420 钢	≤16	380	220	440
	>16～35	360	210	
	>35～50	340	195	
	>50～100	325	185	

注：表中厚度系指计算点的钢材厚度，对轴心受拉和轴心受压构件系指截面中较厚板件的厚度。

表中钢材的抗拉、抗压和抗弯强度设计值，对厚度≤16mm 钢材：Q235 钢，$f_y=235\text{N/mm}^2$、$\gamma_R=1.087$，故 $f=215\text{N/mm}^2$；Q345、Q390 和 Q420 钢，f_y 分别为 345、390、420N/mm²，但 $\gamma_R=1.111$，故 f 分别为 310、350 和 380N/mm²。对其他厚度大于 16mm 的钢材，因 f_y 随厚度增加而降低，故 f 亦相应减小。

表中钢材的抗剪强度设计值 f_v 系按 $f_v=0.58f$(见式(2.11))求得。如厚度≤16mm 的 Q235 钢，其 $f_v=0.58\times215=125\text{N/mm}^2$。

表中钢材的端面承压强度设计值 f_{ce} 系将钢材的强度极限取为钢材的抗拉强度 f_u 的最小值，并将其作为标准值 f_k，且相应 γ_R 亦有所提高(Q235 钢，$\gamma_R=1.15$；Q345、Q390、Q420 钢，$\gamma_R=1.175$)。由于 f_u 与厚度无关，故 Q235 钢的 $f_{ce}=375/1.15=325\text{N/mm}^2$。Q345(470/1.175)、Q390(490/1.175)和 Q420(520/1.175)钢的 f_{ce} 则分别为 400、415 和 440N/mm²。

3.4 钢材的疲劳和疲劳计算

钢结构的疲劳是微观裂纹在连续重复荷载作用下不断扩展，直至最后达到临界尺寸时出现的突发性断裂破坏。破坏时，截面上的应力低于材料的抗拉强度，甚至还可能低于屈服点，塑性变形很小。因此，疲劳破坏属于没有明显变形的脆性破坏，有着较大的危险性。

从表面看，疲劳断裂是突然产生的，但它没有一般的脆性断裂那样快。疲劳断裂的过程通常要经历三个阶段，即裂纹的形成、裂纹的缓慢扩展和最后迅速断裂。因此，它是从某一微观裂纹（裂源）经长期的逐渐发展才引起的。从其断口可见，一般可分为光滑区和粗糙区两部分。光滑区大致包括以裂源为中心并按同心圆扩展裂纹的范围，粗糙区则为断口的其余部分。光滑区是因为裂纹不断反复扩张和闭合（产生挤压作用）而形成，粗糙区则是因裂纹扩展达到临界范围不足以抵抗断裂的一瞬间构件突然撕裂而形成，故颇像拉伸试件的断口，比较粗糙（可通过反复弯折铁丝，观察其断口）。当构件应力较大时，光滑区范围较小；反之，则其范围较大。另外，断口可能贯穿母材，焊接结构还可能穿过焊缝延伸。

金属结构的疲劳按其断裂前的应变大小和应力循环次数可分为高周疲劳和低周疲劳两种。飞机、车辆的断裂因其应变小、应变循环次数多，属于高周疲劳。剧烈的地震使结构产生反复摆动，也能使结构产生疲劳，但其应变大、应力循环次数少，故属于低周疲劳。钢结构只考虑当应力循环次数 $n \geqslant 5 \times 10^4$ 次时的高周疲劳计算，计算范围仅限于直接承受动力荷载重复作用的构件（如吊车梁、吊车桁架等）及其连接。

3.4.1 影响疲劳强度的主要因素

钢结构的疲劳破坏是微观裂纹在连续重复荷载作用下不断扩展直至达到断裂，故其先决条件是微观裂纹的形成和裂纹部位的应力集中，然后则取决于作用的连续重复荷载所产生的应力因素——最大应力、应力比或应力幅，以及应力循环次数等。现对这些因素分述如下：

(1) 微观裂纹和应力集中

对钢结构而言，疲劳断裂过程的第一阶段，即微观裂纹的形成阶段一般可说是不存在的。由于钢材生产和结构制造等过程，不可避免地会在结构的某些部位存在着局部微小缺陷，它们本身就起着类似于微裂纹的作用，故也可称其为“类裂纹”。如钢材化学成分的偏析、非金属夹杂；轧制时形成的裂纹；制造时的冲孔、剪边、火焰切割带来的毛边和裂纹；焊接时存在于焊缝内的气孔、夹渣、欠焊，以及不易焊好的焊缝趾部和端部，更是可能产生裂源的主要部位。这是因为当重复连续荷载作用时，在这些部位的截面上应力分布不均，引起应力集中现象，从而形成双向（或三向）同号拉应力场，材料的塑性变形受到限制，因此在高峰应力处将首先出现微观裂纹。然后，随着裂纹逐渐开展，有效截面面积亦相应逐渐减小，应力集中现象亦越来越严重，进而促使裂纹更继续开展。当重复荷载达到一定循环次数时，裂纹的发展将使截面削弱更多，导致承受不了外力的作用，最终发生脆性断裂，形成疲劳破坏。同样，有严重应力集中的部位，如截面几何形状突然改变处，由于存在高峰应力，又经受多次重复作用的影响，故即使在该处不存在缺陷，也会产生微观裂纹，并进而引起疲劳破坏。

根据试验研究结果，可将构件和连接形式按应力集中对疲劳强度的影响程度由低到高分为8类（见附表3），第1类为基本无应力集中影响的无连接处的主体金属，第8类则为应力集中最严重的角焊缝。由此可见，为减少应力集中对疲劳强度的影响，应尽量采取一些构造措施，以改善容易引起应力集中部位的状况，提高其疲劳强度。

(2) 应力幅

应力幅为每次应力循环中最大拉应力(取正值)σ_{max}与最小拉应力或压应力(拉应力取正值，压应力取负值)σ_{min}之差值，即

$$\Delta\sigma = \sigma_{max} - \sigma_{min} \tag{3.22}$$

按应力幅是常幅(所有应力循环内的应力幅保持常量，不随时间变化)或变幅(应力幅随时间随机变化)，应力循环特征可分为常幅循环应力谱和变幅应力谱两种谱形(图 3.2)。

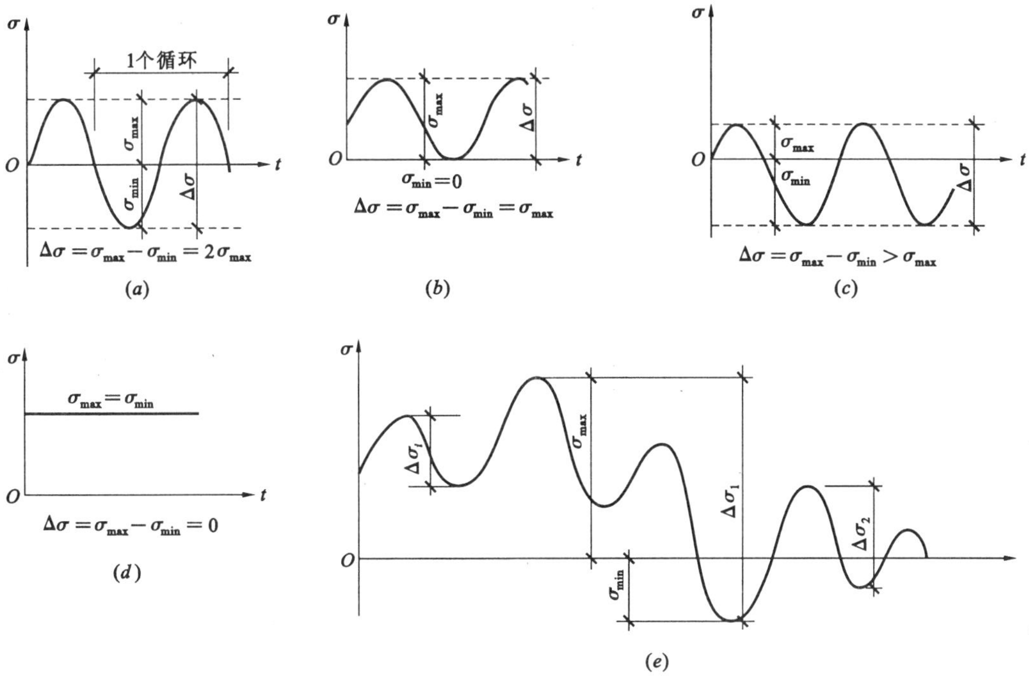

图 3.2 常幅和变幅应力谱

(a) 交替式 $\rho=-1$；(b) 脉冲受拉式 $\rho=0$；(c) 波动式 $-1<\rho<0$；(d) 静荷载 $\rho=1$；(e) 变幅应力谱

焊接结构的焊缝(包括其附近的主体金属) 因容易产生缺陷，常是疲劳破坏可能产生裂源的敏感部位，而这些部位一般又存在着数值可高达钢材屈服点 f_y 的焊接拉应力 σ_{rt}，它改变了该部位的实际应力状态，从而与名义应力有很大差别。

如图 3.3(a)所示焊接工字形截面，其翼缘的焊接应力分布简化图形如图 3.3(b)的几条直线，在焊缝处的 $\sigma_{rt}=f_y$。若此时在翼缘上施加一循环荷载(现设为脉冲拉应力循环荷载，图 3.3(f)为其名义循环应力谱，其名义最大应力、名义最小应力和应力幅分别为 $\sigma_{max}=\sigma$、$\sigma_{min}=0$ 和 $\Delta\sigma=\sigma_{max}-\sigma_{min}=\sigma$，图 3.3($c$)为其应力图形)，当拉应力逐渐均匀增加 σ 时，原来应力已达 f_y 部位将不再增加，故所加应力只能由其余部分承受，应力叠加后的分布图形如图 3.3(d)所示，焊缝附近的应力高峰仍为 f_y，仅塑性区有所扩大。此加荷阶段塑性区的应力循环谱如图 3.3(f)中纵坐标为 f_y 的起始水平虚线所示。在随后的卸荷阶段，截面应力全部按弹性规律下降，即在图 3.3(d)所示基础上逐渐均匀降低 σ，其应力分布图形如图 3.3(e)所示，已进入塑性的部位的应力循环谱则为图 3.3(f)中的第一个虚线下降段。随着时间的增加，尔后的应力分布图形即在图 3.3(e)中的实线和虚线之间连续变动，凡实际应力达到 f_y 的部位，其应力循环谱则显示为如图 3.3(f)中的虚线应力谱，其高峰应力均为 f_y。由此可见，在反复荷载作用下，不论何种形式的应力谱，由于焊接拉应力的影

响，凡是拉应力达到 f_y 的部位，其实际的应力循环都是由实际最大应力 $\sigma_{max}=f_y$ 下降到 $\sigma_{min}=f_y-\Delta\sigma$（即实际应力比为 $\rho=(f_y-\Delta\sigma)/f_y$），然后再升至 f_y 的循环。因此，不论是交替式还是脉冲受拉式或其他形式的循环应力谱，都可用 $\Delta\sigma=\sigma_{max}-\sigma_{min}$ 表示其应力幅，且只要它们的应力幅相等，不论其循环特征有无差异，名义最大应力 σ_{max} 是否大小一样，其疲劳强度均相同。这表明焊接结构的疲劳强度与名义最大应力无关，而与应力幅有关。

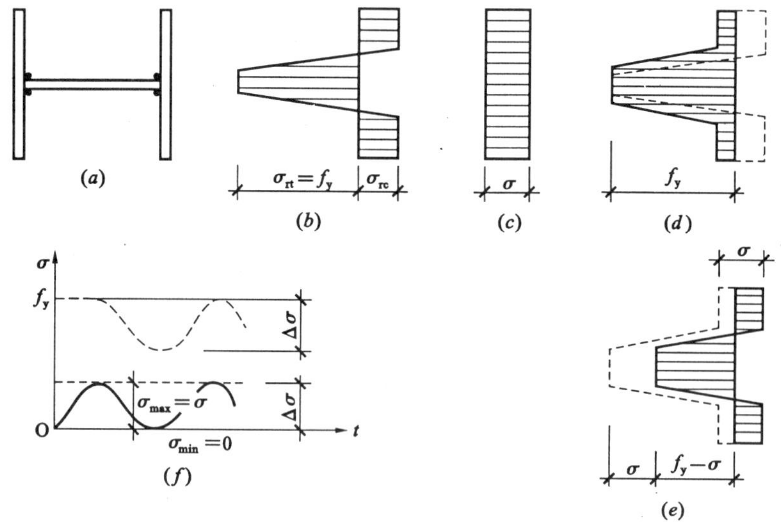

图 3.3　残余应力对焊接构件应力波动和循环的影响

(3) 应力比

应力比 ρ 为应力循环中最小应力 σ_{min} 和最大应力 σ_{max} 之比（拉应力取正值，压应力取负值），即 $\rho=\sigma_{min}/\sigma_{max}$。如图 3.2 所示，$\rho>0$ 为同号应力循环；$\rho=1$ 为静荷载；$\rho<0$ 为异号应力循环；$\rho=-1$ 为完全对称循环，其疲劳强度最低。

(4) 应力循环次数

应力循环次数是指在连续重复荷载作用下应力由最大到最小的循环次数。在不同的应力幅作用下，各类构件和连接产生疲劳破坏的应力循环次数不同，应力幅愈大，循环次数愈少，反之则愈多。当应力幅小于一定数值时，即使应力无限多次循环，亦不致产生疲劳破坏，即达到通称的疲劳极限（图 3.4 中的水平线）。《设计规范》规定 $n=5\times10^6$ 次为各类构件和连接疲劳极限对应的应力循环次数。

3.4.2　疲劳曲线（$\Delta\sigma$-n 曲线）

对不同构件和连接在疲劳试验机上用不同的应力幅进行常幅循环应力试验，可得到试件破坏时不同的应力循环次数，从而可将数值相近的归类，并绘出 $\Delta\sigma$-n 关系曲线，即疲劳曲线。图 3.4(*a*)是按算术坐标绘制的一条曲线，图 3.4(*b*)是按双对数坐标轴绘制的该条曲线，后者接近直线，便于应用，其方程可表达为

$$\lg n = b-\beta\lg\Delta\sigma \tag{3.23}$$

或

$$\lg\Delta\sigma=\frac{1}{\beta}(b-\lg n)$$

式中　b ——直线在横坐标轴上的截距；

β ——直线对纵坐标轴的斜率（绝对值）。

由上式可得对应于某一应力循环次数的致损应力幅

$$\Delta\sigma = \left(\frac{10^b}{n}\right)^{\frac{1}{\beta}} \tag{3.24}$$

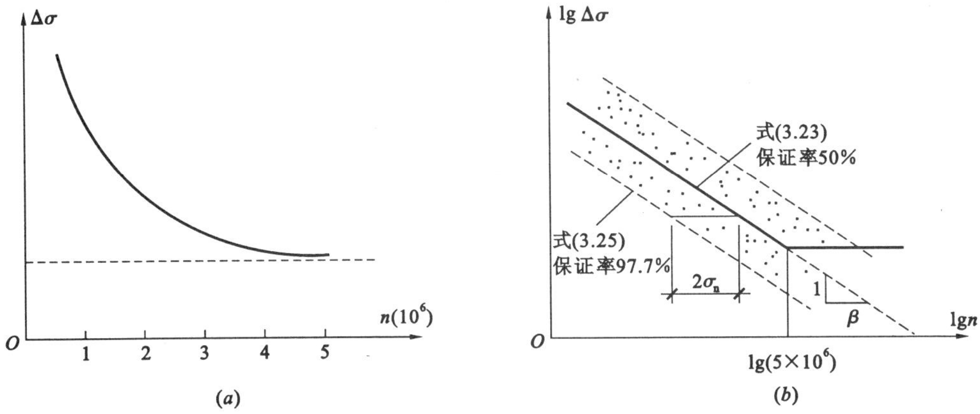

图 3.4 疲劳曲线

(*a*) 算术坐标;(*b*) 对数坐标

式(3.24)系根据均值线求得,故其不致损的保证率仅有 50%,这显然是不够的。考虑到试验的离散性,现取减 $2\sigma_n$(σ_n 为标准差)作为疲劳强度的下限(图 3.4(*b*)中实线下的虚线),若 $\lg n$ 为正态分布,其不致损保证率为 97.7%。虚线的方程可写为

$$\lg n = b - \beta\lg\Delta\sigma - 2\sigma_n \tag{3.25}$$

同样可得

$$\Delta\sigma = \left(\frac{10^{b-2\sigma_n}}{n}\right)^{\frac{1}{\beta}} \tag{3.26}$$

此 $\Delta\sigma$ 具有足够的不致损保证率,故可将其取作容许应力幅[$\Delta\sigma$]。令 $10^{b-2\sigma_n}=c$,则式(3.26)可写为

$$[\Delta\sigma] = \left(\frac{c}{n}\right)^{\frac{1}{\beta}} \tag{3.27}$$

式中 c 和 β 为根据构件和连接类别所确定的参数。8 类不同构件和连接由试验得出的 8 条[$\Delta\sigma$]-n 曲线(图 3.5),各有其不同的 c 值(在 $\lg n$ 轴上的截距),但其对纵轴的斜率却较接近,因此《设计规范》统一对 1、2 类的 β 取为 4,3～8 类的 β 取为 3(表 3.6)。

表 3.6 参数 c、β

构件和连接类别	1	2	3	4	5	6	7	8
c	1940×10^{12}	861×10^{12}	3.26×10^{12}	2.18×10^{12}	1.47×10^{12}	0.96×10^{12}	0.65×10^{12}	0.41×10^{12}
β	4	4	3	3	3	3	3	3

结合预期的疲劳寿命 n,利用式(3.27)即可求出相应的[σ]。如焊接实腹梁横向加劲肋端部附近的主体金属,若肋端不断弧(采用回焊)属于 4 类(见附表 3),其 $\beta=3$,$c=2.18\times10^{12}$。

若要求 $n=10^5$ 次,则 $[\Delta\sigma]_{10^5}=\left(\frac{2.18\times10^{12}}{10^5}\right)^{\frac{1}{3}}=279\text{N/mm}^2$;

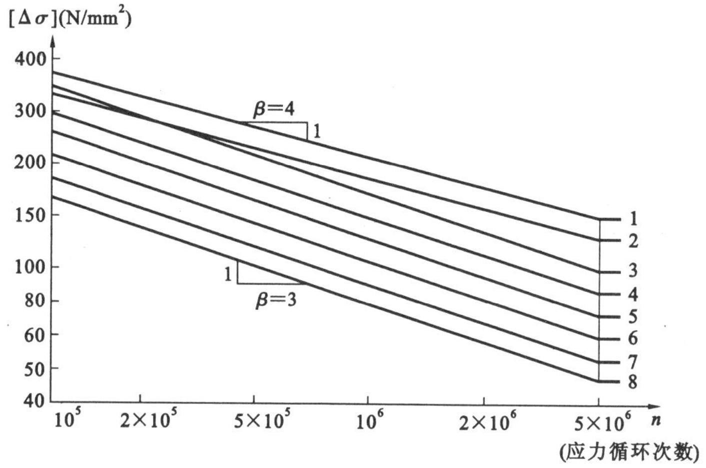

图 3.5　8 类构件和连接的$[\Delta\sigma]$-n 曲线

若要求 $n=2\times10^6$ 次，则$[\Delta\sigma]_{2\times10^6}=\left(\frac{2.18\times10^{12}}{2\times10^6}\right)^{\frac{1}{3}}=103\text{N/mm}^2$。

表 3.7 为各类构件和连接在应力循环次数 n 为 2×10^6 次容许应力幅。

表 3.7　循环次数 n 为 2×10^6 次的容许应力幅(N/mm²)

构件和连接类别	1	2	3	4	5	6	7	8
$[\Delta\sigma]_{2\times10^6}$	176	144	118	103	90	78	69	59

还需指出，根据试验，类别相同的构件即使采用强度高的钢材，其疲劳曲线并无明显差异，这表明钢材的疲劳强度与其静力强度无关。

3.4.3　疲劳计算

应力变化的循环次数 $n=5\times10^4$ 次为疲劳寿命的低限，因此，《设计规范》规定，对直接承受动力荷载重复作用的钢结构构件(如吊车梁)及其连接，当 $n\geqslant5\times10^4$ 次时，应进行疲劳计算。

由于现阶段对不同类型的构件和连接的疲劳裂缝形成、扩展以致断裂这一全过程的极限状态还研究不足，掌握的疲劳强度数据只是结构抗力表达式中的材料强度部分，故《设计规范》规定疲劳计算仍采用容许应力法。因此，疲劳计算时应取重复作用的活荷载的标准值(容许应力法的计算原则)按弹性工作计算应力幅，且不计永久荷载，因后者产生的应力值不变，没有应力幅。再在计算时不计吊车动力系数，因按试验结果确定的容许应力幅中已包含了动力的影响。

疲劳计算的部位一般为受拉区应力集中比较突出处，对全压应力循环区可不作计算，因为此种部位即使出现裂纹也不易继续扩展。

(1) 常幅疲劳计算

将应力幅与所需循环次数对应的容许应力幅进行比较，应符合下式要求，即

$$\Delta\sigma\leqslant[\Delta\sigma] \tag{3.28}$$

式中　$\Delta\sigma$——计算部位的应力幅。对焊接部位为应力幅 $\Delta\sigma=\sigma_{max}-\sigma_{min}$；对非焊接部位为折算应力幅 $\Delta\sigma=\sigma_{max}-0.7\sigma_{min}$。

非焊接部位因不存在焊接应力的影响，其疲劳强度除与应力幅有关外，且与最大应力 σ_{max} 或应力比 ρ 有关。为了应用方便，《设计规范》仍采用与焊接部位一致的计算方法，而在计算时采用折算

应力幅，即将 σ_{min} 乘以由试验得出的系数 0.7 进行折算①。

(2) 变幅疲劳计算

钢结构中承受吊车荷载作用的吊车梁和吊车桁架的疲劳破坏属变幅疲劳，若取图 3.2(e)中的最大应力幅 $\Delta\sigma_1$ 按常幅疲劳计算显然保守。且吊车工作的频繁程度也不一样，重级工作制吊车操作频繁，而中、轻级工作制吊车操作则不太频繁，在设计基准期内应力循环次数较低，不太容易产生疲劳破坏。因此，《设计规范》采用了简化方法，规定对重级工作制(A6～A8 级)吊车梁和重级、中级工作制(A4、A5 级)吊车桁架，按设计应力谱中的最大应力幅 $\Delta\sigma$ 折算为等效常幅疲劳并按下式计算，即

$$\alpha_f \Delta\sigma \leqslant [\Delta\sigma]_{2\times10^6} \tag{3.29}$$

式中　α_f——欠载效应的等效系数②，按表 3.8 选用；

$[\Delta\sigma]_{2\times10^6}$——循环次数 n 为 2×10^6 次的容许应力幅，按表 3.7 选用。

表 3.8 中的欠载效应的等效系数 α_f 数值因按 $n=2\times10^6$ 次的疲劳强度为基准折算而得，故式(3.29)中的容许应力幅亦应采用$[\Delta\sigma]_{2\times10^6}$作比较。

表 3.8　吊车梁和吊车桁架欠载效应的等效系数 α_f

吊车类别	α_f
重级工作制硬钩吊车(如均热炉车间夹钳吊车)	1.0
重级工作制软钩吊车	0.8
中级工作制吊车	0.5

小　结

(1) 钢结构采用的设计方法是概率极限状态设计法，它是在结构的可靠与经济之间选择一种合理、平衡的设计方法。

(2) 概率极限状态设计法是将影响结构功能的诸因素作为设计变量，因而对所设计的结构预定功能只作一定的概率保证，即保证其失效概率 P_f 小到人们可以接受的程度时，便认为是安全可靠的。

(3) 结构的极限状态分承载能力极限状态和正常使用极限状态两类。前者包括强度破坏、丧失稳定、疲劳破坏和达到不适于继续承载的过度塑性变形等。后者为在正常荷载作用下结构产生的变形使其不适于继续使用。

(4) 为了便于设计应用，《设计规范》采用基本变量标准值和分项系数形式的概率极限状态设计表达式式(3.18)～式(3.21)。分项系数 γ_G、γ_Q、γ_R 和基本变量标准值(永久荷载 G_k、可变荷载 Q_{ik}、材料强度 f_y)等都是按概率分布确定，并用优化方法等效转化而得到的。

(5) 影响钢材疲劳的主要因素是微观裂纹和应力集中、作用的应力幅(对焊接结构)或应力比(对非焊接结构)和应力的循环次数，而与钢材的静力强度无关。故对由疲劳强度控制的构件，采用较高强度的钢材是不经济的。另外，对容易引起应力集中的部位，应尽量采取构造措施加以改善。

(6) 由于焊接结构在焊缝及其附近的主体金属，一般都存在高达屈服点 f_y 的焊接拉应力。其实际应力状态都是由实际最大应力 $\sigma_{max}=f_y$ 下降到 $\sigma_{min}=f_y-\Delta\sigma$，然后再升至 f_y 的循环，因此都可用 $\Delta\sigma=\sigma_{max}-\sigma_{min}$ 表示其应力幅。对非焊接结构则用折算应力幅 $\Delta\sigma=\sigma_{max}-0.7\sigma_{min}$ 表示其应

① 非焊接部位疲劳计算的应力比准则可参阅《疑难释义》第 11.3 节。

② 欠载效应的等效系数 α_f 的计算可参阅《疑难释义》第 11.5 节。

力幅。

(7)《设计规范》规定对直接承受动力荷载重复作用的钢结构构件及其连接，当应力循环次数 $n \geqslant 5\times10^4$ 次时，应进行疲劳计算。对重级工作制(A6～A8 级)吊车梁和重级、中级工作制(A4、A5 级)吊车桁架的变幅疲劳计算，可用乘以欠载效应系数 α_f 将其折算为常幅疲劳按式(3.29)计算。

思　考　题

3.1　何谓概率极限状态设计法和一次二阶矩概率极限状态设计法?

3.2　如何理解结构的“极限状态”? 承载能力极限状态和正常使用极限状态怎样区别? 在计算时两种极限状态为什么要采用不同的荷载值?

3.3　什么是结构的可靠性和可靠度?

3.4　钢材的强度设计值和标准值有何区别? 设计值应如何选用?

3.5　分项系数 γ_G、γ_Q、γ_R 分别代表什么? 应如何取值?

3.6　对于承载能力极限状态，应采用哪些荷载效应组合进行设计?

3.7　怎样区别常幅循环应力和变幅应力? 哪一种不利?

3.8　什么叫钢材的疲劳? 钢材的疲劳破坏属于什么性质的破坏?

3.9　影响疲劳强度的主要因素有哪些? 疲劳强度可否用提高钢材的强度等级来提高?

3.10　为什么焊接结构要按应力幅计算? 容许应力幅[$\Delta\sigma$]的计算公式是怎样得到的?

3.11　哪些钢结构构件需进行疲劳计算? 变幅疲劳如何计算?

4 钢结构的连接

提要

钢结构的连接是钢结构的重要组成部分，钢结构的建造（制作和安装）工作量大部分都在连接上。连接设计的合理与否，关系到结构的使用性能、施工难易和造价等诸多方面。

钢结构是以钢材（钢板、型钢等）为主制作的结构。制作时，一般须将钢材通过连接手段先组合成能共同工作的结构构件（柱、梁、屋架等），然后再进一步用连接手段将各种构件组成整体结构。因此，连接也是钢结构的重要组成部分，占有重要地位，故应予以高度重视。

4.1 钢结构的连接方法及其应用

钢结构的连接方法关系结构的传力和使用要求，同时还对结构的构造和加工方法、工程造价等有着直接影响。另外，连接在整个钢结构的制造和安装作业中通常占的工作量最大，且多数工序的机械化程度不高，需要大量的人工操作。因此，应对钢结构的连接方法合理地进行选择，即要做到传力明确、简捷，强度可靠，保证安全，同时还须使构造简单，材料节约，施工简便，造价降低。

钢结构的连接方法一般采用焊接和紧固件（图 4.1）连接。后者主要指栓接和铆接，下面对其特点和应用分别加以介绍。

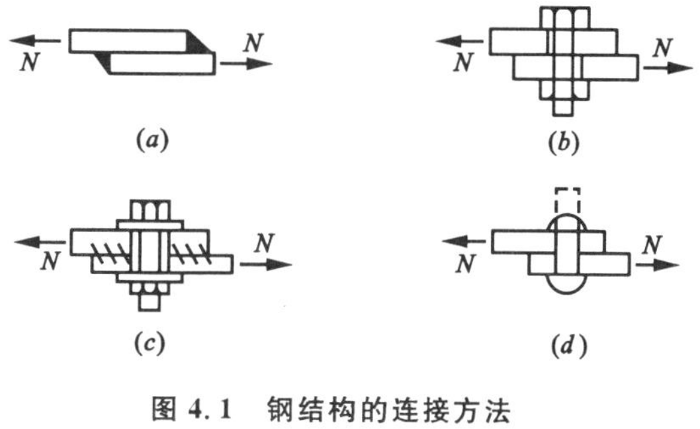

图 4.1 钢结构的连接方法

(*a*) 焊缝连接；(*b*) 普通螺栓和高强度螺栓承压型连接；

(*c*) 高强度螺栓摩擦型连接；(*d*) 铆钉连接

4.1.1 焊接

焊接通常是对焊缝连接的简称。其操作方法一般是通过电弧产生热量使焊条和焊件局部熔化，然后经冷却凝结成焊缝，从而使焊件连接成为一体。

焊接的优点较多，如焊件一般不设连接板而直接连接，且不削弱焊件截面

(图 4.1(a)),构造简单,节省材料,操作简便省工,生产效率高,在一定条件下还可采用自动化作业。另外,焊接的刚度大,密闭性能好。但是,焊接也有一定缺点,如焊缝附近热影响区的材质变脆;焊接产生的残余应力和残余变形对结构有不利影响;再者,焊接结构因刚度大,故对裂纹很敏感,当一旦产生局部裂纹时便易于扩展,尤其在低温下更易产生脆断。

焊接自 20 世纪下半叶以来,由于焊接技术的改进提高,目前它已在钢结构连接中处于主宰地位。它不仅是制造构件的基本连接方法,同时也是构件安装连接的一种重要方法。除了少数直接承受动力荷载结构的某些部位(吊车梁的工地拼接、吊车梁与柱的连接等),因容易产生疲劳破坏而在采用时宜有所限制外,其他部位均可普遍应用。

4.1.2　栓接

栓接是对螺栓连接的简称。其操作方法是通过扳手施拧,使螺栓产生紧固力,从而使被连接件连接成为一体。

栓接因开孔而对构件截面有一定削弱,在构造上常需增设辅助连接板(或角钢),故构造较繁,用料增加。另外,栓接制孔较费工,且被连接件在拼接和安装时必须对孔,故对制造的精度要求较高,必要时还必须将构件组装套钻。但是,栓接的紧固工具和工艺均较简便,易于实施,进度和质量也容易保证,且不需要高级技工操作,加之拆装维护方便,故栓接仍是钢结构安装连接的一种重要方法。

栓接根据螺栓使用的钢材性能等级分为普通螺栓连接和高强度螺栓连接两种。

(1) 普通螺栓连接

普通螺栓按《六角头螺栓——A 级和 B 级》(GB/T 5782—2000)和《六角头螺栓——C 级》(GB/T 5780—2000)分为 A、B 和 C 三级。A 级和 B 级螺栓采用钢材性能等级 5.6 级或 8.8 级制造,C 级螺栓则用 4.6 级或 4.8 级制造(“.”前数字表示公称抗拉强度 f_u 的 1/100,“.”后数字表示公称屈服点 f_y 与 f_u 之比(屈强比)的 10 倍。如 4.6 级表示 f_u 不小于 400 N/mm^2,而最低 $f_y=0.6\times400=240$N/mm^2,4.8 级的最低 $f_y=320$N/mm^2)。螺栓的材料均为碳素结构钢。

A 级和 B 级螺栓表面须经车床加工,故其尺寸准确,精度较高,且须配用精度较高和孔壁表面粗糙度较低的 Ⅰ 类孔(一般须先钻小孔,组装后再绞孔或铣孔)。设计孔径与螺栓杆径应相等。根据螺栓粗细,螺栓杆径只允许有 −0.18～−0.25mm 的负偏差,孔径则只允许有 0.18～0.25mm 的正偏差。因此,栓杆和螺孔间的最大空隙为 0.3～0.5mm,为紧配合,故螺栓受剪性能良好。但其制造和安装过于费工,加之现在高强度螺栓已可替代用于受剪连接,所以目前已极少采用。

C 级螺栓一般用圆钢冷镦压制而成。表面不加工,尺寸不很准确,只须配用精度和孔壁表面粗糙度一般的 Ⅱ 类孔(通常为一次冲成或钻成设计孔径),孔径允许偏差为 0～+1mm。另外,设计孔径比螺栓杆径大 1.5～3mm,故栓杆和螺孔间空隙较大,加之螺栓强度较低,对其栓杆施加的紧固预拉力不能太大,这样在被连接件间所施加的压紧力不大,其间的摩擦力也不大。因此,当用于受剪连接时,在摩擦力克服后,板件间将产生相对滑移,直到栓杆和螺栓孔壁接触(图 4.1(b))。由于较大的滑移变形,故其性能较差。但是,C 级螺栓在沿其杆轴方向的受拉性能较好,可用于受拉螺栓连接。对于受剪连接,只宜用于承受静力荷载或间接承受动力荷载结构中的次要连接(如次梁和主梁、檩条与屋架的连接等),或临时固定构件用的安装连接(螺栓仅作定位或夹紧,以便于施焊),以及不承受动力荷载的可拆卸结构(活动房屋、流动式展览馆等)的连接等。

(2) 高强度螺栓连接

高强度螺栓采用的钢材性能等级按其热处理后强度划分为10.9S和 8.8S 级(S 表示高强度螺

栓），使用配合的螺母性能等级分别为10H和8H级（10和8亦表示 f_u 的1/100，H表示螺母），垫圈为HRC35～HRC45（HRC表示表面淬火硬度）。高强度螺栓的材料为优质合金结构钢，10.9S级的钢号为20MnTiB（适用规格≤M24）或35VB（≤M30）钢；8.8S级的为40B（≤M24）、45号（≤M22）或35号（≤M20）钢（45号和35号钢为优质碳素结构钢，但因含碳量高，其淬透性差，易产生延迟断裂，故不宜制造较大直径螺栓）。螺母的材料10H级的为45号、35号或15MnVB钢；8H级的为35号钢。垫圈的材料为45号、35号钢。

由于高强度螺栓采用的钢材强度约为C级普通螺栓的3～4倍，故对其栓杆可施加强大的紧固预拉力，使被连接的板叠压得很紧。因此，利用板叠间的摩擦力即可有效地传递剪力（图4.1(*c*)），故这种连接类型称为高强度螺栓摩擦型连接，其特点是变形小、不松动、耐疲劳。若允许板叠间的摩擦力被克服并产生滑动，然后利用栓杆与螺栓孔壁靠紧传递剪力（图4.1(*b*)），则这种连接类型称为高强度螺栓承压型连接，因其后期特点与普通螺栓类似，也是由栓杆受剪和孔壁承压方式继续传力，不过由于其强度高，故承载力要比C级普通螺栓的高，但剪切变形比摩擦型的大。

高强度螺栓可广泛用于厂房、高层建筑和桥梁等钢结构重要部位的安装连接，但根据摩擦型连接和承压型连接的不同特点，其应用还应有所区别。摩擦型连接以用于直接承受动力荷载的结构最佳，如吊车梁的工地拼接、重级工作制吊车梁与柱的连接等。承压型连接则仅用于承受静力荷载或间接承受动力荷载的结构，以能发挥其高承载力的优点为宜。

4.1.3 铆接

铆接是铆钉连接的简称。其操作方法是将一端带有半圆形预制钉头的铆钉，经将钉杆烧红后迅速插入被连接件的钉孔中，然后用铆钉枪将另一端也打铆成钉头，以使连接达到紧固（图4.1(*d*)）。铆接传力可靠，塑性、韧性均较好，在20世纪上半叶以前曾经是钢结构的主要连接方法，但其制造费工费料，且劳动强度高，故目前已基本被焊接和高强度螺栓连接所取代。

下面对焊接、栓接的构造、受力性能和计算等分专节加以介绍。铆接因其特性类似栓接，故其构造、计算可参照栓接内容，本书不另论述。

4.2 焊接方法、焊缝形式和质量等级

4.2.1 焊接方法

焊接方法较多，钢结构主要采用电弧焊，它设备简单，易于操作，且焊缝质量可靠，优点较多。根据操作的自动化程度和焊接时用以保护熔化金属的物质种类，电弧焊可分为手工电弧焊、自动或半自动埋弧焊和 CO_2 气体保护焊等。

(1) 手工电弧焊

图4.2所示为手工电弧焊原理图，它由焊件、焊条、焊钳、电焊机和导线组成电路。施焊时，首先使分接电焊机两极的焊条和焊件瞬间短路打火，然后迅即将焊条提起少许，此时强大电流即通过焊条端部与焊件间的空隙，使空气离子化引发出电弧，其温度高达3000℃左右，从而使焊条和焊件迅速熔化。熔化的焊条金属与焊件金属结合成

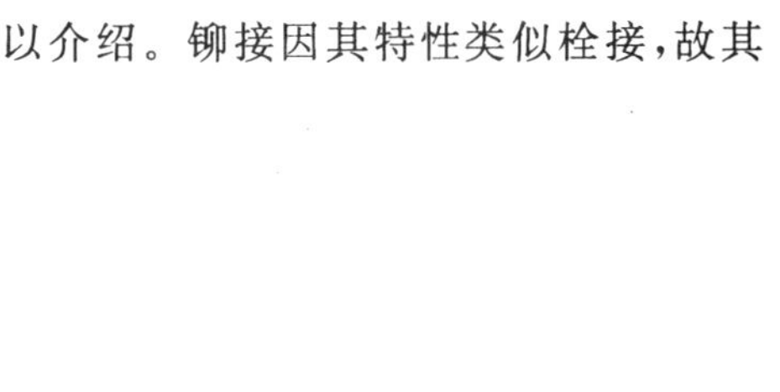

图4.2 手工电弧焊

1—电焊机；2—焊钳；3—焊条；4—焊件；5—导线；6—电弧；7—熔池；8—药皮；9—保护气体

为焊缝金属。同时,由焊条药皮形成的气体和熔渣则覆盖熔池,起着保护电弧使其稳定并隔绝空气中的氧、氮等有害气体与液体金属接触的作用,以避免形成脆性易裂化合物。随着熔池中金属的冷却、结晶,即形成焊缝,并将焊件连成整体。

手工电弧焊由于电焊设备简单,使用方便,只需将焊钳持往焊接部位即可施焊,适用于空间全方位焊接,故应用广泛,且特别适用于工地安装焊缝、短焊缝和曲折焊缝。但它生产效率低,且劳动条件差,弧光眩目,焊接质量在一定程度上取决于焊工水平,容易波动。

手工电弧焊采用的焊条应符合《碳钢焊条》(GB/T 5117—1999)或《低合金钢焊条》(GB/T 5118—1995)的规定。标准中焊条型号的表示方法系按熔敷金属(焊缝金属)的抗拉强度、药皮类型、焊接位置和电源种类等确定。碳钢焊条由字母 E 和其后的四位数字组成,低合金钢焊条还在数字后面加上用短画"—"分开的后缀符号。字母 E 表示焊条,再加上其后的头两位数字用以表示焊条系列。数字由熔敷金属抗拉强度的最小值决定,单位为 kgf/mm^2。如 E43、E50 和 E55 即分别为 $f_u \geqslant 43kgf/mm^2(420N/mm^2)$、$50kgf/mm^2(490N/mm^2)$和$55kgf/mm^2(540N/mm^2)$。碳钢焊条有 E43 和 E50 两种系列,而低合金钢焊条在钢结构中仅采用 E50 和 E55 两种系列。型号的第三位数字表示焊条适用的焊接位置,0 和 1 表示适用于全位置(平、立、仰、横)焊接,2 表示适用于平焊及水平角焊,4 表示适用于向下立焊。第三位和第四位数字组合在一起,表示焊接电流种类和药皮类型。低合金钢焊条的后缀符号表示熔敷金属化学成分的分类符号,如 A1 表示碳钼钢焊条;D3 表示锰钼钢焊条;G 表示其他根据合金元素需要确定的低合金钢焊条等。

选择手工电弧焊焊条型号首先应与主体金属强度匹配确定焊条系列,即两者的机械性能应相适应。当不同强度的钢材连接时,采用与低强度钢材相适应的焊条系列,即可满足强度等方面的要求并且较经济。然后再结合钢材的牌号、结构的重要性、焊接位置和焊条工艺性能等选择具体型号。如对一般结构,通常当钢材为 Q235B 钢时采用 E4303 型;为 Q345 钢时,采用碳钢焊条中的 E5003 型,即可满足要求。这两种焊条药皮均属钛钙型,施焊易于掌握,其熔渣流动性好,脱渣容易,且电弧稳定,熔深适中,飞溅少,焊波整齐,适用于全位置焊接,焊接电源为交流或直流正、反接。对重级工作制吊车梁、吊车桁架或类似结构,通常当钢材为 Q235B、Q235C 或 Q235D 钢时采用 E4315 或 E4316 型;为 Q345 钢时采用碳钢焊条中的 E5015、E5016 或 E5018 型;为 Q390 和 Q420 钢时采用 E5515-G、E5516-G、E5515-D3 或 E5516-D3 型。以上几类焊条药皮均属低氢型碱性,适用于全位置焊接,焊接电源宜直流反接。低氢型碱性焊条可降低焊缝中氢的含量,以避免产生冷裂纹,故焊缝金属的韧性好,其脆性转变温度接近于镇静钢。

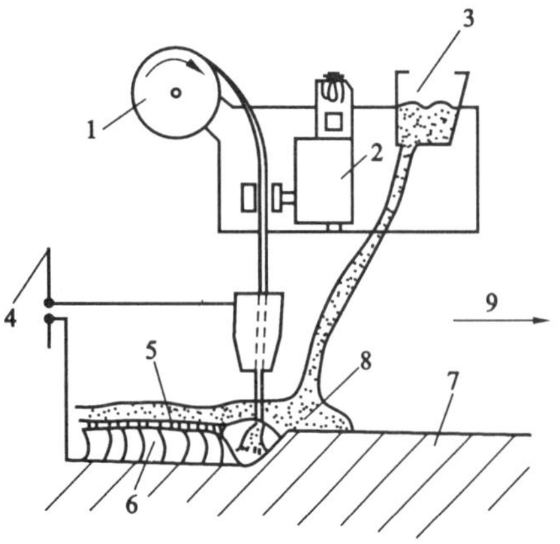

图 4.3　自动或半自动埋弧焊原理图

1—焊丝转盘;2—转动焊丝的电动机;3—焊剂漏斗;4—电源;5—熔渣;6—熔敷金属;7—焊件;8—焊剂;9—移动方向

(2) 自动或半自动埋弧焊

图 4.3 所示为自动或半自动埋弧焊原理图。光焊丝埋在焊剂层下,当通电引弧后,使焊丝、焊件和焊剂熔化。焊剂熔化后形成熔渣浮在熔化的焊缝金属表面,使其与空气隔绝,并供给必要的合金元素以改善焊缝质量。当焊丝随着焊机的自动移动而下降和熔化时,颗粒状的焊剂亦不断由漏斗漏下埋住眩目电弧。当全部焊接过程自动进行时,称为自动埋弧焊。焊机移动由人工操纵时,称为半自动埋弧焊。

埋弧焊由于电流较大，电弧热量集中，故熔深大，焊缝质量均匀，内部缺陷少，塑性和冲击韧性都好，因而优于手工焊。另外，埋弧焊的焊接速度快，生产效率高，成本低，劳动条件好。然而，它们的应用也受到其自身条件的限制，由于焊机须沿着焊缝的导轨移动，故要有一定的操作条件，因此特别适用于梁、柱、板等的大批量拼装制造焊缝。

自动或半自动埋弧焊采用的焊丝和焊剂应与主体金属强度相适应，即应使熔敷金属的强度与主体金属的相等。焊丝应符合《熔化焊用钢丝》(GB/T 14957—1994)、《碳钢药芯焊丝》(GB/T 10045—2001)和《低合金钢药芯焊丝》(GB/T 17493—2008)的规定，焊剂则根据需要按《埋弧焊用碳钢焊丝和焊剂》(GB/T 5293—1999)和《低合金钢埋弧焊用焊剂》(GB/T 12470—2003)相应配合。

(3) CO_2 气体保护焊

CO_2 气体保护焊是用喷枪喷出 CO_2 气体作为电弧的保护介质，使熔化金属与空气隔绝，以保持焊接过程稳定。由于焊接时没有焊剂产生的熔渣，故便于观察焊缝的成型过程，但操作时须在室内避风处，在工地则须搭设防风棚。气体保护焊电弧加热集中，焊接速度快，熔深大，故焊缝强度比手工焊的高，且塑性和抗腐蚀性好，很适合于厚钢板或特厚钢板($t>100$mm)的焊接。

CO_2 气体保护焊采用的焊丝应符合《气体保护电弧焊用碳钢、低合金钢焊丝》(GB/T 8110—2008)的规定，二氧化碳则应符合《焊接用二氧化碳》(HG/T 2537—1993)的规定。

4.2.2 焊接接头及焊缝的形式

不论焊接或栓接，根据被连接构件间的相互位置，钢结构连接均可分为对接、搭接、T形和角接等接头形式，当采用焊接时，根据焊缝的截面形状，又可分为对接焊缝和角焊缝以及由这两种形式焊缝组合成的对接与角接组合焊缝(图 4.4)。在具体应用时，应根据连接的受力情况，结合制造、安装和焊接条件进行选择。

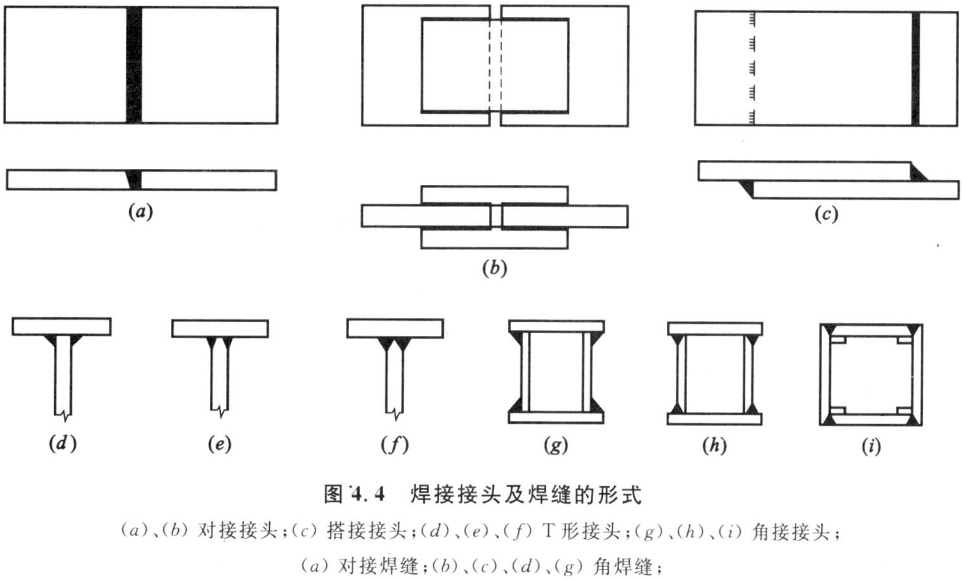

图 4.4 焊接接头及焊缝的形式

(*a*)、(*b*) 对接接头；(*c*) 搭接接头；(*d*)、(*e*)、(*f*) T形接头；(*g*)、(*h*)、(*i*) 角接接头；

(*a*) 对接焊缝；(*b*)、(*c*)、(*d*)、(*g*) 角焊缝；

(*e*)、(*h*) 部分焊透对接与角接组合焊缝；(*f*)、(*i*) 全焊透对接与角接组合焊缝

对接焊缝又称坡口焊缝，因为在施焊时，焊件间须具有适合于焊条或焊丝操作的空间，以达到焊件能够焊透，故一般均将焊件边缘开成坡口，焊缝则焊在两焊件的坡口面间或一焊件的坡口与另一焊件的表面间(图 4.4(*a*)。图 4.4(*e*)、(*f*)、(*h*)、(*i*)也属于对接焊缝范畴)。对接焊缝按是否焊

透还分为全焊透和部分焊透两种。全焊透的对接焊缝强度高，受力性能好，故应用广泛，对接焊缝一词通常即指这种焊缝。

角焊缝为沿两直交或斜交焊件的交线边缘焊接的焊缝。直交的称为直角角焊缝（图4.4(*b*)、(*c*)、(*d*)、(*g*)），斜交的则称为斜角角焊缝（见第 4.5 节）。直角角焊缝受力性能较好，应用广泛，角焊缝一词通常即指这种焊缝。

对接与角接组合焊缝多用于 T 形、角接和十字形接头，其形式是在全焊透或部分焊透的对接焊缝外再增焊一定焊脚尺寸的角焊缝（图 4.4(*e*)、(*h*)、(*f*)、(*i*)）。全焊透的对接与角接组合焊缝相对于（无焊脚的）全焊透对接焊缝，增加的角焊缝可减少应力集中，改善焊缝受力性能，尤其是疲劳性能。而部分焊透的对接与角接组合焊缝则可减小坡口或焊脚尺寸，大量节约焊缝金属。

对接焊缝由于和焊件处在同一平面，截面也一样，故其受力性能好于角焊缝，且用料省，但制造较费工；角焊缝则反之，对接与角接组合焊缝的受力性能更优于对接焊缝。下面结合它们在几种接头中的应用进一步加以讨论。

图 4.4(*a*)所示为采用对接焊缝的对接接头，其特点是用料省，传力简捷、均匀，受力性能好，疲劳强度高，但焊件边缘需开坡口且尺寸要求准确，故制造较费工。图 4.4(*b*)所示为采用角焊缝加盖板的对接接头，其特点是对焊件边缘尺寸要求较低，制造较易，但通过盖板传力，应力集中严重，疲劳强度低，且用料较多。图 4.4(*c*)所示为采用角焊缝的搭接接头，其特点与加盖板的对接接头相似，但由于构造简单，施工方便，故应用广泛。图 4.4(*d*)、(*e*)、(*f*)分别为采用角焊缝和部分焊透及全焊透的对接与角接组合焊缝的 T 形接头。角焊缝的受力性能较差，但因构造简单，省工省料，故应用较多。部分焊透的对接与角接组合焊缝适用于腹板较厚（$t>20$mm）的焊接工字形截面梁或柱的 T 形接头。全焊透的对接与角接组合焊缝则适用于要求验算疲劳的结构，如重级工作制（A6～A8 级）吊车梁的腹板与上翼缘的 T 形接头。图 4.4(*g*)、(*h*)、(*i*)分别为采用角焊缝、部分焊透及全焊透的对接与角接组合焊缝的角接接头，它们主要用于箱形截面梁、柱的纵向组合焊缝，其特点分别与 T 形接头的相似。

角焊缝按沿长度方向的布置，还可分为连续角焊缝和断续角焊缝两种形式（图 4.5）。前者为基本形式，其受力性能好，应用广泛。后者因在焊缝分段的两端应力集中严重，故一般只用在次要构件或次要焊缝连接中。断续角焊缝之间的净距不宜过大，以免连接不紧密，导致潮气侵入引起锈蚀，故一般应不大于 $15t$（对受压构件）或 $30t$（对受拉构件），t 为较薄焊件厚度。断续角焊缝焊段的长度不得小于 $10h_f$ 或 50mm，h_f 为角焊缝的焊脚尺寸。

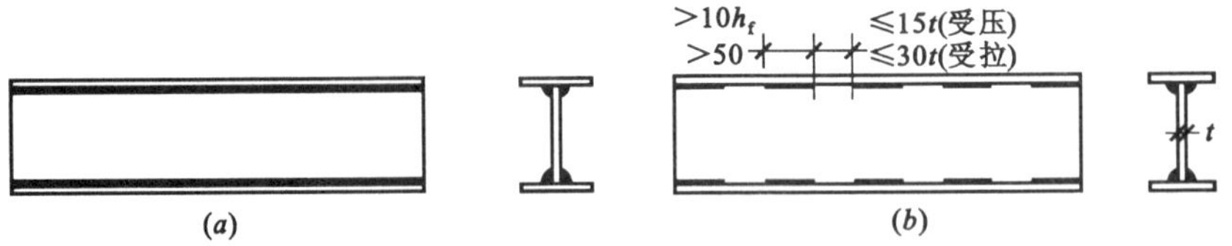

图 4.5　连续角焊缝和断续角焊缝

(*a*) 连续角焊缝；(*b*) 断续角焊缝

焊缝按施焊位置可分为平焊、立焊、横焊和仰焊四种形式。平焊（图 4.6(*a*)）亦称俯焊，其施焊方便，质量易于保证，故应尽量采用。立焊、横焊（图 4.6(*b*)、(*c*)）施焊较难，焊缝质量和效率均较平焊低。仰焊（图 4.6(*d*)）的施焊条件最差，焊缝质量不易保证，故应从设计构造上尽量避免。

图 4.6(*e*)所示为 T 形接头角焊缝在工厂常采用的船形焊[①]，它也属于平焊形式。

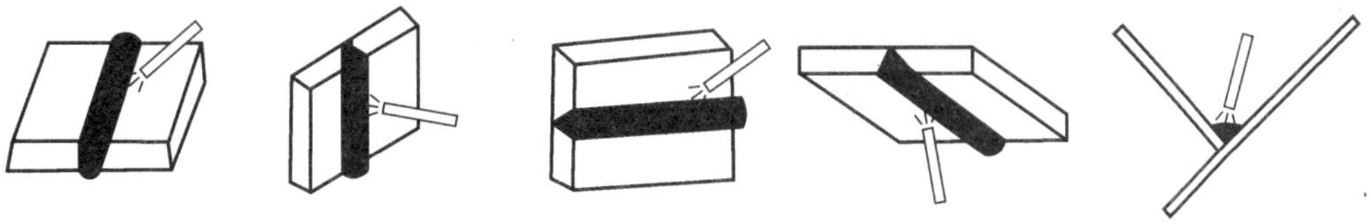

(*a*)　(*b*)　(*c*)　(*d*)　(*e*)

图 4.6　焊缝的施焊位置

(*a*) 平焊；(*b*) 立焊；(*c*) 横焊；(*d*) 仰焊；(*e*) 船形焊

4.2.3　焊缝符号及标注方法

焊缝一般应按《建筑结构制图标准》(GB/T 50105—2001)和《焊缝符号表示法》(GB/T 324—2008)的规定，采用焊缝符号在钢结构施工图中标注。

表 4.1 所列为部分常用焊缝符号，另外图 4.9 也列有对接焊缝的符号，它们主要由图形符号、辅助符号和引出线等部分组成。图形符号表示焊缝截面的基本形式，如◺表示角焊缝(竖线在左、斜线在右)，V 表示 V 形坡口的对接焊缝等。辅助符号表示焊缝的辅助要求，如涂黑的三角形旗号表示安装焊缝、3/4 圆弧表示相同焊缝等，均绘在引出线的转折处。引出线由横线、斜线及箭头组成。横线的上方和下方用来标注各种符号和尺寸等，角焊缝的尺寸(以 mm 计)一般标注在◺左边，如 h_f 或 $h_f—l_w$，但 l_w 也可标注在◺右边(h_f、l_w 分别为角焊缝的焊脚尺寸和长度)。斜线和箭头用来将整个焊缝符号指到图形上的有关焊缝处。对单面焊缝，当箭头指在焊缝所在的一面时，应将图形符号和尺寸标注在横线的上方；当箭头指在焊缝所在的另一面时，则应将图形符号和尺寸标注在横线的下方。必要时，还可在横线的末端加一尾部，以作其他辅助说明之用，如标注焊条型号等。

表 4.1　焊缝符号

	角焊缝				对接焊缝	塞焊缝	三面围焊
	单面焊缝	双面焊缝	安装焊缝	相同焊缝			
形式					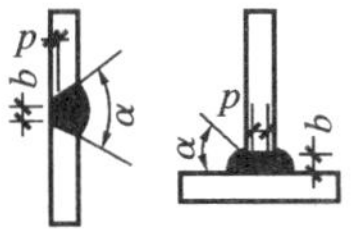		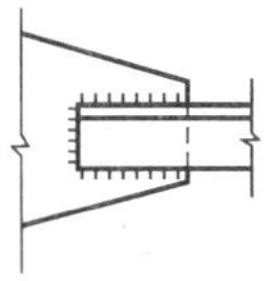
标注方法	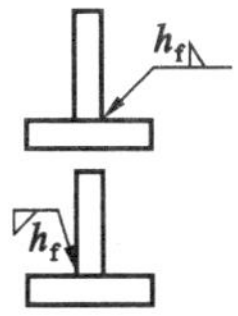				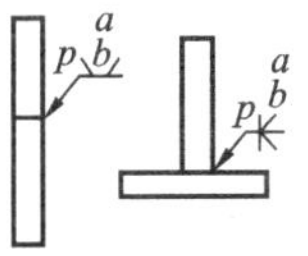	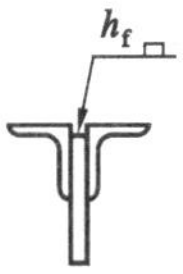	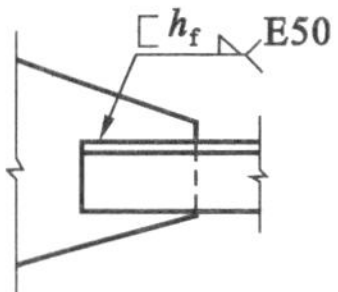 E50为对焊条的辅助说明

当焊缝分布不规则时，在标注焊缝符号的同时，宜在焊缝处加粗线以表示可见焊缝，加栅线以表示不可见焊缝，加×符号表示工地安装焊缝(图 4.7)。

① 船形焊还可参阅《疑难释义》第 4.2 节图 4.1。

(a)　　(b)　　(c)

图 4.7　焊缝标注图形

(a) 可见焊缝;(b) 不可见焊缝;(c) 安装焊缝

4.2.4　焊缝质量等级

焊缝质量的好坏直接影响连接的强度,如质量优良的对接焊缝,试验证明其强度高于母材,受拉试件的破坏部位多位于焊缝附近热影响区的母材上。但是,当焊缝中存在气孔、夹渣、咬边等缺陷时,它们不但使焊缝的受力面积削弱,而且还在缺陷处引起应力集中,易于形成裂纹。在受拉连接中,裂纹更易扩展延伸,从而使焊缝在低于母材强度的情况下破坏。同样,缺陷也降低连接的疲劳强度。因此,应对焊缝质量严格检验。

焊缝缺陷一般位于焊缝或其附近热影响区钢材的表面及内部,通常表现为裂纹、未熔合、夹渣、焊瘤、咬边、烧穿、弧坑、气孔、电弧擦伤、未焊满、根部收缩等(图 4.8)。焊缝表面缺陷可通过外观检查,内部缺陷则用无损探伤(超声波或 X 射线、γ 射线)确定。

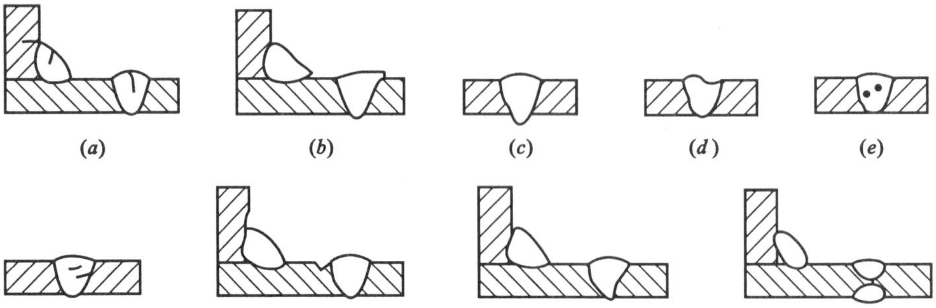

(a)　(b)　(c)　(d)　(e)

(f)　(g)　(h)　(i)

图 4.8　焊缝缺陷

(a) 裂纹;(b) 焊瘤;(c) 烧穿;(d) 弧坑;(e) 气孔;(f) 夹渣;(g) 咬边;(h) 未熔合;(i) 未焊透

根据焊缝的受力性质和所处部位的重要性,《设计规范》将焊缝质量分为三个等级,《施工规范》亦相应对此三个等级制定了下面不同的质量标准:三级焊缝规定只对全部焊缝作外观质量检查,即检查焊缝尺寸和外观缺陷(表面裂纹、焊瘤、气孔、咬边等)是否符合焊缝质量三级标准的要求;一级或二级焊缝规定除对全部焊缝按一级或二级标准作外观质量检查外,还须按《钢焊缝手工超声波探伤方法和探伤结果分级》(GB 11345—1989)中质量评定等级Ⅲ级的要求,对二级焊缝内部用超声波探伤焊缝长度的 20%;一级焊缝则规定按Ⅱ级的要求探伤焊缝长度的 100%。当超声波探伤不能对缺陷作出判断时,还应按《钢熔化焊对接接头射线照相和质量分级》(GB/T 3323—2005)中质量评定等级Ⅲ级的要求,对二级焊缝内部射线探伤焊缝长度的 20%;按Ⅱ级的要求,对一级焊缝内部射线探伤焊缝长度的 100%。

另外,《设计规范》还规定焊缝应根据结构的重要性、荷载特性、焊缝形式、工作环境以及应力状态等情况,按下列原则分别选用不同的质量等级。

(1) 在需要计算疲劳的构件中,垂直于作用力方向的横向对接焊缝或 T 形接头对接与角接组合焊缝,受拉时为一级,受压时为二级;平行于作用力方向的纵向对接焊缝为二级。

(2) 在不需要计算疲劳的构件中,凡要求与母材等强的对接焊缝,受拉时应不低于二级,受压时宜为二级。

(3) 重级工作制和起重量 $Q \geqslant 50t$ 的中级工作制吊车梁的腹板与上翼缘之间,以及吊车桁架上弦杆与节点板之间的全焊透 T 形接头对接与角接组合焊缝,不应低于二级。

(4) T 形接头的角焊缝或部分焊透的对接与角接组合焊缝,以及搭接连接的角焊缝,在用于直接承受动力荷载且需要计算疲劳的结构和起重量 $Q \geqslant 50t$ 的中级工作制吊车梁时,外观质量应符合二级。在用于其他结构时,外观质量可为三级。

从以上 4 条原则可以看出焊缝质量等级选用的基本规律是:受拉焊缝高于受压焊缝。受动力荷载焊缝高于受静力荷载焊缝。对接焊缝一般都要求全焊透并与母材等强,故需要作无损探伤,质量不能低于二级。角焊缝一般为外观质量三级。

4.3 (全焊透)对接焊缝和对接与角接组合焊缝的构造和计算

4.3.1 (全焊透)对接焊缝和对接与角接组合焊缝的构造

全焊透的对接焊缝和对接与角接组合焊缝的坡口形状与尺寸应结合焊件厚度和工艺条件,按照保证焊缝质量、便于施焊和减小焊缝截面面积的原则,根据《焊接规程》中推荐的手工电弧焊,埋弧焊和气体保护焊的全焊透坡口形状和尺寸选用。

对接接头的对接焊缝,其坡口形状可分为 I 形、单边 V 形、V 形、K 形、X 形、单边 U 形(J 形)和 U 形等。一般当焊件厚度较小(手工焊 $t \leqslant 6$mm,埋弧焊 $t \leqslant 12$mm)时,可不开坡口,即采用 I 形坡口(图 4.9(a))。对于中等厚度焊件(手工焊 $t=6 \sim 16$mm,埋弧焊 $t=10 \sim 20$mm),宜采用单边 V 形、V 形或 J 形坡口(图 4.9(b)、(c)、(d))。图中 p 称为钝边(手工焊 0～3mm,埋弧焊 2～6mm),可起托住熔化金属的作用。b 称为间隙(手工焊 0～3mm,埋弧焊一般为 0),可使焊缝有收缩余地且可和斜坡口组成一个施焊空间,使焊条得以运转,焊缝能够焊透。对于较厚焊件(手工焊 $t>16$mm,埋弧焊 $t>20$mm),则宜采用 K 形或 X 形坡口(图 4.9(f)、(g))。相对而言,它们的截面面积均较 V 形坡口的小,对于特厚焊件($t \geqslant 50$mm),则宜采用 J 形或 U 形坡口(图 4.9(e)),它们的截面面积更小,但其坡口加工较费工。V 形和 U 形坡口焊缝主要为正面焊,但对反面焊根应清根补焊,以达到焊透。若不具备这种条件,或因装配条件限制使间隙过大时,则应在坡口下面预设垫板(图 4.9(h)),以阻止熔化金属流淌和使根部焊透。K 形和 X 形坡口焊缝均应清根并双面施焊。

全焊透的对接与角接组合焊缝不论是 T 形、角接还是十字形接头,其坡口形状亦须根据焊件厚度和施焊条件等参照前述对接接头的对接焊缝的坡口形式确定。对接焊缝外增焊的焊脚尺寸,对一般结构的 T 形接头、十字形接头和角接接头,可按图 4.10(a)、(b)、(c)所示的形式,即焊脚尺寸不小于 $t/4$(t 为腹板厚度);对要求验算疲劳的结构,如重级工作制(A6～A8 级)吊车梁的腹板与上翼缘之间的 T 形接头焊缝等,则须按图 4.10(d)所示,即加大为 $t/2$,但不超过 10mm,以使其焊脚较平但尺寸又不致过大。

当用对接焊缝拼接的对接接头焊件宽度不同或厚度相差 4mm 以上时,应分别在宽度或厚度方向从一侧或两侧做成坡度不大于 1∶2.5 或 1∶4(对承受动力荷载且需要计算疲劳的结构)的斜角(图 4.11),以使截面平缓过渡,减少应力集中。当厚度相差不大(当较薄钢板的厚度≥5～9mm 时为 2mm、10～12mm 时为 3mm、>12mm 时为 4mm)时,可不加工斜坡,因焊缝表面形成的斜度即可满足平缓过渡的要求。

在对接焊缝和对接与角接组合焊缝的起弧落弧处,常出现弧坑等缺陷,以致引起应力集中并易产生裂纹,这对承受动力荷载的结构尤为不利。因此,各种接头的对接焊缝均应在焊缝的两端设置

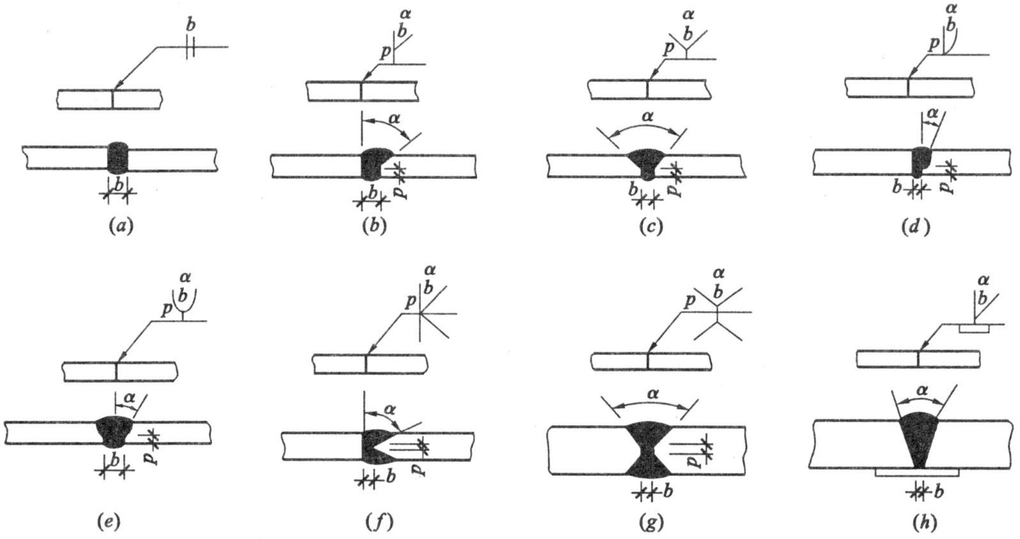

图 4.9　对接焊缝的坡口形式和符号、尺寸标注

(*a*) I 形;(*b*) 单边 V 形;(*c*) V 形;(*d*) J 形;(*e*) U 形;(*f*) K 形;(*g*) X 形;(*h*) 加垫板的 V 形

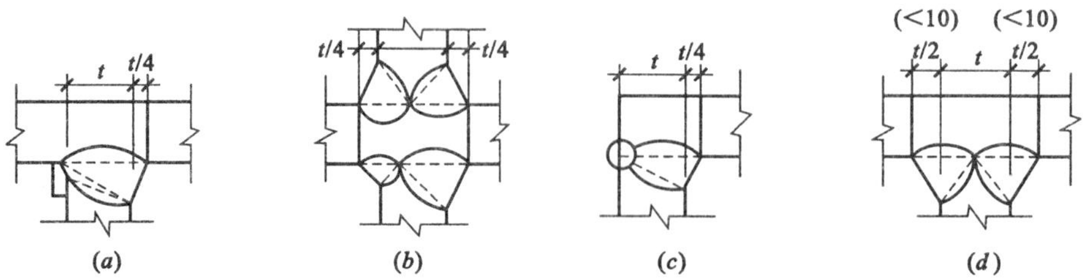

图 4.10　对接与角接组合焊缝的焊脚尺寸

(*a*) T 形接头;(*b*) 十字形接头;(*c*) 角接接头;(*d*) 验算疲劳的 T 形接头

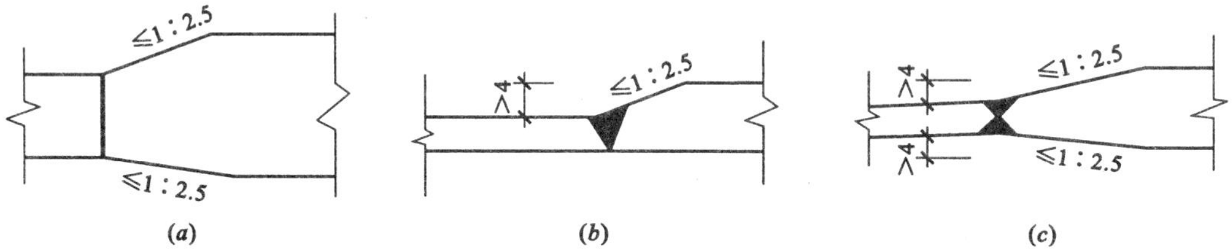

图 4.11　变截面钢板拼接

(*a*) 变宽度;(*b*)、(*c*) 变厚度

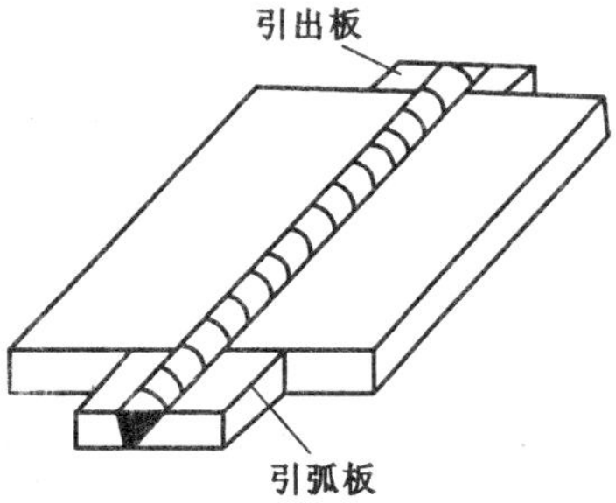

图 4.12　焊缝施焊用的引弧板和引出板

引弧板和引出板(图 4.12),其材质和坡口形式应与焊件的相同。焊缝引出的长度为:埋弧焊应大于 80mm,手工电弧焊及气体保护焊应大于 25mm,并应在焊接完毕用气割切除,并修磨平整。对某些承受静力荷载结构的焊缝无法采用引弧板和引出板时,则应在计算中将每条焊缝的长度减去 $2t$。

4.3.2 (全焊透)对接焊缝和对接与角接组合焊缝的计算

对接焊缝和对接与角接组合焊缝可视为焊件截面的延续组成部分，焊缝中的应力分布情况基本与焊件原有的相同，故计算时可利用《材料力学》中各种受力状态下构件强度的计算公式。

4.3.2.1 轴心力(拉力或压力)作用时的对接焊缝和对接与角接组合焊缝计算

对接焊缝和对接与角接组合焊缝受垂直于焊缝的轴心拉力或轴心压力作用时(图4.13(a))，其强度应按下式计算：

$$\sigma=\frac{N}{l_{\mathrm{w}}t}\leqslant f_{\mathrm{t}}^{\mathrm{w}}\text{或}f_{\mathrm{c}}^{\mathrm{w}} \tag{4.1}$$

式中 N——轴心拉力或轴心压力[①]；

l_{w}——焊缝的计算长度，当未采用引弧板和引出板时，取实际长度减去 $2t$；

t——在对接接头中为连接件的较小厚度，在 T 形接头中为腹板厚度；

$f_{\mathrm{t}}^{\mathrm{w}}$、$f_{\mathrm{c}}^{\mathrm{w}}$——对接焊缝的抗拉、抗压强度设计值，按表 4.2 选用。

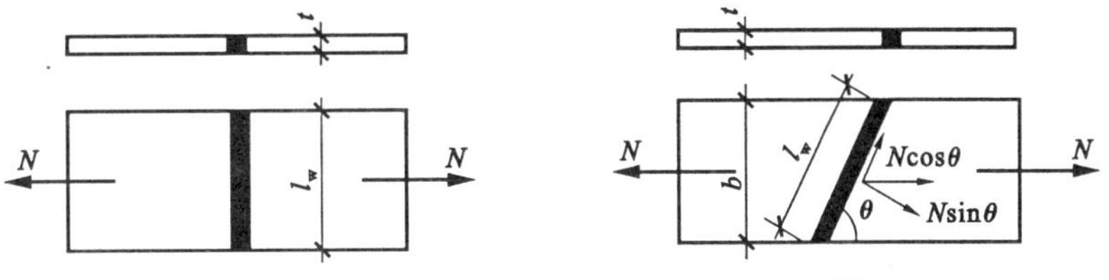

图 4.13 轴心力作用时的对接焊缝

(a) 直焊缝；(b) 斜焊缝

将表 4.2 和表 3.5 比较可见，对接焊缝的抗压及抗剪强度设计值均与钢材的相同，而抗拉强度设计值也只在焊缝质量为三级时才较低。这是因为在对接焊缝中，即使有缺陷，在承受压力或剪力作用时，对焊缝强度无明显影响，但在承受拉力作用时则影响显著。由于一、二级焊缝的缺陷较少，其影响亦小，而三级焊缝的缺陷一般较多，其抗拉强度通常只能达钢材的 85%，故设计值亦相应按此比例取用。因此，对(加有引弧板和引出板的)对接焊缝不需计算即可用于构件的任何部位，只在三级焊缝且受拉力作用时才需按式(4.1)进行计算。如直焊缝经计算不满足强度要求时，若是拼接焊缝，可将其改在受力较小处或改用一、二级焊缝，否则，可采用斜焊缝(图 4.13(b))，以加长焊缝长度和减小法向应力，提高抗拉能力，但其较费钢材。当斜焊缝与作用力间的夹角 θ 符合 $\tan\theta\leqslant 1.5(\theta\leqslant 56^{\circ})$时，其强度超过母材，可不作计算。

表 4.2 焊缝的强度设计值(N/mm²)

焊接方法和焊条型号	构件钢材		对接焊缝				角焊缝
	牌号	厚度或直径(mm)	抗压 $f_{\mathrm{c}}^{\mathrm{w}}$	焊缝质量为下列等级时，抗拉 $f_{\mathrm{t}}^{\mathrm{w}}$		抗剪 $f_{\mathrm{v}}^{\mathrm{w}}$	抗拉、抗压和抗剪 $f_{\mathrm{f}}^{\mathrm{w}}$
				一、二级	三级		
自动焊、半自动焊和 E43 型焊条的手工焊	Q235 钢	≤16	215	215	185	125	160
		>16～40	205	205	175	120	
		>40～60	200	200	170	115	
		>60～100	190	190	160	110	

① 本书以后凡公式中内力和应力在未加说明时均为设计值。

续表 4.2

焊接方法和焊条型号	构件钢材		对接焊缝				角焊缝
	牌号	厚度或直径(mm)	抗压 f_c^w	焊缝质量为下列等级时，抗拉 f_t^w		抗剪 f_v^w	抗拉、抗压和抗剪 f_f^w
				一、二级	三级		
自动焊、半自动焊和E50型焊条的手工焊	Q345钢	≤16	310	310	265	180	200
		>16～35	295	295	250	170	
		>35～50	265	265	225	155	
		>50～100	250	250	210	145	
自动焊、半自动焊和E55型焊条的手工焊	Q390钢	≤16	350	350	300	205	220
		>16～35	335	335	285	190	
		>35～50	315	315	270	180	
		>50～100	295	295	250	170	
	Q420钢	≤16	380	380	320	220	220
		>16～35	360	360	305	210	
		>35～50	340	340	290	195	
		>50～100	325	325	275	185	

注：(1) 自动焊和半自动焊所采用的焊丝和焊剂，应保证其熔敷金属的力学性能不低于《埋弧焊用碳钢焊丝和焊剂》(GB/T 5293)和《低合金钢埋弧焊用焊剂》(GB/T 12470)中相关的规定。

(2) 焊缝质量等级应符合《施工规范》规定。其中厚度 $t<8$mm 钢材的对接焊缝，不应采用超声波探伤确定焊缝质量等级①。

(3) 对接焊缝在受压区的抗弯强度设计值取 f_c^w，在受拉区的抗弯强度设计值取 f_t^w。

(4) 表中厚度系指计算点的钢材厚度，对轴心受拉和轴心受压构件系指截面中较厚板件的厚度。

(5) 施工条件较差的高空安装焊缝，表中焊缝强度设计值应乘以折减系数 0.9。无垫板的单面施焊对接焊缝则应乘以 0.85。

4.3.2.2 弯矩和剪力共同作用时的对接焊缝和对接与角接组合焊缝的计算

(1) 矩形截面：如图 4.14(a)所示，焊缝中的最大正应力和剪应力应分别符合下列公式的要求：

$$\sigma_{\max} = \frac{M}{W_w} \leqslant f_t^w \tag{4.2}$$

$$\tau_{\max} = \frac{VS_w}{I_w t} \leqslant f_v^w \tag{4.3}$$

式中 W_w——焊缝截面模量，对矩形截面 $W_w = l_w^2 t/6$；

S_w——焊缝截面计算剪应力处以上部分对中和轴的面积矩；

I_w——焊缝截面惯性矩；

t——板厚；

f_v^w——对接焊缝的抗剪强度设计值，按表 4.2 选用。

(2) 工字形截面：如图 4.14(b)所示，焊缝中的最大正应力和剪应力除应分别符合式(4.2)和式(4.3)的要求外，在同时受较大正应力 σ_1 和剪应力 τ_1 的梁腹板横向对接焊缝受拉区的端部"1"点，还应按下式计算折算应力：

$$\sqrt{\sigma_1^2 + 3\tau_1^2} \leqslant 1.1 f_t^w \tag{4.4}$$

式中 σ_1——腹板对接焊缝"1"点处的正应力，$\sigma_1 = \frac{M}{I_w} \cdot \frac{h_0}{2}$；

τ_1——腹板对接焊缝"1"点处的剪应力，$\tau_1 = \frac{VS_{w1}}{I_w t_w}$；

S_{w1}——受拉翼缘对中和轴的面积矩；

---

① $t<8$mm 钢材的对接焊缝不应采用超声波探伤确定焊缝质量等级的原因可参见《疑难释义》第 4.4 节。

t_w——腹板厚度；

1.1——考虑最大折算应力只在焊缝的局部产生，因而将焊缝强度设计值提高的系数。

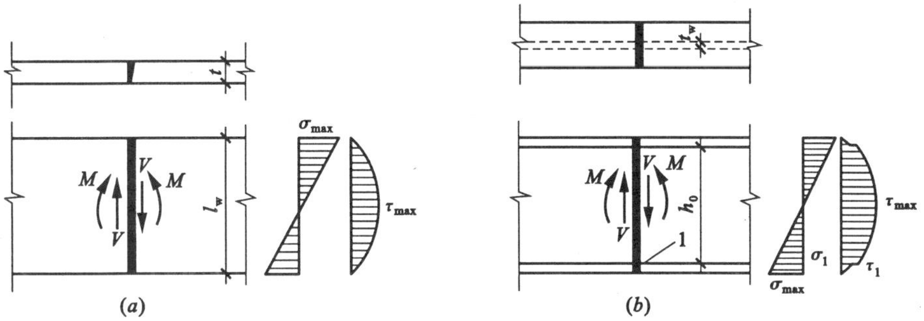

图 4.14　弯矩和剪力共同作用时的对接焊缝

(*a*) 矩形截面；(*b*) 工字形截面

【例 4.1】 试验算图 4.15(*a*)所示牛腿与柱连接的对接焊缝强度。荷载设计值 $F=200\text{kN}$。钢材 Q235B，焊条 E4303 型，手工焊，无引弧板，焊缝质量三级。

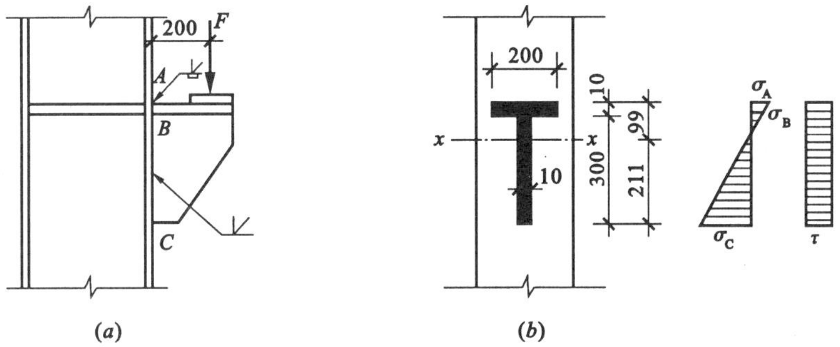

图 4.15　例 4.1 附图

【解】 此牛腿与柱的连接焊缝承受偏心力 F 产生的弯矩 $M=Fe$ 与剪力 $V=F$ 的共同作用，$e=200\text{mm}$。由于翼缘竖向刚度较低，故一般不宜考虑其承受剪力，即在计算时假定剪力全部由腹板上的焊缝平均承受，弯矩则由整个截面焊缝承受。另外，质量三级的对接焊缝的抗拉强度设计值相对较低，故一般应验算受拉区 A 点的最大正应力和 B 点的折算应力。但本例焊缝截面对 x-x 轴不对称，中和轴偏上，故最低点 C 处受压正应力超过焊缝截面的受拉正应力，且该点同时还受剪应力作用，因此，须验算该点的折算应力，且不应大于 1.1 倍的焊缝抗压强度设计值 f_c^w。

(1) 确定对接焊缝计算截面的几何特性

① 计算中和轴的位置(对水平焊缝的形心位置取矩)

$$y_A=\frac{(30-2\times1)\times1\times15.5}{(30-2\times1)\times1+(20-2\times1)\times1}+0.5=9.9\text{cm}$$

$$y_C=31-9.9=21.1\text{cm}$$

② 焊缝计算截面的几何特性

全部焊缝计算截面的惯性矩

$$I_w=\frac{1}{12}\times1\times(30-2\times1)^3+(30-2\times1)\times1\times6.1^2+(20-2\times1)\times1\times9.4^2$$
$$=4462\text{cm}^4$$

(由于翼缘焊缝厚度较小，故算式中忽略了对其自身轴的惯性矩一项。凡类似情况，本书以后皆同,包括对构件截面。)

腹板焊缝计算截面的面积:

$$A_w^w = (30 - 2 \times 1) \times 1 = 28\text{cm}^2$$

(2) 验算焊缝强度

① A 点

按式(4.2),得

$$\sigma_A = \frac{M}{W_w^A} = \frac{M}{I_w} \cdot y_A = \frac{200 \times 10^3 \times 200}{4462 \times 10^4} \times 99 = 88.7\text{N/mm}^2$$
$$< f_t^w = 185\text{N/mm}^2 \quad (满足)$$

② B 点

$$\sigma_B = \frac{M}{W_w^B} = \frac{M}{I_w} \cdot y_B = \frac{200 \times 10^3 \times 200}{4462 \times 10^4} \times 89 = 79.8\text{N/mm}^2$$

$$\tau = \frac{F}{A_w^w} = \frac{200 \times 10^3}{28 \times 10^2} = 71.4\text{N/mm}^2$$

按式(4.4),折算应力为

$$\sqrt{\sigma_B^2 + 3\tau^2} = \sqrt{79.8^2 + 3 \times 71.4^2} = 147.2\text{N/mm}^2$$
$$< 1.1 f_t^w = 1.1 \times 185 = 203.5\text{N/mm}^2 \quad (满足)$$

③ C 点

$$\sigma_C = \frac{M}{W_w^C} = \frac{M}{I_w} \cdot y_C = \frac{200 \times 10^3 \times 200}{4462 \times 10^4} \times 211 = 189.2\text{N/mm}^2$$

按式(4.4),折算应力为

$$\sqrt{\sigma_C^2 + 3\tau^2} = \sqrt{189.2^2 + 3 \times 71.4^2} = 226\text{N/mm}^2$$
$$< 1.1 f_c^w = 1.1 \times 215 = 236.5\text{N/mm}^2 \quad (满足)$$

4.4　(直角)角焊缝的构造和计算

4.4.1　角焊缝的构造

4.4.1.1　角焊缝的形式

角焊缝按其长度方向和外力作用方向的不同分为平行于力作用方向的侧面角焊缝、垂直于力作用方向的正面角焊缝(图 4.16)和与力作用方向成斜角的斜向角焊缝。

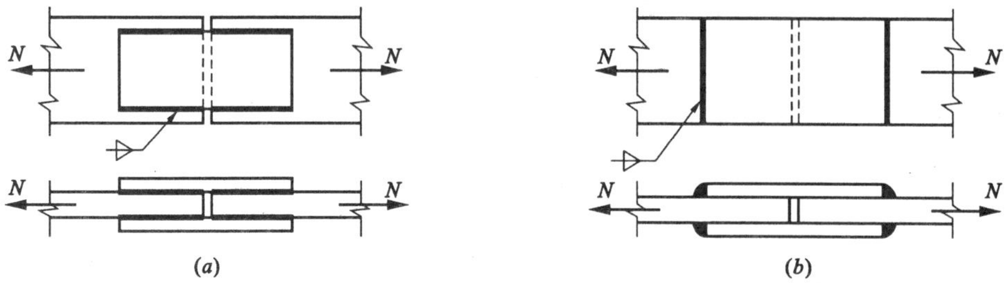

图 4.16　角焊缝的形式

(a) 侧面角焊缝;(b) 正面角焊缝

角焊缝的截面形式可分为普通型、平坦型和凹面型三种（图 4.17）。图中 h_f 称为角焊缝的焊脚尺寸。钢结构一般采用表面微凸的普通型截面，其两焊脚尺寸比例为 1∶1，近似于等腰直角三角形，故力线弯折较多，应力集中严重。对直接承受动力荷载的结构，为使传力平缓，正面角焊缝宜采用两焊脚尺寸比例为 1∶1.5 的平坦型（长边顺内力方向），侧面角焊缝则宜采用比例为 1∶1 的凹面型。

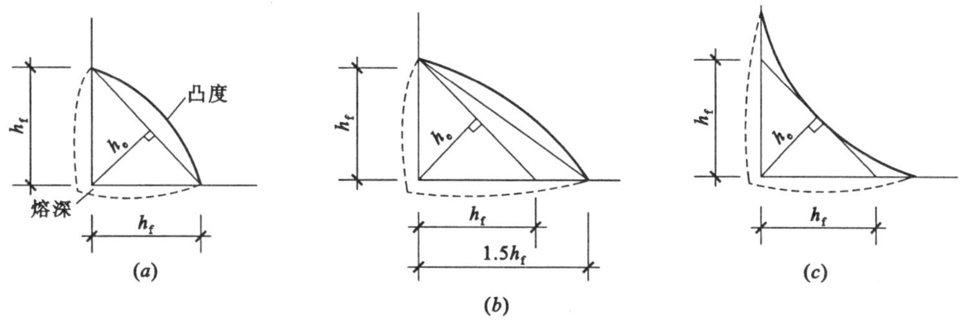

图 4.17 直角角焊缝截面形式

(a) 普通型；(b) 平坦型；(c) 凹面型

4.4.1.2 角焊缝的尺寸要求[①]

(1) 最小焊脚尺寸：角焊缝的焊脚尺寸与焊件的厚度有关，当焊件较厚而焊脚又过小时，焊缝内部将因冷却过快而产生淬硬组织，容易形成裂纹。因此，角焊缝的最小焊脚尺寸 $h_{f\min}$(mm) 应符合下式要求（图 4.18(a)）：

$$h_{f\min} \geqslant 1.5\sqrt{t} \tag{4.5}$$

式中 t——较厚焊件的厚度(mm)，当采用低氢型碱性焊条施焊时，t 可采用较薄焊件的厚度。

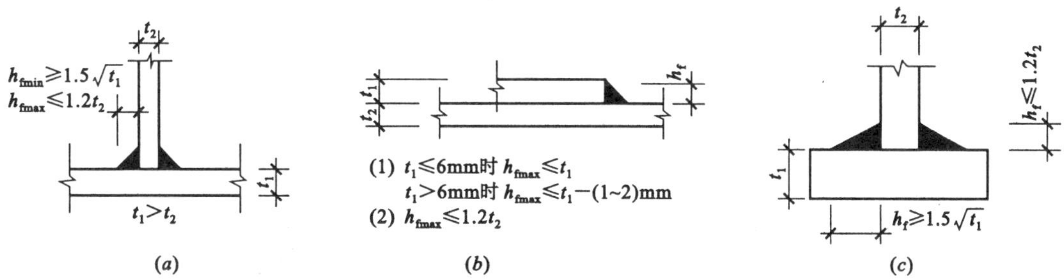

图 4.18 角焊缝的焊脚尺寸

在取用上式计算结果时，应偏可靠地将小数点以后数字进为 1mm。自动焊因热量集中，熔深较大，$h_{f\min}$ 可按上式减小 1mm；T 形接头的单面角焊缝的性能较差，$h_{f\min}$ 应按上式增加 1mm；当焊件厚度等于或小于 4mm 时，$h_{f\min}$ 应与焊件厚度相同。

(2) 最大焊脚尺寸：角焊缝的焊脚过大，易使焊件形成烧伤烧穿等“过烧”现象，且使焊件产生较大的焊接残余应力和焊接变形（见第 4.6 节）。因此，角焊缝的最大焊脚尺寸 $h_{f\max}$ 应符合下式要求（图 4.18(a)、(b)）：

$$h_{f\max} \leqslant 1.2t_{\min} \tag{4.6}$$

① 角焊缝的焊脚尺寸是选用大的好还是小的好，可参阅《疑难释义》第 4.7 节。

式中 t_{min}——较薄焊件的厚度。

对位于焊件边缘的角焊缝(图 4.18(b)),施焊时一般难以焊满整个厚度,且容易产生"咬边",故 h_{fmax}应比焊件厚度稍小。但薄焊件一般用较细焊条施焊,焊接电流小,操作较易掌握,故 h_{fmax}可与焊件等厚。因此:

① 当 $t_1 > 6$mm 时,$h_{f_{max}} \leqslant t_1 - (1 \sim 2)$mm;

② 当 $t_1 \leqslant 6$mm 时,$h_{f_{max}} \leqslant t_1$。

(3) 不等焊脚尺寸:当两焊件的厚度相差较大,且采用等焊脚尺寸无法满足最大和最小焊脚尺寸的要求时,可采用不等焊脚尺寸,即与较薄焊件接触的焊脚边应符合式(4.6)的要求,与较厚焊件接触的焊脚边则应符合式(4.5)的要求(图 4.18(c))。

(4) 最小计算长度:角焊缝焊脚尺寸大而长度过小时,将使焊件局部受热严重,且焊缝起落弧的弧坑相距太近,加上可能产生的其他缺陷,也使焊缝不够可靠。因此,角焊缝的计算长度不宜小于 $8h_f$ 和 40mm,即其最小实际长度应为 $8h_f + 2h_f$;当 $h_f \leqslant 5$mm 时,则应为 50mm。

(5) 最大计算长度:侧面角焊缝沿长度方向的剪应力分布很不均匀(见图 4.20),两端大,中间小,且随焊缝长度与其焊脚之比值增大而差别愈大。当此比值过大时,焊缝两端将会首先出现裂纹,而此时焊缝中部还未充分发挥其承载能力。因此,侧面角焊缝的计算长度不宜大于 $60h_f$,当大于上述数值时,其超过部分在计算中不予考虑。若内力沿侧面角焊缝全长分布时,其计算长度不受此限,如工字形截面柱或梁的翼缘与腹板的连接焊缝等。

(6) 当板件的端部仅有两侧面角焊缝连接时(图 4.19(a)),为了避免应力传递过分弯折而使构件中应力过分不均,应使每条侧面角焊缝长度大于它们之间的距离,即 $l_w \geqslant b$ 或 $b/l_w \leqslant 1$。再为了避免焊缝收缩时引起板件的拱曲过大,还宜使 $b \leqslant 16t$($t > 12$mm)或 190mm(当 $t \leqslant 12$mm),t 为较薄焊件厚度。当不满足此规定时,则应加正面角焊缝。

(7) 在搭接连接中,搭接长度不得小于焊件较小厚度的 5 倍,并不得小于 25mm,以减小因焊缝收缩产生的残余应力及因偏心产生的附加弯矩。

(8) 当角焊缝的端部在构件转角处时,为避免起落弧的缺陷发生在此应力集中较大部位,宜作长度为 $2h_f$ 的绕角焊(图 4.19(b)),且转角处必须施焊,不能断弧。

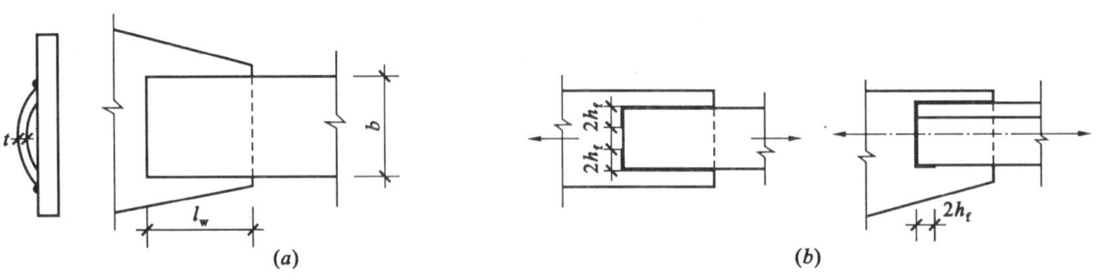

图 4.19 侧面角焊缝引起焊件拱曲和角焊缝的绕角焊

4.4.2 角焊缝的计算

4.4.2.1 角焊缝的应力状态和强度

(1) 侧面角焊缝:在如图 4.20(a)所示的轴心力 N 作用下,侧面角焊缝主要承受平行于焊缝长度方向的剪应力 $\tau_{/\!/}$。由于构件的内力传递集中到侧面,力线产生弯折,故在弹性阶段,$\tau_{/\!/}$ 沿焊缝长度方向分布不均匀,两端大,中间小,但侧面角焊缝塑性较好,在长度适当的情况下,应力经重分布可趋于均匀。侧面角焊缝的破坏常由两端开始，在出现裂纹后，通常即沿 45°喉部截面迅速断裂。

(2) 正面角焊缝：在轴心力 N 作用下，正面角焊缝中应力沿焊缝长度方向分布比较均匀，两端比中间略低，但应力状态比侧面角焊缝复杂。两焊脚边均有正应力和剪应力，且分布不均匀（图 4.20(*b*)），在 45°喉部截面上则有剪应力 $\tau_\perp$ 和正应力 $\sigma_\perp$（图 4.20(*a*)）。由于在焊缝根部应力集中严重，故裂纹首先在此处产生，随即整条焊缝断裂，破坏面不太规则，除沿 45°喉部截面外，亦可能沿焊缝的两熔合边破坏。正面角焊缝刚度大、塑性较差，破坏时变形小，但强度较高，其平均破坏强度为侧面角焊缝的 1.35～1.55 倍。

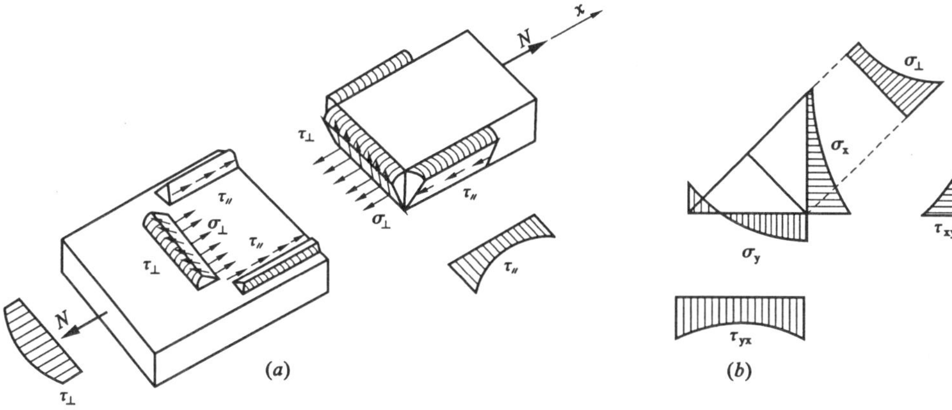

图 4.20 角焊缝的应力状态

4.4.2.2 角焊缝强度条件的基本表达式

现假定角焊缝破坏面均位于 45°喉部截面，但不计熔深和凸度，称为有效截面（见图4.17）。其宽度 $h_e = h_f\cos45° = 0.7h_f$ 称为计算厚度，h_f 为较小焊脚尺寸。另外还假定截面上的应力均匀分布。

图 4.21(*a*)所示为一受垂直于焊缝长度方向的轴心力 N_x 和平行于焊缝长度方向的轴心力 N_y 作用的角焊缝连接。在焊缝有效截面上产生的应力如图 4.21(*b*)所示，其中由 N_x 引起的垂直于焊缝长度方向按焊缝有效截面计算的应力 σ_f 为

$$\sigma_f = \frac{N_x}{h_e \sum l_w} \tag{4.7}$$

式中 $\sum l_w$——角焊缝的总计算长度。对每条焊缝取其实际长度减去 $2h_f$（每端 $1h_f$，以考虑起落弧缺陷）。

在此处，σ_f 不是正应力，也不是剪应力，故须将其分解为垂直于焊缝有效截面的正应力 $\sigma_\perp$ 和垂直于焊缝长度方向的剪应力 $\tau_\perp$，即

$$\sigma_\perp = \frac{\sigma_f}{\sqrt{2}}, \quad \tau_\perp = \frac{\sigma_f}{\sqrt{2}}$$

此外，由 N_y 引起的平行于焊缝长度方向按焊缝

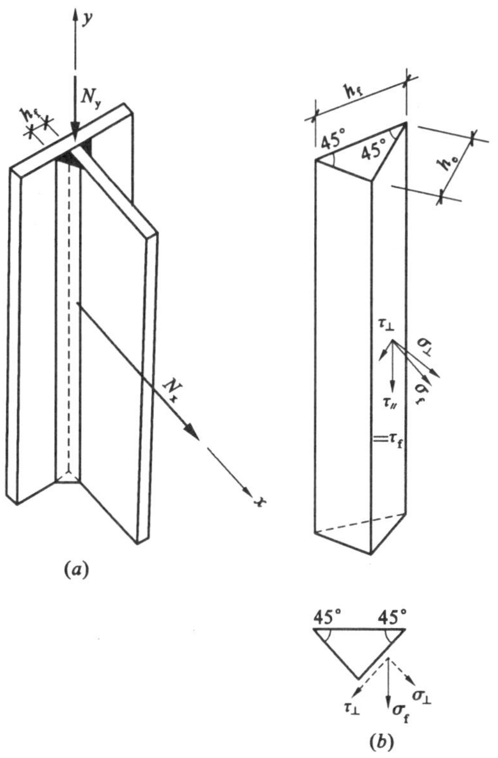

图 4.21 角焊缝的应力分析

有效截面计算的剪应力 $\tau_{/\!/}(=\tau_f)$ 为

$$\tau_{/\!/}=\tau_f=\frac{N_y}{h_e\sum l_w} \tag{4.8}$$

在 $\sigma_\perp$、$\tau_\perp$ 和 $\tau_{/\!/}$ 综合作用下，角焊缝处于复杂应力状态，故按强度理论的折算应力公式，其不破坏的强度条件为

$$\sqrt{\sigma_\perp^2+3(\tau_\perp^2+\tau_{/\!/}^2)}\leqslant\sqrt{3}f_f^w \tag{4.9}$$

式中　f_f^w——角焊缝的强度设计值(见表 4.2)(f_f^w 系按角焊缝受剪确定的，故须乘以 $\sqrt{3}$ 换成角焊缝的抗拉强度设计值)。

将前述 $\sigma_\perp$、$\tau_\perp$ 和 $\tau_{/\!/}$ 等值代入式(4.9)，得

$$\sqrt{\left(\frac{\sigma_f}{\sqrt{2}}\right)^2+3\left[\left(\frac{\sigma_f}{\sqrt{2}}\right)^2+\tau_f^2\right]}\leqslant\sqrt{3}f_f^w$$

或

$$\sqrt{\left(\frac{\sigma_f}{1.22}\right)^2+\tau_f^2}\leqslant f_f^w$$

若令 $\beta_f=1.22$(β_f 为正面角焊缝的强度设计值增大系数)，则上式可改写为

$$\sqrt{\left(\frac{\sigma_f}{\beta_f}\right)^2+\tau_f^2}\leqslant f_f^w \tag{4.10}$$

此式即《设计规范》的角焊缝基本计算式，它可普遍应用于任何受力状态下角焊缝强度的计算。当焊缝有效截面上的应力不与焊缝长度方向垂直或平行时，将其分解为 σ_f 和 τ_f，即可进行计算。

在应用式(4.10)计算时，对承受静力荷载和间接承受动力荷载的结构，取 $\beta_f=1.22$；对直接承受动力荷载的结构，考虑到正面角焊缝强度虽高，但刚度较大，韧性差，同时应力集中也较严重，故应取 $\beta_f=1.0$，即不考虑其强度增大，与侧面角焊缝一样对待。

4.4.2.3　轴心力作用时的角焊缝计算

当作用力(拉力、压力、剪力)通过角焊缝群的形心时，可认为焊缝的应力为均匀分布。但由于作用力与焊缝长度方向之间关系的不同，故在应用式(4.10)计算时应分别为：

(1) 当作用力垂直于焊缝长度方向时(图 4.16(*b*))

此种情况相当于正面角焊缝受力，此时式(4.10)中 $\tau_f=0$，故得

$$\sigma_f=\frac{N}{h_e\sum l_w}\leqslant\beta_f f_f^w \tag{4.11}$$

(2) 当作用力平行于焊缝长度方向时(图 4.16(*a*))

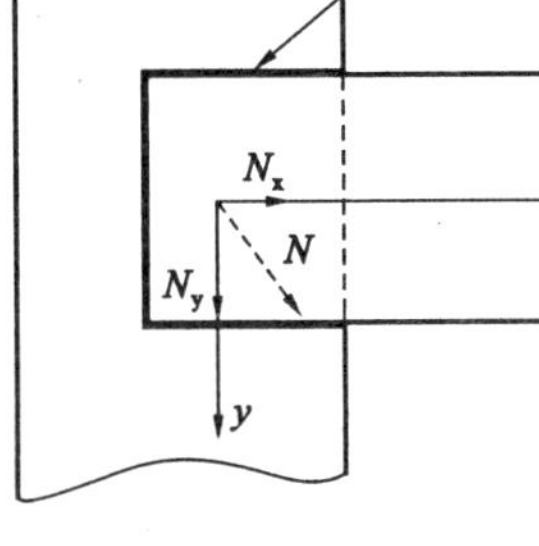

图 4.22　受两方向力综合作用的三面围焊

此种情况相当于侧面角焊缝受力，此时式(4.10)中 $\sigma_f=0$，故得

$$\tau_f=\frac{N}{h_e Z\sum l_w}\leqslant f_f^w \tag{4.12}$$

(3) 当两方向力综合作用时

如图 4.22 所示三面围焊连接，其水平焊缝受垂直于焊缝长度方向的轴心分力 N_y 引起的 σ_f 和平行于焊缝长度方向的轴心分力 N_x 引起的 τ_f 的综合作用，而垂直焊缝则相反，因此应按式(4.10)分别计算各焊缝在各自的 σ_f 和 τ_f 共同作用下的强度，即

$$\sqrt{\left(\frac{\sigma_f}{\beta_f}\right)^2+\tau_f^2}\leqslant f_f^w \tag{4.13}$$

式中 $\sigma_f=\dfrac{N_x}{h_e\sum l_w},\tau_f=\dfrac{N_y}{h_e\sum l_w}$ (对垂直焊缝);

$\sigma_f=\dfrac{N_y}{h_e\sum l_w},\tau_f=\dfrac{N_x}{h_e\sum l_w}$ (对水平焊缝);

$\sum l_w$——焊缝群的总计算长度。

(4) 当作用力斜向于焊缝长度方向时

与轴心力成 θ 夹角的角焊缝称为斜向角焊缝(图 4.23)。除可先将作用力分解为垂直于和平行于焊缝长度方向的分力 N_x、N_y 求出 σ_f、τ_f,然后代入式(4.10)进行计算外,也可不将作用力分解,而改用斜向角焊缝的强度设计值增大系数 $\beta_{f\theta}$,按下面导出的公式计算:

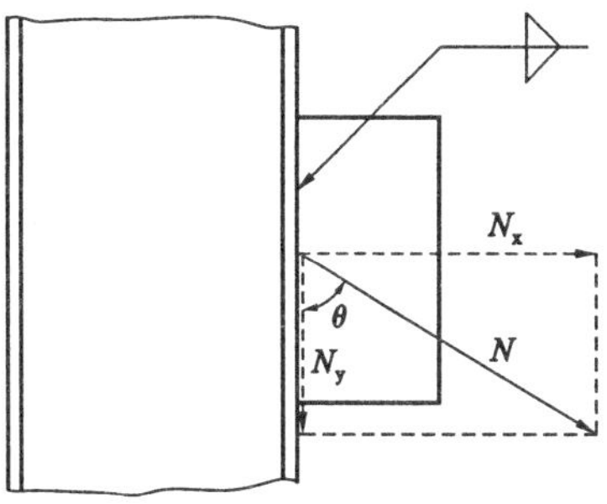

图 4.23 与轴心力成夹角的斜向角焊缝

由图 4.23 可求得

$$\sigma_f=\frac{N\sin\theta}{h_e\sum l_w},\quad \tau_f=\frac{N\cos\theta}{h_e\sum l_w}$$

将以上两式代入式(4.10)得

$$\sqrt{\left(\frac{N\sin\theta}{\beta_f h_e\sum l_w}\right)^2+\left(\frac{N\cos\theta}{h_e\sum l_w}\right)^2}\leqslant f_f^w$$

取式中 $\beta_f=1.22$(正面角焊缝的强度设计值增大系数)并简化之,得

$$\frac{N}{h_e\sum l_w}\sqrt{\frac{\sin^2\theta}{1.5}+\cos^2\theta}=\frac{N}{h_e\sum l_w}\sqrt{1-\frac{\sin^2\theta}{3}}\leqslant f_f^w$$

令

$$\beta_{f\theta}=\frac{1}{\sqrt{1-\dfrac{\sin^2\theta}{3}}} \tag{4.14}$$

则上式可写为

$$\frac{N}{\beta_{f\theta}h_e\sum l_w}\leqslant f_f^w \tag{4.15}$$

此式即斜向角焊缝受轴心力作用时的计算公式。

根据式(4.14)可将 $\beta_{f\theta}$ 按 θ($0°\leqslant\theta\leqslant 90°$)列于表 4.3,以便于应用。表中 $\theta=0°$ 即侧面角焊缝受轴心力作用情况,其 $\beta_{f\theta}=1.0$;$\theta=90°$ 即正面角焊缝受轴心力作用情况,其 $\beta_{f\theta}=\beta_f=1.22$;其他情况 $\beta_{f\theta}$ 则介于 1.0~1.22 之间。

表 4.3 斜向角焊缝的强度设计值增大系数 $\beta_{f\theta}$

θ	0°	10°	20°	30°	40°	50°	60°	70°	80°	90°
$\beta_{f\theta}$	1.00	1.01	1.02	1.04	1.08	1.12	1.15	1.20	1.22	1.22

(5) 当角钢用角焊缝连接时(图 4.24)

当角钢与连接板用角焊缝连接时,一般宜采用两面侧焊,也可用三面围焊或 L 形围焊。但围焊的转角处是连接的重要部位,为避免在此处起落弧或熄火加剧应力集中的影响,《设计规范》规定在转角处必须连续施焊。

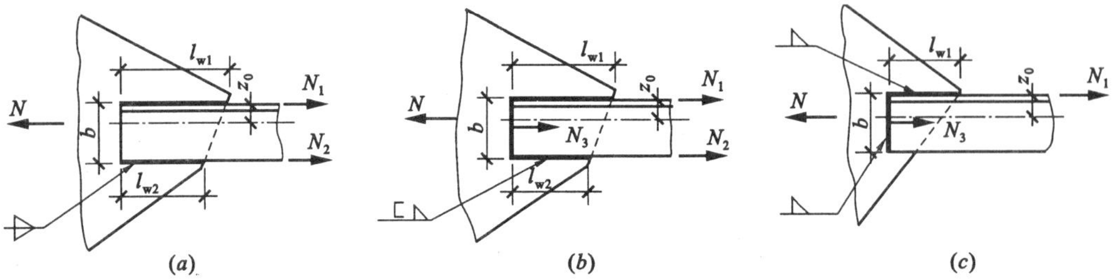

图 4.24　角钢与连接板的角焊缝连接

(a) 两面侧焊；(b) 三面围焊；(c) L 形围焊

另外，为避免偏心受力，应使焊缝传递的合力作用线与角钢杆件的轴线重合。由此可得各种形式的焊缝内力为：

① 当采用两面侧焊时(图 4.24(a))：设 N_1、N_2 分别为角钢肢背和肢尖焊缝分担的内力，由 $\sum M=0$ 平衡条件，可得

$$N_1=\frac{b-z_0}{b}N=\eta_1 N \tag{4.16}$$

$$N_2=\frac{z_0}{b}N=\eta_2 N \tag{4.17}$$

式中　b——角钢肢宽；

z_0——角钢形心距(见附表 9、附表 10)；

η_1、η_2——角钢肢背和肢尖焊缝的内力分配系数，可按表 4.4 的近似值取用。

表 4.4　角钢两侧角焊缝的内力分配系数

角钢类型		等　边	不等边	不等边
连接情况		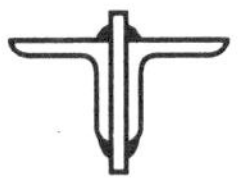	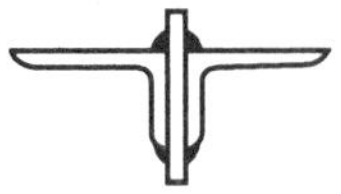	
分配系数	角钢肢背 η_1	0.70	0.75	0.65
	角钢肢尖 η_2	0.30	0.25	0.35

② 当采用三面围焊时(图 4.24(b))：可先取正面角焊缝的焊脚尺寸 h_{f3}，并计算其所能承受的内力。设截面为双角钢组成的 T 形截面(如表 4.4 中附图)，由式(4.11)得

$$N_3=2\times 0.7h_{f3}b\beta_f f_f^w \tag{4.18}$$

再由 $\sum M=0$ 平衡条件，可得

$$N_1=\frac{b-z_0}{b}N-\frac{N_3}{2}=\eta_1 N-\frac{N_3}{2} \tag{4.19}$$

$$N_2=\frac{z_0}{b}N-\frac{N_3}{2}=\eta_2 N-\frac{N_3}{2} \tag{4.20}$$

③ 当采用 L 形围焊时(图 4.24(c))，不需先假定 h_{f3}，可令式(4.20)中 $N_2=0$，即可得

$$N_3=2\eta_2 N \tag{4.21}$$

$$N_1=N-N_3 \tag{4.22}$$

按上述方法求出各条焊缝分担的内力后，假定角钢肢背和肢尖焊缝的焊脚尺寸 h_{f1} 和 h_{f2}（对三面围焊宜假定 h_{f1}、h_{f2} 和 h_{f3} 相等），即可分别求出其所需的焊缝计算长度：

角钢肢背焊缝

$$l_{w1}=\frac{N_1}{2\times 0.7h_{f1}f_f^w} \tag{4.23}$$

角钢肢尖焊缝

$$l_{w2}=\frac{N_2}{2\times 0.7h_{f2}f_f^w} \tag{4.24}$$

对 L 形围焊可按下式先求其正面角焊缝的焊脚尺寸 h_{f3}，然后使 $h_{f1}\approx h_{f3}$，再由式(4.23)即可求得 l_{w1}。

$$h_{f3}=\frac{N_3}{2\times 0.7b\beta_f f_f^w} \tag{4.25}$$

采用的每条焊缝实际长度应取其计算长度加 $2h_f$，并取 5mm 的倍数。对三面围焊和 L 形围焊，因在转角处必须连续施焊，可视为一条焊缝。

【例 4.2】 试设计一双盖板的角焊缝对接接头（图 4.25）。已知钢板截面为 300mm×14mm，承受轴心力设计值 N=800kN（静力荷载）。钢材 Q235B，手工焊，焊条 E43 型。

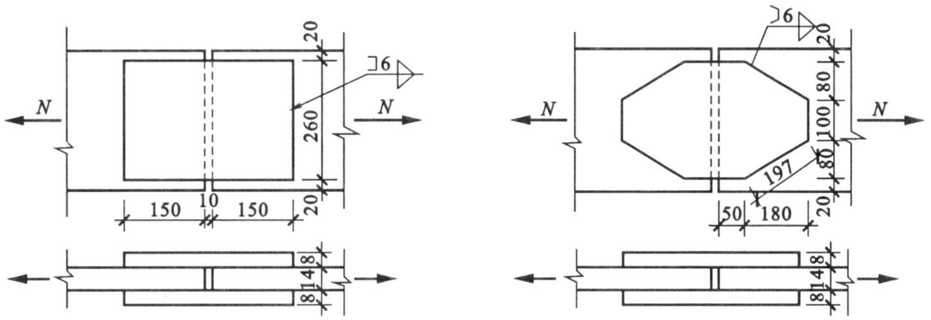

(a) (b)

图 4.25 例 4.2 附图

【解】 根据与母材等强原则，取 2-260×8 盖板，钢材 Q235B，其截面面积为

$$A=2\times 26\times 0.8=41.6\text{cm}^2\approx 30\times 1.4=42\text{cm}^2$$

取
$$h_f=6\text{mm}<h_{f\max}=t-(1\sim 2)=8-(1\sim 2)=6\sim 7\text{mm}$$
$$<h_{f\max}=1.2t_{\min}=1.2\times 8=9.6\text{mm}$$
$$>h_{f\min}=1.5\sqrt{t_{\max}}=1.5\sqrt{14}=5.6\text{mm}$$

因 t=8mm<12mm，且 b=260mm>190mm，为防止因仅用侧面角焊缝引起板件拱曲过大，故采用三面围焊。正面角焊缝能承受的内力为（按式(4.11)）

$$N_1=2\times 0.7h_f l_{w1}\beta_f f_f^w=2\times 0.7\times 6\times 260\times 1.22\times 160$$
$$=426000\text{N}=426\text{kN}$$

接头一侧需要侧面角焊缝的计算长度为（按式(4.12)）

$$l_{w2}=\frac{N-N_1}{4\times 0.7h_f f_f^w}=\frac{(800-426)\times 10^3}{4\times 0.7\times 6\times 160}=139\text{mm}$$

盖板总长：$l=2\times(139+6)+10=300$mm，取 310mm（式中 6mm 系考虑三面围焊可视为一条焊缝，故仅在侧面焊缝一端减去起落弧缺陷 $1h_f$）。接头布置如图 4.25(*a*)所示。

为了减少矩形盖板四角处焊缝的应力集中，现改用如图 4.25(*b*)所示的菱形盖板，并对其连接焊缝的强度进行验算。

正面角焊缝能承受的内力为(按式(4.11))

$$N_1 = 2\times 0.7h_f l_{w1}\beta_f f_f^w = 2\times 0.7\times 6\times 100\times 1.22\times 160$$
$$= 164000\text{N} = 164\text{kN}$$

斜焊缝能承受的内力为(按式(4.14)和式(4.15))

$$\beta_{f\theta} = \frac{1}{\sqrt{1-\frac{\sin^2\theta}{3}}} = \frac{1}{\sqrt{1-\frac{1}{3}\left(\frac{80}{197}\right)^2}} = 1.03$$

$$N_2 = 2\times 2\times 0.7h_f l_{w2}\beta_{f\theta} f_f^w = 2\times 2\times 0.7\times 6\times 197\times 1.03\times 160$$
$$= 545000\text{N} = 545\text{kN}$$

侧面角焊缝能承受的内力为(按式(4.12))

$$N_3 = 2\times 2\times 0.7h_f l_{w3} f_f^w = 2\times 2\times 0.7\times 6\times (50-6)\times 160$$
$$= 118000\text{N} = 118\text{kN}$$

接头一侧能承受的内力为

$$\sum N = N_1 + N_2 + N_3 = 164 + 545 + 118 = 827\text{kN} > N = 800\text{kN}\quad (\text{满足})$$

改用菱形后盖板长度有所增加，但焊缝受力情况有较大改善。

【例 4.3】 试设计角钢与连接板的连接角焊缝(图 4.26)。轴心力设计值 N=830kN(静力荷载)。角钢为 2∟125×80×10，长肢相连，连接板厚度 t=12mm，钢材 Q235B，手工焊，焊条 E43 型。

图 4.26　例 4.3 附图

【解】 (1) 采用两面侧焊

采用如图 4.26(*a*)所示的两面侧焊。为改善焊缝，在角钢端部作 $2h_f$ 的绕角焊，并连续施焊。两面侧焊角钢肢背和肢尖可采用不同的焊脚尺寸，且肢背尺寸可稍大。

肢背：

取　$h_{f1}=10\text{mm} < h_{f\max}=1.2t_{\min}=1.2\times 10=12\text{mm}$

$> h_{f\min}=1.5\sqrt{t_{\max}}=1.5\sqrt{12}=5.2\text{mm}$

肢尖：

取　$h_{f2}=8\text{mm} < h_{f\max}=t-(1\sim 2)=10-(1\sim 2)=8\sim 9\text{mm}$

$> h_{f\min}=1.5\sqrt{t_{\max}}=1.5\sqrt{12}=5.2\text{mm}$

肢背和肢尖焊缝分担的内力(按式(4.16)和式(4.17))

$$N_1 = \eta_1 N = 0.65\times 830 = 539.5\text{kN}$$
$$N_2 = \eta_2 N = 0.35\times 830 = 290.5\text{kN}$$

肢背和肢尖需要焊缝的计算长度(按式(4.23)和式(4.24))

$$l_{w1} = \frac{N_1}{2\times0.7h_{f1}f_f^w} = \frac{539.5\times10^3}{2\times0.7\times10\times160}$$

$$= 241\text{mm} \begin{matrix} < l_{wmax} = 60h_f = 60\times10 = 600\text{mm} \\ > l_{wmin} = 8h_f = 8\times10 = 80\text{mm} \end{matrix}$$

$$l_{w2} = \frac{N_2}{2\times0.7h_{f2}f_f^w} = \frac{290.5\times10^3}{2\times0.7\times8\times160}$$

$$= 162\text{mm} \begin{matrix} < l_{wmax} = 60h_f = 60\times8 = 480\text{mm} \\ > l_{wmin} = 8h_f = 8\times8 = 64\text{mm} \end{matrix}$$

取焊缝的实际长度为：$l_{w1}=240$mm，$l_{w2}=160$mm(考虑到两条焊缝均有 $2h_f$ 的绕角焊，故未增加考虑起落弧缺陷的 $2h_f$ 长度)。

(2) 采用三面围焊

为缩小节点，节约钢材，现改用如图 4.26(*b*)所示的三面围焊，并在转角处连续施焊。焊脚尺寸统一取 $h_f=8$mm。

正面角焊缝能承受的内力(按式(4.18))为

$$N_3 = 2\times0.7h_f b\beta_f f_f^w = 2\times0.7\times8\times125\times1.22\times160$$
$$= 273000\text{N} = 273\text{kN}$$

肢背和肢尖焊缝分担的内力(按式(4.19)和式(4.20))为

$$N_1 = \eta_1 N - \frac{N_3}{2} = 0.65\times830 - \frac{273}{2} = 403\text{kN}$$

$$N_2 = \eta_2 N - \frac{N_3}{2} = 0.35\times830 - \frac{273}{2} = 154\text{kN}$$

肢背和肢尖焊缝需要的焊缝实际长度(按式(4.23)和式(4.24))为

$$l_{w1} = \frac{N_1}{2\times0.7h_f f_f^w} + h_f = \frac{403\times10^3}{2\times0.7\times8\times160} + 8 = 233\text{mm 取 }235\text{mm}$$

$$l_{w2} = \frac{N_2}{2\times0.7h_f f_f^w} + h_f = \frac{154\times10^3}{2\times0.7\times8\times160} + 8 = 94\text{mm 取 }95\text{mm}$$

L形围焊的尺寸较难符合构造要求，其实用意义不大，故较少采用。本例亦不作计算。[①]

4.4.2.4 弯矩、剪力和轴心力共同作用时T形接头的角焊缝计算

图 4.27(*a*)所示为一受斜向拉力 F 作用的角焊缝连接T形接头。将 F 力分解并向角焊缝有效截面的形心简化后，可与图 4.27(*b*)所示的 $M=Ve$、V 和 N 共同作用等效。图中焊缝端点 A 为危险点，其所受由 M 和 N 产生的垂直于焊缝长度方向的应力为：

$$\sigma_f^M = \frac{M}{W_f^w} = \frac{6M}{2\times0.7h_f l_w^2} \tag{4.26}$$

和

$$\sigma_f^N = \frac{N}{A_f^w} = \frac{N}{2\times0.7h_f l_w} \tag{4.27}$$

式中 W_f^w、A_f^w——角焊缝有效截面的截面模量和截面面积。

由 V 产生的平行于焊缝长度方向均匀分布的应力为

$$\tau_f^V = \frac{V}{A_f^w} = \frac{V}{2\times0.7h_f l_w} \tag{4.28}$$

① L形围焊的应用问题可参阅《疑难释义》第4.11节。

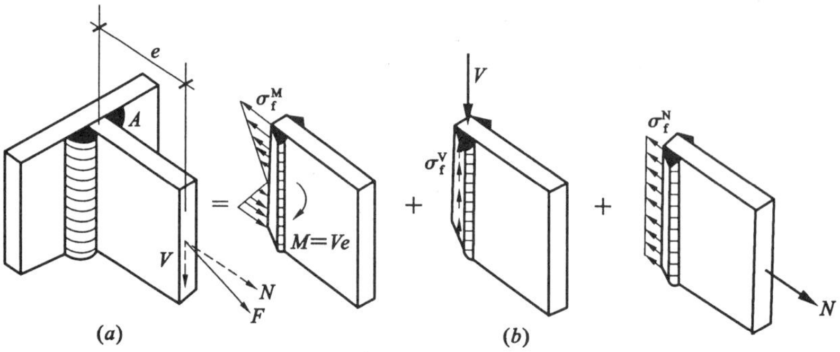

图 4.27　弯矩、剪力和轴心力共同作用时 T 形接头的角焊缝

根据式(4.10)，A 点焊缝应满足

$$\sqrt{\left(\frac{\sigma_f^M+\sigma_f^N}{\beta_f}\right)^2+(\tau_f^V)^2}\leqslant f_f^w \tag{4.29}$$

当仅有弯矩和剪力共同作用，即上式中 $\sigma_f^N=0$ 时，可得

$$\sqrt{\left(\frac{\sigma_f^M}{\beta_f}\right)^2+(\tau_f^V)^2}\leqslant f_f^w \tag{4.30}$$

【例 4.4】　试设计图 4.28(a)所示牛腿和柱连接的角焊缝。已知 $F=420$kN(静力荷载)，钢材 Q235B，焊条 E43 型，手工焊。

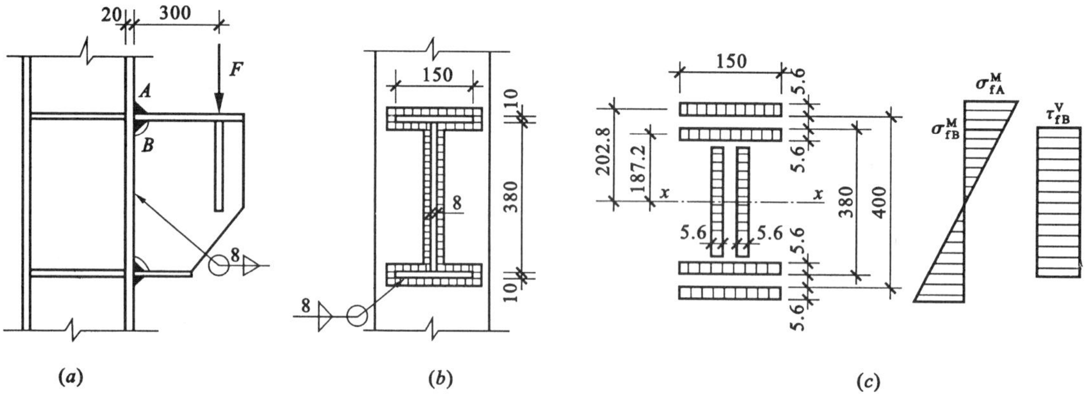

图 4.28　例 4.4 附图

【解】　采用如图 4.28(b)所示沿牛腿周边围焊的角焊缝，且在转角处连续施焊。为避免焊缝相交的不利影响，将牛腿腹板的上、下角各切去 $r=15$mm 的弧形缺口。因此，可近似取焊缝的有效截面如图 4.28(c)所示。

将 F 力向焊缝有效截面的形心简化后，焊缝同时承受由弯矩 $M=Fe=420\times30=12600$kN·cm产生的 σ_f^M 和由剪力 $V=F=420$kN 产生的 τ_f^V 的作用。由于牛腿翼缘竖向刚度较低，故一般考虑剪力全部由腹板上的两条竖向焊缝承受，而弯矩则由全部焊缝承受。

(1) 焊缝有效截面的几何特性

取　　$h_f=8\text{mm}<h_{f\max}=1.2t_{\min}=1.2\times8=9.6\text{mm}$

$$>h_{f\min}=1.5\sqrt{t_{\max}}=1.5\sqrt{20}=6.7\text{mm}$$

两条竖向焊缝有效截面的面积：

$$A_f^w=2\times0.7\times0.8\times(38-2\times1.5-2\times0.8)=37.4\text{cm}^2$$

全部焊缝有效截面对 x 轴的惯性矩：

$$I_f^w = 2\times\frac{1}{12}\times 0.7\times 0.8\times 33.4^3 + 2\times 0.7\times 0.8\times 15\times 20.28^2$$
$$+ 2\times 0.7\times 0.8\times 15\times 18.72^2 = 16270\text{cm}^4$$

（2）焊缝强度验算

A 点，承受由弯矩产生的垂直于焊缝长度方向的应力，按式(4.26)计算

$$W_f^w = \frac{16270}{20.56} = 791\text{cm}^3$$

$$\sigma_{fA}^M = \frac{M}{W_f^w} = \frac{12600\times 10^4}{791\times 10^3} = 159.3\text{N/mm}^2$$
$$< \beta_f f_f^w = 1.22\times 160 = 195\text{N/mm}^2 \quad \text{（满足）}$$

B 点，承受由弯矩和剪力产生的 σ_{fB}^M 和 τ_{fB}^V 的共同作用，按式(4.30)计算

$$\sigma_{fB}^M = 159.3\times\frac{17.5}{20.56} = 135.6\text{N/mm}^2$$

$$\tau_{fB}^V = \frac{F}{A_f^w} = \frac{420\times 10^3}{37.4\times 10^2} = 112.3\text{N/mm}^2$$

所以 $$\sqrt{\left(\frac{\sigma_{fB}^M}{\beta_f}\right)^2 + (\tau_{fB}^V)^2} = \sqrt{\left(\frac{135.6}{1.22}\right)^2 + 112.3^2}$$
$$= 158\text{N/mm}^2 < f_f^w = 160\text{N/mm}^2 \quad \text{（满足）}$$

4.4.2.5 扭矩、剪力和轴心力共同作用时搭接接头的角焊缝计算①

图 4.29(a)所示为一受斜向拉力 F 作用的角焊缝连接搭接接头。将 F 力分解并向角焊缝有效截面的形心 O 简化后，可与图 4.29(b)所示的 $T=Ve$、V 和 N 共同作用等效。

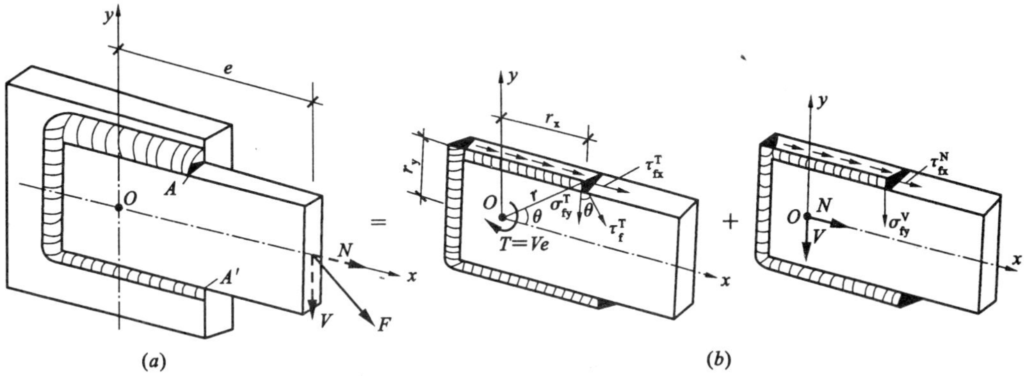

图 4.29 扭矩、剪力和轴心力共同作用时搭接接头的角焊缝

在计算扭矩 T 作用下焊缝产生的应力时，一般假定被连接件是绝对刚性体，而焊缝则是弹性工作。因此，在扭矩作用下，被连接件绕焊缝有效截面形心 O 旋转，焊缝群上任意一点的应力方向垂直于该点与 O 的连线，而其大小则与连线的距离 r 成正比，故最危险点应在 r 最大处，即图中的 A 或 A' 点。A 点的应力按下式计算：

$$\tau_f^T = \frac{Tr}{I_p} \tag{4.31}$$

① 如何判别连接中的角焊缝是受弯还是受扭可参阅《疑难释义》第 4.6 节。

式中　$I_p=I_x+I_y$——角焊缝有效截面的极惯性矩。

I_x、I_y——角焊缝有效截面对 x 轴和 y 轴的惯性矩。

τ_f^T 可分解为垂直于水平焊缝长度方向的分应力 σ_{fy}^T 和平行于水平焊缝长度方向的分应力 τ_{fx}^T

$$\sigma_{fy}^T=\tau_f^T\cos\theta=\frac{Tr}{I_p}\cdot\frac{r_x}{r}=\frac{Tr_x}{I_p} \tag{4.32}$$

$$\tau_{fx}^T=\tau_f^T\sin\theta=\frac{Tr}{I_p}\cdot\frac{r_y}{r}=\frac{Tr_y}{I_p} \tag{4.33}$$

式中　r_x、r_y——r 在 x 轴和 y 轴方向的投影长度。

在剪力 V 作用下产生的垂直于水平焊缝长度方向均匀分布的应力为

$$\sigma_{fy}^V=\frac{V}{h_e\sum l_w} \tag{4.34}$$

在轴心力 N 作用下产生的平行于水平焊缝长度方向均匀分布的应力为

$$\tau_{fx}^N=\frac{N}{h_e\sum l_w} \tag{4.35}$$

根据式(4.10)，A 点焊缝应满足

$$\sqrt{\left(\frac{\sigma_{fy}^T+\sigma_{fy}^V}{\beta_f}\right)^2+(\tau_{fx}^T+\tau_{fx}^N)^2}\leqslant f_f^w \tag{4.36}$$

【例 4.5】　试设计图 4.30 所示厚度为 12mm 的支托板(该支托板为牛腿的前面一块板)和 H 形钢柱翼缘搭接接头的角焊缝。其承受的作用力设计值 $F=100$kN(静力荷载)，至柱翼缘边距离为 200mm。钢材 Q235B，焊条 E43 型。

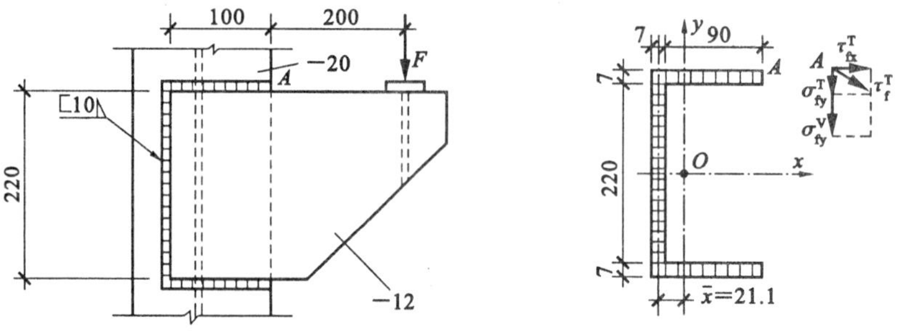

图 4.30　例 4.5 附图

【解】　采用图示的三面围焊。

选 $h_f=10\text{mm}<h_{fmax}=1.2t_{min}=1.2\times12=14.4\text{mm}$

$\leqslant h_{fmax}=t-(1\sim2)=12-(1\sim2)=10\sim11\text{mm}$

$>h_{fmin}=1.5\sqrt{t_{max}}=1.5\sqrt{20}=6.7\text{mm}$

(1) 焊缝有效截面的几何特性

焊缝有效截面的形心位置

$$\bar{x}=\frac{2\times0.7\times1\times9\times\left(\frac{1}{2}\times9+0.35\right)}{0.7\times1\times(2\times9+23.4)}=2.11\text{cm}$$

$$I_x=\frac{1}{12}\times0.7\times1\times23.4^3+2\times0.7\times1\times9\times11.35^2=2371\text{cm}^4$$

$$I_y=0.7\times1\times23.4\times2.11^2+2\times\left[\frac{1}{12}\times0.7\times1\times9^3\right.$$

$$+0.7\times1\times9\times\left(\frac{9}{2}+0.35-2.11\right)^2\Big]=253\text{cm}^4$$

$$I_p=2371+253=2624\text{cm}^4$$

(2) 焊缝强度验算(A 点)

按式(4.32)～式(4.34)和式(4.36)得

$$T=100\times(20+10+0.35-2.11)=2824\text{kN}\cdot\text{cm}$$

$$\sigma_{fy}^T=\frac{Tr_x}{I_p}=\frac{2824\times10^4\times72.4}{2624\times10^4}=78\text{N/mm}^2$$

$$\tau_{fx}^T=\frac{Tr_y}{I_p}=\frac{2824\times10^4\times117}{2624\times10^4}=126\text{N/mm}^2$$

$$\sigma_{fy}^V=\frac{V}{A_f}=\frac{100\times10^3}{0.7\times1\times(2\times9+23.4)\times10^2}=35\text{N/mm}^2$$

$$\sqrt{\left(\frac{\sigma_{fy}^T+\sigma_{fy}^V}{\beta_f}\right)^2+(\tau_{fx}^T)^2}=\sqrt{\left(\frac{78+35}{1.22}\right)^2+126^2}$$

$$=156.4\text{N/mm}^2<f_f^w=160\text{N/mm}^2 \quad (满足)$$

4.5 部分焊透的对接焊缝和对接与角接组合焊缝的构造和计算☆

4.5.1 部分焊透的对接焊缝和对接与角接组合焊缝的应用

对接焊缝用于受力较大或承受动力荷载作用的连接时，一般均应要求全焊透。为达到此目的，须将焊件边缘加工成各种形式的坡口、钝边和间隙，以致要消耗较多的焊缝金属。然而，对一些受力很小，甚至不受力，焊缝主要起联系作用，或焊缝受力虽较大，但采用全焊透的对接焊缝，强度将不能充分发挥，如改用角焊缝，焊脚尺寸又将过大，且外形也有不平滑美观的情况，此时宜改用部分焊透的对接焊缝和对接与角接组合焊缝。这样既能保证外形平整，又可大量节约焊缝金属，省料又省工，且可减少焊接变形。

部分焊透的对接焊缝和对接与角接组合焊缝的具体应用部位，一般为以较厚钢板($t>20$mm)焊接的大型箱形截面轴心受压柱的组合焊缝、构件支座焊缝和 T 形接头焊缝等(图4.31)。对承受动力荷载的结构，垂直于受力方向的焊缝不宜采用部分焊透的对接焊缝和对接与角接组合焊缝，这是因为未焊透处存在严重的应力集中，容易引起焊缝脆断。但当外荷载平行于焊缝长度方向时，例如起重机箱形截面吊臂的纵向焊缝(图 4.31(a))、吊车梁下翼缘与腹板的连接焊缝(图 4.31(c))等，由于只承受剪应力，即使是动力荷载，对其受力性能影响也不大，故仍可应用。

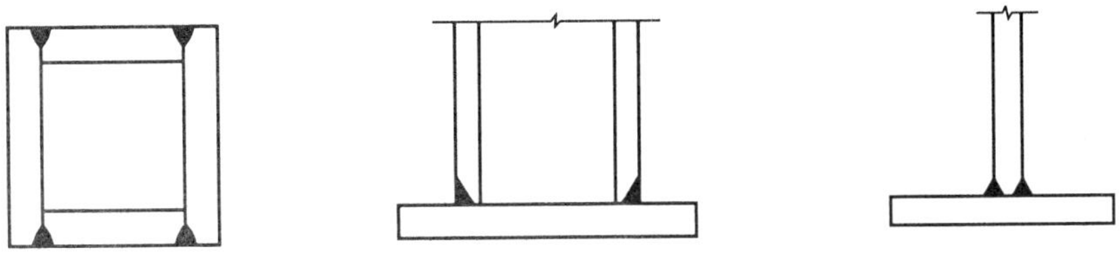

(a) (b) (c)

图 4.31 部分焊透的对接焊缝和对接与角接组合焊缝的应用

4.5.2　部分焊透的对接焊缝和对接与角接组合焊缝的截面形式

部分焊透的对接焊缝和对接与角接组合焊缝的截面形式，按坡口形式可分为V形、单边V形、K形、U形和J形5种(图4.32)，应根据需要和加工、经济等条件选用。其中图4.32(*c*)所示为对接与角接组合焊缝，适用于厚板的T形接头，在其有效厚度(s)与角焊缝有效厚度相等的情况下($s=0.7h_f$)，它消耗的焊条要少得多。对V形坡口，当坡口角度α较小时，焊缝根部不易焊满，α较大时，则消耗焊条较多。

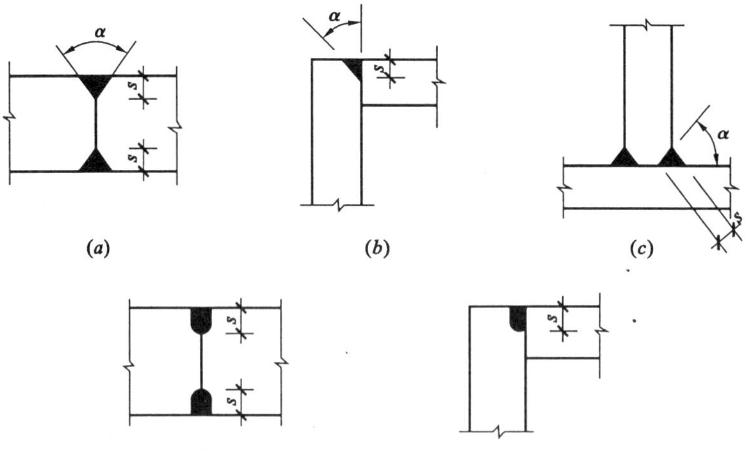

图4.32　部分焊透的对接焊缝和对接与角接组合焊缝的截面形式

(*a*) V形坡口；(*b*) 单边V形坡口；(*c*) K形坡口；(*d*) U形坡口；(*e*) J形(单边U形)坡口

4.5.3　部分焊透的对接焊缝和对接与角接组合焊缝的计算

从部分焊透的对接焊缝和对接与角接组合焊缝的截面形式可见，它完全可看成是在坡口内焊接的角焊缝，其工作情况也相似，故同样可采用角焊缝的基本公式(4.10)计算焊缝强度。

对计算公式中的焊缝有效厚度h_e应取坡口深度s，即根部至焊缝表面(不考虑余高)的最短距离(mm)。但对V形坡口，当坡口角度$\alpha<60°$时，由于焊缝根部不易焊满，且在熔合线上焊缝强度较低，故须予以适当减小，按75%取用。因此，h_e应按下列规定采用，即

V形坡口

当$\alpha \geqslant 60°$时

$$h_e = s \tag{4.37a}$$

当$\alpha<60°$时

$$h_e = 0.75s \tag{4.37b}$$

单边V形、K形坡口($\alpha=45°\pm5°$)

$$h_e = s-3 \tag{4.38}$$

U形坡口、J形坡口

$$h_e = s \tag{4.39}$$

对计算公式中的正面角焊缝的强度设计值增大系数β_f，根据试验，在熔合线上的焊缝强度比有效截面处的约低10%，故一般偏安全地取$\beta_f=1.0$，即不考虑应力方向使焊缝强度增大的因素。但对在垂直于焊缝长度方向的压力作用下的焊缝，由于可以通过焊件直接传递一部分内力，根据试验

研究，可将焊缝的强度设计值乘以 1.22，即相当于取 $\beta_f=1.22$。而且不论熔合线处焊缝截面边长是否等于最短距离 s，均可如此处理。

如上所述，由于熔合线上的焊缝强度约低 10%，故当熔合线处焊缝截面边长等于或接近于最短距离 s 时（图 4.32(*b*)、(*c*)、(*e*)），则有效截面正好在熔合线或其附近，故应验算熔合线上的抗剪强度，并取其抗剪强度设计值按角焊缝的强度设计值乘以 0.9。

4.5.4 部分焊透的对接焊缝构造要求的最小厚度

部分焊透的对接焊缝亦要具有足够的强度以承受冷却时的横向收缩应力。由于这种情况与角焊缝相似，因此《设计规范》规定其最小计算厚度 h_e 与角焊缝的最小焊脚尺寸 h_f 相同，即 h_e(mm) 不得小于 $1.5\sqrt{t}$，t 为坡口所在焊件的较大厚度(mm)。当按 $1.5\sqrt{t}$ 算得的 h_e 值大于板件厚度 t 的 1/2 时，则此焊缝应按全焊透的对接焊缝考虑（图 4.32(*a*)、(*d*)）。

部分焊透的对接焊缝的坡口形式和尺寸，应在设计图中注明，以免错漏。

【例 4.6】 试设计图 4.33(*a*)所示的工字形截面梁的端部支承加劲肋与梁下翼缘的连接焊缝。支座反力 $R=1950$kN。钢材 Q235B，焊条 E4303 型，手工焊。

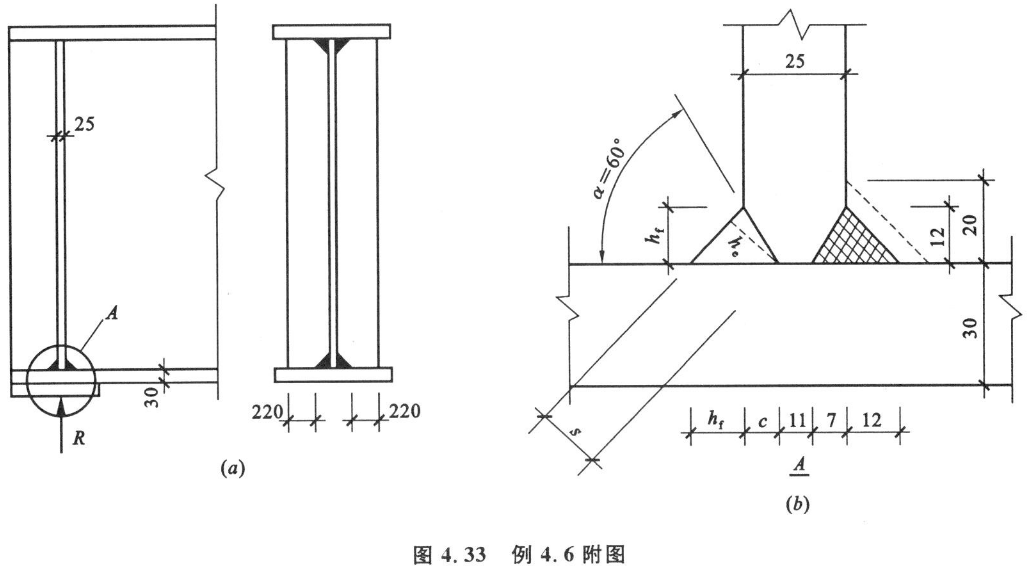

图 4.33 例 4.6 附图

【解】 (1) 采用角焊缝

设 $h_f=20$mm，由式(4.11)可得

$$\sigma_f=\frac{R}{0.7h_f\sum l_f\beta_f}=\frac{1950\times10^3}{0.7\times20\times4\times(220-2\times20)\times1.22}$$

$$=158.6\text{N/mm}^2<f_f^w=160\text{N/mm}^2\qquad(满足)$$

很明显，焊脚尺寸过大，不仅施焊费工，且耗费焊条，不经济。

(2) 采用部分焊透的对接与角接组合焊缝

根据《焊接规程》，取如图 4.33(*b*)所示的部分焊透坡口形状。坡口角度 $\alpha\approx60°$，坡口深度 $c=7$mm，坡口宽度和角焊缝焊脚尺寸均为 $h_f=12$mm。则坡口根部到焊缝表面的最短距离为

$$s=(h_f+c)/\sqrt{2}=(12+7)/\sqrt{2}=13.4\text{mm}$$

由式(4.37*a*)，当 $\alpha=60°$时，$h_e=s$，即 $h_e=13.4$mm

所以
$$\sigma_f = \frac{R}{\beta_f h_e \sum l_f} = \frac{1950 \times 10^3}{1.22 \times 13.4 \times 4 \times (220 - 2 \times 12)}$$
$$= 152.1\text{N/mm}^2 < f_f^w = 160\text{N/mm}^2 \quad (满足)$$

比较两者截面面积可见，角焊缝的 $A=\frac{1}{2}\times2\times2=2\text{cm}^2$（图 4.33(*b*)中虚线），而部分焊透的对接与角接组合焊缝的 $A=\frac{1}{2}\times(0.7+1.2)\times1.2=1.14\text{cm}^2$，故可节约焊缝金属达 43%。

4.6　斜角角焊缝的构造和计算☆

一般情况，普通钢结构多采用直角角焊缝而很少采用斜角角焊缝，但在某些特种结构中亦有所采用，如钢漏斗等。在钢管结构中，斜角角焊缝则有较多的应用。

斜角角焊缝的截面形式按两焊脚边的夹角 α 可分为锐角式和钝角式两种（图 4.34），而后者还可分为凸面和凹面两种型式（图 4.34(*b*)、(*c*)）。应用时，α 一般应在 60°～135°之间，超出此范围，只宜用作不受力的构造焊缝（对钢管结构，由于有其特殊性，可以除外）。这是因为夹角太小（$\alpha<60°$）时，施焊条件差，不易焊透，焊缝根部不但无熔深，还可能存在空隙和焊渣，且根据试验，在熔合线上的强度也比焊缝的低；夹角太大（$\alpha>135°$）时，焊缝表面较难成型，受力状况不良。

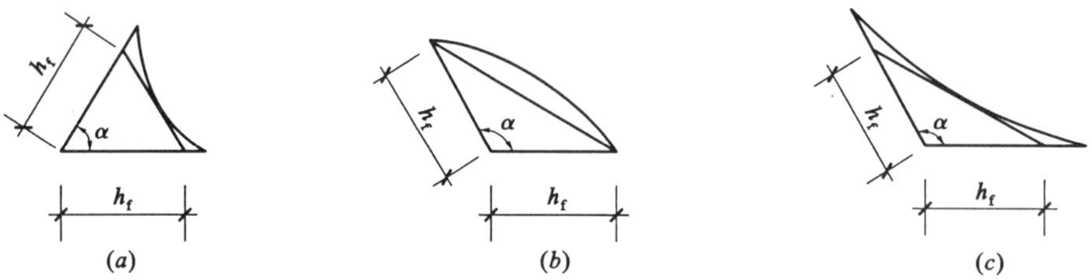

图 4.34　斜角角焊缝截面形式

斜角角焊缝的工作状况与直角角焊缝的近似，故仍可按角焊缝的基本公式(4.10)计算焊缝强度。但对式中的焊缝计算厚度 h_e 的取值为（图 4.35）

当 $b_i\leqslant1.5\text{mm}$ 时
$$h_{ei} = h_{fi}\cos\frac{\alpha_i}{2} \tag{4.40a}$$

当 $b_i>1.5\text{mm}$ 时
$$h_{ei} = \left(h_{fi} - \frac{b_i}{\sin\alpha_i}\right)\cos\frac{\alpha_i}{2} \tag{4.40b}$$

式中　h_{ei}——α_1 侧为 h_{e1}，α_2 侧为 h_{e2}；

α_i——两焊脚边夹角，α_1 为钝角，α_2 为锐角；

h_{fi}——焊脚尺寸，α_1 侧为 h_{f1}，α_2 侧为 h_{f2}；

b_i——根部间隙，α_1 侧为 b_1，α_2 侧为 b_2，焊件端部斜切时为 b。

在应用上式时，根部间隙 b_i（一般为 b_1）不得大于 5mm，否则焊缝质量不能保证。若 $b_1>5\text{mm}$ 时，应将焊件端部斜切（图 4.35(*b*)），并使 $b\leqslant5\text{mm}$。另外，用于 $b_i>1.5\text{mm}$ 时的式(4.40*b*)，其括号内的被减数系用来考虑根部间隙较大时对 h_e 的影响。

另外，对式(4.10)中的正面角焊缝的强度设计值增大系数 β_f，考虑到斜角角焊缝的一些不利因

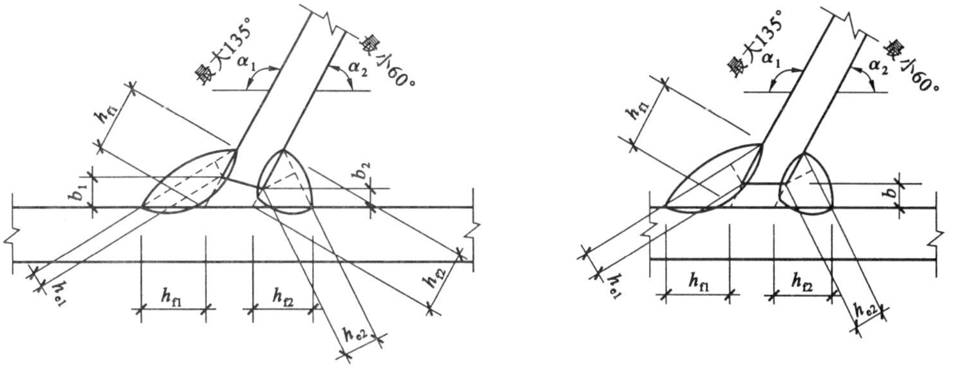

(a)　　　　(b)

图 4.35　斜角角焊缝的计算厚度

素和对其研究不多，故为了安全，计算时取 $\beta_f=1.0$，即不考虑应力方向。

4.7　焊接应力和焊接变形

4.7.1　焊接应力和焊接变形的成因

钢结构的焊接过程是在焊件局部区域加热熔化然后又冷却凝固的热过程。由于不均匀的温度场，导致焊件不均匀的膨胀和收缩，从而使焊件内部残存应力并引起变形，故通称为焊接残余应力和残余变形，或简称焊接应力和焊接变形。

焊接应力和焊接变形的成因可进一步以图 4.36 为例加以说明。图中有三块钢板，其两端均与一刚度极大的挡板连接，且钢板之间互不传热。现若对中间钢板均匀加热，设其自由伸长量为 Δl（图 4.36(*a*)），但由于另两块处于常温钢板的约束，故其实际伸长量将仅为 $\Delta l'$。此时，两边板由于伸长了 $\Delta l'$，在板内产生了拉应力，而中间板则因变形受阻产生了压应力。若加热温度很高，此压应力可达钢材的屈服点 f_y（f_y 因温度增加而有一定程度降低），故板将产生热塑性压缩变形。因此，当热源去掉钢板冷却时，反过来这部分未引起相应压应力的变形将有较大的收缩，但又因受到两边板的限制而不能完全恢复，故最终在中间板内产生较大残余拉应力，两边板内则产生了残余压应力，并相互平衡。钢板则较原长缩短，产生了热残余变形 δ（图 4.36(*b*)）。

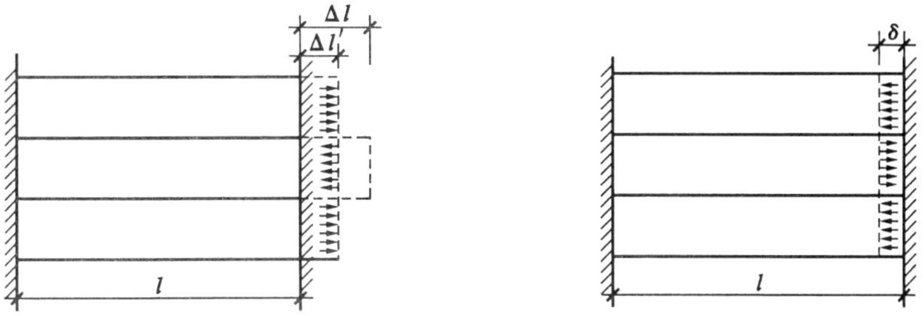

(a)　　　　(b)

图 4.36　热残余应力和残余变形的成因

4.7.2 焊接应力的种类

焊接应力按其方向可分为纵向焊接应力、横向焊接应力和厚度方向焊接应力三种。

4.7.2.1 纵向焊接应力

图 4.37(*a*)所示为两块钢板对焊。钢板一边因受热而伸长,但由于不均匀的温度场(焊缝附近达 1600℃以上,邻近区域则急剧降低),伸长量受到两侧区域的限制而产生热塑性压缩,反过来冷却时收缩也受到限制,其机理与前述图 4.36 中钢板加热情况类似,从而在焊缝及其附近产生平行于焊缝长度方向的纵向拉应力,其大小常可达钢材屈服点 f_y。由于焊接应力系焊件内部自相平衡的内应力,因而在离焊缝较远的区域将产生纵向压应力(图4.37(*b*))。

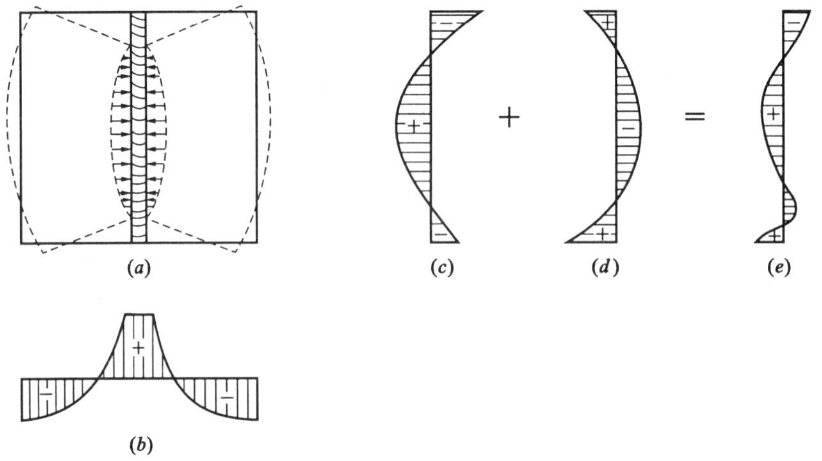

图 4.37 焊缝纵向和横向焊接应力

(*a*) 焊缝的纵向收缩;(*b*) 纵向焊接应力;(*c*)、(*d*)、(*e*)横向焊接应力

4.7.2.2 横向焊接应力

焊缝的纵向收缩除产生纵向焊接应力外,同时还使两块钢板有相向弯曲成弓形的趋向(图 4.37(*a*)中虚线),但钢板已被焊缝连成一体,因此在焊缝中部将产生横向拉应力,在焊缝两端则产生横向压应力(图 4.37(*c*))。

另外,焊缝的横向收缩也要产生横向应力。这是由于在施焊过程中焊缝的冷却时间不同(与焊接先后次序有关),当先焊的焊缝经冷固已达一定强度时,后焊的焊缝受热横向膨胀必将受其阻碍而产生横向热塑性压缩。反过来后焊的焊缝在冷却收缩时,又将受其限制,从而产生横向拉应力,而先焊的焊缝则产生横向压应力,远端焊缝则产生横向拉应力(图 4.37(*d*))。

图 4.37(*e*)所示是上述两种横向焊接应力的合成。

4.7.2.3 厚度方向焊接应力

厚钢板的焊缝在冷却时,外围焊缝因散热较快而先冷固,故内层焊缝收缩时将受其限制,从而在焊缝内部产生沿焊缝厚度方向的拉应力,而焊缝外部则产生压应力(图 4.38 中 σ_z)。

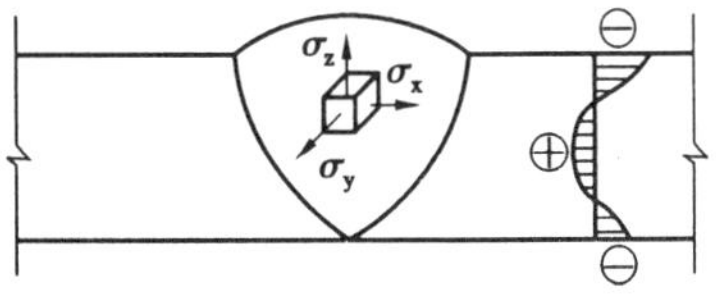

图 4.38 焊缝厚度方向焊接应力

以上所述焊接应力的成因均按焊件在无约束状态下施焊。若焊件在施焊时处于约束状态,如采用强大夹具或焊件本身刚度较大等,焊件将因不能自由伸缩而产生更大的焊接应力,且随约束程度增加而增加。

4.7.3 焊接变形

如前述,焊接过程中的局部加热和不均匀的冷却收缩,在使焊件产生焊接应力的同时还将伴生焊接变形,它的主要形式有纵向和横向收缩、弯曲变形、角变形、波浪变形和扭曲变形等(图4.39)。

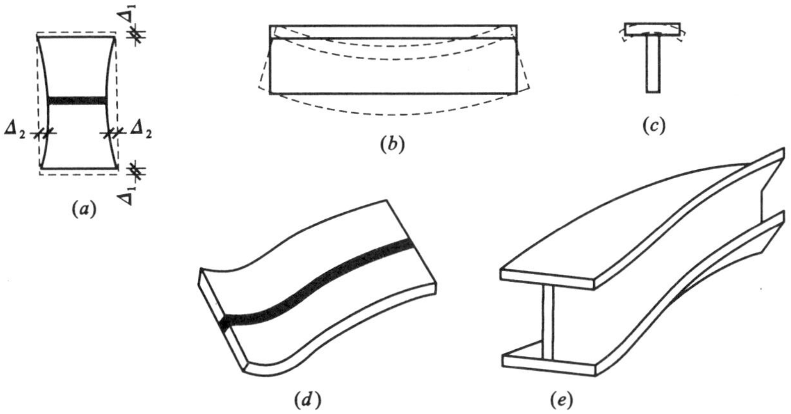

图 4.39 焊接变形

(*a*) 纵向和横向收缩;(*b*) 弯曲变形;(*c*) 角变形;(*d*) 波浪变形;(*e*) 扭曲变形

4.7.4 焊接应力和焊接变形的影响

4.7.4.1 焊接应力对结构性能的影响

(1) 静力强度 图 4.40(*a*)所示为一具有焊接应力且有较好塑性的对接钢板。在轴心拉力(静力荷载)N 作用下,当拉应力 N/A(图 4.40(*b*))和板中纵向焊接拉应力 σ_{rt}叠加达屈服点 f_y 时(图 4.40(*c*)),钢板提前进入塑性,应力不再增大,继续增加的外力只能由弹性区承担,受压区应力亦逐渐由受压变为受拉,直至全截面达到 f_y(图 4.40(*d*))。由于焊接应力是自相平衡的内应力分布,即焊接压应力 σ_{rc}的合力和焊接拉应力 σ_{rt}的合力相等,因此板的承载能力和没有焊接应力时的相同,故焊接应力对结构的静力强度并无影响。

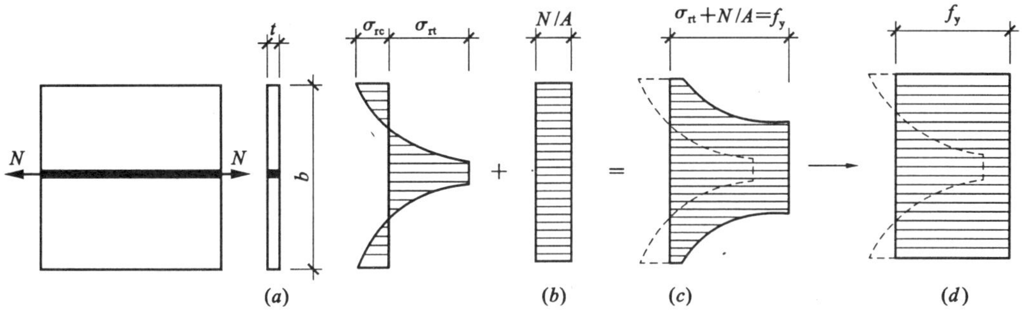

图 4.40 焊接应力对静力强度的影响

(2) 刚度 如前述图 4.40 所示具有焊接应力的钢板,由于在焊接拉应力区域提前进入塑性状态而刚度降为零,继续增加的外力仅由弹性区承担,因此构件必然变形增大,刚度减小。

(3) 压杆的稳定承载力 有焊接应力的压杆,在焊接压应力区将提前进入塑性状态,截面的弹性区缩小,杆件的抗弯刚度也相应减小,因此其稳定承载力将降低(详见第 6.3 节)。

(4) 疲劳强度和低温冷脆　如第 3.4 节所述，由于焊缝及其附近主体金属中存在高达 f_y 的焊接拉应力，故在反复荷载作用下的实际应力循环是从实际最大应力 $\sigma_{max}=f_y$ 开始，因此，焊接结构的疲劳计算须采用应力幅准则。另外，焊件中存在的双向甚至三向焊接应力(图 4.38，图中 σ_x、σ_y 表示横向和纵向焊接应力)，当形成同号应力，尤其是同号拉应力时，由于塑性变形受到约束，材料变脆，使裂纹容易产生和开展，疲劳强度也因而降低，在低温情况下，更易形成冷脆断裂。

4.7.4.2　焊接变形对结构的影响

焊接变形不仅影响结构的尺寸，使装配困难，而且使构件产生初偏心和初弯曲等初始缺陷，在受力时引起附加内力，影响其承载能力。

4.7.5　减少焊接应力和焊接变形的方法

如前述，焊接应力和焊接变形对结构性能均有不利影响，故应减小焊接应力并控制焊接变形不致过大，使其符合《施工规范》的规定，否则应进行矫正。

焊接应力和焊接变形在焊接结构中是互相关联的。若为了减小焊接变形，在施焊时对焊件加强约束，则焊接应力将随之增大；反之则相反。因此，随意加强约束并不尽合理。正确的方法是应从设计、制造和焊接工艺上采取一些有效措施。

(1) 设计方面　焊缝尺寸应适当，焊脚尺寸不宜过大，使焊缝金属最少(图 4.41(*a*))；焊缝应尽可能对称布置，且不宜过分集中(图 4.41(*b*))；当焊缝两向或三向相交，在布置焊缝时应尽量使其错开。当不可避免时，应采取措施加以改善，原则是应使主要焊缝连续直通，而使次要焊缝中断(图 4.41(*c*)、(*d*))。

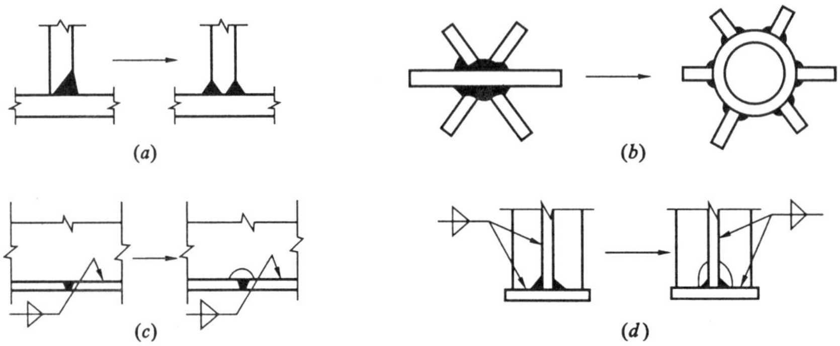

图 4.41　减少焊接应力的设计措施

(2) 制造、焊接工艺方面　对焊件的尺寸收缩应在下料时预加收缩余量。在焊接工艺上，应选择使焊件易于收缩并可减小焊接应力的焊接次序，如分段退焊(图 4.42(*a*))、分层焊(图 4.42(*b*))、对角跳焊(图 4.42(*c*))和分块拼焊(图 4.42(*d*))等。在制造工艺上，可采用预先反变形(图 4.43(*a*)、(*b*))、对厚钢板焊前预热(在焊道两侧，宽度均应大于焊件厚度的 1.5 倍且不小于 100mm，加热至 100～150℃)及焊后后热(保温时间按板厚每 25mm 1h)或锤击法(用手锤轻击焊缝表面使其延伸，以减小焊缝中部焊接拉应力)等。当焊件焊接变形过大，可采用机械方法顶压进行冷矫正或局部加热后冷缩进行热矫正(图 4.43(*c*))。

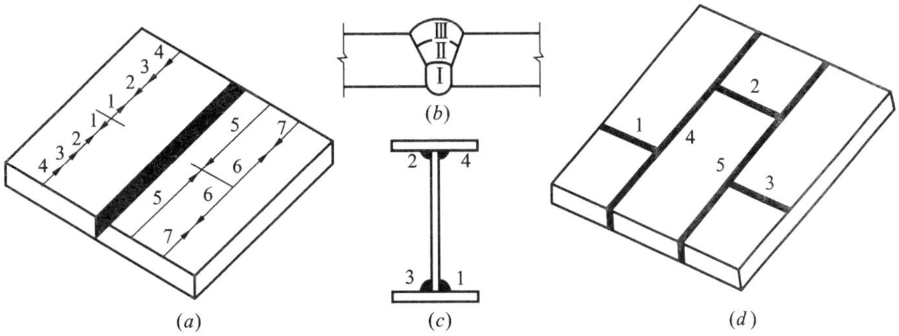

图 4.42 合理的焊接次序

(*a*) 分段退焊;(*b*) 分层焊;(*c*) 对角跳焊;(*d*) 分块拼焊

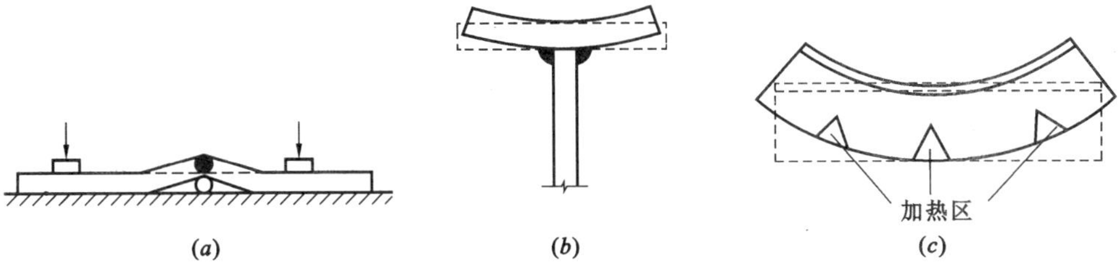

图 4.43 减少焊接变形的工艺措施

4.8 普通螺栓和高强度螺栓连接的构造及紧固

普通螺栓和高强度螺栓连接采用的材料、受力特征以及应用范围,在第 4.1 节中已作了一般性叙述,下面进一步对普通螺栓和高强度螺栓连接的构造加以阐述。

4.8.1 螺栓的形式和规格

4.8.1.1 普通螺栓的形式和规格

钢结构采用的普通螺栓形式为六角头型,粗牙普通螺纹,其代号用字母 M 与公称直径表示,工程中常用 M16、M20、(M22)和 M24,受力较大时可用(M27)、M30(M22、M27 为第二选择系列,不常用)。螺栓的最大连接厚度随螺栓直径而异,选用时宜控制其不超过螺栓标准中规定的夹紧长度,一般为 4~6 倍螺栓直径(大直径螺栓取大值,反之取小值),即螺栓直径不宜小于 1/4~1/6 夹紧长度,以免出现板叠过厚而紧固力不足和螺栓过于细长而受力弯曲的现象,以致影响连接的受力性能。另外,螺栓长度还应考虑螺栓头部及螺母下各设一个垫圈和螺栓拧紧后外露丝扣不少于 2~3扣。对直接承受动力荷载的普通螺栓应采用双螺母或其他能防止螺母松动的有效措施(设置弹簧垫圈、将螺纹打毛或螺母焊死等)。

C 级螺栓的孔径应比螺栓杆径大 1.5~3mm。具体为 M12、M16,大 1.5mm;M18、M22、M24,大 2mm;M27、M30,大 3mm。

4.8.1.2 高强度螺栓连接副的形式和规格

高强度螺栓和与之配套的螺母和垫圈合称连接副。螺栓的形式除常见的大六角头型外,还有扭剪型(图 4.44),其国家标准分别为《钢结构用高强度大六角头螺栓、大六角螺母、垫圈与技术条件》(GB/T 1228~1231—2006)和《钢结构用扭剪型高强度螺栓连接副型式尺寸与技术条件》

(GB/T 3632～3633—2008)。高强度螺栓连接副须经热处理(淬火和回火)。

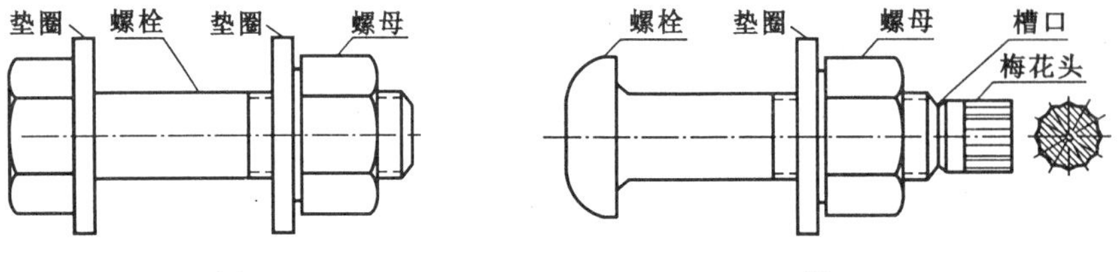

(*a*)　　(*b*)

图 4.44　高强度螺栓连接副

(*a*) 大六角头型；(*b*) 扭剪型

高强度螺栓在工程中常用的规格亦为 M16～M30，其最大连接长度可比普通螺栓的高，一般可取 5～7 倍螺栓直径。大六角头型与普通螺栓一样，需设置两个垫圈，而扭剪型只需在螺母下设置垫圈。螺栓头因拧固时不旋转，故其下面可不设置垫圈(原因见后述)。高强度螺栓不需采用防松动措施。

4.8.2　螺栓及孔的图例

钢结构施工图采用的螺栓及孔的图例应按《建筑结构制图标准》(GB/T 50105—2001)的规定，见表 4.5。

表 4.5　螺栓及孔图例

名　称	永久螺栓	安装螺栓	高强度螺栓	圆形螺栓孔	长圆形螺栓孔
图　例	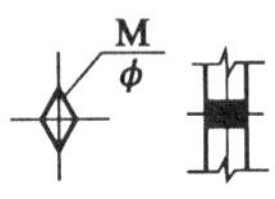	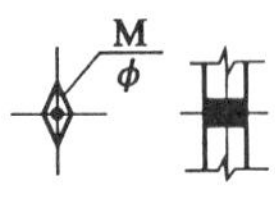	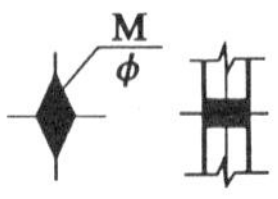	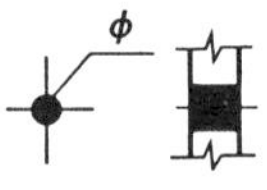	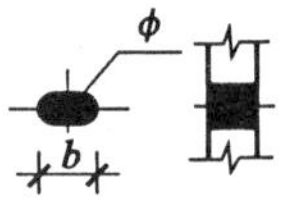

注：(1) 细“十”线表示定位线，M 表示螺栓型号，ϕ 表示螺栓孔直径。

(2) 采用引出线标注螺栓时，横线上标注螺栓规格，横线下标注螺栓孔直径。

4.8.3　螺栓的排列

螺栓的排列应遵循简单紧凑、整齐划一和便于安装紧固的原则，通常采用并列和错列两种形式(图 4.45)。并列简单，但栓孔削弱截面较大。错列可减少截面削弱，但排列较繁。不论采用哪种排列，螺栓的中距(螺栓中心间距)、端距(顺内力方向螺栓中心至构件边缘距离)和边距(垂直内力方向螺栓中心至构件边缘距离)应满足下列要求：

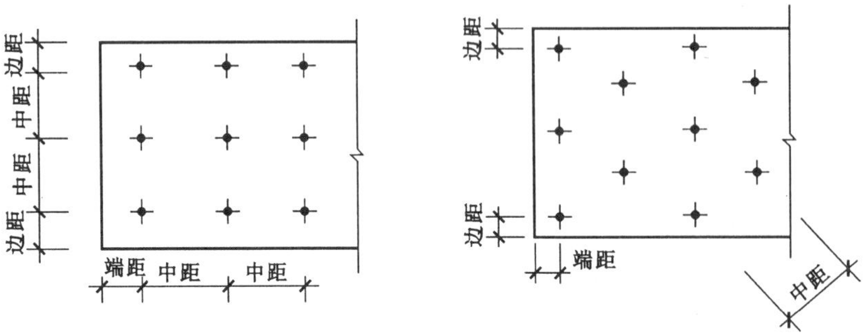

图 4.45　螺栓的并列排列和错列排列

(1) 受力要求　螺栓任意方向的中距以及边距和端距均不应过小，以免构件在承受拉力作用时，加剧孔壁周围的应力集中和防止钢板过度削弱而承载力过低，造成沿孔与孔或孔与边间拉断或剪断。当构件承受压力作用时，顺压力方向的中距不应过大，否则螺栓间钢板可能失稳形成鼓曲。

(2) 构造要求　螺栓的中距不应过大，否则钢板不能紧密贴合，外排螺栓的中距以及边距和端距更不应过大，以防止潮气侵入引起锈蚀。

(3) 施工要求　螺栓间应有足够距离以便于转动扳手，拧紧螺母。

《设计规范》根据上述要求制定的螺栓的最大、最小容许距离见表 4.6。排列螺栓时，宜按最小容许距离取用，且应取 5mm 的倍数，并按等距离布置，以缩小连接的尺寸。最大容许距离一般只在起连系作用的构造连接中采用。

表 4.6　螺栓的最大、最小容许距离

<table>
<tr><th>名　称</th><th colspan="3">位置和方向</th><th>最大容许距离
（取两者的较小值）</th><th>最小容许距离</th></tr>
<tr><td rowspan="5">中心间距</td><td colspan="3">外排（垂直内力方向或顺内力方向）</td><td>$8d_0$ 或 $12t$</td><td rowspan="5">$3d_0$</td></tr>
<tr><td rowspan="3">中间排</td><td colspan="2">垂直内力方向</td><td>$16d_0$ 或 $24t$</td></tr>
<tr><td rowspan="2">顺内力方向</td><td>构件受压力</td><td>$12d_0$ 或 $18t$</td></tr>
<tr><td>构件受拉力</td><td>$16d_0$ 或 $24t$</td></tr>
<tr><td colspan="3">沿对角线方向</td><td>—</td></tr>
<tr><td rowspan="4">中心至构件边缘距离</td><td colspan="3">顺内力方向</td><td rowspan="4">$4d_0$ 或 $8t$</td><td>$2d_0$</td></tr>
<tr><td rowspan="3">垂直内力方向</td><td colspan="2">剪切边或手工气割边</td><td>$1.5d_0$</td></tr>
<tr><td rowspan="2">轧制边、自动气割或锯割边</td><td>高强度螺栓</td><td rowspan="2">$1.2d_0$</td></tr>
<tr><td>其他螺栓</td></tr>
</table>

注：(1) d_0 为螺栓孔直径，t 为外层较薄板件的厚度。

(2) 钢板边缘与刚性构件（如角钢、槽钢等）相连的螺栓的最大间距，可按中间排的数值采用。

工字钢、槽钢、角钢上螺栓的排列（图 4.46）除应满足表 4.6 规定的最大、最小容许距离外，还应符合各自的线距和最大孔径 $d_{0\max}$ 的要求（表 4.7、表 4.8、表 4.9），以使螺栓大小和位置适当并便于拧固。H 型钢腹板上和翼缘上螺栓的线距和最大孔径，可分别参照工字钢腹板和角钢的选用。

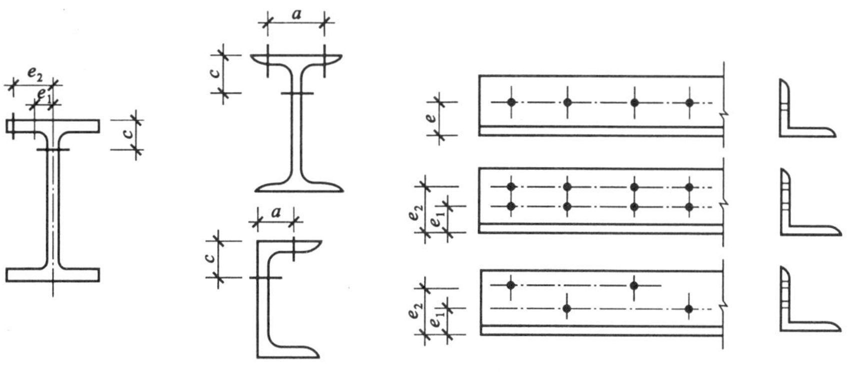

图 4.46　螺栓在 H 型钢、工字钢、槽钢、角钢上的排列

表 4.7　工字钢翼缘和腹板上螺栓的最小容许线距和最大孔径(单位:mm)

型号	12.6	14	16	18	20	22	25	28	32	36	40	45	50	56	63
a	40	45	50	50	55	60	65	70	75	80	80	85	90	90	95
c	40	45	45	45	50	50	55	60	60	65	70	75	75	75	75
d_{omax}	11.5	13.5	15.5	17.5	17.5	20	20	20	22	24	24	26	26	26	26

表 4.8　槽钢翼缘和腹板上螺栓的最小容许线距和最大孔径(单位:mm)

型号	12.6	14	16	18	20	22	25	28	32	36	40
a	30	35	35	40	40	45	45	45	50	55	60
c	40	45	50	50	55	55	55	60	65	70	75
$d_{o\max}$	17.5	17.5	20	22	22	22	22	24	24	26	26

表 4.9　角钢上螺栓的最小容许线距和最大孔径(单位:mm)

肢宽		40	45	50	56	63	70	75	80	90	100	110	125	140	160	180	200
单行	e	25	25	30	30	35	40	40	45	50	55	60	70				
	$d_{o\max}$	11.5	13.5	13.5	15.5	17.5	20	22	22	24	24	26	26				
双行错列	e_1												55	60	70	70	80
	e_2												90	100	120	140	160
	$d_{o\max}$												24	24	26	26	26
双行并列	e_1														60	70	80
	e_2														130	140	160
	$d_{o\max}$														24	24	26

4.8.4　螺栓的紧固方法和预拉力的控制

螺栓需经紧固并达到一定程度,方能可靠传力。螺栓的紧固方法是对螺母施拧。

普通螺栓由于强度较低,故对其栓杆施加的紧固预拉力不能太大,一般采用普通扳手一人施拧,使板叠靠紧即可。

高强度螺栓不论是用于摩擦型连接中的受剪螺栓,还是用于受拉或拉剪螺栓,其受力都是依靠螺栓对板叠强大的法向压力,即紧固预拉力 P。即使在高强度螺栓承压型连接中,也要部分利用这一性能,其预拉力也应与摩擦型连接的相同。因此,控制预拉力即控制螺栓的紧固程度,是保证高强度螺栓连接质量的一个关键性因素。

为了使高强度螺栓获得尽可能大的预拉力,应最大限度地发挥其材料潜力,将预拉力值最好确定在能使螺栓产生的预拉应力达到容许的最大值,这样方可取得最佳经济效果。由于高强度螺栓没有明显的屈服点,故其预拉力值应以螺栓经热处理后的最低抗拉强度 f_u 为准并用几个系数折减进行确定。首先引入一个 0.9 系数,对引入的抗拉强度加以折减,以保证安全。另外,考虑到材料的不均匀性,又乘以 0.9 材料系数折减。同时为了补偿螺栓紧固后会有一定的松弛,使预拉力有所损失,《施工规范》规定施工时需要超拧 10%,因此还须乘以超拧系数 0.9 折减。另外螺栓在施拧时,除使螺栓在沿其杆轴方向产生拉应力外,还在螺栓内产生剪应力,故须用折算应力来考虑其影响,即用(除以)系数 1.2 考虑。综上所述,高强度螺栓的预拉力值应按下式确定,并取 5kN 的倍数值制成设计用表(表 4.10)。

$$P=\frac{0.9\times0.9\times0.9}{1.2}f_uA_e=0.6075f_uA_e \tag{4.41}$$

式中　f_u——螺栓经热处理后的最低抗拉强度:8.8 级为 830N/mm^2,10.9 级为 1040N/mm^2;

A_e——螺栓螺纹处的有效截面面积(附表 15)。

表 4.10　每个高强度螺栓的预拉力 P(kN)

螺栓的性能等级	螺栓的公称直径(mm)					
	M16	M20	M22	M24	M27	M30
8.8 级	80	125	150	175	230	280
10.9 级	100	155	190	225	290	335

高强度螺栓采用的紧固方法一般有下列几种:

(1) 扭矩法　为了减少先拧与后拧的高强度螺栓预拉力的区别,一般要先用普通扳手对其初拧(不小于终拧扭矩值的 50%),使板叠靠拢,然后用一种可显示扭矩值的定扭矩扳手终拧。终拧扭矩值根据预先测定的扭矩和预拉力(增加 10%以补偿紧固后的松弛影响)之间的关系确定,施拧时偏差不得大于±10%。此法在我国应用广泛。

(2) 转角法　此法是用控制螺栓应变即控制螺母的转角来获得规定的预拉力,因不需专用扳手,故简单有效。转角是从初拧作出的标记线(图 4.47(a))开始,再用长扳手(或电动、风动扳手)终拧 1/3～2/3 圈(120°～240°)。终拧角度与板叠厚度和螺栓直径等有关,可预先测定。

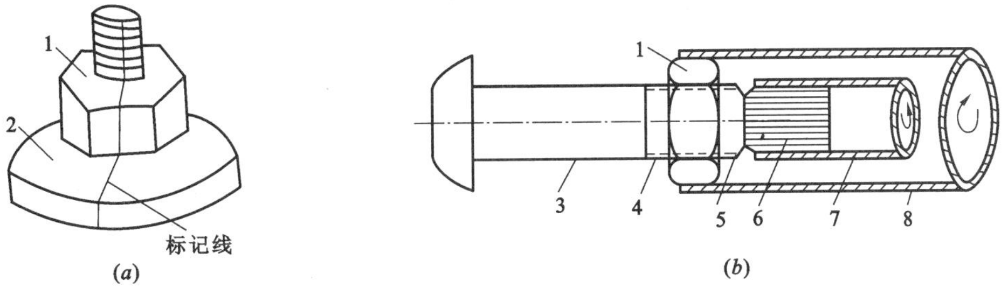

图 4.47　高强度螺栓的紧固方法

(a) 转角法;(b) 拧掉扭剪型高强度螺栓尾部

1—螺母;2—垫圈;3—栓杆;4—螺纹;5—槽口;6—螺栓尾部梅花卡头;7、8—电动扳手小套筒和大套筒

(3) 扭掉螺栓尾部梅花卡头　此法适用于扭剪型高强度螺栓。即先对螺栓初拧,然后用特制电动扳手的两个套筒分别套住螺母和螺栓尾部梅花卡头(图 4.47(b))。操作时,大套筒正转施加紧固扭矩,小套筒则施加紧固反扭矩,将螺栓紧固后,再进而沿尾部槽口将梅花卡头拧掉。由于螺栓尾部槽口深度是按终拧扭矩和预拉力之间的关系确定,故当梅花卡头拧掉,螺栓即达到规定的预拉力值。扭剪型高强度螺栓由于具有上述施工简便且便于检查漏拧的优点,故近年来在我国也得到广泛应用。

4.9　普通螺栓连接和高强度螺栓承压型连接的计算

普通螺栓连接和高强度螺栓承压型连接按螺栓传力方式可分为受剪螺栓连接、受拉螺栓连接和拉剪螺栓连接三种。受剪螺栓连接是靠栓杆受剪和孔壁承压传力,受拉螺栓连接是靠沿杆轴方向受拉传力,拉剪螺栓连接则是同时兼有上述两种传力方式。

4.9.1　受剪螺栓连接

4.9.1.1　受力性能

图 4.48 所示为一单个受剪螺栓连接。钢板受拉力 N 作用，钢板间的相对位移为 δ，则 N-δ 曲线 1 可表示 C 级普通螺栓连接受力性能的三个阶段。第一个阶段为起始的上升斜直线段，它表示连接处在弹性工作状态，靠钢板间的摩擦力传力，无相对位移。由于普通螺栓紧固的预拉力很小，故此阶段不长即出现水平直线段，表示摩擦力被克服，连接进入钢板相对滑移状态的第二阶段。当滑移至栓杆和螺栓孔壁靠紧，此时栓杆受剪，而孔壁承受挤压，连接的承载力也随之增加，曲线上升，这表示连接进入弹塑性工作状态的第三阶段。随着外拉力的增加，连接变形迅速增大，曲线亦趋于平坦，直至连接承载能力的极限状态——破坏。曲线的最高点即连接的极限承载力。

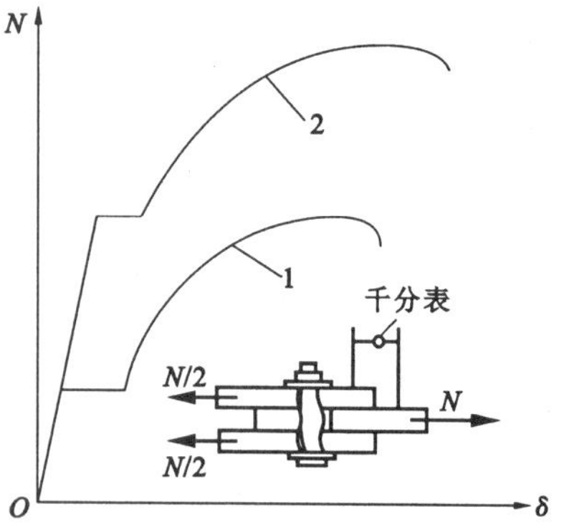

图 4.48　单个受剪螺栓连接的受力性能曲线

1—C 级普通螺栓；2—高强度螺栓

高强度螺栓由于预拉力高，对被连接板叠的法向压力大，因而其间的摩擦阻力也大。由图 4.48 中的曲线 2 可见，其上升斜直线段比普通螺栓的高得多，它表明连接弹性性能好，在相对滑移前承载能力高，且剪切变形小，耐疲劳。摩擦型连接受剪高强度螺栓即以摩擦阻力刚被克服、连接即将产生相对滑移作为承载能力的极限状态。而承压型连接则以连接破坏作为承载能力的极限状态，即以曲线 2 的最高点作为连接的极限承载力。但还需指出，高强度螺栓承压型连接主要是利用其后期的高承载能力，故对连接构件接触面的处理相对于主要靠摩擦面传力的摩擦型连接（见第 4.10 节）的要低。一般只需清除油污及浮锈即可，且对预拉力甚至都可不予施加（对受拉螺栓连接）。

4.9.1.2　破坏形式

受剪螺栓连接在达极限承载力时可能出现以下五种破坏形式：

(1) 栓杆剪断（图 4.49(a)）——当螺栓直径较小而钢板相对较厚时可能发生。

(2) 孔壁挤压坏（图 4.49(b)）——当螺栓直径较大而钢板相对较薄时可能发生。

(3) 钢板拉断（图 4.49(c)）——当钢板因螺孔削弱过多时可能发生。

(4) 端部钢板剪断（图 4.49(d)）——当顺受力方向的端距过小时可能发生。

(5) 栓杆受弯破坏（图 4.49(e)）——当螺栓过长时可能发生。

上述破坏形式中的后两种在选用最小容许端距 $2d_0$ 和使螺栓的夹紧长度为 4～6 倍（普通螺栓）和 5～7 倍（高强度螺栓）螺栓直径的条件下，均不会产生。但对其他三种形式的破坏，则须通过计算来防止。

4.9.1.3　计算方法

根据上述，受剪螺栓连接按承载能力极限状态需计算栓杆受剪和孔壁承压承载力，以及钢板受拉（或受压）承载力，而后一项属于构件的强度计算。现分述如下：

(1) 单个受剪螺栓的承载力设计值

1) 抗剪承载力设计值——假定螺栓受剪面上的剪应力为均匀分布，单个螺栓的抗剪承载力设计值为：

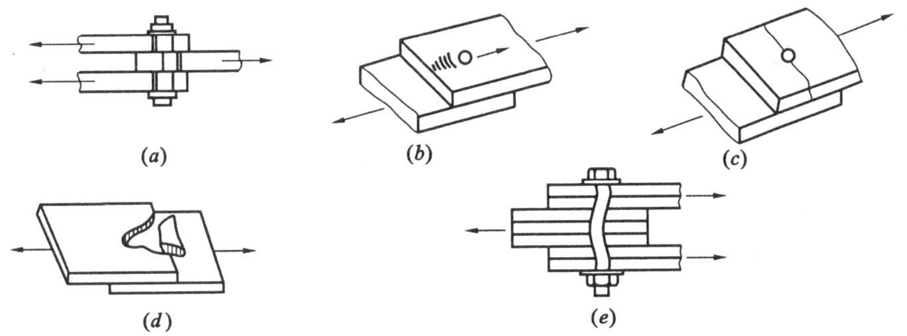

图 4.49 受剪螺栓连接的破坏形式

(a) 栓杆剪断;(b) 孔壁挤压坏;(c) 钢板拉断;(d) 端部钢板剪断;(e) 栓杆受弯破坏

$$N_v^b = n_v \frac{\pi d^2}{4} f_v^b \tag{4.42a}$$

或

$$N_v^b = n_v \frac{\pi d_e^2}{4} f_v^b \tag{4.42b}$$

式中 n_v——受剪面数目,单剪 $n_v=1$、双剪 $n_v=2$、四剪 $n_v=4$(图 4.50);

d、d_e——螺栓杆直径或螺纹处有效直径①(附表 14);

f_v^b——螺栓的抗剪强度设计值,根据试验值确定,见表 4.11。

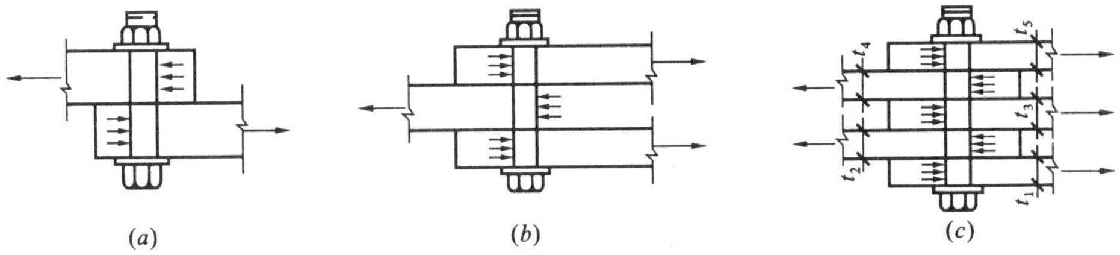

图 4.50 受剪螺栓的计算

(a) 单剪;(b) 双剪;(c) 四剪

式(4.42a)主要用于普通螺栓的计算。这是因为表 4.11 中的普通螺栓抗剪强度设计值 f_v^b是根据试验数据统计,且试验时不分剪切面是否在螺纹处均按栓杆面积确定的,故计算时应取栓杆直径 d。而高强度螺栓承压型连接,其 f_v^b则是根据材料的强度制定的,故计算时需区分剪切面是否在螺纹处而分别采用式(4.42b)或式(4.42a)。②

2) 承压承载力设计值——螺栓孔壁的实际承压应力分布很不均匀,为了计算简便,假定承压应力沿螺栓直径的投影面均匀分布,单个螺栓的承压承载力设计值为

$$N_c^b = d\sum t f_c^b \tag{4.43}$$

式中 $\sum t$——在同一受力方向的承压构件的较小总厚度(如图 4.50(c)中的四剪,$\sum t$ 取 $t_1+t_3+t_5$ 或 t_2+t_4 中的较小值);

f_c^b——螺栓的(孔壁)承压强度设计值,与构件的钢号有关,根据试验值确定,见表4.11。

显而易见,单个受剪螺栓的承载力设计值应取 N_v^b 和 N_c^b 中的较小者 N_{min}^b。

---

① 螺栓螺纹处有效直径的计算方法可参阅《疑难释义》第 5.5 节。

② 若需剪切面避开螺纹处,可在施工图中注明螺纹在连接厚度中的长度小于外层板的厚度。具体可参阅《疑难释义》第 6.9 节和第 6.10 节。

表 4.11　螺栓连接的强度设计值(N/mm²)

螺栓的性能等级、锚栓和构件钢材的牌号		普通螺栓						锚栓	承压型连接高强度螺栓		
		C级螺栓			A级、B级螺栓						
		抗拉 f_t^b	抗剪 f_v^b	承压 f_c^b	抗拉 f_t^b	抗剪 f_v^b	承压 f_c^b	抗拉 f_t^a	抗拉 f_t^b	抗剪 f_v^b	承压 f_c^b
普通螺栓	4.6级、4.8级	170	140	—	—	—	—	—	—	—	—
	5.6级	—	—	—	210	190	—	—	—	—	—
	8.8级	—	—	—	400	320	—	—	—	—	—
锚　栓	Q235钢	—	—	—	—	—	—	140	—	—	—
	Q345钢	—	—	—	—	—	—	180	—	—	—
承压型连接高强度螺栓	8.8级	—	—	—	—	—	—	—	400	250	—
	10.9级	—	—	—	—	—	—	—	500	310	—
构　件	Q235钢	—	—	305	—	—	405	—	—	—	470
	Q345钢	—	—	385	—	—	510	—	—	—	590
	Q390钢	—	—	400	—	—	530	—	—	—	615
	Q420钢	—	—	425	—	—	560	—	—	—	655

注:(1) A级螺栓用于 $d\leqslant24$mm 和 $l\leqslant10d$ 或 $l\leqslant150$mm(按较小值)的螺栓;B级螺栓用于 $d>24$mm 或 $l>10d$ 或 $l>150$mm(按较小值)的螺栓。d 为公称直径,l 为螺杆公称长度。

(2) A、B级螺栓孔的精度和孔壁表面粗糙度、C级螺栓孔的允许偏差和孔壁表面粗糙度,均应符合《施工规范》的要求。

(2) 螺栓群的受剪螺栓连接计算

按《设计规范》规定,每一杆件在节点上以及拼接接头的一端,永久螺栓数不宜少于两个,因此螺栓连接中的螺栓一般都是以螺栓群的形式出现。

1) 螺栓群受轴心力作用时的受剪螺栓计算

① 确定螺栓需要数目

图 4.51 所示为一受轴心力 N 作用的螺栓连接双盖板对接接头,尽管 N 通过螺栓群形心,但实验证明,各螺栓在弹性工作阶段受力并不相等,两端大,中间小,但在进入弹塑性工作阶段后,由于内力重分布,各螺栓受力将逐渐趋于相等,故可按平均受力计算。因此,连接一侧螺栓需要的数目为:

$$n=\frac{N}{N_{\min}^{b}} \tag{4.44}$$

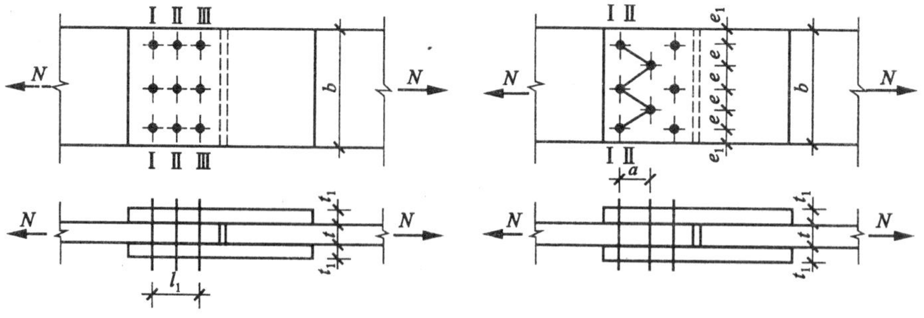

(a)　　(b)

图 4.51　螺栓群受轴心力作用时的受剪螺栓

在构件的节点处或拼接接头的一端,当螺栓沿受力方向的连接长度 l_1(图 4.51(a))过大时,根据试验资料,各螺栓的受力将很不均匀,端部螺栓受力最大,往往首先破坏,然后依次逐个向内破坏。因此,《设计规范》规定,对 $l_1>15d_0$ 时的螺栓的承载力设计值 N_v^b 和 N_c^b 应乘以下列折减系数给予降低,即

当 $l_1 > 15d_o$ 时

$$\beta = 1.1 - \frac{l_1}{150d_o} \tag{4.45a}$$

当 $l_1 \geqslant 60d_o$ 时

$$\beta = 0.7 \tag{4.45b}$$

对搭接或用拼接板的单面连接和加填板的连接，由于螺栓偏心受力，其数目应予增加：

A. 一个构件借助填板或其他中间板件与另一构件连接时(图 4.52(a))，应按计算数目增加10%。

B. 搭接或用拼接板的单面连接(图 4.52(b)、(c))，应按计算数目增加 10%。

C. 在构件的端部连接中，当利用短角钢连接型钢(角钢或槽钢)的外伸肢以缩短连接的长度时(图 4.52(d))，在角钢两肢中的一肢上所用的螺栓，应按计算数目增加 50%。

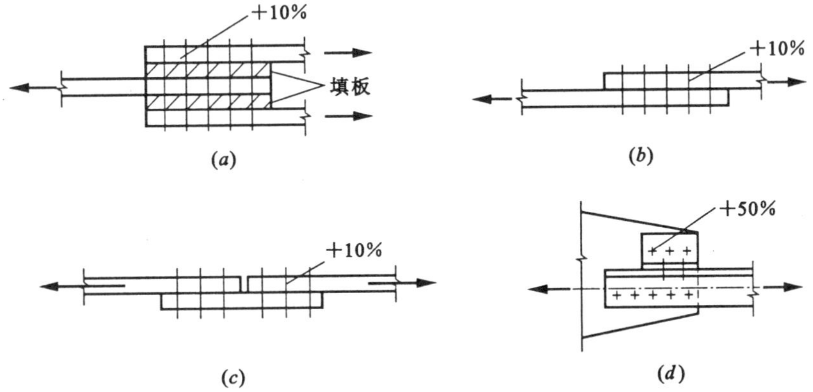

图 4.52 螺栓数目应增加的情况

② 验算净截面强度

为防止构件或连接板因螺孔削弱而拉(或压)断，还须按下式验算连接开孔截面的净截面强度：

$$\sigma = \frac{N}{A_n} \leqslant f \tag{4.46}$$

式中 A_n——构件或连接板的净截面面积；

f——钢材的抗拉(或抗压)强度设计值，按表 3.5 选用。

净截面强度验算应选择构件或连接板的最不利截面，即内力最大或螺孔较多的截面。如图 4.51(a)所示螺栓为并列布置时，构件最不利截面 Ⅰ-Ⅰ，其内力最大为 N。而截面Ⅱ-Ⅱ和 Ⅲ-Ⅲ因前面螺栓已传递部分力，故内力分别递减为 $N-(n_1/n)N$ 和 $N-[(n_1+n_2)/n]N$(n、n_1、n_2 分别为连接一侧的螺栓总数和截面Ⅰ-Ⅰ、Ⅱ-Ⅱ上的螺栓数)，均较截面Ⅰ-Ⅰ的小，因此，若它们的螺孔数未增多，即可不予计算。但对连接板各截面，因受力相反，截面Ⅲ-Ⅲ受力最大，亦为 N，故还须按下面公式比较它和构件截面Ⅰ-Ⅰ的净截面面积，以确定最不利截面。

构件截面Ⅰ-Ⅰ

$$A_n = (b - n_1 d_o)t \tag{4.47}$$

连接板截面Ⅲ-Ⅲ

$$A_n = 2(b - n_3 d_o)t_1 \tag{4.48}$$

式中 n_1、n_3——截面Ⅰ-Ⅰ和Ⅲ-Ⅲ上的螺孔数；

t、t_1、b——构件和连接板的厚度及宽度。

当螺栓为错列布置时(4.51(b)),构件或连接板除可能沿直线截面Ⅰ-Ⅰ破坏外,还可能沿折线截面Ⅱ-Ⅱ破坏,其长度虽较大,但螺孔较多,故还须按下式计算其净截面面积,以确定最不利截面:

$$A_n = \left[2e_1 + (n_2 - 1)\sqrt{a^2 + e^2} - n_2 d_o\right]t \tag{4.49}$$

式中　n_2——折线截面Ⅱ-Ⅱ上的螺孔数。

【例 4.7】 试设计一 C 级普通螺栓的角钢拼接。角钢型号∟100×10,Q235A 钢。轴心拉力设计值 N=300kN。

【解】 (1) 确定螺栓需要数目和排列

试选 M22 螺栓,孔径 d_o=24mm(符合表 4.9 中最大孔径的规定)。采用拼接角钢型号与构件角钢相同。

单个受剪螺栓的抗剪和承压承载力设计值,按式(4.42a)和式(4.43)得:

$$N_v^b = n_v \frac{\pi d^2}{4} f_v^b = 1 \times \frac{\pi \times 22^2}{4} \times 140 = 53200\text{N} = 53.2\text{kN}$$

$$N_c^b = d\sum t f_c^b = 22 \times 10 \times 305 = 67100\text{N} = 67.1\text{kN}$$

故取 N_{min}^b=53.2kN。连接一侧螺栓需要的数目,按式(4.44)得:

$$n = \frac{N}{N_{min}^b} = \frac{300}{53.2} = 5.6\text{ 个,取 } 6\text{ 个}$$

为便于紧固螺栓,采用如图 4.53(a)所示的错列布置(螺栓线距符合表 4.9,中距和端距符合表 4.6 的规定)。

(2) 验算角钢净截面强度

为了与角钢靠紧,拼接角钢须进行切棱,因此应验算拼接角钢净截面强度。切棱尺寸按∟100×10 角钢内圆弧 r=12mm(见附表 8)确定,取 $A'=\frac{1}{2}\times 12\text{mm}\times 12\text{mm}$(三角形)。将拼接角钢按中线展开(图 4.53($b$))。

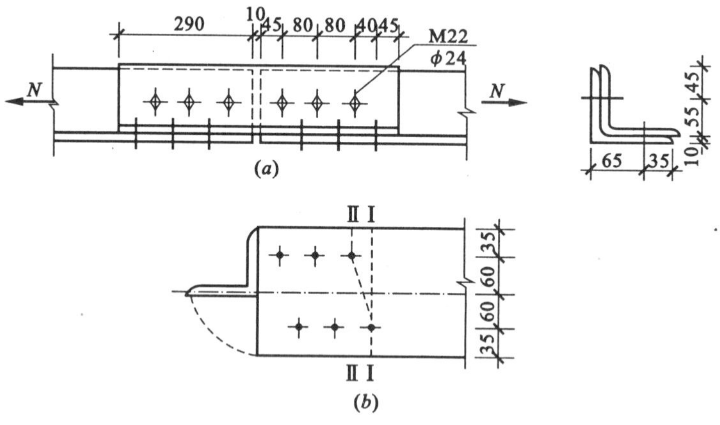

图 4.53　例 4.7 附图

直线截面Ⅰ-Ⅰ净截面面积(查附表 8,角钢毛截面面积 A=19.26cm²),按式(4.47)得:

$$A_{n\text{I}} = A - n_1 d_o t - A' = 19.26 - 1 \times 2.4 \times 1 - \frac{1}{2} \times 1.2 \times 1.2 = 16.14\text{cm}^2$$

折线截面Ⅱ-Ⅱ净截面面积,按式(4.49)得:

$$A_{n\text{II}} = \left[2e_1 + (n_1 - 1)\sqrt{a^2 + e^2} - n_2 d_o\right]t - A'$$

$$= \left[2\times 3.5+(2-1)\sqrt{4^2+12^2}-2\times 2.4\right]\times 1-\frac{1}{2}\times 1.2\times 1.2$$

$$= 14.1\text{cm}^2$$

净截面强度验算，按式(4.46)得：

$$\sigma=\frac{N}{A_{n\min}}=\frac{300\times 10^3}{14.1\times 10^2}=212.8\text{N/mm}^2<f=215\text{N/mm}^2 \quad （满足）$$

【例 4.8】 试设计一 C 级普通螺栓的钢板拼接。钢板截面—18×400，钢材 Q235A。轴心拉力设计值 N=1120kN。

【解】 (1) 确定连接盖板截面

采用双盖板，截面尺寸选 9×400，与被连接钢板截面面积相等，钢材亦为 Q235A。

(2) 计算需要的螺栓数目和布置螺栓

试选 M22 螺栓。单个受剪螺栓的抗剪和承压承载力设计值，按式(4.42a)和式(4.43)得

$$N_v^b = n_v \frac{\pi d^2}{4} f_v^b = 2\times\frac{\pi\times 22^2}{4}\times 140 = 106400\text{N} = 106.4\text{kN}$$

$$N_c^b = d\sum t f_c^b = 22\times 18\times 305 = 120800\text{N} = 120.8\text{kN}$$

故取 $N_{\min}^b$=106.4kN。连接一侧螺栓需要的数目，按式(4.44)得

$$n = \frac{N}{N_{\min}^b} = \frac{1120}{106.4} = 10.5\text{ 个，取 } n = 12\text{ 个}$$

采用并列布置，如图 4.54 所示。连接盖板尺寸为—9×400×530。中距、端距、边距均符合表 4.6 的容许距离要求。

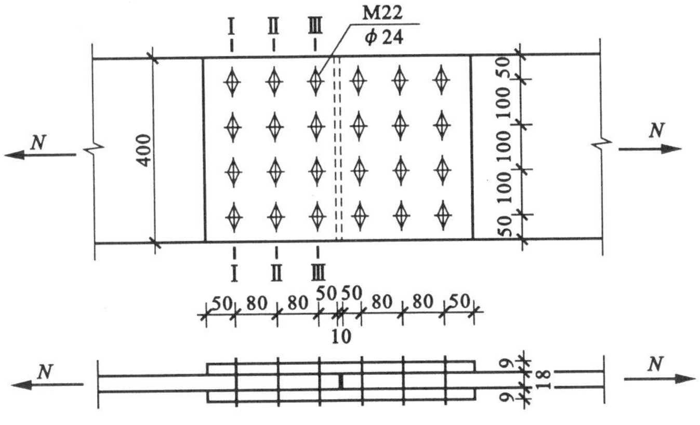

图 4.54 例 4.8 附图

(3) 验算被连接钢板的净截面强度

被连接钢板Ⅰ-Ⅰ截面受力最大，连接盖板则是Ⅲ-Ⅲ截面受力最大。但两者截面面积相等，故只按式(4.46)和式(4.47)验算被连接钢板的净截面强度。设螺栓孔径 d_o=24mm。

$$A_n^{\text{I}} = (b-n_1 d_o)t = (40-4\times 2.4)\times 1.8 = 54.72\text{cm}^2$$

$$\sigma = \frac{N}{A_n^{\text{I}}} = \frac{1120\times 10^3}{54.72\times 10^2} = 204.7\text{N/mm}^2 < f = 205\text{N/mm}^2 \quad （满足）$$

（因钢板厚度 t=18mm＞16mm，故按表 3.5 取 f=205N/mm²。）

2) 螺栓群受偏心力作用时的受剪螺栓计算

图 4.55(a)所示为一受偏心力 F 作用的螺栓连接搭接接头。将 F 力向螺栓群的形心 O 简化

后，可与图 4.55(*b*)所示的 $T=Fe$ 和 $V=F$ 共同作用等效。扭矩 T 和剪力 V 均使螺栓群受剪。在计算 T 作用下螺栓所承受的剪力时，假定被连接件是绝对刚性体，而螺栓则是弹性体，受扭矩作用，所有螺栓均绕螺栓群形心 O 旋转。因此，各个螺栓 i 所受剪力 N_i^T 的方向垂直于该螺栓与 O 的连线，其大小则与此连线的距离 r_i 成正比，即

$$\frac{N_1^T}{r_1}=\frac{N_2^T}{r_2}=\cdots=\frac{N_i^T}{r_i}=\cdots=\frac{N_n^T}{r_n}$$

因而 $N_2^T=\frac{r_2}{r_1}N_1^T$、$N_3^T=\frac{r_3}{r_1}N_1^T$、…、$N_i^T=\frac{r_i}{r_1}N_1^T$、…、$N_n^T=\frac{r_n}{r_1}N_1^T$。

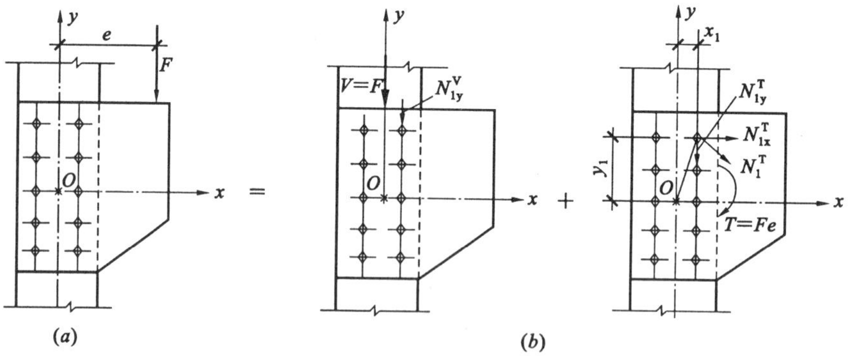

图 4.55　螺栓群受偏心力作用时的受剪螺栓

由力的平衡条件，并引入上列关系，可得：

$$T=N_1^Tr_1+N_2^Tr_2+\cdots+N_i^Tr_i+\cdots+N_n^Tr_n$$
$$=\frac{N_1^T}{r_1}(r_1^2+r_2^2+\cdots+r_i^2+\cdots+r_n^2)=\frac{N_1^T}{r_1}\sum r_i^2$$

所以

$$N_1^T=\frac{Tr_1}{\sum r_i^2}=\frac{Tr_1}{\sum x_i^2+\sum y_i^2}\tag{4.50}$$

式中　$\sum x_i^2$、$\sum y_i^2$ ——螺栓群的全部螺栓的横坐标和纵坐标的平方和。

螺栓“1”距离形心 O 最远，故 N_1^T 最大。现将其按 x 和 y 两方向分解为

$$N_{1x}^T=N_1^T\frac{y_1}{r_1}=\frac{Ty_1}{\sum x_i^2+\sum y_i^2}\tag{4.51}$$

和

$$N_{1y}^T=N_1^T\frac{x_1}{r_1}=\frac{Tx_1}{\sum x_i^2+\sum y_i^2}\tag{4.52}$$

剪力 V 通过螺栓群形心，故每个螺栓均匀受力，螺栓“1”所受的剪力为

$$N_{1y}^V=\frac{V}{n}\tag{4.53}$$

因此，螺栓群受偏心力作用时最不利受剪螺栓“1”所承受的合力和应满足的强度条件为

$$N_1=\sqrt{(N_{1x}^T)^2+(N_{1y}^T+N_{1y}^V)^2}\leqslant N_{min}^b\tag{4.54}$$

当螺栓群布置成一狭长带状，且 $y_1>3x_1$ 或 $x_1>3y_1$ 时，可取式(4.51)中的 $\sum x_i^2=0$ 或取式(4.52)中的 $\sum y_i^2=0$，即忽略 y 方向或 x 方向的分力。因此，上述两式还可简化为

当 $y_1 > 3x_1$ 时：

$$N_1^{\mathrm{T}} \approx N_{1x}^{\mathrm{T}} = \frac{Ty_1}{\sum y_i^2} \tag{4.55}$$

当 $x_1 > 3y_1$ 时：

$$N_1^{\mathrm{T}} \approx N_{1y}^{\mathrm{T}} = \frac{Tx_1}{\sum x_i^2} \tag{4.56}$$

设计受偏心力作用的受剪螺栓群，一般先适当布置螺栓，然后用式(4.54)验算。

【例 4.9】 试设计一 C 级普通螺栓的搭接接头(图 4.56)。作用力设计值 $F=230\mathrm{kN}$，偏心距 $e=300\mathrm{mm}$。材料 Q235A 钢。

【解】 试选用 M20 螺栓，$d_0=22\mathrm{mm}$，纵向排列，采用比中距最小容许距离 $3d_0$ 稍大的尺寸，以增长力臂。

单个受剪螺栓的抗剪和承压承载力设计值，按式(4.42)和式(4.43)，得

$$N_v^b = n_v \frac{\pi d^2}{4} f_v^b = 1 \times \frac{\pi \times 20^2}{4} \times 140$$

$$= 43980\mathrm{N} = 43.98\mathrm{kN}$$

$$N_c^b = d\sum t f_c^b = 20 \times 10 \times 305 = 61000\mathrm{N} = 61\mathrm{kN}$$

因 $y_1 = 30\mathrm{cm} > 3x_1 = 3 \times 5 = 15\mathrm{cm}$，故按式(4.55)、式(4.53)和式(4.54)得

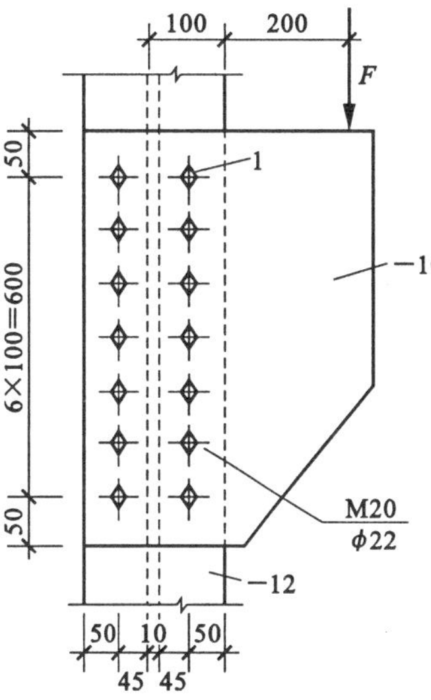

图 4.56 例 4.9 附图

$$N_{1x}^{\mathrm{T}} = \frac{Ty_1}{\sum y_i^2} = \frac{230 \times 30 \times 30}{4 \times (10^2 + 20^2 + 30^2)} = 37\mathrm{kN}$$

$$N_{1y}^{\mathrm{T}} = \frac{V}{n} = \frac{230}{14} = 16.4\mathrm{kN}$$

$$N_1 = \sqrt{(N_{1x}^{\mathrm{T}})^2 + (N_{1y}^{\mathrm{T}})^2}$$

$$= \sqrt{37^2 + 16.4^2} = 40.5\mathrm{kN} < N_{\min}^b = 43.98\mathrm{kN} \quad (满足)$$

4.9.2 受拉螺栓连接

4.9.2.1 受力性能和破坏形式

图 4.57 所示为一螺栓连接的 T 形接头。在外力 N 作用下，构件相互间有分离趋势，从而使螺栓沿杆轴方向受拉。受拉螺栓的破坏形式是栓杆被拉断，其部位多在被螺纹削弱的截面处。

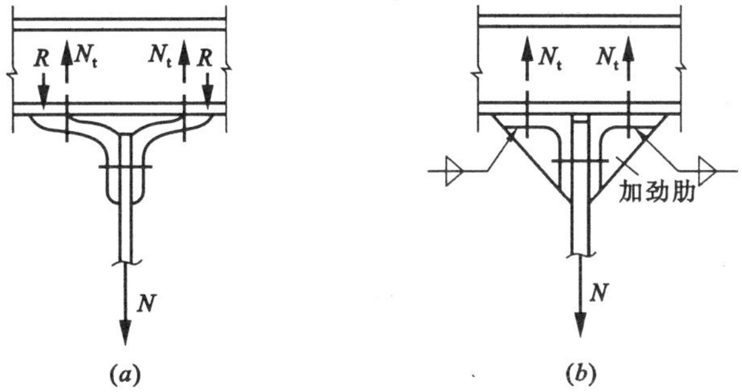

图 4.57 受拉螺栓连接

4.9.2.2　计算方法

(1) 单个受拉螺栓的承载力设计值

假定拉应力在螺栓螺纹处截面上均匀分布，因此单个螺栓的抗拉承载力设计值为：

$$N_t^b = A_e f_t^b = \frac{\pi d_e^2}{4} f_t^b \tag{4.57}$$

式中　A_e、d_e——螺栓螺纹处的有效截面面积和有效直径，按附表 14 选用；

f_t^b——螺栓的抗拉强度设计值，按表 4.11 选用。

在螺栓连接的 T 形接头中，构造上一般须采用连接件(角钢或钢板)，但其刚度通常较小。如图 4.57(*a*)中的角钢，当受拉时，在与拉力方向垂直的角钢肢会产生较大变形，从而形成撬杠作用，在角钢肢尖处产生撬力 R，并使螺栓增加附加力而导致其所受的拉力增大。若连接件的刚度愈小，R 则愈大。由于 R 的计算较复杂，故《设计规范》采用简化处理，对其不作计算，而将螺栓的抗拉强度设计值比同钢号钢材的适当降低以作为补偿，即取 $f_t^b = 0.8f$。此外，在设计时还可采取一些构造措施，如设置图 4.57(*b*)中所示的加劲肋，以加强连接件的刚度，减小螺栓中的附加力。

(2) 螺栓群的受拉螺栓连接计算

1) 螺栓群受轴心力作用时的受拉螺栓计算

当外力 N 通过螺栓群形心时，假定每个螺栓所受的拉力相等，因此连接所需螺栓数目为：

$$n = \frac{N}{N_t^b} \tag{4.58}$$

2) 螺栓群受偏心力作用时的受拉螺栓计算

图 4.58 所示为钢结构中常见的一种普通螺栓连接形式(如屋架下弦端部与柱的连接)。螺栓群受偏心拉力 F(与图中所示的 $M=Fe$ 和 $N=F$ 共同作用等效)和剪力 V 作用。由于有焊在柱上的支托板承受剪力 V，故螺栓群只承受偏心拉力的作用。但在计算时还须根据偏心距的大小将其区分为下列两种情况：

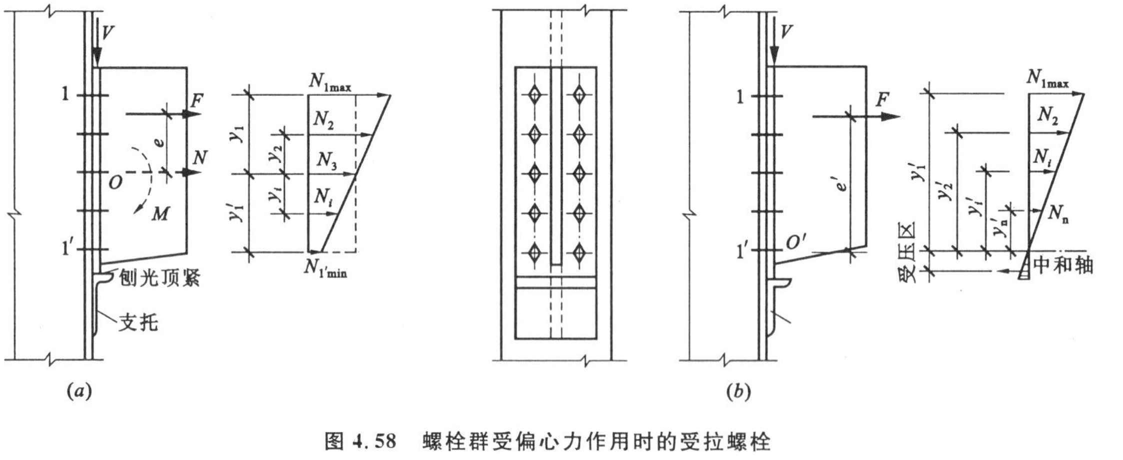

图 4.58　螺栓群受偏心力作用时的受拉螺栓

(*a*) 小偏心情况；(*b*) 大偏心情况

① 小偏心情况——即偏心距 e 不大，弯矩 M 不大，连接以承受轴心拉力 N 为主时，在此种情况，螺栓群将全部受拉，端板不出现受压区，故在计算 M 产生的螺栓内力时，中和轴应取在螺栓群的形心轴 O 处，设螺栓内力按三角形分布：上部螺栓受拉，下部螺栓受压(实际为端板下部受压)，即每个螺栓 i 所受拉力或压力 N_i^M 的大小与该螺栓至中和轴的距离 y_i 成正比，即

$$\frac{N_1^M}{y_1}=\frac{N_2^M}{y_2}=\cdots=\frac{N_i^M}{y_i}=\cdots=\frac{N_n^M}{y_n}$$

因而 $N_2^M=\frac{y_2}{y_1}N_1^M$、$N_3^M=\frac{y_3}{y_1}N_1^M$、…、$N_i^M=\frac{y_i}{y_1}N_1^M$、…、$N_n^M=\frac{y_n}{y_1}N_1^M$。

由力的平衡条件，并引入上列关系，可得

$$M=Ne=m(N_1^My_1+N_2^My_2+\cdots+N_i^My_i+\cdots+N_n^My_n)$$
$$=m\frac{N_1^M}{y_1}(y_1^2+y_2^2+\cdots+y_i^2+\cdots+y_n^2)=m\frac{N_1^M}{y_1}\sum y_i^2$$

式中 m——螺栓列数(图 4.58 中 $m=2$)。

由此可得顶端和底端螺栓“1”和“1′”由弯矩产生的拉力和压力为

$$N_1^M=\frac{Ney_1}{m\sum y_i^2} \quad 和 \quad N_{1'}^M=\frac{Ney_{1'}}{m\sum y_i^2} \tag{4.59}$$

式中 y_1、$y_{1'}$——螺栓“1”和“1′”至中和轴的距离。

在轴心拉力 N 作用下，每个螺栓均匀受力，故螺栓“1”和“1′”所受的拉力为

$$N_{1(1')}^N=\frac{N}{n} \tag{4.60}$$

将 N_1^N 和 N_1^M、$N_{1'}^N$ 和 $N_{1'}^M$ 叠加，可得连接中受最大和最小拉力的“1”和“1′”螺栓所受的拉力及须满足的计算式为

$$N_{1\max}=\frac{N}{n}+\frac{Ney_1}{m\sum y_i^2}\leqslant N_t^b \tag{4.61a}$$

$$N_{1'\min}=\frac{N}{n}-\frac{Ney_{1'}}{m\sum y_i^2}\geqslant 0 \tag{4.61b}$$

式(4.61a)是最不利受拉螺栓“1”需要满足的强度条件，而式(4.61b)是采用此计算方法必须具备的条件，它表示螺栓群全部受拉。若 $N_{1'\min}<0$ 或 $e>m\Sigma y_i^2/ny_{1'}$，则表示最下一排螺栓“1′”为受压(实际是端板底部受压)，此时须改用下述大偏心情况计算。

② 大偏心情况——即偏心距 e 较大，弯矩 M 较大时。在此种情况，端板底部会出现受压区(图 4.58(b))，中和轴位置将下移。为简化计算，可近似地将中和轴假定在(弯矩指向一侧)最外一排螺栓轴线 O'处。因此，按小偏心情况相似方法，由力的平衡条件(端板底部压力的力矩因力臂很小可忽略)，可得最不利螺栓“1”所受的拉力和应满足的强度条件为：

$$N_{1\max}=\frac{Fe'y_1'}{m\sum y_i'^2}\leqslant N_t^b \tag{4.62}$$

式中 e'、y_1'、y_i'——自轴线 O'计算的偏心距及至螺栓“1”和螺栓 i 的距离。

还需要指出，对高强度螺栓承压型连接只可能出现小偏心情况。这是因为对受拉高强度螺栓的抗拉承载力设计值是按连接不出现松弛现象规定的，因此对摩擦型连接高强度螺栓采用 $N_t^b=0.8P$(详见第 4.10 节)。将预拉力 P 按式(4.41)代入，可得 $N_t^b=0.8\times0.6075f_uA_e=0.486f_uA_e$。对高强度螺栓承压型连接，表 4.11 中采用的抗拉强度设计值是按 $f_t^b=0.48f_u$ 制定的，因此它也相当于摩擦型连接采用的值，故连接的接触面将始终保持密合，如受弯构件的一个截面，即中和轴应取螺栓群的形心轴。

【例 4.10】 试设计一屋架下弦端板和柱翼缘板的 C 级螺栓连接(图 4.59)。竖向剪力设计值 $V=250\text{kN}$ 由支托承受，螺栓只承受水平拉力 $F=420-200=220\text{kN}$。

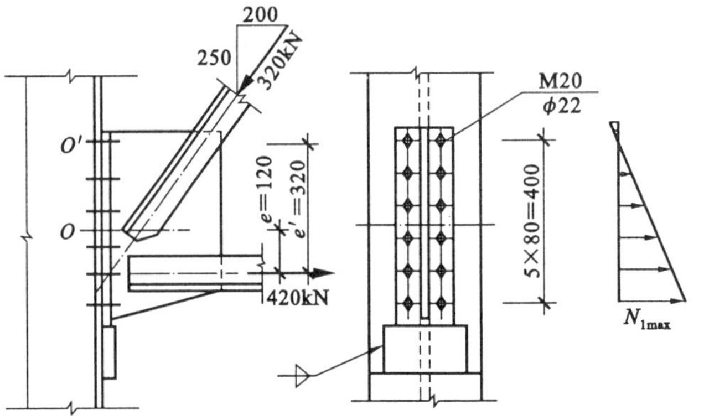

图 4.59 例 4.10 附图

【解】 初选 12 个 M20 螺栓，$d_0=22$mm，并按图中所示尺寸排列，中距比最小容许距离 $3d_0$ 稍大。$e=12$cm。先按小偏心情况计算，看能否符合式(4.61b)或 $e<m\Sigma y_i^2/ny_{1'}$ 的要求。

$$N_{1'\min}=\frac{N}{n}-\frac{Ney_{1'}}{m\sum y_i^2}=\frac{220}{12}-\frac{220\times12\times20}{2\times2\times(4^2+12^2+20^2)}$$
$$=18.3-23.6=-5.3\text{kN}<0$$

或

$$\frac{m\sum y_i^2}{ny_{1'}}=\frac{2\times2\times(4^2+12^2+20^2)}{12\times20}=9.33\text{cm}<e=12\text{cm}$$

无论采用上面哪一式，其结果均表明须改按大偏心情况计算，即假定中和轴在最上一排螺栓轴线 O' 处，$e'=32$cm。由式(4.62)

$$N_{1\max}=\frac{Fe'y_1'}{m\sum y_i'^2}=\frac{220\times32\times40}{2\times(8^2+16^2+24^2+32^2+40^2)}=40\text{kN}$$

单个螺栓的抗拉承载力设计值，按式(4.57)得

$$N_t^b=A_ef_t^b=244.8\times170=41600\text{N}=41.6\text{kN}>N_{1\max}=40\text{kN}\qquad(满足)$$

3) 螺栓群受弯矩作用时的受拉螺栓计算

图 4.60(a)所示亦为钢结构常见的另一种普通螺栓连接形式，如牛腿或梁端部与柱的连接。螺栓群受偏心力 F 或弯矩 $M(=Fe)$ 和剪力 $V(=F)$ 的共同作用。由于有焊在柱上的支托板承受剪力 V，故螺栓群只承受弯矩的作用。此种情况类似于前述螺栓群受偏心力作用时的大偏心(弯矩较大)状态，即中和轴可近似地取在弯矩指向一侧最外一排螺栓轴线 O' 处(图 4.60(b))，并同样可得类似式(4.62)的计算最不利螺栓"1"所受的拉力和应满足的强度条件为

$$N_{1\max}=\frac{My_1'}{m\sum y_i'^2}\leqslant N_t^b\tag{4.63}$$

同样还需指出，对高强度螺栓承压型连接受弯矩作用时的受拉螺栓，其计算时也应取螺栓群的形心轴作中和轴(图 4.60(c))，即最不利螺栓"1"所受的拉力和应满足的强度条件为

$$N_{1\max}=\frac{My_1}{m\sum y_i^2}\leqslant N_t^b\tag{4.64}$$

【例 4.11】 试设计一梁端部和柱翼缘的 C 级螺栓连接，柱上设有支托板(图 4.61(a))。承受的竖向剪力 $V=380$kN，弯矩 $M=60$kN·m(均为设计值)。梁和柱钢材均为 Q235 钢。

【解】 初选 10 个 M20 螺栓，$d_0=22$mm，并按图中尺寸排列。中距布置较大，以增加抵抗弯矩能力。

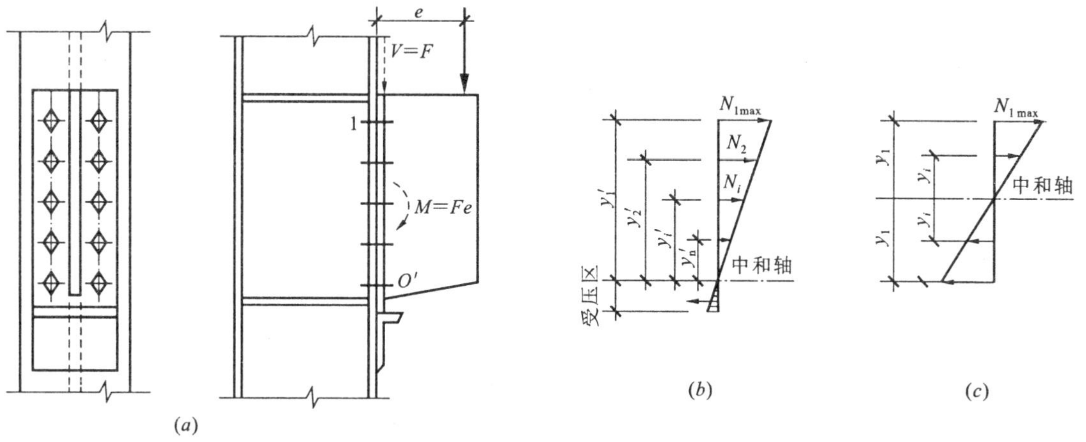

图 4.60　普通螺栓群受弯矩作用时的受拉螺栓

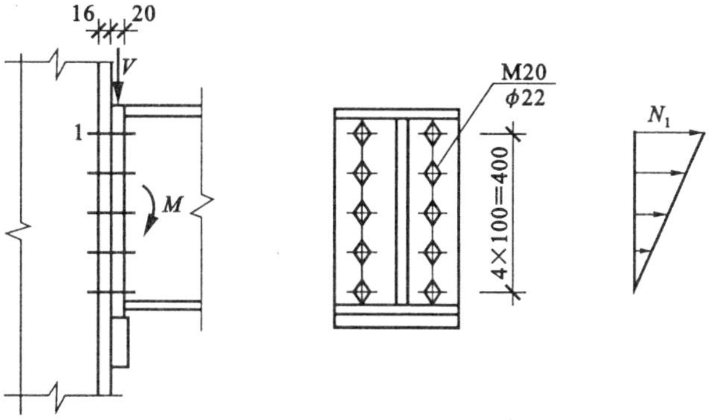

图 4.61　例 4.11 附图

单个螺栓的抗拉承载力设计值，按式(4.57)：

$$N_t^b = A_e f_t^b = 244.8 \times 170 = 41600\text{N} = 41.6\text{kN}$$

由式(4.63)

$$N_1 = \frac{My_1'}{m\sum y_i'^2} = \frac{60 \times 10^2 \times 40}{2 \times (10^2 + 20^2 + 30^2 + 40^2)}$$

$$= 40\text{kN} < N_t^b = 41.6\text{kN} \qquad (\text{满足})$$

4.9.3　拉剪螺栓连接

前已述及，C 级螺栓的抗剪能力差，故对重要连接一般均应在端板下设置支托以承受剪力。对次要连接，若端板下不设支托，则螺栓将同时承受剪力 $N_v(=V/n)$和沿杆轴方向拉力 N_t（如按前述方法计算的 N_{1max}）的作用。根据试验，拉剪螺栓的强度条件应满足下列圆曲线相关方程(图 4.62)：

$$\sqrt{\left(\frac{N_v}{N_v^b}\right)^2 + \left(\frac{N_t}{N_t^b}\right)^2} \leqslant 1 \qquad (4.65)$$

和

$$N_v \leqslant N_c^b \qquad (4.66)$$

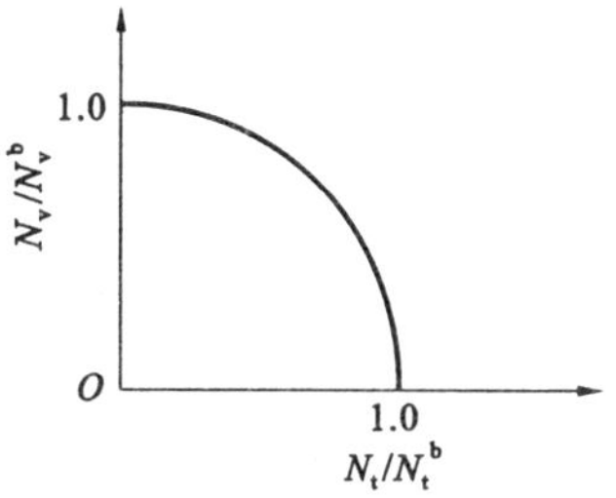

图 4.62　拉剪螺栓相关方程曲线

式中　N_v^b、N_t^b、N_c^b——单个普通螺栓的抗剪、抗拉和承压承载力设计值。

式(4.66)是为了防止当板件较薄时，螺栓孔壁可能因承压强度不足而产生破坏。但不同的是，对高强度螺栓承压型连接的孔壁承压强度还随板叠之间的压紧力变化，当外拉力增加，压紧力降低，孔壁的承压强度也随之减小。为方便计算，《设计规范》规定将承压型连接高强度螺栓的承压承载力设计值用除以系数 1.2 予以降低，即将式(4.66)改写为下式：

$$N_v \leqslant \frac{N_c^b}{1.2} \tag{4.67}$$

也需指出，对高强度螺栓承压型连接，在计算式(4.65)中的 N_t 时，同样也需取螺栓群的形心轴作为中和轴。

【例 4.12】 将例 4.11 螺栓连接中的支托板取消。(1) 试验算原连接螺栓的强度还能否满足要求；(2) 若不满足，加大螺栓直径重新设计；(3) 或不加大螺栓直径而改为高强度螺栓承压型连接。

【解】 (1) 支托板取消后原连接螺栓的强度验算

支托板取消后应按拉剪螺栓连接计算。

单个螺栓的抗剪承载力设计值按式(4.42)得

$$N_v^b = n_v \frac{\pi d^2}{4} f_v^b = 1 \times \frac{\pi \times 20^2}{4} \times 140 = 43980\text{N} = 43.98\text{kN}$$

每个螺栓平均承受的竖向剪力

$$N_v = \frac{V}{n} = \frac{380}{10} = 38\text{kN}$$

螺栓强度验算按式(4.65)得

$$\sqrt{\left(\frac{N_v}{N_v^b}\right)^2 + \left(\frac{N_t}{N_t^b}\right)^2} = \sqrt{\left(\frac{38}{43.98}\right)^2 + \left(\frac{40}{41.6}\right)^2} = 1.29 > 1 \qquad (\text{不满足})$$

(2) 改选大直径螺栓后的强度验算

现改选 M24 螺栓，仍按图 4.61 中尺寸排列。

单个螺栓的抗剪、承压、抗拉承载力设计值按式(4.42)、式(4.43)、式(4.57)得

$$N_v^b = n_v \frac{\pi d^2}{4} f_v^b = 1 \times \frac{\pi \times 24^2}{4} \times 140 = 63300\text{N} = 63.3\text{kN}$$

$$N_c^b = d \sum t f_c^b = 24 \times 16 \times 305 = 117000\text{N} = 117\text{kN}$$

$$N_t^b = A_e f_t^b = 352.5 \times 170 = 59900\text{N} = 59.9\text{kN}$$

螺栓强度验算按式(4.65)和式(4.66)得

$$\sqrt{\left(\frac{N_v}{N_v^b}\right)^2 + \left(\frac{N_t}{N_t^b}\right)^2} = \sqrt{\left(\frac{38}{63.3}\right)^2 + \left(\frac{40}{59.9}\right)^2} = 0.9 < 1 \qquad (\text{满足})$$

$$N_v = 38\text{kN} < N_c^b = 117\text{kN} \qquad (\text{满足})$$

(3) 改为高强度螺栓承压型连接的螺栓强度验算

选用 8.8 级高强度螺栓，直径仍按 M20 和按图 4.61 中尺寸排列，但中和轴取螺栓群的形心轴。螺栓内力分布则按图 4.61(b)。故由式(4.64)

$$N_1 = \frac{My_1}{m \sum y_i^2} = \frac{60 \times 10^2 \times 20}{2 \times 2 \times (10^2 + 20^2)} = 60\text{kN}$$

单个螺栓的抗剪、承压、抗拉承载力设计值按式(4.42)、式(4.43)、式(4.57)计算得

$$N_v^b = n_v \frac{\pi d^2}{4} f_v^b = 1 \times \frac{\pi \times 20^2}{4} \times 250 = 78500\text{N} = 78.5\text{kN}$$

$$N_c^b = d\sum t f_c^b = 20 \times 16 \times 470 = 150400\text{N} = 150.4\text{kN}$$

$$N_t^b = A_e f_t^b = 244.8 \times 400 = 97900\text{N} = 97.9\text{kN}$$

螺栓强度验算按式(4.65)、式(4.67)得

$$\sqrt{\left(\frac{N_v}{N_v^b}\right)^2 + \left(\frac{N_t}{N_t^b}\right)^2} = \sqrt{\left(\frac{38}{78.5}\right)^2 + \left(\frac{60}{97.9}\right)^2} = 0.78 < 1 \qquad \text{(满足)}$$

$$N_v = 38\text{kN} < \frac{N_c^b}{1.2} = \frac{150.4}{1.2} = 125.3\text{kN} \qquad \text{(满足)}$$

由计算结果可见,改用相同直径的8.8级高强度螺栓后,螺栓强度还有较多富余。

4.10 高强度螺栓摩擦型连接的计算

与普通螺栓连接一样,高强度螺栓摩擦型连接按传力方式亦可分为受剪螺栓连接、受拉螺栓连接和拉剪螺栓连接三种。但其受力性能和计算方法与承压型连接有较大差异。

4.10.1 摩擦型连接受剪高强度螺栓的受力性能和计算

4.10.1.1 受力性能

前已述及,高强度螺栓摩擦型连接以连接板叠间摩擦阻力刚被克服、连接即将产生滑移作为承载能力极限状态(见图4.48)。

4.10.1.2 计算方法

(1) 摩擦型连接单个高强度螺栓的抗剪承载力设计值

高强度螺栓摩擦型连接在被连接板叠间的摩擦阻力与板叠间的法向压力——螺栓的预拉力P、摩擦面的抗滑移系数μ和传力摩擦面数目n_f成正比。因此,单个摩擦型连接高强度螺栓的极限抗剪承载力为$n_f\mu P$,除以抗力分项系数1.111,可得抗剪承载力设计值为:

$$N_v^b = 0.9 n_f \mu P \tag{4.68}$$

摩擦面的抗滑移系数μ值主要与摩擦面的粗糙程度即构件接触面的处理方法有关,另外,构件所用材料的硬度对其亦有一定影响。表4.12为《设计规范》规定的数值。

表4.12 摩擦面的抗滑移系数μ

在连接处构件接触面的处理方法	构件的钢号		
	Q235	Q345、Q390	Q420
喷砂(丸)	0.45	0.50	0.50
喷砂(丸)后涂无机富锌漆	0.35	0.40	0.40
喷砂(丸)后生赤锈	0.45	0.50	0.50
钢丝刷清除浮锈或未经处理的干净轧制表面	0.30	0.35	0.40

表4.12内构件接触面(摩擦面)的处理方法中,钢丝刷清除浮锈或未经处理的干净轧制表面,适用于钢材表面大量覆盖着氧化铁皮或有轻微浮锈只用钢丝刷清除的情况,其μ值低,宜用于要求不高的连接处。喷砂(丸)是摩擦面处理的最佳方法,然而大多数摩擦面都位于工地的安装连接处,故一般都要经过一段时间的露天堆放和运输、安装过程,因此还可能生锈。喷砂(丸)后涂无机富锌漆可防止生锈(还可避免误刷底漆),但其成本高,工艺较复杂,且μ值有所降低。喷砂(丸)后生赤锈是在工地安装前,将预先覆在摩擦面上的防锈膜去掉的情况下,暴露在空气中一段时间,让其产

生一层轻微的赤红色锈迹，只要掌握好赤锈程度，μ 值不会降低。由于此方法简便易行，故效果良好①。

(2) 摩擦型连接螺栓群的受剪高强度螺栓计算

螺栓群受轴心力作用(图 4.63(*a*))或受偏心力作用(类似图 4.55)时的摩擦型连接受剪高强度螺栓的受力分析方法与普通螺栓的一样，故前述普通螺栓的计算公式均可加以利用。如受轴心力作用时，确定连接一侧需要的螺栓数目可用式(4.44)计算，只需将式中 $N_{\min}^{b}$ 改为单个摩擦型连接高强度螺栓的抗剪承载力设计值 N_v^b；受偏心力作用时，可用式(4.54)计算最不利受剪螺栓"1"所承受的合力和应满足的强度条件，也只需用摩擦型连接高强度螺栓的 N_v^b 代替式中的 $N_{\min}^{b}$。但是，对受轴心力作用的构件净截面强度验算，却与普通螺栓的稍有不同。由于摩擦型连接高强度螺栓传力所依靠的摩擦力一般可认为均匀分布于螺孔四周，故孔前接触面即已经传递每个螺栓所传内力的一半。如图 4.63(*b*)所示最外列螺栓截面Ⅰ-Ⅰ处，已孔前传力 $0.5n_1(N/n)$(n 和 n_1 分别为构件一端和截面Ⅰ-Ⅰ处的高强度螺栓数目)，故该处的内力减为 $N'=N-0.5n_1(N/n)$，因此摩擦型连接开孔截面的净截面强度应改按下式计算：

$$\sigma=\frac{N'}{A_n}=\left(1-0.5\frac{n_1}{n}\right)\frac{N}{A_n}\leqslant f \tag{4.69}$$

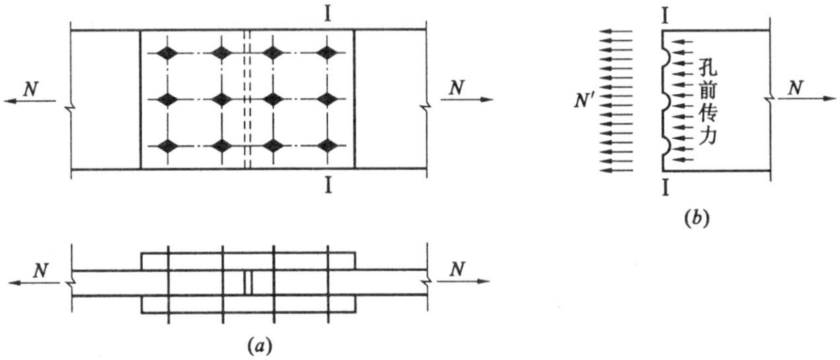

图 4.63　螺栓群受轴心力作用时的摩擦型连接受剪高强度螺栓

与普通螺栓一样，对其他各列螺栓处，若螺孔数未增多，亦可不予验算。但在毛截面处，却承受全部 N 力，故可能比开孔处截面还危险，因此尚应按下式对其强度进行计算

$$\sigma=\frac{N}{A}\leqslant f \tag{4.70}$$

式中　A——构件或连接板的毛截面面积。

还需要指出，对类似于图 4.52 所示的用普通螺栓或高强度螺栓承压型连接的搭接或用拼接板的单面连接和加填板的连接，由于高强度螺栓摩擦型连接系由摩擦面传递剪力，偏心较小，故对图中(*a*)、(*b*)、(*c*)三种类型不需增加螺栓数目。但对(*d*)类型，则仍应按计算数目增加 50%。另外，在构件的节点处或拼接接头的一端，当螺栓沿受力方向的连接长度过大时，亦应按式(4.45)计算的折减系数将抗剪承载力设计值 N_v^b 降低。

【例 4.13】 试设计如图 4.64 所示的焊接工字形截面梁的工地拼接接头。其截面为：翼缘 — 380×20，腹板— 1020×10，钢号 Q345。采用摩擦型连接高强度螺栓，接触面喷砂处理。接头处的弯矩和剪力设计值为 $M=1500\text{kN}\cdot\text{m}$，$V=600\text{kN}$。

① 构件接触面的处理方法采用哪一种较好，还可参阅《疑难释义》第 6.5 节。

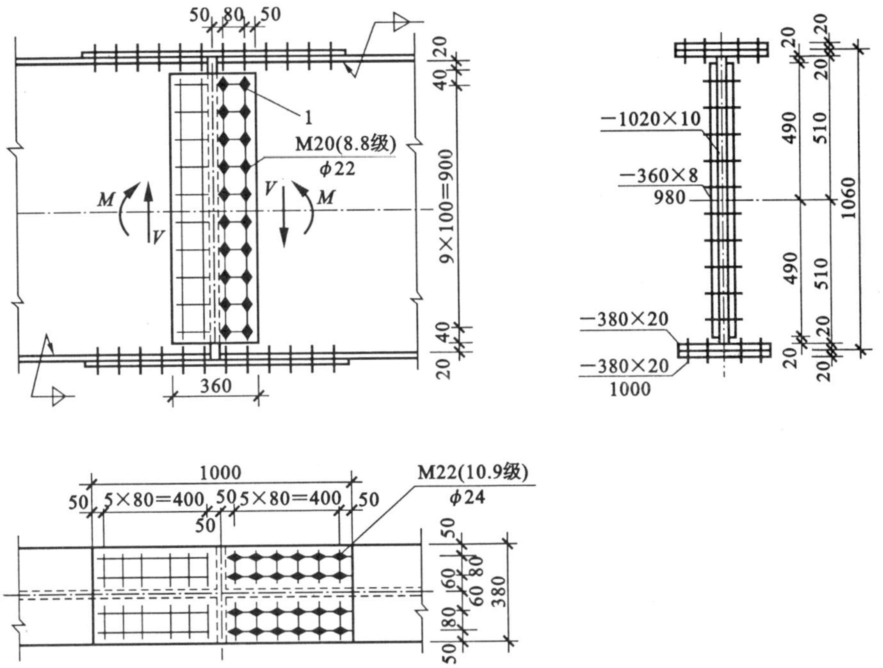

图 4.64 例 4.13 附图

【解】 (1) 上、下翼缘的拼接接头

按受轴心力作用计算，并采用与翼缘等强度拼接，单面拼接板，截面和翼缘的相同。根据构造要求，每列布置 4 个 10.9 级 M22 螺栓，螺栓孔径 d_o=24mm。摩擦型连接单个高强度螺栓的抗剪承载力设计值按式(4.68)为

$$N_v^b = 0.9 n_f \mu P = 0.9 \times 1 \times 0.5 \times 190 = 85.5\text{kN}$$

翼缘净截面和毛截面能承受的拉力按式(4.69)和式(4.70)为

$$N_n = A_n f + 0.5 n_1 N_v^b = (380 \times 20 - 4 \times 24 \times 20) \times 295 \times 10^{-3} + 0.5 \times 4 \times 85.5$$

$$= 1847\text{kN}(\text{因翼缘厚度 } t = 20\text{mm} \begin{matrix} > 16\text{mm} \\ < 35\text{mm} \end{matrix}, \text{故取 } f = 295\text{N/mm}^2)$$

$$N = Af = 380 \times 20 \times 295 \times 10^{-3} = 2242\text{kN} > 1847\text{kN}$$

故取 $N_{min}=N_n$=1847kN 计算拼接接头一侧螺栓需要的数目，按式(4.44)为

$$n = \frac{N}{N_v^b} = \frac{1847}{85.5} = 21.6 \text{ 个，取 24 个}$$

将螺栓按图示尺寸排列：l_1=40cm>$15d_o$=15×2.4=36cm，故螺栓的承载力设计值须乘以折减系数，按式(4.45a)

$$\beta = 1.1 - \frac{l_1}{150 d_o} = 1.1 - \frac{40}{150 \times 2.4} = 0.989$$

按折减后的螺栓承载力设计值复核需要的螺栓数目：

$$n = \frac{N}{\beta N_v^b} = \frac{1847}{0.989 \times 85.5} = 21.8 \text{ 个} < 24 \text{ 个} \qquad (\text{满足})$$

(2) 腹板的拼接接头

采用 2 — 980×8 拼接盖板和 20 个 8.8 级 M20 螺栓，并将螺栓按图示尺寸排列然后验算。假定剪力全部由腹板承受，弯矩则按腹板所占的刚度比例分配。梁截面和腹板截面的惯性矩分别为

$$I = \frac{1}{12} \times 1 \times 102^3 + 2 \times 38 \times 2 \times 52^2 = 499400\text{cm}^4$$

$$I_w = \frac{1}{12} \times 1 \times 102^3 = 88400\text{cm}^4$$

$$M_w = \frac{I_w}{I} M = \frac{88400}{499400} \times 1500 = 265.5\text{kN} \cdot \text{m}$$

因 $y_1 > 3x_1$，故可按简化式(4.55)计算由 M 产生的最不利受剪螺栓"1"的剪力

$$N_{1x}^{T} = \frac{My_1}{\sum y_i^2} = \frac{265.5 \times 45 \times 10^2}{4 \times (5^2 + 15^2 + 25^2 + 35^2 + 45^2)} = 72.4\text{kN}$$

腹板和翼缘两者上的螺栓受力应成比例协调，故还须符合下式要求

$$N_{1x}^{T} = 72.4\text{kN} < \frac{y_1}{h/2} N_{vf}^{b} = \frac{45}{53} \times 85.5 = 72.6\text{kN} \qquad \text{(满足)}$$

按式(4.53)和式(4.54)计算螺栓承受的竖向剪力和验算螺栓强度

$$N_{1y}^{V} = \frac{V}{n} = \frac{600}{20} = 30\text{kN}$$

$$N_1 = \sqrt{(N_{1x}^{T})^2 + (N_{1y}^{V})^2} = \sqrt{72.4^2 + 30^2} = 78.4\text{kN}$$

$$< N_{vw}^{b} = 0.9 n_f \mu P = 0.9 \times 2 \times 0.5 \times 125 = 112.5\text{kN} \qquad \text{(满足)}$$

腹板上螺栓强度有一定富余，但螺栓数目已不能减少，因其中距 100mm 已略超过表 4.6 中规定的外排最大容许距离 $12t = 12 \times 8 = 96$mm。

4.10.2 摩擦型连接受拉高强度螺栓的受力性能和计算

4.10.2.1 受力性能和摩擦型连接单个高强度螺栓的抗拉承载力设计值

高强度螺栓摩擦型连接的受力特点是依靠预拉力使被连接件压紧传力，当连接在沿杆轴方向再承受外拉力时，经计算分析，只要螺栓分担的外拉力设计值 N_t 不超过其预拉力 P 时，螺栓的拉力虽有增加但很少(<10%)，只会使板叠间压力减小，对预拉力没有太大影响①。但当 N_t 大于 P 时，在卸荷后预拉力会变小，使连接产生松弛现象。因此，《设计规范》偏安全地规定摩擦型连接单个高强度螺栓的抗拉承载力设计值为

$$N_t^b = 0.8P \tag{4.71}$$

4.10.2.2 摩擦型连接螺栓群的受拉高强度螺栓计算

螺栓群受轴心力作用时的摩擦型连接受拉高强度螺栓，其受力的分析方法与普通螺栓的一样，故亦可用式(4.58)确定连接所需螺栓数目，只需将式中 N_t^b 改为高强度螺栓的 $N_t^b = 0.8P$ 即可。

对螺栓群受偏心力作用时的摩擦型连接受拉高强度螺栓(类似图 4.58)，由于高强度螺栓受力的特点是构件的接触面须始终保持密合，故应控制螺栓在偏心力作用下的拉力小于 $N_t^b = 0.8P$。在此条件下，接触面可视为受弯构件的一个截面，故中和轴取螺栓群的形心轴，即按图 4.58(a)所示。因此，不论偏心距大小，均可采用普通螺栓的式(4.61a)计算，但取式中 $N_t^b = 0.8P$。

对螺栓群受弯矩作用时的摩擦型连接受拉高强度螺栓(类似图 4.60)，同样应控制螺栓在弯矩作用下的拉力小于 $N_t^b = 0.8P$，因此中和轴亦应取螺栓群的形心轴，故其计算式为

$$N_{1\max} = \frac{My_1}{m \sum y_i^2} \leqslant N_t^b = 0.8P \tag{4.72}$$

① 受拉高强度螺栓的受力性能和计算还可参阅《疑难释义》第 6.6 节。

4.10.3 摩擦型连接拉剪高强度螺栓的受力性能和计算

4.10.3.1 受力性能和摩擦型连接单个拉剪高强度螺栓的抗剪承载力设计值和计算

当高强度螺栓承受沿杆轴方向的外拉力 N_t 作用时，不但构件摩擦面间的压紧力将由 P 减至 $P-N_t$，且根据试验，此时摩擦面抗滑移系数 μ 值亦随之降低，故螺栓在承受拉力时其抗剪承载力也将减小。为计算简便，《设计规范》采取对 μ 仍取原有的定值，但对 N_t 则予以加大 25%以作为不降低 μ 值的补偿，即将压紧力减至 $P-1.25N_t$。因此，摩擦型连接单个拉剪高强度螺栓的抗剪承载力设计值为：

$$N_{v(t)}^{b}=0.9n_f\mu(P-1.25N_t) \tag{4.73}$$

式中 N_t 应满足 $N_t\leqslant 0.8P$。设计时应使螺栓承受的实际剪力 $N_v<N_{v(t)}^{b}$

若用 $N_{v(t)}^{b}=0.9n_f\mu P$ 和 $N_t^b=0.8P$ 代人上式，可得《设计规范》采用的直线相关公式表达式，即

$$\frac{N_v}{N_{v(t)}^{b}}+\frac{N_t}{N_t^b}\leqslant 1 \tag{4.74}$$

式中 N_v、N_t——某个高强度螺栓所承受的剪力和拉力。

式(4.73)和式(4.74)等效，设计时可任选其一进行计算。

4.10.3.2 摩擦型连接螺栓群的拉剪高强度螺栓计算

图 4.65 所示为一受偏心力 F 作用的高强度螺栓摩擦型连接的 T 形接头（端板下不设支托）。将 F 力向螺栓群的形心 O 简化后，可与 $M=Fe$ 和 $V=F$ 共同作用等效。因此，在形心轴以上螺栓为同时承受外拉力 $N_{ti}=My_i/m\sum y_i^2$ 和剪力 $N_{vi}=V/n$ 的拉剪螺栓。计算时可采用下列两个公式：

$$N_{v1}\leqslant N_{v(t)1}^{b}=0.9n_f\mu(P-1.25N_{t1}) \tag{4.75}$$

或

$$V\leqslant\sum_{i=1}^{n}N_{v(t)i}^{b}=0.9n_f\mu\left(nP-1.25\sum_{i=1}^{n}N_{ti}\right) \tag{4.76}$$

以上两式中 N_{t1} 和 N_{ti} 均应满足 $N_{t1}(N_{ti})\leqslant 0.8P$。

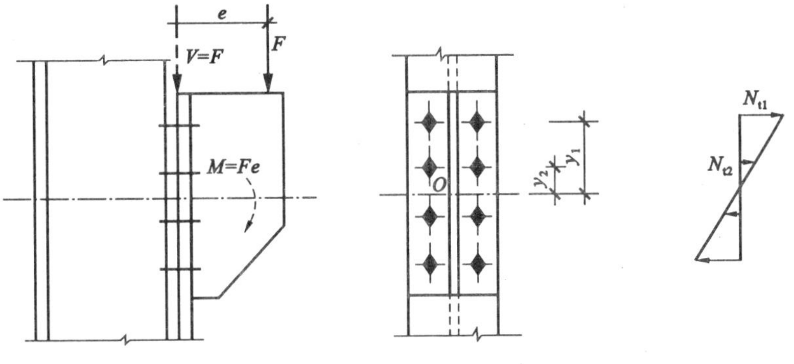

图 4.65 拉剪高强度螺栓连接

式(4.75)是仅计算最不利拉剪螺栓"1"在承受拉力 N_{t1} 后降低的抗剪承载力设计值 $N_{v(t)1}^{b}$ 是否大于或等于其所承受的剪力 N_{v1}，故很保守，但较简单。式(4.76)是考虑连接中其他各排螺栓承受的拉力递减甚至为零（对受压区和中和轴处均按 $N_{ti}=0$），因此，计算连接全部螺栓抗剪承载力设计值的总和是否大于或等于连接承受的剪力 V，故经济合理，但计算量稍大。

【例 4.14】 图 4.66 所示的高强度螺栓摩擦型连接，被连接板件的钢材为 Q235A，螺栓 8.8 级、M20，接触面喷砂处理，试验算此连接的承载力。图中内力均为设计值

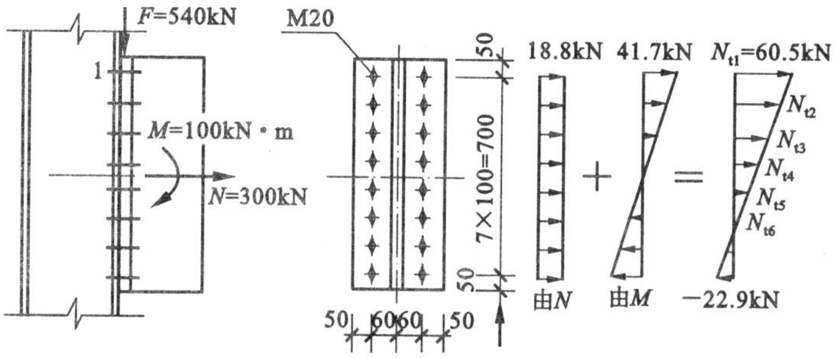

图 4.66　例 4.14 附图

【解】 最不利螺栓 1 的最大拉力按式(4.61a)为

$$N_{t1}=\frac{N}{n}+\frac{My_1}{m\sum y_i^2}=\frac{300}{16}+\frac{100\times 35\times 10^2}{2\times 2\times(35^2+25^2+15^2+5^2)}$$

$$=18.8+41.7=60.5\text{kN}<N_t^b=0.8P=0.8\times 125=100\text{kN}$$

螺栓的抗剪承载力设计值按式(4.75),但沿受力方向的连接长度 $l_1=70\text{cm}>15d_o=15\times 2.15=32.3\text{cm}$,故还须将螺栓的承载力设计值乘以折减系数,即按式(4.45a)

$$\beta=1.1-\frac{l_1}{150d_o}=1.1-\frac{70}{150\times 2.15}=0.88$$

$$N_{v(t)1}^b=\beta[0.9n_f\mu(P-1.25N_{t1})]$$

$$=0.88\times 0.9\times 1\times 0.45\times(125-1.25\times 60.5)$$

$$=17.6\text{kN}<N_{v1}=\frac{540}{16}=33.8\text{kN}\qquad(\text{不满足})$$

现改按式(4.76)对整个连接的螺栓抗剪承载力进行计算。

按比例关系可得

$$N_{t2}=48.6\text{kN}\qquad N_{t3}=36.7\text{kN}\qquad N_{t4}=24.8\text{kN}$$

$$N_{t5}=12.8\text{kN}\qquad N_{t6}=0.9\text{kN}$$

$$\sum_{i=1}^{n}N_{ti}=(60.5+48.6+36.7+24.8+12.8+0.9)\times 2=368.6\text{kN}$$

$$\sum_{i=1}^{n}N_{v(t)i}^b=\beta\left[0.9n_f\mu\left(nP-1.25\sum_{i=1}^{n}N_{ti}\right)\right]$$

$$=0.88\times 0.9\times 1\times 0.45\times(16\times 125-1.25\times 368.6)$$

$$=548.6\text{kN}>V=540\text{kN}\qquad(\text{满足})$$

由计算结果可见,若仅按最不利螺栓 1 的承载力计算相差达 48%,但按整个连接的螺栓计算,承载力则可满足要求,这表明后一种计算方法的经济效果显著。

小　结

(1) 钢结构常用的连接方法为焊接和紧固件连接,不论是钢结构的制造或安装,焊接均是主要连接方法。紧固件连接多采用栓接(普通螺栓和高强度螺栓连接),一般在安装连接中应用较多。普通螺栓宜用于沿其杆轴方向受拉的连接和次要的受剪连接。高强度螺栓适宜于钢结构重要部位的安装连接。其摩擦型连接宜用于高层建筑和厂房钢结构主要部位以及直接承受动力荷载的连接,承压型连接则宜用于承受静力荷载或间接承受动力荷载的连接,并发挥其高承载力的优点。

(2) 焊接按焊缝的截面形状分角焊缝和对接焊缝(坡口焊缝),以及由这两种形状焊缝组成的对接与角接组合焊缝。角焊缝便于加工但受力性能较差，对接焊缝反之，而全焊透对接与角接组合焊缝受力性能最好，尤其适用于要求验算疲劳的结构。除制造时接料和重要部位的连接常采用对接焊缝外，一般采用角焊缝。

(3) 焊接应满足构造要求，还应作必要的强度计算。(全焊透)对接焊缝除三级受拉焊缝外，均与母材等强，故一般不需计算。(全焊透)对接与角接组合焊缝同样也不需计算。角焊缝应根据作用力与焊缝长度方向间的关系按式(4.10)计算。不论焊缝是受轴心力还是兼受弯矩(扭矩)和剪力，均可按危险点计算其所受的σ_f(垂直于焊缝长度方向按焊缝有效截面计算的应力)和τ_f(平行于焊缝长度方向按焊缝有效截面计算的剪应力)，然后代入公式计算。

(4) 焊接应力和焊接变形是焊接过程中局部加热和冷却，导致焊件不均匀膨胀和收缩而产生的。在焊缝附近的焊接拉应力很高，常可达钢材屈服点f_y。焊接应力是自相平衡的内应力，故对结构的静力强度无影响，但使结构的刚度和稳定承载力降低。由于其影响，焊接结构的疲劳计算需采用应力幅计算准则。

(5) 螺栓连接都应满足中距、边距、端距、线距等构造要求，且应作必要的强度计算。对普通螺栓和高强度螺栓承压型连接的受剪和受拉螺栓连接，均是计算其最不利螺栓所受的力(剪力或拉力)不大于单个螺栓的承载力设计值(N_v^b、N_c^b 或 N_t^b)，但受剪螺栓连接还须验算构件因螺孔削弱的净截面强度；偏心力作用的受拉螺栓连接还须区分大、小偏心情况。对拉剪螺栓连接则是其最不利螺栓的强度应满足相关式(4.65)和式(4.66)，但对高强度螺栓承压型连接则应满足式(4.65)和式(4.67)。另外对承压型连接的高强度螺栓群，不论是在受偏心力(不管偏心大小)作用时受拉，还是在受弯矩时受拉，其中和轴都应取螺栓群的形心轴。

(6) 高强度螺栓摩擦型连接的受剪和受拉的计算与普通螺栓的类似，只须用其 N_v^b 或 N_t^b 代之即可，但受剪高强度螺栓连接的构件净截面强度须改用式(4.69)计算，以考虑孔前传力，同时还须验算毛截面强度；同样，对受偏心力作用或受弯矩作用的受拉高强度螺栓连接，其中和轴取螺栓群的形心轴。对拉剪高强度螺栓连接的 $N_{v(t)}^b$ 应按式(4.73)计算，以考虑螺栓承受拉力 N_t 后抗剪承载力的降低。拉剪高强度螺栓连接除按式(4.75)对最不利螺栓计算外，也可按式(4.76)计算连接整体的承载力，且用后式计算较经济。

思　考　题

4.1　钢结构常用的连接方法有哪几种？它们各在哪些范围应用较合适？

4.2　说明常用焊缝符号表示的意义。

4.3　手工焊条型号应根据什么选择？焊接 Q235B 钢和 Q345 钢的一般结构须分别采用哪种型号焊条？

4.4　对接接头采用对接焊缝和采用加盖板的角焊缝各有何特点？

4.5　焊缝的质量分几个等级？与钢材等强的受拉对接焊缝须采用几级？

4.6　对接焊缝在哪种情况下才须进行计算？

4.7　角焊缝的尺寸有哪些要求？

4.8　角焊缝计算公式中为什么有强度设计值增大系数β_f？在什么情况下不考虑β_f？

4.9　角钢用角焊缝连接受轴心力作用时，角钢肢背和肢尖焊缝的内力分配系数为何不同？

4.10　搭接接头中的角焊缝受偏心力作用时都是受扭吗？图 4.29 所示连接中的三面围焊，若只有一条竖直焊缝，此焊缝是受扭还是受弯？若只有两条水平焊缝，它们是受弯还是受扭？试分别写出其计算公式。

4.11　全焊透和部分焊透的对接与角接组合焊缝中的角焊缝分别起什么作用？是否还需对其焊脚尺寸加以计算？

4.12　焊接应力对结构性能有哪些影响？

4.13　螺栓在钢板和型钢上的容许距离都有哪些规定？它们是根据哪些要求制定的？

4.14　普通螺栓的受剪螺栓连接有哪几种破坏形式？用什么方法可以防止？

4.15　普通螺栓群受偏心力作用时的受拉螺栓计算应怎样区分大、小偏心情况？它们的特点有何不同？高强度螺栓承压型连接是否也要区分大、小偏心情况？其中和轴应取螺栓群的什么位置？

4.16　在哪几种情况的连接中，螺栓(包括高强度螺栓)的数目应予增加？

4.17　高强度螺栓预拉力 P 的设计值是根据什么确定的？

4.18　高强度螺栓连接摩擦面的抗滑移系数 μ 与哪些因素有关？

4.19　高强度螺栓摩擦型连接与承压型连接的受力特点有何不同？它们在传递剪力和拉力时的单个螺栓承载力设计值的计算公式有何区别？

4.20　在受剪连接中使用普通螺栓或摩擦型高强度螺栓，对构件开孔截面净截面强度的影响哪一种较大？为什么？

4.21　拉剪普通螺栓连接与拉剪高强度螺栓摩擦型连接的计算方法有何不同？拉剪高强度螺栓承压型连接的又有何不同？

习　　题①

4.1　试验算图 4.67 所示牛腿与柱连接的对接焊焊缝强度。荷载设计值 $F=270$kN，钢材 Q235B，焊条 E43 型，手工焊，无引弧板，焊缝质量三级。(提示：假定剪力全部由腹板上的焊缝承受。)

(答案：$\sigma_{max}=123.7\text{N/mm}^2$；点 1 折算应力 199.1N/mm^2)

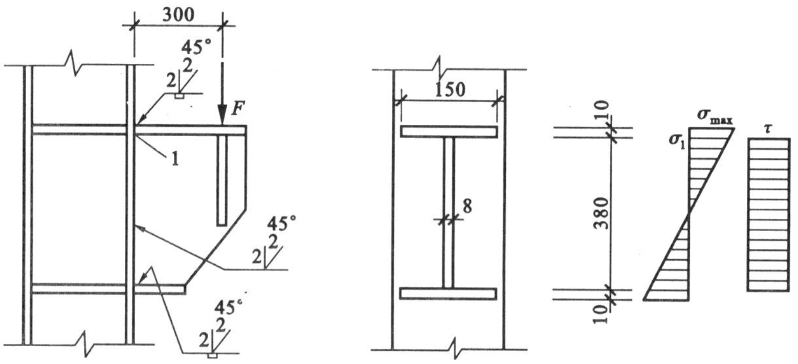

图 4.67　习题 4.1 附图

4.2　试设计图 4.68 所示连接中的角钢与节点板间的角焊缝"A"。轴心拉力设计值 $N=420$kN(静力荷载)。钢材 Q235B，手工焊，焊条 E43 型。

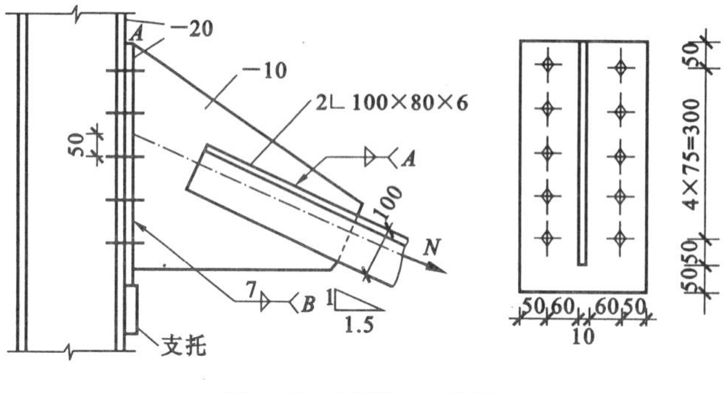

图 4.68　习题 4.2 附图

① 本书部分习题的题解可参阅《疑难释义》第二部分：《解题指导》。

4.3　试验算习题 4.2 连接中节点板与端板间的角焊缝“B”的强度。

（答案：A 点应力 147.9N/mm²）

4.4　将例题 4.1 的牛腿与柱连接改用角焊缝，试设计其焊脚尺寸。

4.5　试验算图 4.69 所示连接角焊缝的强度。荷载设计值 F=50kN（静力荷载）。钢材 Q235B，手工焊，焊条 E43 型。（提示：假定焊缝在端部绕角焊缝起落弧，计算长度不考虑弧坑影响。）

（答案：A 点应力 156.9N/mm²）

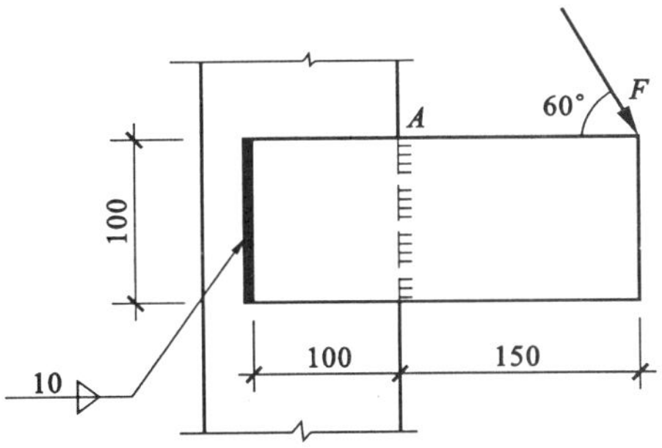

图 4.69　习题 4.5 附图

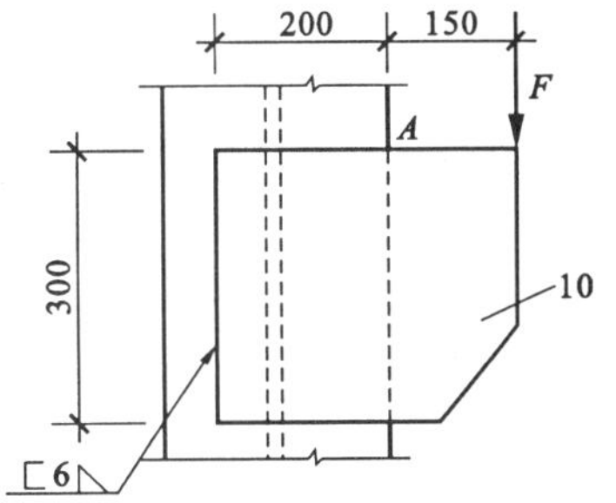

图 4.70　习题 4.6 附图

4.6　试验算图 4.70 所示连接角焊缝的强度。荷载设计值 F=140kN（静力荷载）。钢材 Q235B，手工焊，焊条 E43 型。（提示：假定焊缝在端部绕角焊缝起落弧，计算长度不考虑弧坑影响。）

（答案：A 点应力 157N/mm²）

4.7　图 4.71 为一用 M20C 级普通螺栓的钢板拼接，钢材 Q235A，d_0=22mm。试计算此拼接能承受的最大轴心力设计值 N。　　（答案：取 $N_{\text{I-I}}$=554kN）

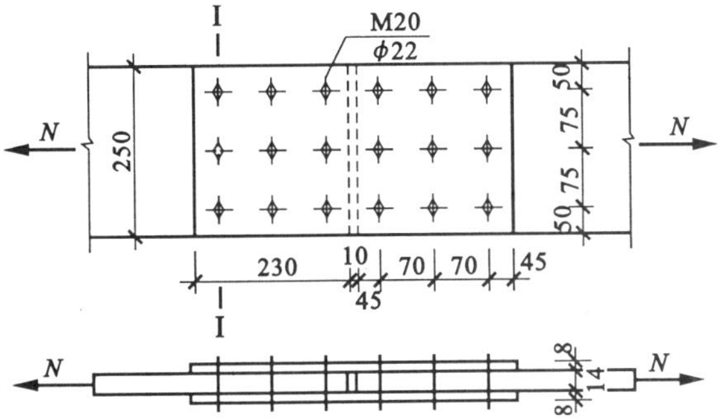

图 4.71　习题 4.7 附图

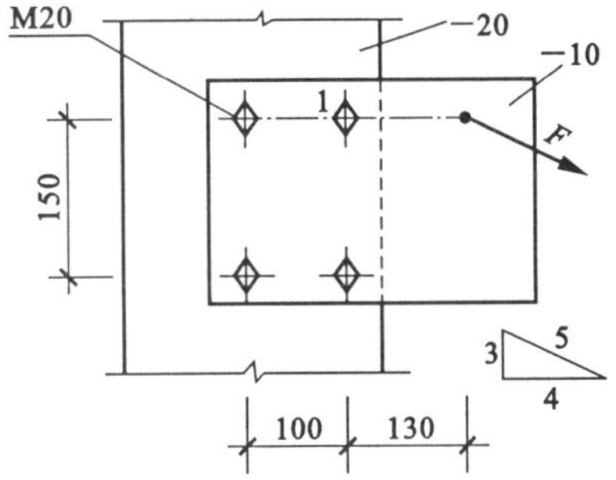

图 4.72　习题 4.8 附图

4.8　试计算图 4.72 所示连接中 C 级普通螺栓的强度。荷载设计值 F=45kN，螺栓 M20，钢材 Q235。

（答案：$N_1=32.2\text{kN}<N^b_{min}=N^b_v=43.98\text{kN}$）

4.9　试计算习题 4.2 连接中端板与柱连接的 C 级普通螺栓的强度。螺栓 M22，钢材 Q235。

（答案：$N_{1max}=58.2\text{kN}>N^b_t=51.6\text{kN}$）

4.10　若将习题 4.9 中端板与柱的连接的螺栓改为 M24，并取消端板下的支托，其强度能否满足要求？

（答案：$\sqrt{(N_v/N^b_v)^2+(N_t/N^b_t)^2}=1.04$，$N_v=23.3\text{kN}<N^b_c=146.4\text{kN}$）

4.11　若习题 4.7 的钢板拼接改用 10.9 级 M20 高强度螺栓摩擦型连接，接触面处理采用钢丝刷清除浮锈，此拼接能承受的最大轴心力设计值 N 能增至多少？　　（答案：取 $N_{\text{I-I}}$=665kN）

4.12　将习题 4.9 中端板与柱的连接改用 8.8 级 M22 高强度螺栓摩擦型连接（接触面采用喷砂后涂无机富锌漆），并取消端板下的支托，其强度能否满足要求？　　（答案：$N_{v1}=23.3\text{kN}<N^b_{v1}=25.9\text{kN}$）

4.13　试将习题 4.12 端板与柱的连接改按 8.8 级高强度螺栓承压型连接设计。接触面处理方法、螺栓直径和排列尺寸均另行选择。

4.14　试验算图 4.73 所示梁与柱的高强度螺栓摩擦型连接的螺栓强度（翼缘部分按与翼缘板等强，腹板部分按腹板分担的弯矩 $M_w = MI_w/I$ 和剪力 V 计算）。连接处弯矩 $M = 930\text{kN}\cdot\text{m}$、剪力 $V = 100\text{kN}$。钢材 Q235B，高强度螺栓 8.8 级 M20。接触面喷砂处理。

（答案：翼缘　N(螺栓)$=1621\text{kN} > N$(翼缘板)$=1490\text{kN}$

腹板　$N_1 = 76.7\text{kN} < N_v^b = 101.3\text{kN}$）

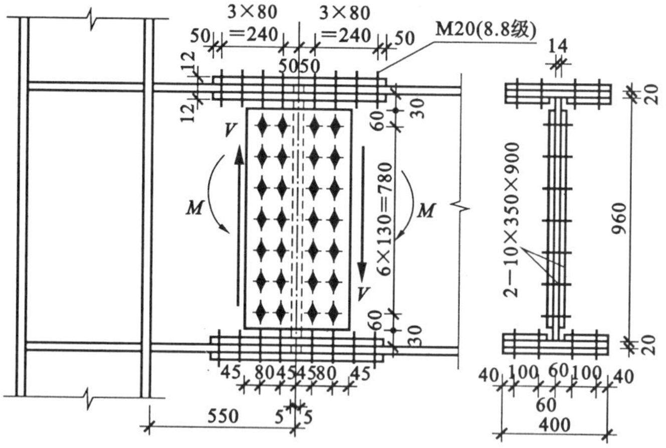

图 4.73　习题 4.14 附图

5 受弯构件

提要

钢结构最常用的受弯构件是梁。梁主要承受横向荷载作用，且要凌空跨越较长距离，故对其设计应高度重视。梁的设计原理按承载能力和正常使用两种极限状态，应对其强度、整体稳定、局部稳定、挠度等进行计算。对重级工作制吊车梁还应对疲劳强度进行计算。

5.1 受弯构件的类型和应用

5.1.1 受弯构件(梁)的种类

受弯构件是指主要承受横向荷载作用的构件。钢结构中最常用的受弯构件是用型钢或钢板制造的实腹式构件——梁，另外还有用杆件组成的格构式构件——桁架(屋架、桁架桥、网架等都属于桁架体系)。本章主要叙述梁的受力性能和设计方法，在第7章叙述屋架，第8章叙述空间桁架——网架。

钢梁按使用功能，可分为工作平台梁、吊车梁、楼盖梁(见图6.3)、墙梁、檩条等。

钢梁按支承情况可做成简支梁、连续梁、伸臂梁和框架梁等。简支梁虽耗钢量较多，但制造和安装简便，且支座沉陷和温度变化不产生附加内力，故应用最广。

钢梁按荷载作用情况，可分为只在一个主平面内受弯的单向弯曲梁和在两个主平面内受弯的双向弯曲梁。如工作平台梁、楼盖梁等属于前者，而吊车梁、檩条、墙梁等则属于后者。

5.1.2 梁的截面形式和应用

钢梁的截面形式有型钢和用钢板组合的截面两类，前者称型钢梁，后者则称组合梁。

型钢梁通常采用的型钢为工字钢、槽钢和H型钢(图5.1(a)、(b)、(c))。工字钢截面高而窄，且材料较集中于翼缘处，故适合于在其腹板平面内受弯的梁，但由于其侧向刚度低，故往往在按整体稳定计算截面时不够理想(详见第5.4节)。窄翼缘H型钢(HN型)的截面分布最合理，可较好地适应梁的受力需要，且其翼缘内外平行，便于与其他构件连接，因此是比较理想的梁的截面形式。槽钢截面因其剪心在腹板外侧(见图6.6)，故当荷载作用在翼缘上时，梁除受弯外还将受扭，因此只宜用在构造上能使荷载接近其剪心或能保证截面不产生扭转的情况；但槽钢用于双向弯曲梁如檩条、墙梁时比较理想，且在构造上便于处理(因其一侧为平面，便于与其他构件连接，如图7.3(d)、(f))。

组合梁是由钢板或型钢用焊缝或高强度螺栓连接组成，但最常用的是用三块钢板焊成的工字形截面（图 5.1(*d*)）或由剖分 T 型钢中间加焊钢板组成的工字形截面（图 5.1(*e*)），由于其构造简单，加工方便，且可根据受力需要调配截面尺寸，故用钢节省。当荷载或跨度较大且梁高又受限制或抗扭要求较高时，可采用双腹板式的箱形截面（图 5.1(*f*)），但其制造费工，施焊不易，且较费钢。吊车梁（包括制动梁）为双向弯曲梁，其截面有一定特点，将在第 5.10 节中论述。

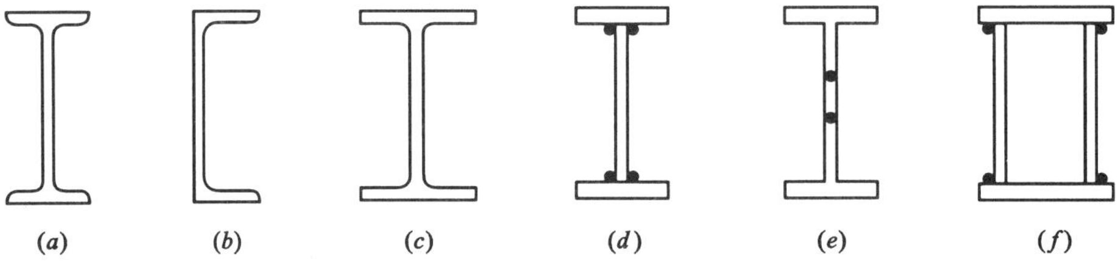

图 5.1　梁的截面形式

总体而言，型钢价格比钢板低，且加工简单，故型钢梁的造价相对较低，因此宜优先选用。当荷载或跨度较大时，则采用组合梁。

5.2　梁的强度

根据第 3 章钢结构的设计方法所述，梁的设计应考虑两种极限状态。对承载能力极限状态，须作强度和稳定（包括整体稳定和局部稳定）的计算，对重级工作制吊车梁还须作疲劳计算；对正常使用极限状态，须作刚度（挠度）计算，使所选截面符合要求。本节将对梁的强度加以论述，刚度、稳定和疲劳则在以后各节论述。

梁在承受弯矩作用时，一般还伴随有剪力作用，有时局部还有压力作用，故在作梁的强度计算时，须包括抗弯强度和抗剪强度，必要时还有局部承压强度和上述几种应力共同作用下的折算应力。

5.2.1　抗弯强度

梁在弯矩作用下，当弯矩逐渐增加时，截面弯曲应力的发展可分为三个工作阶段：

(1) 弹性工作阶段

在截面边缘纤维应力 $\sigma < f_y$ 之前，梁截面弯曲应力为三角形分布（图 5.2(*a*)），梁处于弹性工作阶段。当 $\sigma = f_y$ 时为梁的弹性工作阶段的极限状态（图 5.2(*b*)），其弹性极限弯矩为

$$M_e = f_y W_n \tag{5.1}$$

式中　W_n——梁的净截面模量（弹性）。

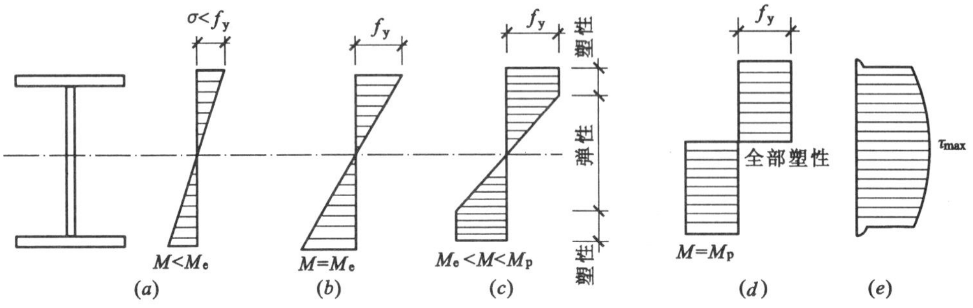

图 5.2　梁的弯曲应力和剪应力

(2) 弹塑性工作阶段

当弯矩继续增加，截面边缘部分深度进入塑性，但中间部分仍处于弹性工作状态(图5.2(*c*))。

(3) 塑性工作阶段

当弯矩再继续增加，弹性核心部分则逐渐减小，直到完全消失，截面的塑性区发展至全截面，形成塑性铰，梁产生相对转动，变形大量增加，此时为梁的塑性工作阶段的极限状态(图5.2(*d*))，其塑性极限弯矩为

$$M_p = f_y(S_{1n} + S_{2n}) = f_y W_{pn} \tag{5.2}$$

式中 S_{1n}、S_{2n}——中和轴以上和中和轴以下净截面对中和轴的面积矩；

W_{pn}——梁的净截面塑性模量。

由式(5.1)和式(5.2)可见，梁的塑性铰弯矩 M_p 与弹性极限弯矩 M_e 的比值只和 W_{pn} 与 W_n 的比值 γ_f 有关。γ_f 称为形状系数，因它只取决于截面的几何形状，而与材料的强度无关。即

$$\gamma_f = \frac{W_{pn}}{W_n} \tag{5.3}$$

表 5.1 列有几种截面的 γ_f 值，如矩形截面 $\gamma_f=1.5$；工字形截面(对强轴)$\gamma_f=1.1\sim1.17$(因翼缘和腹板的面积比而异)。这是因为矩形截面在边缘纤维屈服后，还有使弯矩再增加 50%的潜力，而工字形截面(对强轴)，由于腹板相对较窄，当截面边缘纤维屈服时，全部截面的应力几乎也接近于 f_y，故其 $W_{pn}\approx W_n$，即截面的塑性发展对极限弯矩的增加有限。其他如箱形截面、格构式截面均类似这种情况。

表 5.1 截面形状系数 γ_f

截面形式	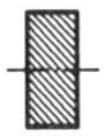	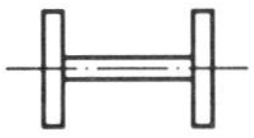	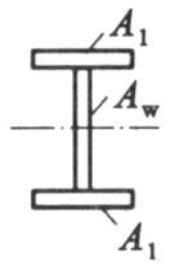	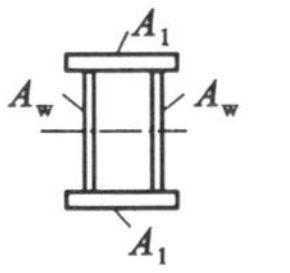	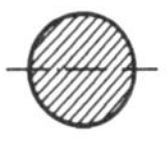	
γ_f	1.5	1.5	$A_w=A_1$ 时 1.07 $A_w=1.5A_1$ 时 1.12	$A_w=A_1/2$ 时 1.07 $A_w=A_1$ 时 1.13	1.7	1.27

梁按塑性工作状态设计具有一定的经济效益，但截面上塑性过分发展不仅会导致梁的挠度过大，而且还会对梁的稳定等方面带来不利。因此《设计规范》规定用定值的截面塑性发展系数 γ 进行控制，以限制截面的塑性发展深度，即只考虑部分截面发展塑性。

截面塑性发展系数 γ 值的大小随截面形式、塑性发展深度等因素而异，塑性发展愈深，则 γ 值愈大。《设计规范》对 8 种有代表性截面进行计算，结论是塑性发展深度以不超过截面高度的 0.15 倍为宜，并据此归纳为下列准则：

(1) 对有平翼缘板的一侧 $\gamma=1.05$；

(2) 对无翼缘板的一侧 $\gamma=1.20$；

(3) 对圆管边缘 $\gamma=1.15$；

(4) 对格构式构件的虚轴 $\gamma=1.0$。

根据上述准则，将各种截面塑性发展系数按两主轴平面分别用 γ_x 和 γ_y 纳入表 5.2。

引入截面塑性发展系数 γ 后，可得梁的抗弯强度计算公式：

单向弯曲时

$$\frac{M_x}{\gamma_x W_{nx}} \leqslant f \tag{5.4}$$

双向弯曲时

$$\frac{M_x}{\gamma_x W_{nx}}+\frac{M_y}{\gamma_y W_{ny}}\leqslant f \tag{5.5}$$

式中　M_x、M_y——同一截面处绕 x 轴和 y 轴的弯矩(对工字形截面:x 轴为强轴,y 轴为弱轴);

W_{nx}、W_{ny}——对 x 轴和 y 轴的净截面模量;

γ_x、γ_y——截面塑性发展系数:对工字形截面,$\gamma_x=1.05$,$\gamma_y=1.2$;对箱形截面 $\gamma_x=\gamma_y=1.05$;对其他截面,可按表 5.2 采用;

f——钢材的抗弯强度设计值,按表 3.5 选用。

表 5.2　截面塑性发展系数 γ_x、γ_y

项　次	截　面　形　式	γ_x	γ_y
1	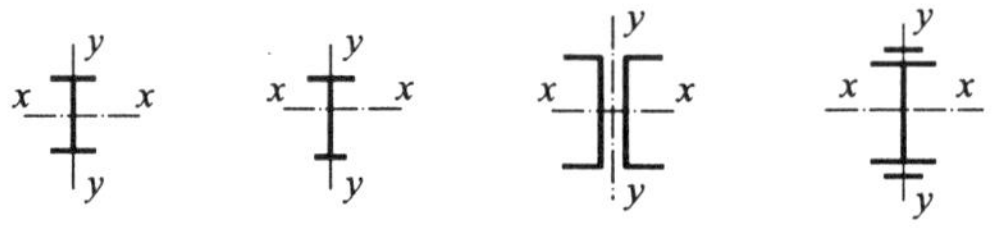	1.05	1.2
2	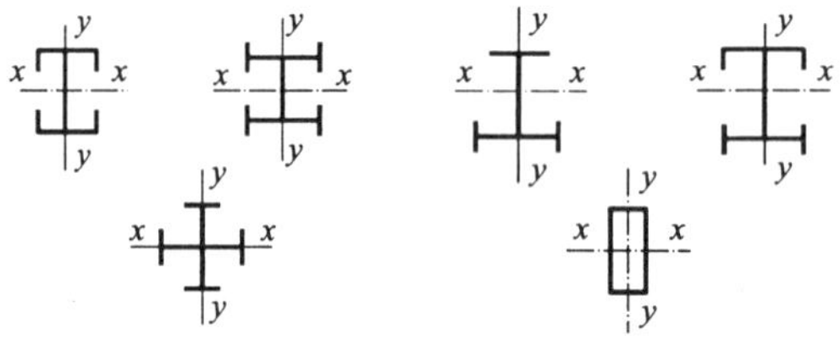		1.05
3		$\gamma_{x1}=1.05$ $\gamma_{x2}=1.2$	1.2
4			1.05
5	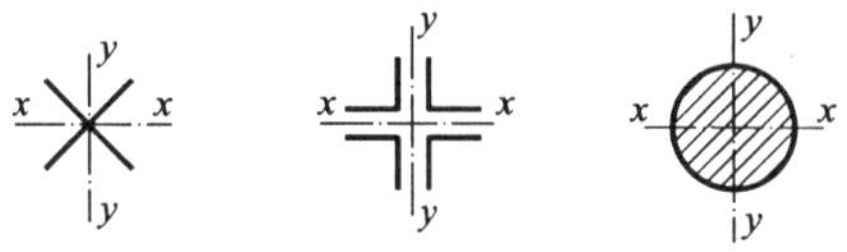	1.2	1.2
6	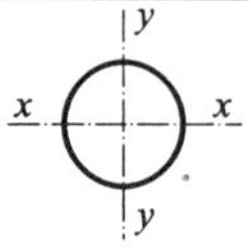	1.15	1.15
7		1.0	1.05
8	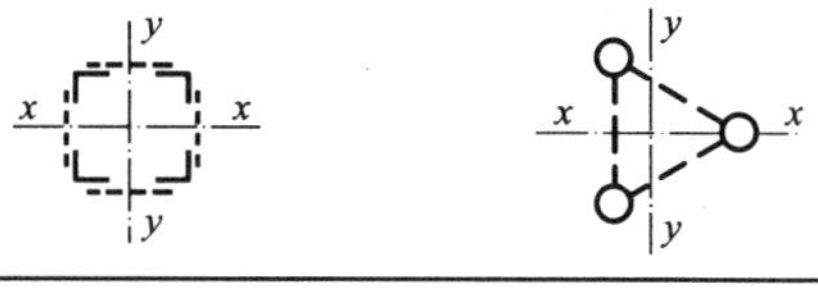		1.0

注:(1) 当压弯构件受压翼缘的自由外伸宽度与其厚度之比大于 $13\sqrt{235/f_y}$ 而不超过 $15\sqrt{235/f_y}$ 时,应取 $\gamma_x=1.0$。

(2) 需要计算疲劳的拉弯、压弯构件,宜取 $\gamma_x=\gamma_y=1.0$。

当采用上两式时为保证梁的受压翼缘在部分截面发展塑性时不致因较薄而产生局部失稳，应使其自由外伸宽度 b_1 与其厚度 t 之比不能过大，即应控制 $b_1/t \leqslant 13\sqrt{235/f_y}$（详见第 5.7 节），否则应取 $\gamma=1.0$，即按弹性工作状态设计（此时应控制 $b_1/t \leqslant 15\sqrt{235/f_y}$，亦见第 5.7 节）。此处 f_y 为钢材牌号所指屈服点（即不分钢材厚度），对 Q235、Q345、Q390、Q420 钢分别取 235N/mm^2、345N/mm^2、390N/mm^2、420N/mm^2。

对需要计算疲劳的梁，如重级工作制吊车梁，塑性发展会使钢材硬化而导致疲劳破坏，故在按式(5.4)和式(5.5)计算时，宜取 $\gamma_x=\gamma_y=1.0$，即按弹性工作状态设计。对不需计算疲劳的一般吊车梁，则仍可按部分截面发展塑性设计。这是因为承受吊车等动力荷载的梁，当出现塑性变形后又卸载时，其规律将同钢材拉抻后卸载一样，按平行于弹性直线回降而留下一定的残余挠度，但是，当下一次加载时，将循回降直线上升，再次呈弹性工作，且只要以后所承受的荷载不超过最大残余挠度限值时的荷载——称安定荷载，就不会有塑性变形的积累产生，因此仍能按弹性工作。但为了稳妥，《设计规范》对需要计算疲劳的梁仍以不考虑截面塑性发展为宜，故取 $\gamma_x=\gamma_y=1.0$。

5.2.2 抗剪强度

梁的抗剪强度按弹性设计，以截面的最大剪应力达钢材的抗剪屈服点作为抗剪承载能力的极限状态，据此，梁的抗剪强度应按下式计算：

$$\tau = \frac{VS}{It_w} \leqslant f_v \tag{5.6}$$

式中 V——计算截面沿腹板平面作用的剪力；

I——毛截面惯性矩；

S——计算剪应力处以上或以下毛截面对中和轴的面积矩；

t_w——腹板厚度；

f_v——钢材的抗剪强度设计值，按表 3.5 选用。

由上式可得工字形截面的剪应力分布如图 5.2(e)所示，最大剪应力 τ_{max} 在中和轴处。对工字形截面 $I/S \approx h/(1.1\sim1.2)$，可得 $\tau_{max} \approx (1.1\sim1.2)V/ht_w \leqslant f_v$，故可偏安全地取系数为 1.2 估算 τ_{max}，即取腹板平均剪应力的 1.2 倍。

5.2.3 局部承压强度

当梁上翼缘承受沿腹板平面作用的固定集中荷载，且该处又未设支承加劲肋时（图5.3(a)），或承受移动集中荷载（如吊车轮压）作用时（5.3(b)），翼缘以及轨道类似于支承在腹板上的弹性地基梁，腹板上边缘局部范围的压应力 σ_c 最大，可能达到钢材的抗压屈服点，其分布如图 5.3(c)所示。沿腹板高度范围，σ_c 则逐渐向下递减（图 5.3(d)）。

集中荷载的传递可假定在梁顶部至腹板计算高度边缘范围按 1∶2.5 扩散，而在轨道高度范围按 1∶1 扩散，因此，腹板计算高度上边缘的局部承压强度应按下式计算

$$\sigma_c = \frac{\psi F}{t_w l_z} \leqslant f \tag{5.7}$$

式中 F——集中荷载，对动力荷载应考虑动力系数；

ψ——集中荷载增大系数：对重级工作制吊车梁，$\psi=1.35$；对其他梁，$\psi=1.0$；

l_z——集中荷载在腹板计算高度上边缘的假定分布长度，按下式计算：

$$l_z = a + 5h_y + 2h_R \tag{5.8}$$

a——集中荷载沿梁跨度方向的支承长度，对钢轨上的轮压可取 50mm；

h_y——自梁顶面至腹板计算高度上边缘的距离；

h_R——轨道的高度，对梁顶无轨道的梁 $h_R=0$。

腹板的计算高度 h_0：对轧制型钢梁为腹板与上、下翼缘相接处两内弧起点间的距离；对焊接组合梁为腹板高度。

在梁的支座处，当不设置支承加劲肋时，也应按式(5.7)计算腹板计算高度下边缘的局部承压强度，但 ψ 取 1.0。支座集中反力的假定分布长度，应根据支座具体尺寸参照式(5.8)计算，如图 5.3(a)的 $l_z=a+2.5h_y+a_1$，a_1 为支座外缘至梁端的距离，但不大于 $2.5h_y$.

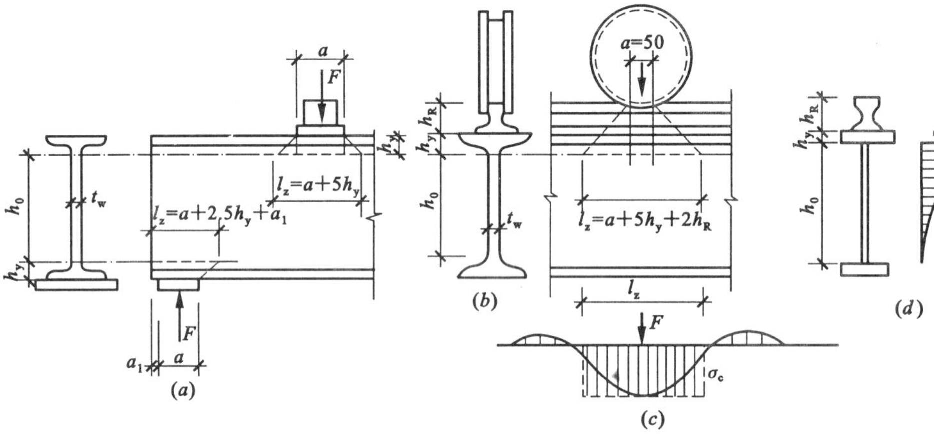

图 5.3　局部承压强度

当局部承压强度不满足式(5.7)的要求时，在固定集中荷载处（包括支座处），应设置支承加劲肋（见第 5.7 节）；对移动集中荷载，则应增加腹板厚度。

5.2.4　折算应力

在组合梁的腹板计算高度边缘处若同时受较大的正应力 σ_1、剪应力 τ_1 和局部压应力 σ_c，或同时受较大的正应力 σ_1 和剪应力 τ_1（如连续梁中部支座处或梁的翼缘截面改变处等）时(图5.4)，应按复杂应力状态用下式计算其折算应力：

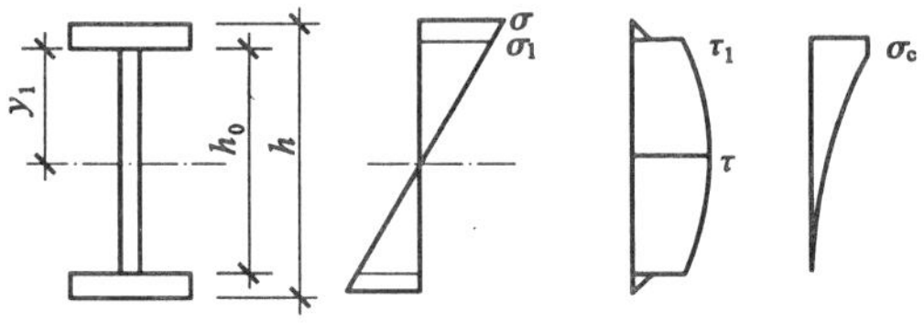

图 5.4　梁截面的 σ、τ、σ_c 应力分布

$$\sqrt{\sigma_1^2+\sigma_c^2-\sigma_1\sigma_c+3\tau_1^2}\leqslant\beta_1 f \tag{5.9}$$

式中　σ_1、τ_1、σ_c——腹板计算高度边缘同一点上同时产生的正应力、剪应力和局部压应力，τ_1 和 σ_c 按式(5.6)和式(5.7)计算，σ_1 按下式计算：

$$\sigma_1=\frac{My_1}{I_n} \tag{5.10}$$

σ_1 和 σ_c 以拉应力为正值，压应力为负值；

I_n——梁净截面惯性矩；

y_1——所计算点至梁中和轴的距离；

β_1——计算折算应力的强度设计值增大系数：当 σ_1 与 σ_c 异号时，取 $\beta_1=1.2$；当 σ_1 与 σ_c 同号或 $\sigma_c=0$ 时，取 $\beta_1=1.1$。

β_1 系考虑最大折算应力的部位只是腹板边缘的局部区域，且几种应力同时以较大值出现在同一点的概率很小，故用其增大强度设计值。再者，σ_1 与 σ_c 异号时比同号时钢材易于塑性变形，故 β_1 取值较大。

5.3 梁的刚度

梁必须具有一定的刚度才能保证正常的使用和观感。梁的刚度可用荷载作用下的挠度进行衡量，若刚度不足将出现挠度过大，给人感觉不舒适和不安全，同时还可能使某些附着物如顶棚抹灰脱落。吊车梁若挠度过大，轨道将随之变形，可能影响吊车的正常运行和引起过大的振动。因此对梁的挠度 υ 或相对挠度 υ/l 应分别按全部（永久和可变）荷载、可变荷载或同时按两者用下列公式计算。同时按全部荷载和可变荷载计算的有楼（屋）盖梁或桁架等。全部荷载的挠度容许值$[\upsilon_T]$主要是考虑观感，因在一般情况，$[\upsilon_T]>l/250$ 将影响视觉，而可变荷载的$[\upsilon_Q]$，则是保证正常使用条件，故两者均应计算。

$$\upsilon \leqslant [\upsilon_T] \quad 或 \quad [\upsilon_Q] \tag{5.11a}$$

或

$$\frac{\upsilon}{l} \leqslant \frac{[\upsilon_T]}{l} \quad 或 \quad \frac{[\upsilon_Q]}{l} \tag{5.11b}$$

式中 υ——根据表 5.3 中的$[\upsilon_T]$或$[\upsilon_Q]$所对应的荷载（全部荷载或可变荷载）的标准值产生的梁的最大挠度；

$[\upsilon_T]$——由永久和可变荷载标准值产生的挠度（如有起拱应减去拱度）的容许值；

$[\upsilon_Q]$——由可变荷载标准值产生的挠度的容许值。

表 5.3 受弯构件挠度容许值

项次	构件类别	挠度容许值	
		$[\upsilon_T]$	$[\upsilon_Q]$
1	吊车梁和吊车桁架（按自重和起重量最大的一台吊车计算挠度）		
	（1）手动吊车和单梁吊车（含悬挂吊车）	$l/500$	
	（2）轻级工作制桥式吊车	$l/800$	
	（3）中级工作制桥式吊车	$l/1000$	
	（4）重级工作制桥式吊车	$l/1200$	
2	手动或电动葫芦的轨道梁	$l/400$	
3	有重轨（质量等于或大于 38kg/m）轨道的工作平台梁	$l/600$	
	有轻轨（质量等于或小于 24kg/m）轨道的工作平台梁	$l/400$	
4	楼（屋）盖梁或桁架，工作平台梁（第 3 项除外）和平台板		
	（1）主梁或桁架（包括设有悬挂起重设备的梁和桁架）	$l/400$	$l/500$
	（2）抹灰顶棚的次梁	$l/250$	$l/350$
	（3）除（1）、（2）项外的其他梁（包括楼梯梁）	$l/250$	$l/300$
	（4）屋盖檩条		
	支承无积灰的瓦楞铁和石棉瓦屋面者	$l/150$	
	支承压型金属板、有积灰的瓦楞铁和石棉瓦等屋面者	$l/200$	
	支承其他屋面材料者	$l/200$	
	（5）平台板	$l/150$	
5	墙架构件（风荷载不考虑阵风系数）		
	（1）支柱		$l/400$
	（2）抗风桁架（作为连续支柱的支承时）		$l/1000$
	（3）砌体墙的横梁（水平方向）		$l/300$
	（4）支承压型金属板、瓦楞铁和石棉瓦墙面的横梁（水平方向）		$l/200$
	（5）带有玻璃窗的横梁（竖直和水平方向）	$l/200$	$l/200$

注：l 为受弯构件的跨度（对悬臂梁和伸臂梁为悬伸长度的 2 倍）。

梁的刚度属于正常使用极限状态，故计算时应采用正常使用荷载，即取荷载标准值，不乘荷载分项系数，且可不考虑螺栓孔引起的截面削弱。对动力荷载标准值不乘动力系数。

表 5.4 所列为简支梁在几种常用荷载作用下的最大挠度计算公式。

表 5.4　简支梁最大挠度的计算公式

荷载类型	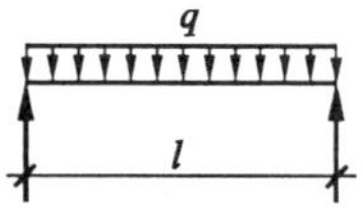	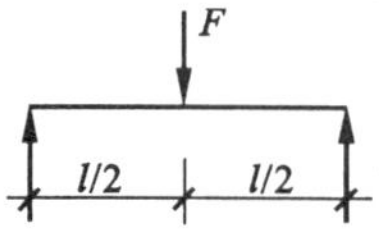	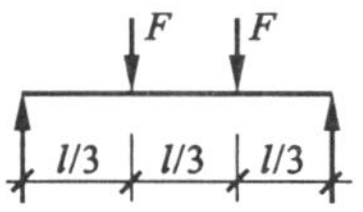	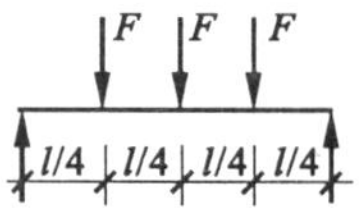
计算公式	$\frac{5}{384}\cdot\frac{ql^4}{EI}$	$\frac{1}{48}\cdot\frac{Fl^3}{EI}$	$\frac{23}{648}\cdot\frac{Fl^3}{EI}$	$\frac{19}{384}\cdot\frac{Fl^3}{EI}$

对某些荷载情况较复杂的梁，如吊车梁、受多个集中荷载作用的平台梁等，挠度的精确计算较繁，但其与最大弯矩相同的均布荷载作用时的挠度接近，故对等截面简支梁可采用下列近似公式计算(来源见式(5.32))

$$\frac{\upsilon}{l}\approx\frac{M_k l}{10EI_x}\leqslant\frac{[\upsilon_T]}{l}\quad\text{或}\quad\frac{[\upsilon_Q]}{l}\tag{5.12}$$

式中　M_k——根据表 5.3 中的$[\upsilon_T]$或$[\upsilon_Q]$所对应的荷载(全部荷载或可变荷载)标准值产生的最大弯矩。

5.4　梁的整体稳定

5.4.1　梁整体稳定的概念

为了有效地利用材料，梁一般都设计成高而窄且壁厚较薄的开口截面，故其抗弯能力较强，但抗扭和侧向抗弯能力则较差。当在最大刚度平面内受弯时，若弯矩较小，梁仅在弯矩作用平面内弯曲，无侧向位移。即便此时有外界偶然的侧向干扰力作用，产生一定的侧向位移和扭转，但当干扰力消失后，梁仍能恢复原来的稳定平衡状态，这种现象称为梁整体稳定。然而，当弯矩逐渐增加使梁受压翼缘的最大弯曲压应力达到某一数值时，梁在偶然的很小侧向干扰力作用下，会突然向刚度较小的侧向弯曲，并伴随扭转。此时若除去侧向干扰力，侧向弯扭变形也不再消失。若弯矩再略增加，则弯扭变形将迅速增大，梁也随之失去承载能力，这种现象称为梁丧失整体稳定。因此梁的失稳是从稳定平衡状态转变为不稳定平稳状态，并产生侧向弯扭屈曲。两种平衡状态过渡时梁所能承受的最大弯矩和截面的最大弯曲压应力称为临界弯矩 M_{cr}和临界应力 σ_{cr}。

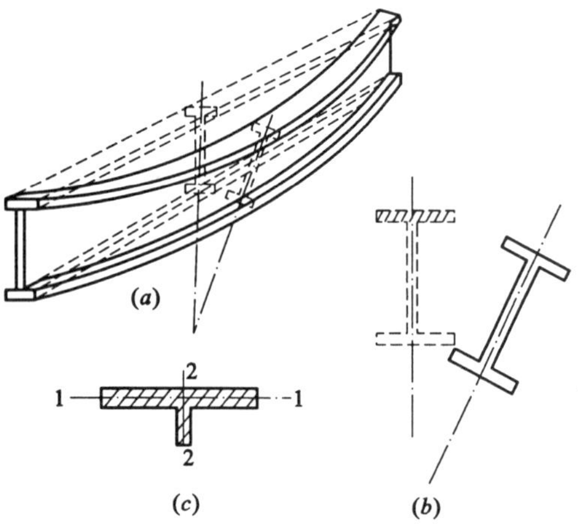

图 5.5　梁丧失整体稳定的变形情况

如前所述，梁的整体失稳是突然发生的，且在强度未充分发挥之前，往往事先又无明显征兆，故必须特别予以注意。

现以双轴对称工字形截面为例对梁的整体稳定概念进一步加以描述(图 5.5)。从受力特性上，可将梁视为以中和轴分界的部分受压和部分受拉的组合构件，其受压翼缘则类似于一轴心压杆（图中阴影部分）。当压应力达某一数值时，按理应在其刚度较小方向（绕图 5.5(*c*)中 1-1 轴）弯曲屈曲，但由于其与腹板连成一体，腹板起着支承作用，此种情况不可能产生，故最终将延至一个更高的压应力，使其沿侧向（绕图 5.5(*c*)中 2-2 轴）压屈，并带动梁整个截面一起侧向位移，即整体失稳。由于梁的受拉部分受弯曲拉应力的作用是趋向于拉直，从而对受压区的侧向变形施加牵制，故梁失稳时表现为不同程度（受压翼缘大，受拉翼缘小）侧向变形的弯扭屈曲。

5.4.2 梁丧失整体稳定的临界弯矩☆

根据弹性稳定理论，在最大刚度主平面内受弯的单轴对称截面简支梁（图 5.6）丧失整体稳定时的临界弯矩普遍式为

$$M_{cr}=\beta_1\frac{\pi^2EI_y}{l_1^2}\left[\beta_2a+\beta_3y_b+\sqrt{(\beta_2a+\beta_3y_b)^2+\frac{I_\omega}{I_y}\left(1+\frac{l_1^2GI_t}{\pi^2EI_\omega}\right)}\right]\tag{5.13}$$

式中 $a=y_F-y_0$——荷载作用点至剪心 S 的距离，图 5.6 中所示 a 取负值（荷载作用点在剪心以上），反之取正值；

y_0——剪心的纵坐标，即剪心至形心的距离；

$y_b=\dfrac{1}{2I_x}\displaystyle\int_A y(x^2+y^2)\mathrm{d}A-y_0$——单轴对称截面的一种几何特性；

l_1——梁受压翼缘的自由长度；对跨中无侧向支承点的梁为其跨度；对跨中有侧向支承点的梁为受压翼缘侧向支承点间的距离（梁的支座处视为有侧向支承）；

β_1、β_2、β_3——系数，由荷载类型决定（表 5.5 为三种有代表性荷载类型的数值）；

EI_y——侧向抗弯刚度，I_y 为对 y 轴的截面惯性矩；

GI_t——自由扭转刚度，I_t 为截面的扭转惯性矩；

EI_ω——翘曲刚度，I_ω 为截面的扇性惯性矩。

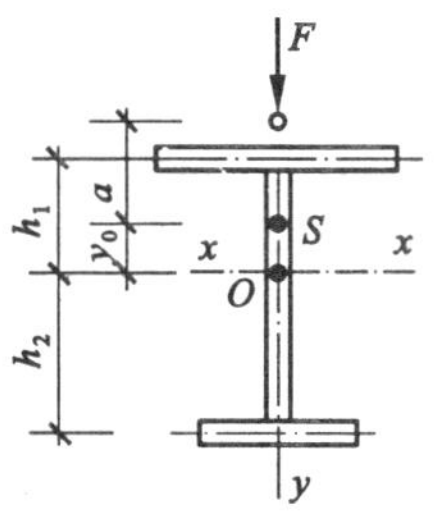

图 5.6 单轴对称截面简支梁

当为双轴对称工字形截面简支梁时，式(5.13)中 $y_b=0$，则可简化为

$$M_{cr}=\beta_1\frac{\pi^2EI_y}{l_1^2}\left[\beta_2a+\sqrt{(\beta_2a)^2+\frac{I_\omega}{I_y}\left(1+\frac{l_1^2GI_t}{\pi^2EI_\omega}\right)}\right]\tag{5.14}$$

若为纯弯曲（相当于无横向荷载或横向荷载作用于剪心）作用时，此时 $a=0$。再由表5.5查得 $\beta_1=1$、$\beta_2=0$，则式(5.14)可写为

$$M_{cr}=\frac{\pi^2EI_y}{l_1^2}\sqrt{\frac{I_\omega}{I_y}\left(1+\frac{l_1^2GI_t}{\pi^2EI_\omega}\right)}\tag{5.15}$$

将双轴对称工字形截面的 $I_\omega=I_yh^2/4$ 代入上式，则得

$$M_{cr}=\frac{\pi^2EI_y}{l_1^2}\sqrt{\frac{h^2}{4}\left(1+\frac{4GI_tl_1^2}{\pi^2EI_yh^2}\right)}$$

令

$$\psi=\left(\frac{h}{2l_1}\right)^2\frac{EI_y}{GI_t}$$

上式可改写为

$$M_{cr}=\frac{\pi}{l_1}\sqrt{EI_yGI_t}\cdot\sqrt{1+\pi^2\psi}$$

或

$$M_{cr}=\zeta\frac{\sqrt{EI_yGI_t}}{l_1}\tag{5.16a}$$

式中

$$\zeta=\pi\sqrt{1+\pi^2\psi}$$

ζ 通称为梁的整体稳定屈曲系数。

若为任意横向荷载(均匀荷载或集中荷载)作用在梁的上翼缘或下翼缘时,此时 $a=\mp h/2$,再引入 $I_\omega=I_yh^2/4$,则式(5.14)可写为

$$M_{cr}=\beta_1\frac{\pi^2EI_y}{l_1^2}\left[\mp\frac{h}{2}\beta_2+\sqrt{\left(\mp\frac{h}{2}\beta_2\right)^2+\frac{h^2}{4}\left(1+\frac{4GI_tl_1^2}{\pi^2EI_yh^2}\right)}\right]$$

同样引入 ψ,则上式可改写为

$$M_{cr}=\frac{\pi}{l_1}\sqrt{EI_yGI_t}\beta_1\left[\mp\beta_2\pi\sqrt{\psi}+\sqrt{1+\pi^2(1+\beta_2^2)\psi}\right]$$

或

$$M_{cr}=\zeta\frac{\sqrt{EI_yGI_t}}{l_1}\tag{5.16b}$$

式中

$$\zeta=\pi\beta_1\left[\sqrt{1+\pi^2(1+\beta_2^2)\psi}\mp\beta_2\pi\sqrt{\psi}\right]$$

将各种荷载类型的 β_1、β_2 数值引入(对荷载作用于截面形心取 $\beta_2=0$)上式,所得的 ζ 值现列于表 5.5。从纯弯曲的 ζ 值可见,它与式(5.16a)表达的相同,这表明式(5.16b)对其包容。

表 5.5　双轴对称工字形截面简支梁的整体稳定屈曲系数 ζ

荷载类型	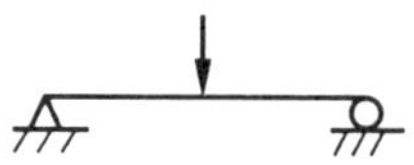			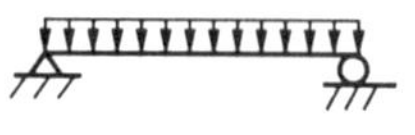					
系数 β	β_1	β_2	β_3	β_1	β_2	β_3	β_1	β_2	β_3
荷载作用位置	1.35	0.55	0.40	1.13	0.46	0.53	1	0	1
截面形心	$4.23\sqrt{1+\pi^2\psi}$			$3.54\sqrt{1+\pi^2\psi}$			$\pi\sqrt{1+\pi^2\psi}$		
上/下翼缘	$4.23(\sqrt{1+12.9\psi}\mp1.74\sqrt{\psi})$			$3.54(\sqrt{1+11.9\psi}\mp1.44\sqrt{\psi})$			所有式中 $\psi=\left(\frac{h}{2l_1}\right)^2\frac{EI_y}{GI_t}$		

由式(5.16)可见,梁的临界弯矩 M_{cr} 与梁的侧向抗弯刚度 EI_y、自由扭转刚度 GI_t 和受压翼缘侧向自由长度 l_1 等有关。增大 I_y、I_t 或减小 l_1 均可提高 M_{cr},增强梁的整体稳定性。另外,由表 5.5可见,梁的整体稳定屈曲系数 ζ 与作用于梁上的荷载类型有关。两端受弯矩作用的纯弯曲梁 ζ 值最低,因其使上翼缘的压应力沿梁全长不变,而均布荷载和跨中央一个集中荷载仅在跨度中点压应力最大,两端渐小,且后者减小更快,故其 ζ 值也最高。同时,对于不是纯弯曲的梁,ζ 值还因荷载作用位置的高低而具有不同的数值。这是因为梁在发生扭转时,荷载作用于上翼缘会加剧扭转,助长屈曲,降低临界弯矩;反之,荷载作用于下翼缘,则会减缓扭转,提高临界弯矩①。

① 梁整体稳定性的影响因素还可参阅《疑难释义》第 9.5 节。

5.4.3 梁整体稳定的计算公式

根据临界应力 σ_{cr}，可制定保证梁整体稳定的计算公式，即按梁的最大弯曲压应力 σ 不超过 σ_{cr}。因此，在考虑抗力分项系数 γ_R 后，可得：

(1) 在最大刚度主平面内单向受弯的梁

$$\sigma = \frac{M_x}{W_x} \leqslant \frac{\sigma_{cr}}{\gamma_R} = \frac{\sigma_{cr}}{f_y} \cdot \frac{f_y}{\gamma_R} = \varphi_b f$$

或

$$\frac{M_x}{\varphi_b W_x} \leqslant f \tag{5.17}$$

式中 $\varphi_b = \sigma_{cr}/f_y$——梁的整体稳定性系数；

M_x——绕强轴(x 轴)作用的最大弯矩；

W_x——按受压纤维确定的对 x 轴梁毛截面模量。

(2) 在两个主平面内受弯的 H 型钢截面或工字形截面梁

$$\frac{M_x}{\varphi_b W_x} + \frac{M_y}{\gamma_y W_y} \leqslant f \tag{5.18}$$

式中 M_y——绕弱轴(y 轴)作用的弯矩；

W_y——按受压纤维确定的对 y 轴梁毛截面模量。

式(5.18)为一经验公式。式中第二项表示绕弱轴弯曲的影响，但分母中 γ_y 在此处仅起适当降低此项影响的作用，并不表示截面允许发展塑性。

5.4.4 梁的整体稳定性系数 φ_b

5.4.4.1 等截面焊接工字形和 H 型钢简支梁

现按式(5.16a)以纯弯曲梁为例计算 φ_b，即

$$\varphi_b = \frac{\sigma_{cr}}{f_y} = \frac{M_{cr}}{W_x f_y} = \pi\sqrt{1+\pi^2\left(\frac{h}{2l_1}\right)^2\frac{EI_y}{GI_t}} \cdot \frac{\sqrt{EI_y GI_t}}{W_x l_1 f_y}$$

$$= \frac{\pi^2 EI_y h}{2l_1^2 W_x f_y}\sqrt{1+\frac{GI_t}{EI_y}\left(\frac{2l_1}{\pi h}\right)^2}$$

上述理论公式非常繁杂，应用不便，故《设计规范》用下列方法将其简化为实用计算公式。将式中的抗扭惯性矩 $I_t = (2bt^3 + h_0 t_w^3)/3$ 简化为 $I_t \approx At^2/3$，并取 $E = 206\times10^3\text{N/mm}^2$，$E/G = 2.6$，$I_y = Ai_y^2$，$\lambda_y = l_1/i_y$，$f_y = 235\text{N/mm}^2$。则

$$\varphi_b = \frac{4320}{\lambda_y^2} \cdot \frac{Ah}{W_x}\sqrt{1+\left(\frac{\lambda_y t}{4.4h}\right)^2} \tag{5.19}$$

式中 λ_y——梁对 y 轴的长细比，$\lambda_y = l_1/i_y$；

i_y——梁毛截面对 y 轴的回转半径；

A——梁的毛截面面积；

h、t——梁截面的全高和受压翼缘厚度。

上式在用于非纯弯曲的其他种类荷载时，须乘以该种荷载的 φ_b 值与上式纯弯曲的 φ_b 值的比值 β_b——梁整体稳定的等效临界弯矩系数(表 5.6)——进行修正。当应用于单轴对称工字形截面时，公式中还须增加考虑截面不对称影响的系数 η_b。对于 $f_y = 235\text{N/mm}^2$ 以外的钢材，还应乘以

钢材修正系数$(235/f_y)$。因此，等截面焊接工字形和H型钢简支梁的整体稳定系数φ_b的计算公式为①

$$\varphi_b=\beta_b\frac{4320}{\lambda_y^2}\cdot\frac{Ah}{W_x}\left[\sqrt{1+\left(\frac{\lambda_y t}{4.4h}\right)^2}+\eta_b\right]\frac{235}{f_y} \tag{5.20}$$

式中　η_b——截面不对称影响系数：

对双轴对称工字形截面和H型钢(图5.7(*a*))，$\eta_b=0$；

对单轴对称工字形截面(图5.7(*b*)、(*c*))：

加强受压翼缘，$\eta_b=0.8(2\alpha_b-1)$；

加强受拉翼缘，$\eta_b=2\alpha_b-1$；

$\alpha_b=\dfrac{I_1}{I_1+I_2}$——$I_1$、$I_2$分别为受压翼缘和受拉翼缘对$y$轴的惯性矩。

表5.6　H型钢和等截面工字形简支梁的系数β_b

项次	侧向支承	荷载		$\xi=\frac{l_1 t}{bh}$		适用范围
				$\xi\leqslant2.0$	$\xi>2.0$	
1	跨中无侧向支承	均布荷载作用在	上翼缘	$0.69+0.13\xi$	0.95	图5.7(*a*)、(*b*)的截面和轧制H型钢截面
2			下翼缘	$1.73-0.20\xi$	1.33	
3		集中荷载作用在	上翼缘	$0.73+0.18\xi$	1.09	
4			下翼缘	$2.23-0.28\xi$	1.67	
5	跨度中点有一个侧向支承点	均布荷载作用在	上翼缘	1.15		图5.7中的所有截面和轧制H型钢截面
6			下翼缘	1.40		
7		集中荷载作用在截面高度上任意位置		1.75		
8	跨中有不少于两个等距离侧向支承点	任意荷载作用在	上翼缘	1.20		
9			下翼缘	1.40		
10	梁端有弯矩，但跨中无荷载作用			$1.75-1.05\frac{M_2}{M_1}+0.3\left(\frac{M_2}{M_1}\right)^2$，但$\leqslant2.3$		

注：(1) $\xi=\frac{l_1 t}{bh}$——系数，其中b和l_1为梁的受压翼缘宽度和其侧向自由长度。

(2) M_1、M_2为梁的端弯矩，使梁产生同向曲率时M_1和M_2取同号，产生反向曲率时取异号，$|M_1|\geqslant|M_2|$。

(3) 表中项次3、4和7的集中荷载是指一个或少数几个集中荷载位于跨中央附近的情况，对其他情况的集中荷载，应按表中项次1、2、5、6内的数值采用。

(4) 表中项次8、9的β_b，当集中荷载作用在侧向支承点处时，取$\beta_b=1.20$。

(5) 荷载作用在上翼缘系指荷载作用点在翼缘表面，方向指向截面形心。

荷载作用在下翼缘系指荷载作用点在翼缘表面，方向背向截面形心。

(6) 对$\alpha_b>0.8$的加强受压翼缘工字形截面，下列情况的β_b值应乘以相应的系数：

项次1：当$\xi\leqslant1.0$时，乘以0.95；

项次3：当$\xi\leqslant0.5$时，乘以0.90；

当$0.5<\xi\leqslant1.0$时，乘以0.95。

上述整体稳定系数φ_b是按弹性稳定理论推导的，故只适用于弹性阶段，而大量中等跨度的梁

① φ_b计算公式的应用和β_b、η_b的取值可参阅《疑难释义》第9.4节。

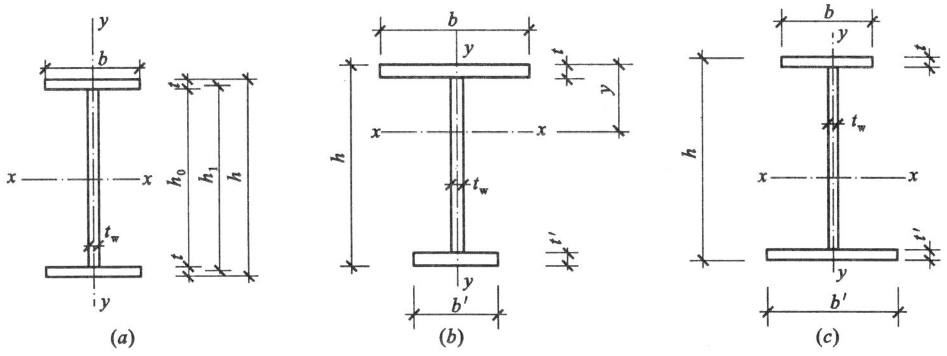

图 5.7 工字形截面

(*a*) 双轴对称；(*b*) 加强受压翼缘；(*c*) 加强受拉翼缘

失稳时常处于弹塑性阶段。经研究分析，在残余应力等因素影响下，梁进入弹塑性阶段明显提前，约相当于在 $\varphi_b=0.6$ 时，其后，临界应力显著降低。因此，当 $\varphi_b>0.6$ 时，应采用一个较小的 φ'_b 代替 φ_b。根据试验研究，φ'_b 可按下式计算①

$$\varphi'_b=1.07-\frac{0.282}{\varphi_b}\leqslant 1.0 \tag{5.21}$$

5.4.4.2 工字钢简支梁

工字钢简支梁由于其翼缘有斜坡，且在与腹板交接处为圆角，因此其截面特性不能按三块钢板的组合工字形截面计算，故不能采用式(5.20)计算其 φ_b，否则误差较大。考虑到工字钢为国家标准，规格统一，因此可将其 φ_b 制成表格以方便应用。《设计规范》按理论公式根据侧向支承情况、荷载类型和作用位置、受压翼缘侧向自由长度，结合工字钢型号计算，然后进行适当归并成表 5.7，以便直接查用。当查得 $\varphi_b>0.6$ 时亦按式(5.21)计算相应的 φ'_b 代替 φ_b。

表 5.7 工字钢简支梁的 φ_b

项次	荷载情况			工字钢型号	自由长度 l_1(m)								
					2	3	4	5	6	7	8	9	10
1	跨中无侧向支承点的梁	集中荷载作用于	上翼缘	10～20	2.00	1.30	0.99	0.80	0.68	0.58	0.53	0.48	0.43
				22～32	2.40	1.48	1.09	0.86	0.72	0.62	0.54	0.49	0.45
				36～63	2.80	1.60	1.07	0.83	0.68	0.56	0.50	0.45	0.40
2			下翼缘	10～20	3.10	1.95	1.34	1.01	0.82	0.69	0.63	0.57	0.52
				22～40	5.50	2.80	1.84	1.37	1.07	0.86	0.73	0.64	0.56
				45～63	7.30	3.60	2.30	1.62	1.20	0.96	0.80	0.69	0.60
3		均布荷载作用于	上翼缘	10～20	1.70	1.12	0.84	0.68	0.57	0.50	0.45	0.41	0.37
				22～40	2.10	1.30	0.93	0.73	0.60	0.51	0.45	0.40	0.36
				45～63	2.60	1.45	0.97	0.73	0.59	0.50	0.44	0.38	0.35
4			下翼缘	10～20	2.50	1.55	1.08	0.83	0.68	0.56	0.52	0.47	0.42
				22～40	4.00	2.20	1.45	1.10	0.85	0.70	0.60	0.52	0.46
				45～63	5.60	2.80	1.80	1.25	0.95	0.78	0.65	0.55	0.49
5	跨中有侧向支承点的梁(不论荷载作用点在截面高度上的位置)			10～20	2.20	1.39	1.01	0.79	0.66	0.57	0.52	0.47	0.42
				22～40	3.00	1.80	1.24	0.96	0.76	0.65	0.56	0.49	0.43
				45～63	4.00	2.20	1.38	1.01	0.80	0.66	0.56	0.49	0.43

注：(1) 同表 5.6 的注(3)、(5)。

(2) 表中的 φ_b 适用于 Q235 钢，对其他钢号，表中数值应乘以 $235/f_y$。

---

① 式(5.21)的来源可参阅《疑难释义》第 9.7 节。

5.4.4.3 槽钢简支梁

槽钢简支梁是单轴对称截面，其理论的整体稳定系数计算繁杂，《设计规范》采用近似简化方法，即不论荷载形式和荷载作用点在截面高度上的位置，均可按下式计算①。当算得的 φ_b 大于 0.6 时，亦应按式(5.21)计算相应的 φ'_b 代替 φ_b：

$$\varphi_b = \frac{570bt}{l_1 h} \cdot \frac{235}{f_y} \tag{5.22}$$

式中 h、b、t——分别为槽钢截面的高度、翼缘宽度和平均厚度。

5.4.4.4 双轴对称工字形等截面(含 H 型钢)悬臂梁

双轴对称工字形等截面(含 H 型钢)悬臂梁的 φ_b 也按式(5.20)计算，但式中 β_b 应按表 5.8 查得，$\lambda_y = l_1/i_y$ 中的 l_1 取悬臂梁的悬伸长度，并取 $\eta_b = 0$，当求得的 $\varphi_b > 0.6$ 时亦应按式(5.21)计算相应的 φ'_b 代替 φ_b。

表 5.8 双轴对称工字形等截面(含 H 型钢)悬臂梁的系数 β_b

项次	荷载情况		$\xi = l_1 t/bh$		
			$0.6 \leqslant \xi \leqslant 1.24$	$1.24 < \xi \leqslant 1.96$	$1.96 < \xi \leqslant 3.10$
1	自由端一个集中荷载作用在	上翼缘	$0.21 + 0.67\xi$	$0.72 + 0.26\xi$	$1.17 + 0.03\xi$
2		下翼缘	$2.94 - 0.65\xi$	$2.64 - 0.40\xi$	$2.15 - 0.15\xi$
3	均布荷载作用在上翼缘		$0.62 + 0.82\xi$	$1.25 + 0.31\xi$	$1.66 + 0.10\xi$

注：本表是按支承为固定的情况确定的，当用于由邻跨延伸出来的伸臂梁时，应在构造上采取措施加强支承处的抗扭能力。

5.4.5 均匀弯曲的受弯构件整体稳定系数 φ_b 的近似计算(适用于 $\lambda_y \leqslant 120\sqrt{235/f_y}$)②

由于 λ_y 小的受弯构件均在弹塑性阶段屈曲，大多数 $\varphi_b > 0.7$，经换算后的 $\varphi'_b = 0.65 \sim 1$，故可采用下面更简单的近似公式，以方便计算，且误差较小。由于近似公式实际已是由 φ_b 换成 φ'_b 的表达式，故当用其算得的 $\varphi_b > 0.6$ 时不必再按式(5.21)换算成 φ'_b。

(1) 工字形截面(含 H 型钢)

双轴对称时

$$\varphi_b = 1.07 - \frac{\lambda_y^2}{14000} \cdot \frac{f_y}{235}，不大于 1.0 \tag{5.23}$$

单轴对称时

$$\varphi_b = 1.07 - \frac{W_{1x}}{(2\alpha_b + 0.1)Ah} \cdot \frac{\lambda_y^2}{14000} \cdot \frac{f_y}{235}，不大于 1.0 \tag{5.24}$$

(2) T 形截面(弯矩作用在对称轴平面，绕 x 轴)

① 弯矩使翼缘受压时

双角钢 T 形截面

$$\varphi_b = 1 - 0.0017\lambda_y \sqrt{\frac{f_y}{235}} \tag{5.25}$$

剖分 T 型钢和两板组合 T 形截面

$$\varphi_b = 1 - 0.0022\lambda_y \sqrt{\frac{f_y}{235}} \tag{5.26}$$

---

① 式(5.22)的来源可参阅《疑难释义》第 9.4 节。

② φ_b 的近似计算公式是怎样得来的，可参阅《疑难释义》第 9.8 节。

② 弯矩使翼缘受拉且腹板宽厚比不大于 $18\sqrt{235/f_y}$ 时

$$\varphi_b = 1 - 0.0005\lambda_y\sqrt{\frac{f_y}{235}} \tag{5.27}$$

(3) 箱形截面

$$\varphi_b = 1.0 \tag{5.28}$$

5.4.6　保证梁整体稳定性的措施和不需计算整体稳定性的梁

实际工程中单独的梁很少，它一般都是与其他构件连接在一起组成结构体系。因此将这些构件（刚性铺板、次梁、支撑等）与梁受压翼缘牢固连接，是保证梁整体稳定性的良好措施。所以，当符合下列情况之一时，可不必计算其整体稳定性：

(1) 有铺板（各种钢筋混凝土板和钢板）密铺在梁的受压翼缘上并与其牢固相连，能阻止梁受压翼缘的侧向位移时。

(2) H 型钢或等截面工字形简支梁受压翼缘的侧向自由长度 l_1 与其宽度 b 之比不超过表 5.9 所规定的数值时①。

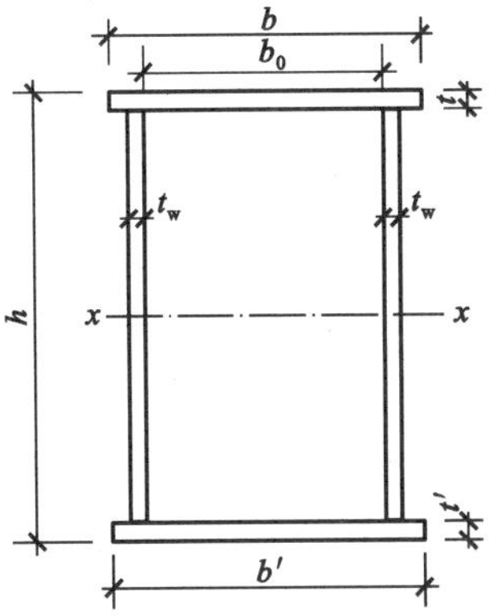

图 5.8　箱形截面

(3) 箱形截面简支梁的截面尺寸（图 5.8）$h/b_0 \leqslant 6$ 且 $l_1/b_0 \leqslant 95(235/f_y)$ 时（此数值箱形截面一般较易满足）。

表 5.9　H 型钢或等截面工字形简支梁不需计算整体稳定性的最大 l_1/b 值

钢　号	跨中无侧向支承点的梁		跨中受压翼缘有侧向支承点的梁，不论荷载作用于何处
	荷载作用在上翼缘	荷载作用在下翼缘	
Q235	13.0	20.0	16.0
Q345	10.5	16.5	13.0
Q390	10.0	15.5	12.5
Q420	9.5	15.0	12.0

必须注意，所有上述整体稳定计算公式均是根据梁的端部截面不产生扭转变形（扭转角等于零）。因此，在梁端处必须采取构造措施提高抗扭刚度，以防止端部截面扭转，否则梁的整体稳定性能将会降低。

简支梁的理想简支支座最好是按图 5.9 所示的夹支（或称夹支支座），它可使梁在支座处绕 x、y 轴均可转动，且翘曲不受约束，但不能侧移和绕 z 轴扭转。在实际工程中虽然不必完全按理想夹支的构造形式，但必须注意防止支座处梁产生侧移和扭转。如对吊车梁可采用板铰形式的连接（见图 5.55），即除梁端的下翼缘与柱用螺栓连接外，上翼缘也用两端开有销钉孔的长条钢板（板铰），用销钉与柱的侧面连接，这样既能防止梁端侧移和扭转，又能在 x、y 方向自由转动（自由转动还可有效地防止此处产生疲劳破坏），故较接近于理想夹支。对梁受压翼缘上有刚性铺板或支撑体系能保证整体稳定的梁，其梁端简单支承（如图 5.51）即可，对抗扭刚度不

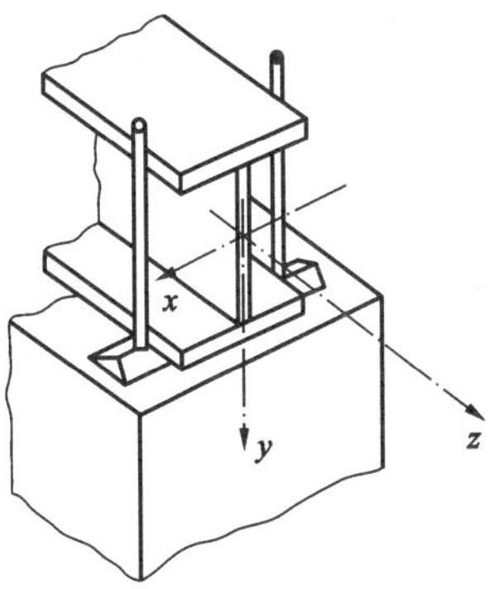

图 5.9　简支梁的理想夹支支座

① 等截面工字形简支梁不需计算整体稳定性的最大 l_1/b 值的来源可参阅《疑难释义》第 9.6 节。

需过高要求。但对无刚性铺板或支撑体系不足以保证整体稳定时，上述简单支承则达不到扭转角等于零的边界条件，因其只能起弹性约束作用，故还需增强端部抗扭刚度。图 5.10(*a*)、(*b*)是在梁端设置横向(支承)加劲肋，适用于高度不大的梁。对高度较大的梁，可在梁端设置平行弦桁架式垂直支撑和系杆(类似图 7.7 截面Ⅰ-Ⅰ屋架端部支撑体系)。图 5.10(*c*)适用于槽钢檩条，檩托角钢的竖直肢应较高且要有一定厚度，以防止扭转。图 5.10(*d*)的 Z 形薄壁型钢檩条，若采用冷弯薄壁角钢檩托，则刚度不够，应采用加劲肋加强。

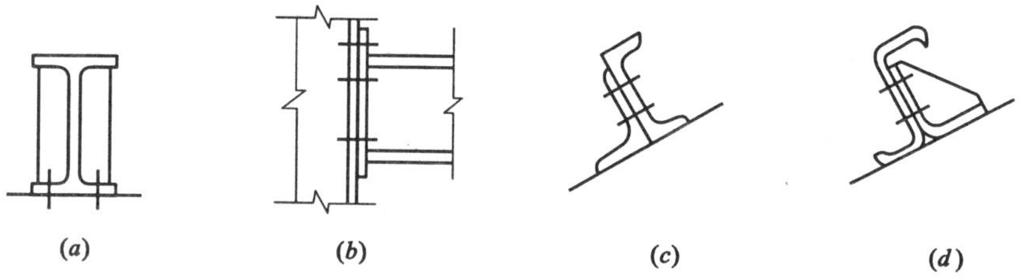

图 5.10　防止梁端部截面扭转的一般支座构造

【例 5.1】　一焊接工字形等截面简支梁，跨度 9m，梁上作用的集中荷载 $F_1=240$kN(图5.11)，自重 1.6kN/m(均为设计值)。材料 Q235B 钢。试验算此梁的抗弯强度和整体稳定性：(1) 按无侧向支承；(2) 按跨中和两端设置侧向支承。

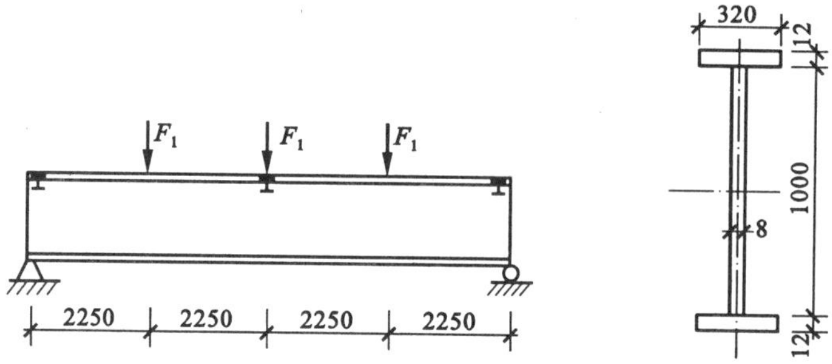

图 5.11　例 5.1 附图

【解】　(1) 无侧向支承

① 截面几何特性

$$A = 100 \times 0.8 + 2 \times 32 \times 1.2 = 156.8\text{cm}^2$$

$$I_x = \frac{1}{12} \times 0.8 \times 100^3 + 2 \times 32 \times 1.2 \times 50.6^2 = 263300\text{cm}^4$$

$$I_y = 2 \times \frac{1}{12} \times 1.2 \times 32^3 = 6554\text{cm}^4$$

$$W_x = \frac{263300}{51.2} = 5143\text{cm}^3$$

$$i_y = \sqrt{\frac{I_y}{A}} = \sqrt{\frac{6554}{156.8}} = 6.47$$

$$\lambda_y = \frac{l_1}{i_y} = \frac{900}{6.47} = 139$$

② 抗弯强度验算

最大弯矩设计值为

$$M_x = \frac{1}{8} \times 1.6 \times 9^2 + \frac{1}{2} \times 3 \times 240 \times 4.5 - 240 \times 2.25 = 1096.2\text{kN} \cdot \text{m}$$

按式(5.4)得

$$\frac{M_x}{\gamma_x W_{nx}}=\frac{1096.2\times10^6}{1.05\times5143\times10^3}=203\text{N/mm}^2<f=215\text{N/mm}^2\qquad(满足)$$

③ 整体稳定验算

梁受压翼缘的侧向自由长度 l_1 与其宽度 b 的比值 $l_1/b=900/32=28.1>16$，超过表 5.9 规定的数值，故应进行整体稳定性计算。计算 φ_b 时，需先求 β_b。

按表 5.6 跨中无侧向支承情况，但 3 个集中荷载不全位于跨中央附近，故根据注(3)，应取表中项次 1，即按均布荷载作用在上翼缘的情况。

$$\xi=\frac{l_1 t}{bh}=\frac{900\times1.2}{32\times102.4}=0.33<2.0$$

故 $$\beta_1=0.69+0.13\xi=0.69+0.13\times0.33=0.733$$

双轴对称工字形截面 $\eta_b=0$

整体稳定系数按式(5.20)为

$$\begin{aligned}\varphi_b&=\beta_b\frac{4320}{\lambda_y^2}\cdot\frac{Ah}{W_x}\left[\sqrt{1+\left(\frac{\lambda_y t}{4.4h}\right)^2}+\eta_b\right]\frac{235}{f_y}\\&=0.733\times\frac{4320}{139^2}\times\frac{156.8\times102.4}{5143}\times\sqrt{1+\left(\frac{139\times1.2}{4.4\times102.4}\right)^2}\times\frac{235}{235}\\&=0.546<1.0\end{aligned}$$

由于抗弯强度已经接近强度设计值，故梁的整体稳定将不能保证。

(2) 按跨中和两端设置侧向支承

此时 $l_1=l/2=900/2=450\text{cm}$，则 $\lambda_y=l_1/i_y=450/6.47=69.6$。按表 5.6 跨度中点有一个侧向支承点情况，同样因 3 个集中荷载不全位于跨中央附近，故取表中项次 5，即 $\beta_b=1.15$。按式(5.20)为

$$\begin{aligned}\varphi_b&=\beta_b\frac{4320}{\lambda_y^2}\cdot\frac{Ah}{W_x}\left[\sqrt{1+\left(\frac{\lambda_y t}{4.4h}\right)^2}+\eta_b\right]\cdot\frac{235}{f_y}\\&=1.15\times\frac{4320}{69.6^2}\times\frac{156.8\times102.4}{5143}\times\sqrt{1+\left(\frac{69.6\times1.2}{4.4\times102.4}\right)^2}\times\frac{235}{235}\\&=3.26>0.6\end{aligned}$$

由式(5.21)

$$\varphi_b'=1.07-\frac{0.282}{\varphi_b}=1.07-\frac{0.282}{3.26}=0.983\approx1.0$$

由式(5.17)

$$\frac{M}{\varphi_b' W_x}=\frac{1096.2\times10^6}{0.983\times5143\times10^3}=216.8\text{N/mm}^2\approx f=215\text{N/mm}^2\qquad(满足)$$

由计算结果可见，在跨度中点设置侧向支承点后，不但梁的整体稳定得到了保证，同时抗弯强度也得以充分发挥。本题若查表 5.9，Q235 钢跨中受压翼缘有侧向支承点的梁不需计算整体稳定性的最大 $l_1/b=16$，而该梁的 $l_1/b=450/32=14.1<16$，故不需计算即可知梁的整体稳定可以得到保证。

5.5 型钢梁设计

5.5.1 单向弯曲型钢梁

型钢梁的设计包括截面选择和验算两个内容，可按下列步骤进行：

(1) 根据梁的荷载、跨度和支承情况，计算梁的最大弯矩设计值 M_{max}，并按所选的钢号确定抗弯强度设计值 f。

(2) 按抗弯强度或整体稳定性要求计算型钢需要的截面模量(公式中 φ_b 可预估)：

$$W_{nxreq}=\frac{M_{max}}{\gamma_x f}\quad 或\quad W_{xreq}=\frac{M_{max}}{\varphi_b f}$$

然后由 W_{nxreq} 或 W_{xreq} 查型钢表，选择与其相近的型钢(尽量选用 a 类)。

(3) 截面验算

1) 强度

① 抗弯强度——按式(5.4)计算，式中 M_x 应加上自重产生的弯矩。

② 抗剪强度——按式(5.6)计算。

③ 局部承压强度——按式(5.7)计算。

由于型钢梁的腹板较厚，故一般均能满足抗剪强度和局部承压强度的要求，因此，若在最大剪力处截面无太大削弱，一般均可不作验算。折算应力亦可不作验算。

2) 整体稳定

若没有能足够阻止梁受压翼缘侧向位移的密铺铺板和支承时，应按式(5.17)计算整体稳定性。

3) 刚度

按式(5.11)或式(5.12)计算。

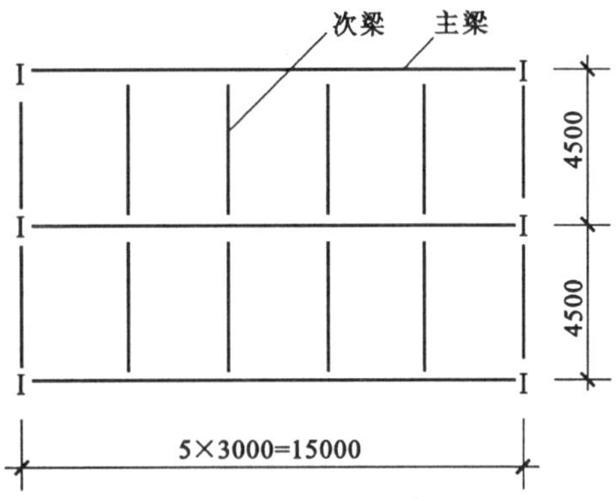

图 5.12　例 5.2 附图

【例 5.2】 试设计图 5.12 所示工作平台梁格中的次梁。梁上铺 80mm 厚预制钢筋混凝土板和 30mm 厚素混凝土面层。活荷载标准值 6kN/m²(静力荷载)。钢材 Q235B 钢。采用截面形式：(1) H 型钢；(2) 工字钢。并考虑预制板与次梁连牢和不连牢两种情况。

【解】 查《荷载规范》，钢筋混凝土自重按 25kN/m³，素混凝土按 24kN/m³，则平台板和面层的重力标准值为

$$0.08\times25+0.03\times24=2.72\text{kN/m}^2$$

次梁承受的线荷载标准值为

$$q_k=2.72\times3+6\times3=8.16+18=26.16\text{kN/m}$$

荷载组合按式(3.18)，即取由可变荷载效应控制的组合进行计算。且平台活荷载标准值大于 4kN/m²，因此取 $\gamma_Q=1.3$，$\gamma_G=1.2$。故次梁承受的线荷载设计值为

$$q=1.2\times8.16+1.3\times18=33.19\text{kN/m}$$

最大弯矩设计值

$$M_{max}=\frac{1}{8}ql^2=\frac{1}{8}\times33.19\times4.5^2=84.01\text{kN}\cdot\text{m}$$

(1) H 型钢

1) 按强度条件选择截面(预制板与次梁连牢情况)

由抗弯强度计算公式确定需要的净截面模量,因系静力荷载,故可考虑截面塑性发展系数。

$$W_{nxreq}=\frac{M_{max}}{\gamma_x f}=\frac{84.01\times10^6}{1.05\times215}=372000\text{mm}^3=372\text{cm}^3$$

查附表 4,选 HN298×149×5.5×8,W_x=396.7cm^3,I_x=5911cm^4,自重 32.0kg/m=0.31kN/m。

考虑自重后的最大弯矩设计值

$$q=33.19+1.2\times0.31=33.56\text{kN/m}$$

$$M_{max}=\frac{1}{8}\times33.56\times4.5^2=84.95\text{kN}\cdot\text{m}$$

① 抗弯强度验算

按式(5.4),设最大弯矩截面无孔洞削弱,$W_{nx}=W_x$。

$$\frac{M_{max}}{\gamma_x W_{nx}}=\frac{84.95\times10^6}{1.05\times396.7\times10^3}=203.9\text{N/mm}^2<f=215\text{N/mm}^2 \qquad \text{(满足)}$$

② 刚度验算

按式(5.12)分别计算全部荷载和活荷载标准值作用下的挠度。查表 5.3 项次 4 中(3),工作平台次梁的挠度容许值$[\upsilon_T]=1/250$,$[\upsilon_Q]=1/300$。

全部荷载标准值

$$q_{kT}=26.16+0.31=26.47\text{kN/m}$$

$$\frac{\upsilon_T}{l}=\frac{5}{384}\cdot\frac{q_{kT}l^3}{EI_x}=\frac{5\times26.47\times4500^3}{384\times206\times10^3\times5911\times10^4}=\frac{1}{388}<\frac{[\upsilon_T]}{l}=\frac{1}{250} \qquad \text{(满足)}$$

$$\frac{\upsilon_Q}{l}=\frac{1}{388}\times\frac{18}{26.47}=\frac{1}{570}<\frac{[\upsilon_Q]}{l}=\frac{1}{300} \qquad \text{(满足)}$$

③ 其他强度验算

若次梁放在主梁顶面上,且端部无支承加劲肋,则应按支座反力验算支座处局部承压强度(若次梁与主梁采用如图 5.51(*b*)、(*c*)所示的平接,则不需验算)。

支座反力

$$R=\frac{1}{2}ql=\frac{1}{2}\times33.56\times4.5=75.5\text{kN}$$

设支承长度 a=80mm,且支承板与梁端部齐平(a_1=0)。查附表 4.1 得 H 型钢底面至腹板与翼缘相交圆角起点的距离为

$$h_y=r+t=13+8=21\text{mm},\text{腹板厚 } t_w=5.5\text{mm}$$

$$l_z=a+2.5h_y+a_1=80+2.5\times21+0=132.5\text{mm}$$

按式(5.7)

$$\sigma_c=\frac{\psi R}{t_w l_z}=\frac{1\times75.5\times10^3}{5.5\times132.5}=103.6\text{N/mm}^2<f=215\text{N/mm}^2 \qquad \text{(满足)}$$

(计算出的 σ_c 数值较小。因此,若截面无太大削弱时,型钢梁的 σ_c 一般可不作计算。同样,剪应力和折算应力也可不作计算。)

2) 按整体稳定性选择截面(预制板与次梁不连牢情况)

先借用工字钢的稳定系数,即由表 5.7 中项次 3 跨中无侧向支承点的梁、均布荷载作用于上翼缘、工字钢型号 22～40、自由长度 4.5m,查得 φ_b=0.83>0.6。按式(5.21)得

$$\varphi_b' = 1.07 - \frac{0.282}{\varphi_b} = 1.07 - \frac{0.282}{0.83} = 0.73$$

需要的截面模量

$$W_{xreq} = \frac{M_{max}}{\varphi_b f} = \frac{84.01 \times 10^6}{0.73 \times 215} = 535000\text{mm}^3 = 535\text{cm}^3$$

查附表 4，选 HN346×174×6×9，$W_x = 604.4\text{cm}^3$，$i_y = 3.88\text{cm}$，$A = 52.45\text{cm}^2$，自重41.2kg/m =0.4N/m。

考虑自重后的最大弯矩设计值

$$q = 33.19 + 1.2 \times 0.4 = 33.67\text{kN/m}$$

$$M_{max} = \frac{1}{8} \times 33.67 \times 4.5^2 = 85.23\text{kN} \cdot \text{m}$$

按式(5.20)计算 H 型钢整体稳定系数

$$\xi = \frac{l_1 t}{bh} = \frac{4500 \times 9}{174 \times 346} = 0.67 < 2.0$$

查表 5.6 中项次 1(跨中无侧向支承、均布荷载作用在上翼缘)

$$\beta_b = 0.69 + 0.13\xi = 0.69 + 0.13 \times 0.67 = 0.777$$

$$\lambda_y = \frac{l_1}{i_y} = \frac{450}{3.88} = 116$$

$$\varphi_b = \beta_b \frac{4320}{\lambda_y^2} \cdot \frac{Ah}{W_x} \sqrt{1 + \left(\frac{\lambda_y t}{4.4h}\right)^2}$$

$$= 0.777 \times \frac{4320}{116^2} \times \frac{52.45 \times 34.6}{604.4} \sqrt{1 + \left(\frac{116 \times 0.9}{4.4 \times 34.6}\right)^2} = 0.908 > 0.6$$

按式(5.21)得

$$\varphi_b' = 1.07 - \frac{0.282}{\varphi_b} = 1.07 - \frac{0.282}{0.908} = 0.759$$

按式(5.17)得

$$\frac{M_{max}}{\varphi_b W_x} = \frac{85.23 \times 10^6}{0.759 \times 604.4 \times 10^3} = 185.8\text{N/mm}^2 < f = 215\text{N/mm}^2 \quad \text{(满足)}$$

其他验算略。

(2) 工字钢

1) 按强度条件选择截面(预制板与次梁连牢情况)

按 $W_{nxreq} = 372\text{cm}^3$ 查附表 7，选 I 25a，$W_x = 402\text{cm}^3$，$I_x = 5020\text{cm}^4$，自重 38.1kg/m =0.38kN/m。

考虑梁自重后的最大弯矩设计值

$$q = 33.19 + 1.2 \times 0.38 = 33.65\text{kN/m}$$

$$M_{max} = (1/8) \times 33.65 \times 4.5^2 = 85.2\text{kN} \cdot \text{m}$$

① 抗弯强度验算

按式(5.4)，设最大弯矩处截面无孔洞削弱，$W_{nx} = W_x$。

$$\frac{M_{max}}{\gamma_x W_{nx}} = \frac{85.2 \times 10^6}{1.05 \times 402 \times 10^3} = 201.8\text{N/mm}^2 < f = 215\text{N/mm}^2 \quad \text{(满足)}$$

② 刚度验算

全部荷载标准值

$$q_{kT} = 26.16 + 0.38 = 26.54\text{kN/m}$$

按式(5.12)得

$$\frac{\upsilon_T}{l} = \frac{5}{384} \cdot \frac{q_{kT}l^3}{EI_x} = \frac{5 \times 26.54 \times 4500^3}{384 \times 206 \times 10^3 \times 5020 \times 10^4} = \frac{1}{328} < \frac{[\upsilon_T]}{l} = \frac{1}{250} \quad (满足)$$

$$\frac{\upsilon_Q}{l} = \frac{1}{328} \times \frac{18}{26.54} = \frac{1}{484} < \frac{[\upsilon_Q]}{l} = \frac{1}{300} \quad (满足)$$

2) 按整体稳定性选择截面(预制板与次梁不连牢情况)

按 $W_{xreq}=535\text{cm}^3$ 查附表 7,选 I 28b,$W_x=534\text{cm}^3$,$I_x=748\text{cm}^4$,自重 47.9kg/m=0.47kN/m。考虑梁自重后的最大弯矩设计值

$$q = 33.19 + 1.2 \times 0.47 = 33.75\text{kN/m}$$

$$M_{max} = \frac{1}{8} \times 33.75 \times 4.5^2 = 85.43\text{kN} \cdot \text{m}$$

整体稳定性验算:按式(5.17),$\varphi_b'=0.73$(按前面计算结果)

$$\frac{M_{max}}{\varphi_b W_x} = \frac{85.43 \times 10^6}{0.73 \times 534 \times 10^3} = 219.2\text{N/mm}^2 \approx f = 215\text{N/mm}^2 \quad (满足)$$

其他验算从略。

由以上计算可见,该次梁若按整体稳定性设计将比按强度设计选用的截面大得多,故一般工作平台梁或楼层梁,应尽量采取构造措施(与平台铺板等连牢),以保证梁不丧失整体稳定。另外,H 型钢因截面分布较工字钢合理,故其用钢量较少,经济效果明显(参见附表 5 的两者参数对比)。

5.5.2 双向弯曲型钢梁

双向弯曲型钢梁较广泛地用于屋面檩条和墙梁。一般将檩条采用的型钢腹板垂直于屋面放置,故其在两个主平面受弯。墙梁因兼受墙体材料的重力和墙面传来的水平风荷载,故也是双向受弯梁。现以檩条为例对双向弯曲型钢梁加以论述。

5.5.2.1 檩条的形式和构造

檩条的截面常采用槽钢、角钢、H 型钢和 Z 形或槽形(亦称 C 形)冷弯薄壁型钢。角钢檩条(图 5.13(a))只在跨度和荷载均较小时采用。槽钢檩条(图 5.13(b))应用普遍,但其壁较厚,强度不能充分利用,用钢量较大。H 型钢(HN 型)檩条(图 5.13(c))适用于跨度较大的情况,能较好地满足强度和刚度要求。Z 形或槽形薄壁型钢檩条适用于轻型屋面(压型钢板、夹心保温板等),尤其是 Z 形钢檩条(图 5.13(d))受力合理,荷载方向靠近主轴的弱轴,故基本上为强轴(x 轴)受弯,其用钢量可比槽钢檩条少得多。

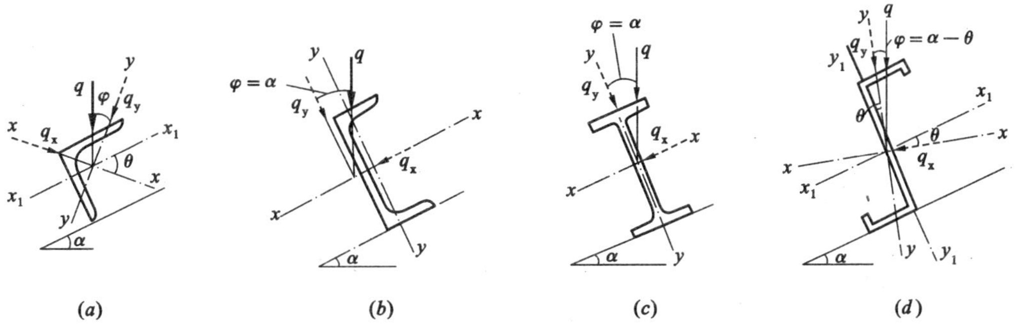

图 5.13 檩条截面形式

槽钢和Z形薄壁型钢檩条的侧向刚度较小，当跨度较大时，可在其跨中设置1～2道拉条(拉条设置及构造详见第7.2节)，以减小侧向弯矩。

5.5.2.2　檩条的计算

(1) 强度

檩条型钢的腹板由于与屋面垂直放置，故在屋面竖向荷载 q 的作用下，其截面的两个主轴方向分别承受 $q_x = q\sin\varphi$ 和 $q_y = q\cos\varphi$ 分力的作用(φ 为 q 与主轴 y 的夹角)，从而产生双向弯曲。如荷载偏离截面的剪心，还要产生扭转。但一般偏心不大，且屋面材料和拉条对阻止檩条扭转能起一定作用，故扭矩的影响可不考虑，只需按双向受弯构件作强度计算。另外，型钢檩条的壁厚较大，其抗剪和局部承压强度可不计算，因此仅需按式(5.5)计算抗弯强度。式中 M_y，在无拉条时，按简支梁计算；在有拉条时，按多跨连续梁计算(图5.14)。

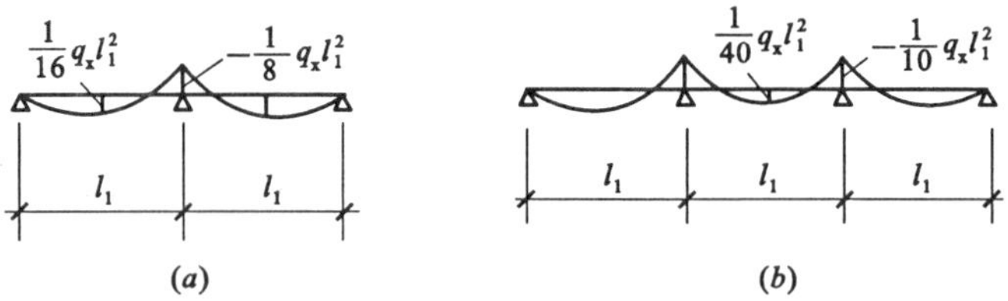

图5.14　有拉条时的 M_y

(a) 一根拉条；(b) 二根拉条

(2) 整体稳定

当檩条有拉条时，一般可不计算整体稳定。当无拉条且屋面材料刚性较弱(如石棉瓦、瓦楞铁等)，在构造上不能阻止受压翼缘侧向位移时，对H型钢或工字钢檩条，可按式(5.18)计算整体稳定。

(3) 刚度

有拉条时，檩条一般只计算垂直于屋面方向的最大挠度不超过挠度容许值，以保证屋面的平整，即

$$\upsilon = \frac{5}{384} \cdot \frac{q_{ky} l^4}{EI_x} \leqslant [\upsilon] \tag{5.29}$$

式中　q_{ky}——檩条沿 y 方向的线荷载标准值；

$[\upsilon]$——檩条的挠度容许值，按表5.1选用。

无拉条时，应计算总挠度不超过挠度容许值，即

$$\sqrt{\upsilon_x^2 + \upsilon_y^2} \leqslant [\upsilon] \tag{5.30}$$

式中　υ_x、υ_y——x 方向和 y 方向的分挠度。

5.5.2.3　檩条的截面选择

檩条和屋面材料的连接在构造上应牢固，或在檩条跨度较大时设置拉条，以使檩条的整体稳定得以保证，这样可按抗弯强度计算型钢需要的净截面模量 W_{nxreq} 选择截面。由式(5.5)可得

$$W_{nxreq} = \frac{M_x}{\gamma_x f}\left(1 + \frac{\gamma_x}{\gamma_y} \cdot \frac{W_{nx}}{W_{ny}} \cdot \frac{M_y}{M_x}\right) \tag{5.31}$$

对型钢檩条，$\gamma_x/\gamma_y = 1.05/1.2 = 0.875$，$W_x/W_y \approx 3 \sim 6$(对[5～[16)或 $W_x/W_y \approx 7$(对HN型钢100×50～300×150型号)，故利用上式可较方便地求得 W_{nxreq}。然后查型钢表选择与其相近的型钢，再按前述作必要的强度和刚度等计算。

【例5.3】　试设计一槽钢檩条。跨度6m，跨中设一根拉条。屋面坡度为1∶2.5。檩条承受的

屋面材料重力为 0.4kN/m，活荷载为 0.5kN/m（均为标准值），材料为 Q235A 钢，挠度容许值$[\upsilon]=l/150$。

【解】 屋面倾角 $\alpha=\arctan 1/2.5=21°48'$，$\sin\alpha=0.3714$，$\cos\alpha=0.9285$。

设檩条和拉条自重 0.1kN/m，檩条线荷载设计值

$$g+q=1.2\times(0.4+0.1)+1.4\times0.5=1.3\text{kN/m}$$

$$M_x=\frac{1}{8}(g+q)\cos\alpha\cdot l^2=\frac{1}{8}\times1.3\times0.9285\times6^2=5.43\text{kN}\cdot\text{m}$$

$$M_y=-\frac{1}{8}(g+q)\sin\alpha\cdot l_1^2=-\frac{1}{8}\times1.3\times0.3714\times3^2=-0.54\text{kN}\cdot\text{m}$$

型钢需要的净截面模量按式(5.31)，取 $W_x/W_y=5$

$$W_{\text{nxreq}}=\frac{M_x}{\gamma_x f}\left(1+\frac{\gamma_x}{\gamma_y}\cdot\frac{W_x}{W_y}\cdot\frac{M_y}{M_x}\right)$$

$$=\frac{5.43\times10^6}{1.05\times215}\times\left(1+0.875\times5\times\frac{0.54\times10^6}{5.43\times10^6}\right)$$

$$=34500\text{mm}^3=34.5\text{cm}^3$$

查附表 8，选[10，自重 $g_0\approx0.1$kN/m，$W_x=39.7\text{cm}^3$，$W_y=7.8\text{cm}^3$，$I_x=198\text{cm}^4$，$i_x=3.95$cm，$i_y=1.41$cm。考虑到计算截面（跨中截面）处有连接拉条的孔洞削弱，故将截面模量乘以 0.9 的折减系数，即 $W_{nx}=0.9\times39.7=35.7\text{cm}^3$，$W_{ny}=0.9\times7.8=7\text{cm}^3$ 。

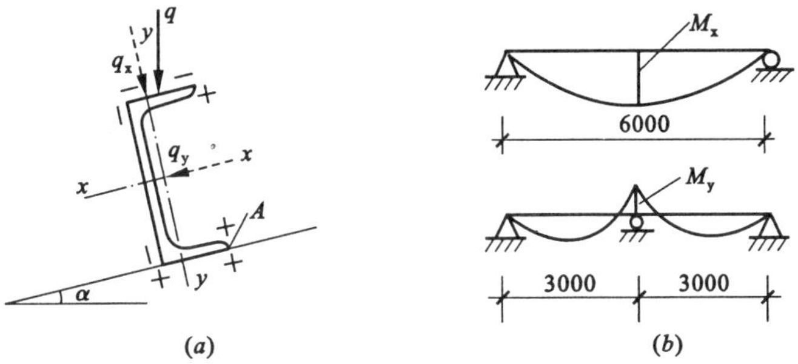

图 5.15 例 5.3 附图

(1) 抗弯强度验算

最大应力（拉应力）位于跨中截面肢尖 A 点（图 5.15(a)），按式(5.5)

$$\frac{M_x}{\gamma_x W_{nx}}+\frac{M_y}{\gamma_y W_{ny}}=\frac{5.43\times10^6}{1.05\times35.7\times10^3}+\frac{0.54\times10^6}{1.2\times7\times10^3}$$

$$=144.9+64.3=209.2\text{N/mm}^2$$

$$<f=215\text{N/mm}^2 \qquad (\text{满足})$$

(2) 刚度验算

验算垂直于屋面方向的挠度，按式(5.29)。

檩条均布荷载标准值

$$g_k+q_k=0.4+0.1+0.5=1.0\text{kN/m}$$

$$(g_k+q_k)_y=(g_k+q_k)\cos\alpha=1.0\times0.9285=0.93\text{kN/m}$$

$$\frac{\upsilon}{l}=\frac{5}{384}\cdot\frac{(g_k+q_k)_y l^3}{EI_x}=\frac{5}{384}\times\frac{0.93\times6000^3}{206\times10^3\times198\times10^4}$$

$$=\frac{1}{156}<\frac{[\upsilon]}{l}=\frac{1}{150} \qquad (\text{满足})$$

(3) 长细比验算

对兼任屋架上弦平面支撑的横杆和系杆的檩条,需作长细比计算(详见第 7.3 节)。

$$\lambda_x = \frac{l_{0x}}{i_x} = \frac{600}{3.95} = 152 < [\lambda]_{压} = 200$$

$$\lambda_y = \frac{l_{0y}}{i_y} = \frac{300}{1.41} = 213 \begin{matrix} > [\lambda]_{压} = 200 \\ < [\lambda]_{拉} = 400 \end{matrix}$$

该檩条在屋面坡向的刚度稍小,故不宜兼作支撑横杆或刚性系杆,只可兼作柔性系杆。

5.6 焊接组合梁设计

5.6.1 截面选择

组合梁的截面选择一般均按设计条件,依下述方法先估算梁的高度、腹板厚度和翼缘尺寸,然后验算。下面以双轴对称焊接工字形组合梁截面为例加以说明(图5.16)。

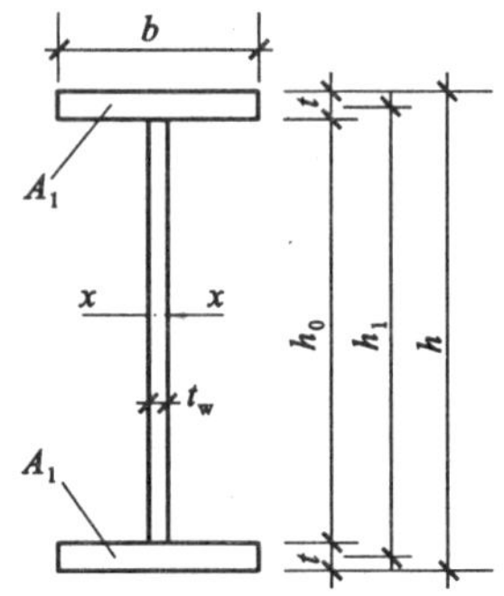

图 5.16　双轴对称工字形组合梁截面

5.6.1.1　截面高度 h 和腹板高度 h_0

梁的截面高度 h 应根据建筑设计容许的最大高度、刚度要求的最小高度和用钢经济的经济高度三方面条件确定。

建筑设计容许的最大高度是指梁底空间在满足使用要求所需要的最小净空条件下,梁的最大容许高度 h_{max}。

刚度要求的最小高度是指在正常使用时,梁的挠度不超过挠度容许值的最小高度 h_{min}。如均布荷载简支梁,其相对挠度应满足下式要求,即

$$\frac{\upsilon_{max}}{l} = \frac{5}{384} \cdot \frac{q_k l^3}{EI_x} = \frac{5}{48} \cdot \frac{M_k l}{EI_x} \approx \frac{M_k l}{10EI_x} \leqslant \frac{[\upsilon_T]}{l} \qquad (5.32)$$

式中　q_k——均布荷载标准值;

　　　M_k——最大弯矩标准值。

若取荷载分项系数为平均值 1.3,以 $M=1.3M_k$ 和 $\sigma_{max}=Mh/2I_x$、$E=206\times10^3\text{N/mm}^2$ 代入上式,可得

$$\frac{\upsilon_{max}}{l} = \frac{5}{1.3\times48} \cdot \frac{Ml}{206\times10^3 I_x} = \frac{\sigma_{max}}{1285000} \cdot \frac{l}{h} \leqslant \frac{[\upsilon_T]}{l}$$

所以

$$h_{min} \geqslant \frac{\sigma_{max} l}{1285000} \cdot \frac{l}{[\upsilon_T]} \qquad (5.33)$$

若梁的挠度在达到挠度容许值的同时,梁的抗弯强度亦达到钢材的抗弯强度设计值 f,即令 $\sigma_{max}=f$,则可充分利用钢材强度,由此,可得不同的 $[\upsilon_T]/l$ 所对应的 h_{min}(表 5.10)。

由表 5.10 可见,若要充分利用钢材强度,则强度高的钢材,需要的梁高亦大(如 $l=24\text{m}$,$[\upsilon_T]/l=1/400$ 时,Q235 钢的 $h_{min}=l/15.7\approx1.5\text{m}$,Q420 钢的 $h_{min}=l/8.9\approx2.7\text{m}$)。因此,当梁的荷载不大而跨度较大,其高度由刚度要求决定时,选用强度高的钢材是不合理的。同理,若抗弯强度未用足,h_{min} 可相应减小。

表 5.10 均布荷载作用下简支梁的 h_{min}

$\frac{[v_T]}{l}$	$\frac{1}{1200}$	$\frac{1}{1000}$	$\frac{1}{800}$	$\frac{1}{600}$	$\frac{1}{500}$	$\frac{1}{400}$	$\frac{1}{350}$	$\frac{1}{300}$	$\frac{1}{250}$
Q235 钢	$\frac{l}{5.2}$	$\frac{l}{6.3}$	$\frac{l}{7.8}$	$\frac{l}{10.4}$	$\frac{l}{12.5}$	$\frac{l}{15.7}$	$\frac{l}{17.9}$	$\frac{l}{20.9}$	$\frac{l}{25.1}$
Q345 钢	$\frac{l}{3.6}$	$\frac{l}{4.4}$	$\frac{l}{5.4}$	$\frac{l}{7.3}$	$\frac{l}{8.7}$	$\frac{l}{10.8}$	$\frac{l}{12.4}$	$\frac{l}{14.5}$	$\frac{l}{17.4}$
Q390 钢	$\frac{l}{3.2}$	$\frac{l}{3.8}$	$\frac{l}{4.8}$	$\frac{l}{6.4}$	$\frac{l}{7.7}$	$\frac{l}{9.6}$	$\frac{l}{11.0}$	$\frac{l}{12.8}$	$\frac{l}{15.3}$
Q420 钢	$\frac{l}{3.0}$	$\frac{l}{3.6}$	$\frac{l}{4.5}$	$\frac{l}{5.9}$	$\frac{l}{7.1}$	$\frac{l}{8.9}$	$\frac{l}{10.2}$	$\frac{l}{11.9}$	$\frac{l}{14.3}$

注：计算本表时的 f 取值为：Q235 钢按 $t>16\sim40$mm 取 205N/mm²，Q345、Q390、Q420 钢按 $t>16\sim35$mm 分别取 295N/mm²、335N/mm²、360N/mm²。

式(5.33)和表 5.10 也可参照用于集中荷载作用的组合梁。

用钢经济的经济高度是指使梁的用钢量最小而决定的高度，称为经济高度 h_e。选用较大的梁高，虽可减少翼缘的用钢量，但腹板的用钢量却要增加，而选用较小的梁高则相反。因此，使翼缘与腹板的总用钢量最小的梁高才是经济高度。

设梁的单位长度用钢量为 G，由图 5.16 可得

$$G=\rho(2A_1+1.2t_w h_0) \tag{5.34}$$

式中 A_1——一个翼缘的截面面积；

ρ——钢的密度；

1.2——系数(用来考虑腹板上附设的加劲肋)。

由

$$I_x=\frac{1}{12}t_w h_0^3+2A_1\left(\frac{h_1}{2}\right)^2$$

得

$$W_x=\frac{2I_x}{h}=\frac{t_w h_0^3}{6h}+A_1\frac{h_1^2}{h}$$

式中 h_1——上、下翼缘中心之间的距离。

现近似地取 $h\approx h_1\approx h_0$ 代入上式，则一个翼缘的截面面积为

$$A_1=\frac{W_x}{h_0}-\frac{t_w h_0}{6} \tag{5.35}$$

将此式代入式(5.34)，并根据经验将腹板厚度取为 $t_w=\sqrt{h_0}/3.5$(单位：mm)，可得

$$G=\rho\left(\frac{2W_x}{h_0}+0.87t_w h_0\right)=\rho\left(\frac{2W_x}{h_0}+0.25h_0^{\frac{3}{2}}\right)$$

根据 $W_x=M/f$，当弯矩为定值时，W_x 可视为常数。故 G 最小的条件为

$$\frac{dG}{dh_0}=\rho\left(-\frac{2W_x}{h_0^2}+0.375h_0^{\frac{1}{2}}\right)=0$$

得

$$h_e\approx h_0=(5.33W_x)^{\frac{2}{5}}\approx 2W_x^{\frac{2}{5}}=2W_x^{0.4}\quad(\text{单位：mm}) \tag{5.36}$$

式中 W_x 应取满足抗弯强度需要的截面模量，即

$$W_x = \frac{M}{\gamma_x f} = \frac{M}{1.05f} \tag{5.37}$$

梁的经济高度也可用改写的下列近似公式计算,它能方便地用于各种尺寸单位

$$h_e = 7\sqrt[3]{W_x} - 300 \tag{5.38}$$

实际选用的 h 应在满足 h_{max} 和 h_{min} 要求的基础上,尽可能等于或略小于 h_e,即 $h_{max} \geqslant h \geqslant h_{min}$,且 $h \approx h_e$。

确定腹板高度时还应结合腹板厚度一起考虑。一般宜将腹板的高厚比控制在 170 以内,以避免设置纵向加劲肋而引起构造复杂(详见第 5.7 节)。同时 h_0 宜取为 50mm 的倍数。

5.6.1.2 腹板厚度 t_w

腹板厚度应满足抗剪强度要求。可近似地假定最大剪应力为腹板平均剪应力的 1.2 倍,即

$$\tau_{max} = 1.2\frac{V_{max}}{h_0 t_w} \leqslant f_v$$

所以

$$t_w \geqslant 1.2\frac{V_{max}}{h_0 f_v} \tag{5.39}$$

由上式计算的 t_w 往往较小,为了局部稳定和构造需要,还宜用下列经验公式估算

$$t_w = \frac{\sqrt{h_0}}{3.5} \quad (单位:mm) \tag{5.40}$$

腹板厚度 t_w 的增加对截面的惯性矩影响不显著,但腹板平面面积却相对较大,故 t_w 的少量增加都将使整个梁的用钢量有较多的增加。因此,t_w 应结合腹板加劲肋的配置全面考虑,宜尽量偏薄,以节约钢材,但一般不小于 8mm,跨度小时不小于 6mm。通常用 6～22mm,并取 2mm 的倍数。

5.6.1.3 翼缘宽度 b 和厚度 t

腹板尺寸确定后,可按式(5.35)求出需要的翼缘面积 A_1,然后选定翼缘宽度 b 或厚度 t 中的任一值,即可确定另一值。一般可取 $b=(1/5 \sim 1/3)h$,且不小于 180mm。翼缘宽度太小,将不便于放置铺板和连接其他构件,也不利于梁的整体稳定,故宜在表 5.9 规定的 l_1/b 限值内选用,这样可不须计算整体稳定。另外,翼缘宽度也不宜太大,否则翼缘中应力分布不均匀的程度增大。翼缘宽度与厚度的比值还须符合局部稳定的要求,即受压翼缘自由外伸宽度不得超过 $15t\sqrt{235/f_y}$,考虑塑性发展时不超过 $13t\sqrt{235/f_y}$。

翼缘厚度不应小于 8mm,板过薄容易翘曲变形。翼缘宽度宜取 10mm 的倍数,厚度取 2mm 的倍数。

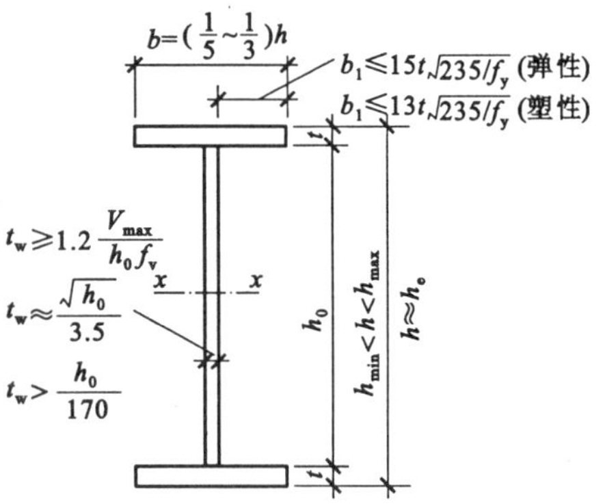

图 5.17 双轴对称工字形组合梁截面尺寸

根据以上所述,对双轴对称工字形组合梁截面尺寸的主要要求如图 5.17 所示。

5.6.2 截面验算

根据试选截面,计算截面各种几何特性,然后进行强度、刚度和整体稳定验算。验算方法与型钢梁相似,可按有关公式进行。局部稳定(腹板加劲肋的配置)则按第 5.7 节计算。

5.6.3 梁截面沿长度的改变

梁的弯矩沿梁的长度变化,简支梁通常是两端小中间大。因此,如将梁的截面随弯矩变化而加

以改变，则可节约钢材。但对于跨度较小的梁，改变截面的经济效果不大。

梁截面的改变一般宜采用改变翼缘的宽度(图 5.18)。改变翼缘的厚度会在截面变更处产生较大的应力集中，且上翼缘不平不利于搁置吊车轨道或其他构件。

通常在每个半跨内改变一次截面可节约钢材 10%～12%，而改变两次截面的经济效果不显著，且给制造增加工作量。

截面改变设在离两端支座约 $l/6$ 处(图 5.18(a))较为经济，较窄的翼缘宽度 b' 应由截面改变处的弯矩 M_1 确定。为了减少应力集中，宽板应从截面改变处的两边以不大于 1∶2.5 的角度斜向弯矩减小的一方，然后与窄板对接。受压翼缘的对接焊缝可用直缝(图 5.18(b))，受拉翼缘的亦可用直缝，但当焊缝质量为三级时，须用斜缝(图 5.18(c))。

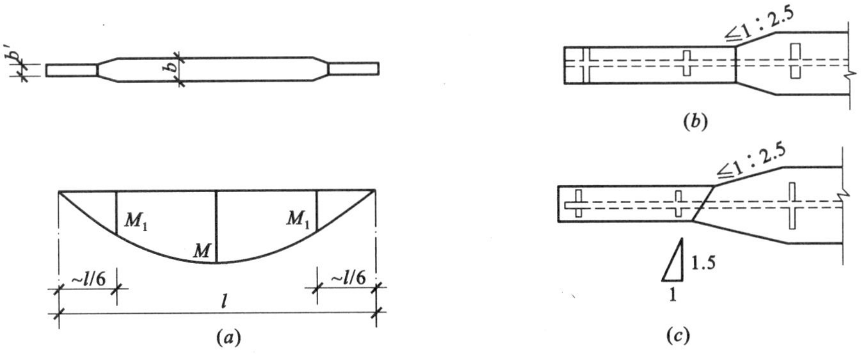

图 5.18 梁翼缘宽度的改变

当需要降低梁的空间高度时，简支梁截面高度可在靠近支座处降低(图 5.19)。梁端部高度应满足抗剪强度要求，但不宜小于跨中高度的一半。

截面改变的梁，应对改变截面处的强度进行验算，其中应包括对腹板计算高度边缘的折算应力验算。

变截面梁的挠度计算比较复杂。对翼缘截面改变的简支梁，可采用下列近似公式计算

$$\frac{\upsilon}{l}=\frac{M_k l}{10EI_x}\left(1+\frac{3}{25}\cdot\frac{I_x-I'_x}{I_x}\right)\leqslant\frac{[\upsilon_T]}{l}\text{ 或 }\frac{[\upsilon_Q]}{l}\qquad(5.41)$$

式中 M_k——根据表 5.3 中的$[\upsilon_T]$或$[\upsilon_Q]$所对应的荷载(全部荷载或可变荷载)标准值产生的最大弯矩；

I_x——跨中毛截面惯性矩；

I'_x——端部毛截面惯性矩。

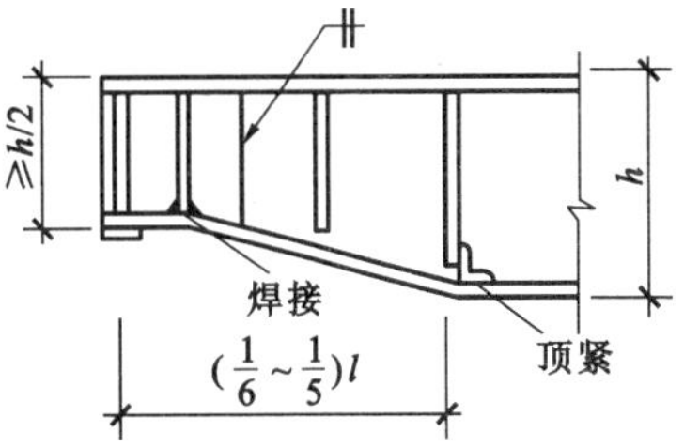

图 5.19 变高度梁

5.6.4 翼缘焊缝的计算

当梁弯曲时，由于在相邻截面作用于翼缘的弯曲应力有差值，翼缘与腹板间将产生水平剪应力 τ_1(图 5.20)。因此沿梁单位长度的水平剪力为

$$V_h=\tau_1 t_w=\frac{VS_f}{I_x t_w}t_w=\frac{VS_f}{I_x}$$

式中 S_f——翼缘毛截面对梁中和轴的面积矩。

此剪力由翼缘(与腹板的连接)焊缝承受，故当采用双面角焊缝时，其引起的平行于焊缝长度方向的剪应力 τ_f 应满足

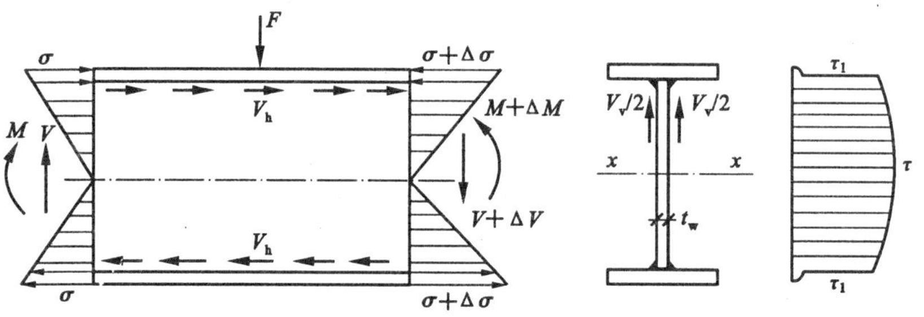

图 5.20　翼缘与腹板间的剪力

$$\tau_f = \frac{V_h}{2 \times 0.7h_f} = \frac{1}{1.4h_f} \cdot \frac{VS_f}{I_x} \leqslant f_f^w$$

因此需要的角焊缝焊脚尺寸为

$$h_f \geqslant \frac{1}{1.4f_f^w} \cdot \frac{VS_f}{I_x} \tag{5.42}$$

当梁的翼缘上承受移动集中荷载(如吊车轮压)或承受固定集中荷载 F 而未设置支承加劲肋时,翼缘焊缝则不仅承受 V_h 的作用,同时还承受由局部压力产生的垂直剪力 V_v 的作用。沿梁单位长度的垂直剪力为

$$V_v = \sigma_c t_w = \frac{\psi F}{t_w l_z} t_w = \frac{\psi F}{l_z}$$

式中　σ_c——由式(5.7)计算的局部压应力。

此剪力同样由翼缘焊缝承受,其引起的垂直于焊缝长度方向的局部压应力 σ_f 为

$$\sigma_f = \frac{V_v}{2 \times 0.7h_f} = \frac{1}{1.4h_f} \cdot \frac{\psi F}{l_z}$$

根据式(4.10),焊缝强度应满足

$$\sqrt{\left(\frac{\sigma_f}{\beta_f}\right)^2 + \tau_f^2} = \frac{1}{1.4h_f}\sqrt{\left(\frac{\psi F}{\beta_f l_z}\right)^2 + \left(\frac{VS_f}{I_x}\right)^2} \leqslant f_f^w$$

因此需要的角焊缝焊脚尺寸为

$$h_f \geqslant \frac{1}{1.4f_f^w}\sqrt{\left(\frac{\psi F}{\beta_f l_z}\right)^2 + \left(\frac{VS_f}{I_x}\right)^2} \tag{5.43}$$

【例 5.4】　试设计例 5.2 中的平台主梁。次梁按该例中由强度条件选择的 H 型钢 HN298×149×5.5×8。采用焊接工字形截面组合梁,改变翼缘宽度一次。材料 Q235B 钢,E43 系列焊条。

【解】　(1) 跨中截面选择

次梁传来的集中荷载设计值和主梁内力(图5.21):

标准值

$$F_k = 26.47 \times 4.5 = 119.2\text{kN}$$

设计值

$$F = 33.56 \times 4.5 = 151\text{kN}$$

主梁的支座反力(不包括主梁自重)

$$R = 2.5F = 2.5 \times 151 = 378\text{kN}$$

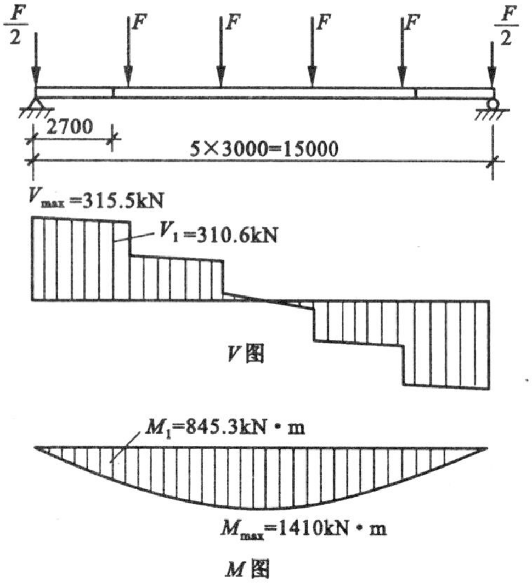

图 5.21　例 5.4 附图

最大剪力设计值(不包括主梁自重)

$$V_{max}=2F=2\times151=302\text{kN}$$

最大弯矩设计值(不包括主梁自重)

$$M_{max}=302\times7.5-151\times(4.5+1.5)=1359\text{kN}\cdot\text{m}$$

需要的净截面模量按式(5.37)得

$$W_{nxreq}=\frac{M_{max}}{\gamma_x f}=\frac{1359\times10^6}{1.05\times215}=6020000\text{mm}^3=6020\text{cm}^3$$

1) 梁高

① 梁的最小高度:根据表5.3主梁容许挠度$[v_T]/l=1/400$,按Q235钢查表5.10,得

$$h_{min}\geqslant\frac{l}{15.7}=\frac{15000}{15.7}=955\text{mm}$$

② 梁的经济高度:按式(5.36)和式(5.38),得

$$h_e=2W_x^{0.4}=2\times(6020000)^{0.4}=1030\text{mm}$$

$$h_e=7\sqrt[3]{W_x}-300=7\sqrt[3]{6020000}-300=973\text{mm}$$

取腹板高度$h_w=1000$mm。

2) 腹板厚度

按式(5.39)和式(5.40),得

$$t_w\geqslant1.2\frac{V_{max}}{h_0 f_v}=1.2\times\frac{302\times10^3}{1000\times125}=2.9\text{mm}$$

$$t_w=\frac{\sqrt{h_0}}{3.5}=\frac{\sqrt{1000}}{3.5}=9\text{mm}$$

取$t_w=8$mm(因系承受静力荷载的梁,腹板宜偏薄以节约钢材。此题甚至可选$t_w=6$mm,此时$h_0/t_w=1000/6=167$,仍在仅需设置横向加劲肋的范围,只不过其间距可能稍小而已)。

3) 翼缘尺寸

需要的翼缘面积按式(5.35)得

$$A_1=\frac{W_x}{h_w}-\frac{1}{6}t_w h_w=\frac{6020\times10^3}{1000}-\frac{1}{6}\times8\times1000=4687\text{mm}^2$$

$$b=\left(\frac{1}{3}\sim\frac{1}{5}\right)h=\left(\frac{1}{3}\sim\frac{1}{5}\right)\times1032=344\sim206\text{mm}$$

取翼缘宽度320mm,厚度16mm。

$$A_1=320\times16=5120\text{mm}^2>4687\text{mm}^2$$

梁截面如图5.22所示。

翼缘外伸宽度与其厚度之比为$156/16=9.75<13\sqrt{235/f_y}=13\sqrt{235/235}=13$。可按截面部分发展塑性进行抗弯强度计算。

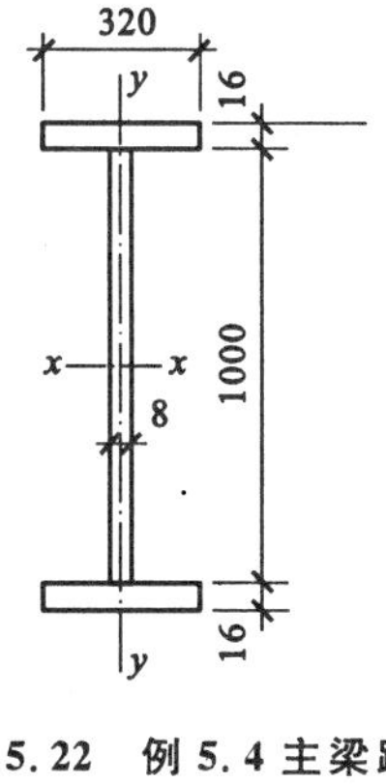

图5.22 例5.4主梁跨中截面

(2) 跨中截面验算

截面面积

$$A=2\times32\times1.6+100\times0.8=182.4\text{cm}^2$$

梁自重

$$g_k=1.1\times182.4\times10^{-4}\times76.98=1.5\text{kN/m}$$

(式中1.1为考虑加劲肋等的重力而采用的构造系数,76.98kN/m³为钢的重力密度——重度。)

加上自重后的支座反力设计值

$$R = 378 + \frac{1}{2} \times 1.2 \times 1.5 \times 15 = 391.5\text{kN}$$

最大剪力设计值(支座处)

$$V_{\max} = 302 + \frac{1}{2} \times 1.2 \times 1.5 \times 15 = 315.5\text{kN}$$

最大弯矩设计值(跨中处)

$$M_{\max} = 1359 + \frac{1}{8} \times 1.2 \times 1.5 \times 15^2 = 1410\text{kN} \cdot \text{m}$$

梁的 M、V 图如图 5.21 所示。

截面几何特性

$$I_x = \frac{1}{12} \times 0.8 \times 100^3 + 2 \times 32 \times 1.6 \times 50.8^2 = 330900\text{cm}^4$$

$$W_x = \frac{330900}{51.6} = 6413\text{cm}^3$$

1) 抗弯强度

按式(5.4)得

$$\frac{M_x}{\gamma_x W_{nx}} = \frac{1410 \times 10^6}{1.05 \times 6413 \times 10^3} = 209.4\text{N/mm}^2 < f = 215\text{N/mm}^2 \quad (满足)$$

2) 整体稳定

次梁可作为主梁的侧向支承,因此 $l_1 = 300\text{cm}$。$l_1/b = 300/32 = 9.4$,小于表 5.9 规定的 Q235 钢跨中受压翼缘有侧向支承点梁的最大 $l_1/b = 16$,故不需计算整体稳定。

3) 抗剪强度、刚度等的验算待截面改变后进行。

(3) 改变截面计算

1) 改变截面的位置和截面的尺寸

改变截面的经济位置为距离支座 $a = l/6 = 15/6 = 2.5\text{m}$。该处的弯矩设计值

$$M_1 = 315.5 \times 2.5 - \frac{1}{2} \times 1.2 \times 1.5 \times 2.5^2 = 783.1\text{kN} \cdot \text{m}$$

需要的截面模量按式(5.37)得

$$W_1 = \frac{M_1}{\gamma_x f} = \frac{783.1 \times 10^6}{1.05 \times 215} = 3470000\text{mm}^3 = 3470\text{cm}^3$$

翼缘尺寸按式(5.35)得

$$A_1' = b't = \frac{W_x}{h_0} - \frac{t_w h_0}{6} = \frac{3470000}{1000} - \frac{8 \times 1000}{6} = 2140\text{mm}^2$$

不改变翼缘厚度,即仍取 16mm,因此需要 $b' = 2140/16 = 134\text{mm}$。但翼缘宽度不宜太窄,因不利于梁的整体稳定,且不便于与其他构件连接。现取 $b' = 180\text{mm}$,比需要的宽,故可将改变截面的位置向跨中稍移。现求其位置:

截面特性(图 5.23):

$$I_1 = \frac{0.8 \times 100^3}{12} + 2 \times 18 \times 1.6 \times 50.8^2 = 215300\text{cm}^4$$

$$W_1 = \frac{215300}{51.6} = 4172\text{cm}^3$$

按整体稳定性计算可承受的弯矩(预估 $\varphi_b = 0.95$):

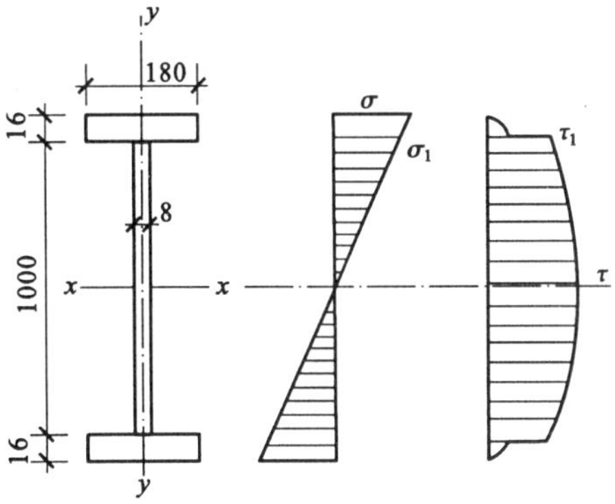

图 5.23 例 5.4 主梁支座截面

$$M_x = \varphi_b W_1 f$$
$$= 0.95 \times 4172 \times 10^3 \times 215$$
$$= 852 \times 10^6 \text{N} \cdot \text{mm} = 852\text{kN} \cdot \text{m}$$

计算改变截面的理论位置：

$$315.5x - \frac{1}{2} \times 1.2 \times 1.5x^2 = 852$$

解之得 $x=2.7\text{m}$

现从此处开始将跨中截面的翼缘按 1∶2.5 斜度向两支座端缩小与改变截面的翼缘对接。

2）改变截面后梁的验算

① 抗弯强度(改变截面处)

按式(5.4)得

$$M_1 = 315.5 \times 2.7 - \frac{1}{2} \times 1.2 \times 1.5 \times 2.7^2 = 845.3\text{kN} \cdot \text{m}$$

$$\sigma = \frac{M_1}{\gamma_x W_1} = \frac{845.3 \times 10^6}{1.05 \times 4172 \times 10^3} = 193\text{N/mm}^2 < f = 215\text{N/mm}^2 \quad \text{（满足）}$$

② 折算应力(改变截面的腹板计算高度边缘处)

$$\sigma_1 = 193 \times \frac{1000}{1032} = 187\text{N/mm}^2$$

$$V_1 = 315.5 - 1.2 \times 1.5 \times 2.7 = 310.6\text{kN}$$

$$S_1 = 1.6 \times 18 \times 50.8 = 1463\text{cm}^3$$

$$\tau_1 = \frac{V_1 S_1}{I_1 t_w} = \frac{310.6 \times 10^3 \times 1463 \times 10^3}{215300 \times 10^4 \times 8} = 26\text{N/mm}^2$$

按式(5.9)得

$$\sqrt{\sigma_1^2 + 3\tau_1^2} = \sqrt{187^2 + 3 \times 26^2} = 192.3\text{N/mm}^2$$
$$< \beta_1 f = 1.1 \times 215 = 236.5\text{N/mm}^2 \quad \text{（满足）}$$

③ 抗剪强度(支座处)

$$S = S_1 + S_w = 1463 + 50 \times 0.8 \times 25 = 2463\text{cm}^3$$

按式(5.6)得

$$\tau = \frac{V_{max} S}{I_1 t_w} = \frac{315.5 \times 10^3 \times 2463 \times 10^3}{215300 \times 10^4 \times 8} = 45.1\text{N/mm}^2$$
$$< f_v = 125\text{N/mm}^2 \quad \text{（满足）}$$

④ 整体稳定(取支座至第 1 根次梁间 3m 梁段)

$l_1/b_1=300/18=16.7$，大于表 5.9 规定的不需计算整体稳定性的最大 $l_1/b=16$，故需验算端部改变截面梁段的整体稳定性。

该梁段属于梁端有弯矩但跨中无荷载作用情况，由表 5.6

$$\beta_b = 1.75 - 1.05\left(\frac{M_2}{M_1}\right) + 0.3\left(\frac{M_2}{M_1}\right)^2$$

其中 M_1 为第 1 根次梁处弯矩，$M_2=0$(支座处弯矩)，故 $\beta_b=1.75$。

$$I_y = \frac{2 \times 1.6 \times 18^3}{12} = 1555\text{cm}^4$$

$$A = 2 \times 1.6 \times 18 + 100 \times 0.8 = 137.6\text{cm}^2$$

$$i_y = \sqrt{\frac{1555}{137.6}} = 3.36\text{cm}$$

$$\lambda_y = \frac{300}{3.36} = 89.3$$

$$\eta_b = 0\text{（双轴对称截面）}$$

由式(5.20)得

$$\varphi_b = \beta_b \frac{4320}{\lambda_y^2} \cdot \frac{Ah}{W_x}\left[\sqrt{1+\left(\frac{\lambda_y t_1}{4.4h}\right)^2} + \eta_b\right]\frac{235}{f_y}$$

$$= 1.75 \times \frac{4320}{89.3^2} \times \frac{137.6 \times 103.2}{4172} \times \left[\sqrt{1+\left(\frac{89.3 \times 1.6}{4.4 \times 103.2}\right)^2} + 0\right] \times \frac{235}{235}$$

$$= 3.38 > 0.6$$

按式(5.21)得

$$\varphi_b' = 1.07 - \frac{0.282}{\varphi_b} = 1.07 - \frac{0.282}{3.38} = 0.987$$

整体稳定验算按式(5.17)，并取改变截面处弯矩 M_1 进行计算

$$\frac{M}{\varphi_b W_x} = \frac{845.3 \times 10^6}{0.987 \times 4172 \times 10^3} = 205.3\text{N/mm}^2 < 215\text{N/mm}^2 \quad \text{（满足）}$$

⑤ 刚度：按式(5.41)分别计算全部荷载标准值和可变荷载标准值作用产生的挠度。按表5.1，$[\upsilon_T] = l/400$，$[\upsilon_Q] = l/500$。

全部荷载标准值产生的弯矩：

$$M_{kT} = 2 \times 119.2 \times 7.5 - 119.2 \times (4.5 + 1.5) + \frac{1}{8} \times 1.5 \times 15^2$$

$$= 1115\text{kN} \cdot \text{m}$$

活荷载标准值产生的弯矩：

$$M_{kQ} = 2 \times 18 \times 4.5 \times 7.5 - 18 \times 4.5 \times (4.5 + 1.5) = 729\text{kN} \cdot \text{m}$$

$$\frac{\upsilon_T}{l} = \frac{M_{kT} l}{10EI_x}\left(1 + \frac{3}{25} \cdot \frac{I_x - I_1}{I_x}\right)$$

$$= \frac{1115 \times 10^6 \times 15 \times 10^3}{10 \times 206 \times 10^3 \times 330900 \times 10^4} \times \left(1 + \frac{3}{25} \times \frac{330900 \times 10^4 - 215300 \times 10^4}{330900 \times 10^4}\right)$$

$$= \frac{1}{391} \approx \frac{[\upsilon_T]}{l} = \frac{1}{400} \quad \text{（满足）}$$

$$\frac{\upsilon_Q}{l} = \frac{1}{391} \times \frac{729}{1115} = \frac{1}{598} < \frac{[\upsilon_Q]}{l} = \frac{1}{500} \quad \text{（满足）}$$

(4) 翼缘与腹板的连接焊缝

按式(5.42)得

$$h_f \geqslant \frac{VS_1}{1.4 I_1 f_f^w} = \frac{315.5 \times 10^3 \times 1463 \times 10^3}{1.4 \times 215300 \times 10^4 \times 160} = 0.96\text{mm}$$

$$h_{f\min} = 1.5\sqrt{t_{\max}} = 1.5\sqrt{16} = 6\text{mm}$$

取 $h_f = 6\text{mm} < h_{f\max} = 1.2 t_{\min} = 1.2 \times 8 = 9.6\text{mm}$。

5.7 梁的局部稳定和腹板加劲肋设计

为提高梁的抗弯强度、刚度和整体稳定性，组合梁的腹板常选用高而薄的钢板，而翼缘则选用宽而薄的钢板。然而，当它们的高厚比(或宽厚比)过大时，有可能在弯曲压应力σ、剪应力τ和局部压应力σ_c作用下，出现偏离其平面位置的波状屈曲(图 5.24)，这称为梁的局部失稳。

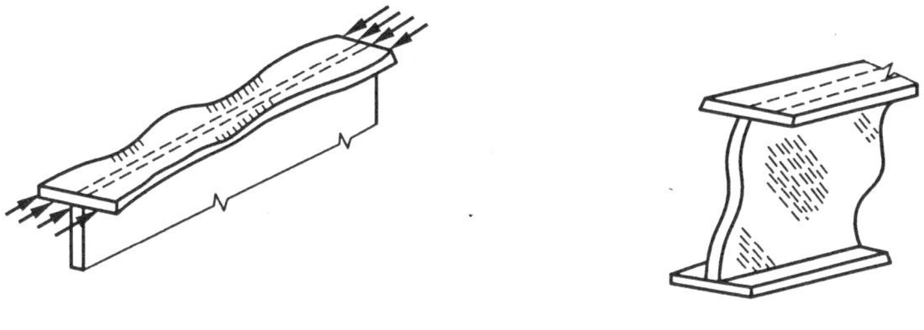

(*a*) (*b*)

图 5.24 梁翼缘和腹板的失稳变形

翼缘或腹板出现局部失稳，虽不会使梁立即失去承载能力，但是板局部屈曲部位退出工作后，将使梁的刚度减小，强度和整体稳定性降低。

梁的局部稳定问题，其实质是组成梁的矩形薄板在各种应力σ、τ、σ_c的作用下的屈曲问题。

5.7.1 矩形薄板的屈曲

板在各种应力作用下保持稳定所能承受的最大应力称为临界应力σ_{cr}。按弹性稳定理论，矩形薄板在各种应力单独作用下失稳的临界应力σ_{cr}或τ_{cr}可由下面通用公式计算，即

$$\sigma_{cr}(\text{或 }\tau_{cr}) = \chi k \frac{\pi^2 E}{12(1-\nu^2)}\left(\frac{t}{b}\right)^2 \tag{5.44}$$

式中 χ——支承边的弹性约束系数；

ν——钢材的泊松比，$\nu=0.3$；

k——板的屈曲系数。

(1) 两端受纵向均匀压应力时(图 5.25(*a*))

四边简支板

$$k = 4 \tag{5.45}$$

三边简支、一边自由板

$$k = 0.425 + \left(\frac{b}{a}\right)^2 \tag{5.46}$$

(2) 受剪应力作用的四边简支板(图 5.25(*b*))

当$\dfrac{a}{b}\leqslant 1$时

$$k = 4.0 + \frac{5.34}{(a/b)^2} \tag{5.47a}$$

当$\dfrac{a}{b}>1$时

$$k = 5.34 + \frac{4.0}{(a/b)^2} \tag{5.47b}$$

(3) 受弯曲正应力作用时(图 5.25(c))

四边简支板

$$k = 23.9 \tag{5.48a}$$

两受荷边简支,另两边固定板

$$k = 39.6 \tag{5.48b}$$

(4) 上边缘受横向非均匀分布的局部压应力作用时(图 5.25(d))

当 $0.5 \leqslant \frac{a}{b} \leqslant 1.5$ 时　　$$k = \left(4.5\frac{b}{a} + 7.4\right)\frac{b}{a} \tag{5.49a}$$

当 $1.5 < \frac{a}{b} \leqslant 2.0$ 时　　$$k = \left(11 - 0.9\frac{b}{a}\right)\frac{b}{a} \tag{5.49b}$$

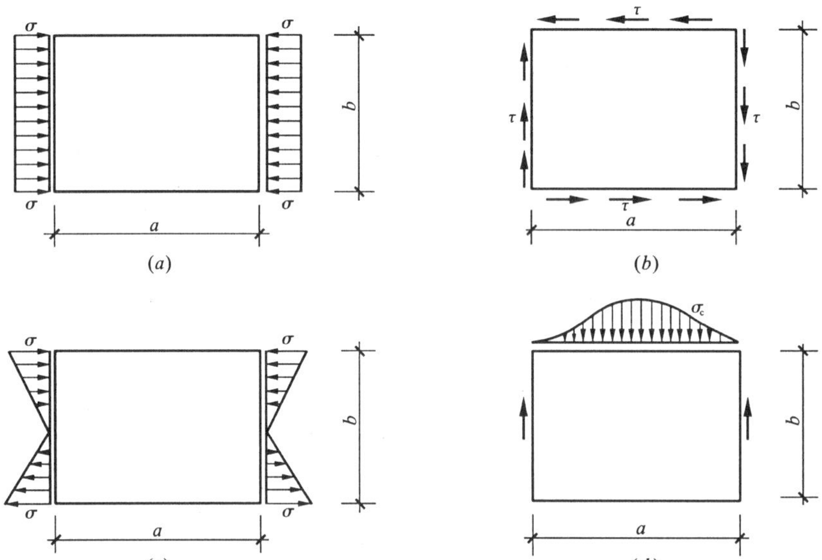

(a)　(b)　(c)　(d)

图 5.25　各种应力单独作用下的矩形板

(a) 受纵向均匀压应力作用;(b) 受剪应力作用;(c) 受弯曲正应力作用;(d) 上边缘受横向局部压应力作用

由式(5.44)可见,矩形薄板的 σ_{cr} 除与其所受应力、支承情况和板的长宽比(a/b)有关外,还与板的宽厚比(b/t)的平方成反比。因此,减小板宽可有效地提高 σ_{cr},而减小板长的效果不大。另外,σ_{cr} 与钢材强度无关,采用高强度钢材并不能提高板的局部稳定性能。

5.7.2　梁受压翼缘的宽厚比限值

梁受压翼缘的外伸部分可按三边简支、一边自由的纵向均匀受压板计算。由于 $a \gg b_1$(此处 a 为翼缘长度,b_1 为翼缘自由外伸宽度),可取 $b_1/a \approx 0$,由式(5.46)得 $k_{min} = 0.425$。当翼缘的弯曲压应力大于比例极限处于弹塑性状态时,板沿受力方向的弹性模量降为切线模量 $E_t = \eta E$($\eta < 1$,为两种模量之比),而在垂直于受力方向仍为 E,其性质属于正交异性板。这时临界应力可改用下面近似公式计算,即将式(5.44)中 E 用 $\sqrt{\eta}E$ 代替:

$$\sigma_{cr} = \frac{\chi\sqrt{\eta}k\pi^2 E}{12(1-\nu^2)}\left(\frac{t}{b_1}\right)^2 \tag{5.50}$$

为了使翼缘的局部稳定能有最大限度的保证,应使其不先于强度破坏,即其临界应力不应低于屈服点 f_y。但是,若取 $\sigma_{cr} = f_y$,则 $\eta = 0$,无法用上式计算,因此取临界应力 σ_{cr} 略低于屈服点 f_y 作为极限状态，即取 $\sigma_{cr}=0.95f_y$，相应的 $\eta=0.4$。另外，作为翼缘支承边的腹板较薄，对翼缘的约束作用很小，故取 $\chi=1.0$。再将 $\nu=0.3$，$E=206\times10^3\text{N/mm}^2$，$k=0.425$ 等代入式(5.50)，可得

$$\frac{1\times\sqrt{0.4}\times0.425\pi^2\times206\times10^3}{12\times(1-0.3^2)}\left(\frac{t}{b_1}\right)^2=0.95f_y\frac{235}{235}$$

将上式化简，即得梁受压翼缘自由外伸宽度 b_1 与其厚度 t 之比的限值为(图 5.26)

$$\frac{b_1}{t}\leqslant15\sqrt{\frac{235}{f_y}} \tag{5.51}$$

式中翼缘自由外伸宽度 b_1 的取值为：对焊接梁，取腹板边至翼缘边缘的距离；对型钢梁，取内圆弧起点至翼缘边缘的距离。

如考虑梁部分截面发展塑性，即在梁的抗弯强度计算取 $\gamma_x=1.05$ 时，此时翼缘纵向已全部进入塑性状态，为保证其局部稳定，故翼缘宽厚比限值应减小，即按 $\sigma_{cr}=0.97f_y$，相应的 $\eta=0.25$，代入式(5.50)可得

$$\frac{b_1}{t}\leqslant13\sqrt{\frac{235}{f_y}} \tag{5.52}$$

箱形截面在两腹板间的受压翼缘(宽度为 b_0，厚度为 t)可按四边支承的纵向均匀受压板计算，其 $k=4$，且偏安全地取 $\eta=0.25$(即不论弹性还是部分截面发展塑性，均按部分截面发展塑性对待)，同样由式(5.50)，可得其宽厚比限值为(图 5.26(*b*))

$$\frac{b_0}{t}\leqslant40\sqrt{\frac{235}{f_y}} \tag{5.53}$$

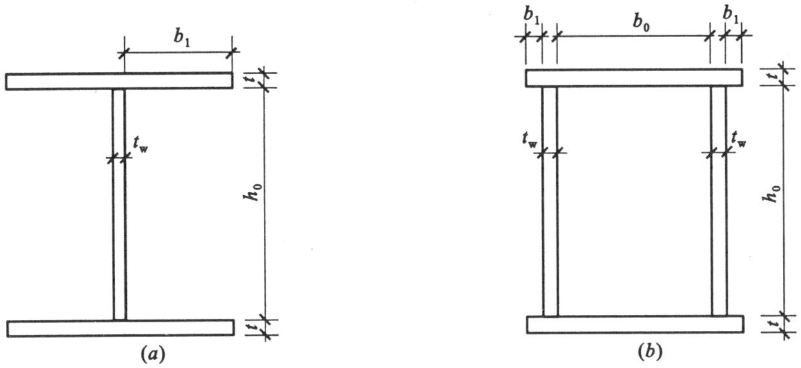

图 5.26 工字形和箱形截面

5.7.3 梁腹板的屈曲

如上所述，翼缘系按其主要承受弯曲压应力 σ 而采用宽厚比限值来保证局部稳定，但是，腹板除承受 σ 作用外，还有剪应力 τ 和局部压应力 σ_c 的共同作用，且在各区域的分布和大小不尽相同，加之其面积又相对较大，如果同样采用高厚比限值，当不能满足时，则在腹板高度一定的情况下，只有增加腹板厚度，这明显是不经济的。然而若从构造上采取在腹板上设置一些横向和纵向加劲肋，即将腹板分隔成若干小尺寸的矩形区格(图 5.27)，这样各区格的四周由于翼缘和加劲肋构成支承，就能有效地提高腹板的临界应力，从而使其局部稳定得到保证。

按照简支梁的受力情况，端部区格一般以承受剪应力 τ 为主，跨中区格则以承受弯曲压应力 σ 为主。若有较大集中荷载时，还同时承受局部压应力 σ_c。不同的区格，依其部位，均承受相应的 τ、σ 或 σ_c 的共同作用。下面先分别叙述各种应力单独作用时腹板屈曲的临界应力。

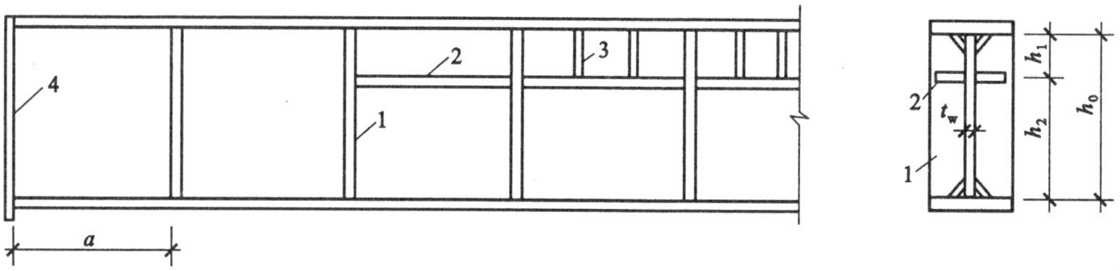

图 5.27　腹板加劲肋的布置

1—横向加劲肋；2—纵向加劲肋；3—短加劲肋；4—支承加劲肋

5.7.3.1　腹板受剪应力屈曲

当腹板四周只受均布剪应力 τ 作用时，板内产生呈 45°斜方向的主应力，并在主压应力（图5.28（a）中 σ_2）作用下屈曲，故屈曲时呈大约 45°倾斜的波形凹凸（图 5.28（b））。

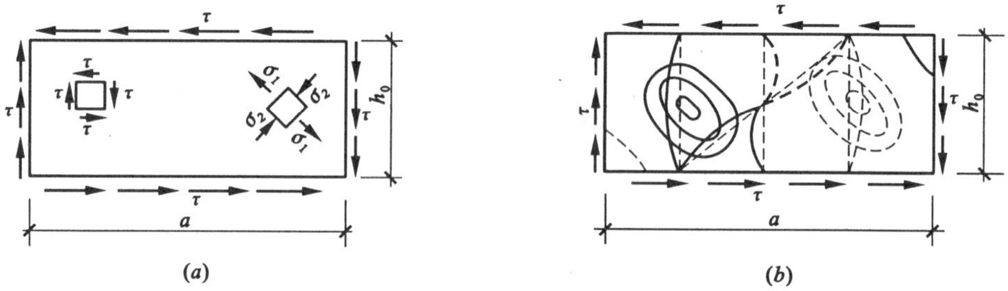

图 5.28　腹板纯剪屈曲

翼缘对腹板有一定的约束作用，其程度与应力状态及腹板和翼缘的刚度比有关。根据试验分析，承受剪应力的腹板，可取 $\chi=1.23$。将 $E=206\times10^3\mathrm{N/mm^2}$、$\nu=0.3$ 一并代入式（5.44），可得临界剪应力为

$$\tau_{cr}=\frac{\chi k\pi^2E}{12(1-\nu^2)}\left(\frac{t_w}{h_0}\right)^2=\frac{1.23k\pi^2\times206\times10^3}{12\times(1-0.3^2)}\left(\frac{t_w}{h_0}\right)^2=23k\left(\frac{100t_w}{h_0}\right)^2 \tag{5.54}$$

式中　t_w——腹板厚度；

将式（5.47）的 k 值代入上式，可得

当 $\dfrac{a}{h_0}\leqslant1$ 时

$$\tau_{cr}=\left[93+\frac{123}{(a/h_0)^2}\right]\left(\frac{100t_w}{h_0}\right)^2 \tag{5.55a}$$

当 $\dfrac{a}{h_0}>1$ 时

$$\tau_{cr}=\left[123+\frac{93}{(a/h_0)^2}\right]\left(\frac{100t_w}{h_0}\right)^2 \tag{5.55b}$$

式中　a、h_0——腹板区段的长度与宽度（腹板计算高度）。

当腹板不配置横向加劲肋时，$a\to\infty$。若取 τ_{cr} 不低于剪切屈服点 $f_{vy}=f_y/\sqrt{3}$，即令腹板的受剪局部失稳不会先于其受剪强度破坏，则式（5.55b）可写为

$$\tau_{cr}=123\left(\frac{100t_w}{h_0}\right)^2\geqslant f_{vy}=\frac{f_y}{\sqrt{3}}\cdot\frac{235}{235}$$

则

$$\frac{h_0}{t_w} \leqslant 95\sqrt{\frac{235}{f_y}} \tag{5.56}$$

满足上式时，腹板即使不设加劲肋亦不致因受纯剪而局部失稳。但此式是按弹性分析且取临界应力为 f_{vy} 导出的，故已超过剪切比例极限 τ_p（$=0.8f_{vy}$）而在弹塑性阶段工作，应属于弹塑性屈曲。根据试验研究，板受纯剪弹塑性屈曲时的临界应力可按下式计算

$$\tau_{cr,ep} = \sqrt{\tau_{cr}\tau_p} \tag{5.57}$$

将式(5.55b)和 $\tau_p=0.8f_{vy}=0.8f_y/\sqrt{3}$ 代入上式，并取 $\tau_{cr,ep}$ 不低于 f_{vy}，可得

$$\tau_{cr,ep} = \sqrt{\left[123+\frac{93}{(a/h_0)^2}\right]\left(\frac{100t_w}{h_0}\right)^2\frac{0.8f_y}{\sqrt{3}}} \geqslant f_{vy} = \frac{f_y}{\sqrt{3}}\cdot\frac{235}{235} \tag{5.58}$$

若腹板不设置横向加劲肋时，$a\to\infty$，则由上式可得

$$\frac{h_0}{t_w} \leqslant 85\sqrt{\frac{235}{f_y}} \tag{5.59}$$

若腹板设置横向加劲肋时，按《设计规范》规定，其最大间距一般为 $a=2h_0$（因 $a/h_0>2$ 时其作用甚微），同样由式(5.58)可导出腹板不发生纯剪局部失稳的高厚比限值为 93。

5.7.3.2　腹板受弯曲压应力屈曲

梁弯曲时，沿腹板高度方向有一部分为三角形分布的弯曲压应力，因而可能在此区域使腹板屈曲，产生沿梁的高度方向呈一个半波，沿梁的长度方向呈多个半波的凹凸（图 5.29）。在用式(5.44)计算临界应力 σ_{cr} 时，也应考虑翼缘对腹板的约束作用，同时还须考虑受压翼缘是否会产生扭转。若其扭转受到约束（如翼缘上连有刚性铺板、制动板或焊有钢轨）时可取约束系数 $\chi=1.66$。将式(5.48a)的 $k=23.9$（按四边简支板）一并代入式(5.44)可得

$$\sigma_{cr} = \frac{\chi k\pi^2 E}{12(1-\nu^2)}\left(\frac{t_w}{h_0}\right)^2 = \frac{1.66\times 23.9\pi^2\times 206\times 10^3}{12\times(1-0.3^2)}\left(\frac{t_w}{h_0}\right)^2 = 739\left(\frac{100t_w}{h_0}\right)^2 \tag{5.60}$$

同理，腹板不致因受弯曲压应力失去局部稳定的条件应为 $\sigma_{cr}\geqslant f_y$，即其不先于强度破坏，故

$$739\left(\frac{100t_w}{h_0}\right)^2 \geqslant f_y\cdot\frac{235}{235}$$

所以

$$\frac{h_0}{t_w} \leqslant 177\sqrt{\frac{235}{f_y}} \tag{5.61}$$

若受压翼缘扭转未受到约束，应取较低约束系数 $\chi=1.23$，同样由式(5.44)可得

$$\sigma_{cr} = 547\left(\frac{100t_w}{h_0}\right)^2 \tag{5.62}$$

和

$$\frac{h_0}{t_w} \leqslant 153\sqrt{\frac{235}{f_y}} \tag{5.63}$$

式(5.61)和式(5.63)的高厚比限值虽是根据弹性分析导出，但由于腹板失稳时只在边缘可能超过比例极限而处于弹塑性阶段，其他大部分腹板仍处于弹性状态，故可忽略非弹性性能。

由式(5.60)或式(5.62)可见，σ_{cr} 只与 h_0/t_w 有关，而与 a/h_0 无关（τ_{cr} 与两者均有关），故当 $h_0/t_w>177\sqrt{235/f_y}$ 或 $153\sqrt{235/f_y}$ 时，即使减小 a（加密横向加劲肋），也不能提高板的纯弯临界应力。

5.7.3.3　腹板受局部压应力屈曲

腹板上边缘承受较大局部压应力时，可能产生横向屈曲，在纵横方向均产生一个半波（图 5.30）。腹板上边缘的局部压应力由板段两侧的剪应力平衡，故其稳定性比上、下边缘同时受

均匀压应力作用时的好。

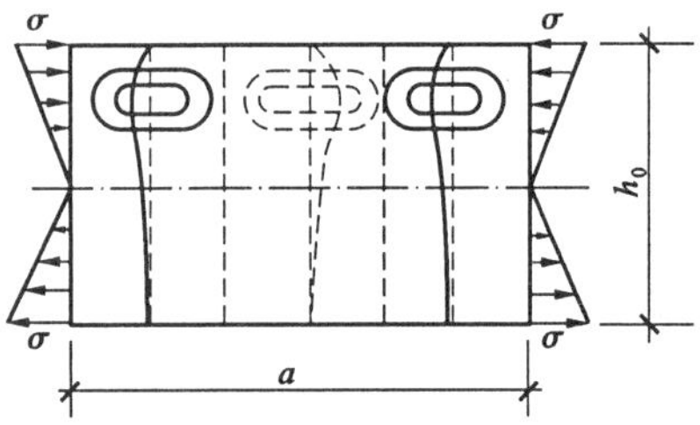

图 5.29　腹板纯弯曲屈曲

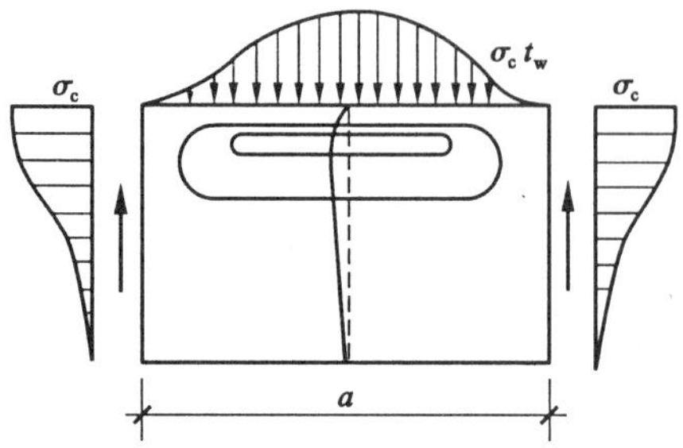

图 5.30　腹板受局部压应力屈曲

腹板受局部压应力屈曲的临界应力仍按式(5.44)计算，k 值则按式(5.49)，约束系数根据试验，可取 $\chi=1.81-0.255h_0/a$，从而可得

$$\sigma_{c,cr}=\frac{\chi k\pi^2 E}{12(1-\nu^2)}\left(\frac{t_w}{h_0}\right)^2=18.6\chi k\left(\frac{100t_w}{h_0}\right)^2=C_1\left(\frac{100t_w}{h_0}\right)^2 \tag{5.64}$$

式中，$C_1=18.6\chi k$。

当 $a/h_0=2.0$ 时，$C_1=166$，即接近其最小值，故 $\sigma_{c,cr}$ 亦具有最小值。因此，腹板受局部压应力屈曲不会先于其强度破坏的条件为

$$\sigma_{c,cr}=166\left(\frac{100t_w}{h_0}\right)^2\geqslant f_y\cdot\frac{235}{235}$$

所以

$$\frac{h_0}{t_w}\leqslant 84\sqrt{\frac{235}{f_y}} \tag{5.65}$$

5.7.4　梁腹板加劲肋的配置规定

根据以上所述可见，当腹板高厚比 $h_0/t_w\leqslant 85\sqrt{235/f_y}$ 时，腹板在剪应力 τ 作用下不会失稳；当 $h_0/t_w\leqslant 177\sqrt{235/f_y}$(受压翼缘扭转受到约束时)或 $\leqslant 153\sqrt{235/f_y}$(受压翼缘扭转未受到约束时)，在弯曲压应力 σ 作用下不会失稳；当 $h_0/t_w\leqslant 84\sqrt{235/f_y}$ 时，在局部压应力 σ_c 作用下不会失稳。也可以说，当 $h_0/t_w\leqslant 84\sqrt{235/f_y}$ 时，在三种应力的单独作用下腹板均不会丧失局部稳定。而且，在 σ、τ、σ_c 三者中，τ 和 σ_c 对腹板的局部稳定虽起主要作用，但一般还是以 τ 更为主要，尤其在无局部压应力($\sigma_c=0$)的一般梁中更是如此，因为 τ 在腹板内接近于均匀分布。同时 σ 为三角形分布，仅边缘最大，且另一半还为弯曲拉应力。因此，根据腹板高厚比 h_0/t_w 的比值，采取配置加劲肋是保证腹板局部稳定的最有效方法。具体做法是根据腹板在各种应力作用下的屈曲特征，在相应的凹凸变形部位，设置横向加劲肋或纵向加劲肋、短加劲肋以及支承加劲肋等。

还需指出，设置加劲肋虽可有效防止腹板屈曲，但要多用钢材，增加造价。故对承受静力荷载和间接承受动力荷载的组合梁，最好是考虑利用腹板屈曲后强度进行设计(见第 5.8 节)。对直接承受动力荷载的吊车梁或类似构件或其他不考虑屈曲后强度的组合梁，才按下面方法配置加劲肋。

参考各种应力单独作用时的临界高厚比，以及考虑同时可能还有其他应力的作用，《设计规范》规定(见图 5.27)：

(1) 当 $h_0/t_w\leqslant 80\sqrt{235/f_y}$ 时，对有局部压应力($\sigma_c\neq 0$)的梁，应按构造配置横向加劲肋，其间距不大于 $2h_0$。但对无局部压应力($\sigma_c=0$)的梁，可不配置加劲肋。

(2) 当 $h_0/t_w>80\sqrt{235/f_y}$时，应配置横向加劲肋(用来防止因剪应力产生的屈曲)。其中，当 $h_0/t_w>170\sqrt{235/f_y}$(受压翼缘扭转受到约束时)，或 $h_0/t_w>150\sqrt{235/f_y}$(受压翼缘扭转未受到约束时)，或按计算需要时，应在弯曲应力较大区格的受压区增加配置纵向加劲肋(用来防止因弯曲压应力产生的屈曲)。局部压应力很大的梁，必要时尚宜在受压区配置短加劲肋。

任何情况下，h_0/t_w 均不应超过 250。

上述的 h_0 均为腹板的计算高度。但对单轴对称截面，当用于确定是否要增配纵向加劲肋时，h_0 应取腹板受压区高度 h_c 的 2 倍。对双轴对称截面，$2h_c=h_0$。

(3) 梁的支座处和上翼缘受有较大固定集中荷载处，宜设置支承加劲肋。

配置的横向加劲肋的最小间距应为 $0.5h_0$，最大间距应为 $2h_0$；对 $\sigma_c=0$ 的梁，当 $h_0/t_w\leqslant 100$ 时，可采用 $2.5h_0$。纵向加劲肋至腹板计算高度受压边缘的距离应在 $h_c/2.5\sim h_c/2$ 范围内。

5.7.5　腹板局部稳定的计算

当 $h_0/t_w>80\sqrt{235/f_y}$时，尚应对配置加劲肋的腹板的稳定性进行计算。首先，应根据上述梁腹板加劲肋的配置规定，预先将横向加劲肋或增配的纵向加劲肋(短加劲肋一般较少应用)按适当间距布置好，然后按以下所述方法验算各区格腹板的稳定性。当不满足要求或富余过多时，则须调整间距重新计算。

5.7.5.1　仅配置横向加劲肋的腹板

此种情况，腹板在沿梁跨度方向被横向加劲肋分成多个区格，各区格腹板可能承受不同大小的弯曲正应力 σ、剪应力 τ 或上边缘局部压应力 σ_c 的共同作用(图 5.31)。其屈曲临界条件应采用下面相关公式计算，即计算在它们的组合作用下，是否满足公式中规定的腹板丧失局部稳定的限值①。

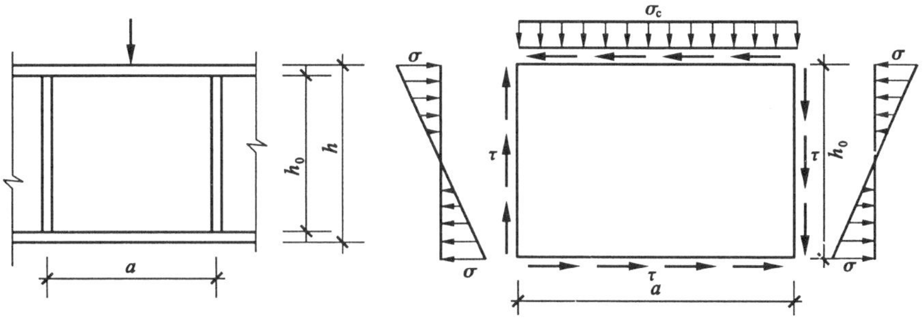

图 5.31　配置横向加劲肋的腹板

$$\left(\frac{\sigma}{\sigma_{cr}}\right)^2+\left(\frac{\tau}{\tau_{cr}}\right)^2+\frac{\sigma_c}{\sigma_{c,cr}}\leqslant 1 \tag{5.66}$$

式中　σ——所计算腹板区格内，由平均弯矩产生的腹板计算高度边缘的弯曲压应力；

τ——所计算腹板区格内，由平均剪力产生的腹板平均剪应力，$\tau=V/h_0t_w$；

σ_c——腹板计算高度边缘的局部压应力，按式(5.7)计算，但取式中的 $\psi=1.0$。

σ_{cr}、τ_{cr}和 $\sigma_{c,cr}$(N/mm^2)为在 σ、τ 和 σ_c 单独作用下腹板区格的临界应力。由于 σ、τ 和 σ_c 均取设计值，故 σ_{cr}、τ_{cr}、$\sigma_{c,cr}$也应取设计值，即应除以抗力分项系数 γ_R。考虑到腹板屈曲后梁仍具有一定承载能力，故取 $\gamma_R=1.0$。现将 σ_{cr}、τ_{cr}和 $\sigma_{c,cr}$的计算公式汇入表 5.11。对公式的意义和应用则分别阐述如下：

---

① 梁腹板的局部稳定为什么要用相关公式计算可参阅《疑难释义》第 9.9 节。

表 5.11　计算腹板局部稳定用的各类临界应力计算公式

区格情况		临界应力类别	通用高厚比	计算公式
仅配置横向加劲肋时		σ_{cr}	当受压翼缘扭转受到约束时 $\lambda_b=\dfrac{2h_c/t_w}{177}\sqrt{\dfrac{f_y}{235}}$　(5.67a) 当受压翼缘扭转未受到约束时 $\lambda_b=\dfrac{2h_c/t_w}{153}\sqrt{\dfrac{f_y}{235}}$　(5.67b)	当 $\lambda_b\leqslant 0.85$ 时 $\sigma_{cr}=f$　(5.68a) 当 $0.85<\lambda_b\leqslant 1.25$ 时 $\sigma_{cr}=[1-0.75(\lambda_b-0.85)]f$　(5.68b) 当 $\lambda_b>1.25$ 时 $\sigma_{cr}=1.1f/\lambda_b^2$　(5.68c)
		τ_{cr}	当 $a/h_0\leqslant 1.0$ 时 $\lambda_s=\dfrac{h_0/t_w}{41\sqrt{4+5.34(h_0/a)^2}}\sqrt{\dfrac{f_y}{235}}$　(5.69a) 当 $a/h_0>1.0$ 时 $\lambda_s=\dfrac{h_0/t_w}{41\sqrt{5.34+4(h_0/a)^2}}\sqrt{\dfrac{f_y}{235}}$　(5.69b)	当 $\lambda_s\leqslant 0.8$ 时 $\tau_{cr}=f_v$　(5.70a) 当 $0.8<\lambda_s\leqslant 1.2$ 时 $\tau_{cr}=[1-0.59(\lambda_s-0.8)]f_v$　(5.70b) 当 $\lambda_s>1.2$ 时 $\tau_{cr}=1.1f_v/\lambda_s^2$　(5.70c)
		$\sigma_{c,cr}$	当 $0.5\leqslant a/h_0\leqslant 1.5$ 时 $\lambda_c=\dfrac{h_0/t_w}{28\sqrt{10.9+13.4(1.83-a/h_0)^3}}\sqrt{\dfrac{f_y}{235}}$　(5.71a) 当 $1.5<a/h_0\leqslant 2$ 时 $\lambda_c=\dfrac{h_0/t_w}{28\sqrt{18.9-5a/h_0}}\sqrt{\dfrac{f_y}{235}}$　(5.71b)	当 $\lambda_c=0.9$ 时 $\sigma_{c,cr}=f$　(5.72a) 当 $0.9<\lambda_c\leqslant 1.2$ 时 $\sigma_{c,cr}=[1-0.79(\lambda_c-0.9)]f$　(5.72b) 当 $\lambda_c>1.2$ 时 $\sigma_{c,cr}=1.1f/\lambda_c^2$　(5.72c)
同时配置横向和纵向加劲肋时	区格Ⅰ	σ_{cr1}	当受压翼缘扭转受到约束时 $\lambda_{b1}=\dfrac{h_1/t_w}{75}\sqrt{\dfrac{f_y}{235}}$　(5.73a) 当受压翼缘扭转未受到约束时 $\lambda_{b1}=\dfrac{h_1/t_w}{64}\sqrt{\dfrac{f_y}{235}}$　(5.73b)	用 λ_{b1} 代替 λ_b 代入式(5.68)计算
		τ_{cr1}	用 h_1 代替 h_0 代入式(5.69)计算 λ_s	按式(5.70)计算
		$\sigma_{c,cr1}$	当受压翼缘扭转受到约束时 $\lambda_{c1}=\dfrac{h_1/t_w}{56}\sqrt{\dfrac{f_y}{235}}$　(5.74a) 当受压翼缘扭转未受到约束时 $\lambda_{c1}=\dfrac{h_1/t_w}{40}\sqrt{\dfrac{f_y}{235}}$　(5.74b)	借用式(5.68)计算，但用 λ_{c1} 代替式中 λ_b
	区格Ⅱ	σ_{cr2}	$\lambda_{b2}=\dfrac{h_2/t_w}{194}\sqrt{\dfrac{f_y}{235}}$　(5.75)	用 λ_{b2} 代替 λ_b 代入式(5.68)计算
		τ_{cr2}	用 h_2 代替 h_0 代入式(5.69)计算 λ_s	按式(5.70)计算
		$\sigma_{c,cr2}$	用 h_2 代替 h_0 代入式(5.71)计算 λ_c，但当 $a/h_2>2$ 时，取 $a/h_2=2$	按式(5.72)计算

(1) σ_{cr} 的计算式

与梁的整体稳定一样，腹板在 σ 作用下，除了可能在弹性阶段屈曲外，也可能在弹塑性阶段屈曲。因此，计算 σ_{cr} 需引入一个能与其关联的参数 λ_b（受弯计算用的腹板通用高厚比）来进行区分和计算。

在弹性范围，λ_b 和 σ_{cr} 有 $\sigma_{cr}=f_y/\lambda_b^2$ 函数关系。按 $f_y=1.1f$，故 $\sigma_{cr}=1.1f/\lambda_b^2$，即表 5.11 中的式

(5.68c)。

另外，由 $\sigma_{cr}=f_y/\lambda_b^2$ 可得出 λ_b 的计算式。将式(5.60)和式(5.62)按弹性稳定理论求得的 σ_{cr} 代入，从而可得：

当梁受压翼缘扭转受到约束时

$$\lambda_b=\sqrt{\frac{f_y}{\sigma_{cr}}}=\sqrt{\frac{235}{739(100t_w/h_0)^2}}\cdot\sqrt{\frac{f_y}{235}}=\frac{h_0/t_w}{177}\sqrt{\frac{f_y}{235}}=\frac{2h_c/t_w}{177}\sqrt{\frac{f_y}{235}}$$

当梁受压翼缘扭转未受到约束时

$$\lambda_b=\sqrt{\frac{f_y}{\sigma_{cr}}}=\sqrt{\frac{235}{547(100t_w/h_0)^2}}\cdot\sqrt{\frac{f_y}{235}}=\frac{h_0/t_w}{153}\sqrt{\frac{f_y}{235}}=\frac{2h_c/t_w}{153}\sqrt{\frac{f_y}{235}}$$

式中　h_c——腹板受压区高度，对双轴对称截面，$h_c=h_0/2$。

以上两式即表 5.11 中式(5.67a)和式(5.67b)。

由 λ_b 和 σ_{cr} 的关系可以看出，λ_b 愈大，即 h_0/t_w 或 $2h_c/t_w$ 愈大，则 σ_{cr} 愈小；反之则相反。故当 λ_b 很大时，腹板为弹性屈曲。在 λ_b 较小时，则为弹塑性屈曲。参照梁的整体稳定，取两者的分界值即弹性界限为 $0.6f_y$，因此与其相应的 $\lambda_b=\sqrt{f_y/\sigma_{cr}}=\sqrt{f_y/0.6f_y}=1.29$。腹板中的残余应力对其局部稳定也有影响，但较整体稳定的轻，故其取值可略小，即取 $\lambda_b=1.25$。与此值相应的在图 5.32 中与弹性曲线的交点 A，即为由弹性屈曲进入弹塑性屈曲的下起始点。

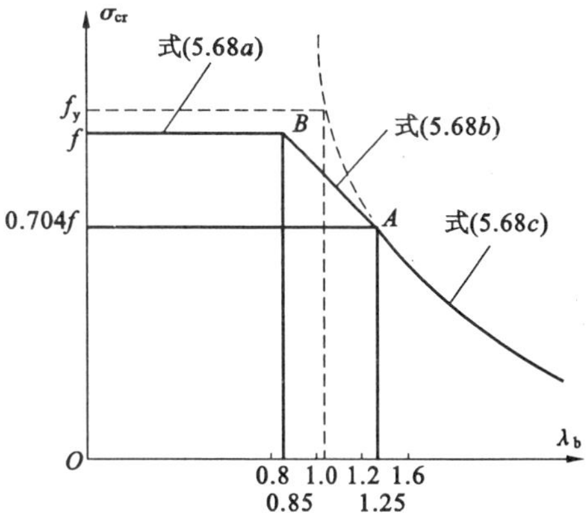

图 5.32　σ_{cr}-λ_b 曲线

当 λ_b 很小时，临界应力达到弹塑性屈曲的上限值，即产生强度破坏，此时 $\sigma_{cr}=f_y$，相应的 $\lambda_b=1$，但这只能在没有缺陷的板中才能达到。考虑到实际板中均存在残余应力和几何缺陷的影响，故在应用时取 $\lambda_b=0.85$，并取 $\sigma_{cr}=f$，即图 5.32 中的弹塑性屈曲的上起始点 B 和表5.11中式(5.68a)。

由 A 点至 B 点，即 $0.85<\lambda_b<1.25$ 的弹塑性屈曲范围，σ_{cr} 采用直线式过渡，即表 5.11 中式(5.68b)：$\sigma_{cr}=[1-0.75(\lambda_b-0.85)]f$。

(2) τ_{cr} 的计算式

与引入 λ_b 计算 σ_{cr} 一样，引入受剪计算用的腹板通用高厚比 λ_s。在弹性范围，λ_s 和 τ_{cr} 有 $\tau_{cr}=f_{vy}/\lambda_s^2$ 函数关系($f_{vy}=f_y/\sqrt{3}$——剪切屈服强度)。按 $f_{vy}=1.1f_v$，故 $\tau_{cr}=1.1f_v/\lambda_s^2$，即表 5.11 中的式(5.70$c$)。

同样，将式(5.54)求得的 τ_{cr} 和式(5.47)的 k 值代入 $\tau_{cr}=f_{vy}/\lambda_s^2$，可得：

当 $a/h_0\leqslant 1$ 时

$$\lambda_s=\sqrt{\frac{f_{vy}}{\tau_{cr}}}=\sqrt{\frac{235}{23k(100t_w/h_0)^2}}\cdot\sqrt{\frac{f_y}{235}}=\frac{h_0/t_w}{41\sqrt{4+5.34(h_0/a)^2}}\sqrt{\frac{f_y}{235}}$$

当 $a/h_0>1$ 时

$$\lambda_s=\sqrt{\frac{f_{vy}}{\tau_{cr}}}=\sqrt{\frac{235}{23k(100t_w/h_0)^2}}\cdot\sqrt{\frac{f_y}{235}}=\frac{h_0/t_w}{41\sqrt{5.34+4(h_0/a)^2}}\sqrt{\frac{f_y}{235}}$$

以上两式即表 5.11 中式(5.69a)和式(5.69b)。

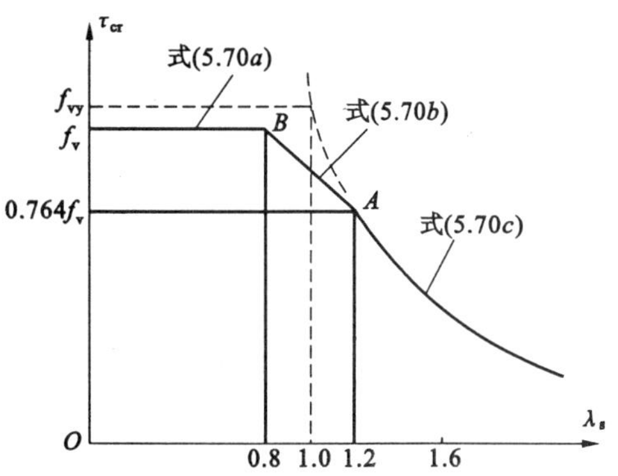

图 5.33　τ_{cr}-λ_s 曲线

当 τ_{cr} 达到剪切比例极限 $f_{vp}=0.8f_{vy}$(对 Q235 钢，$f_{vp}=108.5\text{N/mm}^2$)时，即进入弹塑性阶段，与其对应的 $\lambda_s=\sqrt{f_{vy}/\tau_{cr}}=\sqrt{f_{vy}/0.8f_{vy}}=1.12$，考虑到残余应力等的影响，取 $\lambda_s=1.2$。与此值相应的与弹性曲线的交点，即为由弹性屈曲进入弹塑性屈曲的起始点 A(图 5.33)。

弹塑性屈曲 τ_{cr} 的上限值为 f_{vy}，但实际应用时取 $\lambda_s=0.8$ 和 $\tau_{cr}=f_v$，即图 5.33 中交点 B 和表 5.11 中式(5.70a)。

由 A 点至 B 点，即 $0.8<\lambda_s\leqslant1.2$ 弹塑性屈曲范围，τ_{cr} 也采用直线式过渡，即表 5.11 中的式(5.70b)：$\tau_{cr}=[1-0.59(\lambda_s-0.8)]f_v$。

(3) $\sigma_{c,cr}$ 计算式

引入受局部压应力计算用的腹板通用高厚比 λ_c。在弹性范围，由 $\sigma_{c,cr}=f_y/\lambda_c^2$，可得 $\sigma_{c,cr}=1.1f/\lambda_c^2$，即表 5.11 中式(5.72c)。

将式(5.64)求得的 σ_{cr} 代入 $\sigma_{c,cr}=f_y/\lambda_c^2$，可得

$$\lambda_c=\sqrt{\frac{f_y}{\sigma_{c,cr}}}=\sqrt{\frac{235}{18.6\times10^4k\chi(t_w/h_0)^2}}\cdot\sqrt{\frac{f_y}{235}}=\frac{h_0/t_w}{28\sqrt{k\chi}}\sqrt{\frac{f_y}{235}}$$

将式(5.49)的 k 值和 $\chi=1.81-0.255h_0/a$ 代入上式并加以简化，可得：

当 $0.5\leqslant a/h_0\leqslant1.5$ 时

$$\lambda_c=\frac{h_0/t_w}{28\sqrt{k\chi}}\sqrt{\frac{f_y}{235}}=\frac{h_0/t_w}{28\sqrt{[4.5(h_0/a)^2+7.4h_0/a](1.81-0.255h_0/a)}}\sqrt{\frac{f_y}{235}}$$

$$\approx\frac{h_0/t_w}{28\sqrt{10.9+13.4(1.83-a/h_0)^3}}\sqrt{\frac{f_y}{235}}$$

当 $1.5<a/h_0\leqslant2$ 时

$$\lambda_c=\frac{h_0/t_w}{28\sqrt{k\chi}}\sqrt{\frac{f_y}{235}}=\frac{h_0/t_w}{28\sqrt{[11h_0/a-0.9(h_0/a)^2](1.81-0.255h_0/a)}}\sqrt{\frac{f_y}{235}}$$

$$\approx\frac{h_0/t_w}{28\sqrt{18.9-5a/h_0}}\sqrt{\frac{f_y}{235}}$$

以上两式即表 5.11 中的式(5.71a)和式(5.71b)。

与 σ_{cr} 及 τ_{cr} 一样，$\sigma_{c,cr}$ 的计算公式也分弹性、弹塑性和塑性三段，即表 5.11 中式(5.72a)～式(5.72c)。

5.7.5.2　同时配置横向加劲肋和纵向加劲肋的腹板

在此种情况，纵向加劲肋又将横向加劲肋之间的区格，分成高度为 h_1、h_2 的上、下两个区格(图 5.34(a))。区格Ⅰ和区格Ⅱ的受力情况不同，故应分别计算其局部稳定。

(1) 受压翼缘与纵向加劲肋之间的区格Ⅰ(图 5.34(b))

该区格靠近受压翼缘，故可近似地视为以承受弯曲压应力 σ 为主的均匀受压板。另外，该区格还可能受有均布剪应力 τ 和上、下两边缘的横向压应力 σ_c 及 $\sigma_{c2}=0.3\sigma_c$。因此，其屈曲临界条件采用下面形式的相关公式计算：

$$\frac{\sigma}{\sigma_{cr1}}+\left(\frac{\tau}{\tau_{cr1}}\right)^2+\left(\frac{\sigma_c}{\sigma_{c,cr1}}\right)^2\leqslant1\tag{5.76}$$

式中的 σ_{cr1}、τ_{cr1} 和 $\sigma_{c,cr1}$ 按表 5.11 中所列公式计算。

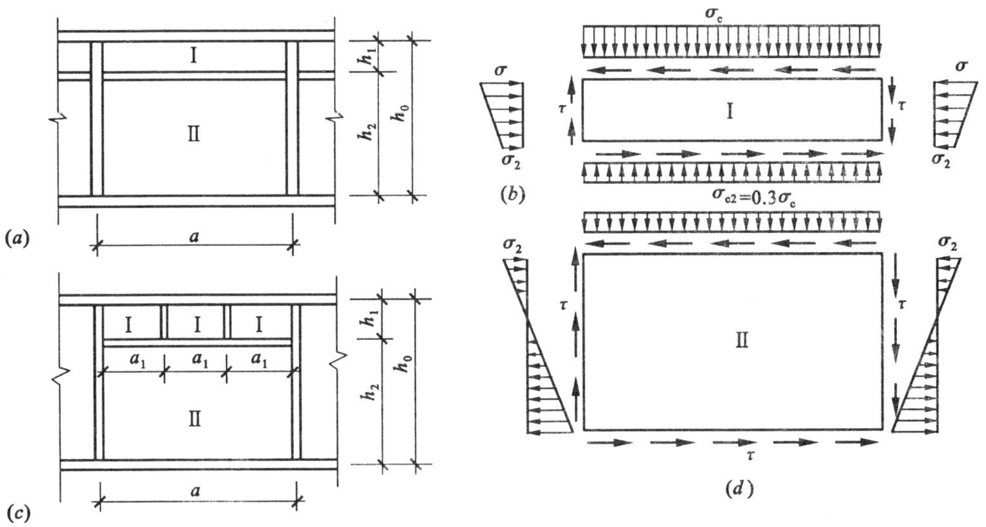

图 5.34 同时配置横向加劲肋、纵向加劲肋和短加劲肋的腹板

由于区格Ⅰ腹板在受弯曲压应力和剪应力屈曲的情况与仅配置横向加劲肋腹板的相似，故 σ_{cr1}、τ_{cr1} 亦可采用式(5.68)和式(5.70)计算，仅需用 h_1($h_1 \approx h_0/4 \sim h_0/5$)代替式中 h_0 即可。但通用高厚比 λ_{b1} 因其屈曲系数 k 较低($k=5.13$)，且约束系数亦较低(梁受压翼缘扭转受到约束时 $\chi=1.4$，梁受压翼缘扭转未受到约束时 $\chi=1.0$)，因此在用式(5.60)计算出的临界高厚比 h_1/t_w 分别为 75 和 64，故 λ_{b1} 需改用式(5.73)计算。

另外，区格Ⅰ的宽高比 a/h_1 一般较大，通常均超过 4，其受力状态接近于上、下两端支承的均匀受压板，故 $\sigma_{c,cr1}$ 可借用承受弯曲压应力腹板屈曲的 σ_{cr} 计算式(5.68)计算，但用式(5.74)计算的 λ_{c1} 代替式中的 λ_b。

(2) 受拉翼缘与纵向加劲肋之间的区格Ⅱ(图 5.34(d))

该区格的受力状况与仅配置横向加劲肋的腹板近似，因此其屈曲临界条件可按式(5.66)的形式采用下式计算：

$$\left(\frac{\sigma_2}{\sigma_{cr2}}\right)^2+\left(\frac{\tau}{\tau_{cr2}}\right)^2+\frac{\sigma_{c2}}{\sigma_{c,cr2}}\leqslant 1 \tag{5.77}$$

式中 σ_2——所计算腹板区格内，由平均弯矩产生的腹板在纵向加劲肋处的弯曲压应力；

σ_{c2}——腹板在纵向加劲肋处的横向压应力，取 $\sigma_{c2}=0.3\sigma_c$；

σ_{cr2}、τ_{cr2}、$\sigma_{c,cr2}$ 按表 5.11 中所列公式计算。

由于区格Ⅱ位于腹板中间，所受的弯曲压应力较小，故其屈曲系数较高($k=47.6$)，但约束系数因纵向加劲肋刚度较小而为 $\chi=1.0$，故由式(5.60)计算出的临界高厚比 $h_2/t_w=194$，故 λ_{b2} 需改用式(5.75)计算。

5.7.5.3 *在受压翼缘与纵向加劲肋之间配置短加劲肋的腹板*

短加劲肋一般用于局部压应力很大的梁，它可将设有纵向加劲肋的上区格宽度 a 缩小为 a_1(图 5.34(c))，从而提高腹板的局部稳定性能。

配置短加劲肋的区格Ⅰ腹板的受力状况与不配置短加劲肋的相似，故其屈曲临界条件亦采用式(5.76)计算。式中 σ_{cr1} 不受配置短加劲肋的影响，故仍采用式(5.68)计算。τ_{cr1} 因板宽减小为 a_1 而提高，故用 a_1 代替 a、h_1 代替 h_0 用式(5.69)计算 λ_s，然后按式(5.70)计算 τ_{cr1}。需注意的是

$\sigma_{c,cr1}$，由于配置短加劲肋后，区格Ⅰ的宽高比 a_1/h_1 较原 a/h_1 大幅减小，在局部压应力的作用下，其受力状态亦从原两端支承板转变为四边支承板，故 $\sigma_{c,cr1}$ 亦相应得到提高。$\sigma_{c,cr1}$ 的计算也是借用式(5.68)的 σ_{cr} 计算公式，但用 λ_{c1} 代替式中的 λ_b。λ_{c1} 采用下面公式计算：

当受压翼缘扭转受到约束时

$$\lambda_{c1}=\frac{a_1/t_w}{87}\sqrt{\frac{f_y}{235}} \tag{5.78a}$$

当受压翼缘扭转未受到约束时

$$\lambda_{c1}=\frac{a_1/t_w}{73}\sqrt{\frac{f_y}{235}} \tag{5.78b}$$

对 $a_1/h_1>1.2$ 的区格，式(5.78)右侧应乘以 $1/\sqrt{0.4+0.5a_1/h_1}$。

5.7.6　加劲肋的截面选择和构造要求

加劲肋宜在腹板两侧成对配置(图 5.35(*a*))，对一般梁，为节约钢材，也可单侧配置(图5.35(*b*))，但对支承加劲肋和重级工作制吊车梁的加劲肋不应单侧配置。

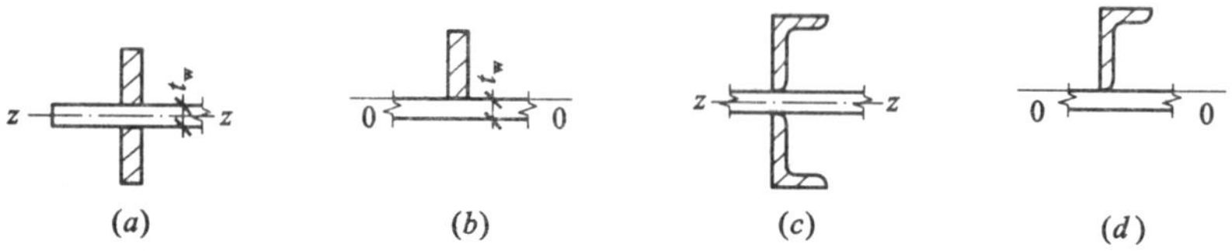

图 5.35　加劲肋的截面

加劲肋作为腹板的支承边，故应具有足够的刚度，当仅设置横向加劲肋时，在腹板两侧成对配置的钢板横向加劲肋，其截面尺寸应符合下列公式要求(图 5.36)：

外伸宽度

$$b_s\geqslant\frac{h_0}{30}+40\text{mm} \tag{5.79}$$

厚度

$$t_s\geqslant\frac{b_s}{15} \tag{5.80}$$

在腹板单侧配置的钢板横向加劲肋，其外伸宽度应取式(5.79)算得的值的 1.2 倍，厚度则同样不应小于其外伸宽度的 1/15。

在同时用横向加劲肋和纵向加劲肋加强的腹板中，横向加劲肋还作为纵向加劲肋的支承，故其截面尺寸除应符合上述规定外，其对腹板水平轴(z 轴)的截面惯性矩 I_z 尚应满足下式要求

$$I_z\geqslant 3h_0t_w^3 \tag{5.81}$$

纵向加劲肋对腹板竖直轴(y 轴)的截面惯性矩 I_y 应满足下列公式要求：

当 $a/h_0\leqslant0.85$ 时

$$I_y\geqslant1.5h_0t_w^3 \tag{5.82a}$$

当 $a/h_0>0.85$ 时

$$I_y\geqslant\left(2.5-0.45\frac{a}{h_0}\right)\left(\frac{a}{h_0}\right)^2h_0t_w^3 \tag{5.82b}$$

当加劲肋为单侧配置时，上列各式中的 I_z、I_y 应以与加劲肋相连的腹板边缘为轴线进行计算(图 5.35(*b*)、(*d*)中 0-0 线)。

对于大型梁，亦可采用角钢做加劲肋（图 5.35(*c*)、(*d*)），但其截面惯性矩不得小于相应钢板加劲肋的惯性矩。

在同时用横向加劲肋和纵向加劲肋加强的腹板中，应保持横向加劲肋连续，而在相交处切断纵向加劲肋（图 5.36）。

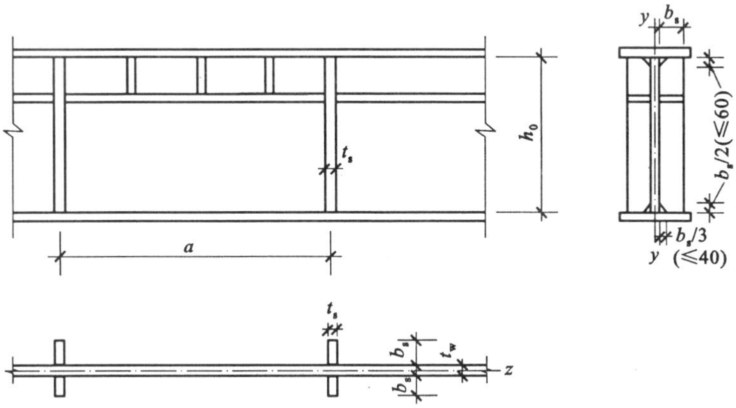

图 5.36 腹板加劲肋的截面尺寸和构造

为了避免焊缝交叉，减少焊接应力，横向加劲肋与翼缘相接处应切去宽约 $b_s/3$（但不大于 40mm）、高约 $b_s/2$（但不大于 60mm）的斜角。加劲肋采用构造焊缝与腹板和上、下翼缘焊接。

5.7.7 支承加劲肋的计算

支承加劲肋（图 5.37）实际是承受固定集中荷载或支座反力的横向加劲肋，一般在腹板两侧成对配置或做成突缘式加劲板（图 5.37(*b*)）。同样，加劲肋（或加劲板）从腹板边的自由外伸宽度与其厚度之比不得大于$15\sqrt{235/f_y}$，突缘的长度则不得大于其厚度的 2 倍。加劲肋受力端一般应刨平并顶紧于翼缘或柱顶，有时也可采用焊接。加劲肋截面除须满足式(5.79)和式(5.80)规定的刚度要求外，还应按轴心受压构件进行计算。

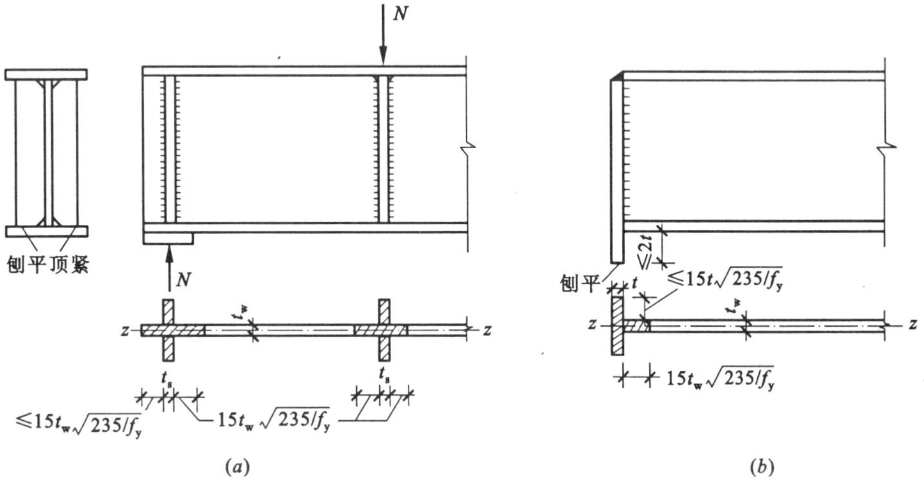

图 5.37 支承加劲肋

5.7.7.1 腹板平面外的稳定性

取轴心受压构件截面为加劲肋和加劲肋每侧 $15t_w\sqrt{235/f_y}$ 范围的腹板，在梁端若不足此数时，可取实际长度（图 5.37 中画阴影线的截面）。计算长度取腹板高度 h_0。由于在腹板平面内不可能失稳，故仅按下面公式计算其在腹板平面外的稳定性

$$\frac{N}{\varphi A} \leqslant f \tag{5.83}$$

式中 N——集中荷载或支座反力；

φ——轴心受压构件的稳定系数，由 $\lambda_z = h_0 / i_z$ 按 b 类或 c 类（对突缘式加劲板为轧制或剪切边时，见表 6.4）截面查附表 1.2 或附表 1.3（不考虑扭转效应）；

$i_z = \sqrt{I_z / A}$——绕腹板水平轴（z 轴）的回转半径。

5.7.7.2 端面承压强度

当支承加劲肋的端部为刨平顶紧时，应按所承受的支座反力或固定集中荷载，按下式计算其端面承压应力：

$$\sigma_{ce} = \frac{N}{A_{ce}} \leqslant f_{ce} \tag{5.84}$$

式中 A_{ce}——端面承压面积，即支承加劲肋与翼缘或突缘式加劲板与柱顶的接触面积；

f_{ce}——钢材端面承压（刨平顶紧）强度设计值，按表 3.5 选用。

当支承加劲肋的端部为焊接时，应计算焊缝强度。

5.7.7.3 支承加劲肋与腹板的连接焊缝

按承受的支座反力或集中荷载进行计算，并假定应力沿焊缝全长均匀分布。

【例 5.5】 试设计例 5.4 平台主梁的腹板加劲肋和端部支承加劲肋。

【解】 (1) 加劲肋布置

已知梁截面尺寸：腹板 1000mm×8mm，翼缘 320mm×16mm（跨中），180mm×16mm（端部）。

$$\frac{h_0}{t_w} = \frac{1000}{8} = 125 > 80\sqrt{\frac{235}{f_y}} = 80\sqrt{\frac{235}{235}} = 80$$

$$< 170\sqrt{\frac{235}{f_y}} = 170\sqrt{\frac{235}{235}} = 170$$

故仅需配置横向加劲肋。取加劲肋为等间距布置，$a = 1500\text{mm} > 0.5h_0 = 0.5 \times 1000 = 500\text{mm}$，且小于 $2h_0 = 2 \times 1000 = 2000\text{mm}$，即将腹板分成 10 个区格（图 5.38($a$)）。位于次梁下的横向加劲肋可兼作支承加劲肋。

(2) 各区格腹板的局部稳定计算

1) 各区格的平均弯矩（按各区格中央的弯矩，图 5.38(b)）

$$M_{\text{I}} = 315.5 \times 0.75 - \frac{1}{2} \times 1.2 \times 1.5 \times 0.75^2 = 236.1\text{kN} \cdot \text{m}$$

$$M_{\text{II}} = 315.5 \times 2.25 - \frac{1}{2} \times 1.2 \times 1.5 \times 2.25^2 = 705.3\text{kN} \cdot \text{m}$$

$$M_{\text{III}} = 315.5 \times 3.75 - 151 \times 0.75 - \frac{1}{2} \times 1.2 \times 1.5 \times 3.75^2 = 1057.2\text{kN} \cdot \text{m}$$

$$M_{\text{IV}} = 315.5 \times 5.25 - 151 \times 2.25 - \frac{1}{2} \times 1.2 \times 1.5 \times 5.25^2 = 1291.8\text{kN} \cdot \text{m}$$

$$M_{\text{V}} = 315.5 \times 6.75 - 151 \times (3.75 + 0.75) - \frac{1}{2} \times 1.2 \times 1.5 \times 6.75^2$$

$$= 1409.1\text{kN} \cdot \text{m}$$

2) 各区格平均弯矩产生的腹板计算高度边缘的弯曲压应力

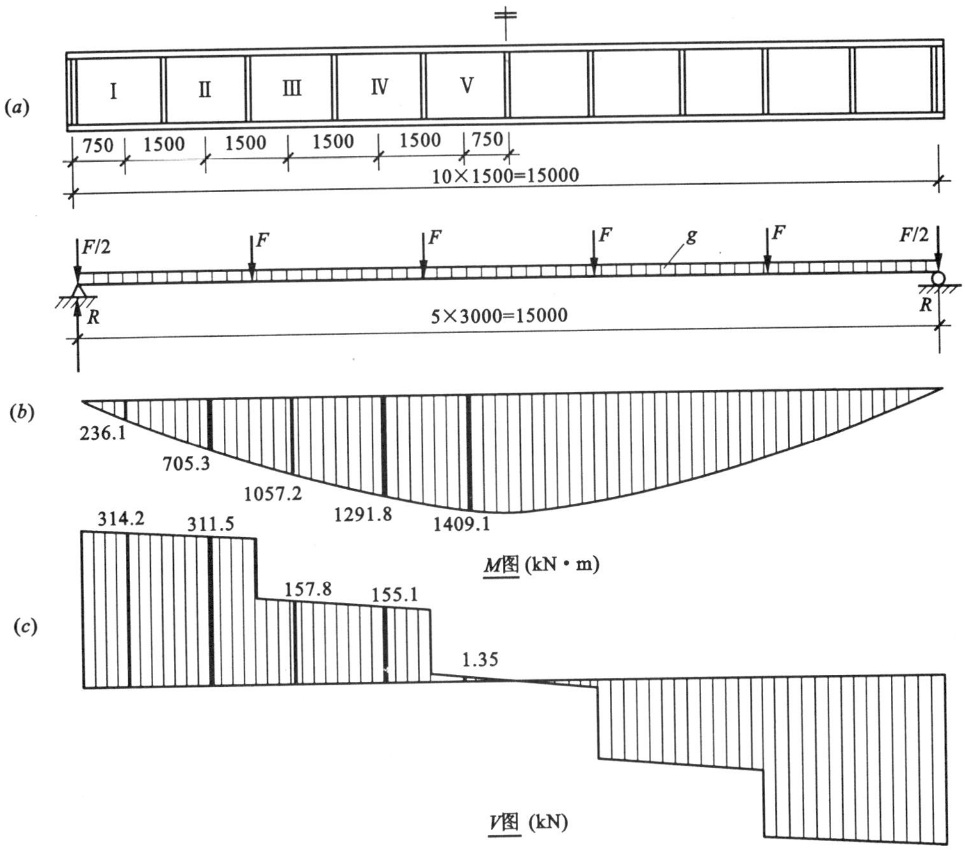

图 5.38 例 5.5 主梁腹板加劲肋

$$\sigma_{Ⅰ}=\frac{M_{Ⅰ}}{W_1}\cdot\frac{h_0}{h}=\frac{236.1\times10^6}{4172\times10^3}\times\frac{1000}{1032}=54.8\text{N/mm}^2$$

$$\sigma_{Ⅱ}=\frac{M_{Ⅱ}}{W_1}\cdot\frac{h_0}{h}=\frac{705.3\times10^6}{4172\times10^3}\times\frac{1000}{1032}=163.8\text{N/mm}^2$$

$$\sigma_{Ⅲ}=\frac{M_{Ⅲ}}{W_x}\cdot\frac{h_0}{h}=\frac{1057.2\times10^6}{6413\times10^3}\times\frac{1000}{1032}=159.7\text{N/mm}^2$$

$$\sigma_{Ⅳ}=\frac{M_{Ⅳ}}{W_x}\cdot\frac{h_0}{h}=\frac{1291.8\times10^6}{6413\times10^3}\times\frac{1000}{1032}=195.2\text{N/mm}^2$$

$$\sigma_{Ⅴ}=\frac{M_{Ⅴ}}{W_x}\cdot\frac{h_0}{h}=\frac{1409.1\times10^6}{6413\times10^3}\times\frac{1000}{1032}=212.9\text{N/mm}^2$$

3) 各区格的临界弯曲压应力

因梁的上翼缘连有次梁，可约束受压翼缘扭转，故用于受弯计算的腹板通用高厚比按式(5.67a)计算

$$\lambda_b=\frac{2h_c/t_w}{177}\sqrt{\frac{f_y}{235}}=\frac{1000/8}{177}\sqrt{\frac{235}{235}}=0.71<0.85$$

故由式(5.68a)

$$\sigma_{cr}=f=215\text{N/mm}^2$$

4) 各区格的平均剪力(按各区格中央的剪力，图 5.38(c))

$$V_{Ⅰ}=315.5-1.2\times1.5\times0.75=314.2\text{kN}$$

$$V_{\text{Ⅱ}} = 315.5 - 1.2 \times 1.5 \times 2.25 = 311.5\text{kN}$$
$$V_{\text{Ⅲ}} = 315.5 - 151 - 1.2 \times 1.5 \times 3.75 = 157.8\text{kN}$$
$$V_{\text{Ⅳ}} = 315.5 - 151 - 1.2 \times 1.5 \times 5.25 = 155.1\text{kN}$$
$$V_{\text{Ⅴ}} = 315.5 - 2 \times 151 - 1.2 \times 1.5 \times 6.75 = 1.35\text{kN}$$

5）各区格平均剪力产生的腹板平均剪应力

$$\tau_{\text{Ⅰ}} = \frac{V_{\text{Ⅰ}}}{h_0 t_w} = \frac{314.2 \times 10^3}{1000 \times 8} = 39.3\text{N/mm}^2$$

$$\tau_{\text{Ⅱ}} = \frac{V_{\text{Ⅱ}}}{h_0 t_w} = \frac{311.5 \times 10^3}{1000 \times 8} = 38.9\text{N/mm}^2$$

$$\tau_{\text{Ⅲ}} = \frac{V_{\text{Ⅲ}}}{h_0 t_w} = \frac{157.8 \times 10^3}{1000 \times 8} = 19.7\text{N/mm}^2$$

$$\tau_{\text{Ⅳ}} = \frac{V_{\text{Ⅳ}}}{h_0 t_w} = \frac{155.1 \times 10^3}{1000 \times 8} = 19.4\text{N/mm}^2$$

$$\tau_{\text{Ⅴ}} = \frac{V_{\text{Ⅴ}}}{h_0 t_w} = \frac{1.35 \times 10^3}{1000 \times 8} = 0.2\text{N/mm}^2$$

6）各区格的临界剪应力

用于抗剪计算的腹板通用高厚比：$a/h=1500/1000=1.5>1.0$，故按式(5.69b)得

$$\lambda_s = \frac{h_0/t_w}{41\sqrt{5.34 + 4(h_0/a)^2}}\sqrt{\frac{f_y}{235}}$$

$$= \frac{1000/8}{41\sqrt{5.34 + 4 \times (1000/1500)^2}}\sqrt{\frac{235}{235}} = 1.14 \begin{matrix} > 0.8 \\ < 1.2 \end{matrix}$$

故按式(5.70b)得

$$\tau_{cr} = f_v[1 - 0.59(\lambda_s - 0.8)] = 125[1 - 0.59(1.14 - 0.8)] = 99.9\text{N/mm}^2$$

7）各区格的局部稳定计算

按式(5.66)得

区格Ⅰ

$$\left(\frac{\sigma_{\text{Ⅰ}}}{\sigma_{cr}}\right)^2 + \left(\frac{\tau_{\text{Ⅰ}}}{\tau_{cr}}\right)^2 = \left(\frac{54.8}{215}\right)^2 + \left(\frac{39.3}{99.9}\right)^2 = 0.06 + 0.15 = 0.21 < 1 \quad \text{（满足）}$$

区格Ⅱ

$$\left(\frac{\sigma_{\text{Ⅱ}}}{\sigma_{cr}}\right)^2 + \left(\frac{\tau_{\text{Ⅱ}}}{\tau_{cr}}\right)^2 = \left(\frac{163.8}{215}\right)^2 + \left(\frac{38.9}{99.9}\right)^2 = 0.58 + 0.15 = 0.73 < 1 \quad \text{（满足）}$$

区格Ⅲ

$$\left(\frac{\sigma_{\text{Ⅲ}}}{\sigma_{cr}}\right)^2 + \left(\frac{\tau_{\text{Ⅲ}}}{\tau_{cr}}\right)^2 = \left(\frac{159.7}{215}\right)^2 + \left(\frac{19.7}{99.9}\right)^2 = 0.55 + 0.04 = 0.59 < 1 \quad \text{（满足）}$$

区格Ⅳ

$$\left(\frac{\sigma_{\text{Ⅳ}}}{\sigma_{cr}}\right)^2 + \left(\frac{\tau_{\text{Ⅳ}}}{\tau_{cr}}\right)^2 = \left(\frac{195.2}{215}\right)^2 + \left(\frac{19.4}{99.9}\right)^2 = 0.82 + 0.04 = 0.86 < 1 \quad \text{（满足）}$$

区格Ⅴ

$$\left(\frac{\sigma_{\text{Ⅴ}}}{\sigma_{cr}}\right)^2 + \left(\frac{\tau_{\text{Ⅴ}}}{\tau_{cr}}\right)^2 = \left(\frac{212.9}{215}\right)^2 + \left(\frac{0.2}{99.9}\right)^2 = 0.98 + 0 = 0.98 < 1 \quad \text{（满足）}$$

(3) 横向加劲肋截面尺寸

本题部分横向加劲肋还兼作承受次梁集中荷载的支承加劲肋，但该荷载不太大，故按刚度条件

选择截面，按式(5.79)和式(5.80)得

$$b_s = \frac{h_0}{30} + 40 = \frac{1000}{30} + 40 = 73\text{mm}，取\ 80\text{mm}$$

$$t_s = \frac{b_s}{15} = \frac{80}{15} = 5.3\text{mm}，取\ 6\text{mm}$$

选用—80×6。

横向加劲肋焊缝按构造决定：

$$h_{\text{fmin}} = 1.5\sqrt{t_{\max}} = 1.5\sqrt{8} = 4.2\text{mm}$$

取 h_f=5mm。

(4) 端部支承加劲肋设计

支承加劲肋的形式如图 5.39 所示，尺寸为 2—12×85×1000。

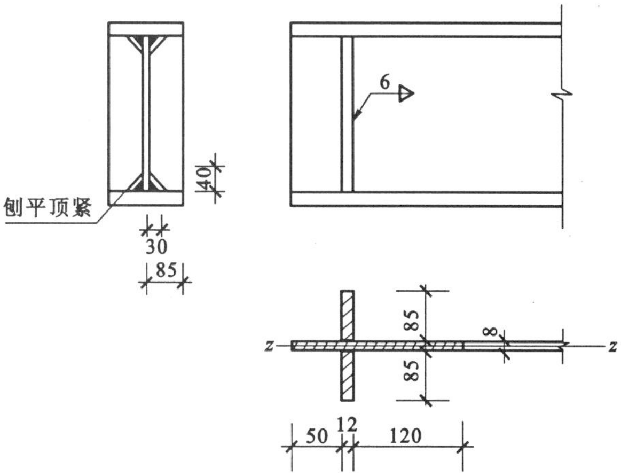

图 5.39 例 5.5 主梁端部支承加劲肋

1) 腹板平面外的整体稳定

按支承加劲肋和加劲肋两侧腹板(一侧至端部，另一侧为 $15t_w\sqrt{235/f_y}=15\times8\sqrt{235/235}=$ 120mm)组成的十字形截面轴心压杆计算(图 5.39 中阴影部分)

$$A = 2\times8.5\times1.2 + (5+1.2+12)\times0.8 = 35\text{cm}^2$$

$$I_z = \frac{1.2\times17.8^3}{12} = 564\text{cm}^4$$

$$i_z = \sqrt{\frac{I_z}{A}} = \sqrt{\frac{564}{35}} = 4.01\text{cm}$$

$$\lambda = \frac{100}{4.01} = 24.9$$

查附表 1.2，φ=0.953(十字形截面按 b 类截面)。按式(5.83)得

$$\frac{R}{\varphi A} = \frac{391.5\times10^3}{0.953\times35\times10^2} = 117.4\text{N/mm}^2 < f = 215\text{N/mm}^2 \quad (满足)$$

2) 端面承压强度

按式(5.84)得

$$\sigma_{ce} = \frac{R}{A_{ce}} = \frac{391.5\times10^3}{2\times(85-30)\times12} = 296.6\text{N/mm}^2 < f_{ce} = 325\text{N/mm}^2 \quad (满足)$$

3) 支承加劲肋与腹板的连接焊缝

$$h_f = 6\text{mm} > h_{f\min} = 1.5\sqrt{t_{\max}} = 1.5\sqrt{12} = 5.2\text{mm}$$
$$< 1.2t_{\min} = 1.2 \times 8 = 9.6\text{mm}$$
$$\tau_f = \frac{N}{4 \times 0.7h_f l_w} = \frac{391.5 \times 10^3}{4 \times 0.7 \times 6 \times (1000 - 2 \times 40 - 2 \times 6)}$$
$$= 25.7\text{N/mm}^2 < f_f^w = 160\text{N/mm}^2$$

平台主梁施工图如图 5.40 所示。

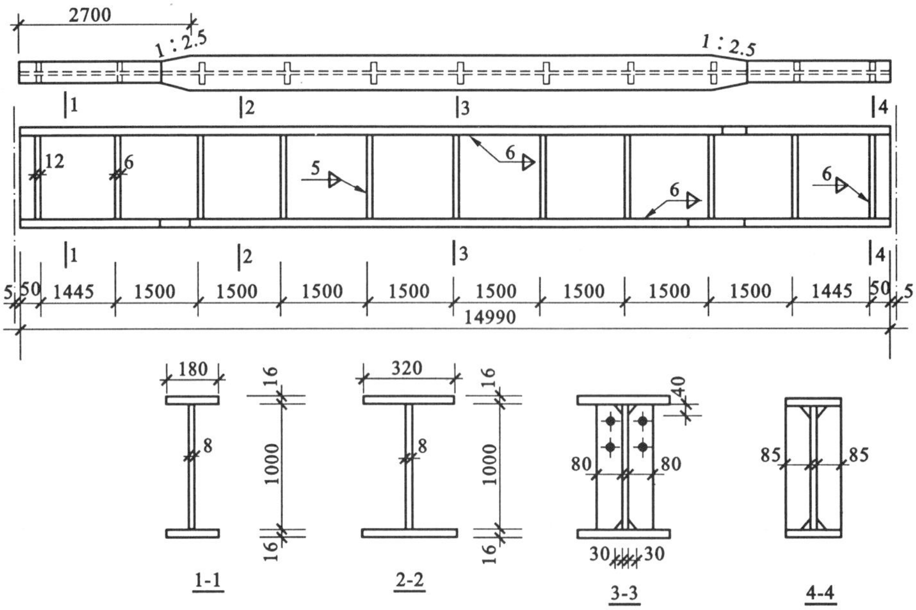

图 5.40　例 5.5 主梁施工图

5.8　考虑腹板屈曲后强度时梁的设计

5.8.1　梁腹板屈曲后的工作性能

上节关于腹板局部稳定的计算方法是基于临界状态为小挠度的理论建立的，故其高厚比不能太大。然而，一般梁的腹板都做得薄而高，并采取配置横向加劲肋加强，因此与相对较厚的翼缘一起对腹板形成四边支承。故当腹板屈曲后产生挠度较大的出平面变形时，将对腹板牵制形成薄膜效应，产生薄膜拉应力，且使梁的内力重分布，使梁能承受更大的荷载。如腹板在剪力作用下屈曲产生波形变形时，在顺波向即主压应力方向(图 5.28(a))不再能承受压力的作用，但在主拉应力方向却未达到屈服强度，还可承受更大的拉力，即存在通称的张力场作用。它可与翼缘及横向加劲肋一起，使梁屈曲后形似一个桁架工作(图 5.41)。上、下翼缘类似于桁架的上、下弦杆，横向加劲肋类似于桁架的竖腹杆(压杆)，而腹板的张力场带则类似于桁架的斜拉杆。因此腹板还有着较高的屈曲后强度。

利用腹板屈曲后强度的梁，其腹板高厚比可放宽至 250 都不需设置纵向加劲肋，这对大型组合梁有着较好的经济效益。因此，《设计规范》推荐将其用于承受静力荷载或间接承受动力荷载的组合梁。对吊车梁等直接承受动力荷载的梁，由于腹板反复屈曲可能引起腹板边缘产生疲劳裂纹，且有关资料还不充分，故暂不采用，即仍需按上一节内容配置腹板加劲肋并验算局部稳定。

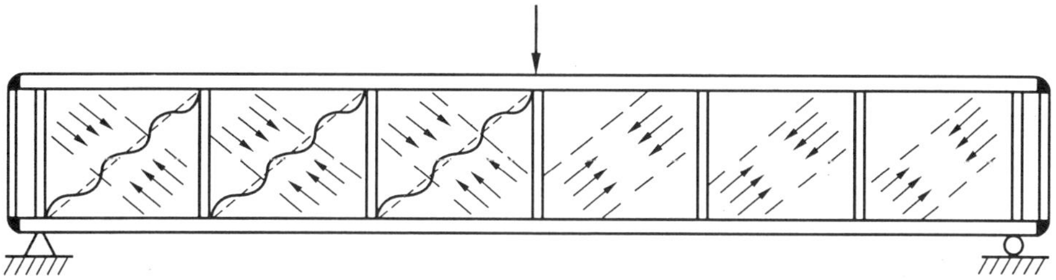

图 5.41 腹板屈曲后的张力场作用

下面就《设计规范》规定的考虑腹板屈曲后强度时梁的实用计算方法和横向加劲肋的设计分别加以介绍。

5.8.2 考虑腹板屈曲后强度时梁的计算

5.8.2.1 腹板屈曲后的抗剪承载力 V_u

由于张力场的作用提高了腹板屈曲后的抗剪强度，其能承担的极限剪力 V_u 可用屈曲时临界剪力 V_{cr}和张力场剪力 V_t 之和来表达，即

$$V_u = V_{cr} + V_t \tag{5.85}$$

屈曲剪力可用 $V_{cr}=h_w t_w \tau_{cr}$ 计算。式中 τ_{cr} 为由式(5.44)计算的临界剪应力。

张力场剪力 V_t 的计算是假定翼缘的刚度不大，不能承担斜张力场产生的垂直分力的作用，张力场只锚定在横向加劲肋上，即只传力至横向加劲肋。现设张力场带的宽度 s 如图5.42所示，则

$$s = h_w \cos\varphi - a\sin\varphi$$

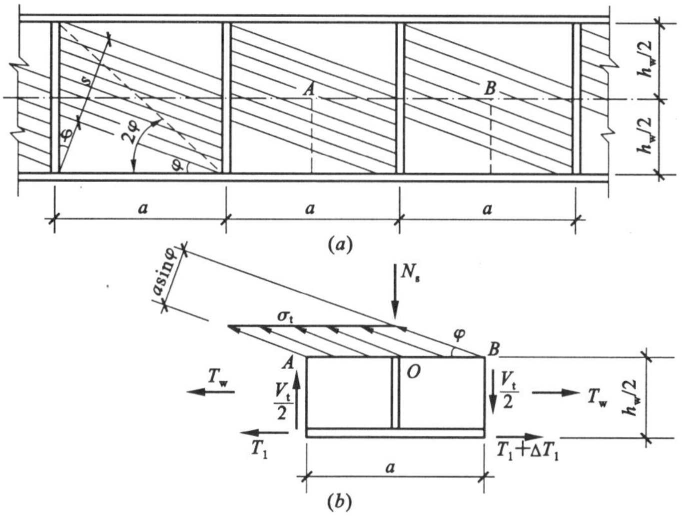

图 5.42 张力场作用下的剪力计算

与张力场的拉力平衡的竖向剪力为

$$V_t = \sigma_t t_w s\sin\varphi = \sigma_t t_w (h_w\cos\varphi - a\sin\varphi)\sin\varphi$$

$$= \sigma_t t_w \left(\frac{1}{2}h_w \sin 2\varphi - a\sin^2\varphi\right)$$

式中 σ_t 为张力场的拉应力，φ 为其倾角，但它不等于屈曲前主压应力方向的 45°角。由 $dV_t/d\varphi=0$，可求得对应于最大剪力的张力场倾角为

$$\tan 2\varphi = \frac{h_w}{a}$$

或

$$\sin 2\varphi = \frac{1}{\sqrt{1+(a/h_w)^2}} \tag{5.86}$$

直接采用上式计算出 φ,然后将其用于计算 V_t 比较复杂,且实际上在张力场以外的两个三角形板块也存在薄膜应力,故 V_t 还可采用下面较符合实际的简单公式。

取图 5.42(b)所示的分离体。由平衡条件

$\sum x = 0$　　　$\Delta T_1 = \sigma_t t_w a \sin\varphi \cos\varphi = \frac{1}{2}\sigma_t t_w a \sin 2\varphi$

式中　ΔT_1——翼缘水平力的增量,其中包括腹板水平力增量的影响。

$\sum M_o = 0$ (M_o 为对 O 点的力矩)

$$\Delta T_1 \frac{h_w}{2} - \frac{1}{2}V_t a = 0$$

或

$$V_t = \frac{h_w}{a}\Delta T_1 = \frac{1}{2}\sigma_t t_w h_0 \sin 2\varphi$$

将式(5.86)的 $\sin 2\varphi$ 值代入上式,得

$$V_t = \frac{1}{2}\sigma_t t_w h_w \frac{1}{\sqrt{1+(a/h_w)^2}} \tag{5.87}$$

式中 σ_t 的确定需要考虑在 σ_t 和 τ_{cr} 二者共同作用下的破坏条件。现假定 σ_t 的方向和屈曲前的主拉应力方向一致,且 τ_{cr} 保持常量,则根据剪应力作用下的屈服条件,对应于 σ_t 的剪应力为 $\sigma_t/\sqrt{3}$。总剪应力的最大值应不超过剪切屈服点 f_{vy},即

$$\tau_{cr} + \frac{\sigma_t}{\sqrt{3}} = f_{vy}$$

或

$$\sigma_t = \sqrt{3}(f_{vy} - \tau_{cr})$$

将上式代入式(5.87),可得

$$V_t = \frac{\sqrt{3}}{2}h_w t_w \frac{f_{vy} - \tau_{cr}}{\sqrt{1+(a/h_w)^2}} \tag{5.88}$$

将 V_t 和 V_{cr} 代入式(5.85),并引入抗力分项系数 γ_R,可得

$$V_u = h_w t_w \left[\tau_{cr} + \frac{f_{vy} - \tau_{cr}}{1.15\sqrt{1+(a/h_w)^2}}\right] \tag{5.89}$$

由上式可见,区格板的几何尺寸即高厚比(h_w/t_w)和宽高比(a/h_w)与 V_u 有着密切关系,它们直接影响 V_u(包括 τ_{cr} 和张力场剪力)值的大小,故计算 V_u 时亦应与计算腹板局部稳定的 τ_{cr} 一样,引入与其有关联的参数腹板通用高厚比 λ_s。因此,根据 V_u 的理论计算式并结合实验研究,《设计规范》将其简化后采用下列三段公式计算:

当 $\lambda_s \leqslant 0.8$ 时

$$V_u = h_w t_w f_v \tag{5.90a}$$

当 $0.8 < \lambda_s \leqslant 1.2$ 时

$$V_u = h_w t_w f_v [1 - 0.5(\lambda_s - 0.8)] \tag{5.90b}$$

当 $\lambda_s>1.2$ 时

$$V_u = h_w t_w f_v / \lambda_s^{1.2} \tag{5.90c}$$

上式中 λ_s 按表 5.11 中式(5.69)计算。当仅设置支承加劲肋(a 很大)时，可取式(5.69b)中 $h_0/a=0$。

现对上述计算式所表达的腹板抗剪性能，结合图 5.43 显示的 τ_u-λ_s($\tau_u=V_u/h_w t_w$)曲线和图 5.33的 τ_{cr}-λ_s 曲线加以比较分析：

(1) 当 $\lambda_s\leqslant0.8$ 时，相对于 h_w/t_w 或 a/h_w 很小，此时 τ_u 和 τ_{cr}相等，均等于 f_v，即腹板不会屈曲，故也不存在考虑屈曲后强度。

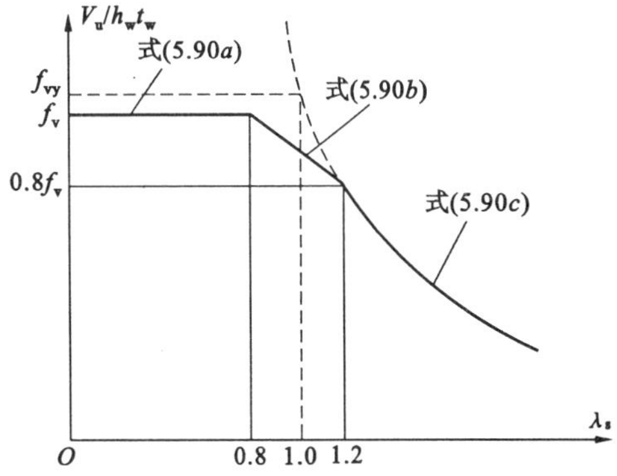

图 5.43　$V_u/h_w t_w$-λ_s 关系曲线图

(2) 当 $0.8<\lambda_s\leqslant1.2$ 时，τ_u 随 λ_s 增大呈线性关系减小，但比 τ_{cr}减小的少。如 $\lambda_s=1.2$ 时，$\tau_u=0.8f_v$，而 $\tau_{cr}=0.764f_v$。这表明屈曲后的抗剪承载力因张力场的作用较屈曲时的大，但因在此范围的 h_w/t_w 或 a/h_w 还较小，故增大幅度还不是很大。

(3) 当 $\lambda_s>1.2$ 时，τ_u 和 τ_{cr}的差值随 λ_s 的增大而显著增加。如 $\lambda_s=2$ 时，$\tau_u=0.435f_v$，$\tau_{cr}=0.275f_v$，增加达 58%。这表明张力场的作用随着 h_w/t_w 或 a/h_w 的增加而愈明显。因此，利用腹板屈曲后的抗剪承载能力以 $\lambda_s>1.2$ 的弹性屈曲范围最好。

5.8.2.2　腹板屈曲后梁的抗弯承载力 M_{eu}

如前所述，对腹板高厚比较大的梁，若考虑屈曲后张力场的作用，抗剪承载力会有一定增加，然而抗弯承载力却会降低，但不是很多(一般约 5%以内)。这是因为未设置纵向加劲肋，故在弯矩作用下，腹板受压区可能屈曲，从而使部分截面产生凹凸变形退出工作。

腹板屈曲后梁的抗弯承载能力 M_{eu}可采用有效截面进行计算。如图 5.44(a)、(b)腹板屈曲前后的应力分布所示，梁在腹板屈曲后仍可继续承受更大的弯矩，但腹板受压区的应力不再像屈曲前呈线性分布，而是呈非线性分布。计算时，可取腹板边缘屈服，其正应力达到 $\sigma=f_y$ 作为承载力的极限状态，并假定此时腹板受压区的部分截面无效，受压区高度 h_c 只剩下有效高度 ρh_c(ρ 为腹板受压区有效高度系数)，受拉区截面则全部有效，故梁的有效截面和应力分布如图 5.44(c)所示，中和轴略有下降。

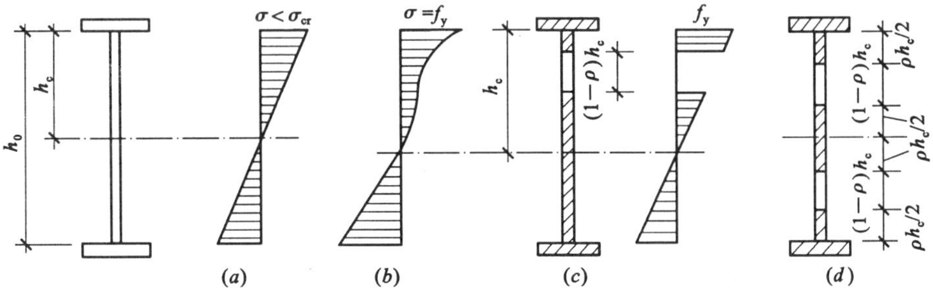

图 5.44　腹板屈曲前后的应力分布和有效高度

为了便于计算有效截面的几何特性，现将有效高度的位置分布作图 5.44(d)所示的简化，即假定腹板受压区的有效高度 ρh_c 等分于受压区的两边，并将受拉区作相同处理，也在中部扣除 $(1-\rho)h_c$高度，以保持中和轴位置不变。从而可得：

梁有效截面的惯性矩(不计扣除截面绕自身形心轴的惯性矩)为

$$I_{xe} = I_x - 2(1-\rho)h_c t_w \left(\frac{h_c}{2}\right)^2 = I_x - \frac{1}{2}(1-\rho)h_c^3 t_w$$

梁截面模量的折减系数(有效截面模量和全部截面模量之比)为

$$\alpha_e = \frac{W_{xe}}{W_x} = \frac{I_{xe}}{I_x} = 1 - \frac{(1-\rho)h_c^3 t_w}{2I_x} \tag{5.91}$$

式(5.91)虽是按双轴对称截面且按截面塑性发展系数 $\gamma_x=1.0$ 推导而得的近似公式,但偏于安全,故也可将其用于单轴对称截面和 $\gamma_x=1.05$ 的情况。因此,腹板屈曲后梁的抗弯承载力设计值可用下面公式表达

$$M_{eu} = \gamma_x \alpha_e W_x f \tag{5.92}$$

以上两式中的 I_x、W_x 和 h_c 均按梁截面全部有效计算,而有效高度系数 ρ 因与腹板受弯曲压应力作用时的临界应力 σ_{cr} 有关,故同样与腹板的高厚比 h_0/t_w 有着密切关系,因此也须引入与其相关联的参数,即按表 5.11 中式(5.67)计算的腹板通用高厚比 λ_b,分成三段式计算:

当 $\lambda_b \leqslant 0.85$ 时

$$\rho = 1.0 \tag{5.93a}$$

当 $0.85 < \lambda_b \leqslant 1.25$ 时

$$\rho = 1 - 0.82(\lambda_b - 0.85) \tag{5.93b}$$

当 $\lambda_b > 1.25$ 时

$$\rho = (1 - 0.2/\lambda_b)/\lambda_b \tag{5.93c}$$

综合式(5.91)～式(5.93)进行分析,从中可以看出梁的抗弯承载力有如下特点:

(1) 当 $\lambda_b \leqslant 0.85$ 时,相对于 h_w/t_w 很小,此时 $\rho=1.0$,即 $\alpha_e=1$,表明截面全部有效,腹板不会屈曲,故梁的抗弯承载力不会降低,等于受弯屈服时的承载力 $M_{eu}=\gamma_x W_x f$。

(2) 当 $\lambda_b > 0.85$ 以后,腹板屈曲,且 ρ 随 λ_b 递增(相当于 h_w/t_w 递增)而递减,截面模量折减系数 α_e 则相应递增,故梁的抗弯承载力也随之降低,但较屈曲时的降低不多,约 5%以内。

(3) 由式(5.91)可见,α_e 除随 ρ 减小(λ_b 或 h_w/t_w 增大)而增大外,还随腹板截面(被减数分子)在整个梁截面(被减数分母)所占的几何比例有关,比例越大,则屈曲后梁的抗弯承载力降低越多。

5.8.2.3　*考虑腹板屈曲后强度时梁的计算公式*

以上两小节是分析单独承受剪力和弯矩的腹板屈曲后的受力性能和计算,但配置横向加劲肋的腹板各区格,通常均承受弯矩 M 和剪力 V 的共同作用,要精确计算这种受力情况下腹板屈曲后梁的抗弯和抗剪承载力十分复杂,故一般采用 V、M 和 V_u、M_{eu} 匹配的无量纲化相关关系公式进行计算。下面是《设计规范》采用的公式:

当 $M/M_f \leqslant 1.0$ 时

$$V \leqslant V_u \tag{5.94a}$$

当 $V/V_u \leqslant 0.5$ 时

$$M \leqslant M_{eu} \tag{5.94b}$$

其他情况时

$$\left(\frac{V}{0.5V_u} - 1\right)^2 + \frac{M - M_f}{M_{eu} - M_f} \leqslant 1.0 \tag{5.94c}$$

式中　M、V——所计算区格内同一截面处梁的弯矩和剪力设计值;计算时,当 $V<0.5V_u$,取 $V=0.5V_u$;当 $M<M_f$,取 $M=M_f$;

M_f——梁两翼缘所承担的弯矩设计值：对双轴对称工字形截面，$M_f = A_f h_f f$；

A_f——一个翼缘截面面积；

h_f——上、下翼缘形心间的距离；

对单轴对称工字形截面按下式计算：

$$M_f = \left(A_{f1}\frac{h_1^2}{h_2^2} + A_{f2}h_2\right)f \tag{5.95}$$

A_{f1}、h_1——较大翼缘的截面面积及其形心至梁中和轴的距离；

A_{f2}、h_2——较小翼缘的截面面积及其形心至梁中和轴的距离。

由于式(5.94)是梁的强度计算公式，故应取所计算区格内同一截面处的 M 和 V，不能像计算腹板稳定时取所计算区格内 M 和 V 的平均值。现再结合图 5.45 所示的 V/V_u-M/M_{eu} 相关关系曲线对式(5.94)加以分析：

(1) 当 $M/M_f \leqslant 1.0$，即弯矩 M 较小不超过梁两翼缘所能承担的弯矩设计值 M_f 时，认为腹板不用参与承担弯矩的工作，只需按其单独承受剪力 V 是否超过其屈曲后的抗剪承载力 V_u 进行计算，即应满足 $V \leqslant V_u$ 或 $V/V_u \leqslant 1.0$，因此图中呈一水平线。

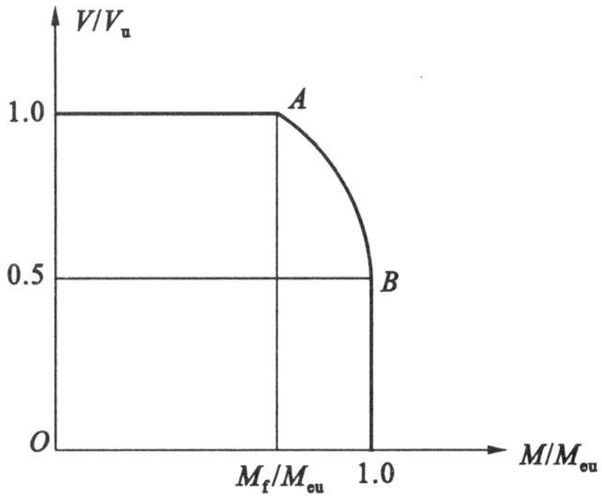

图 5.45 V/V_u-M/M_{eu} 相关曲线

(2) 求解 M_{eu} 时，是以腹板边缘正应力 σ 达到屈服点 f_y 作为极限状态，此时腹板不仅承受正应力，而且还能承受剪力约 $0.6V_u$。因此，可偏安全地取为能承受 $0.5V_u$ 剪力，故当剪力 V 不超过 V_u 的 0.5 倍($V/V_u < 0.5$)时，只需计算弯矩 M 是否超过屈曲后梁的抗弯承载力 M_{eu}，即 $M \leqslant M_{eu}$ 或 $M/M_{eu} \leqslant 1.0$，因此图中呈一竖直线。

(3) 在水平线和竖直线间的过渡连线 AB，即式(5.94*c*)所示的抛物线，它表示 $M > M_f$ 和 $V > 0.5V_u$ 的其他情况时，在 M、V 共同作用下应满足的条件式。

另外，由式(5.92)可见，由于式中梁截面模量折减系数 α_e 的影响，考虑腹板屈曲后强度时梁的抗弯承载能力恒低于按全截面有效时的 $M = \gamma_x W_x f$。因此，在用式(5.94*b*)计算时，即使验算截面处的剪力 $V \leqslant 0.5V_u$(如简支梁跨中区格)，但若弯矩 M 较大，且在选用截面时抗弯强度已用足没有富余，则计算腹板屈曲后梁的强度将不易满足 $M \leqslant M_{eu}$ 要求。此时若采取加大截面以提高 M_{eu}，可能经济效果不大。所以利用腹板屈曲后强度，梁的抗弯强度应有一定富余。

5.8.3 考虑腹板屈曲后强度时梁的加劲肋设计

考虑腹板屈曲后强度的梁，一般只在支座处和固定集中荷载处设置横向(支承)加劲肋，或增设经计算需要的中间横向加劲肋。加劲肋应在腹板两侧成对布置，其截面尺寸除应符合式(5.79)、式(5.80)的要求外，尚应按下述方法作受力计算。

5.8.3.1 中间横向加劲肋的计算

中间横向加劲肋在考虑腹板屈曲后强度的薄腹板梁中有着更大的作用。它不仅应在屈曲前提高屈曲荷载，而且还能在屈曲后起着如同桁架竖杆的作用，能承受按式(5.88)计算的张力场剪力引起的竖向分力 N_s。张力场引起的水平分力由于在其两侧区格均有分布，其中大部分可相互抵消和由翼缘承受，故影响不大，可采取将轴心压力 N_s 加大进行考虑，即取

$$N_s = V_u - h_w t_w \tau_{cr} \tag{5.96}$$

对照式(5.85)可见，上式实际上取 N_s 为腹板屈曲后的极限剪力 V_u 减去腹板屈曲时的临界剪力 V_{cr}，即相当于将 N_s 加大为采用张力场剪力 V_t。

当中间横向加劲肋兼作承受固定集中荷载 F 的支承加劲肋时，N_s 中还应加上 F。

中间横向加劲肋的计算方法按第 5.7 节所述，即取十字形截面按承受 N_s 的轴心压杆，计算其在腹板平面外的稳定性。

5.8.3.2　支座加劲肋的计算

支座加劲肋相当于位于梁端部的横向支承加劲肋，故仅在加劲肋一侧有张力场作用。因此，当支座旁端区格的 $\lambda_s>0.8$，且按考虑腹板屈曲后强度设计时，支座加劲肋除承受梁的支座反力 R 外，还应考虑在靠梁内一侧距上翼缘 $h_0/4$ 处承受斜向张力场引起的水平分力

$$H=(V_u-\tau_{cr}h_wt_w)\sqrt{1+(a/h_0)^2} \tag{5.97}$$

式中　a——对设中间横向加劲肋的腹板为支座端区格的加劲肋间距；对不设中间加劲肋的腹板为支座至跨内剪力为零点的距离。

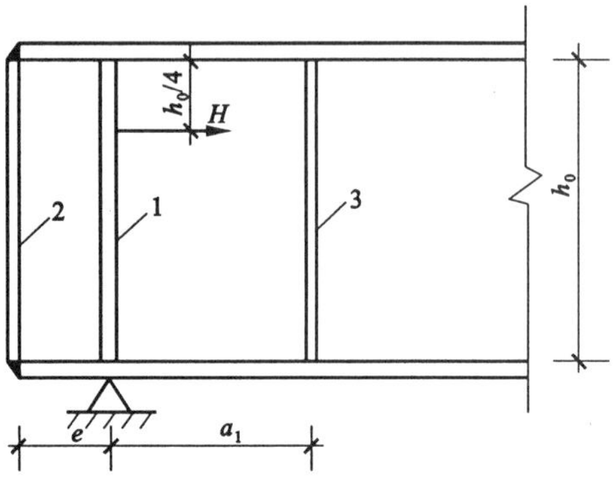

图 5.46　梁端构造

1—支座加劲肋；2—封头板；3—横向加劲肋

另外，对中间横向加劲肋间距较大($a>2.5h_0$)和不设中间横向加劲肋的腹板，当满足式(5.66)(即不丧失局部稳定)时，可取 $H=0$。

支座加劲肋处于压弯受力状况，故应按第 6 章压弯构件所述，计算其强度和在腹板平面外的稳定。所取截面和计算长度同第 5.7 节所述。

为了改善支座加劲肋的压弯受力状况，通常还可用下面两种方法处理(图 5.46)：

(1) 在梁端头增焊封头板。经此处理后，支座加劲肋的抗弯能力大为增加，故对其可仍按承受支座反力 R 的轴心压杆按第 5.7 节所述方法计算。

封头板的截面面积 A_c 应不小于按下式计算的数值

$$A_c=\frac{3h_0H}{16ef} \tag{5.98}$$

式中　e——支座加劲肋至封头板的距离；

　　f——钢材强度设计值。

(2) 缩小端区格的宽度(图 5.46 中 a_1)达到 $\lambda_s\leqslant 0.8$，即使该区格的 $\tau_{cr}\geqslant f_v$，因此不会产生屈曲，当然也不存在 H 力。

【例 5.6】　试将例 5.4 的平台主梁按考虑腹板屈曲后强度改选截面。

【解】　(1) 截面选择

原截面的抗弯强度已无富余，且腹板高厚比不够大，横向加劲肋较密，腹板区格较小，这些都不符合利用腹板屈曲后强度的条件，故须改选截面，将腹板改薄加高，翼缘改小，并将横向加劲肋间距加大，只在有固定集中荷载(次梁)处设置。现参考原截面，改选为如图 5.47 所示的等截面梁。

$$h_0/t_w=120/0.6=200<[h_0/t_w]_{max}=250$$

$$A=2\times 28\times 1.6+120\times 0.6=161.6\text{cm}^2\text{(较原截面缩小约 11\%)}$$

$$I_x=\frac{1}{12}\times 0.6\times 120^3+2\times 28\times 1.6\times 60.8^2=417600\text{cm}^4$$

$$W_x=\frac{417600}{61.6}=6780\text{cm}^3$$

$$g_k = 1.1 \times 161.6 \times 10^{-4} \times 76.98 = 1.4\text{kN/m}$$

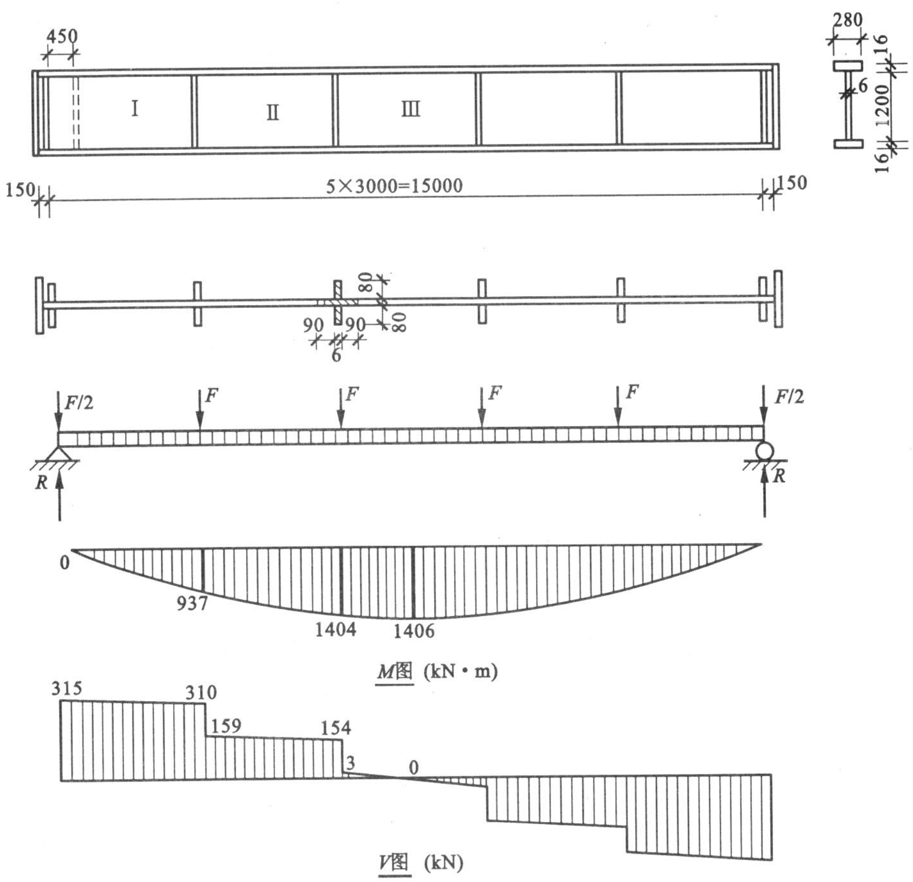

图 5.47 例 5.6 附图

(2) 截面验算

$$M_{max} = 1359 + \frac{1}{8} \times 1.2 \times 1.4 \times 15^2 = 1406\text{kN} \cdot \text{m}$$

$$M_{kT} = 2 \times 119.2 \times 7.5 - 119.2 \times (4.5 + 1.5) + \frac{1}{8} \times 1.4 \times 15^2 = 1112\text{kN} \cdot \text{m}$$

$$M_{kQ} = 729\text{kN} \cdot \text{m}$$

1) 抗弯强度

按式(5.4)为

$$\frac{M_{max}}{\gamma_x W_{nx}} = \frac{1406 \times 10^6}{1.05 \times 6780 \times 10^3} = 197.5\text{N/mm}^2 < f = 215\text{N/mm}^2 \qquad (满足)$$

2) 刚度

按式(5.12)为

$$\frac{v_T}{l} = \frac{M_{kT} l}{10EI_x} = \frac{1112 \times 10^6 \times 15 \times 10^3}{10 \times 206 \times 10^3 \times 417600 \times 10^4} = \frac{1}{516} < \frac{[v_T]}{l} = \frac{1}{400} \qquad (满足)$$

由上述结果可知，$v_T/l = 1/516$ 已经小于 $[v_Q]/l = 1/500$ 的挠度容许值，故可变荷载作用下的挠度可不再验算。另外剪应力和整体稳定也不需验算。

(3) 腹板屈曲后梁的强度验算

加劲肋布置和加劲肋处的弯矩、剪力如图 5.47 所示，需验算截面除Ⅰ区格左侧和Ⅲ区格中部的剪力和弯矩最大处外，还须考虑Ⅰ、Ⅱ两区格右侧的剪力和弯矩均较大处。

1) 计算 V_u、M_f、M_{eu}

V_u：$a/h_0=300/120=2.5>1$，故按式(5.69b)：

$$\lambda_s=\frac{h_0/t_w}{41\sqrt{5.34+4(h_0/a)^2}}\sqrt{\frac{f_y}{235}}=\frac{120/0.6}{41\sqrt{5.34+4\times(120/300)^2}}\sqrt{\frac{235}{235}}=1.99>1.2$$

故按式(5.90c)

$$V_u=\frac{h_w t_w f_v}{\lambda_s^{1.2}}=\frac{1200\times6\times125}{1.99^{1.2}}=394000\text{N}=394\text{kN}$$

$$M_f=A_f h_f f=280\times16\times1216\times215=1171\times10^6\text{N}\cdot\text{mm}=1171\text{kN}\cdot\text{m}$$

由于次梁和主梁采用等高连接，且平台铺板与主梁翼缘焊牢，其扭转受到约束，故按式(5.67a)

$$\lambda_b=\frac{h_0/t_w}{177}\sqrt{\frac{f_y}{235}}=\frac{120/0.6}{177}\times\sqrt{\frac{235}{235}}=1.13\begin{matrix}>0.85\\<1.25\end{matrix}$$

故按式(5.93b)、式(5.91)、式(5.92)

$$\rho=1-0.82(\lambda_b-0.85)=1-0.82\times(1.13-0.85)=0.77$$

$$\alpha_e=1-\frac{(1-\rho)h_c^3 t_w}{2I_x}=1-\frac{(1-0.77)\times60^3\times0.6}{2\times417600}=0.96$$

$$M_{eu}=\gamma_x\alpha_e W_x f=1.05\times0.96\times6780\times10^3\times215$$
$$=1469\times10^6\text{N}\cdot\text{mm}=1469\text{kN}\cdot\text{m}$$

2) 各区格的强度验算

① 区格Ⅰ左侧：$V_{max}=302+\frac{1}{2}\times1.2\times1.4\times15=315\text{kN}$，$M=0$

因 $M=0<M_f=1171\text{kN}\cdot\text{m}$，故按式(5.94$a$)：

$$V=315\text{kN}<V_u=394\text{kN}\qquad(满足)$$

② 区格Ⅰ右侧：$V=310\text{kN}$，$M=937\text{kN}\cdot\text{m}$

因 $M=937\text{kN}\cdot\text{m}<M_f=1171\text{kN}\cdot\text{m}$，故按式(5.94$a$)：

$$V=310\text{kN}<V_u=394\text{kN}\qquad(满足)$$

③ 区格Ⅱ右侧：$V=154\text{kN}$，$M=1404\text{kN}\cdot\text{m}$

因 $V=154\text{kN}<0.5V_u=0.5\times394=197\text{kN}$，故按式(5.94$b$)

$$M=1404\text{kN}\cdot\text{m}<M_{eu}=1469\text{kN}\cdot\text{m}\quad(满足)$$

④ 区格Ⅲ中央：$V=0$，$M_{max}=1406\text{kN}\cdot\text{m}$

因 $V=0<0.5V_u=197\text{kN}$，故按式(5.94b)：

$$M=1406\text{kN}\cdot\text{m}<M_{eu}=1469\text{kN}\cdot\text{m}\quad(满足)$$

3) 中间横向加劲肋计算

① 加劲肋承受的轴心压力

根据各个区格的 $\lambda_s=1.99>1.2$，故按式(5.70c)：

$$\tau_{cr}=\frac{1.1f_v}{\lambda_s^2}=\frac{1.1\times125}{1.99^2}=34.7\text{N/mm}^2$$

按式(5.96)

$$N_s = V_u - \tau_{cr} h_w t_w + F = 394 - 34.7 \times 1200 \times 6 \times 10^{-3} + 151 = 295\text{kN}$$

② 加劲肋在腹板平面外的稳定

先按式(5.79)、式(5.80)的刚度条件公式选择加劲肋截面

$$b_s = \frac{h_0}{30} + 40 = \frac{1200}{30} + 40 = 80\text{mm}$$

$$t_s = \frac{b_s}{15} = \frac{80}{15} = 5.3\text{mm，取 }6\text{mm}$$

取加劲肋的计算截面如图 5.47 中阴影线所示十字形截面，即加劲肋每侧各取 $15t_w\sqrt{235/f_y} = 15\times 6 = 90\text{mm}$。

$$A = 2 \times 8 \times 0.6 + 18.6 \times 0.6 = 20.8\text{cm}^2$$

$$I_z = \frac{1}{12} \times 0.6 \times 16.6^3 = 228.7\text{cm}^4$$

$$i_z = \sqrt{\frac{I_z}{A}} = \sqrt{\frac{228.7}{20.8}} = 3.3\text{cm}$$

$$\lambda_z = \frac{h_0}{i_z} = \frac{120}{3.3} = 36.4$$

查附表 1.2，$\varphi=0.912$

$$\frac{N_s}{\varphi A} = \frac{295 \times 10^3}{0.912 \times 20.8 \times 10^2} = 155.5\text{N/mm}^2 < f = 215\text{N/mm}^2 \quad \text{（满足）}$$

4) 支座加劲肋和封头板计算

采用封头板加强，以抵抗支座端部区格的拉力场水平分力 H 产生的弯矩，故支座加劲肋仍按承受支座反力 R 的轴心压杆计算，可参照例 5.5 进行，本例从略。现对封头板需要的截面面积加以计算：

拉力场水平分力（按式(5.97)）

$$\begin{aligned} H &= (V_u - \tau_{cr} h_w t_w)\sqrt{1 + (a/h_0)^2} \\ &= (394 - 34.7 \times 1200 \times 6 \times 10^{-3})\sqrt{1 + (3000/1200)^2} \\ &= 388\text{kN} \end{aligned}$$

封头板需要的截面面积（按式(5.98)，并取 $e=150\text{mm}$）

$$A_c = \frac{3h_0 H}{16ef} = \frac{3 \times 1200 \times 388 \times 10^3}{16 \times 150 \times 215} = 2707\text{mm}^2$$

取封头板—280×10，$A=280\times10=2800\text{mm}^2>A_c$（满足）。

若不采用封头板，可将支座端部区格的宽度缩小，使其 $\lambda_s \leqslant 0.8$，从而不会产生屈曲，也不会有 H 力。现在距支座加劲肋 450mm 处增设一中间横向加劲肋（图 5.47 中虚线），此时 $a/h_0=450/1200=0.375<1.0$，故用式(5.69a)：

$$\begin{aligned} \lambda_s &= \frac{h_0/t_w}{41\sqrt{4 + 5.34(h_0/a)^2}}\sqrt{\frac{f_y}{235}} = \frac{1200/6}{41\sqrt{4 + 5.34 \times (1200/450)^2}} \times \sqrt{\frac{235}{235}} \\ &= 0.75 < 0.8 \quad \text{（满足）} \end{aligned}$$

比较考虑腹板屈曲后强度的平台主梁截面面积 $A=161.6\text{cm}^2$ 与原截面面积 $A=182\text{cm}^2$，可节约钢材 11.2%。另外，还可减少横向加劲肋，且不需设置纵向加劲肋，经济效果显著。

5.9 梁的拼接

梁的拼接分工厂拼接和工地拼接两种。由于钢材尺寸限制，梁的翼缘或腹板一般需要接长或加宽，这类拼接常在制造厂进行，故称为工厂拼接。由于运输或安装条件限制，梁有时须分段制造，然后在工地拼装，这称为工地拼接。

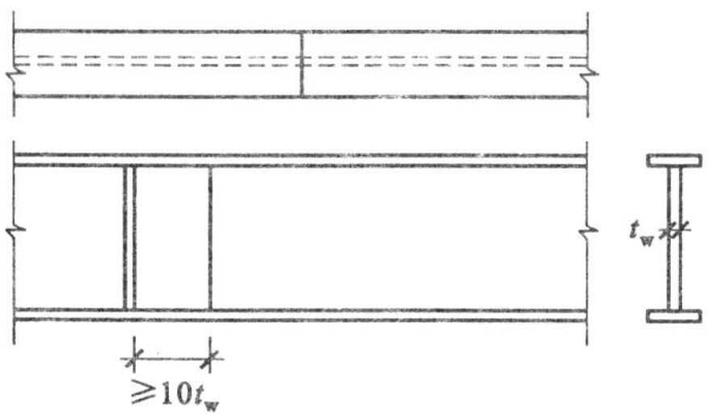

图 5.48　焊接梁的工厂拼接

型钢梁常在同一截面采用对接焊缝或加盖板用角焊缝拼接，其位置宜放在弯矩较小处。

组合梁工厂拼接的位置常由钢材尺寸决定。翼缘与腹板的拼接位置宜错开，并避免与加劲肋或次梁连接处重合，以防止焊缝密集与交叉。腹板的拼接焊缝与横向加劲肋之间至少应相距 $10t_w$（图 5.48）。

腹板与翼缘的拼接宜用一级或二级对接直焊缝，并在施焊时设置引弧板和引出板。对于三级焊缝，因焊缝的抗拉强度低于钢材强度，故应将受拉翼缘和腹板的拼接位置布置在弯矩较小的区域，或采用斜焊缝。

工地拼接的位置由运输及安装条件决定，但宜布置在弯矩较小处。梁的翼缘与腹板一般宜在同一截面处断开（图 5.49(*a*)），以减少运输碰损。当采用对接焊缝时，上、下翼缘宜加工成朝上的 V 形坡口，以便于工地平焊。为了减少焊接应力，应将翼缘和腹板的工厂焊缝在端部留约 500mm 长度不焊，以使工地焊接时有较多的收缩余地。另外还宜按图 5.49(*a*)所示的施焊顺序，以减少焊接应力。即对拼接处的对接焊缝，要先焊腹板，再焊受拉翼缘，然后焊受压翼缘，预留的角焊缝最后补焊。图 5.49(*b*)所示为翼缘与腹板的拼接位置略为错开，以改善受力情况，但在运输时需要对端头突出部位加以保护，以免碰伤。

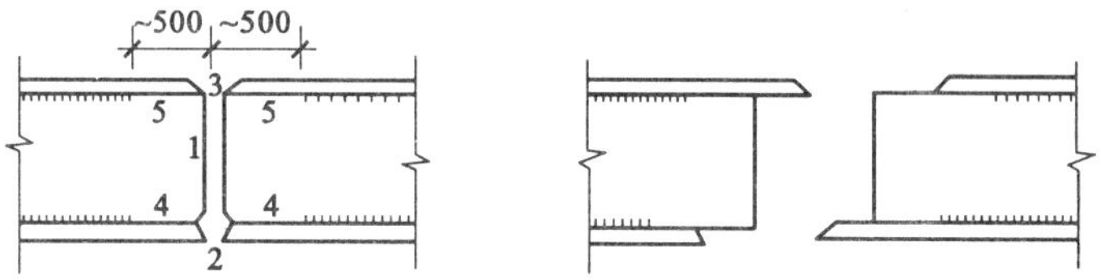

(*a*)　　(*b*)

图 5.49　焊接梁的工地拼接

工地施焊条件较差，焊缝质量难以保证，故对较重要的或受动力荷载的大型组合梁，宜用高强度螺栓摩擦型连接（图 5.50）。

翼缘拼接板和其每侧的高强度螺栓，通常由等强度条件确定，即拼接板的净截面面积应不小于翼缘的净截面面积，高强度螺栓则应能承受按翼缘净截面面积计算的轴向力。腹板拼接板及其每侧的高强度螺栓，主要承受拼接截面的全部剪力及按刚度分配到腹板上的弯矩。具体计算方法可参阅例 4.13。

为了使拼接处的应力分布接近于梁截面中的应力分布，防止拼接处的翼缘受超额应力，应使腹板拼接板的高度尽量接近腹板的高度。

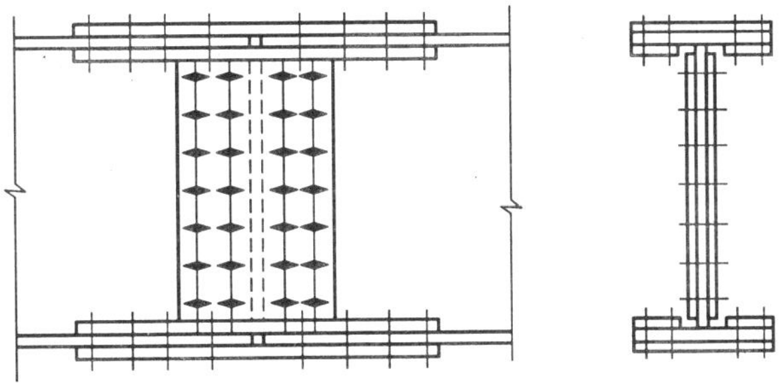

图 5.50 梁采用高强度螺栓的工地拼接

5.10 主次梁的连接

次梁和主梁的连接分铰接和刚接两种。铰接应用较多，刚接只在次梁设计成连续梁时采用。

5.10.1 铰接连接

铰接连接按构造可分为叠接和平接两种。叠接是将次梁直接搁在主梁上，并用焊缝或螺栓连接(图 5.51(*a*))。叠接需要较大的结构高度，故应用常受到限制，但其构造简单，便于施工。平接是将次梁连接于主梁侧面，次梁顶面可略高于或低于主梁顶面，或两者等高，因此结构高度较小。但为了将次梁连接于主梁的加劲肋或连接角钢上，须将次梁端部的上翼缘切割一小段(图 5.51(*b*)、(*c*))和下翼缘切去一肢(图 5.51(*b*))，故制造较费工。

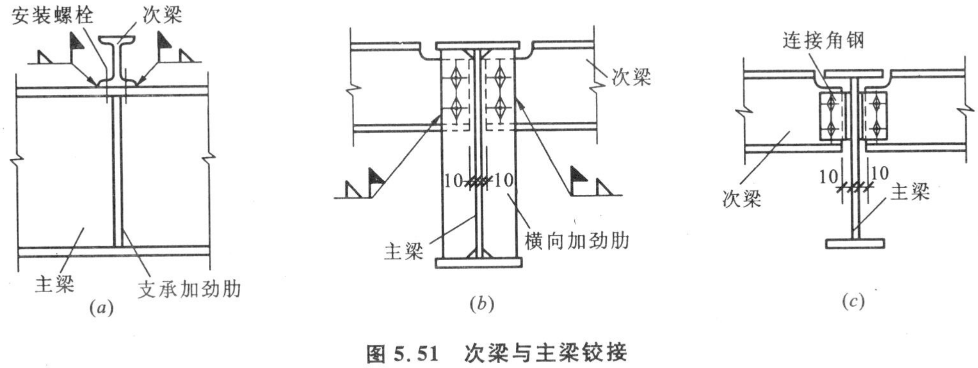

图 5.51 次梁与主梁铰接

铰接连接需要的焊缝或螺栓数量应按次梁的反力计算，考虑到连接并非理想铰接，会有一定的弯矩作用，故计算时宜将次梁反力增加 20%～30%。

5.10.2 刚性连接

刚性连接也可做成叠接或平接。叠接可使次梁在主梁上连续贯通，施工较简便，缺点也是结构高度较大。平接的构造如图 5.52 所示，次梁的支座反力 R 由承托传至主梁，端部的负弯矩则由上、下翼缘承受，设置在上翼缘的连接盖板和承托的顶板，分别传递弯矩 M 分解的水平拉力和压力 $F=M/h$(h 为次梁高度)。连接盖板的截面及其与次梁上翼缘的连接焊缝、次梁下翼缘与承托顶板的连接焊缝，以及承托顶板与主梁腹板的连接焊缝，均按承受此水平力 F 进行计算。盖板与主梁上翼缘的连接焊缝采用构造焊缝。为了避免仰焊，连接盖板的宽度应比次梁上翼缘稍窄，承托顶板的宽度则应比下翼缘稍宽。

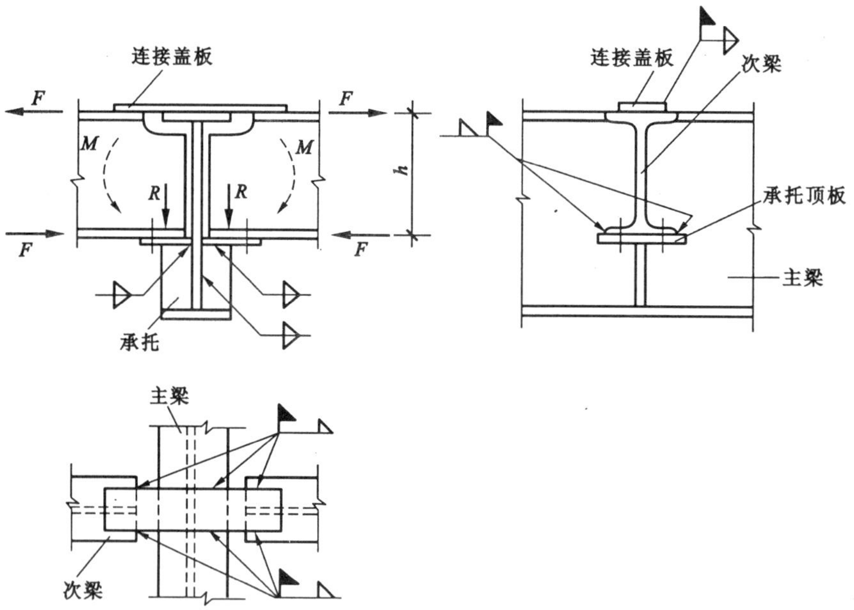

图 5.52　次梁与主梁刚接

5.11　吊　车　梁☆

5.11.1　吊车梁的特点和构造

吊车梁主要承受吊车行驶时产生的连续重复作用的动力荷载，而且除承受吊车竖向荷载外，另外还有因吊车桥架和横行小车制动时产生的纵向和横向水平荷载(图 5.53(*a*))。纵向水平荷载一般按通过吊车梁与柱的连接传至柱间支撑考虑，故吊车梁须按承受吊车竖向荷载和横向水平荷载的双向受弯梁进行设计。

吊车梁一般采用焊接工字形截面，且多做成上、下翼缘对称。有时也将上翼缘加宽以承受吊车横向水平荷载(图 5.53(*c*))，但它只适于吊车起重量不大($Q\leqslant 30$t)且跨度较小($l\leqslant 6$m)时采用。当吊车起重量或跨度较大时，则应采用对称截面并设置制动结构。

制动结构分制动梁和制动桁架两种类型(图 5.53(*a*)、(*d*))，它们均水平放置在吊车梁上翼缘平面，以承受吊车横向水平荷载，并增加梁的侧向刚度，保证梁的整体稳定，同时还可兼作检修走道。

制动梁宽度一般为 0.75～1.2m，超过 1.2m 宜用制动桁架。

对跨度较大的边列柱吊车梁，当为重级工作制(A6～A8 级)$l\geqslant 12$m，或中、轻级工作制(A1～A5 级①)$l\geqslant 18$m，为了增加吊车梁和制动结构的整体刚度及抗扭性能，宜设置垂直辅助桁架和下翼缘水平支撑，以及吊车梁和辅助桁架间的垂直支撑(图 5.53(*d*)、(*e*))。垂直支撑位置不宜设在吊车梁竖向挠度较大处，以免受力过大引起破坏。

为防止吊车梁产生疲劳破坏，除应按规定采用塑性和韧性较好的钢材外，还应采取下列一些构

---

①　按《起重机设计规范》(GB/T 3811)将吊车工作级别分为 A1～A8 级。在一般情况下，《设计规范》中的轻级工作制相当于 A1～A3 级；中级工作制相当于 A4、A5 级；重级工作制相当于 A6～A8 级，其中 A8 级属于特重级。

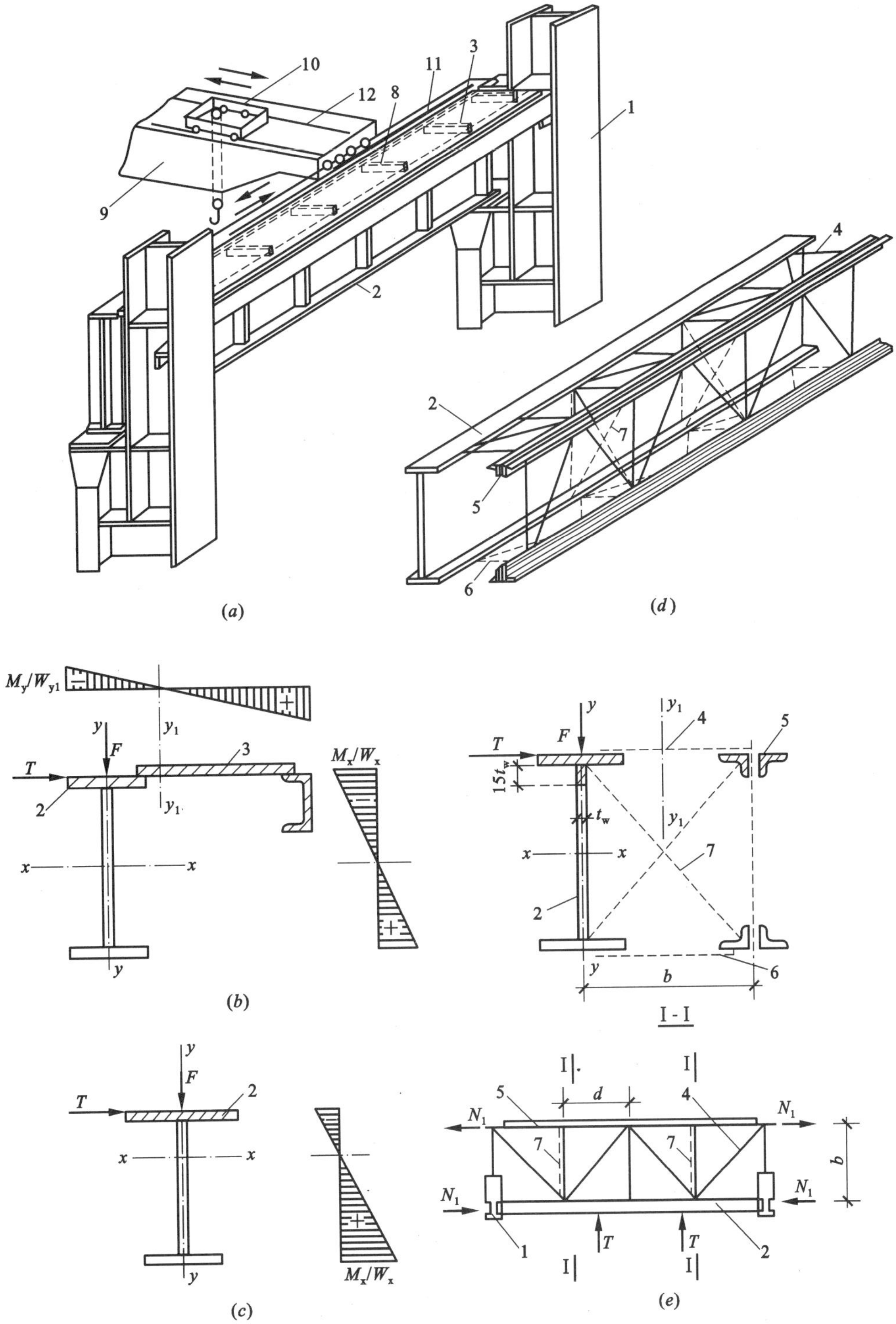

图 5.53 吊车梁、制动梁、制动桁架和辅助桁架系统

1—柱；2—吊车梁；3—制动梁；4—制动桁架；5—辅助桁架；6—下翼缘水平支撑；7—垂直支撑；8—加劲肋；9—吊车桥架；10—横行小车；11—吊车轨道；12—小车轨道

造措施以改善钢材因冷作硬化和容易引起应力集中部位的状况。

吊车梁翼缘或腹板的拼接，应采用一级或二级对接焊缝，引弧板和引出板割去处应予打磨平整。吊车梁的工地整段拼接宜采用高强度螺栓摩擦型连接。

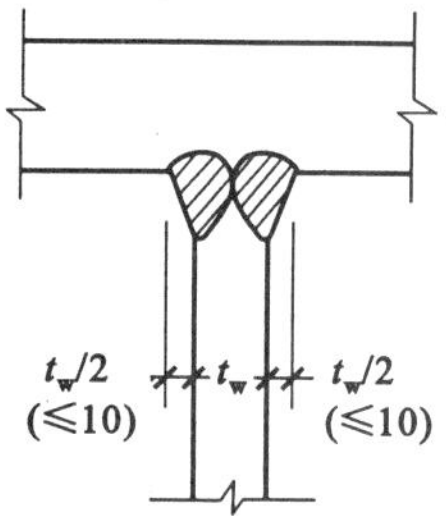

图 5.54　全焊透对接与角接组合焊缝 T 形接头

重级工作制吊车梁的受拉翼缘边缘，宜采用自动精密气割，当用手工气割或剪断机切割时，应沿全长刨边。冲成孔应用钻机扩钻。

吊车梁横向加劲肋的上端应与上翼缘刨平顶紧并焊接。中间横向加劲肋的下端宜在距受拉翼缘 50～100mm 处断开，不应另加零件与受拉翼缘焊接。

重级工作制和起重量 $Q\geqslant50t$ 的中级工作制（A3～A5 级）吊车梁腹板与上翼缘的连接应采用全焊透对接与角接组合焊缝的 T 形接头（图5.54），焊缝质量不低于二级。全焊透的 T 形接头焊缝的强度可不计算。

吊车梁上翼缘与柱的连接，因承受传递给柱的反复横向水平荷载，极易产生疲劳破坏，故此处不宜有过度的约束，宜采用图 5.55 所示的板铰形式连接。

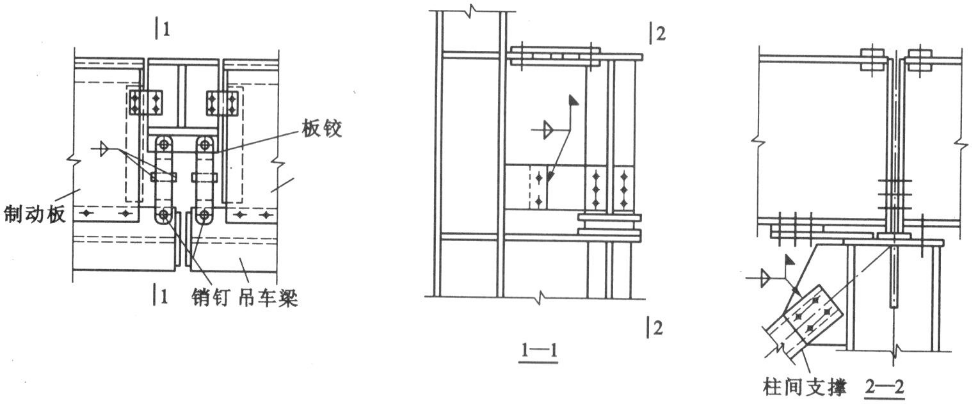

图 5.55　吊车梁与柱连接的板铰形式

吊车梁的受拉翼缘上不得焊接悬挂设备的零件，并不宜在该处打火或焊接夹具。当受拉翼缘与支撑相连时，亦不宜采用焊接。

吊车钢轨的接头构造应保证车轮平稳通过。当采用焊接长轨且用压板与吊车梁连接时，压板与钢轨应留有一定空隙（约 1mm），以使钢轨受温度作用后有纵向伸缩的可能。

5.11.2　吊车梁的计算

5.11.2.1　荷载

（1）吊车竖向荷载

$$F=\gamma_Q\alpha_1F_{kmax} \tag{5.99}$$

式中　α_1——吊车竖向荷载的动力系数，重级工作制的软钩吊车以及硬钩吊车和其他特种吊车 $\alpha_1=1.1$；轻、中级工作制的软钩吊车 $\alpha_1=1.05$；

γ_Q——可变荷载分项系数，一般取 $\gamma_Q=1.4$；

F_{kmax}——吊车最大轮压的标准值，可由吊车产品规格中查得。

吊车梁的自重和轨道、制动结构、支撑等重力，可近似地用竖向轮压的百分数 η 加以考虑。当吊车梁跨度 $l=6m$，$\eta=0.03$；$l=12m$，$\eta=0.05$；$l=15m$，$\eta=0.06$；$l\geqslant18m$，$\eta=0.07$。

（2）吊车横向水平荷载

$$T = \gamma_Q T_k \tag{5.100}$$

式中 T_k——吊车横向水平荷载标准值。

吊车横向水平荷载系由横行小车制动时产生,《荷载规范》规定其标准值可取横行小车重力 G 与额定起重量 Q 之和的百分数,并等分于吊车桥架的两端,分别由轨道上的车轮平均传至轨顶,方向与轨道垂直,并考虑正反两个方向的刹车情况,即

$$T_k = \frac{1}{n}\xi(Q+G) \tag{5.101}$$

式中 ξ——百分数,按表 5.12 采用;

n——吊车的总轮数。

表 5.12 吊车横向水平荷载百分数 ξ

吊车类别	软钩吊车			硬钩吊车
起重量 Q	≤10t	15～50t	≥75t	20%
百分数	12%	10%	8%	

由于吊车桥架可能出现歪扭或两侧行驶不平行,以及两侧吊车轨道不直、跨距变动等原因,吊车在行驶时往往左右摇摆,因而在轮缘与轨道间产生较大的横向水平方向的卡轨力。尤其是对重级工作制吊车梁,此卡轨力一般比横向小车产生的制动力大得多。因此,《设计规范》规定对重级工作制的吊车梁及其制动结构,在计算强度、稳定以及连接强度时,应采用按下式由摇摆产生的位于每个轮压处的卡轨力,即其标准值可取吊车最大轮压 F_{kmax} 的百分数,且此卡轨力不与吊车横向水平荷载同时考虑

$$H_k = \alpha_2 F_{kmax} \tag{5.102}$$

式中 α_2——系数,对一般软钩吊车,$\alpha_2=0.1$;抓斗或磁盘吊车宜采用 $\alpha_2=0.15$;硬钩吊车宜采用 $\alpha_2=0.2$。

(3) 制动梁或制动桁架上的竖向荷载

在兼作检修走道时,制动梁或制动桁架走道板上的活荷载可取 2kN/m²。积灰荷载则按具体情况采用,一般为 0.3～1.0kN/m²。

5.11.2.2 内力计算

计算吊车梁、制动结构的强度和稳定以及连接强度时,一般应按两台吊车满载时的最大竖向荷载和横向水平荷载设计值计算内力。计算吊车梁的竖向挠度、疲劳强度和制动结构的水平挠度时,则按起重量最大的一台吊车荷载的标准值计算,且不乘动力系数。由于吊车荷载为移动荷载,确定绝对最大弯矩和最大剪力的最不利轮位。应按结构力学中的影响线方法。

5.11.2.3 截面选择

工字形截面吊车梁的截面选择方法和对截面尺寸的要求与一般梁的基本相同,但宜选上翼缘的宽度 $b\geqslant300$mm,以便放置轨道。制动结构截面一般可根据有关资料假定。制动梁腹板兼作检修走道时应选用花纹钢板,厚度 6～8mm。

截面选定后,应对其进行强度、整体稳定和刚度验算(有制动结构时可不验算整体稳定)。对重级工作制吊车梁,还应验算疲劳强度。另外还应对腹板的加劲肋进行布置和计算。

(1) 强度

吊车梁是双向受弯构件,受力比较复杂,计算时通常做如下假定:

1) 竖向荷载全部由吊车梁(不包括制动结构)承受。

2）吊车横向水平荷载和卡轨力由上翼缘（无制动结构时）或制动结构（图 5.53（b）中阴影部分表示制动梁，吊车梁上翼缘为制动梁的组成部分；图 5.53（e）所示为制动桁架，吊车梁上翼缘和 $15t_w$ 高度的腹板作为制动桁架的一根弦杆）承受。

根据上述假定，上翼缘的抗弯强度可按下列公式进行正应力计算：

无制动结构时（图 5.53（c））

$$\sigma = \frac{M_x}{\gamma_x W_{nx}} + \frac{M_y}{\gamma_y W_{ny}} \leqslant f \tag{5.103}$$

有制动梁时（图 5.53（b））

$$\sigma = \frac{M_x}{\gamma_x W_{nx}} + \frac{M_y}{\gamma_y W_{ny_1}} \leqslant f \tag{5.104}$$

有制动桁架时（图 5.53（e））

$$\sigma = \frac{M_x}{\gamma_x W_{nx}} + \frac{M'_y}{\gamma_y W_{ny}} + \frac{N_1}{A_1} \leqslant f \tag{5.105}$$

式中 M_x、M_y——竖向荷载和横向水平荷载或卡轨力产生的弯矩设计值；

W_{nx}——吊车梁截面对 x 轴的净截面模量；

W_{ny}——吊车梁上翼缘对 y 轴的净截面模量；

W_{ny_1}——制动梁截面对其中和轴 y_1-y_1 的净截面模量（按吊车梁上翼缘外侧纤维）；

γ_x、γ_y——截面塑性发展系数，对工字形截面，$\gamma_x=1.05$，$\gamma_y=1.20$，对需要计算疲劳的梁，宜取 $\gamma_x=\gamma_y=1.0$；

N_1、M'_y——作为制动桁架的弦杆，由横向水平荷载或卡轨力在吊车梁上翼缘产生的轴向力和水平局部弯矩设计值，$N_1=M_y/b$，$M'_y \approx Td/3$，b、d 为制动桁架的宽度和节间长度；

A_1——吊车梁上翼缘及 $15t_w$ 高度的腹板的净截面面积。

下翼缘的抗弯强度（当无制动结构采用加强上翼缘时）以及抗剪强度、局部承压强度和折算应力等，均按仅承受竖向荷载用第 5.2 节所述方法计算。

（2）整体稳定

有制动结构的吊车梁不必计算。无制动结构的吊车梁可近似按下式计算

$$\frac{M_x}{\varphi_b W_x} + \frac{M_y}{W_y} \leqslant f \tag{5.106}$$

式中 W_x——按受压纤维确定的吊车梁截面对 x 轴的毛截面模量；

W_y——吊车梁上翼缘对 y 轴的毛截面模量；

φ_b——绕 x 轴弯曲确定的梁整体稳定系数。

（3）刚度

吊车梁的竖向挠度 υ_T 以及制动结构的水平挠度 u（只对 A7、A8 工作级别的吊车梁），可分别用下列近似公式计算

$$\frac{\upsilon_T}{l} = \frac{M_{kx} l}{10EI_x} \leqslant \frac{[\upsilon_T]}{l} \tag{5.107}$$

$$\frac{u}{l} = \frac{M_{ky} l}{10EI_{y_1}} \leqslant \frac{[u]}{l} \tag{5.108}$$

式中 M_{kx}、M_{ky}——按吊车梁自重和一台最大吊车的竖向荷载产生的最大弯矩标准值和一台最大吊车的横向水平荷载（按式（5.101）计算）产生的最大弯矩标准值，均采用荷载

标准值计算,且不乘动力系数;

I_x、I_{y1}——吊车梁对 x 轴或制动结构对其中和轴 y_1-y_1 的毛截面惯性矩,对制动桁架应乘以折减系数 0.7;

[v_T]、[u]——挠度容许值,竖向挠度按表 5.3 采用,水平挠度按制动结构跨度的 1/2200 取用。

(4) 局部稳定

吊车梁不考虑腹板屈曲后的强度,故应按第 5.7 节所述方法计算腹板的局部稳定。但对轻、中级工作制吊车梁,可将吊车轮压设计值乘以折减系数 0.9,以适当考虑腹板屈曲后强度的有利影响。

(5) 疲劳强度

重级工作制吊车梁应计算疲劳强度,计算方法按第 3 章所述。计算应力幅时应按荷载标准值且不计吊车梁和轨道等零件的自重,因其不产生应力幅。须计算疲劳强度的主要部位一般为:

1) 受拉翼缘与腹板连接处的主体金属及角焊缝;

2) 受拉翼缘连接支撑等的螺栓孔处的主体金属;

3) 受拉翼缘或腹板拼接处的主体金属;

4) 靠近受拉翼缘的横向加劲肋端部处的主体金属;

5) 端部支承加劲肋与腹板连接的角焊缝。

【例 5.7】 试设计一跨度 12m 的简支吊车梁,制动梁宽度 1m,承受 2 台起重量 75/20t 重级工作制(A7 级)桥式吊车,吊车跨度 l_k=31.5m,横行小车重 G=33t。吊车轮压和尺寸如图 5.56所示。最大轮压 F_{1k}=370kN,F_{2k}=380kN。吊车轨道型号 QU100,轨高和底宽均为 150mm。吊车梁材料采用 Q345B 钢,焊条 E50 型。

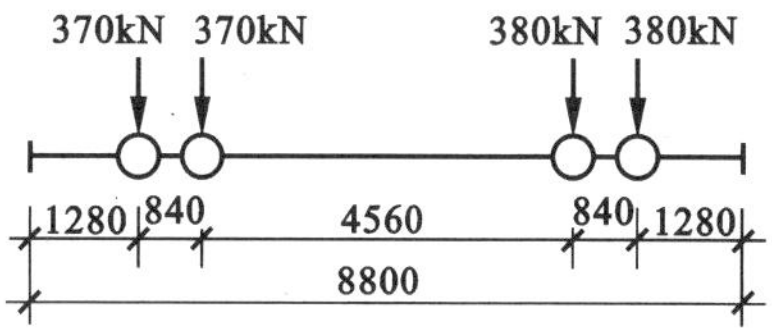

图 5.56 例 5.7 吊车轮压和尺寸

【解】 (1) 两台吊车作用下的内力

1) 竖向轮压产生的绝对最大弯矩(标准值)可能有图 5.57(a)、(b)两种轮位情况,最大弯矩位于 C 点。

图 5.57(a)

$$R_B = \frac{2240 \times 5.46}{12} = 1019.2\text{kN}$$

$$M_C = 1019.2 \times 5.46 - 370 \times (2.56 + 3.4) = 3359.6\text{kN} \cdot \text{m}$$

$$V_{Ck} = 1019.2 - 2 \times 370 = 279.2\text{kN}$$

图 5.57(b)

$$R_B = \frac{1870 \times 5.97}{12} = 930.3\text{kN}$$

$$M_C = 930.3 \times 5.97 - 370 \times (2.56 + 3.4) = 3348.7\text{kN} \cdot \text{m}$$

采用图 5.57(a)轮位情况的 $M_C = M_{kxmax}$=3359.6kN · m。

2) 横向水平荷载产生的最大水平弯矩(标准值)

① 按《荷载规范》计算

每一吊车轮的横向水平荷载(标准值)按式(5.101),并近似按 1tf=10kN 计算

$$T_{k1} = \frac{1}{n}\xi(Q+G) = \frac{1}{8} \times 0.08 \times (75+33) \times 10 = 10.8\text{kN}$$

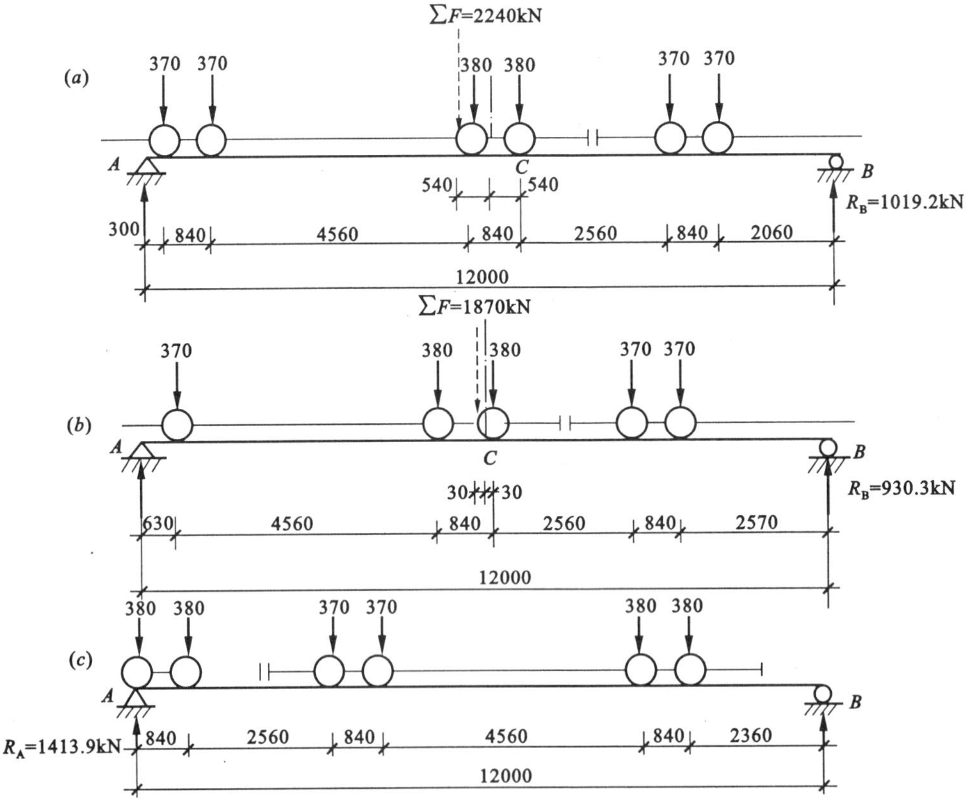

图 5.57　例 5.7 两台吊车的轮位

(a)、(b) 绝对最大弯矩；(c) 最大剪力

（式中吊车横向水平荷载百分数 ξ 按软钩吊车起重量等于 75t，取 8%。）

横向水平荷载产生的最大水平弯矩的最不利轮位与图 5.57(a)所示的相同，最大弯矩亦位于 C 点。支点 B 反力为：

$$H_B = \frac{10.8 \times (0.3 + 1.14 + 5.7 + 6.54 + 9.1 + 9.94)}{12} = 29.4\text{kN}$$

$$M_{\text{kymax}} = 29.4 \times 5.46 - 10.8 \times (2.56 + 3.4) = 96.2\text{kN} \cdot \text{m}$$

② 按《设计规范》计算

对重级工作制吊车梁应按《设计规范》计算因吊车摆动产生的横向水平方向的卡轨力：按式(5.102)，每一吊车轮的卡轨力(标准值)为(按一般软钩吊车，取 $\alpha_2 = 0.1$)

$$T_{k2} = \alpha_2 F_{\text{kmax}} = 0.1 \times 380 = 38\text{kN}$$

卡轨力 T_{k2} 产生的最大水平弯矩的最不利轮位与横向水平荷载 T_{k1} 的相同，其

$$M_{\text{kymax}} = 96.2 \times \frac{38}{10.8} = 338.5\text{kN} \cdot \text{m}$$

由以上计算可见，卡轨力产生的水平弯矩要比横向小车制动产生的大得多，故对重级工作制吊车梁的强度一般应按卡轨力进行计算。

3) 竖向轮压产生的最大剪力(标准值)

轮位情况如图 5.57(c)所示，最大剪力位于支座 A 附近。

$$V_{\text{kmax}} = R_A = \frac{380 \times (2.36 + 3.2 + 11.16 + 12) + 370 \times (7.76 + 8.6)}{12} = 1413.9\text{kN}$$

(2) 一台吊车作用下的内力

1) 竖向轮压产生的绝对最大弯矩(标准值)轮位情况如图 5.58(*a*)所示，最大弯矩位于 *C* 点。

$$R_B = \frac{1500 \times 4.878}{12} = 609.8\text{kN}$$

$$M_C = M_{kx\max} = 609.8 \times 4.878 - 380 \times 0.84 = 2655.4\text{kN}\cdot\text{m}$$

相应剪力 $V_C = 609.8 - 380 = 229.8\text{kN}$

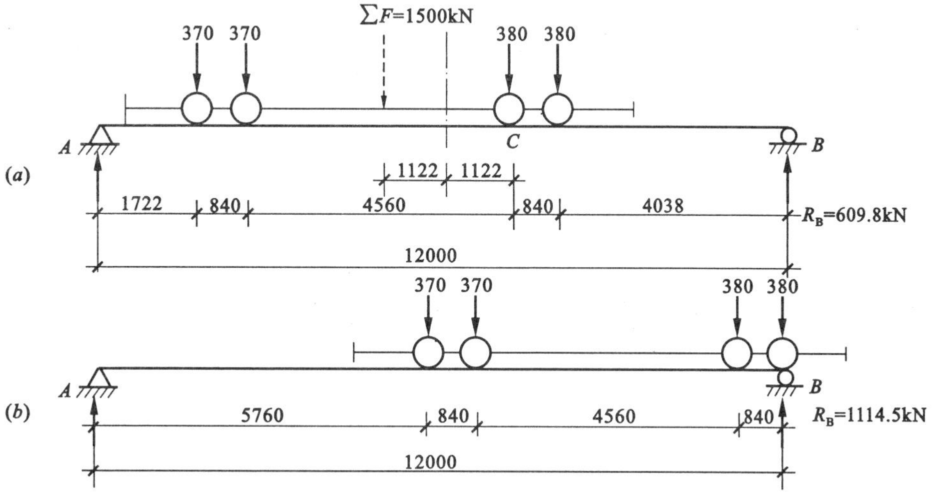

图 5.58 例 5.7 一台吊车的轮位

(*a*) 绝对最大弯矩;(*b*) 最大剪力

2) 横向水平荷载产生的最大水平弯矩(标准值)

最不利轮位与图 5.58(*a*)所示的相同，最大弯矩亦位于 *C* 点。支点 *B* 反力为

$$H_B = \frac{10.8 \times (1.72 + 2.56 + 7.12 + 7.96)}{12} = 17.42\text{kN}$$

$$M_{ky\max}^{\mathrm{I}} = 17.42 \times 4.878 - 10.8 \times 0.84 = 75.9\text{kN}\cdot\text{m}$$

3) 竖向轮压产生的最大剪力

轮位情况如图 5.58(*b*)所示，最大剪力位于支座 *B* 附近

$$V_{k\max} = V_B = \frac{370 \times (5.76 + 6.6) + 380 \times (11.16 + 12)}{12} = 1114.5\text{kN}$$

(3) 设计内力表

设计内力表如表 5.13 所示。

(4) 截面选择

Q345B 钢抗弯强度设计值：估计翼缘厚度为 16～35mm，按表 3.5 取 $f = 295\text{N/mm}^2$。选择截面应按竖向最大弯矩设计值 $M_{x\max}$，但为了考虑横向水平荷载的影响，应将 f 乘以降低系数 α，一般 $\alpha = 0.85 \sim 0.7$。对重级工作制吊车梁，由于卡轨力影响较大，可取 $\alpha = 0.7$ 进行计算。

需要截面模量

$$W_x = \frac{M_{x\max}}{\alpha f} = \frac{5396 \times 10^6}{0.7 \times 295} = 26130000\text{mm}^3$$

1) 梁高 h

① 最小高度

按式(5.33)。吊车梁的容许挠度查表 5.3，$[v_T] = l/1200$。

表 5.13　设计内力表

两台吊车		
计算强度和稳定（按荷载设计值，考虑动力系数）		
M_{xmax}	M_{ymax}	V_{max}
1.4×1.1×3359.6+1.2×1.1×0.05×3359.6=5396kN·m	1.4×338.5=474kN·m	1.4×1.1×1413.9+1.2×1.1×0.05×1413.9=2271kN

一台吊车			
计算竖向挠度(按荷载标准值，不考虑动力系数)	计算水平挠度(按荷载标准值，不考虑动力系数)	计算疲劳(按荷载标准值，不计吊车梁和轨道等零件自重，不考虑动力系数)	
M_{kxmax}^{I}	M_{kymax}^{I}	M_{kxmax}	V_{kmax}
1.05×2655.4=2788kN·m	75.9kN·m	2655.4kN·m	1114.5kN

注：表中 1.4、1.2 为荷载分项系数，1.1 为竖向荷载动力系数，0.05 为吊车梁和轨道等零件的自重系数。

吊车梁自重和一台吊车竖向荷载标准值作用下的最大弯矩 M_{kxmax} 产生的应力为

$$\sigma_x = \frac{M_{kxmax}^{I}}{W} = \frac{2788 \times 10^6}{26130000} = 106.7\text{N/mm}^2$$

$$h_{min} \geqslant \frac{\sigma_x l}{1285000} \cdot \frac{l}{[v_T]} = \frac{106.7 \times 12 \times 10^3}{1285000} \times 1200 = 1196\text{mm}$$

② 经济高度

按式(5.38)

$$h_e = 7\sqrt[3]{W_x} = 7\sqrt[3]{26130000} - 300 = 1777\text{mm}$$

取腹板高度 h_0=1700mm，梁高 $h \approx$1750mm。

2) 腹板厚度 t_w

按抗剪要求式(5.39)

$$t_w = 1.2\frac{V_{max}}{h_0 f_v} = 1.2 \times \frac{2271 \times 10^3}{1700 \times 180} = 8.9\text{mm}$$

(估计腹板厚度小于 16mm，故按表 3.5 取 f_v=180N/mm²。)

按经验公式(5.40)

$$t_w = \frac{\sqrt{h_0}}{3.5} = \frac{\sqrt{1700}}{3.5} = 11.8\text{mm}$$

取 t_w=14mm(考虑吊车梁为重级工作制，故适当加厚)。

3) 翼缘尺寸

需要翼缘面积

按式(5.35)为

$$A_1 = \frac{W_x}{h_0} - \frac{1}{6}t_w h_0 = \frac{26130000}{1700} - \frac{1}{6} \times 14 \times 1700 = 11400\text{mm}^2$$

考虑上翼缘用 2 个 M22 螺栓固定轨道，下翼缘用 1 个 M22 螺栓固定水平支撑，故均有螺孔(孔径 d_o=24mm)。按 b=(1/5～1/3)h=583～350mm，上、下翼缘均取 b=500mm。

$$t = \frac{A_1}{b - 2d_o} = \frac{11400}{500 - 2 \times 24} = 25.2\text{mm，取 } t = 25\text{mm}$$

外伸宽厚比

$$\frac{(b-t_w)/2}{t}=\frac{(50-1.4)/2}{2.5}=9.7<15\sqrt{\frac{235}{f_y}}=15\sqrt{\frac{235}{345}}=12.4 \quad （满足）$$

4）制动梁

制动板采用 8mm 厚花纹钢板，辅助桁架的上弦采用2∟90×8。

吊车梁及制动梁截面如图 5.59 所示。

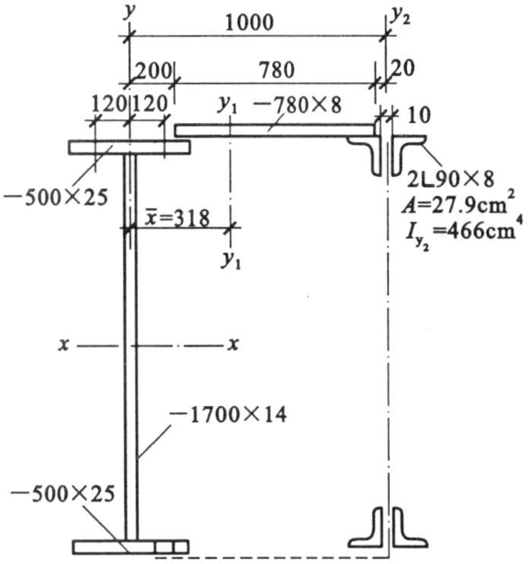

图 5.59 例 5.7 吊车梁及制动梁截面

（5）截面几何特性

1）吊车梁

$$I_x=\frac{1}{12}\times 1.4\times 170^3+2\times 50\times 2.5\times 86.25^2$$
$$=2432900\text{cm}^4$$

净截面惯性矩（设形心轴位置与毛截面的相同）：

$$I_{nx}=2432900-3\times 2.4\times 2.5\times 86.25^2$$
$$=2299000\text{cm}^4$$

$$W_{nx}=\frac{2299000}{87.5}=26300\text{cm}^3$$

$$S_x=50\times 2.5\times 86.25+85\times 1.4\times 42.5=15840\text{cm}^3$$

2）制动梁

$$A_n=(50-2\times 2.4)\times 2.5+78\times 0.8+27.9=203.3\text{cm}^2$$

制动梁截面形心至吊车梁腹板中心的距离

$$\bar{x}=\frac{78\times 0.8\times 59+27.9\times 100}{203.3}=31.8\text{cm}$$

$$I_{y_1}=\frac{1}{12}\times 2.5\times 50^3+2.5\times 50\times 31.8^2+\frac{1}{12}\times 0.8\times 78^3$$
$$+0.8\times 78\times 27.2^2+466+27.9\times 68.2^2=360500\text{cm}^4$$

$$I_{ny_1}=360500-2.4\times 2.5\times(43.8^2+19.8^2)=347000\text{cm}^4$$

$$W_{ny_1}=\frac{347000}{56.8}=6110\text{cm}^3$$

（6）截面验算

1）强度

① 上翼缘抗弯强度

按式(5.104)，因系需要计算疲劳的重级工作制(A7)级吊车梁，故取式中 $\gamma_x=\gamma_y=1.0$。

$$\frac{M_{xmax}}{\gamma_x W_{nx}}+\frac{M_{ymax}}{\gamma_y W_{ny_1}}=\frac{5396\times 10^6}{26300\times 10^3}+\frac{474\times 10^6}{6110\times 10^3}$$
$$=205.2+77.6=282.8\text{N/mm}^2$$
$$<f=295\text{N/mm}^2 \quad （满足）$$

② 抗剪强度

按式(5.6)

$$\tau=\frac{V_{max}S}{I_x t_w}=\frac{2271\times 10^3\times 15840\times 10^3}{2432900\times 10^4\times 14}=105.6\text{N/mm}^2<f_v=180\text{N/mm}^2 \quad （满足）$$

③ 局部承压强度

按式(5.7)，腹板厚<16mm，查表 3.5，$f=310\text{N/mm}^2$。

$$l_z = a + 5h_y + 2h_R = 50 + 5 \times 25 + 2 \times 150 = 475\text{mm}$$

$$\sigma_c = \frac{\psi F}{t_w l_z} = \frac{1.35 \times 1.4 \times 1.1 \times 380 \times 10^3}{14 \times 475}$$

$$= 118.8\text{N/mm}^2 < f = 310\text{N/mm}^2 \quad (\text{满足})$$

2）整体稳定

因有制动梁，不需验算。

3）刚度

① 吊车梁的竖向相对挠度

按式(5.107)

$$\frac{v_T}{l} = \frac{M_{kx}^{I} l}{10EI_x} = \frac{2788 \times 10^6 \times 12 \times 10^3}{10 \times 206 \times 10^3 \times 2432900 \times 10^4}$$

$$= \frac{1}{1498} < \frac{[v_T]}{l} = \frac{1}{1200} \quad (\text{满足})$$

② 制动梁的水平相对挠度

对 A7 工作级别吊车梁，尚应计算由一台吊车横向水平荷载的标准值产生的水平挠度，按式(5.108)

$$\frac{u}{l} = \frac{M_{ky}^{I} l}{10EI_{y_1}} = \frac{75.9 \times 10^6 \times 12 \times 10^3}{10 \times 206 \times 10^3 \times 360500 \times 10^4}$$

$$= \frac{1}{8154} < \frac{[u]}{l} = \frac{1}{2200} \quad (\text{满足})$$

4）翼缘焊缝

① 上翼缘采用全焊透的对接与角接组合焊缝 T 形接头，不必计算。

② 下翼缘采用角焊缝

按式(5.42)

$$S_1 = 50 \times 2.5 \times 86.25 = 10780\text{cm}^3$$

$$h_f = \frac{1}{1.4 f_f^w} \cdot \frac{V_{max} S_1}{I_x} = \frac{1}{1.4 \times 200} \times \frac{2271 \times 10^3 \times 10780 \times 10^3}{2432900 \times 10^4} = 3.6\text{mm}$$

$$h_{fmin} = 1.5\sqrt{t_{max}} = 1.5\sqrt{25} = 7.5\text{mm}，取\ h_f = 8\text{mm}$$

5）腹板的局部稳定

① 加劲肋的配置

因梁受压翼缘连有制动板，故按其扭转受到约束

$$\frac{h_0}{t_w} = \frac{170}{1.4} = 121 \begin{cases} < 170\sqrt{\dfrac{235}{f_y}} = 170\sqrt{\dfrac{235}{345}} = 140 \\ > 80\sqrt{\dfrac{235}{f_y}} = 80\sqrt{\dfrac{235}{345}} = 66 \end{cases}$$

故需配置横向加劲肋。设加劲肋间距 a＝1500mm，等距离布置，将腹板分成 8 个区格（图5.60）。

② 腹板的局部稳定计算

取跨中央区格Ⅳ和支座处区格Ⅰ分别进行计算：

A. 区格Ⅳ

此区格的中央约位于最大弯矩 M_{xmax}（图 5.57(a)中 C 点）附近，故偏安全地将其作为此区格的

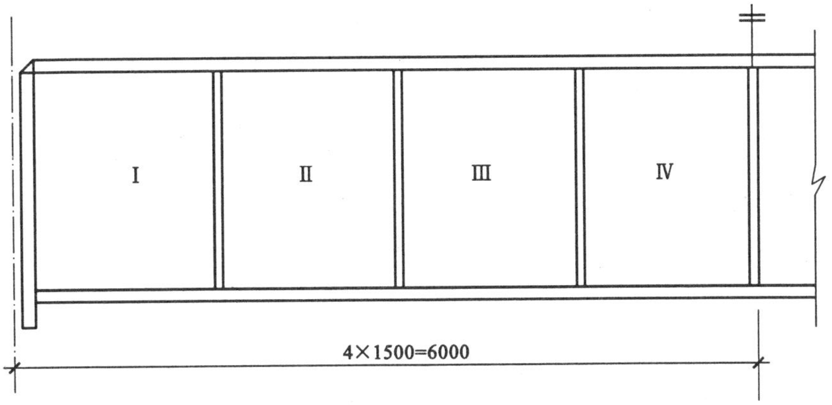

图 5.60 例 5.7 横向加劲肋布置

平均弯矩进行计算。平均剪力亦相应取 C 点的剪力进行计算。

a. 区格Ⅳ受有的应力 σ、τ、σ_c

$$\sigma=\frac{M_{x\max}}{W_{nx}}\cdot\frac{h_0}{h}=\frac{5396\times10^6}{26300\times10^3}\times\frac{1700}{1750}=199.3\text{N/mm}^2$$

$$V_c=1.4\times1.1\times279.2+1.2\times1.1\times0.05\times279.2=448.4\text{N}$$

$$\tau=\frac{V_c}{h_0t_w}=\frac{448.4\times10^3}{1700\times1.4}=18.8\text{N/mm}^2$$

$$\sigma_c=\frac{F}{t_wl_z}=\frac{1.4\times1.1\times380\times10^3}{14\times475}=88\text{N/mm}^2$$

b. 区格Ⅳ的临界应力 σ_{cr}、τ_{cr}、$\sigma_{c,cr}$

按梁受压翼缘扭转受到约束进行计算。由式(5.67a)

$$\lambda_b=\frac{h_0/t_w}{177}\sqrt{\frac{f_y}{235}}=\frac{121}{177}\sqrt{\frac{345}{235}}=0.83<0.85\text{,故按式(5.68}a\text{):}$$

$$\sigma_{cr}=f=310\text{N/m}^2$$

$$a/h_0=1500/1700=0.88<1.0\text{,故按式(5.69}a\text{):}$$

$$\lambda_s=\frac{h_0/t_w}{41\sqrt{4+5.34(h_0/a)^2}}\sqrt{\frac{f_y}{235}}$$

$$=\frac{121}{41\sqrt{4+5.34\times(1700/1500)^2}}\times\sqrt{\frac{345}{235}}=1.09\begin{matrix}>0.8\\<1.2\end{matrix}$$

应取式(5.70b)

$$\tau_{cr}=[1-0.59(\lambda_s-0.8)]f_v=[1-0.59\times(1.09-0.8)]\times180=149.2\text{N/mm}^2$$

$$a/h_0=0.88\begin{matrix}>0.5\\<1.5\end{matrix}\text{,故按式(5.71}a\text{):}$$

$$\lambda_c=\frac{h_0/t_w}{28\sqrt{10.9+13.4\times(1.83-a/h_0)^3}}\sqrt{\frac{f_y}{235}}$$

$$=\frac{121}{28\sqrt{10.9+13.4\times(1.83-0.88)^3}}\times\sqrt{\frac{345}{235}}=1.11\begin{matrix}>0.9\\<1.2\end{matrix}$$

应取式(5.72b)

$$\sigma_{c,cr}=[1-0.79(\lambda_c-0.9)]f=[1-0.79\times(1.11-0.9)]\times310=258.6\text{N/mm}^2$$

c. 区格Ⅳ的局部稳定(按式(5.66))

$$\left(\frac{\sigma}{\sigma_{cr}}\right)^2+\left(\frac{\tau}{\tau_{cr}}\right)^2+\frac{\sigma_c}{\sigma_{c,cr}}=\left(\frac{199.3}{310}\right)^2+\left(\frac{18.8}{149.2}\right)^2+\frac{88}{258.6}$$
$$=0.41+0.02+0.34=0.77<1.0 \quad (满足)$$

B. 区格Ⅰ

此区格位于最大剪力 V_{max}附近,而弯矩却甚小,现将其忽略,但取 V_{max}作为此区格的平均剪力进行计算,以作为补偿。

a. 区格Ⅰ受有的应力 τ、σ_c

$$\tau=\frac{V_{max}}{h_0 t_w}=\frac{2271\times10^3}{1700\times14}=95.4\text{N/mm}^2$$
$$\sigma_c=88\text{N/mm}^2$$

b. 区格Ⅰ的临界应力和区格Ⅳ相同。

c. 区格Ⅰ的局部稳定(按式(5.66))

$$\left(\frac{\sigma}{\sigma_{cr}}\right)^2+\left(\frac{\tau}{\tau_{cr}}\right)^2+\frac{\sigma_c}{\sigma_{c,cr}}=\left(\frac{95.4}{149.2}\right)^2+\frac{88}{258.6}=0.41+0.34=0.75<1.0 \quad (满足)$$

③ 加劲肋截面尺寸

按式(5.79)和式(5.80),在腹板两侧成对配置。

$$b_s\geqslant\frac{h_0}{30}+40=\frac{1700}{30}+40=97\text{mm},取 100\text{mm}$$
$$t_s\geqslant\frac{b_s}{15}=\frac{100}{15}=6.7\text{mm},取 8\text{mm}$$

选用—100×8。

6) 支承加劲肋设计

采用突缘式加劲板,截面选—500×20(图 5.61)。其自由外伸宽度 $b_1=(500-14)/2=243\text{mm}<15t\sqrt{235/f_y}=15\times20\sqrt{235/345}=248\text{mm}$,满足局部稳定要求。

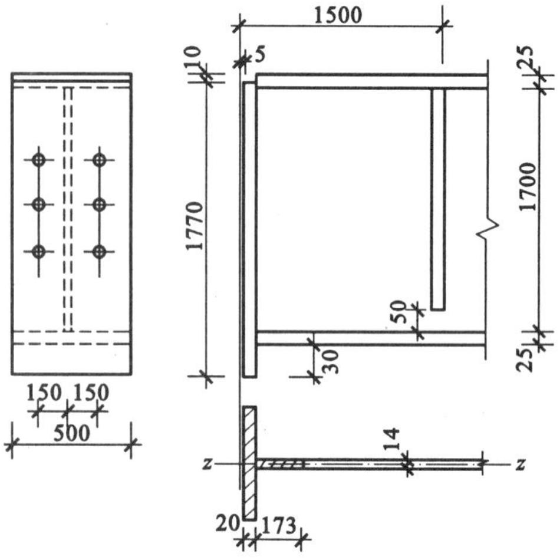

图 5.61 例 5.7 支承加劲肋

① 整体稳定

取腹板长度 $15t_w\sqrt{235/f_y}=15\times1.4\sqrt{235/345}=173\text{mm}$ 与突缘加劲板组成 T 形截面计算。

$$A=50\times2+17.3\times1.4=124.2\text{cm}^2$$
$$I_z=\frac{1}{12}\times2\times50^3=20830\text{cm}^4$$
$$i_z=\sqrt{\frac{20830}{124.2}}=13\text{cm}$$
$$\lambda_z=\frac{h_0}{i_z}=\frac{170}{13}=13.1$$

对突缘式加劲板,虽取 T 形截面计算平面外(对 z 轴)稳定,但不必考虑扭转效应,即只需用 λ_z 按 b 类截面(设板为焰切边)查 φ 值。由 $\lambda_z\sqrt{f_y/235}=13.1\sqrt{345/235}=15.9$ 查附表 1.2,$\varphi=0.981$。按式(5.83)

$$\frac{R}{\varphi A}=\frac{2271\times10^3}{0.981\times124.2\times10^2}=186.4\text{N/mm}^2<f=295\text{N/mm}^2 \quad (满足)$$

② 端面承压强度

按式(5.84)为

$$\sigma_{ce}=\frac{R}{A_{ce}}=\frac{2271\times10^3}{50\times2\times10^2}=227.1\text{N/mm}^2<f_{ce}=400\text{N/mm}^2\quad（满足）$$

③ 支承加劲肋与腹板的连接焊缝

$$h_{f\min}=1.5\sqrt{t_{\max}}=1.5\sqrt{20}=6.7\text{mm}，取\ h_f=7\text{mm}$$

$$\tau_f=\frac{R}{2\times0.7h_fl_w}=\frac{2271\times10^3}{2\times0.7\times7\times(1700-2\times7)}$$

$$=137.4\text{N/mm}^2<f_f^w=200\text{N/mm}^2\quad（满足）$$

7) 疲劳计算

① 下翼缘连接支撑的螺栓孔处的主体金属

$$\Delta\sigma=\frac{M_{kx\max}}{W_{nx}}=\frac{2655.4\times10^6}{26300\times10^3}=101\text{N/mm}^2$$

重级工作制软钩吊车欠载效应的等效系数由表 3.8 查得 $\alpha_f=0.8$。按附表 3 中的第 18 项，此种情况属于第 3 类。由表 3.7 查得$[\Delta\sigma]_{2\times10^6}=118\text{N/mm}^2$。故按式(3.29)

$$\alpha_f\Delta\sigma=0.8\times101=80.8\text{N/mm}^2<[\Delta\sigma]_{2\times10^6}=118\text{N/mm}^2\quad（满足）$$

② 横向加劲肋下端附近的主体金属

按最大弯矩截面处验算。横向加劲肋下端离下翼缘 50mm(图 5.61)。按附表 3 中的第 6 项应属于第 4 类(肋端不断弧，采用回焊)。由表 3.7，查得$[\Delta\sigma]_{2\times10^6}=103\text{N/mm}^2$。

由于最大弯矩处截面除正应力外还有剪应力，故须按折算应力幅计算。该处剪力 $V=229.8\text{kN}$。

$$\Delta\sigma=\frac{M_{kx\max}}{W_{nx}}\cdot\frac{h_0-100}{h}=\frac{2655.4\times10^6}{26300\times10^3}\times\frac{1700-100}{1750}=92.3\text{N/mm}^2$$

横向加劲肋端部以下截面对 x 轴的面积矩

$$S=50\times2.5\times86.25+5\times1.4\times82.5=11360\text{cm}^3$$

$$\Delta\tau=\frac{VS}{It_w}=\frac{229.8\times10^3\times11360\times10^3}{2432900\times10^4\times14}=7.7\text{N/mm}^2$$

$$\Delta\sigma_{eq}=\sqrt{(\Delta\sigma)^2+3(\Delta\tau)^2}=\sqrt{92.3^2+3\times7.7^2}=93.3\text{N/mm}^2$$

$$\alpha_f\Delta\sigma_{eq}=0.8\times93.4=74.7\text{N/mm}^2<[\Delta\sigma]_{2\times10^6}=103\text{N/mm}^2\quad（满足）$$

③ 下翼缘与腹板的连接角焊缝

按附表 3 中的第 16 项，角焊缝属于第 8 类。由表 3.7 查得$[\Delta\tau]_{2\times10^6}=59\text{N/mm}^2$。

$$\Delta\tau=\frac{1}{2\times0.7h_f}\cdot\frac{VS_1}{I_x}=\frac{1}{2\times0.7\times8}\times\frac{1114.5\times10^3\times10780\times10^3}{2432900\times10^4}$$

$$=44.1\text{N/mm}^2$$

$$\alpha_f\Delta\tau=0.8\times44.1=35.3\text{N/mm}^2<[\Delta\tau]_{2\times10^6}=59\text{N/mm}^2\quad（满足）$$

④ 支承加劲肋与腹板连接角焊缝

$$\Delta\tau=\frac{V_{k\max}}{2\times0.7h_fl_w}=\frac{1114.5\times10^3}{2\times0.7\times7\times(1700-2\times7)}=67.5\text{N/mm}^2$$

$$\alpha_f\Delta\tau=0.8\times67.5=54\text{N/mm}^2<[\Delta\tau]_{2\times10^6}=59\text{N/mm}^2\quad（满足）$$

小　结

(1) 钢结构中最常用的受弯构件是用型钢或钢板制造的实腹式构件——梁。

(2) 梁的计算包括强度、刚度、整体稳定和局部稳定。

(3) 梁的强度包括抗弯强度σ、抗剪强度τ、局部承压强度σ_c和折算应力四项，其中σ必须计算，后三项则视情况而定。如型钢梁若截面无太大削弱可不计算τ，且可不计算σ_c和折算应力。组合梁在固定集中荷载处设有支承加劲肋时也不需计算σ_c。

(4) 梁的抗弯强度在单向弯曲时按式(5.4)计算，双向弯曲时按式(5.5)计算。式中γ_x和γ_y是用来考虑部分截面发展塑性，且其受压翼缘外伸宽度之比应符合$b_1/t \leqslant 13\sqrt{235/f_y}$。但对需要计算疲劳的梁，则不考虑，即$\gamma_x=\gamma_y=1$。

(5) 梁的抗剪强度、局部承压强度和折算应力分别按式(5.6)、式(5.7)和式(5.9)计算。折算应力只在同时受有较大弯曲应力σ_1和剪应力τ_1或还有局部压应力σ_c的部位才作计算(如梁截面改变处的腹板计算高度边缘)。

(6) 梁的刚度按式(5.11)计算。荷载应采用标准值，即不乘荷载分项系数，动力荷载还不乘动力系数。计算时取用的荷载(全部荷载或可变荷载)应与表5.3的要求($[\upsilon_T]$或$[\upsilon_Q]$)对应。

(7) 梁的整体稳定应特别重视，因失稳是在强度破坏前突然发生的，往往事先无明显征兆。应尽量采取构造措施以提高整体稳定性能，如将密铺的铺板与受压翼缘焊牢、增设受压翼缘的侧向支承等。对等截面工字形和H型钢简支梁，当其受压翼缘的侧向自由长度l_1与其宽度b之比不超过表5.9的规定时可不计算整体稳定，否则须作计算。

(8) 梁的整体稳定计算按式(5.17)，双向弯曲梁则按式(5.18)。式中φ_b为梁的整体稳定系数，其值小于1。对等截面工字形简支梁、H型钢简支梁和双轴对称工字形等截面悬臂梁的φ_b按式(5.20)计算，式中系数β_b分别按表5.6和表5.8选用。工字钢简支梁的φ_b可直接查表5.7，槽钢简支梁的φ_b则按式(5.22)计算。当以上算出的$\varphi_b>0.6$时，均须按式(5.21)将φ_b换算成φ'_b(弹塑性阶段整体稳定系数)计算。

(9) 梁失稳的临界应力和梁截面的几何形状及尺寸(受压翼缘宽有利)、受压翼缘的侧向自由长度(长度短有利)、荷载类型(均布荷载比集中荷载不利)和作用位置(作用在上翼缘比在下翼缘不利)等因素有关，故梁整体稳定计算公式中的有关系数(如φ_b、β_b、η_b)也与上述因素有关。另外在梁端处需采取构造措施防止端部截面扭转，否则梁的整体稳定性能将会降低。

(10) 梁的局部稳定对型钢梁可不考虑。对工字形组合梁以板件宽厚比控制。受压翼缘自由外伸宽度b_1与其厚度t之比应满足$b_1/t \leqslant 15\sqrt{235/f_y}$，当考虑梁部分截面发展塑性时，则应满足$b_1/t \leqslant 13\sqrt{235/f_y}$。

腹板应按其高度h_0与厚度t_w之比h_0/t_w的数值配置加劲肋。当$h_0/t_w \leqslant 80$时，对$\sigma_c=0$的梁，可不设加劲肋；对$\sigma_c \neq 0$的梁(一般为吊车梁)则按构造配置横向加劲肋，其间距为$0.5h_0 \leqslant a \leqslant 2h_0$。当$80\sqrt{235/f_y}<h_0/t_w \leqslant 170\sqrt{235/f_y}$时，此时腹板会在剪应力作用下呈45°斜向波形屈曲，故应设置横向加劲肋。当$h_0/t_w>170\sqrt{235/f_y}$(受压翼缘扭转受到约束时)或$h_0/t_w>150\sqrt{235/f_y}$(受压翼缘扭转未受到约束时)，腹板还会在弯曲压应力较大区域屈曲，故除横向加劲肋外，还应在此区域(距腹板计算高度受压边缘$h_c/2.5 \sim h_c/2$范围)配置纵向加劲肋。

对$h_0/t_w>80\sqrt{235/f_y}$的配有加劲肋的腹板，尚应按式(5.66)、式(5.76)和式(5.77)计算各区格的稳定性是否符合要求。

(11) 对承受静力荷载或间接承受动力荷载的组合梁，宜考虑腹板屈曲后强度进行设计，以节约钢材。按屈曲后强度设计时，腹板可仅配置横向加劲肋，且 h_0/t_w 可放宽至 250 以内。考虑腹板屈曲后强度的梁，应按式(5.94)验算其抗弯和抗剪承载能力。

(12) 横向加劲肋截面应满足刚度要求，即应符合式(5.79)、式(5.80)。在同时还配置纵向加劲肋时，尚应符合式(5.81)。对考虑腹板屈曲后强度的横向加劲肋，还须按承受式(5.96)计算的 N_s 的轴心压杆，验算其在腹板平面外的整体稳定。

纵向加劲肋截面亦应满足刚度要求，即应符合式(5.82*a*)或式(5.82*b*)。

支承加劲肋受力端应刨平并顶紧，其截面除应符合横向加劲肋的刚度要求外，还应按轴心压杆用式(5.83)、式(5.84)计算其在腹板平面外的整体稳定性和端面承压强度等。对考虑腹板屈曲后强度的梁，若梁端区格间距较大时($\lambda_s>0.8$)须加设封头板，并用式(5.97)、式(5.98)计算其所需截面。

(13) 吊车梁的特点是除承受吊车竖向荷载作用外，还承受吊车横向水平荷载，故一般须设置水平放置的制动结构(制动梁或制动桁架和辅助桁架系统)以承受此荷载。

吊车梁(和制动结构)的计算按双向受弯构件，计算内容和方法类似一般梁，即须作强度、竖向挠度和局部稳定计算。整体稳定在有制动结构时可不计算。对重级工作制吊车梁则还须计算疲劳和水平挠度。

思 考 题

5.1 简支梁须满足哪些条件才能按部分截面发展塑性计算抗弯强度？

5.2 组合梁在什么情况下须进行折算应力计算？计算公式中的符号分别代表什么意义？

5.3 梁整体稳定的临界弯矩与哪些因素有关？$\varphi_b>0.6$ 时为什么要用 φ_b' 代替？

5.4 梁的整体稳定和局部稳定在概念上有何不同？如何判别它们是否有了可靠保证？如不能保证，须采取哪些有效措施防止失稳？

5.5 为什么腹板屈曲后的梁，其抗剪承载能力会比屈曲时的增加，且 λ_s 愈大增加愈多。而其抗弯承载能力则比屈曲时的减小，且 λ_b 愈大，减小愈多？

5.6 试比较型钢梁和组合梁在截面选择方法上的不同。

5.7 组合梁的截面高度由哪些条件确定？是否都必须满足？当 $h_e<h_{min}$ 时，梁高如何确定？

5.8 组合梁翼缘焊缝承受什么力的作用？这种力是怎样产生的？

5.9 组合梁腹板沿长度方向的各个部位，可能分别以哪种形式局部失稳？

5.10 组合梁腹板配置加劲肋的原则有哪些？这些原则是根据什么因素决定的？

5.11 组合梁承受固定集中荷载时，若局部承压强度不满足，是采取增加腹板厚度还是采取其他措施？

5.12 组合梁腹板横向加劲肋、纵向加劲肋和短加劲肋分别设置于何处？纵向加劲肋沿纵向为何不设于中和轴处？

5.13 梁的工厂拼接和工地拼接有何不同？应用时需注意哪些问题？

5.14 主次梁的铰接连接和刚性连接有何不同？设计时应考虑哪些问题？

5.15 作用于吊车梁上的荷载有哪些？它们是怎样产生的？如何确定吊车梁内力的最不利轮位？

5.16 有制动桁架的吊车梁的最大弯曲压应力由哪几部分组成？其位置在何处？

5.17 若吊车梁下翼缘跨中有螺栓孔，在验算疲劳强度时，如何确定其应力幅和容许应力幅？

习 题

5.1 试验算图 5.62 所示双轴对称工字形截面简支梁的整体稳定性。梁跨度为 7.2m。在跨中央，一集中荷载设计值 650kN 作用于梁的上翼缘。跨中无侧向支承。材料为 Q235B 钢。

（答案：$M/\varphi_b W_x=205.5N/mm^2$）

5.2　试选择图 5.63 所示平台梁格中的次梁截面，采用 H 型钢。与次梁焊接的钢筋混凝土板和面层的自重为 $3kN/m^2$（标准值），活荷载标准值为 $20kN/m^2$（静力荷载）。钢材为 Q345B 钢。

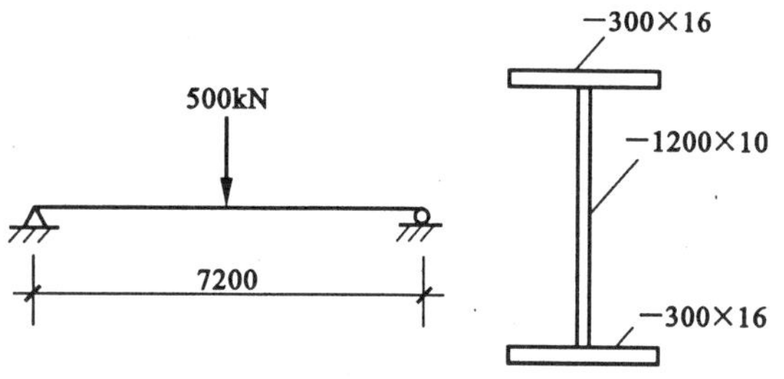

图 5.62　习题 5.1 附图

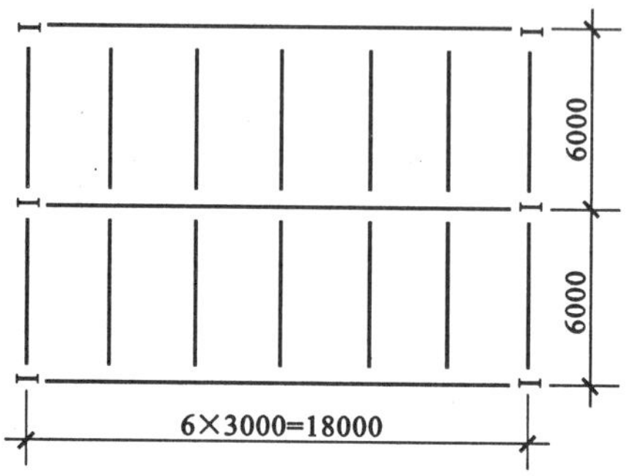

图 5.63　习题 5.2 附图

5.3　试设计一彩涂压型钢板屋面的 H 型钢檩条，材料为 Q235A 钢。檩条跨度 12m，水平间距 5m，屋面坡度 1∶10。彩涂压型钢板重 $0.13kN/m^2$。雪荷载 $0.4kN/m^2$，屋面均布活荷载 $0.5kN/m^2$（按两者中的较大值取用）。

5.4　试设计习题 5.2 平台梁格中的主梁。采用焊接组合梁，按保持腹板局部稳定和考虑腹板屈曲后强度两种情况进行设计。设计内容包括截面选择、梁截面沿长度的改变、翼缘焊缝和腹板加劲肋。材料 Q345 钢，E50 型焊条。

6 轴心受力构件和拉弯、压弯构件

提要

在钢结构中，轴心受力构件和拉弯、压弯构件的应用遍及平面和空间桁架(屋架、网架等)的杆件，以及单层和高层钢结构房屋中的框架柱和工作平台柱等。轴心受力构件仅受轴心拉力或压力，而拉弯、压弯构件还兼受弯曲，故本章和上章受弯构件涵盖了钢结构构件设计原理的基本内容，学习时应全面掌握。

6.1 轴心受力构件和拉弯、压弯构件的类型

6.1.1 轴心受力构件和拉弯、压弯构件的种类

轴心受力构件是指只受通过构件截面形心轴线的轴向力作用的构件。当这种轴向力为拉力时，称为轴心受拉构件，或简称轴心拉杆。同样，当轴向力为压力时，称为轴心受压构件，或简称轴心压杆(图 6.1(*a*))。若构件在轴心受拉或受压的同时，还承受横向力产生的弯矩或端弯矩的作用，则称为拉弯、压弯构件，或简称拉弯、压弯杆(图 6.1(*b*)、(*c*))。偏心受拉或偏心受压构件也属拉弯或压弯构件(图 6.1(*d*))。

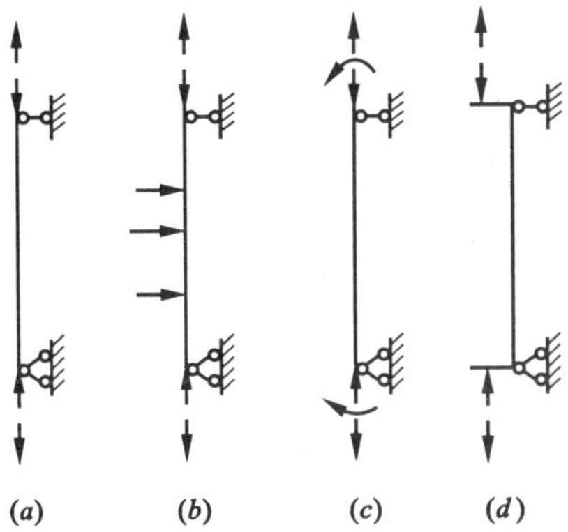

图 6.1 轴心受力构件和拉弯、压弯构件

钢结构中的桁架、网架和塔架等由杆件组成的构件，一般都是将节点假设为铰接。因此，若荷载作用在节点上，则所有杆件均可作为轴心拉杆或轴心压杆(图 6.2(*a*))。若桁架同时还作用有非节点荷载，则受该荷载作用的上弦杆为压弯杆、下弦杆为拉弯杆(图 6.2(*b*))。

钢结构中的工作平台柱、单层厂房的框架柱、高层建筑的框架柱，都是用来支承上部结构的受压构件(图 6.3)。由于所受荷载的不同，柱可能受轴心压力或偏心压力，也可能还承受弯矩，故它具有轴心受压构件或压弯构件的性质，但习惯上称它为轴心受压柱或偏心受压柱。柱和压杆在受力性质和计算方法上是相同的。

6.1.2 轴心受力构件和拉弯、压弯构件的截面形式

轴心受力构件和拉弯、压弯构件的截面形式甚多，一般可分为型钢截面和组合截面两类。

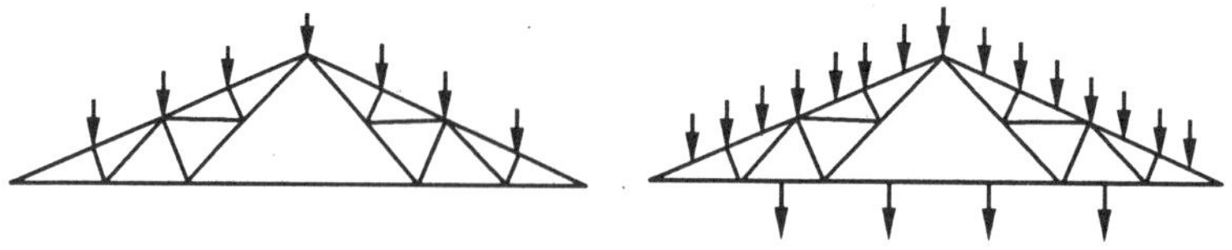

图 6.2　轴心受力杆件和拉弯、压弯杆件体系

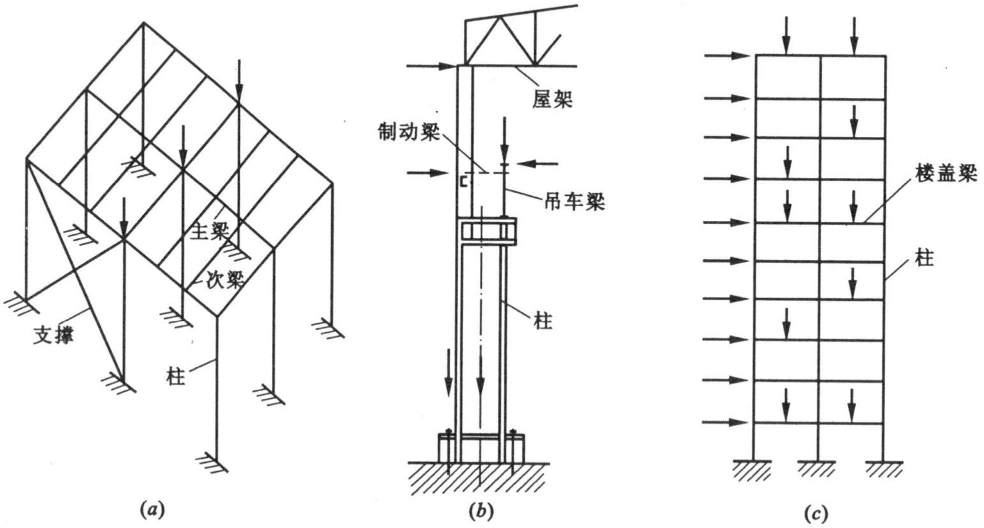

图 6.3　轴心受压柱和偏心受压柱

(*a*) 工作平台结构；(*b*) 单层厂房结构；(*c*) 高层建筑结构

型钢截面如图 6.4(*a*)所示的圆钢、圆管、方管、角钢、槽钢、工字钢、H 型钢、T 型钢等，它们只需经过少量加工就可直接用作构件。由于型钢价格低，制造工作量又少，省时又省工，故使用型钢成本较低。

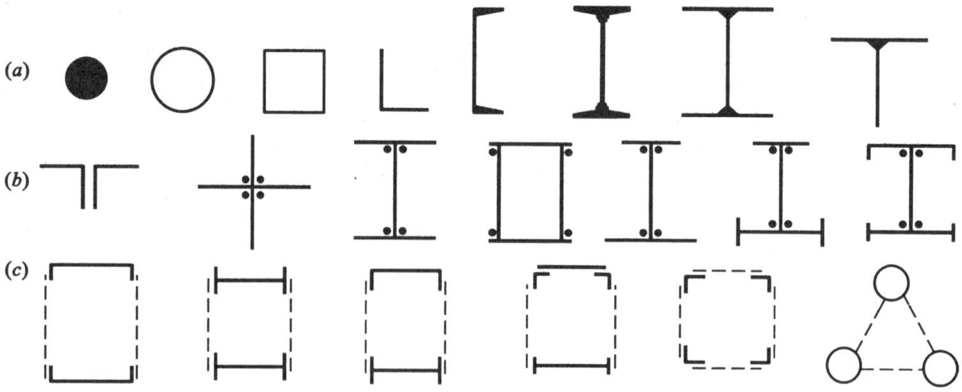

图 6.4　轴心受力构件和拉弯、压弯构件的截面形式

(*a*) 型钢截面；(*b*) 实腹式组合截面；(*c*) 格构式组合截面

组合截面是由型钢或钢板连接而成，按其形式还可分为实腹式组合截面(图 6.4(*b*))和格构式组合截面(图 6.4(*c*))两种。由于组合截面的形状和尺寸几乎不受限制，因此可根据轴心受力构件和拉弯、压弯构件的受力性质和力的大小选用合适的截面。如轴心拉杆一般由强度条件决定，故只需选用满足强度要求的截面面积并使截面较开展以满足必要的刚度要求即可。但对轴心压杆，除

强度和刚度条件外，往往取决于整体稳定性条件，故应使截面尽可能开展以提高其稳定承载能力。对拉弯、压弯构件，当作用的弯矩较小时，可选用与一般轴心受力构件相同的截面形式。当弯矩较大时，为提高它在弯矩作用平面内的承载能力，应在此方向采用较大的截面高度。如仅在一个方向受的弯矩较大时，还可采用单轴对称截面，使压力较大一侧的截面面积较大。格构式截面由于材料集中于分肢，故它与实腹式截面相比，在用料相同的条件下可增大截面惯性矩，提高刚度，节约用钢，但制造比较费工。当受力不大但却较长的构件，为提高刚度，可采用三肢或四肢组成较宽大的格构式截面。

6.2 轴心受力构件的强度和刚度

与受弯构件一样，轴心受力构件和拉弯、压弯构件的设计亦要满足钢结构设计两种极限状态的要求。对承载能力极限状态，轴心受拉构件和一般拉弯构件只有强度问题，而轴心受压构件、压弯构件和弯矩很大、拉力很小、截面一部分为受压的拉弯构件，则同时有强度和稳定问题。对正常使用极限状态，每类构件都有刚度方面的要求。本章以下各节将分别加以讨论。

6.2.1 轴心受力构件的强度

轴心受力构件一般分无孔和有孔两种类型，现以无孔拉杆和有孔拉杆为例对其强度加以论述。

对无孔拉杆（如焊接构件的拉杆），虽然残余应力和初弯曲等几何缺陷对其有一些影响，但其受力性能与标准试样的单向均匀拉伸性能基本一样。当拉杆达到屈服时，将产生很大变形（若按Q235钢屈服结束时的应变约为$\varepsilon=2.5\%$，则6m长拉杆的伸长为$\Delta l=6\times10^3\times0.025=150\text{mm}$），故其计算方法应以此种达到不适于继续承载的变形作为承载能力的极限状态，即应控制其毛截面的平均应力σ不超过材料的屈服点f_y，其计算式为

$$\sigma=\frac{N}{A}\leqslant\frac{f_y}{\gamma_R}=f \tag{6.1}$$

有孔拉杆在工程上采用较多的为在局部区段上有孔，孔位置多在构件两端的连接处。对这种拉杆，其承载能力极限状态要分两种情况考虑：

(1) 毛截面屈服：有孔拉杆达到毛截面屈服时，与前述无孔拉杆一样，其变形将达到不适于继续承载，故应以此作为承载能力的极限状态。其计算式同式(6.1)。

(2) 净截面拉断：由于应力集中现象，在弹性阶段，有孔拉杆在孔边缘的应力可能达到毛截面平均应力的3倍甚至更高（见图2.11(*a*)）。当其达屈服点后，应力不再增加。由于应力重分布，整个净截面的应力仍可均匀地达到屈服点。此时，由于净截面的塑性变形，将使拉杆有一定的伸长，但因其在整个杆长中所占的比例较小，故即使所有净截面都屈服，杆的变形程度亦不会达到像毛截面屈服时那样不适于继续承载，所以有孔拉杆的净截面屈服还不是承载能力的极限状态。若拉力继续增加，孔边缘塑性变形将进一步发展而容易导致首先出现裂纹，从而使整个净截面断裂，此时拉杆达到最大承载能力。因此，有孔拉杆净截面承载能力的极限状态应以拉断为准，即应控制其净截面的平均应力σ不超过材料的抗拉强度f_u，其计算式为

$$\sigma=\frac{N}{A_n}\leqslant\frac{f_u}{\gamma_{uR}} \tag{6.2}$$

式中γ_{uR}为材料拉断的抗力分项系数。考虑杆件拉断后果的严重性比杆件屈服时大得多，因此应将γ_{uR}比一般抗力分项系数γ_R提高，《设计规范》按增大25%计算，即$\gamma_R/\gamma_{uR}=0.8$。将式(6.2)

改写并将此值代入，可得

$$\sigma=\frac{N}{A_n}\leqslant\frac{f_u}{\gamma_{uR}}=\frac{\gamma_R}{\gamma_{uR}}\cdot\frac{f_u}{f_y}\cdot\frac{f_y}{\gamma_R}=0.8\frac{f_u}{f_y}f \qquad (6.3)$$

《设计规范》为了简化计算，采用了按净截面屈服的计算方法，即控制拉杆净截面的平均应力 σ 不超过材料的屈服强度 f_y，其计算式为

$$\sigma=\frac{N}{A_n}\leqslant\frac{f_y}{\gamma_R}=f \qquad (6.4)$$

式中 N——轴心拉力或轴心压力；

A_n——构件的净截面面积；

f——钢材的抗拉强度设计值或抗压强度设计值，按表 3.5 选用。

上式相当于取式(6.3)中的屈强比 $f_y/f_u=0.8$。屈强比一般随钢材强度增高而增大，对 Q235 钢、Q345 钢、Q390 钢和 Q420 钢，其屈强比分别为 0.63、0.73、0.80 和 0.81，故一般是偏于安全的。但今后若采用屈强比大于 0.8 较多的钢材，则会不满足按式(6.4)简化计算的条件。因此，宜同时采用式(6.3)和式(6.1)计算，即分别按净截面拉断和毛截面屈服两方面作为承载能力极限状态①。

还需指出，对高强度螺栓摩擦型连接的构件，其强度应按式(4.69)和式(4.70)计算。

6.2.2 轴心受拉构件和轴心受压构件的刚度

按正常使用极限状态的要求，轴心受拉杆件和轴心受压构件均应具有一定刚度，以避免产生过大的变形和振动。因为构件刚度不足时，在自身重力作用下，会产生过大的挠度，且在运输和安装过程中容易造成弯曲，在承受动力荷载的结构中，还会引起较大的晃动。《设计规范》根据长期的实践经验，对受拉构件和受压构件的刚度均以规定它们的容许长细比进行控制，即应符合下式要求

$$\lambda=\frac{l_0}{i}\leqslant[\lambda] \qquad (6.5)$$

式中 λ——构件最不利方向的长细比，一般为两主轴方向长细比的较大值；

l_0——相应方向的构件计算长度，按各类构件的规定取值；

i——相应方向的截面回转半径；

$[\lambda]$——受拉构件或受压构件的容许长细比，按表 6.1 或表 6.2 选用。

表 6.1 受拉构件的容许长细比

项 次	构 件 名 称	承受静力荷载或间接承受动力荷载的结构		直接承受动力荷载的结构
		一般建筑结构	有重级工作制吊车的厂房	
1	桁架的杆件	350	250	250
2	吊车梁或吊车桁架以下的柱间支撑	300	200	—
3	其他拉杆、支撑、系杆等(张紧的圆钢除外)	400	350	—

注：(1) 承受静力荷载的结构中，可仅计算受拉构件在竖向平面内的长细比。
(2) 在直接或间接承受动力荷载的结构中，单角钢受拉构件长细比的计算方法与表 6.2 注(2)相同。
(3) 中、重级工作制吊车桁架下弦杆的长细比不宜超过 200。
(4) 在设有夹钳或刚性料耙等硬钩吊车的厂房中，支撑(表中第 2 项除外)的长细比不宜超过 300。
(5) 受拉构件在永久荷载与风荷载组合作用下受压时，其长细比不宜超过 250。
(6) 跨度等于或大于 60m 的桁架，其受拉弦杆和腹杆的长细比不宜超过 300(承受静力荷载或间接承受动力荷载)或 250(直接承受动力荷载)。

① 拉杆采用净截面拉断和毛截面屈服设计还可参阅《疑难释义》第 7.6 节。

表 6.2 受压构件的容许长细比

项 次	构 件 名 称	容许长细比
1	柱、桁架和天窗架中的杆件	150
	柱的缀条、吊车梁或吊车桁架以下的柱间支撑	
2	支撑(吊车梁或吊车桁架以下的柱间支撑除外)	200
	用以减少受压构件长细比的杆件	

注:(1) 桁架(包括空间桁架)的受压腹杆,当其内力等于或小于承载能力的 50%时,容许长细比值可取 200。
(2) 计算单角钢受压构件的长细比时,应采用角钢的最小回转半径;但计算在交叉点相互连接的交叉杆件平面外的长细比时,可采用与角钢肢边平行轴的回转半径。
(3) 跨度等于或大于 60m 的桁架,其受压弦杆和端压杆的容许长细比值宜取 100,其他受压腹杆可取 150(承受静力荷载或间接承受动力荷载)或 120(直接承受动力荷载)。
(4) 由容许长细比控制截面的杆件,在计算长细比时,可不考虑扭转效应。

[λ]值系按构件的受力性质、构件类别和荷载性质制定的。如受压构件的[λ]较低是因其刚度不足而产生变形时,所增加的偏心弯矩影响远比受拉杆件严重;直接承受动力荷载的受拉构件比承受静力荷载或间接承受动力荷载的受拉构件不利,故其[λ]值亦较低。

6.3 轴心受压构件的整体稳定

轴心受压构件除了粗短杆或截面有较大削弱的杆有可能如上节所述,因净截面平均应力达到 f_y 而丧失强度承载能力而破坏外,在一般情况均是以整体稳定承载能力为决定性因素。由于钢压杆多数都比较柔细修长,因此保持其整体稳定更加重要。国内外因压杆突然失稳导致结构物倒塌的重大事故屡有发生,且往往是在其强度有足够保证的情况下,故须特别加以重视。

6.3.1 确定轴心受压构件整体稳定承载力的方法①

确定轴心受压构件整体稳定承载力的方法有传统方法和现代方法两种。

6.3.1.1 传统方法

自 18 世纪至 20 世纪中期,欧拉等众多科学家对轴心压杆的整体稳定性进行了不断的研究,但限于当时的条件,他们的研究工作基本上都是在如下假定的基础上进行的,即:

(1) 杆件为等截面理想直杆;

(2) 压力作用线与杆件形心轴重合;

(3) 材料为匀质、各向同性,且无限弹性,符合虎克定律。

由上述假定可见,这只是一种理想轴心压杆,传统方法即在此基础上研究轴心压杆在弹性状态和弹塑性状态的稳定承载能力。

与受弯构件类似,理想轴心压杆失稳也是以屈曲形式表现,但它不同于梁仅产生弯扭屈曲,而是根据其屈曲变形分为弯曲屈曲、扭转屈曲和弯扭屈曲三种形式(图 6.5)。哪种杆件会产生哪种形式的屈曲与杆件截面的形式和尺寸、杆件的长度以及杆件端部的支承情况有关。②

对于一般双轴对称截面的轴心压杆,其屈曲形式一般为弯曲屈曲,只有某些特殊截面如薄壁十字形截面,在一定条件下才可能产生扭转屈曲。单轴对称截面如角钢、槽钢和 T 形钢或双板 T 形

① 轴心受压构件的稳定承载能力与哪些因素有关可参阅《疑难释义》第 8.3 节。

② 如何判定轴心受压构件将产生哪种形式的屈曲可参阅《疑难释义》第 8.2 节。

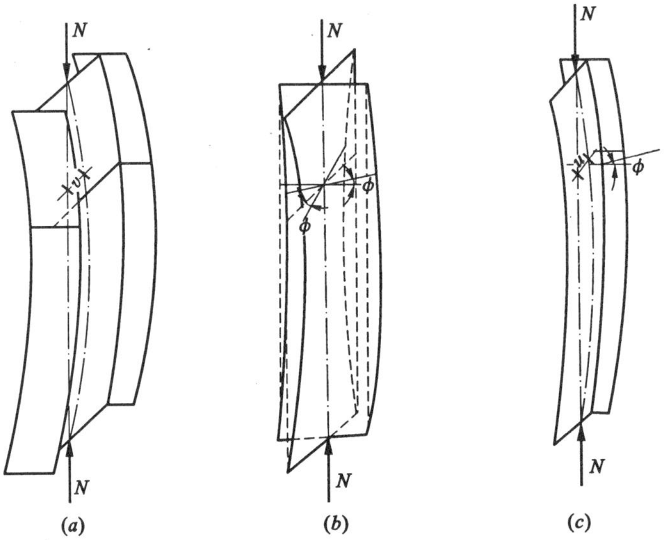

图 6.5　轴心压杆的屈曲形式

(a) 弯曲屈曲；(b) 扭转屈曲；(c) 弯扭屈曲

截面等(图 6.6)，因其截面只有一个对称轴，截面的形心 O 和剪切中心 S 不重合，故当杆件绕截面的对称轴弯曲的同时，必然会伴随扭转变形，产生弯扭屈曲。但若是绕截面的非对称轴屈曲，则仍为弯曲屈曲。常用的单轴对称截面轴心压杆，多数属于后一种情况。

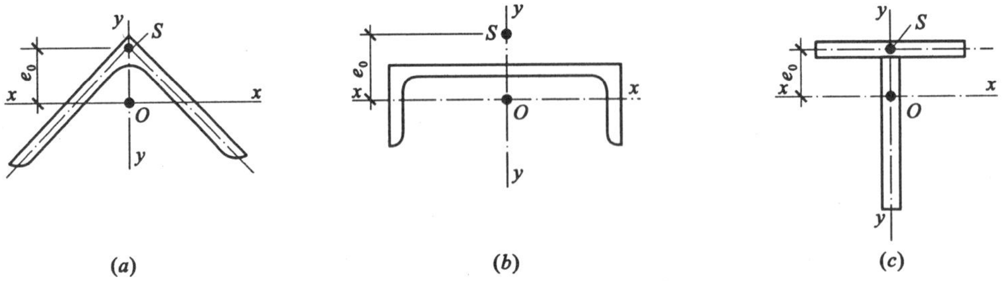

图 6.6　单轴对称截面的形心和剪切中心

由于常用轴心压杆的屈曲形式主要是弯曲屈曲，因而弯曲屈曲也是确定轴心压杆稳定承载力的主要依据，故本节以这种力学模式作为主要讨论对象。

(1) 理想轴心压杆的弹性屈曲

理想轴心压杆在压力小于临界力时保持压而不弯的直线平衡状态，当压力达临界力时处于微弯平衡状态，由此可得出下面著名的欧拉临界力和相应的临界应力公式

$$N_{\mathrm{E}} = \frac{\pi^2 EI}{l_0^2} = \frac{\pi^2 EI}{(\mu l)^2} \tag{6.6}$$

$$\sigma_{\mathrm{E}} = \frac{N_{\mathrm{E}}}{A} = \frac{\pi^2 E}{\lambda^2} \tag{6.7}$$

式中　E——材料的弹性模量；

I——截面绕主轴的惯性矩；

l、l_0——构件的几何长度和计算长度；

μ——计算长度系数，根据构件的端部条件确定。对常见的端部条件，按表 6.3 采用(表中的建议 μ 值系考虑实际工程和理想条件间的差距而提出的)；对桁架中的轴心压杆，按

第 7 章的有关规定采用。

表 6.3 轴心受压构件的计算长度系数

构件的屈曲形式						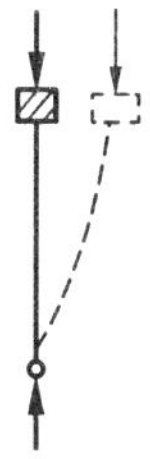
理论 μ 值	0.5	0.7	1.0	1.0	2.0	2.0
建议 μ 值	0.65	0.80	1.2	1.0	2.1	2.0
端部条件示意	 无转动、无侧移  无转动、自由侧移  自由转动、无侧移  自由转动、自由侧移					

欧拉公式是基于材料为无限弹性、符合虎克定律，即弹性模量 E 为一常量的假定（理想轴心压杆的第(3)条假定）。然而实际情况却是钢材在应力超过比例极限 f_p 后，其应力和应变不再成比例关系，而是一个变量，因此欧拉公式不再能适用。故式(6.6)和式(6.7)的应用须满足

$$\sigma_E = \frac{\pi^2 E}{\lambda^2} \leqslant f_p \tag{6.8}$$

或

$$\lambda \geqslant \lambda_p = \sqrt{\frac{\pi^2 E}{f_p}} \tag{6.9}$$

式中 λ_p——相应于截面应力为比例极限 f_p 时构件的长细比。

对细长杆，其长细比较大，故多能满足上述要求。但对中长杆或粗短杆，则可能其 $\lambda < \lambda_p$，即其截面应力在屈曲前已超过比例极限而进入弹塑性阶段，从而将在此状态下屈曲。

(2) 理想轴心压杆的弹塑性屈曲

确定轴心压杆弹塑性状态的整体稳定承载力，传统方法仍然以理想轴心压杆的假定为基础，即除了材料不再为无限弹性体、不符合虎克定律外，其他各条均相同。经恩格塞尔、香莱等人的研究，其中以切线模量理论求得的弹塑性状态临界力能较好地符合试验结果。该理论也采用欧拉理论的力学模式，即压杆在压力小于临界力时处于压而不弯的直线平衡状态，当压力达临界力时处于微弯平衡状态，此时整个截面的应力-应变关系可采用材料应力-应变曲线上对应于临界应力 σ_t 处的切线斜率 $d\sigma/d\varepsilon = E_t$——切线模量（图 6.7($a$)）。因此，只要在欧拉公式中用 E_t 代替 E，即可求得轴心压杆弹塑性状态的切线模量临界力和相应的临界应力

$$N_t = \frac{\pi^2 E_t I}{l_0^2} \tag{6.10}$$

$$\sigma_t = \frac{\pi^2 E_t}{\lambda^2} \tag{6.11}$$

根据式(6.7)和式(6.11)可绘出临界应力 σ_{cr}-λ 关系曲线，即通称的柱子曲线（图 6.7(b)）。

由图 6.7 可见，理想轴心压杆在弹性阶段由于 E 为一常量，且各类钢材基本相同，故其临界应

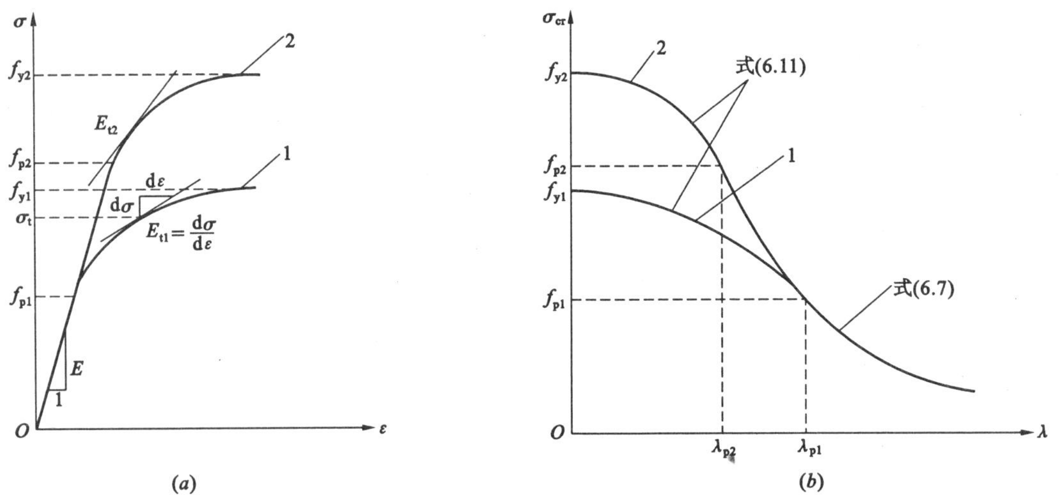

图 6.7　切线模量 E_t 和理想轴心压杆的柱子曲线

1—Q235 钢；2—Q345 钢

力 σ_{cr} 只是长细比 λ 的单一函数，与材料的抗压强度无关。因此，细长杆采用高强度钢材并不能提高其稳定承载能力（如图中由式(6.7)所示的 Q235 钢和 Q345 钢的曲线 1 和 2 重合）。在弹塑性阶段，σ_{cr} 虽然仍是 λ 的函数，但它同时还和 E_t 这一变量互为函数关系，而 E_t 却与材料的抗压强度有关。当材料强度不同时，显然 λ 愈小，其差别愈大，直至 $\lambda \to 0$ 时达到各自的 f_y——稳定承载能力的上限值，而产生强度破坏。

对应于杆件截面两主轴方向的回转半径、几何长度和构件的支承条件均可能不同，故对应于两主轴方向的 λ 亦不相同，λ 大的方向临界应力低，即杆件的屈曲将在这个较弱的方向发生，因此对轴心压杆须同时考虑两主轴方向的整体稳定性。

传统方法的缺点是对实际构件中不可避免的初弯曲、初偏心和残余应力等初始缺陷对轴心压杆稳定承载能力的影响，无法作出科学的分析和判断。然而传统方法也有着不可忽视的优点，它比较简单，而且具有一定精度，在 200 余年的历史中，从理论和试验上都积累了丰富的资料，故用它为研究轴心压杆（以及其他构件）的稳定问题奠定基础，仍有很高的价值。

6.3.1.2　现代方法

理想轴心压杆在实际工程中是不存在的。在实际钢构件中常有各种影响稳定承载力的初始缺陷，如初弯曲、初偏心（由于非主观因素产生的小偏心）和残余应力等。随着现代计算和测试技术的发展，已有可能将轴心压杆按具有残余应力、初弯曲等缺陷的小偏心受压杆件来确定其稳定承载力，这更能反映它受力的实际情况，是现代采用的确定实际轴心压杆稳定承载力的方法。下面先分别讨论各种初始缺陷的影响，然后再介绍确定稳定承载力的具体方法。

(1) 残余应力及其对稳定承载力的影响

在钢构件中普遍存在一种在结构受力前就在内部处于自相平衡的初应力，即通称的残余应力。在第 4 章曾论及焊接残余应力产生的原因、分布规律和对构件强度、刚度等方面的影响，但它仅是残余应力中的一种，其他如钢材轧制、火焰切割、冷弯和变形矫正等过程中产生的塑性变形，同样会形成初应力，故杆件中的残余应力应是它们的总和。下面介绍几种不同加工过程制造的工字形截面的热残余应力分布情况（图 6.8）。

图 6.8(*a*)示一 H 型钢，在热轧成型后的冷却过程中，翼缘尖端由于单位体积的暴露面积大于

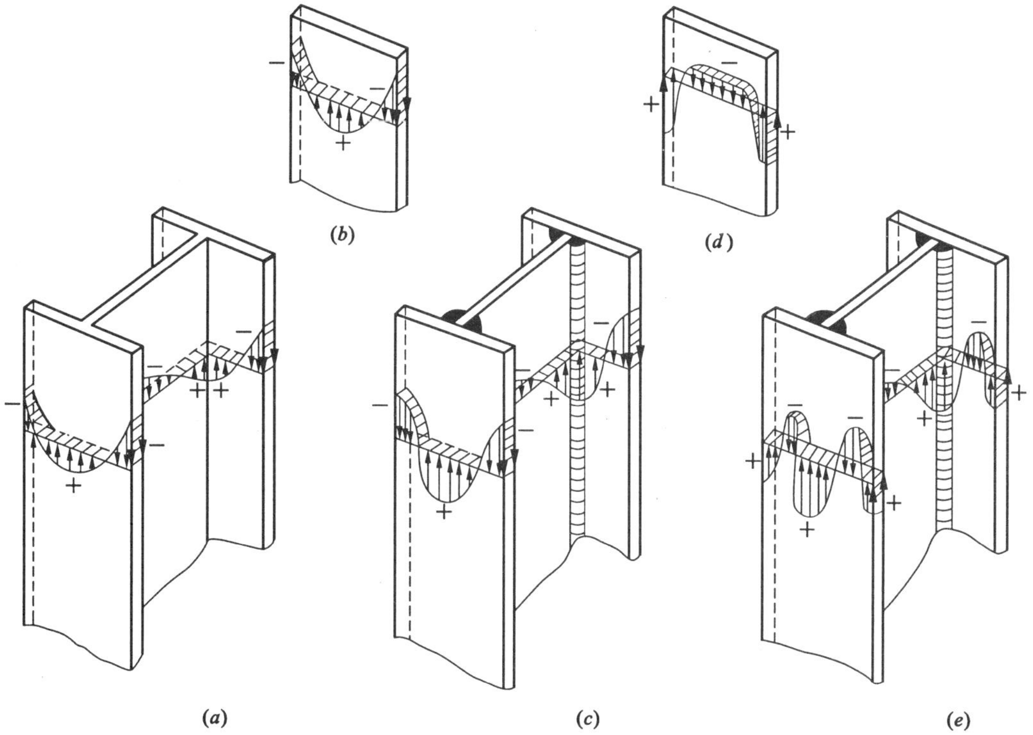

图 6.8　热残余应力的分布

(a) H 型钢；(b) 带钢；(c) 翼缘为轧制边的焊接工字形截面；(d) 焰切边钢板；(e)翼缘为焰切边的焊接工字形截面

腹板和翼缘相交处，因此冷却较快。同样，腹板中部也比其两端冷却较快，因此后冷却部分的收缩受到先冷却部分的限制产生了残余拉应力 σ_{rt}，而先冷却部分则产生了与之平衡的残余压应力 σ_{rc}。

图 6.8(b)示一热轧带钢。其两边因冷却较快而产生残余压应力，中部则产生残余拉应力。图 6.8(c)为用这种带钢组成的焊接工字形截面，其残余应力分布类似 H 型钢，但因焊接的热影响较轧制的程度大，故焊缝处的残余应力常达屈服点，且使腹板使用的带钢中残余拉应力相应变号。

图 6.8(d)示一火焰切割边钢板，由于切割时热量集中在切割处不大的范围，故在边缘小范围内可能产生高达屈服点的残余拉应力，且下降梯度很陡。图 6.8(e)为用这种钢板组成的焊接工字形截面，同样，焊缝处的残余拉应力常达屈服点，且使翼缘的残余应力相应变号。

综上所述可见，残余应力的分布、大小与截面的形状、尺寸、制造方法和加工过程等有关，而与钢材的强度等级关系不大。

残余压应力的大小一般在(0.32～0.57)f_y 之间，而残余拉应力则可高达(0.5～1.0)f_y。

现仍利用传统方法叙述残余应力对轴心压杆稳定承载力的影响。图 6.9(a)示一理想轴心压杆的截面形状和残余应力分布，为使问题简化，忽略了影响不大的腹板部分和其残余应力，并取翼缘部分的如图示的三角形分布。在压力 N 作用后，截面上应力叠加为 $\sigma=\sigma_{rc}+N/A$。当杆件屈曲时，根据临界力 N_{cr}的大小，可能为下面两种情况：

1) 若 $N_{cr}/A<f_y-\sigma_{rc}$，杆件处于弹性状态，故可采用欧拉公式(6.6)和式(6.7)计算 N_{cr}和 σ_{cr}。

2) 若 $f_y-\sigma_{rc}\leqslant N_{cr}/A\leqslant f_y$，杆件截面因残余应力的影响，在 $N/A=f_y-\sigma_{rc}$时提前进入弹塑性(部分截面弹性、部分截面塑性)状态，产生由截面边缘至 y 轴间不同深度的屈服区，从而使其承载能力受此不利影响而降低。由于屈服区的 $E=0$，故不能再简单按切线模量理论采用式(6.10)和式

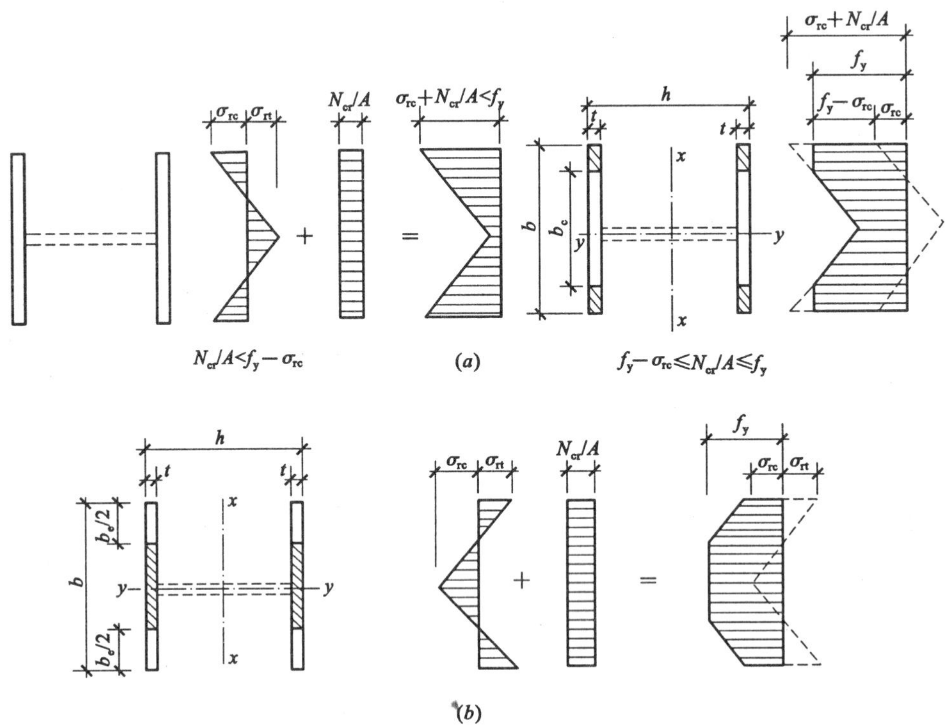

图 6.9　残余应力对轴心压杆稳定承载力的影响

(*a*) H 型钢或翼缘为轧制边;(*b*) 翼缘为火焰切割边

(6.11)计算 N_{cr}和 σ_{cr},而只能取弹性区截面的抗弯刚度 EI_e(I_e 为弹性区截面的惯性矩)进行计算,即

$$N_{cr}=\frac{\pi^2 EI_e}{l_0^2}=\frac{\pi^2 EI}{l_0^2}\cdot\frac{I_e}{I}=\frac{\pi^2 E_t' I}{l_0^2} \tag{6.12}$$

$$\sigma_{cr}=\frac{\pi^2 E}{\lambda^2}\cdot\frac{I_e}{I}=\frac{\pi^2 E_t'}{\lambda^2} \tag{6.13}$$

式中　$E_t'=E\dfrac{I_e}{I}$——换算切线模量。

如前述,显然 E_t'与残余应力分布情况和大小有关,同时也因截面形状和屈曲方向不同而有差异。如图 6.9(*a*)代表 H 型钢或翼缘为轧制边的焊接工字形截面,由于残余应力的影响,翼缘四角为塑性区,故对 x-x 轴(强轴)屈曲时

$$E_{tx}'=E\frac{I_{ex}}{I_x}\approx E\frac{2tb_e(h/2)^2}{2tb(h/2)^2}=E\frac{A_e}{A}=E\eta \tag{6.14}$$

式中 A_e、A 和 η 分别为翼缘的弹性区面积、总面积和两者的比。

对 y-y 轴(弱轴)屈曲时

$$E_{ty}'=E\frac{I_{ey}}{I_y}=E\frac{2tb_e^3/12}{2tb^3/12}=E\left(\frac{A_e}{A}\right)^3=E\eta^3 \tag{6.15}$$

由于式(6.14)和式(6.15)中 $\eta<1$,故 $E_{ty}'\ll E_{tx}'$。由此可见,在远离弱轴的翼缘两端的残余压应力产生的不利影响,在对弱轴屈曲时要比对强轴屈曲时的严重得多。

若残余应力分布为另一种情况,如图 6.9(*b*)所示用火焰切割边钢板焊接的工字形截面。由于残余应力的影响,翼缘中部为塑性区。同样可以证明,对 x-x 轴(强轴)屈曲时,E_{tx}'与式(6.14)相

同,但对 y-y(弱轴)屈曲时

$$E_{ty}' = E(3\eta - 3\eta^2 + \eta^3) \tag{6.16}$$

上式数值显然比式(6.15)大。由此可见,用火焰切割边钢板焊接的工字形截面,由于在远离弱轴的翼缘两端具有使其推迟发展塑性的残余拉应力,因而对弱轴屈曲时的临界应力比用轧制边钢板焊接的相同工字形截面的高。

(2) 初弯曲对稳定承载能力的影响

实际轴心压杆在制造、运输和安装过程中,不可避免地会产生微小的初弯曲。一般在杆中点的挠曲矢高为杆长 l 的 1/500～1/2000。有初弯曲的杆件,在压力作用下,其侧向挠度从加载开始就会不断增加,因此沿杆件全长除轴心力作用外,还存在因杆件挠曲而产生的弯矩,而且弯矩比轴心力增加得快,从而降低了杆件的稳定承载力。

图 6.10(a)示一在杆件中点沿 y 方向有初挠度 υ_{0m} 的两端铰接轴心压杆,假定杆轴的初弯曲为半波正弦曲线,即满足 $y_0 = \upsilon_{0m}\sin(\pi z/l)$。经压力 N 作用后,杆轴线侧移,现用 y 表示增加的挠度。按力矩平衡条件可得(由外力产生的力矩为 $N(y_0+y)$、由应力形成的抵抗矩为 $-EI_x y''$)

$$-EI_x y'' = N(y_0 + y)$$

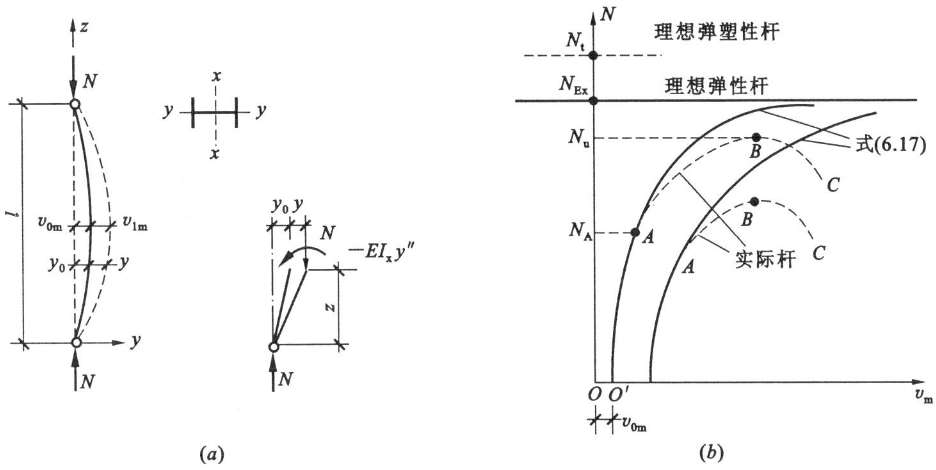

图 6.10　有初弯曲的轴心压杆及其 N-υ_m 曲线

将 $y_0 = \upsilon_{0m}\sin(\pi z/l)$代入上式,得

$$EI_x y'' + N\left(\upsilon_{0m}\sin\frac{\pi z}{l} + y\right) = 0$$

解此微分方程,可求出杆的弹性总挠曲曲线方程

$$Y = y_0 + y = \frac{\upsilon_{0m}}{1 - N/N_{Ex}}\sin\frac{\pi z}{l}$$

式中　$N_{Ex} = \dfrac{\pi^2 EA}{\lambda_x^2}$——欧拉临界力。

当 $z = l/2$ 时,杆中点总挠度为

$$\upsilon_m = \upsilon_{0m} + \upsilon_{1m} = \frac{\upsilon_{0m}}{1 - N/N_{Ex}} \tag{6.17}$$

式中等号右侧的比率 $1/(1 - N/N_{Ex})$大于 1,故可称之为(在压力 N 作用下,轴心压杆的初挠度)挠度放大系数。

根据式(6.17)可绘出具有不同 υ_{0m} 值的轴心压杆的 N-υ_m 曲线，图 6.10(b)所示为其中两条，右边一条的初挠度 υ_{0m} 较大。由图可见，有初弯曲压杆一开始加压，挠度就增加，但不成比例，开始增加较慢，尔后逐渐加快，当压力达欧拉临界力时，挠度无限增大。它不似理想轴心压杆，在 $N<N_{Ex}$ 时一直保持顺直状态(如 $\upsilon_{0m}=0$ 时的纵坐标轴所示)。另外，压杆的初挠度 υ_{0m} 愈大，在同等压力下杆的挠度愈大，且不论 υ_{0m} 大小，其承载力恒低于欧拉临界力。

有初弯曲压杆的附加弯矩 $M=N\upsilon_m$ 也随挠度增加而增加，将式(6.17)的 υ_m 代入可得

$$M=N\upsilon_m=\frac{N\upsilon_{0m}}{1-N/N_{Ex}} \tag{6.18}$$

式(6.17)和式(6.18)是建立在材料为无限弹性体的条件下，轴心压杆的承载力在理论上最终可达欧拉临界力，挠度和弯矩均可无限增大，但这实际上是不可能达到的。因为在 N 和 $M=N\upsilon_m$ 的共同作用下，当杆中点截面边缘纤维压应力率先达屈服点 f_y 时，压杆即进入弹塑性状态，承载力也随之降低。对无残余应力压杆边缘纤维屈服可由下式计算

$$\frac{N}{A}+\frac{N\upsilon_m}{W_{1x}}=\frac{N}{A}\left(1+\frac{A}{W_{1x}}\cdot\frac{\upsilon_{0m}}{1-N/N_{Ex}}\right)=\sigma\left(1+\varepsilon_0\,\frac{\sigma_{Ex}}{\sigma_{Ex}-\sigma}\right)=f_y$$

式中　$\sigma=\dfrac{N}{A}$——杆截面的平均压应力；

$\varepsilon_0=\dfrac{A}{W_{1x}}\upsilon_{0m}=\dfrac{\upsilon_{0m}}{\rho}$——相对初弯曲率；

$\rho=\dfrac{W_{1x}}{A}$——截面核心距；

W_{1x}——较大受压纤维的毛截面模量。

上式为 σ 的一元二次方程，其有效根为

$$\sigma=\frac{f_y+(1+\varepsilon_0)\sigma_{Ex}}{2}-\sqrt{\left[\frac{f_y+(1+\varepsilon_0)\sigma_{Ex}}{2}\right]^2-f_y\sigma_{Ex}} \tag{6.19}$$

此式称为柏利公式。根据它计算出的压力 $N=A\sigma$ 相当于图 6.10(b)中曲线上 A 点对应的 N_A，它代表截面边缘纤维屈服时的压力，而不是稳定承载力，故偏保守，但柏利公式的形式可被借用于计算整体稳定系数 φ(见后述)。

(3) 初偏心对稳定承载能力的影响

由于构造和施工方面的原因，轴心压杆的作用力可能产生一定程度偶然形成的初偏心。图 6.11示一两端铰接的等截面理想直杆。两端作用力有着方向相同、大小一样的偏心距 e_0。在弹性稳定状态，按力矩平衡条件可得

$$-EI_x y''=N(e_0+y)$$

将 $k^2=N/EI$ 代入上式，得

$$y''+k^2y=-k^2e_0$$

解此微分方程，可得杆中点的挠度为

$$\upsilon_m=e_0\left(\sec\frac{\pi}{2}\sqrt{\frac{N}{N_E}}-1\right) \tag{6.20}$$

根据上式可绘出具有不同 e_0 值的轴心压杆的 N-υ_m 曲线。图 6.11(b)所示为其中两条，右边一条的 e_0 较大。由图可见，初偏心的影响与前述初弯曲的类似，仅前者的曲线起点通过原点。但需指出，若初偏心 e_0 与初挠度 υ_{0m} 相等时，则初偏心的影响将更不利，这是因为初偏心产生的附加弯曲 Ne_0 在杆的两端就开始存在。另外，初偏心一般数值较小，且与杆长无关，而初挠度短杆较小，

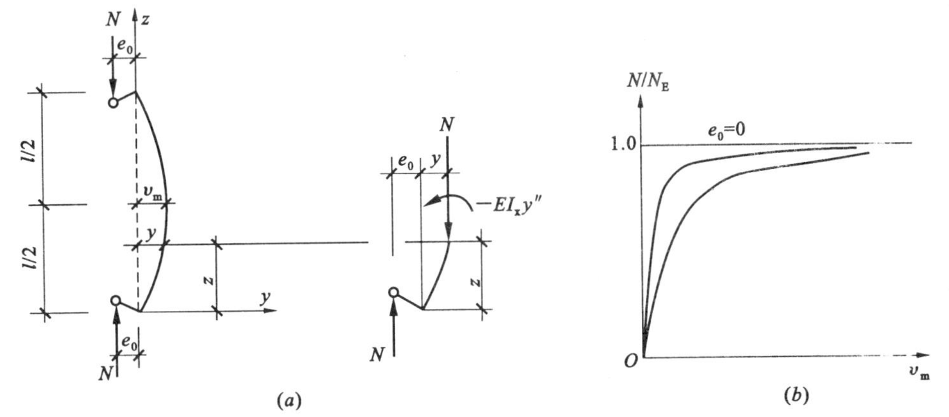

图 6.11 有初偏心的轴心压杆及其 N-v_m 曲线

中长杆则较大，故相对而言，初偏心对短杆的影响较明显，而杆件愈长则影响愈小。

由于初偏心和初弯曲的影响在本质上很类似，故在确定轴心压杆的稳定承载能力时，一般可采用加大初弯曲的数值以考虑两者的综合影响。

(4) 各种初始缺陷的综合影响和实际轴心压杆的稳定承载能力

上面对各种初始缺陷(初弯曲、初偏心、残余应力)对轴心压杆稳定承载力的影响分别作了叙述，下面对其加以综合，即符合实际工程中轴心压杆的受力情况，从而可得出其稳定承载力。

对图 6.10(b)所示有初弯曲的轴心压杆的 N-v_m 曲线进一步观察可见，当压力 N 超过边缘纤维屈服时的压力 N_A 后，由于屈服区还要向截面深处继续发展，v_m 也随之增加得愈来愈快，故 N-v_m 关系不会循式(6.17)所示实线上升至 N_{Ex}的水平线，而是沿虚线的 AB 段上升，直至达到与曲线上 B 点相应的荷载 N_u，此时即使 N 不再增加，v_m 亦会随屈服区的塑流而增加。为保持内、外力的平衡，N 必须相应减小，故曲线表现为 BC 下降段，说明杆件被压溃而完全丧失能力。按极限状态的最大强度理论，N_u 代表有初弯曲轴心压杆的稳定极限承载力，亦称压溃荷载。

结合图 6.10(b)，还可对轴心压杆的整体稳定性进一步分析。在 $O'AB$ 上升段，若要使 v_m 增大，需要增加 N。若 N 不增加，即使有少许干扰使 v_m 加大，但在干扰消失后，杆亦会恢复原状，因而杆件的内、外力平衡是稳定的。在 BC 下降段，此时若有少许干扰使 v_m 加大，而 N 又不迅速卸荷，则它将大于相应 v_m 增大后的 N 而使杆压溃，因而杆件的内、外力平衡是不稳定的。由稳定平衡状态到不稳定平衡状态的过渡点 B 即为有初弯曲轴心压杆承载力的极限。

另外，图 6.10(b)中还标明用传统方法求得的理想轴心压杆临界力 N_E 和 N_t(图中的 N_E 和 N_t 不对应同一根杆)。从图中可见，由于初弯曲(初偏心也类似)的影响，理想杆不论是在弹性屈曲还是在弹塑性屈曲，其 N_u 恒低于 N_E 或 N_t，且理想杆的平衡状态在达临界力时才突然由直变弯，出现平衡分肢。而实际杆的平衡状态则是因为有微弯而逐渐改变，在失稳前后不发生突变。研究时为区别上述两种平衡现象，一般称前者为第一类稳定问题或分肢稳定问题，而称后者为第二类稳定问题。

通过以上论述可见，由于初弯曲、初偏心的影响，理想轴心压杆成为偏心压杆，而其稳定性质也由第一类稳定问题变成第二类稳定问题，承载能力下降。若再加上残余应力的影响，则杆件受力时还要提前进入弹塑性状态，抗弯刚度减小，从而使承载能力更加降低。

(5) 实际轴心压杆稳定极限承载力的确定方法

由前述，理想轴心压杆的临界力在弹性阶段是长细比 λ 的单一函数，在弹塑性阶段按照切线模量理论也只引入与材料强度有一定关系的切线模量 E_t。而实际轴心压杆却有初弯曲、初偏心、残余应力和材质不匀等的综合影响，且影响程度还因截面形状、尺寸和屈曲方向而不同。因此，严格地说，每根压杆都有各自的临界力，即同类型的压杆即使截面尺寸相同，也可能因初始缺陷的影响不同而有各自的柱子曲线。这也表明实际轴心压杆的复杂性。

实际轴心压杆的承载力须按有残余应力的小偏心受压杆件即按照压弯杆件确定，即其稳定性质应按第二类稳定问题，求其荷载-变形曲线的极值点——压溃荷载。由于钢材的弹塑性性质，当杆件处在弹塑性弯曲阶段时，其应力-应变关系不但在同一截面各点上而且在杆件沿纵轴方向各截面都有变化，因此，即使不考虑残余应力，也只能得出压弯杆压溃荷载的近似解，若考虑残余应力的影响，则不可能求得闭合解。20 世纪 60 年代以来，由于电子计算机取代了以前手算无法胜任的繁重计算工作，因此有可能采用有限元概念，根据内、外力平衡条件，用数值法模拟计算压溃荷载。下面以数值积分法加以简述：

首先将压杆的长度分成 m 个计算段（各段长度不一定相等），截面分成 n 块计算单元（图6.12(*a*)、(*b*)），同时输入杆件加荷之前实测出的初始数据，如初弯曲轴线的形状和挠曲矢高（《设计规范》采用半波正弦曲线，挠曲矢高包含初偏心取《施工规范》允许的最大偏差 $l/1000$）、残余应力的分布、应力-应变关系等，然后指定一级压力 N 并假设在 A 端产生转角 θ_A，即可向 B 端逐段计算各段杆中间截面的内、外力平衡条件。如对 x 轴弯曲的计算式为

$$N_{im} = N_{em} \tag{6.21}$$

$$M_{im} = M_{em} = N(v_{k0m} + v_{km}) \tag{6.22}$$

式中　$N_{im} = \sum_{j=1}^{n} \sigma_j \Delta A_j$ ——各段杆中点截面的内力；

$M_{im} = \sum_{j=1}^{n} \sigma_j y_j \Delta A_j$ ——各段杆中点截面的弯矩；

σ_j——各计算单元面积中心点的应力；

N_{em}、M_{em}——各段杆中点的外力和力矩；

v_{k0m}、v_{km}——各段（第 k 段）杆中点的初挠度和附加挠度。

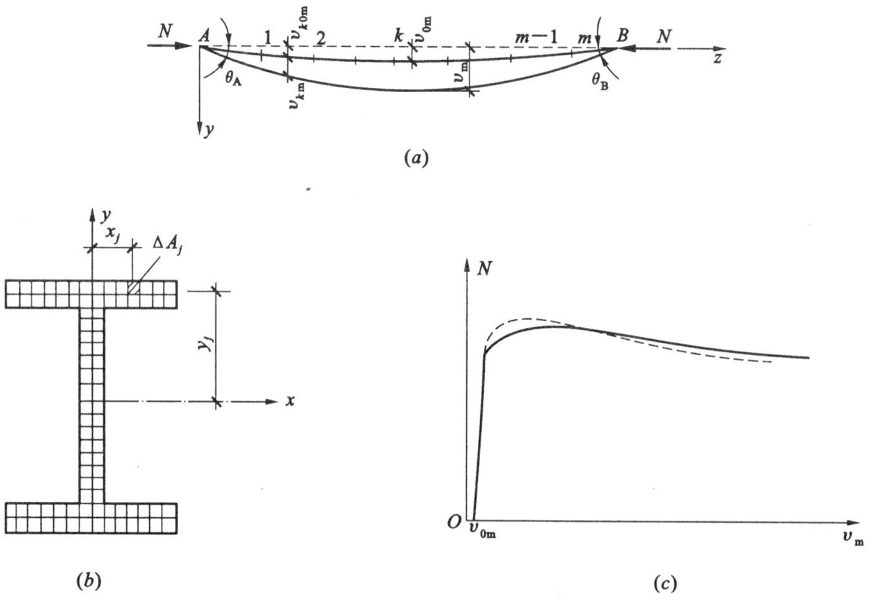

图 6.12　用计算机计算轴心压杆的稳定极限承载力

若式(6.21)和式(6.22)能满足，且按所设 N 产生的 A 端转角 θ_A 计算到 B 点的变形亦能满足

支承条件 $\upsilon_B=0$(如不满足则调整 θ_A 值重复计算),便得到图 6.12(c)所示 N-υ_m 关系曲线中的一个点。若再指定下一级压力,重复上述步骤,即可逐点绘出 N-υ_m 曲线。曲线顶点就是实际轴心压杆的稳定极限承载力 N_u。若输入计算机的实测初始数据能较好地反映杆件的实际情况,则模拟出的 N-υ_m 曲线与试验曲线(图 6.12(c)中虚线)极为接近。因此,现在一般都只需做少量试件的试验以验证模拟计算的结果,这样就极大地减少了试验工作量和试验费用。

根据求出的 N_u 和其对应的杆件的长度 l,即可得出 σ_{cr}-λ($\sigma_{cr}=N_u/A,\lambda=l/i$)曲线——柱子曲线的一点。若再指定其他长度按上述方法计算,即可得出该截面的柱子曲线。

6.3.2 轴心受压构件稳定性的计算

6.3.2.1 计算公式

根据轴心受压构件的稳定极限承载力 N_u,考虑抗力分项系数 γ_R 后,即可得《设计规范》规定的计算其整体稳定性的公式

$$\sigma=\frac{N}{A}\leqslant\frac{N_u}{A\gamma_R}=\frac{N_u}{Af_y}\cdot\frac{f_y}{\gamma_R}=\varphi f$$

或

$$\frac{N}{\varphi A}\leqslant f \tag{6.23}$$

式中 N——轴心压力;

A——构件的毛截面面积;

f——钢材的抗压强度设计值,按表 3.5 选用;

$\varphi=\dfrac{N_u}{Af_y}=\dfrac{\sigma_u}{f_y}$——轴心受压构件的稳定系数(取截面两主轴稳定系数中的较小者),根据构件的长细比或换算长细比(按 $\lambda\sqrt{f_y/235}$)和表 6.4a、表 6.4b 的截面分类查附表 1.1～附表 1.4。

6.3.2.2 多条柱子曲线和稳定系数 φ 的确定

由于轴心受压构件稳定极限承载力受多种因素的影响,因此它的柱子曲线分布很离散。《设计规范》制定时,根据我国较常用的截面形式,按不同尺寸、不同加工条件及相应的残余应力图式,经过计算和试验研究,共算出 96 条纵坐标用 $\varphi=\sigma_u/Af_y$、横坐标用长细比 $\lambda\sqrt{f_y/235}$的柱子曲线,图 6.13 中的两条虚线表示这些曲线的分布带范围。从图中可见,其上、下限相差较大,尤其在常用的中等长细比范围更大。显然,用一条柱子曲线作代表用于设计(原《设计规范》曾采用)会明显不合理。然而将如此多的柱子曲线用于设计虽很准确,但其烦琐程度可以想见。因此,《设计规范》按照合理、经济和便于设计应用的原则,根据数理统计原理和可靠度分析,将分布带相近的柱子曲线按其截面形式、板厚、屈曲方向(对应轴)和加工条件,归纳为 a、b、c、d 4 组,并取每组柱子曲线的平均值(即 50%的分位值)作为设计曲线,即图 6.13 所示的 a、b、c、d 4 条曲线。在常用范围($\lambda=40\sim120$),a 曲线的 φ 值最高(比 b 类高 4%～15%),b 曲线的略低,c 曲线的则较低(比 b 类的低 7%～13%),而 d 曲线的最低,它主要用于 $t>40$mm 厚板中的某些截面(见表 6.4b)。

对应于 a、b、c、d 四条曲线的四种截面分类,《设计规范》按板件厚度 $t<40$mm 和 $t\geqslant40$mm 分别列入表 6.4a 和表 6.4b。[①] 从表中可见,大部分截面形式和对应轴均属于 b 类。

---

① 轴心受压构件截面是怎样分类的还可参阅《疑难释义》第 8.5 节。

表6.4a　轴心受压构件的截面分类（板厚t<40mm）

截　面　形　式	对x轴	对y轴
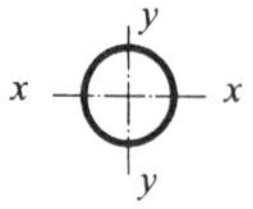 轧制	a类	a类
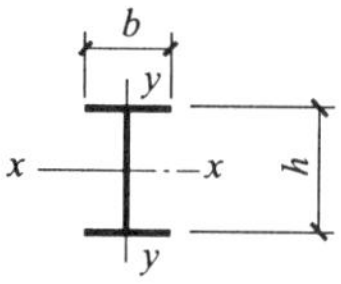 轧制，$b/h \leq 0.8$	a类	b类
轧制，$b/h>0.8$ 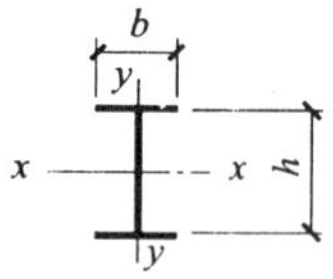 焊接，翼缘为焰切边 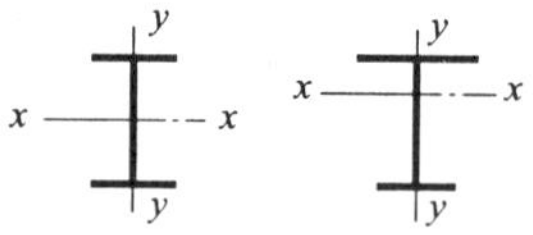 焊接 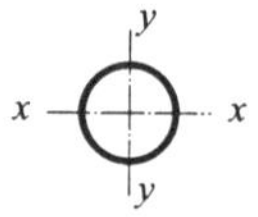 轧制 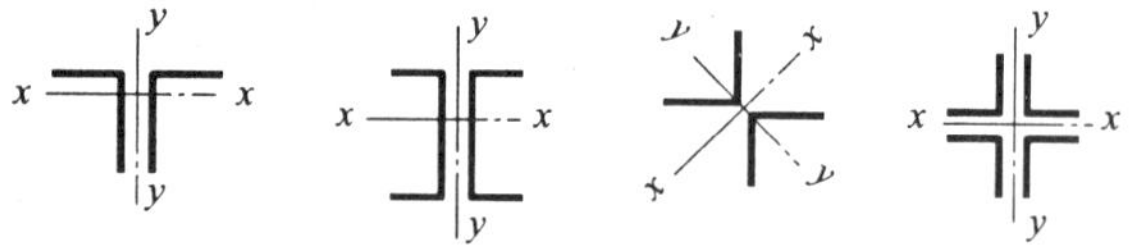 轧制等边角钢 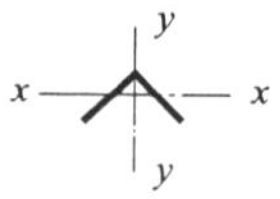 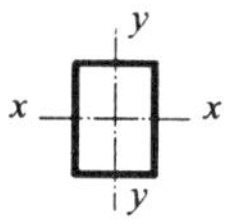 轧制，焊接（板件宽厚比>20） 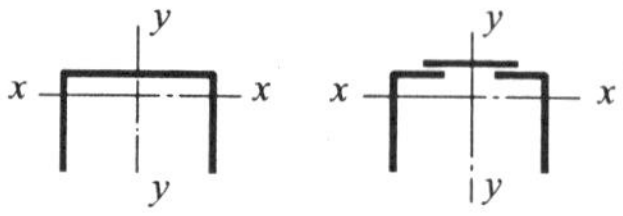 轧制或焊接 焊接 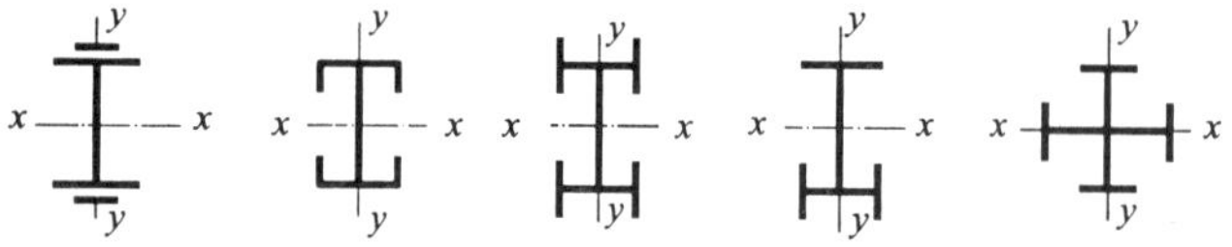 轧制截面和翼缘为焰切边的焊接截面 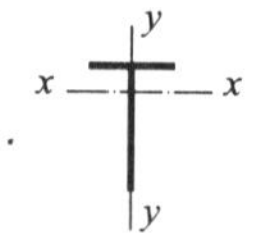 格构式 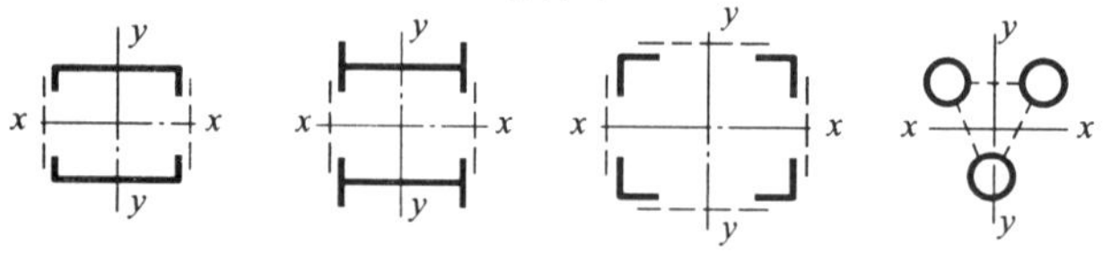 焊接，板件边缘焰切 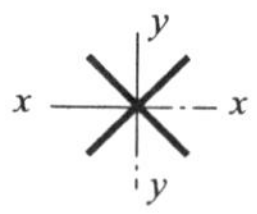	b类	b类
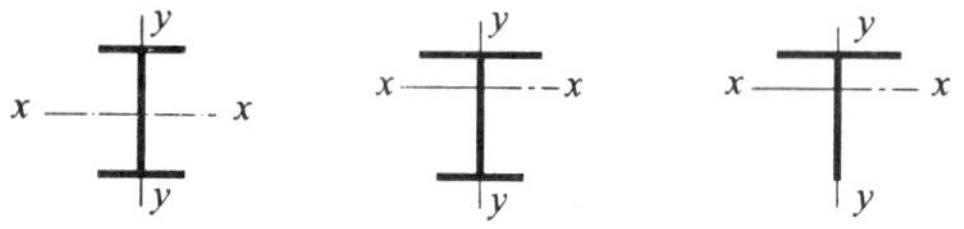 焊接，翼缘为轧制或剪切边	b类	c类
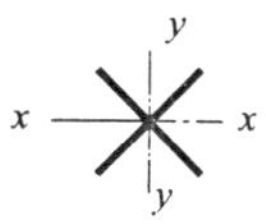 焊接，板件边缘轧制或剪切 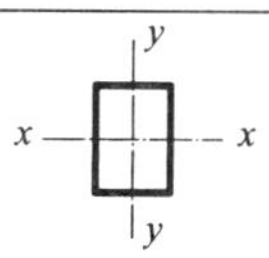 焊接，板件宽厚比≤20	c类	c类

表 6.4b 轴心受压构件的截面分类(板厚 $t \geqslant 40$mm)

截 面 情 况			对 x 轴	对 y 轴
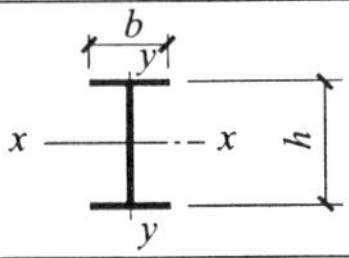	轧制工字形或 H 形截面	$t < 80$mm	b 类	c 类
		$t \geqslant 80$mm	c 类	d 类
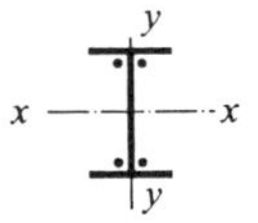	焊接工字形截面	翼缘为焰切边	b 类	b 类
		翼缘为轧制或剪切边	c 类	d 类
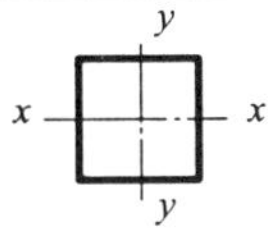	焊接箱形截面	板件宽厚比>20	b 类	b 类
		板件宽厚比$\leqslant 20$	c 类	c 类

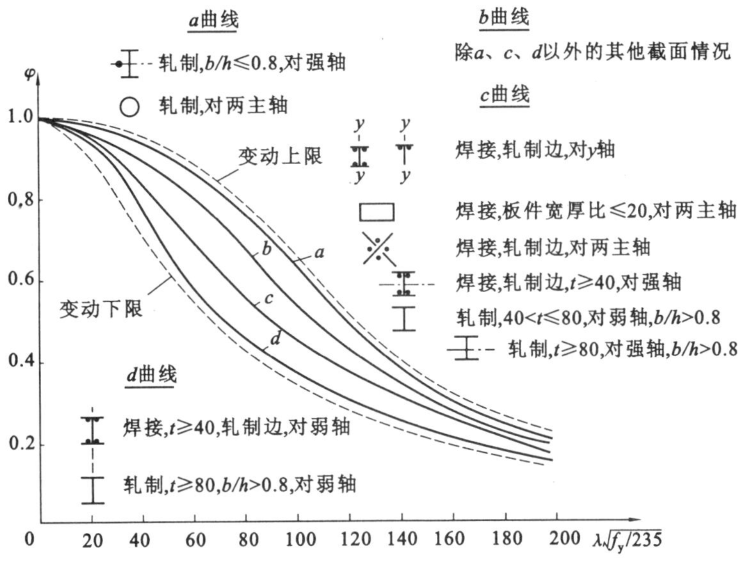

图 6.13 《设计规范》的柱子曲线

a、b、c、d 四条曲线可以拟合成式(6.19)柏利公式的形式来表达,即

$$\varphi = \frac{\sigma_u}{f_y} = \frac{N_u}{Af_y} = \frac{1}{2}\left\{\left[1+(1+\varepsilon_0)\frac{\sigma_E}{f_y}\right] - \sqrt{\left[1+(1+\varepsilon_0)\frac{\sigma_E}{f_y}\right]^2 - 4\frac{\sigma_E}{f_y}}\right\} \tag{6.24a}$$

式中 ε_0 为等效初偏心率,它是由稳定极限承载力 N_u 按式(6.24a)反算出的数值,它表达了初弯曲和残余应力等缺陷的综合影响程度,因此式(6.24a)仅仅是借用了柏利公式的表达形式,而与式(6.19)按截面的边缘屈服为准则的含义截然不同。4 条曲线的 ε_0 数值分别为:

当 $\bar{\lambda} > 0.215$ 时

对 a 类截面 $\varepsilon_0 = 0.152\bar{\lambda} - 0.014$

对 b 类截面 $\varepsilon_0 = 0.300\bar{\lambda} - 0.035$

对 c 类截面

当 $\bar{\lambda} \leqslant 1.05$ 时 $\varepsilon_0 = 0.595\bar{\lambda} - 0.094$

当 $\bar{\lambda} > 1.05$ 时 $\varepsilon_0 = 0.302\bar{\lambda} + 0.216$

对 d 类截面

$$当\ \bar{\lambda} \leqslant 1.05\ 时 \quad \varepsilon_0 = 0.915\bar{\lambda} - 0.132$$

$$当\ \bar{\lambda} > 1.05\ 时 \quad \varepsilon_0 = 0.432\bar{\lambda} + 0.375$$

式中　$\bar{\lambda}=\frac{\lambda}{\pi}\sqrt{\frac{f_y}{E}}$——无量纲长细比。

当 $\bar{\lambda}\leqslant 0.215$(相当于 $\lambda\leqslant 20\sqrt{235/f_y}$)时，式(6.24$a$)不再适用，须采用下面近似曲线公式使 $\bar{\lambda}=0.215$ 过渡到与 $\bar{\lambda}=0$($\varphi=1.0$)衔接，即

$$\varphi = 1 - \alpha_1 \bar{\lambda}^2 \tag{6.24b}$$

式中　α_1——系数，对 a、b、c、d 类截面分别为 0.41、0.65、0.73、1.35。

为了便于应用，《设计规范》将式(6.24a)、式(6.24b)表达的 φ 值，按 a、b、c、d 四类截面制定 4 个表格，即附表 1.1～附表 1.4。为了适用于不同钢种，构件长细比 λ 采用 $\lambda\sqrt{f_y/235}$。

6.3.2.3　**构件长细比和换算长细比的确定**

(1) 截面为双轴对称或极对称的构件

$$\left.\begin{aligned}\lambda_x &= l_{0x}/i_x \\ \lambda_y &= l_{0y}/i_y\end{aligned}\right\} \tag{6.25}$$

式中　l_{0x}、l_{0y}——构件对主轴 x 和 y 的计算长度；

i_x、i_y——构件截面对主轴 x 和 y 的回转半径。

对双轴对称十字形截面构件，λ_x 或 λ_y 取值不得小于 $5.07b/t$，其中 b/t 为悬伸板件宽厚比(满足此数值可不考虑扭转屈曲)。①

(2) 截面为单轴对称的构件

本节前面所述的整体稳定临界力的计算，均是按弯曲屈曲形式，即没有扭转，这也是大多数常用轴心压杆的屈曲形式。然而对于如图 6.6 所示的槽形和双板 T 形截面等单轴对称截面的轴心压杆，虽然绕非对称主轴(设为 x-x 轴)为弯曲屈曲，但是绕对称主轴(设为 y-y 轴)时，由于截面形心与剪心不重合，故在弯曲的同时必然伴随着扭转，产生弯扭屈曲。在相同条件下，弯扭屈曲的临界力比弯曲屈曲的要低。按弹性稳定理论，其临界力为

$$N_{yz} = \frac{1}{2k}\left[N_z + N_{Ey} - \sqrt{(N_z + N_{Ey})^2 - 4kN_zN_{Ey}}\right] \tag{6.26}$$

式中 N_z 和 N_{Ey} 分别为绕 z 轴扭转屈曲的临界力和对 y 轴弯曲屈曲的欧拉临界力，其计算式为

$$N_z = \frac{1}{i_0^2}\left(\frac{\pi^2 EI_\omega}{l_\omega^2} + GI_t\right) \tag{6.27}$$

$$N_{Ey} = \frac{\pi^2 EI_y}{l_{0y}^2} \tag{6.28}$$

在以上三式中：

$$k = 1 - (e_0/i_0)^2$$

e_0——截面形心至剪心的距离；

i_0——截面对剪心的极回转半径，$i_0=\sqrt{I_P/A+e_0^2}$ 或 $i_0^2=i_x^2+i_y^2+e_0^2$；

I_P——截面的极惯性矩，$I_P=I_x+I_y$；

① 双轴对称十字形截面轴心压杆，只要满足 $\lambda_x=\lambda_y\geqslant\lambda_z=5.07b/t$ 时就不由扭转屈曲控制设计的原因可参阅《疑难释义》第 8.2 节。

I_x、I_y——对主轴 x 和 y 的截面惯性矩；

I_ω——毛截面扇性惯性矩，对 T 形截面（轧制、双板焊接、双角钢组合）、十字形截面和角形截面可近似取 $I_\omega=0$；

I_t——毛截面抗扭惯性矩，$I_t=\dfrac{\eta}{3}\sum\limits_{i=1}^{n}b_i t_i^3$，$b_i$ 和 t_i 分别为组成截面各矩形板的宽度和厚度；

η——考虑板件连接成整体（包括过渡圆角）等有利因素的提高系数。对角形截面 $\eta=1.0$，T 形截面 $\eta=1.15$，槽形、Z 形截面 $\eta=1.12$，工字形截面 $\eta=1.25$；

I_ω——扭转屈曲的计算长度。对两端铰接端部截面可自由翘曲或两端嵌固端部截面的翘曲完全受到约束的构件，取 $I_\omega=l_{0y}$；

E、G——钢材的弹性模量和剪变模量。$E=206\times10^3\,\text{N/mm}^2$，$G=79\times10^3\,\text{N/mm}^2$。

将式(6.26)、式(6.27)中用 $N_{yz}=\pi^2EA/\lambda_{yz}^2$、$N_z=\pi^2EA/\lambda_z^2$、$N_{Ey}=\pi^2EA/\lambda_y^2$ 代入，从而可得计算弯扭屈曲和扭转屈曲的换算长细比 λ_{yz} 和 λ_z，其计算式为

$$\lambda_{yz}=\frac{1}{\sqrt{2}}\left[\lambda_y^2+\lambda_z^2+\sqrt{(\lambda_y^2+\lambda_z^2)^2-4(1-e_0^2/i_0^2)\lambda_y^2\lambda_z^2}\right]^{1/2} \tag{6.29}$$

$$\lambda_z=\sqrt{\frac{Ai_0^2}{I_\omega/l_\omega^2+GI_t/\pi^2E}}=\sqrt{\frac{Ai_0^2}{I_\omega/l_\omega^2+I_t/25.7}} \tag{6.30}$$

因此，对弯扭屈曲的轴心压杆可用换算长细比 λ_{yz} 代替 λ_y 进行计算，实质上这是采用一种近似的简化实用方法。通过将弹性的理想轴心压杆的弯扭屈曲的临界力与弯曲屈曲的欧拉临界力比较，得出换算长细比，然后用其借用弯曲屈曲的柱子曲线查出 φ 值。由于弯曲屈曲的 φ 值已经包含了各种初始缺陷和钢材弹塑性性能等的影响，所以得出的 φ 值也间接地考虑了这些影响。

(3) 截面为单角钢和双角钢组合 T 形截面的构件

1) 截面为单角钢和双角钢组合 T 形截面的构件绕对称轴的换算长细比 λ_{yz} 可采用表 6.5 中序号 1～4 的简化公式确定。

2) 单轴对称的轴心压杆在绕非对称主轴以外的任一轴失稳时，应按照弯扭屈曲计算其稳定性。当计算等边单角钢构件绕平行轴（设为 u-u 轴）的稳定时，可采用表 6.5 中序号 5 的简化公式计算其换算长细比 λ_{uz}，并按 b 类截面确定 φ 值。

3) 对单面连接的单角钢轴心受压杆件，考虑式(6.51)～式(6.53)的折减系数后（见第 6 节），可不考虑弯扭效应。

另外还须指出，当槽形截面用于格构式构件（见第 6 节）的分肢，在计算分肢绕对称轴（y 轴）的稳定性时，由于受到缀件的约束，可不必考虑扭转效应，直接用 λ_y 查出 φ_y 的值。

《设计规范》还规定，对无任何对称轴且又非极对称的截面（单面连接的不等边单角钢除外），由于受力性能较差，故不宜用作轴心受压构件。

表 6.5　单角钢截面和双角钢组合 T 形截面换算长细比的简化公式

序号	组合方式	截面形式	计 算 公 式
1	等边单角钢	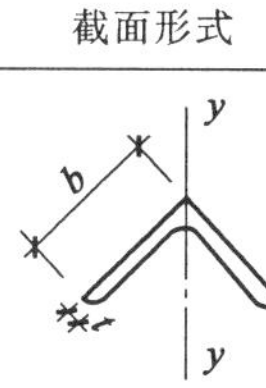	当 $b/t\leqslant0.54l_{0y}/b$ 时：$\lambda_{yz}=\lambda_y\left(1+\dfrac{0.85b^4}{l_{0y}^2t^2}\right)$　(6.31a) 当 $b/t>0.54l_{0y}/b$ 时：$\lambda_{yz}=4.78\dfrac{b}{t}\left(1+\dfrac{l_{0y}^2t^2}{13.5b^4}\right)$　(6.31b)

续表 6.5

序号	组合方式		截面形式	计算公式
2	等边双角钢相并		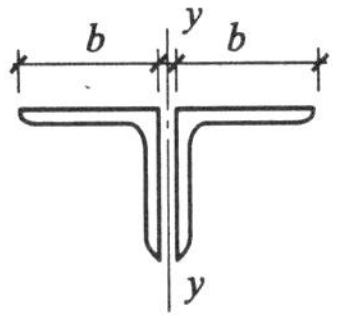	当 $b/t\leqslant 0.58l_{0y}/b$ 时：$\lambda_{yz}=\lambda_y\left(1+\frac{0.475b^4}{l_{0y}^2t^2}\right)$　(6.32a) 当 $b/t>0.58l_{0y}/b$ 时：$\lambda_{yz}=3.9\frac{b}{t}\left(1+\frac{l_{0y}^2t^2}{18.6b^4}\right)$　(6.32b)
3	不等边双角钢	长肢相并	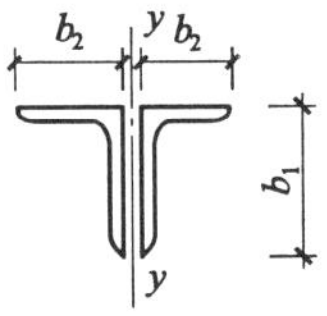	当 $b_2/t\leqslant 0.48l_{0y}/b_2$ 时：$\lambda_{yz}=\lambda_y\left(1+\frac{1.09b_2^4}{l_{0y}^2t^2}\right)$　(6.33a) 当 $b_2/t>0.48l_{0y}/b_2$ 时：$\lambda_{yz}=5.1\frac{b_2}{t}\left(1+\frac{l_{0y}^2t^2}{17.4b_2^4}\right)$　(6.33b)
4		短肢相并	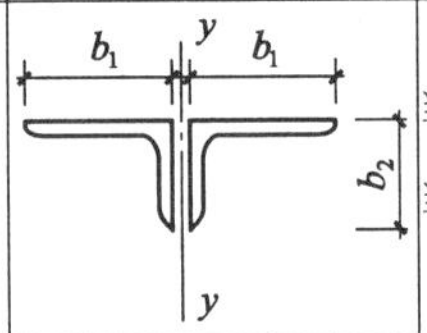	当 $b_1/t\leqslant 0.56l_{0y}/b_1$ 时：$\lambda_{yz}=\lambda_y$　(6.34a) 当 $b_1/t>0.56l_{0y}/b_1$ 时：$\lambda_{yz}=3.7\frac{b_1}{t}\left(1+\frac{l_{0y}^2t^2}{52.7b_1^4}\right)$　(6.34b)
5	等边单角钢		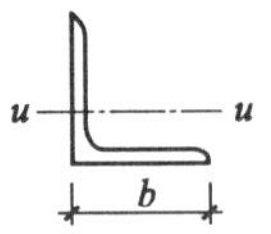	当 $b/t\leqslant 0.69l_{0u}/b$ 时：$\lambda_{uz}=\lambda_u\left(1+\frac{0.25b^4}{l_{0u}^2t^2}\right)$　(6.35a) 当 $b/t>0.69l_{0u}/b$ 时：$\lambda_{uz}=5.4\frac{b}{t}$　(6.35b) 式中 $\lambda_u=l_{0u}/i_u$。l_{0u} 为构件对 u 轴的计算长度，i_u 为构件截面对 u 轴的回转半径

6.4　实腹式轴心受压构件的局部稳定

实腹式轴心受压构件因主要受轴心压力作用，故应按均匀受压板计算其板件的局部稳定。

图 6.14 示一工字形截面轴心压杆翼缘与腹板的受力屈曲情况，它们与工字形截面梁受压翼缘的相似，但在确定板件宽厚比限值所采用的准则却有所不同。轴心压杆是将其和杆件的整体稳定性结合在一起考虑，按板的局部失稳不先于杆件的整体失稳的原则，即根据板的屈曲应力 σ_{cr} 和杆件的整体稳定极限承载应力 σ_u 相等（$\sigma_{cr}=\sigma_u$）的等稳定准则，计算板件宽厚比限值。因此，当 σ_u 愈大（相当于 λ 愈小）时，板件的宽厚比限值将愈小，反之则愈大，这比取用统一定值经济合理。

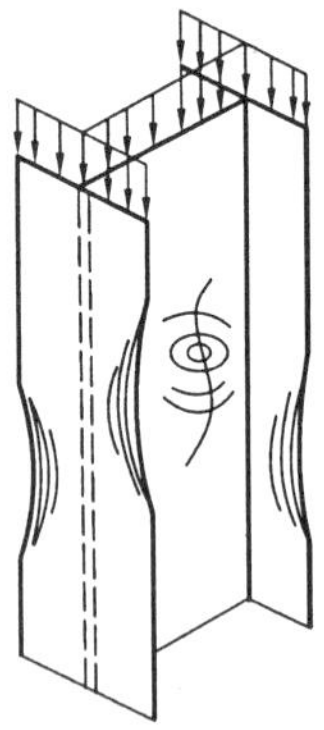

图 6.14　实腹式轴心压杆的局部屈曲

6.4.1　翼缘自由外伸宽厚比的限值

轴心压杆一般在弹塑性阶段工作，故按等稳定准则可得

$$\frac{\chi\sqrt{\eta}k\pi^2E}{12(1-\nu^2)}\left(\frac{t}{b_1}\right)^2=\varphi f_y \tag{6.36}$$

上式等号左边即式(5.50)的 σ_{cr}，其中 b_1 为各类截面翼缘的自由外伸宽度，t 为其厚度(图 6.15(a))。一边自由三边简支板板端受均匀压应力时的屈曲系数 $k_{min}=0.425$。根据试验资料 $\eta=0.1013\lambda^2(1-0.0248\lambda^2f_y/E)f_y/E$。等号右边整体稳定系数 φ 按各类截面取值。将上述数值代入式(6.36)并经换算后，可得 b_1/t 与 λ 的关系曲线。为便于设计，《设计规范》统一采用下面偏安全的简化直线式

$$\frac{b_1}{t} \leqslant (10 + 0.1\lambda)\sqrt{\frac{235}{f_y}} \tag{6.37}$$

式中 λ——构件两方向长细比的较大值：当 $\lambda<30$ 时，取 $\lambda=30$（即一律按短柱考虑，取$[b_1/t]_{\min}\leqslant 13\sqrt{235/f_y}$，相当于 $\sigma_{cr}=f_y$）；当 $\lambda>100$ 时，取 $\lambda=100$（即一律取$[b_1/t]_{\max}\leqslant 20\times\sqrt{235/f_y}$，以使其不致过大）。

式(6.37)除适用于工字形截面翼缘外，还适用于计算 T 形截面翼缘自由外伸宽厚比 b_1/t 的限值（图 6.15(*b*)）。

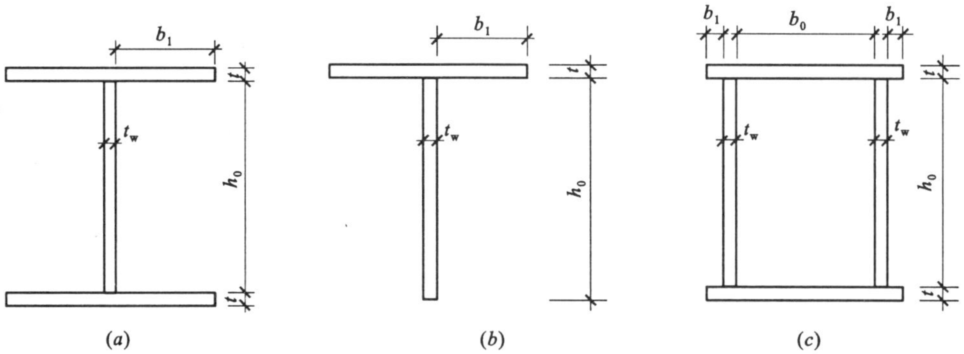

图 6.15 工字形、T 形和箱形截面板件尺寸

6.4.2 腹板高厚比的限值

按等稳定准则，仍有式(6.36)的关系，故对工字形截面腹板仅需将式中 t/b_1 改为 t_w/h_0，h_0 为腹板的计算高度，t_w 为其厚度（图 6.15(*a*)）。再取翼缘对腹板的嵌固系数 $\chi=1.3$ 对 σ_{cr} 予以提高，并取四边简支板板端受均匀压应力时的屈曲系数 $k=4$ 代入，经换算后可得 h_0/t_w 与 λ 的关系曲线。为便于设计，《设计规范》亦采用下面偏安全的简化直线式

$$\frac{h_0}{t_w} \leqslant (25 + 0.5\lambda)\sqrt{\frac{235}{f_y}} \tag{6.38}$$

式中 λ——构件两方向长细比的较大值：当 $\lambda<30$ 时，取 $\lambda=30$（即一律取$[h_0/t_w]_{\min}\leqslant 40\sqrt{235/f_y}$）；当 $\lambda>100$ 时，取 $\lambda=100$（即一律取$[h_0/t_w]_{\max}\leqslant 75\sqrt{235/f_y}$）。

对 T 形截面腹板的高厚比限值（图 6.15(*b*)），根据相同方法推导，《设计规范》采用下面公式计算：

T 型钢

$$\frac{h_0}{t_w} \leqslant (15 + 0.2\lambda)\sqrt{\frac{235}{f_y}} \tag{6.39}$$

焊接 T 形截面

$$\frac{h_0}{t_w} \leqslant (13 + 0.17\lambda)\sqrt{\frac{235}{f_y}} \tag{6.40}$$

箱形截面轴心压杆的翼缘和腹板（图 6.15(*c*)）都是均匀受压的四边支承板，但板件之间一般用单侧焊缝连接，嵌固程度较低。虽同样可采用类似式(6.38)计算其宽厚比和高厚比（b_0/t 和 h_0/t_w）限值，但为便于设计，《设计规范》规定偏安全地按下列近似式计算，即取不和长细比联系的定值（与箱形梁翼缘板的相同，也相当于工字形截面腹板 $\lambda\leqslant 30$ 时）

$$\frac{b_0}{t} 或 \frac{h_0}{t_w} \leqslant 40\sqrt{\frac{235}{f_y}} \qquad (6.41)$$

对某些大型工字形截面和箱形截面轴心受压构件的腹板，由于高度 h_0 较大，因此为满足上述局部稳定高厚比限值的要求，往往须采用较厚钢板，故不够经济。为节约材料，可在采用较薄钢板时，采用设置纵向加劲肋加强或用有效截面计算方法。

纵向加劲肋宜在腹板中央的两侧成对设置(图 6.16)，且位于横向加劲肋(见图 6.18)之间。其外伸宽度 $b_s \geqslant 10t_w$，厚度 $t_s \geqslant 3t_w/4$。设置纵向加劲肋能有效地阻止腹板屈曲时的凹凸变形，因此可取其和翼缘间的距离作为腹板计算高度计算腹板高厚比。

采用有效截面计算腹板的局部稳定类似于梁腹板考虑屈曲后强度的计算方法，即当腹板高厚比不能满足限值要求时，可认为腹板中间部分因屈曲而退出工作，而仅考虑腹板计算高度边缘范围内两侧宽度各为 $20t_w\sqrt{235/f_y}$ 的部分和翼缘一起作为有效截面(图 6.17)，用来计算构件的强度和稳定性。但在计算构件的长细比和稳定系数时，仍用全部截面。

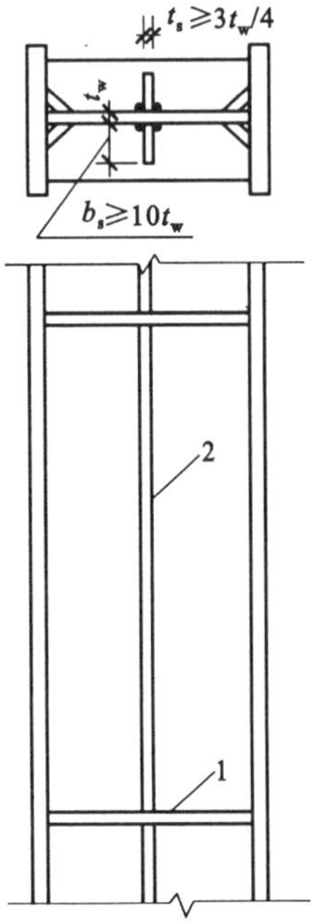

图 6.16　腹板纵向加劲肋

1—横向加劲肋；2—纵向加劲肋

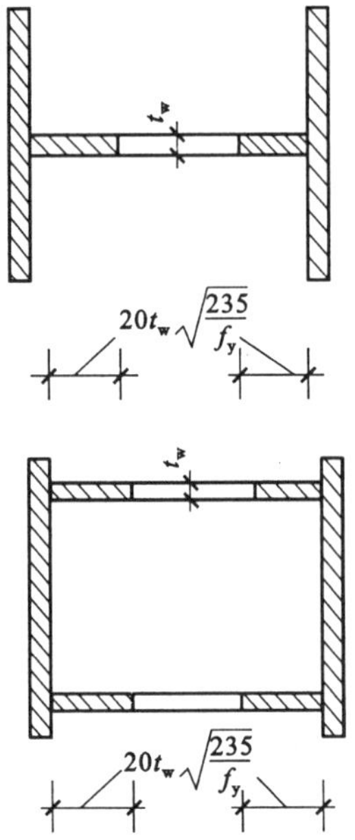

图 6.17　腹板屈曲后的有效截面

6.4.3　圆管径厚比的限值

根据弹性稳定理论，圆管在均匀轴心压力作用下的弹性屈曲应力为

$$\sigma_{cr} = 1.21\frac{Et}{D}$$

式中　D、t——圆管的外径和管壁厚度。

然而，根据试验研究，圆管缺陷(如管壁局部凹陷)对 σ_{cr} 的影响很大，且管壁愈薄影响愈大，其值甚至需降低 30%。另外，圆管局部屈曲常在弹塑性范围，也需对上式的 σ_{cr} 进行修正，故《设计规范》采用下式计算限值

$$\frac{D}{t} \leqslant 100\left(\frac{235}{f_y}\right) \qquad (6.42)$$

6.5 实腹式轴心受压构件的截面设计

6.5.1 设计原则

实腹式轴心受压构件的截面形式一般可按图 6.4(a)、(b)选用其中双轴对称的型钢截面或实腹式组合截面。为取得合理而经济的效果,设计时可参照下述原则:

(1) 等稳定性——使杆件在两个主轴方向的稳定承载力相同,以充分发挥其承载能力。因此应尽可能使其两方向的稳定系数或长细比相等,即 $\varphi_x \approx \varphi_y$ 或 $\lambda_x \approx \lambda_y$。对两方向不属同一类别的截面,稳定系数在长细比相同时亦不同,但一般相差不大,仍可采用 $\lambda_x \approx \lambda_y$ 或作适当调整。

(2) 宽肢薄壁——在满足板件宽厚比限值的条件下使截面面积分布尽量远离形心轴,以增大截面的惯性矩和回转半径,提高杆件的整体稳定承载力和刚度,达到用料合理。

(3) 制造省工——应使构造简单,能充分利用现代化的制造能力和减少制造工作量。如设计便于采用自动焊的截面(工字形截面等)和尽量使用 H 型钢(HW 型或 HM 型),这样做虽然有时候用钢量会增多,但因制造省工省时和型钢价格较低,故相对而言可能仍比较经济。

(4) 连接简便——杆件应便于与其他构件连接。在一般情况,截面以开敞式为宜。对封闭式的箱形和管形截面,由于连接较困难,只在特殊情况下使用。

6.5.2 设计方法

前已述及,实腹式轴心受压构件除广泛用于桁架中杆件外,还大量用于柱。前者的设计方法将在第 7 章中详述,下面介绍实腹式轴心受压柱的截面设计方法。

6.5.2.1 试选截面

首先根据截面设计原则和使用要求、材料供应、加工方法、轴心压力 N 的大小、两方向的计算长度 l_{0x} 和 l_{0y} 等条件确定截面形式和钢材牌号,然后按下述步骤试选型钢型号或组合截面的尺寸。

(1) 确定截面需要的面积 A_{req}、回转半径 i_{xreq} 和 i_{yreq} 以及高度 h_{req}、宽度 b_{req}

可按如下程序:

假定长细比 λ →

↗ 查 φ_x、φ_y → 选其中 φ_{min} 求得 $A_{req} = \dfrac{N}{\varphi_{min} f}$

→ 求对 x 轴需要的回转半径 $i_{xreq} = \dfrac{l_{0x}}{\lambda}$ → 由 i_{xreq} 求得 $h_{req} \approx \dfrac{i_{xreq}}{\alpha_1}$

↘ 求对 y 轴需要的回转半径 $i_{yreq} = \dfrac{l_{0y}}{\lambda}$ → 由 i_{yreq} 求得 $b_{req} \approx \dfrac{i_{yreq}}{\alpha_2}$

式中 α_1、α_2 分别表示截面高度 h、宽度 b 与回转半径 i_x、i_y 间的近似数值关系的系数,见附表 12。

λ 根据经验一般可在 50～100 范围假定。当 N 大且 l_0 小($N \geqslant 3000$kN、$l_0 \leqslant 4 \sim 5$m)时取小值,反之($N \leqslant 1500$kN、$l_0 \geqslant 5 \sim 6$m)取大值。

(2) 确定型钢型号或组合截面各板件尺寸

对型钢,根据 A_{req}、i_{xreq}、i_{yreq} 查型钢(H 型钢、工字钢、钢管等)表中相近数值,即可选择合适型号。

对组合截面,应以 A_{req}、h_{req}、b_{req} 为条件,并考虑制造、焊接工艺的需要,以及宽肢薄壁、连接简便等原则，结合钢材规格，调配各板件尺寸。如对焊接工字形截面，为便于采用自动焊，宜取$b \approx h$①；为使用料合理，宜取一个翼缘截面面积$A_1=(0.35 \sim 0.40)A$，$t_w=(0.4 \sim 0.7)t$，但不小于6mm，h_0和b为10mm倍数。t和t_w为2mm的倍数。

6.5.2.2　验算截面

对试选的截面需作如下几方面验算：

(1) 强度——按式(6.4)计算。

(2) 刚度——按式(6.5)计算。

(3) 整体稳定——按式(6.23)计算。须同时考虑两主轴方向，但一般可取其中长细比的较大值进行计算。

(4) 局部稳定——工字形截面按式(6.37)、式(6.38)计算，T形截面按式(6.37)、式(6.39)或式(6.40)计算，箱形截面按式(6.41)计算。

以上几方面验算若不满足要求，须调整截面重新验算。②

6.5.3　构造规定

当实腹式柱腹板宽厚比$h_0/t_w>80$时，有可能在施工过程中产生扭转变形，故应如图6.18所示成对配置横向加劲肋，以增加抗扭刚度，其间距不得大于$3h_0$，截面尺寸则按式(5.79)和式(5.80)确定。对大型实腹式柱，为了增加其抗扭刚度，应设置横隔(外伸宽度加宽至翼缘边的横向加劲肋)。横隔的间距不得大于柱截面较大宽度的9倍或8m，且在运输单元的两端均应设置。另外，在受有较大水平力处亦应设置，以防止柱局部弯曲变形(以上规定还适用于实腹式压弯构件)。

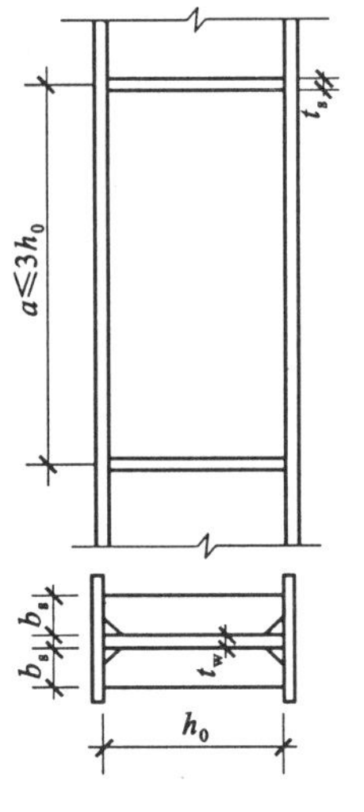

图6.18　实腹式柱的横向加劲肋

实腹式轴心受压柱板件间(如工字形截面翼缘与腹板间)的纵向连接焊缝只承受柱初弯曲或因偶然横向力作用等产生的很小剪力，因此不必计算，焊脚尺寸可按构造要求采用。

【例6.1】　图6.19(a)所示为某炼钢厂工作平台的部分结构。其中支柱AB承受轴心压力$N=1200$kN，柱下端固定，上端铰接。试选择该柱截面：(1) 用工字钢。(2) 用H型钢。(3) 用焊接工字形截面，翼缘为剪切边。材料均为Q345钢，截面无削弱。(4) 若材料改为Q235钢，以上选择出的截面是否还可以安全承载？

【解】　由于AB柱两方向的几何长度不等，故取如图6.19(b)、(c)、(d)所示的截面朝向，即将强轴顺x轴方向。

柱在yz平面按下端固定、上端铰接，查表6.3得$\mu=0.8$，故计算长度$l_{0x}=0.8\times700=560$cm。在xz平面，柱下端不能按固定考虑，因截面的y轴为弱轴，其抗弯能力较低，故与支撑点处一样，只能起阻止位移作用，因此均应按铰接计算，其计算长度取支承点之间的距离，即$l_{0y}=350$cm。

(1) 工字钢

1) 试选截面

按试选截面程序

---

① 若$b \gg h$，翼缘将与自动焊部件相碰，妨碍施焊，参见《疑难释义》图4.1。

② 怎样快速合理地确定工字形截面轴心受压柱的截面尺寸可参阅《疑难释义》第8.7节。

$$
\text{假定 } \lambda = 100 \rightarrow \begin{cases} \text{查附表 1.1}: \varphi_x = 0.488 \\ \text{查附表 1.2}: \varphi_y = 0.432 \rightarrow A_{req} = \dfrac{N}{\varphi_{min} f} = \dfrac{1200 \times 10^3}{0.432 \times 310 \times 10^2} = 89.6\text{cm}^2 \\ i_{xreq} = \dfrac{l_{0x}}{\lambda} = \dfrac{560}{100} = 5.6\text{cm} \\ i_{yreq} = \dfrac{l_{0y}}{\lambda} = \dfrac{350}{100} = 3.5\text{cm} \end{cases}
$$

$$
\left(\text{按 } \lambda \sqrt{\frac{f_y}{235}} = 100 \sqrt{\frac{345}{235}} = 121 \right)
$$

由附表 7 中不可能选择出同时满足 A_{req}、i_{xreq}、i_{yreq}三值的工字钢，可只在 A_{req}和 i_{yreq}两值之间选择适当型号。现试选 I50a(图 6.19(*b*))，其 $A=119.3\text{cm}^2$、$i_x=19.7\text{cm}$、$i_y=3.07\text{cm}$、$b/h=158/500=0.32<0.8$(按表 6.4*a*，前面将轧制工字钢 φ 值对 x 轴按 a 类截面查附表1.1、对 y 轴按 b 类截面查附表1.2符合规定)。

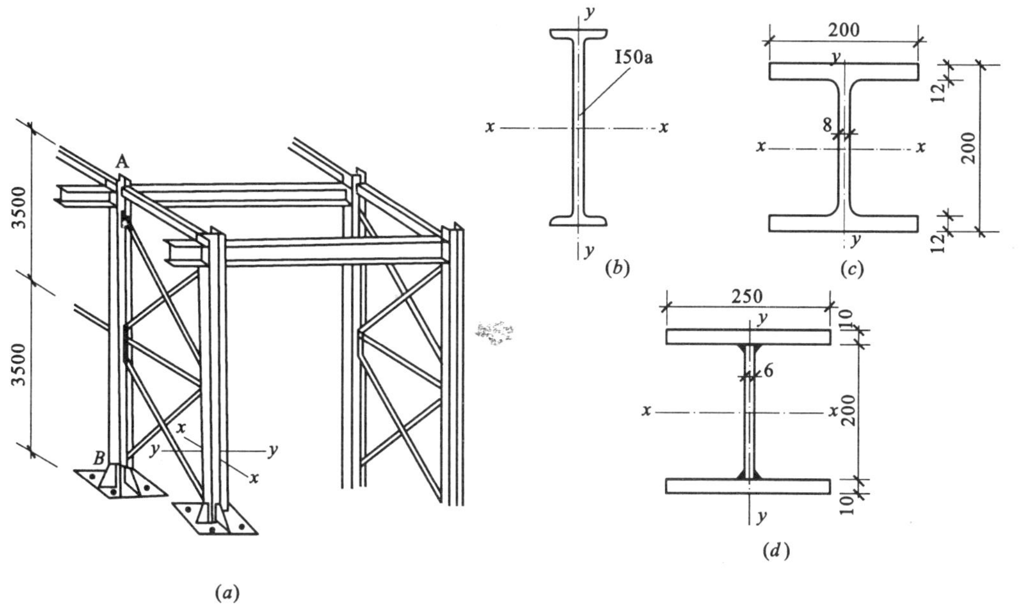

图 6.19 例 6.1 附图

2) 验算截面

① 强度

因截面无削弱，可不验算。

② 刚度

按式(6.5)

$$\lambda_x = \frac{l_{0x}}{i_x} = \frac{560}{19.7} = 28.4 < [\lambda] = 150 \quad (\text{满足})$$

$$\lambda_y = \frac{l_{0y}}{i_y} = \frac{350}{3.07} = 114 < [\lambda] = 150 \quad (\text{满足})$$

③ 整体稳定

按式(6.23)。由 λ_x(按 $28.4\sqrt{f_y/235}=34.4$)、λ_y(按 $114\sqrt{f_y/235}=138.1$)查附表 1.1、附表 1.2得 $\varphi_x=0.954$、$\varphi_y=0.353$。取 $\varphi_{min}=0.353$ 计算，得

$$\frac{N}{\varphi A}=\frac{1200\times 10^3}{0.353\times 119.3\times 10^2}=284.9\text{N/mm}^2$$
$$<f=295\text{N/mm}^2\quad（满足）$$

（因 I50a 翼缘厚度>16mm，故取 f=295N/mm²）

④ 局部稳定：因工字钢的翼缘和腹板均较厚，可不验算。

(2) H 型钢

1) 试选截面

选用宽翼缘 HW 型钢，其截面宽度较大，因此假定长细比可减小。按试选截面程序：

$$\nearrow 查附表\ 1.2:\varphi=0.734\rightarrow A_{req}=\frac{N}{\varphi f}=\frac{1200\times 10^3}{0.734\times 310\times 10^2}=52.7\text{cm}^2$$

$$假定\ \lambda=60\rightarrow i_{xreq}=\frac{l_{0x}}{\lambda}=\frac{560}{60}=9.3\text{cm}$$

$$\left(按\ 60\sqrt{\frac{f_y}{235}}=72.7\right)\searrow i_{yreq}=\frac{l_{0y}}{\lambda}=\frac{350}{60}=5.8\text{cm}$$

由附表 4 试选 HW200×200×8×12（图 6.19(c)），其 $A=63.53\text{cm}^2$、$i_x=8.62\text{cm}$、$i_y=5.02\text{cm}$、$b/h=200/200=1>0.8$（由表 6.4a，符合前面将轧制宽翼缘 H 型钢 φ 值对 x、y 轴均按 b 类截面查附表 1.2）。

2) 验算截面

① 强度

因截面无削弱，可不验算。

② 刚度

按式(6.5)

$$\lambda_x=\frac{l_{0x}}{i_x}=\frac{560}{8.62}=65<[\lambda]=150\quad（满足）$$

$$\lambda_y=\frac{l_{0y}}{i_y}=\frac{350}{5.02}=69.7<[\lambda]=150\quad（满足）$$

③ 整体稳定

按式(6.23)。由 $\lambda_{max}=\lambda_y=69.7$（按 $69.7\sqrt{f_y/235}=84.5$）查附表 1.2 得 $\varphi=0.658$，

$$\frac{N}{\varphi A}=\frac{1200\times 10^3}{0.658\times 63.53\times 10^2}=287.1\text{N/mm}^2<f=310\text{N/mm}^2\quad（满足）$$

④ 局部稳定：本例采用的 H 型钢截面较紧凑，翼缘的宽厚比和腹板的高厚比均较小，可不验算。

(3) 焊接工字形截面

1) 试选截面

按试选截面程序：

$$\nearrow 查附表\ 1.2:\varphi_x=0.576$$

$$\searrow 查附表\ 1.3:\varphi_y=0.478\rightarrow A_{req}=\frac{N}{\varphi_{min} f}=\frac{1200\times 10^3}{0.478\times 310\times 10^2}=80.98\text{cm}^2$$

$$假定\ \lambda=80\rightarrow i_{xreq}=\frac{l_{0x}}{\lambda}=\frac{560}{80}=7\text{cm}\rightarrow h_{req}\approx\frac{i_{xreq}}{\alpha_1}=\frac{7}{0.43}=16.3\text{cm}$$

$$\left(按\ 80\sqrt{\frac{f_y}{235}}=96.9\right)\searrow i_{yreq}=\frac{l_{0y}}{\lambda}=\frac{350}{80}=4.4\text{cm}\rightarrow b_{req}\approx\frac{i_{yreq}}{\alpha_2}=\frac{4.4}{0.24}=18.3\text{cm}$$

试选 $b=h=180$mm，按此尺寸粗算翼缘和腹板的平均厚度需要 $t=80.98\times 10^2/(3\times 180)=15$mm，这远超过局部稳定宽厚比限值所需要的，故不符合宽肢薄壁的经济原则，它表明假定 λ 偏

大，使 A_{req} 偏大和 h_{req}、b_{req} 偏小，材料集中于形心轴附近。现将假定 λ 适当减小并重新按试选截面程序：

查附表 1.2：$\varphi_x = 0.735$

查附表 1.3：$\varphi_y = 0.625 \rightarrow A_{req} = \dfrac{N}{\varphi_{min} f} = \dfrac{1200 \times 10^3}{0.625 \times 310 \times 10^2} = 61.9\text{cm}^2$

假定 $\lambda = 60 \rightarrow i_{xreq} = \dfrac{l_{0x}}{\lambda} = \dfrac{560}{60} = 9.3\text{cm} \rightarrow h_{req} \approx \dfrac{i_{xreq}}{\alpha_1} = \dfrac{9.3}{0.43} = 21.6\text{cm}$

$\left(按\ 60\sqrt{\dfrac{f_y}{235}} = 72.6\right) i_{yreq} = \dfrac{l_{0y}}{\lambda} = \dfrac{350}{60} = 5.8\text{cm} \rightarrow b_{req} \approx \dfrac{i_{yreq}}{\alpha_2} = \dfrac{5.8}{0.24} = 24.2\text{cm}$

选用如图 6.19(d)所示尺寸，即：

翼缘：2—250×10　面积：50cm^2

腹板：1—200×6　面积：12cm^2

截面面积：　$A = 62\text{cm}^2$

2) 验算截面

截面几何特性

$$I_x = \frac{1}{12} \times 0.6 \times 20^3 + 2 \times 25 \times 1.0 \times 10.5^2 = 5913\text{cm}^4$$

$$I_y = 2 \times \frac{1}{12} \times 1.0 \times 25^3 = 2604\text{cm}^4$$

$$i_x = \sqrt{\frac{I_x}{A}} = \sqrt{\frac{5913}{62}} = 9.77\text{cm}$$

$$i_y = \sqrt{\frac{I_y}{A}} = \sqrt{\frac{2604}{62}} = 6.48\text{cm}$$

① 强度

因截面无削弱，可不验算。

② 刚度

按式(6.5)

$$\lambda_x = \frac{l_{0x}}{i_x} = \frac{560}{9.77} = 57.3 < [\lambda] = 150 \quad （满足）$$

$$\lambda_y = \frac{l_{0y}}{i_y} = \frac{350}{6.48} = 54.0 < [\lambda] = 150 \quad （满足）$$

③ 整体稳定

按式(6.23)。由表 6.4a，焊接工字形截面、翼缘为剪切边，对 x 轴和 y 轴分属 b 和 c 类截面，故查附表 1.2 和附表 1.3 得(按 $57.3\sqrt{f_y/235}=69.4$)$\varphi_x=0.755$、(按 $54\sqrt{f_y/235}=65.4$)$\varphi_y=0.673$(虽然 $\lambda_y<\lambda_x$，但因对 y 轴属 c 类截面，反而 $\varphi_y<\varphi_x$)。取 $\varphi_{min}=0.673$ 计算，得

$$\frac{N}{\varphi A} = \frac{1200 \times 10^3}{0.673 \times 62 \times 10^2} = 287.6\text{N/mm}^2 < f = 310\text{N/mm}^2 \quad （满足）$$

④ 局部稳定

虽然整体稳定系按弱轴 λ_y 计算，但 λ_y 比 λ_x 小不太多，故仍取长细比的较大值 λ_x 计算。

翼缘：按式(6.37)

$$\frac{b_1}{t} = \frac{122}{10} = 12.2 < (10 + 0.1\lambda)\sqrt{\frac{235}{f_y}} = (10 + 0.1 \times 57.3) \times \sqrt{\frac{235}{345}} = 12.98 \quad （满足）$$

腹板：按式(6.38)

$$\frac{h_0}{t_w}=\frac{200}{6}=33.3<(25+0.5\lambda)\sqrt{\frac{235}{f_y}}=(25+0.5\times 57.3)\times\sqrt{\frac{235}{345}}=44.3\quad(满足)$$

(4) 原截面改用 Q235 钢

1) 工字钢

由 $\lambda_y=114$ 查附表 1.2 得 $\varphi_y=0.470$，故

$$\frac{N}{\varphi A}=\frac{1200\times 10^3}{0.470\times 119.3\times 10^2}=214\text{N/mm}^2\approx f=205\text{N/mm}^2\quad(满足)$$

2) H 型钢

由 $\lambda_y=69.7$ 查附表 1.2 得 $\varphi=0.753$，故

$$\frac{N}{\varphi A}=\frac{1200\times 10^3}{0.753\times 63.53\times 10^2}=250.8\text{N/mm}^2>f=215\text{N/mm}^2\quad(不满足)$$

3) 焊接工字形截面

由 $\lambda_y=54$ 查附表 1.3 得 $\varphi=0.748$，故

$$\frac{N}{\varphi A}=\frac{1200\times 10^3}{0.748\times 62\times 10^2}=258.8\text{N/mm}^2>f=215\text{N/mm}^2\quad(不满足)$$

由上述计算结果可见：① 在上例条件下，工字钢的截面面积比 H 型钢和焊接工字形截面的约大一倍。另外，强轴方向的计算长度虽较长，但支柱的承载能力却是由弱轴方向所决定，且强轴方向还富余很多。② 工字钢在改用 Q235 钢后截面不增大仍可安全承载，而 H 型钢和焊接工字形截面却相差很多，这表明长细比大的压杆由于在弹性状态工作，钢材强度对稳定承载力的影响不大，而长细比小的压杆则因在弹塑性状态工作，钢材强度有较显著影响。③ HW 型钢可增强弱轴方向的承载力，不但经济合理，制造省工，且截面选用方便。

6.6　格构式轴心受压构件的设计

6.6.1　格构式轴心受压构件的组成形式

格构式轴心受压构件的截面形式可按图 6.4(c)选用，通常以对称双肢组合的较多。分肢用槽钢、H 型钢或工字钢，以缀件——缀条或缀板将其连成整体(图 6.20)，故又称为缀条构件(缀条柱)或缀板构件(缀板柱)。

缀条常采用单角钢，一般与构件轴线成 $\alpha=40°\sim70°$ 夹角斜放，此称为斜缀条(图 6.20(a))，也可同时增设与构件轴线垂直的横缀条。缀板用钢板制造，一律按等距离垂直于构件轴线横放(图 6.20(b))。

6.6.2　格构式轴心受压构件的整体稳定承载力

对格构式双肢构件截面，通常将横贯分肢腹板的轴称为实轴(图 6.20 中 y-y 轴)，穿过缀件平面的轴则称为虚轴(图 6.20 中 x-x 轴)。

6.6.2.1　对实轴的整体稳定承载力

格构式双肢构件相当于两个并列的实腹式杆件，故其对实轴的整体稳定承载力与实腹柱完全相同，因此可用对实轴的长细比 λ_y 查 φ 值由式(6.23)计算。

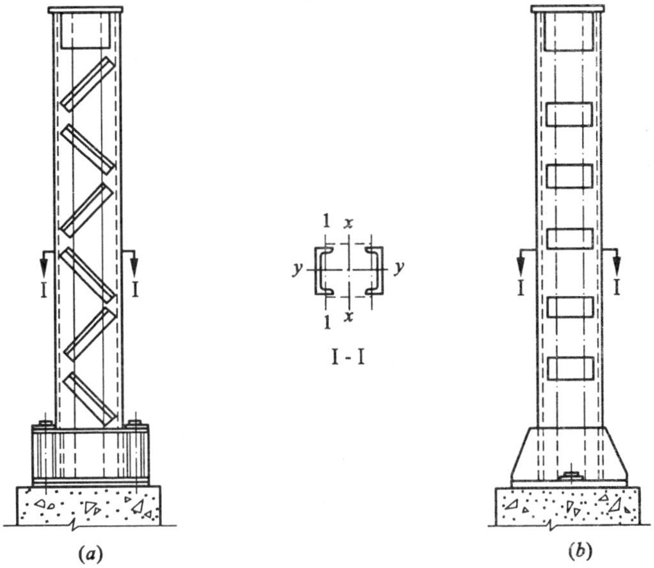

图 6.20 缀条柱与缀板柱

(a) 缀条柱;(b) 缀板柱

6.6.2.2 对虚轴的整体稳定承载力

格构式受压构件的缀件比较柔细,故对构件因初弯曲、初偏心等缺陷或因屈曲对虚轴弯曲变形产生的横向剪力不能忽略。在这种情况剪切变形较大,从而使构件产生较大的附加变形而降低临界力。按结构稳定理论,两端铰接的双肢缀条构件在弹性阶段对虚轴的临界应力为:

$$\sigma_{cr} = \frac{\pi^2 E}{\lambda_x^2 + \frac{\pi^2}{\sin^2\alpha\cos\alpha}\cdot\frac{A}{A_{1x}}} = \frac{\pi^2 E}{\lambda_{0x}^2}$$

式中 $\lambda_{0x}=\sqrt{\lambda_x^2+\frac{\pi^2}{\sin^2\alpha\cos\alpha}\cdot\frac{A}{A_{1x}}}$——换算长细比;

λ_x——整个构件对 x 轴的长细比;

A——分肢毛截面面积之和;

A_{1x}——构件截面中垂直于 x 轴的各斜缀条毛截面面积之和。

由上式可见,采用加大的换算长细比 λ_{0x}代替整个构件对虚轴的长细比 λ_x,既能考虑缀条变形对临界应力的降低(根号内第二项即表示此影响),又能利用实腹式轴心受压构件整体稳定计算公式(式(6.23)),在计算时只需用 λ_{0x}按 b 类截面查 φ 值即可。

考虑到 α 一般在 45°左右(通常为 40°~70°),因此 $\pi^2/(\sin^2\alpha\cos\alpha)$值约为 27,故《设计规范》将双肢缀条构件的换算长细比 λ_{0x}简化为

$$\lambda_{0x} = \sqrt{\lambda_x^2 + 27\frac{A}{A_{1x}}} \tag{6.43}$$

对双肢缀板构件,用相同原理可得其换算长细比为:

$$\lambda_{0x} = \sqrt{\lambda_x^2 + \lambda_1^2} \tag{6.44}$$

式中 $\lambda_1=l_{01}/i_1$——分肢对最小刚度轴 1-1 的长细比,计算长度 l_{01}取:焊接时为相邻两缀板的净距离(图 6.23(c)),螺栓连接时为相邻两缀板边缘螺栓间的距离;

i_1——分肢对 1-1 轴的回转半径。

由三肢或四肢组合的格构式构件的换算长细比见《设计规范》。

6.6.3　分肢的稳定性

格构式受压构件的分肢可看作单独的实腹式轴心受压杆件，因此应保证它不先于构件整体失去承载能力。计算时不能简单地采用 $\lambda_1 < \lambda_{0x}$（或 λ_y），这是因为由于初弯曲等缺陷的影响，可能使构件受力时呈弯曲状态，从而产生附加弯矩和剪力。附加弯矩使两分肢的内力不等，而附加剪力还使缀板构件的分肢产生弯矩（详见后述）。另外，分肢截面的分类还可能比整体的（b 类）低。这些都使分肢的稳定承载能力降低，所以《设计规范》规定：

缀条构件

$$\lambda_1 < 0.7\lambda_{max} \tag{6.45}$$

缀板构件

$$\lambda_1 < 0.5\lambda_{max}\text{ 且不应大于 }40 \tag{6.46}$$

式中　λ_{max}——构件两方向长细比（对虚轴取换算长细比）的较大值，当 $\lambda_{max}<50$ 时，取 $\lambda_{max}=50$；

λ_1——同式(6.44)的规定。但对缀条构件，l_{01} 取相邻两节点中心间的距离。

6.6.4　缀件（缀条、缀板）的计算

6.6.4.1　缀件面的剪力

格构式轴心受压构件当绕虚轴发生弯曲时，由于变形而引起弯矩，从而产生平行于缀件面的横向剪力。此剪力由缀件体系承受。

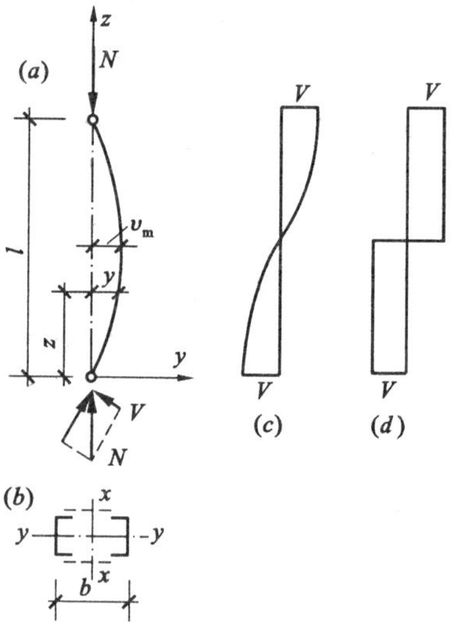

图 6.21　剪力 V 的计算

如图 6.21(a)所示两端铰接轴心受压构件，设构件弯曲后的挠曲线为正弦曲线的半波，即

$$y = \upsilon_m \sin\frac{\pi z}{l}$$

则

$$M = Ny = N\upsilon_m \sin\frac{\pi z}{l}$$

$$V = \frac{dM}{dz} = N\upsilon_m\,\frac{\pi}{l}\cos\frac{\pi z}{l}$$

即剪力按余弦曲线分布（图 6.21(c)），其最大值在构件两端，即

$$V_{max} = \frac{N\pi\upsilon_m}{l} \tag{6.47}$$

式中构件中点挠度 υ_m 可根据截面边缘屈服准则确定。如图 6.21(b)所示，构件中点截面边缘纤维压应力达屈服点 f_y 时可表达为

$$\frac{N}{A} + \frac{N\upsilon_m}{I_x}\cdot\frac{b}{2} = f_y$$

或

$$\frac{N}{Af_y}\left(1 + \frac{\upsilon_m}{i_x^2}\cdot\frac{b}{2}\right) = 1$$

令 $\dfrac{N}{Af_y}=\varphi$，并按常用的槽钢双肢柱取 $i_x \approx 0.44b$，代入上式，可得

$$\upsilon_m = 0.88 i_x\left(\frac{1}{\varphi} - 1\right)$$

将此 υ_m 值代入式(6.47)，得

$$V_{\max}=\frac{0.88\pi(1-\varphi)}{\lambda_x}\cdot\frac{N}{\varphi}=\frac{N}{\alpha\varphi} \tag{6.48}$$

式中
$$\alpha=\frac{\lambda_x}{0.88\pi(1-\varphi)}$$

对于常用的格构式轴心受压构件，其长细比 $\lambda_x\approx40\sim160$。稳定系数 φ 值应根据边缘屈服准则计算或近似地按虚轴换算长细比查 b 类截面的表。经用上面公式计算的结果证明，α 值变化不大，与 λ_x 的关系也不大，对各种牌号的钢材，可取为不同的定值，即

对 Q235 钢　$\alpha=85$

对 Q235 钢　$\alpha=70\approx85\sqrt{\frac{235}{f_y}}=85\times\sqrt{\frac{235}{345}}=70.2$

对 Q390 钢　$\alpha=65\approx85\sqrt{\frac{235}{f_y}}=85\times\sqrt{\frac{235}{390}}=66$

对 Q420 钢　$\alpha=62\approx85\sqrt{\frac{235}{f_y}}=85\times\sqrt{\frac{235}{420}}=63.6$

由上述 4 个数值可见，四个牌号钢材的 α 值均较吻合 $\alpha=85\sqrt{235/f_y}$，故可用其代入式(6.48)，得

$$V_{\max}=\frac{N}{85\varphi}\sqrt{\frac{f_y}{235}}$$

令式中 $N/\varphi=Af$，同时认为剪力沿构件全长不变，即取任一点剪力均为 $V=V_{\max}$，相当于将其简化为如图 6.21(d)所示的分布图形，则上式可写为《设计规范》中的计算式

$$V=\frac{Af}{85}\sqrt{\frac{f_y}{235}} \tag{6.49}$$

格构式受压构件当绕虚轴弯曲时，上述剪力由缀件承受。对双肢构件，此剪力由两侧缀件面平均，即各分担 $V_1=V/2$。

6.6.4.2 缀条计算

缀条构件的每个缀件面如同一竖向的平面平行弦桁架，缀条可看作桁架的腹杆(图 6.22)。因此，可按铰接桁架计算斜缀条的内力为

$$N_1=\frac{V_1}{n\cos\alpha} \tag{6.50}$$

式中　n——承受剪力 V_1 的斜缀条数。单杆斜缀条 $n=1$，交叉斜缀条 $n=2$；

α——斜缀条的倾角。

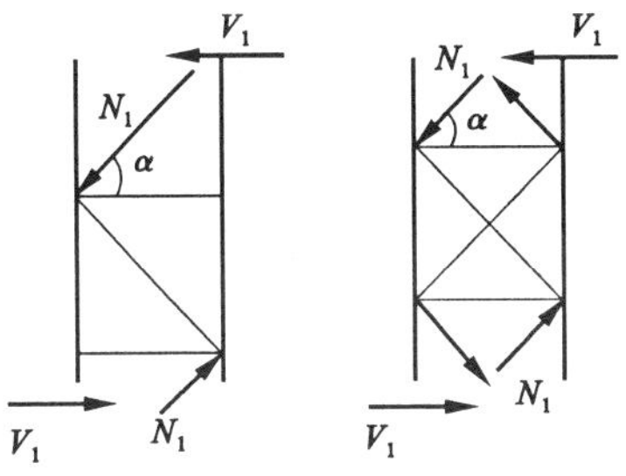

图 6.22 缀条的内力

(a) 单杆斜缀条；(b) 交叉斜缀条

由于构件弯曲变形方向可能向左或者向右，因此剪力方向也将随着改变，斜缀条可能受拉或受压，故应按不利情况作为轴心压杆设计。但缀条一般采用单角钢且单面连接在分肢上(图 6.20(a))，故在受力时存在偏心并产生弯扭屈曲。为简化计算，《设计规范》对单面连接的单角钢仍按轴心受力计算，且不考虑扭转效应，仅将钢材和连接材料的强度设计值乘以下面的折减系数 ψ 以考虑偏心受力等的不利影响：

(1) 在计算稳定性时

等边角钢

$$\psi=0.6+0.0015\lambda，但不大于 1.0 \tag{6.51}$$

短边相连的不等边角钢

$$\psi = 0.5 + 0.0025\lambda，但不大于 1.0 \tag{6.52}$$

长边相连的不等边角钢

$$\psi = 0.70 \tag{6.53}$$

式中 $\lambda=\frac{l_0}{i_{y_0}}$——对最小刚度轴 y_0-y_0（见附表 8、9）的长细比。i_{y_0} 为角钢最小回转半径，l_0 为计算长度，取节点中心间的距离。当 $\lambda<20$ 时，$\lambda=20$。

(2) 在计算强度和（与分肢的）连接时①

$$\psi = 0.85 \tag{6.54}$$

交叉斜缀条体系中的横缀条可按内力 $N=V_1$ 的压杆计算。单杆斜缀条体系中的横缀条主要用于减小分肢的计算长度，一般不作计算，可取与斜缀条相同截面。

6.6.4.3 缀板计算

缀板构件如同一多层刚架（图 6.23(*a*)）。假定其在受力弯曲时，反弯点分布在各缀板间分肢的中点和缀板中点，该处弯矩为零，只承受剪力。取如图 6.23(*b*)所示的隔离体，可得缀板的内力为

剪力

$$V_j = \frac{V_1 l_1}{b_1} \tag{6.55}$$

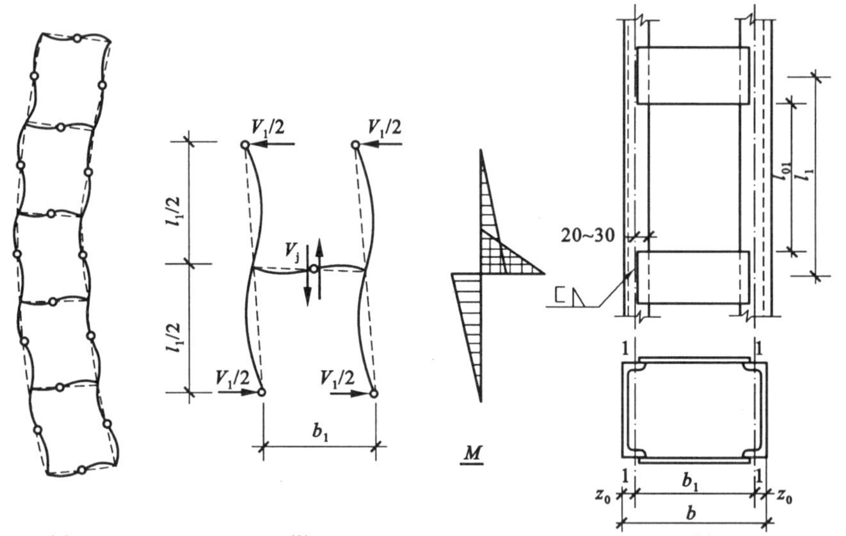

图 6.23 缀板的内力

弯矩（与分肢连接处）

$$M_j = V_j \frac{b_1}{2} = \frac{V_1 l_1}{2} \tag{6.56}$$

式中 l_1——相邻两缀板轴线间的距离；

b_1——分肢轴线间的距离。

① 单面连接的单角钢在按轴心受力计算时，强度设计值要乘折减系数 0.85 的原因可参阅《疑难释义》第 7.4 节。

根据上述内力即可计算缀板强度(与分肢连接处)和与分肢连接的板端角焊缝(图 6.23(*c*))。由于角焊缝强度设计值低于钢板,故一般只需计算角焊缝强度,而缀板尺寸则由具有一定刚度的条件决定。《设计规范》规定缀板柱在同一截面处缀板的线刚度 I_b/b_1(缀板截面惯性矩 I_b 与 b_1 之比值)之和不得小于分肢线刚度 I_1/l_1(分肢截面对 1-1 轴惯性矩 I_1 与 l_1 之比值)的 6 倍,故双肢缀板柱为 $2(I_b/b_1)\geqslant 6(I_1/l_1)$①。通常若取缀板宽度 $b_j\geqslant 2b_1/3$,厚度 $t_j\geqslant b_1/40$ 和 6mm,一般可满足上述要求。

6.6.5 连接节点和构造规定

缀板与肢件的搭接长度一般取 20～30mm(图 6.23(*c*))。缀条的轴线与分肢的轴线应尽可能交于一点。为了缩短斜缀条两端的搭接长度,可采用三面围焊。在有横缀条时,还可加设如图6.24所示的节点板。

缀条不宜采用小于∟45×4 或∟56×36×4 的角钢。缀板不宜采用厚度小于 5mm 的钢板。

与大型实腹式柱一样,为了增加构件的抗扭刚度,避免截面变形,格构式构件亦应设置用钢板或角钢做的横隔(图 6.25)。横隔的间距和部位同大型实腹式柱(见第 5 节)。

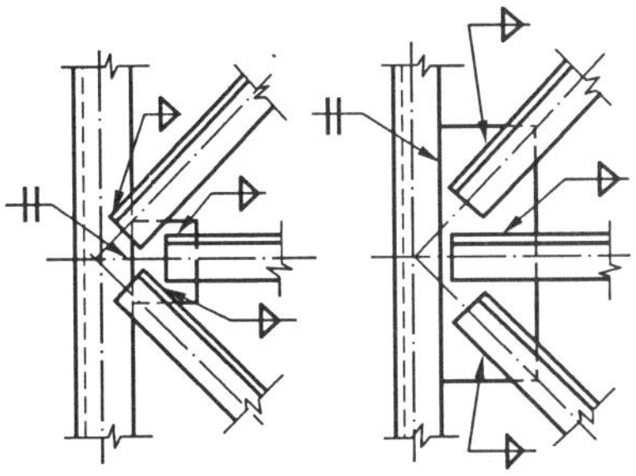

图 6.24 缀条与分肢的连接

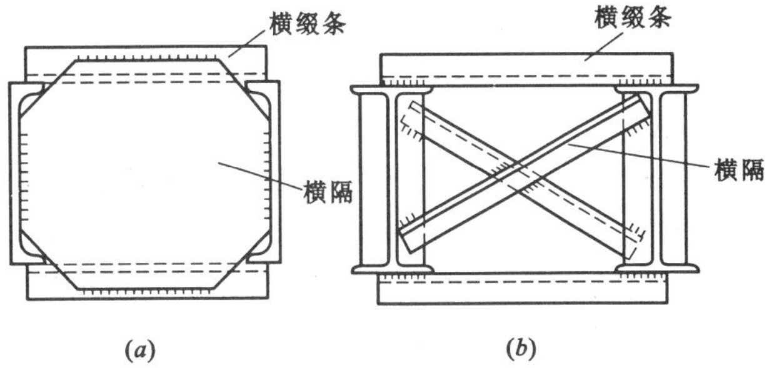

图 6.25 格构式构件的横隔

(*a*) 钢板横隔;(*b*) 角钢横隔

6.6.6 格构式轴心受压构件的设计方法

现以格构式双肢柱的设计方法加以叙述。首先应根据使用要求、材料供应、轴心压力 N 的大小和两方向计算长度 l_{0x}、l_{0y}等条件确定构件截面形式(中小型柱常用缀板柱,大型柱宜用缀条柱)和钢材牌号,然后可按下述步骤进行设计。

(1) 试选分肢截面(对实轴 y-y 计算)

用与实腹式轴心受压构件相同的方法,即:

$$\text{假定长细比 }\lambda \begin{cases} \nearrow \text{查 } \varphi_y \rightarrow \text{求得 } A_{req}=\dfrac{N}{\varphi_y f} \\ \searrow \text{求得 } i_{yreq}=\dfrac{l_{0y}}{\lambda} \end{cases}$$

由 A_{req}和 i_{yreq}查型钢表可试选分肢适用的槽钢、H 型钢或工字钢。

(2) 确定两肢间距(对虚轴 x-x 计算)

按试选的分肢截面计算 λ_y,再由等稳定性条件 $\lambda_{0x}=\lambda_y$,代入式(6.43)或式(6.44),可得对虚轴

① 双肢缀板柱要求 $2(I_b/b_1)\geqslant 6(I_1/l_1)$的原因可参阅《疑难释义》第 8.9 节。

需要的长细比为：

缀条柱

$$\lambda_{xreq} = \sqrt{\lambda_{0x}^2 - 27\frac{A}{A_{1x}}} = \sqrt{\lambda_y^2 - 27\frac{A}{A_{1x}}} \tag{6.57}$$

缀板柱

$$\lambda_{xreq} = \sqrt{\lambda_{0x}^2 - \lambda_1^2} = \sqrt{\lambda_y^2 - \lambda_1^2} \tag{6.58}$$

再按下述步骤，即：

由 λ_{xreq} 求 $i_{xreq} = \dfrac{l_{0y}}{\lambda_{xreq}}$ → 由 i_{xreq} 求得 $b_{req} \approx \dfrac{i_{xreq}}{\alpha_2}$，根据 b_{req} 即可确定两肢间距。一般取 b 为 10mm 的倍数，且两肢净距宜大于 100mm，以便于内部油漆。

在用式(6.57)计算时，需先定出 A_{1x}，可大约按 $A_{1x}/2 \approx 0.05A$ 预选斜缀条的角钢型号，并以其面积代入公式计算，以后再按其所受内力进行验算。在用式(6.58)时，同样需先定出 λ_1，可先按 $\lambda_1 < 0.5\lambda_y$ 且不大于 40 代入公式计算，以后即按 $l_{01} \leqslant \lambda_1 i_1$ 的缀板净距布置缀板，或者先布置缀板计算 λ_1 亦可。

(3) 验算截面

对试选的截面须作如下几方面验算：

1) 强度——按式(6.4)计算。

2) 刚度——按式(6.5)计算，但对虚轴须用换算长细比 λ_{0x}。

3) 整体稳定——按式(6.23)计算，式中 φ 值由 λ_{0x} 和 λ_y 中较大值查表。

4) 分肢稳定——按式(6.45)或式(6.46)计算。

(4) 缀件(缀条、缀板)、连接节点设计

按本节 4、5 小节所述进行。

【例 6.2】 将例 6.1 的支柱 AB 设计成：(1) 缀条柱；(2) 缀板柱。材料 Q345 钢。

【解】 (1) 缀条柱

1) 试选分肢截面(对实轴 y-y 计算)

假定 $\lambda = 60$ $\left(按\ 60\sqrt{\dfrac{f_y}{235}} = 72.7\right)$

↗ 查附表 1.2：$\varphi_y = 0.734 \rightarrow A_{req} = \dfrac{A}{\varphi_y f} = \dfrac{1200 \times 10^3}{0.734 \times 310 \times 10^2} = 52.7\text{cm}^2$

↘ $i_{yreq} = \dfrac{l_{0y}}{\lambda} = \dfrac{350}{60} = 5.83\text{cm}$

由附表 8 选用 2[18a，截面形式如图 6.26 所示。$A = 2 \times 25.7 = 51.4\text{cm}^2$，$i_y = 7.04\text{cm}$，$I_1 = 98.6\text{cm}^4$，$i_1 = 1.96\text{cm}$，$z_0 = 1.88\text{cm}$。

2) 确定两肢间距(对虚轴 x-x 计算)

$$\lambda_y = \frac{l_{0y}}{i_y} = \frac{350}{7.04} = 49.7$$

按式(6.57)

$$\lambda_{xreq} = \sqrt{\lambda_y^2 - 27\frac{A}{A_{1x}}} = \sqrt{49.7^2 - 27 \times \frac{51.4}{2 \times 3.49}} = 47.7$$

式中斜缀条角钢系根据 $A_{1x}/2 \approx 0.05A = 0.05 \times 51.4 = 2.6\text{cm}^2$ 预选，并按构造最小角钢∟45×4，查附表 8，$A = 3.49\text{cm}^2$。

$i_{xreq}=\dfrac{l_{0x}}{\lambda_{xreq}}=\dfrac{560}{47.7}=11.74\text{cm}\rightarrow b_{req}\approx\dfrac{i_{xreq}}{\alpha_2}=\dfrac{11.74}{0.44}=26.7\text{cm}$ 取 $b=27\text{cm}$（α_2 数值由附表 13 查得）

3）验算截面

整个截面对虚轴 x-x 的惯性矩

$$I_x=2\times(98.6+25.7\times11.5^2)=6995\text{cm}^4$$

$$i_x=\sqrt{\frac{I_x}{A}}=\sqrt{\frac{6995}{51.4}}=11.67\text{cm}$$

$$\lambda_x=\frac{l_{0x}}{i_x}=\frac{560}{11.67}=48$$

$$\lambda_{0x}=\sqrt{\lambda_x^2+27\frac{A}{A_{1x}}}=\sqrt{48^2+27\times\frac{51.4}{2\times3.49}}=50$$

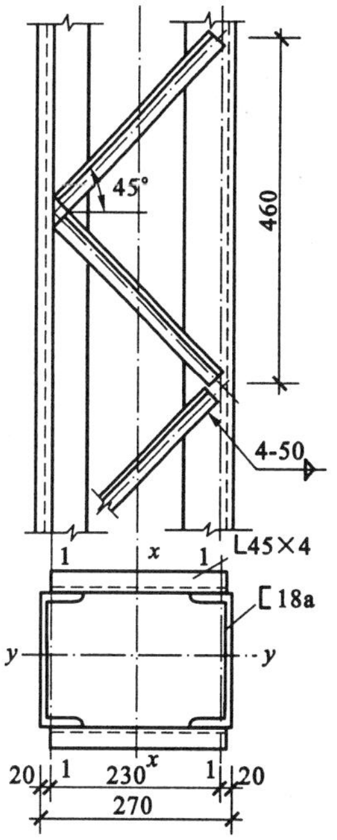

图 6.26　例 6.2 缀条柱附图

① 强度

因截面无削弱，可不验算。

② 刚度

按式(6.5)为

$$\lambda_y=49.7<[\lambda]=150\qquad（满足）$$

$$\lambda_{0x}=50<[\lambda]=150\qquad（满足）$$

③ 整体稳定

按表 6.4a，格构式截面对 x、y 轴均属 b 类截面，由 $\lambda_{max}=\lambda_{0x}=50$（按 $50\sqrt{f_y/235}=60.6$）查附表 1.2，得 $\varphi=0.804$。按式(6.23)

$$\frac{N}{\varphi A}=\frac{1200\times10^3}{0.804\times51.4\times10^2}=290.4\text{N/mm}^2<f=310\text{N/mm}^2\qquad（满足）$$

④ 分肢稳定

按式(6.45)。缀条按 45°布置

$$\lambda_1=\frac{l_{01}}{i_1}=\frac{46}{1.96}=23.5<0.7\lambda_{max}=0.7\times50=35\qquad（满足）$$

4）缀条计算

缀件面剪力由式(6.49)

$$V_1=\frac{1}{2}\left(\frac{Af}{85}\sqrt{\frac{f_y}{235}}\right)=\frac{1}{2}\times\frac{51.4\times10^2\times310}{85}\times\sqrt{\frac{345}{235}}=11360\text{N}$$

斜缀条内力由式(6.50)

$$N_1=\frac{V_1}{\cos\alpha}=\frac{11360}{\cos45^\circ}=16070\text{N}$$

斜缀条角钢∟45×4（Q235B 钢），查附表 9，$A=3.49\text{cm}^2$，$i_{y_0}=0.89\text{cm}$。

$$\lambda=\frac{l_0}{i_{y_0}}=\frac{23}{\sin45^\circ\times0.89}=36.6<[\lambda]=150\qquad（刚度满足）$$

按表 6.4a，轧制等边单角钢截面对 x、y 轴均属 b 类截面，查附表 1.2，$\varphi=0.912$

$$\frac{N_1}{\varphi A}=\frac{16070}{0.912\times3.49\times10^2}=50.5\text{N/mm}^2<\psi f=0.65\times215=140\text{N/mm}^2\qquad（满足）$$

式中 ψ 根据式(6.51)

$$\psi = 0.6 + 0.0015\lambda = 0.6 + 0.0015 \times 36.6 = 0.65$$

5）连接焊缝

采用两面侧焊，取 $h_f = 4\text{mm}$，焊条 E43 型（焊接不同强度的钢材，可按低强度钢材选用焊条）。

肢背焊缝需要长度

$$l_{w1} = \frac{\eta_1 N_1}{0.7h_f \cdot \psi f_f^w} + 2h_f = \frac{0.7 \times 16070}{0.7 \times 4 \times 0.85 \times 160} + 2 \times 4 = 38\text{mm}$$

肢尖焊缝需要长度

$$l_{w2} = \frac{\eta_2 N_1}{0.7h_f \cdot \psi f_f^w} + 2h_f = \frac{0.3 \times 16070}{0.7 \times 4 \times 0.85 \times 160} + 2 \times 4 = 21\text{mm}$$

（以上两项）取 50mm

（按最小长度规定）。式中 $\psi = 0.85$ 系根据式(6.54)。

（2）缀板柱

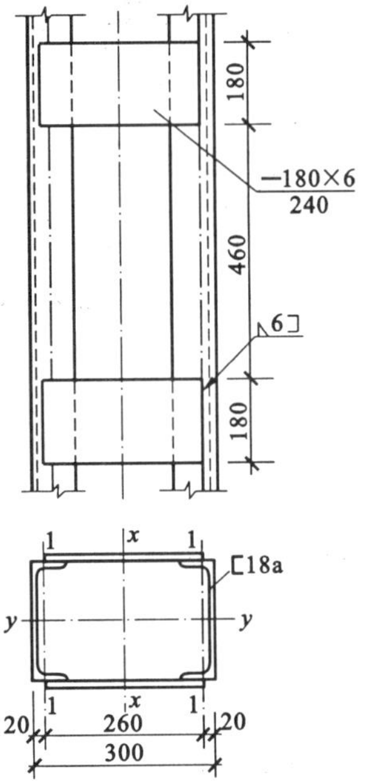

图 6.27　例 6.2 缀板柱附图

对实轴 $y\text{-}y$ 计算同样需选用 2[18a，截面形式如图 6.27 所示。

1）确定两肢间距（对虚轴 $x\text{-}x$ 计算）

选用 $\lambda_1 = 24$，满足式(6.46) $\lambda_1 < 0.5\lambda_y = 0.5 \times 49.7 = 24.85$ 且不大于 40 的分肢稳定要求。故按式(6.58)为

$$\lambda_{xreq} = \sqrt{\lambda_y^2 - \lambda_1^2} = \sqrt{49.7^2 - 24^2} = 43.5$$

$$i_{xreq} = \frac{l_{0x}}{\lambda_{xreq}} = \frac{560}{43.5} = 12.87\text{cm} \rightarrow b_{req} = \frac{i_{xreq}}{\alpha_2}$$

$$= \frac{12.87}{0.44} = 29.3\text{cm} \text{ 取 } b = 30\text{cm}$$

2）验算截面

$$I_x = 2 \times (98.6 + 25.7 \times 13^2) = 8884\text{cm}^4$$

$$i_x = \sqrt{\frac{I_x}{A}} = \sqrt{\frac{8884}{51.4}} = 13.15\text{cm}$$

$$\lambda_x = \frac{l_{0x}}{i_x} = \frac{560}{13.15} = 42.6$$

$$\lambda_{0x} = \sqrt{\lambda_x^2 + \lambda_1^2} = \sqrt{42.6^2 + 24^2}$$

$$= 48.9 < [\lambda] = 150 \quad \text{（刚度满足）}$$

由 $\lambda_{max} = \lambda_y = 49.7$（按 $49.7\sqrt{f_y/235} = 60.2$）查附表 1.2，得 $\varphi = 0.806$

$$\frac{N}{\varphi A} = \frac{1200 \times 10^3}{0.806 \times 51.4 \times 10^2} = 289.7\text{N/mm}^2 < f = 310\text{N/mm}^2 \quad \text{（满足）}$$

3）缀板设计

缀板间的净距 $l_{01} = \lambda_1 i_1 = 24 \times 1.96 = 47.0\text{cm}$，取 46cm。预估缀板的宽度 $b_j \geq 2b_1/3 = 2 \times 26/3 = 17.3\text{cm}$，取 18cm。厚度 $t_j \geq b_1/40 = 26/40 = 0.65\text{cm}$ 取 6mm。则缀板轴线间距离 $l_1 = l_{01} + b_j = 46 + 18 = 64\text{cm}$。

缀板线刚度与分肢线刚度之比值为

$$\frac{2(I_b/b_1)}{I_1/l_1} = \frac{2 \times (0.6 \times 18^3/12)/26}{98.6/64} = 14.6 > 6 \quad \text{（满足）}$$

4）连接焊缝

缀板和分肢连接处的内力按式(6.55)、式(6.56)为

剪力 $V_j = \dfrac{V_1 l_1}{b_1} = \dfrac{11360 \times 64}{26} = 27960\text{N}$

弯矩 $M_j = \dfrac{V_1 l_1}{2} = \dfrac{11360 \times 64}{2} = 363500\text{N} \cdot \text{cm}$

采用角焊缝，三面围焊，计算时偏安全地仅考虑竖直焊缝，但不扣除考虑两端缺陷的 $2h_f$。取 $h_f = 6\text{mm}$，焊条 E43 型（按缀板钢号 Q235）。

$$A_f = 0.7 \times 0.6 \times 18 = 7.56\text{cm}^2$$

$$W_f = \frac{1}{6} \times 0.7 \times 0.6 \times 18^2 = 22.68\text{cm}^3$$

在 M_j 和 V_j 共同作用下焊缝的合应力按式(4.30)为

$$\sqrt{\left(\frac{\sigma_f^M}{\beta_f}\right)^2 + (\tau_f^V)^2} = \sqrt{\left(\frac{363500 \times 10}{1.22 \times 22.68 \times 10^3}\right)^2 + \left(\frac{27960}{7.56 \times 10^2}\right)^2}$$
$$= 136.5\text{N/mm}^2 < f_f^w = 160\text{N/mm} \quad \text{（满足）}$$

6.7 拉弯、压弯构件的强度和刚度

6.7.1 拉弯、压弯构件的强度

拉弯构件和不致整体失稳和局部失稳的压弯构件，其最不利截面（最大弯矩截面或有严重削弱的截面）最终将以形成塑性铰达到强度承载能力极限状态而破坏。

如图 6.28 所示一受轴心力 N 和弯矩 M_x 共同作用的矩形截面构件。现设 N 为定值而逐渐增加 M_x。当 M_x 不大时，截面边缘最大应力 $\sigma_{max} = |N/A_n \pm M_x/W_n| < f_y$（图 6.28(*a*)），此时截面在弹性工作状态，并持续到 $\sigma_{max} = f_y$ 截面边缘纤维达到屈服（图 6.28(*b*)）。当 M_x 继续增加，最大应力一侧的塑性区将向截面内部发展（图 6.28(*c*)），随后另一侧边缘纤维也达到屈服并向截面内部发展塑性（图 6.28(*d*)），此时截面为弹塑性工作状态。当塑性区深入到全截面时形成塑性铰（图 6.28(*e*)），构件达到强度承载能力极限状态。

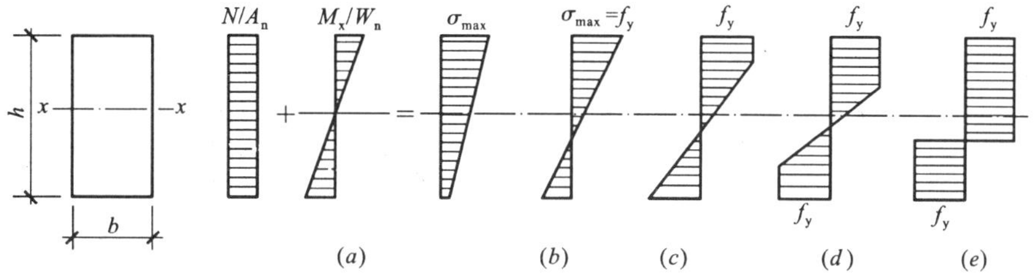

图 6.28 拉弯、压弯构件截面的应力状态

由于拉弯、压弯构件的截面形式和工作条件的不同，其强度计算方法所依据的应力状态亦不同，故强度计算公式可分为如下两种：

(1) 直接承受动力荷载的实腹式拉弯、压弯构件和格构式拉弯、压弯构件当弯矩绕虚轴作用时

对需要计算疲劳的承受动力荷载的实腹式拉弯、压弯构件，由于不宜考虑截面发展塑性，因此《设计规范》规定以截面边缘纤维屈服的弹性工作状态作为强度承载能力的极限状态。对格构式拉弯、压弯构件，当弯矩绕虚轴作用时，由于截面腹部虚空，故塑性发展的潜力不大，因此也应按弹性工作状态计算。

在 N 和 M 共同作用下的两端简支压弯或拉弯构件，按弹性工作状态的截面边缘纤维应力应满足

$$\frac{N}{A_n}+\frac{M_x}{W_{nx}}\leqslant f_y \tag{6.59a}$$

或

$$\frac{N}{A_n f_y}+\frac{M_x}{W_{nx} f_y}=\frac{N}{N_p}+\frac{M_x}{M_{ex}}\leqslant 1 \tag{6.59b}$$

式中　$N_p=A_n f_y$——无弯矩作用时，全部净截面屈服的极限承载力；

$M_e=W_{nx} f_y$——无轴心力作用时，弹性工作状态的最大弯矩（按净截面计算）。

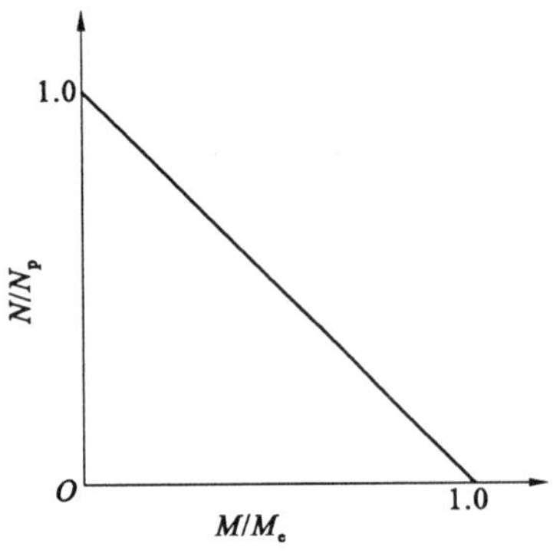

图 6.29　拉弯、压弯构件按弹性工作状态计算强度的相关曲线

由式（6.59b）可知，在弹性工作阶段，N 和 M_x 的无量纲化相关公式为一直线（图 6.29）。将式（6.59a）引入抗力分项系数后，可得《设计规范》计算公式为：

$$\frac{N}{A_n}+\frac{M_x}{W_{nx}}\leqslant f \tag{6.60}$$

（2）承受静力荷载和不需计算疲劳的承受动力荷载的实腹式拉弯、压弯构件及格构式拉弯、压弯构件当弯矩绕实轴作用时

对承受静力荷载和不需计算疲劳的承受动力荷载的实腹式拉弯、压弯构件以及格构式拉弯、压弯构件当弯矩绕实轴作用时，应以截面形成塑性铰为强度承载能力的极限状态，此时 N 和 M_x 的相关关系可由力的平衡条件导出。以矩形截面构件为例，按图 6.30 所示将应力分布等效分为三部分，即中间 ηh 高度为由轴心力 N 引起的应力范围，上、下各一半（$h-\eta h$）高度为由弯矩 M 引起的弯曲应力范围，从而可得

$$N=\int_A \sigma \mathrm{d}A_n=b\eta h f_y \tag{6.61a}$$

$$M_x=\int_A \sigma y \mathrm{d}A_n=\frac{b(h-\eta h)}{2}\cdot\frac{h+\eta h}{2}f_y=\frac{bh^2}{4}(1-\eta^2)f_y \tag{6.61b}$$

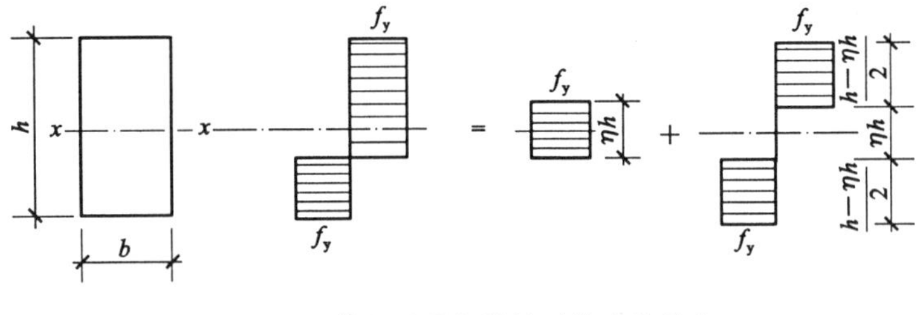

图 6.30　截面形成塑性铰时的应力分布

在上面两式中，若 $\eta=1$，则 $M_x=0$，$N=bhf_y=A_n f_y=N_p$。同样，若 $\eta=0$，则 $N=0$，$M_x=(bh^2/4)f_y=W_{npx} f_y=M_{px}$，即无轴心力作用时，截面全塑性的塑性铰弯矩（按净截面计算）。因此式（6.61a）、式（6.61b）可改写为

$$\frac{N}{N_p}=\eta$$

和

$$\frac{M_x}{M_{px}}=1-\eta^2$$

从上两式中消去 η，可得矩形截面形成塑性铰时 N 和 M 的无量纲化相关公式为

$$\left(\frac{N}{N_p}\right)^2 + \frac{M_x}{M_{px}} = 1 \tag{6.62}$$

上式可绘成相关曲线如图 6.31 中的曲线 1。对其他形式截面也可用上述类似方法得到截面形成塑性铰时的相关公式，但由于截面形式多样，其规格尺寸亦不尽相同，故公式亦不尽相同，且同一截面（如工字形截面）绕强轴和弱轴弯曲的公式亦有差别，并且各自数值还因翼缘与腹板的面积比不同而在一定范围内变动。图 6.31 中阴影区 2、3 分别表示工字形截面对强轴和弱轴的相关曲线区。

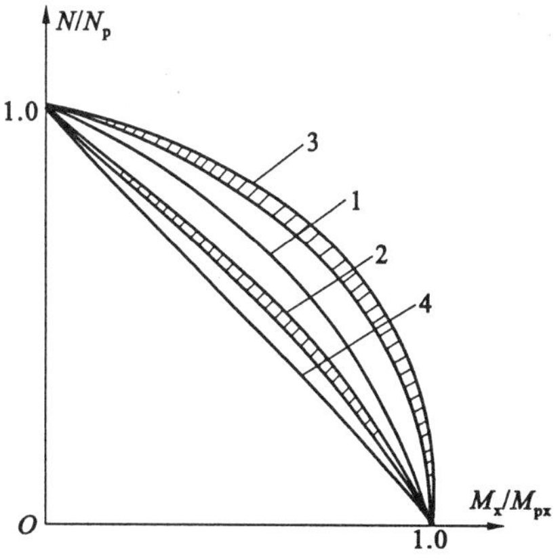

图 6.31 拉弯、压弯构件按塑性铰计算强度的相关曲线

1—式(6.62)；2—工字形截面绕强轴弯曲；3—工字形截面绕弱轴弯曲；4—式(6.63)

图 6.31 中各类拉弯、压弯构件的相关曲线均为凸曲线，其变动范围较大，且不便于应用。为了使计算简便和偏于安全，且可和受弯构件的计算公式衔接，现采用较低的直线 4 作为计算依据，其表达式为

$$\frac{N}{N_p} + \frac{M_x}{M_{px}} = 1 \tag{6.63}$$

在具体应用上式时，构件将因截面形成塑性铰而变形过大，不能正常使用，因此亦应像受弯构件一样，采用塑性发展系数 γ，以控制其塑性区发展深度。现用 $N_p = A_n f_y$、$M_{px} = \gamma_x W_{nx} f_y$ 代入式(6.63)，并引入抗力分项系数后，可得《设计规范》计算公式

$$\frac{N}{A_n} \pm \frac{M_x}{\gamma_x W_{nx}} \leqslant f \tag{6.64a}$$

对于双向弯矩的拉弯或压弯构件，可采用与上式相衔接的公式

$$\frac{N}{A_n} \pm \frac{M_x}{\gamma_x W_{nx}} \pm \frac{M_y}{\gamma_y W_{ny}} \leqslant f \tag{6.64b}$$

式中 W_{nx}、W_{ny}——对 x 轴和 y 轴的净截面模量(取值应与拉应力或压应力的计算点相应)；

γ_x、γ_y——截面塑性发展系数(应与截面模量相应)，按表 5.2 选用。

上式也适用于单轴对称截面，因此在弯曲正应力一项带正负号。

式(6.64a)也包容式(6.60)的弹性工作状态计算公式，即取式中 $\gamma_x = 1.0$。

在确定 γ 值时，为了保证压弯构件受压翼缘在截面发展塑性时不发生局部失稳，对压应力较大翼缘的自由外伸宽度 b_1 与其厚度 t 之比应偏严限制，即应使 $b_1/t \leqslant 13\sqrt{235/f_y}$。当$15\sqrt{235/f_y} \geqslant b_1/t > 13\sqrt{235/f_y}$时，不应考虑塑性发展，取 $\gamma_x = 1.0$。

6.7.2 拉弯、压弯构件的刚度

与轴心受拉、轴心受压构件一样，拉弯、压弯构件的刚度也以规定它们的容许长细比进行控制，并采用与表 6.1、表 6.2 相同数值。

【例 6.3】 试计算图 6.32 所示拉弯构件的强度和刚度。轴心拉力设计值 $N=210\text{kN}$，杆中点横向集中荷载设计值 $F=31\text{kN}$，均为静力荷载，钢材 Q235。杆中点螺栓的孔径 $d_0=22\text{mm}$。

【解】 查附表 10，一个角钢∟140×90×8 的截面特性和自重：$A=18.04\text{cm}^2$，$g=14.16\ \text{kg/m}$，$I_x=365.64\text{cm}^4$，$i_x=4.5\text{cm}$，$z_y=45\text{mm}$。

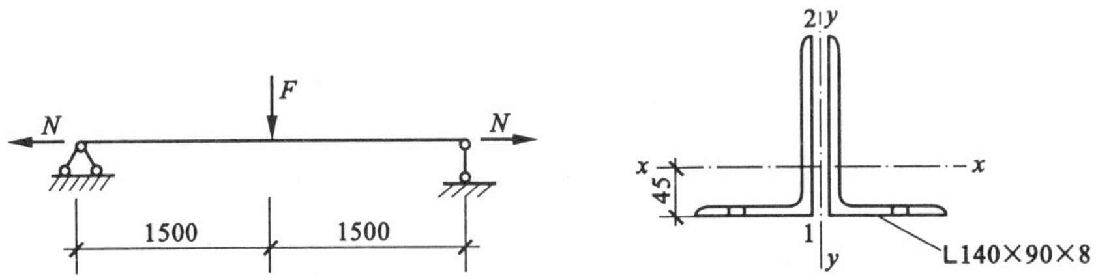

图 6.32　例 6.3 附图

(1) 强度计算

1) 内力计算(杆中点为最不利截面)

$$N = 210\text{kN}$$

最大弯矩设计值(计入杆自重)

$$M_{max} = \frac{Fl}{4} + \frac{gl^2}{8} = \frac{31 \times 3}{4} + \frac{1.2 \times 2 \times 14.16 \times 9.8 \times 3^2}{8 \times 10^3} = 23.62\text{kN} \cdot \text{m}$$

2) 截面几何特性

$$A_n = 2 \times (18.04 - 2.2 \times 0.8) = 32.56\text{cm}^2$$

净截面模量(设中和轴位置不变,仍与毛截面的相同)

肢背处

$$W_{n1} = \frac{2 \times [365.64 - 2.2 \times 0.8 \times (4.5 - 0.4)^2]}{4.5} = 149.4\text{cm}^3$$

肢尖处

$$W_{n2} = \frac{2 \times [365.64 - 2.2 \times 0.8 \times (4.5 - 0.4)^2]}{9.5} = 70.75\text{cm}^3$$

3) 截面强度

承受静力荷载的实腹式截面,由式(6.64a)计算。查表 5.2,$\gamma_{x1} = 1.05$,$\gamma_{x2} = 1.2$。

肢背处(点 1)

$$\frac{N}{A_n} + \frac{M_{max}}{\gamma_{x1} W_{n1}} = \frac{210 \times 10^3}{32.56 \times 10^2} + \frac{23.62 \times 10^6}{1.05 \times 149.4 \times 10^3} = 64.5 + 150.6$$
$$= 215.1\text{N/mm}^2 \approx f = 215\text{N/mm}^2 \quad (满足)$$

肢尖处(点 2)

$$\frac{N}{A_n} - \frac{M_{max}}{\gamma_{x2} W_{n2}} = \frac{210 \times 10^3}{32.56 \times 10^2} - \frac{23.62 \times 10^6}{1.2 \times 70.75 \times 10^3} = 64.5 - 278.2$$
$$= -213.7\text{N/mm}^2 < f = 215\text{N/mm}^2 \quad (满足)$$

(2) 刚度计算

承受静力荷载,故仅需计算竖向平面长细比

$$\lambda_x = \frac{l}{i_x} = \frac{3 \times 10^2}{4.5} = 66.7 < [\lambda] = 350 \quad (满足)$$

6.8　实腹式压弯构件的整体稳定

在第 3 节讨论用现代方法确定轴心受压杆件整体稳定承载能力时,曾经考虑了初弯曲、初偏心等初始缺陷的影响,将其作为压弯构件,但它主要还是承受轴心压力,弯矩的存在带有偶然性。然而对压弯构件,弯矩和轴心压力一样,都属于主要荷载。轴心受压构件的弯曲屈曲是在两主轴方向中长细比较大的方向发生，而压弯构件由于弯矩通常绕截面的强轴即在截面的最大刚度平面作用，故构件可能在弯矩作用平面内弯曲屈曲，但因构件在垂直于弯矩作用平面的刚度较小，所以也可能因侧向弯曲和扭转使构件产生弯扭屈曲，即通称的弯矩作用平面外失稳。因此，对压弯构件须分别对其两方向的稳定进行计算。

6.8.1 实腹式压弯构件在弯矩作用平面内的稳定

6.8.1.1 工作性能

图 6.33(*a*)示一在轴心压力 N 和端弯矩 M 共同作用下的实腹式压弯构件，构件的初始缺陷(初弯曲、初偏心等)用等效初挠度 v_{0m} 代表。现假设在弯矩作用平面外有足够的刚度或侧向支承阻止其变形，故同样可按照第二类稳定问题来确定在弯矩作用平面内的稳定承载力。图 6.33(*b*)所示为当 N 与 M_x 成比例增加时，压力 N 和构件中点侧向挠度 v_m 的关系曲线，它类似图 6.10(*b*)的实际轴心压杆工作性能曲线。其中 A 点代表截面边缘纤维达到屈服(可能有图 6.33(*b*)"A"中的 3 种情况，①、②在受压侧，③在受拉侧)。但在 $O'AB$ 上升段构件处于稳定平衡状态，仅曲线坡度因有弯矩作用而相对要比轴心压杆的小，且随偏心率 ε(ε 在此处表示偏心距 $e=(M_x+Nv_{0m})/N$ 和核心距 $\rho=W_{1x}/A$ 的比，即 $\varepsilon=(M+Nv_{0m})A/(NW_{1x})$，$W_{1x}$ 为受压最大纤维毛截面模量)增大而减小，如图 6.33(*b*)中曲线 1 和 2 所示(曲线 2 的 ε 大于曲线 1 的)。在 BC 下降段，构件处于不稳定状态。B 点为压溃时的极限状态，相应的 N_u 为极限承载力。

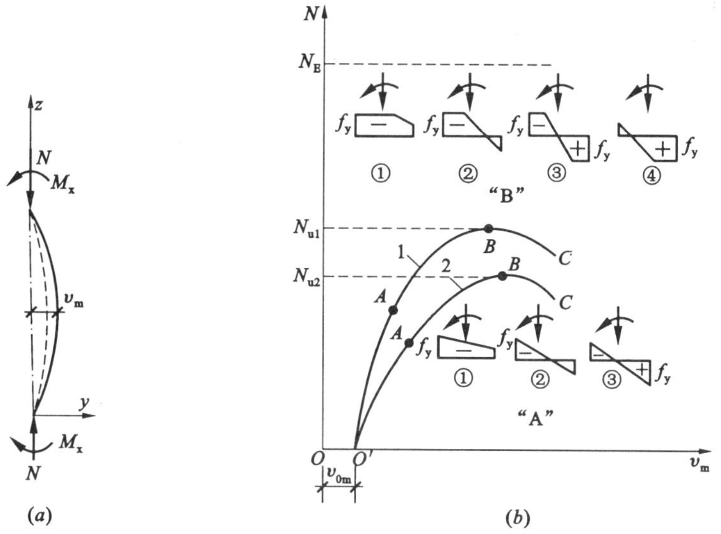

图 6.33 压弯构件 N-v_m 关系曲线

压弯构件 N_u 值的大小与构件长细比 λ、偏心率 ε 和支承情况有关。另外还与截面的形式和尺寸、初弯曲和初偏心等初始缺陷、截面上残余应力的大小和分布情况、材料的应力-应变关系(因构件处在弹塑性工作阶段)、弯矩的方向(如对单轴对称的 T 形截面，最大压应力位于翼缘侧还是腹板侧)、荷载性质(是端弯矩还是由横向均布荷载或集中荷载产生的弯矩)等众多因素有关，故在压溃时构件中点及其附近一段截面上出现的塑性区可能有图 6.33(*b*)"B"中的 4 种情况：①、② 为只在受压一侧出现塑性区(双轴对称截面且 ε 较小时)；③ 为同时在受压和受拉两侧出现塑性区(ε 较大时)；④ 为只在受拉一侧出现塑性区(单轴对称截面当弯矩作用在对称轴平面内且使较大翼缘受压时)。由上述情况可见，确定压弯构件的 N_u 值比轴心压杆更复杂。

6.8.1.2　计算方法

实腹式压弯构件当弯矩作用在对称轴平面时，其承载力亦可用与第3节轴心压杆相类似的数值分析方法，对各种形式截面均可按不同长细比 λ 并考虑 $l/1000$ 的初弯曲等初始缺陷和残余应力分布的简化模型初始数据输入计算机计算，从而得到如图6.34所示一系列不同偏心率的柱子曲线（图中 $\varepsilon=0$ 即轴心压杆柱子曲线），采用稳定系数 $\varphi_p=N_u/(Af_y)$ 按单项式 $N/(\varphi_p A)\leqslant f$ 进行计算，φ_p 值根据各种截面形式按 λ 和 ε 制成设计用表。我国原 TJ 17—74《设计规范》采用了上述方法，显而易见，它应用虽较方便，但要想正确地反映工程中的各种截面，使计算结果吻合实际，必须制定大量表格，从而给应用带来不便，故一般还需对截面进行归类制表，这样又使计算结果产生较大误差，因为即使同一截面形式，由于尺寸和残余应力分布的不同，其承载力都可能相差较大。

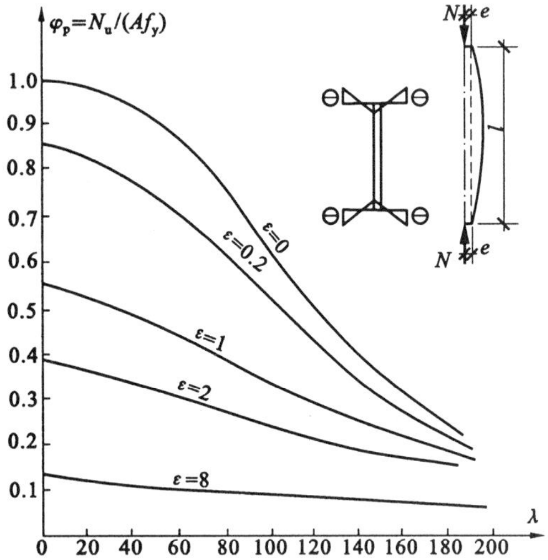

图 6.34　偏心压杆的柱子曲线

基于上述原因，《设计规范》改用了当前国际上较普遍应用的 N 和 M 双项相关公式进行计算。其公式来源是借用压弯构件在弹性工作状态截面受压边缘纤维屈服准则相关公式的形式，但考虑了各种初始缺陷（用等效初始挠度 v_{0m}）和压力对弯矩增大的影响（二阶弯矩），以及部分截面的塑性发展。下面对该计算方法加以介绍。

在轴心压力 N 和弯矩 M 作用下压弯构件的稳定承载力，根据边缘纤维屈服准则，其表达式为

$$\frac{N}{A}+\frac{M_{max}}{W_{1x}}=f_y \tag{6.65}$$

式中 M_{max} 为按压弯构件二阶效应考虑的最大弯矩，即

$$M_{max}=M_x+Nv_{max} \tag{6.66}$$

此处 v_{max} 为构件中点的最大挠度。对轴心受力构件，轴心压力 N 对初挠度有放大作用，其放大系数为式(6.17)中的 $1/(1-N/N_{Ex})$。经计算研究，该放大系数同样可近似地用于对其他荷载（横向荷载、端弯矩等）作用下产生的挠度的放大①。现设在其他任意荷载作用下构件中点产生的挠度为 v_{1m}（图6.35，图中所示为两端作用相等弯矩，挠曲线为正弦曲线半波），则 $v_{max}=v_{1m}/(1-N/N_{Ex})$，故式(6.66)可写为（为简化计算，未考虑 v_{0m}）

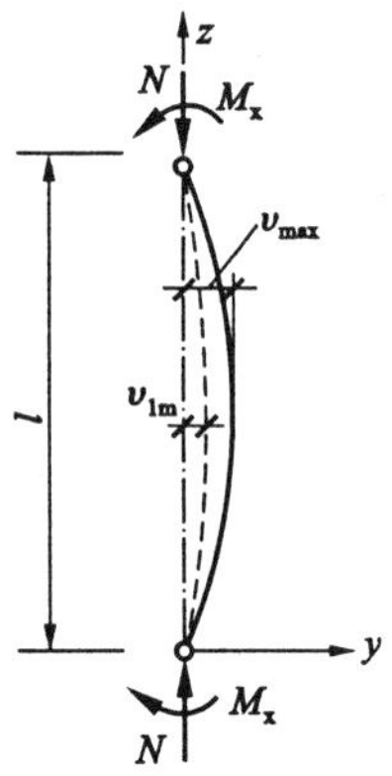

图 6.35　两端作用相等弯矩的压弯构件

$$\begin{aligned}M_{max}&=M_x+N\cdot\frac{v_{1m}}{(1-N/N_{Ex})}\\&=\frac{M_x}{1-N/N_{Ex}}\left[1+\left(\frac{N_{Ex}v_{1m}}{M}-1\right)\frac{N}{N_{Ex}}\right]\\&=\frac{\beta_{mx}M_x}{1-N/N_{Ex}}=\eta M_x\end{aligned} \tag{6.67}$$

① 挠度放大系数、弯矩增大系数和等效弯矩系数 β_{mx} 的确定方法还可参阅《疑难释义》第10.5节。

式中 η——弯矩增大系数，$\eta=\dfrac{\beta_{mx}}{1-N/N_{Ex}}$；

β_{mx}——等效弯矩系数，$\beta_{mx}=1+\left(\dfrac{N_{Ex}\upsilon_{1m}}{M}-1\right)\dfrac{N}{N_{Ex}}$。

由上式可见，弯矩增大系数 $\eta=M_{max}/M_x$，即为压弯构件的最大弯矩与任意荷载作用下(不考虑 N，按简支梁计算)的最大弯矩 M_x 之比。它表达了轴心压力 N 对 M_x 起的增大作用。针对已变形结构分析它的平衡通常称为二阶分析，故式(6.67)的最大弯矩 M_{max} 称为二阶弯矩。不考虑变形对外力效应的影响通常称为一阶分析，故 M_x 称为一阶弯矩。

下面仍以图 6.35 所示两端作用相等弯矩的压弯构件为例对最大弯矩进行计算。按一阶分析，杆中弯矩为 M_x，挠度 $\upsilon_1=M_x l^2/(8EI)$。根据二阶分析

$$\upsilon_{max}=\frac{\upsilon_1}{1-N/N_{Ex}}=\frac{M_x l^2}{8EI}\cdot\frac{1}{1-N/N_{Ex}}=\frac{\pi^2 M_x}{8N_{Ex}}\cdot\frac{1}{1-N/N_{Ex}}$$

最大弯矩按式(6.66)或式(6.67)为

$$M_{max}=M_x+N\upsilon_{max}=M_x+N\left(\frac{\pi^2 M_x}{8N_{Ex}}\cdot\frac{1}{1-N/N_{Ex}}\right)$$

$$=\frac{M_x(1+0.234N/N_{Ex})}{1-N/N_{Ex}} \tag{6.68}$$

上式中的分子括号项$(1+0.234N/N_{Ex})$即式(6.67)中的弯矩等效系数 β_{max}。用相同方法还可计算其他荷载类型的 β_m 值：如构件中点有一个横向集中荷载作用时，$\beta_m=1-0.178N/N_{Ex}$；构件全长受有均布荷载作用时，$\beta_m=1-0.028N/N_{Ex}$；有端弯矩和横向荷载同时作用，使构件产生反向曲率(端弯矩不同号)时，$\beta_m=1-0.589N/N_{Ex}$。

等效弯矩系数 β_m 的含义相当于将各种非均匀分布弯矩换算成假想为均匀分布的一阶弯矩，即按弯矩等效原理采用的等效均匀弯矩

$$M_{eq}=\beta_{mx}M_x \tag{6.69}$$

也可以说按弯矩等效原理，等效均匀弯矩在其和轴心力共同作用下对构件弯矩作用平面内失稳的效应与原来非均匀分布的弯矩和轴心力共同作用下的效应相同。

现在利用式(6.67)并考虑构件中点的等效初挠度 υ_{0m}(挠曲线也为正弦曲线半波)的影响，则

$$M_{max}=M_x+\frac{N(\upsilon_{1m}+\upsilon_{0m})}{1-N/N_{Ex}}=\frac{\beta_{mx}M_x+N\upsilon_{0m}}{1-N/N_{Ex}}$$

将此式代入式(6.65)，即得有初始缺陷压弯构件截面边缘纤维屈服时的表达式

$$\frac{N}{A}+\frac{\beta_{mx}M_x+N\upsilon_{0m}}{W_{1x}(1-N/N_{Ex})}=f_y \tag{6.70}$$

上式中用来考虑各种初始缺陷综合影响的 υ_{0m}，因影响因素众多，故其具体数值较难确定。但当上式中 $M_x=0$ 时，则式中的 N 就等于有等效初挠度 υ_{0m} 的轴心受压构件的稳定承载力，从而可间接地考虑各种初始缺陷的影响。

令式(6.70)中 $M_x=0$，并取式中 $N=\varphi_x A f_y$(轴心受压构件的稳定承载力)，可得

$$\frac{\varphi_x A f_y}{A}+\frac{\varphi_x A f_y\upsilon_{0m}}{W_{1x}(1-\varphi_x A f_y/N_{Ex})}=f_y$$

和

$$\upsilon_{0m}=\frac{W_{1x}}{A}\left(\frac{1}{\varphi_x}-1\right)\left(1-\frac{\varphi_x A f_y}{N_{Ex}}\right)$$

将此 υ_{0m} 值代回式(6.70)，经整理后即得压弯构件按边缘纤维屈服准则的相关公式

$$\frac{N}{\varphi_x A}+\frac{\beta_{mx}M_x}{W_{1x}(1-\varphi_x N/N_{Ex})}=f_y \tag{6.71}$$

对实腹式压弯构件应用上式计算的结果与采用数值方法得到的极限承载力 N_u 进行比较，对粗短杆偏于安全，对部分细长杆则偏于不安全。为了使 N 的计算结果和实际的 N_u 值吻合，《设计规范》对 11 种常用截面进行了计算比较，认为将式中第二项分母中的 φ_x 修正为常数 0.8 可得最优结果。引入抗力分项系数（将上式中 f_y 和 N_{Ex} 都除以 γ_R）和允许部分截面发展塑性的截面塑性发展系数 γ_x 后，则上式可写为《设计规范》规定的设计公式

$$\frac{N}{\varphi_x A}+\frac{\beta_{mx}M_x}{\gamma_x W_{1x}(1-0.8N/N'_{Ex})}\leqslant f \tag{6.72}$$

式中　N——所计算构件段范围内的轴心压力；

M_x——所计算构件段范围内的最大弯矩；

N'_{Ex}——参数，$N'_{Ex}=\pi^2 EA/(1.1\lambda_x^2)$，即欧拉临界力 N_{Ex} 除以抗力分项系数的平均值 $\gamma_R=1.1$；

φ_x——弯矩作用平面内的轴心受压构件稳定系数；

W_{1x}——在弯矩作用平面内对较大受压纤维的毛截面模量；

β_{mx}——等效弯矩系数，应按下列规定采用。

（1）框架柱和两端支承的构件

1）无横向荷载的作用时：$\beta_{mx}=0.65+0.35M_2/M_1$，$M_1$ 和 M_2 为端弯矩，使构件产生同向曲率（无反弯点）时取同号，使构件产生反向曲率（有反弯点）时取异号，$|M_1|\geqslant|M_2|$；

2）有端弯矩和横向荷载同时作用时：使构件产生同向曲率时，$\beta_{mx}=1.0$，使构件产生反向曲率时，$\beta_{mx}=0.85$；

3）无端弯矩但有横向荷载作用时：$\beta_{mx}=1.0$。

（2）悬臂构件和分析内力未考虑二阶效应的无支撑纯框架和弱支撑框架柱，$\beta_{mx}=1.0$。

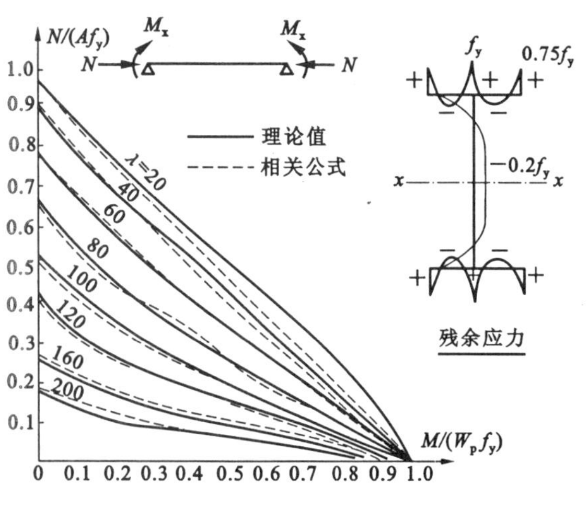

图 6.36　焊接工字形截面压弯构件的相关曲线

以上《设计规范》采用的等效弯矩系数是对前面按式（6.67）计算的理论 β_{mx} 值作了近似简化，且对较多荷载情况都按 $\beta_{mx}=1.0$ 取值。按理，只有当构件承受的弯矩图形为正弦曲线半波时才有 $\beta_{mx}=1.0$。当弯矩图形比正弦半波曲线更丰满时，如两端作用相等弯矩的矩形弯矩图形，其 β_{mx} 应该大于 1.0（理论值为 $1+0.234N/N_{Ex}$）。然而确定 β_{mx} 时采用的弯矩等效原理是取均匀弯矩为基准以用于比较，故需取为 1.0，只是稍偏于不安全。相对于均匀弯矩取 $\beta_{mx}=1.0$，则其他一些荷载类型的 β_{mx} 均可小于 1.0（如无端弯矩但构件中点有一个横向集中荷载作用时，理论值为 $1-0.178N/N_{Ex}$），现在简化取值为 $\beta_{mx}=1.0$，虽略显保守，但偏于安全。

图 6.36 所示为焰切边的焊接工字形截面压弯构件应用式（6.72）相关公式的计算结果与理论值的比较，可见吻合程度较好。

式（6.72）所示双项相关式中的第一项主要反映 N 的影响，即轴心受压构件绕 x 轴整体稳定的

计算公式；第二项主要反映 M 的影响，即受弯构件考虑压力对弯矩的增大影响和部分截面发展塑性绕 x 轴的强度计算公式，由此可见，它不仅从形式上能将 N 和 M 等各种因素对构件整体稳定的影响程度直观地表达出来，而且还能与轴心受压构件整体稳定计算公式（当式中 $M=0$ 时）和受弯构件强度计算公式（当式中 $N=0$ 和 $\beta_{mx}=1$ 时）达到协调和衔接。

对单轴对称截面压弯构件（如 T 形或槽形截面），当弯矩作用在对称轴平面内且使较大翼缘受压时，还有可能在较小翼缘或无翼缘端，因产生较大拉应力而首先发展塑性使构件失稳（图 6.33 "B"中第④种情况），此时轴心压力 N 产生的压应力将减小弯矩产生的拉应力，故尚应按下式对其进行计算

$$\left|\frac{N}{A}-\frac{\beta_{mx}M_x}{\gamma_x W_{2x}(1-1.25N/N'_{Ex})}\right|\leqslant f \tag{6.73}$$

式中 W_{2x}——在弯矩作用平面内对较小翼缘或无翼缘端最外纤维的毛截面模量；

γ_x——相应于 W_{2x} 的塑性发展系数。

上式中第二项分母中的常数 1.25 也是经与实际的 N_u 比较后引入的最优修正系数①。

根据上述，对单轴对称截面压弯构件，当弯矩作用在对称轴平面内且使较大翼缘受压时，除应按式(6.72)计算外，尚应按式(6.73)计算。

6.8.2 实腹式压弯构件在弯矩作用平面外的稳定

对两端简支的双轴对称实腹式截面的压弯构件，当两端受轴心压力和等弯矩作用时，在弯矩作用平面外的弯扭屈曲临界条件，根据弹性稳定理论，可由下式表达

$$\left(1-\frac{N}{N_{Ey}}\right)\left(1-\frac{N}{N_{Ey}}\cdot\frac{N_{Ey}}{N_z}\right)-\left(\frac{M_x}{M_{xcr}}\right)^2=0 \tag{6.74}$$

式中 N_{Ey}——构件轴心受压时对弱轴（y 轴）的弯曲屈曲临界力，即欧拉临界力；

N_z——绕构件纵轴（z 轴）的扭转屈曲临界力；

M_{xcr}——构件受对 x 轴的均匀弯矩作用时的弯扭屈曲临界弯矩。

上式可根据 N_z/N_{Ey} 的不同比值绘出 N/N_{Ey} 和 M_x/M_{xcr} 的相关曲线如图 6.37 所示。图中 $N_z/N_{Ey}>1.0$ 时，曲线上凸，且愈大愈凸，即构件弯扭屈曲承载力愈高。对于常用截面，N_z/N_{Ey} 均大于 1.0，如偏安全地采用 1.0，即 $N_{Ey}=N_z$，则由式(6.74)可得一直线相关方程：

$$\frac{N}{N_{Ey}}+\frac{M_x}{M_{xcr}}=1$$

在上式中用 $N_{Ey}=\varphi_y A f_y$，$M_{xcr}=\varphi_b W_{1x} f_y$ 代入，并引入非均匀分布弯矩作用时的等效弯矩系数 β_{tx} 和抗力分项系数 γ_R 以及闭口（箱形）截面的影响调整系数 η，可得《设计规范》规定的设计公式为

$$\frac{N}{\varphi_y A}+\eta\frac{\beta_{tx}M_x}{\varphi_b W_{1x}}\leqslant f \tag{6.75}$$

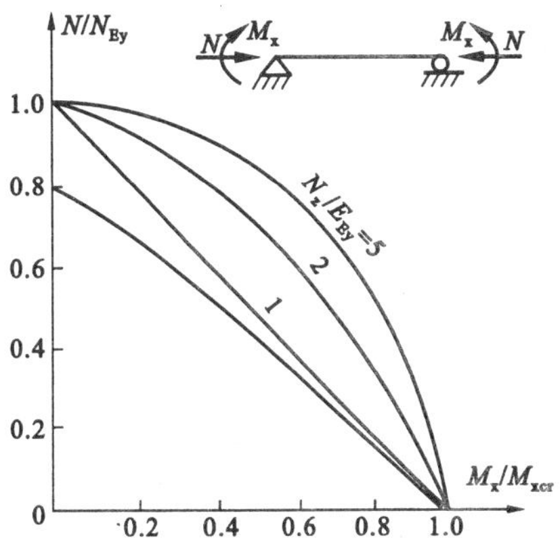

图 6.37 N/N_{Ey}-M_x/M_z 的相关曲线

式中 φ_y——弯矩作用平面外的轴心受压构件稳定系数；

M_x——所计算构件段范围内（侧向支承之间）的最大弯矩；

① 按式(6.72)、式(6.73)的计算结果与 11 种常用截面理论值的比较可参阅《疑难释义》中的表 10.1 和表 10.2。

η——截面影响系数,闭口(箱形)截面 $\eta=0.7$,其他截面 $\eta=1.0$;

φ_b——均匀弯曲的受弯构件整体稳定系数,可按式(5.23)~式(5.28)的近似公式计算;①

β_{tx}——等效弯矩系数,应按下列规定:②

(1) 在弯矩作用平面外有支承的构件,应根据两相邻支承点间构件段内的荷载和内力情况确定:

1) 所考虑构件段无横向荷载作用时:$\beta_{tx}=0.65+0.35M_2/M_1$,$M_1$ 和 M_2 是在弯矩作用平面内的端弯矩,使构件段产生同向曲率时取同号;产生反向曲率时取异号,$|M_1|\geqslant|M_2|$;

2) 所考虑构件段内有端弯矩和横向荷载同时作用时:使构件段产生同向曲率时,$\beta_{tx}=1.0$;使构件段产生反向曲率时,$\beta_{tx}=0.85$;

3) 所考虑构件段内无端弯矩但有横向荷载作用时:$\beta_{tx}=1.0$。

(2) 弯矩作用平面外为悬臂的构件:$\beta_{tx}=1.0$。

式(6.75)虽是根据弹性工作状态按双轴对称截面的理论公式导得,但对弹塑性工作状态以及单轴对称截面同样适用。③

同样,式(6.75)所示的计算实腹式压弯构件在弯矩作用平面外整体稳定的双项相关公式,也从形式上将 N 和 M 表达出来,利于直观,而且较好地与轴心受压构件和受弯构件的稳定计算公式协调和衔接。

6.9 实腹式压弯构件的局部稳定

实腹式压弯构件的局部稳定与轴心受压构件和受弯构件的一样,也是以受压翼缘和腹板的宽厚比限值来保证,现分别叙述如下。

6.9.1 受压翼缘宽厚比的限值

工字形、T形和箱形截面(图6.15)的压弯构件,其受压翼缘的应力情况与受弯构件受压翼缘的类似,当截面设计由强度控制时更加相似,故翼缘板的自由外伸宽度 b_1 与其厚度 t 之比应按受弯构件式(5.51)的规定,即应满足下式要求

$$\frac{b_1}{t}\leqslant 15\sqrt{\frac{235}{f_y}} \tag{6.76}$$

上式是根据式(5.50)并取式中 $\sigma_{cr}=0.95f_y$ 导出,它较符合长细比较大如 $\lambda\geqslant100$ 的压弯构件,即适合于弹性设计(塑性发展系数 $\gamma_x=1.0$)。对长细比较小的压弯构件,且由弯矩作用平面内的稳定性控制截面设计时,受压翼缘将有较深的塑性发展,其平均应力将更接近于 f_y,若设计允许部分截面发展塑性时,则按式(5.52),宜取

$$\frac{b_1}{t}\leqslant 13\sqrt{\frac{235}{f_y}} \tag{6.77}$$

箱形截面压弯构件受压翼缘在两腹板之间的宽厚比 b_0/t 亦按受弯构件规定,即按式

① φ_b 的近似公式本来是用于当 $\lambda\leqslant120\sqrt{235/f_y}$ 时的均匀弯曲的受弯构件,现用于压弯构件的理由可参阅《疑难释义》第9.8节。

② 等效弯矩系数 β_{tx} 的确定方法可参阅《疑难释义》第10.5节。

③ 式(6.75)还可适用于单轴对称截面及弹塑性工作状态的理由可参阅《疑难释义》第10.4节。

(5.53),取

$$\frac{b_0}{t} \leqslant 40\sqrt{\frac{235}{f_y}} \tag{6.78}$$

6.9.2 腹板宽厚比的限值

6.9.2.1 工字形截面的腹板

图 6.38(*b*)为工字形截面压弯构件的腹板在非均匀压应力和剪应力联合作用下的受力情况,它介于图 6.38(*a*)和 6.38(*c*)所示的两极端情况之间。前者类似于梁腹板受弯曲应力和剪应力的联合作用,后者则类似于梁腹板受均匀压应力和剪应力的联合作用。在图 6.38(*b*)所示的受力情况下,其弹性屈曲临界条件可近似地用下式表达

$$\left(\frac{\alpha_0}{2}\right)^5\left(\frac{\sigma}{\sigma_{cr}}\right)^2+\left[1-\left(\frac{\alpha_0}{2}\right)^5\right]\frac{\sigma}{\sigma_{cr}}+\left(\frac{\tau}{\tau_{cr}}\right)^2 \leqslant 1 \tag{6.79}$$

式中 τ_{cr}、σ_{cr}——剪应力 τ 和非均匀压应力 σ 单独作用时四边简支板的临界应力,分别由式(5.44)用各自的压屈系数计算。计算 τ_{cr} 的 k 值按式(5.47*b*),一般取式中 $a/h_0=3$,即 $k=5.784$;计算 σ_{cr} 的 k 值与 α_0 有关,其值在 4.0~23.9(受均匀压应力和弯曲应力)之间(表 6.6);

$\alpha_0=\dfrac{\sigma_{max}-\sigma_{min}}{\sigma_{max}}$——应力梯度;

σ_{max}——腹板计算高度边缘的最大压应力(按强度公式计算,即计算时不考虑构件的稳定系数,且不考虑截面塑性发展系数);

σ_{min}——腹板计算高度另一边缘相应的应力,压应力取正值,拉应力取负值。

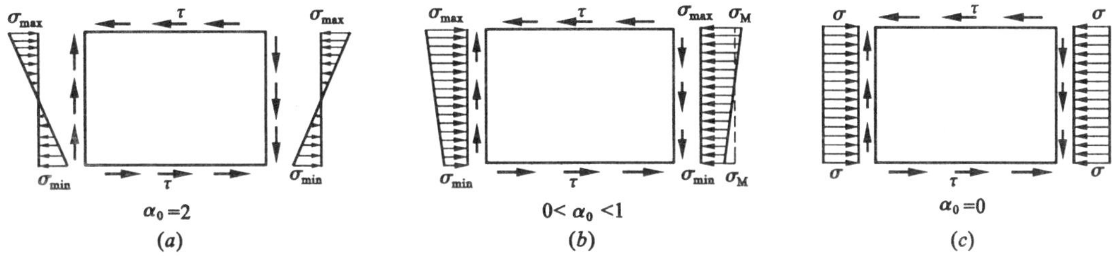

图 6.38 压弯构件腹板弹性状态的受力情况

上式在 $\alpha_0=2$ 时即式(5.66)表达的弯曲应力和剪应力联合作用下的屈曲临界条件。在 $\alpha_0=0$ 时即式(5.76)表达的均匀压应力和剪应力联合作用下的屈曲临界条件。

在式(6.79)中用不同的剪应力 τ 代入,即可算出在剪应力 τ 和非均匀压应力 σ 联合作用下腹板弹性屈曲的临界压应力

$$\sigma_{cr_{\sigma,\tau}} = k_e \frac{\pi^2 E}{12(1-\nu^2)}\left(\frac{t_w}{h_0}\right)^2 \tag{6.80}$$

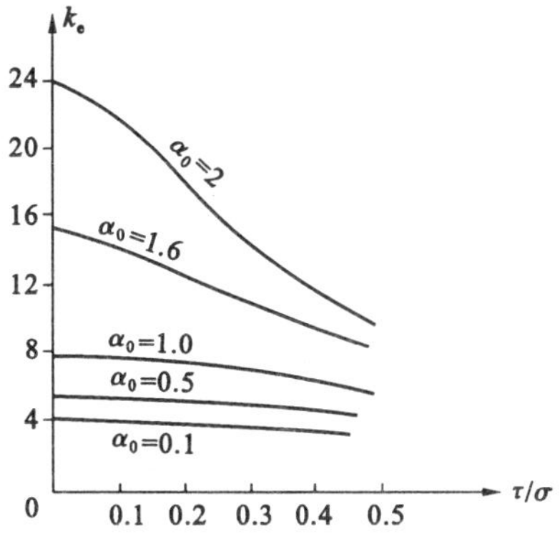

图 6.39 弹性屈曲系数 k_e

式中 k_e 为弹性屈曲系数,可由式(6.79)和式(6.80)得出,其值和 α_0、τ/σ 有关(图 6.39)。由图可见,压弯构件腹板中剪应力的作用使腹板屈曲的临界压应力降低,但一般在应力梯度 α_0 较小时影响较小,$\alpha_0=2$ 时最大。对一般压弯构件可取 $\alpha_0=2$(无轴心力),腹板边缘剪应力 τ 则取弯曲应力 σ_M($\sigma_M=(\sigma_{max}-\sigma_{min})/2$)的 0.3 倍较适宜,即 $\tau=0.3\sigma_M$ 或

$\tau/\sigma=0.15\alpha_0$。按此数值，由式(6.79)和式(6.80)计算的 k_e 见表 6.6。

表 6.6 屈曲系数 k、k_e 值

屈曲系数 \ α_0	0	0.2	0.4	0.6	0.8	1.0	1.2	1.4	1.6	1.8	2.0
$k(\tau=0)$	4.000	4.443	4.992	5.689	6.595	7.812	9.503	11.868	15.183	19.524	23.922
$k_e(\tau=0.3\sigma_m)$	4.000	4.435	4.970	5.640	6.467	7.507	8.815	10.393	12.150	13.800	15.012

由式(6.80)可得腹板在弹性状态屈曲时的高厚比限值

$$\frac{h_0}{t_w}=\pi\sqrt{\frac{k_e E}{12(1-\nu^2)\sigma_{cr_{\sigma,\tau}}}} \tag{6.81}$$

当 $\alpha_0=2$ 时相当于受弯构件腹板受力情况，按表 6.6，$k_e=15.012$，同时取 $\sigma_{cr_{\sigma,\tau}}=\sigma_{max}=0.95f_y$ 代入上式，可得 $h_0/t_w=111.79\sqrt{235/f_y}$。然而受弯构件腹板边缘 σ_{max} 处的 τ，一般不到 $0.3\sigma_m$，可取 $\tau/\sigma_m=0.2$，此时可得 $k_e=18.434$，则 $h_0/t_w=124\sqrt{235/f_y}$。由此可见，压弯构件腹板在弹性屈曲时的最大限值可取 $h_0/t_w\approx120\sqrt{235/f_y}$。

当压弯构件在弯矩作用平面内失稳时，由于截面一般在受压较大一侧均有不同程度的塑性发展，腹板将在弹塑性状态屈曲，其受力情况有可能如图 6.40 所示的多种形式。因此对式(6.80)、式(6.81)应按弹塑性稳定理论加以修正，用塑性屈曲系数 k_p 代替式中的 k_e，即

$$\sigma_{cr}=k_p\frac{\pi^2 E}{12(1-\nu^2)}\left(\frac{t_w}{h_0}\right)^2 \tag{6.82}$$

和

$$\frac{h_0}{t_w}=\pi\sqrt{\frac{k_p E}{12(1-\nu^2)\sigma_{cr_{\sigma,\tau}}}} \tag{6.83}$$

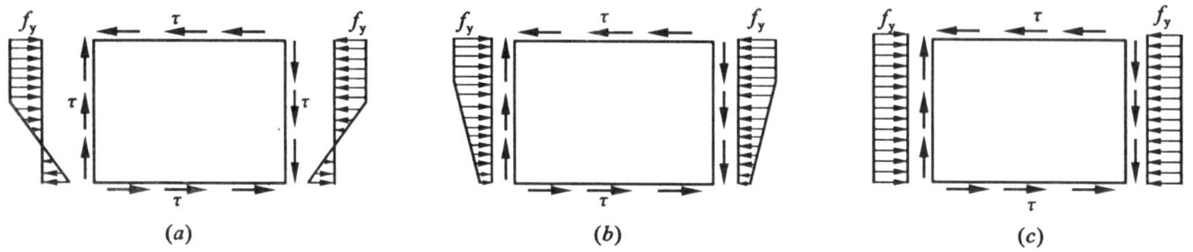

图 6.40 压弯构件腹板弹塑性状态的受力情况

塑性屈曲系数 k_p 不仅与 α_0 有关，还与塑性发展深度有关，现取为 $0.25h_0$，可求得 k_p 如表 6.7 所示。

表 6.7 塑性屈曲系数 k_p

α_0	0	0.2	0.4	0.6	0.8	1.0	1.2	1.4	1.6	1.8	2.0
$k_p(\tau=0.3\sigma_m)$	4.000	3.914	3.874	4.242	4.681	5.214	5.886	6.678	7.576	9.738	11.301
h_0/t_w	56.29	55.69	55.40	57.97	60.90	64.27	68.29	72.74	77.47	87.84	94.62

在式(6.83)中令 $\sigma_{cr_{\sigma,\tau}}=f_y$，并代入 k_p 等数值，可得在不同应力梯度 α_0 时的 h_0/t_w 限值，现亦将其列入表 6.7，并绘如图 6.41 中点划线。为便于计算，该点划线可近似地用两段直线式表达，即：

当 $0\leqslant\alpha_0\leqslant1.6$ 时

$$\frac{h_0}{t_w}=16\alpha_0+50 \tag{6.84a}$$

当 $1.6<\alpha_0\leqslant 2.0$ 时

$$\frac{h_0}{t_w}=48\alpha_0-1 \tag{6.84b}$$

压弯构件失稳时截面的塑性发展深度还与构件的长细比 λ 有关。对于 λ 大的构件，可能只有截面边缘达到屈服，而对 λ 小的构件，塑性发展深度则可能超过 $0.25h_0$，因此宜将腹板 h_0/t_w 的限值采用和轴心压杆类似方法，即随 λ 值增大而放大。另外考虑到在 $\alpha_0=0$ 时还应与轴心压杆腹板的 h_0/t_w 限值相协调；在 $\alpha_0=2$ 时则应与受弯构件的 h_0/t_w 限值基本一致，故《设计规范》根据上述原则将上面两式改变为下式：

当 $0\leqslant\alpha_0\leqslant 1.6$ 时

$$\frac{h_0}{t_w}\leqslant(16\alpha_0+0.5\lambda+25)\sqrt{\frac{235}{f_y}} \tag{6.85a}$$

当 $1.6<\alpha_0\leqslant 2.0$ 时

$$\frac{h_0}{t_w}\leqslant(48\alpha_0+0.5\lambda-26.2)\sqrt{\frac{235}{f_y}} \tag{6.85b}$$

式中 λ——构件在弯矩作用平面内的长细比：当 $\lambda<30$ 时，取 $\lambda=30$；当 $\lambda>100$ 时，取 $\lambda=100$。

按上式用不同 λ 绘制的 (h_0/t_w)-α_0 图如图6.41。由图可见 $\lambda=50$ 及近似折线式(6.84)的两段直线近似于理论曲线，而其他 $\lambda>50$ 的 h_0/t_w 限值则随 λ 增大而放宽，$\lambda<50$ 的则随 λ 减小而缩小。

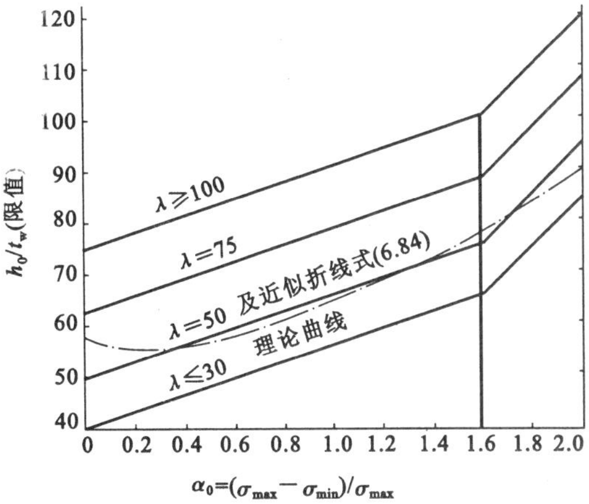

图 6.41 不同 λ 的 (h_0/t_w)-α_0 曲线

6.9.2.2 箱形截面的腹板

箱形截面压弯构件腹板屈曲应力的计算方法与工字形截面的腹板完全相同。但考虑到箱形截面的腹板仅用单侧焊缝与翼缘连接，其嵌固条件不如工字形截面，另外两块腹板的受力状况也可能不完全一致。为了安全，故规定其高厚比 h_0/t_w 限值不应超过式(6.85a)或式(6.85b)等号右侧乘以 0.8 后的值（当此值小于 $40\sqrt{235/f_y}$ 时，采用 $40\sqrt{235/f_y}$）。

6.9.2.3 T 形截面的腹板

T 形截面压弯构件腹板的受力情况，当弯矩作用在截面对称轴平面时，因弯矩作用方向的不同，可能使腹板自由边受压，最大压应力 σ_{max} 在腹板的自由边；也可能使腹板自由边受拉，σ_{max} 在腹板与翼缘的连接处。前一种受力情况较不利。《设计规范》为便于应用，将前者的高厚比 h_0/t_w 近似地采用两种定值限值：当 α_0 较小（弯矩较小，以均匀压应力为主）时，和翼缘的相同；当 α_0 较大（以弯曲应力为主，即弯矩使腹板自由边受压）时，放大 20%，即

当 $\alpha_0\leqslant 1.0$ 时

$$\frac{h_0}{t_w}\leqslant 15\sqrt{\frac{235}{f_y}} \tag{6.86a}$$

当 $\alpha_0>1.0$ 时

$$\frac{h_0}{t_w}\leqslant 18\sqrt{\frac{235}{f_y}} \tag{6.86b}$$

当弯矩使腹板自由边受拉时，腹板的受力情况好于轴心压杆，故可偏安全地利用轴心压杆的计算式。即对热轧剖分 T 形钢用式(6.39)、焊接 T 形钢用式(6.40)进行计算。

同样，对某些大型工字形截面和箱形截面压弯构件的腹板，也可采用设置纵向加劲肋加强(图 6.16)或用有效截面计算(图 6.17)。

6.9.3　圆管径厚比的限值

圆管截面压弯构件的弯矩一般不会太大，故其径厚比限值也按轴心压杆的式(6.42)计算。

6.10　压弯构件的计算长度

实际工程中的压弯构件有多种类型，其计算长度也应根据不同的情况选用。

6.10.1　单根压弯构件的计算长度

单根压弯构件的端部支承条件比较简单，且可近似地忽略弯矩的影响，故其计算长度可利用表 6.3 轴心压杆的计算长度系数 μ 乘其几何长度进行计算。

6.10.2　框架柱的计算长度

对于框架柱，需要分别计算其在框架平面内和在框架平面外的计算长度。

6.10.2.1　*在框架平面内的计算长度*

框架柱的稳定应纳入框架的整体失稳一起分析。分析时一般取平面框架作为计算模型，且不考虑空间作用。另外，在分析框架时，还应根据框架有无支撑分为有支撑框架和无支撑纯框架两种类型，而前者还需按支撑结构(支撑桁架、剪力墙、电梯井等)的侧移刚度(产生单位侧倾角的水平力)S_b 的大小划分为

强支撑框架

$$S_b \geqslant 3(1.2\sum N_{bi} - \sum N_{0i}) \tag{6.87a}$$

弱支撑框架

$$S_b < 3(1.2\sum N_{bi} - \sum N_{0i}) \tag{6.87b}$$

式中　$\sum N_{bi}$、$\sum N_{0i}$——第 i 层层间所有框架柱用无侧移框架柱和有侧移框架柱计算长度系数 μ (见后述)算得的轴心压杆稳定承载力之和。

无支撑纯框架或称为有侧移框架，因其在失稳时产生侧移。弱支撑框架在失稳时亦有一定侧移，而强支撑框架则无侧移。有侧移框架的稳定承载力比相同条件的无侧移框架的低得多。在实际工程中，除了少数设有侧移刚度较大的支撑体系或剪力墙等以外，单层框架一般应按有侧移框架考虑。而多层框架支撑结构的侧移刚度 S_b 通常较易满足式(6.87a)的要求，故大多数为强支撑的无侧移框架，即弱支撑框架很少。由此可见，工程中采用的框架多为无侧移框架和有侧移框架这两种失稳形式。

为了简化计算，现在一般对框架结构(不论有无支撑)的稳定仍多采用一阶弹性分析(详见后述)，并将框架柱和横梁作为单独构件，仅在计算时考虑其相互约束影响，采用计算长度代换实际长度来反映，即将不同支承情况的构件长度代换为等效铰接支承的长度，用计算长度系数 μ 来表达。计算时还采用如下假定：

① 框架只承受作用在节点上的竖向荷载。当荷载作用在横梁上时，也可近似地将荷载移至柱

顶，并忽略荷载在梁端引起的弯矩。经这样简化处理所得的计算长度，误差不大(注意在计算柱的强度和稳定性时，此弯矩不能忽略)。

② 所有框架柱同时丧失稳定，即各柱同时达到临界荷载。

③ 失稳时，框架两端的转角相等。

④ 只考虑与框架柱相连横梁的约束作用，略去不直接相连横梁的约束作用。且当柱失稳时，相交于同一节点的横梁对柱子提供的约束弯矩，按横梁与柱的线刚度之比分配给柱。

(1) 单层等截面框架柱在框架平面内的计算长度

1) 有支撑框架

① 强支撑框架　如图 6.42(*a*)所示的单层单跨等截面柱对称框架，在框架顶部设有防止其侧移的强支撑支承，因此框架在失稳时无侧移，横梁两端的转角 θ 大小相等，方向相反，呈对称失稳形式。根据弹性稳定理论可计算出无侧移框架的计算长度系数 μ，见表 6.8，其值取决于柱底支承情况以及梁对柱的约束程度，后者用 $K_1=I_1H/(Il)$ 表达，它代表横梁的线刚度 I_1/l 与柱的线刚度 I/H 的比值。当横梁与柱铰接时(图 6.42(*c*))，取横梁线刚度为零，即 $K_1=0$。当横梁的惯性矩很大，即 $I_1\to\infty$，或 $K_1\to\infty$ 时，它近似于横梁与柱刚接，但考虑到工程实际情况，均按 $K_1\geqslant10$ 的 μ 值取用。因此，对于与基础刚接的柱，当 $K_1=0\sim10$ 时，其 μ 值在 0.732～0.549 范围。上述数值较图 6.42(*b*)、(*c*)中的理论值 0.5～0.7 稍大，原因是当柱与基础刚接时，理论上其 $K_2\to\infty$(K_2 详见后述)，然而考虑到实际工程中柱脚并非绝对嵌固，故表 6.8 中数值实际是取用附表 2.1 多层无侧移框架柱的计算长度系数表中 $K_2\geqslant10$ 时的 μ 值。对于与基础铰接的柱，当 $K_1=0\sim10$ 时，其 μ 值在 1.0～0.732 范围，即表 6.8 中数值是取用附表 2.1 中 $K_2=0$ 时的 μ 值。

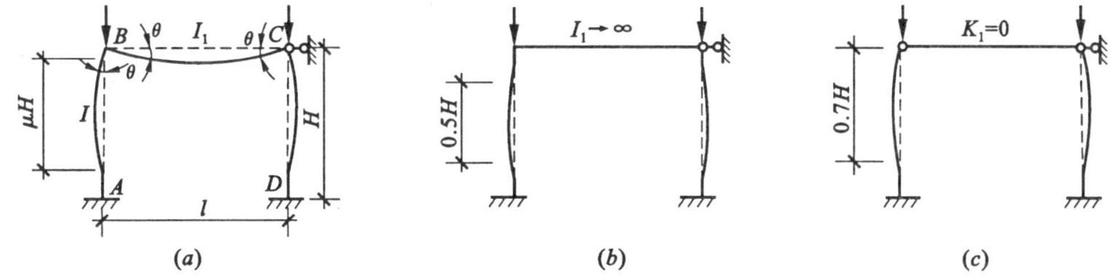

图 6.42　单层单跨框架无侧移失稳

对单层多跨强支撑框架(图 6.43(*a*))，在失稳时同样可假定横梁两端转角 θ 大小相等方向相反，且各柱失稳在同时产生，其计算长度系数 μ 亦可采用表 6.8，但表中 $K_1=(I_1/l_1+I_2/l_2)/(I/H)$，即采用与柱相邻的两根横梁线刚度之和与柱线刚度的比值。

表 6.8　单层框架等截面柱的计算长度系数 μ

框架类型	柱与基础连接方式	相交于柱上端的横梁线刚度之和与柱线刚度的比值 K_1												
		0	0.05	0.1	0.2	0.3	0.4	0.5	1	2	3	4	5	≥10
无侧移	铰接	1.000	0.990	0.981	0.964	0.949	0.935	0.922	0.875	0.820	0.791	0.773	0.760	0.732
	刚接	0.732	0.726	0.721	0.711	0.701	0.693	0.685	0.654	0.615	0.593	0.580	0.570	0.549
有侧移	铰接	∞	6.02	4.46	3.42	3.01	2.78	2.64	2.33	2.17	2.11	2.08	2.07	2.03
	刚接	2.03	1.83	1.70	1.52	1.42	1.35	1.30	1.17	1.10	1.07	1.06	1.05	1.03

② 弱支撑框架　弱支撑框架的框架柱可直接按下式计算出的轴心压杆稳定系数进行计算：

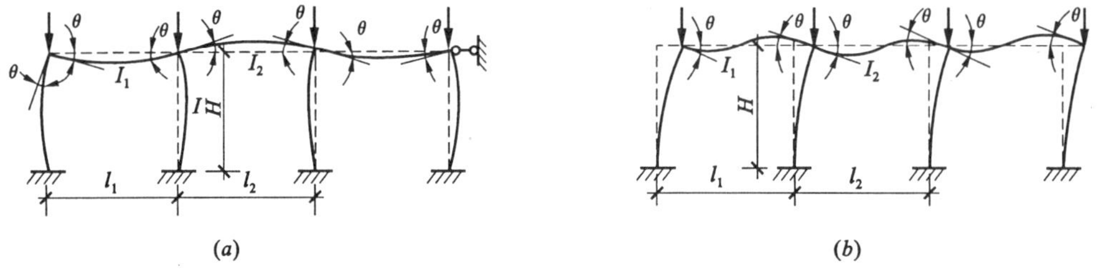

图 6.43　单层多跨框架失稳形式

(a) 无侧移；(b) 有侧移

$$\varphi = \varphi_0 + (\varphi_0 - \varphi_1)\frac{S_b}{3(1.2\sum N_{bi} - \sum N_{0i})} \tag{6.88}$$

式中　φ_1、φ_0——用无侧移框架柱和有侧移框架柱计算长度系数算得的轴心压杆稳定系数。

2）无支撑纯框架

无支撑纯框架应按有侧移框架考虑。分析有侧移框架的内力目前有两种方法：一种为框架的内力采用一阶弹性分析方法，即不考虑框架结构变形对内力产生的影响，根据未变形结构建立平衡条件，计算框架由各种荷载产生的内力，然后将框架柱作为单独的压弯构件进行设计，而框架在平面内的稳定计算则用框架柱的计算长度 $l_0=\mu l$ 来考虑与柱相连构件的约束影响，因此一阶分析只是一种简化的近似方法。另一种就是二阶弹性分析方法，它是根据变形后的框架结构建立平衡条件，即考虑结构变形对内力产生影响的 P-Δ 效应（二阶效应），故而框架在平面内的稳定计算采用框架柱的实际几何长度 l，即 $\mu=1.0$。

从以上所述可见，二阶分析是一种精确的计算方法，但其分析较繁，且计算工作量较大（需借助电算）。一阶分析并采用计算长度计算虽是一种近似方法，但其误差值与框架柱的轴心压力 N、水平力 H 和侧移 Δu 的大小有关。对轴心压力和水平力不太大且侧向刚度较大的单层框架，其误差不大。当与上述情况相反时，其误差才较大。因此，《设计规范》规定对所有框架结构内力均可采用一阶分析，只对符合下式条件的框架，则推荐宜采用二阶分析，以提高精确度

$$\frac{\sum N \cdot \Delta u}{\sum H \cdot h} > 0.1 \tag{6.89}$$

式中　$\sum N$——所计算楼层各柱轴心压力设计值之和（对单层框架为各框架柱轴心压力设计值之和）；

$\sum H$——产生层间侧移 Δu 的所计算楼层及以上各层的水平力之和（对单层框架为产生柱顶水平位移 Δu 的水平力之和）；

Δu——按一阶弹性分析求得的所计算楼层的层间侧移（对单层框架为柱顶水平位移）。

下面对无支撑纯框架的一阶分析、二阶分析两种方法分别加以论述。

① 一阶弹性分析方法　单层框架有侧移失稳的变形是反对称的，横梁两端的转角 θ 大小相等方向相同。对单层单跨框架柱（图 6.44(a)），按弹性稳定理论分析的计算长度系数见表 6.8，实际上它是摘自附表 2.2 多层有侧移框架的计算长度系数表。如对与基础刚接的柱，取 $K_2\geqslant 10$ 数值，即当 $K_1=0\sim 10$ 时，其 μ 值在 2.0～1.0 范围（图 6.44(b)、(c)）。对与基础铰接的柱，取 $K_2=0$ 数值，其 μ 值都大于 2.0，且变动范围很大。对单层多跨有侧移框架柱（图 6.43(b)），其计算长度系数同样可用 $K_1=(I_1/l_1+I_2/l_2)/(I/H)$ 查表 6.8。

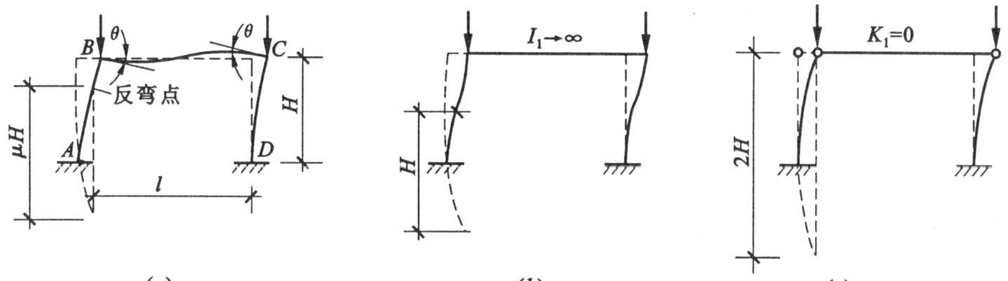

图 6.44 单层单跨框架有侧移失稳

② 二阶弹性分析方法

如前所述,符合判别式(6.89)条件的框架,宜采用二阶分析法分析内力,所以在计算前首先应采用其进行判别。式中的 Δu 可用框架柱顶水平位移的容许值[Δu]代换(无桥式吊车和有桥式吊车单层框架的[Δu]分别为 $H/150$ 和 $H/400$,H 为自基础顶面到柱顶的总高度)。若公式左侧算出的值大于 0.1,则宜采用二阶分析。否则,仍可采用一阶分析。

另外,在采用二阶分析时,还需引入一个考虑各种缺陷(初弯曲、残余应力、安装误差等)的假想水平力(或称概念荷载),用其和实际的水平力及垂直荷载一起对框架进行内力分析。假想水平力作用于每层柱的柱顶(对单层框架为框架柱顶),其计算公式为

$$H_{ni}=\frac{\alpha_y Q_i}{250}\sqrt{0.2+\frac{1}{n_s}} \tag{6.90}$$

式中 Q_i——第 i 楼层的总重力荷载设计值;

n_s——框架总层数,当 $\sqrt{0.2+1/n_s}>1$ 时,取此根号值为 1.0;

α_y——钢材强度影响系数:Q235 钢为 1.0;Q345 钢为 1.1;Q390 钢为 1.2;Q420 钢为 1.25。

(2) 多层多跨等截面框架柱在框架平面内的计算长度

对多层多跨等截面框架亦需按有支撑框架和无支撑纯框架分类。对有支撑框架还需按判别式(6.87)判定其为强支撑框架或弱支撑框架。对强支撑框架可按无侧移失稳形式(图6.45(a))采用一阶分析确定计算长度系数,对弱支撑框架则按式(6.88)直接计算框架柱的轴心压杆稳定系数。对无支撑纯框架均应按有侧移失稳形式(图 6.45(b))分析,但也需要先用判别式(6.89)判定框架是否宜用二阶分析。若判定需采用二阶分析,则用式(6.90)计算出每层柱顶附加的假想水平力 H_{ni},然后和实际的水平力 H_i 以及垂直荷载 q_i 等共同作用,对框架内力进行计算(图 6.46),此时取框架柱的 $\mu=1.0$。二阶弹性分析可采用近似计算方法,即各杆件的杆端弯矩可近似地用一阶分析的无侧移时杆端弯矩加上有侧移时杆端弯矩乘以弯矩增大系数,详见《设计规范》。若判定为可采用一阶分析,则按一阶弹性分析方法计算其计算长度系数。

对多层多跨等截面框架采用一阶分析时采用的基本假定同单层多跨框架,但同时还假定在柱失稳时,相交于每一节点的横梁对柱的约束程度,按上、下两柱线刚度之比分配给柱。其计算长度系数亦采用查表法,见附表 2.1 与附表 2.2。表中 K_1 为相交于柱上端的横梁线刚度之和与柱线刚度之和的比值;K_2 则为相交于柱下端的横梁线刚度之和与柱线刚度之和的比值。当 $K_2=0$,即表 6.8 中柱与基础铰接的 μ 值;$K_2=10$ 即柱与基础刚接的 μ 值。

如图 6.45(a)中柱 AB

$$K_1=\frac{I_{b1}/l_1+I_{b2}/l_2}{I_{c3}/H_3+I_{c2}/H_2} \tag{6.91a}$$

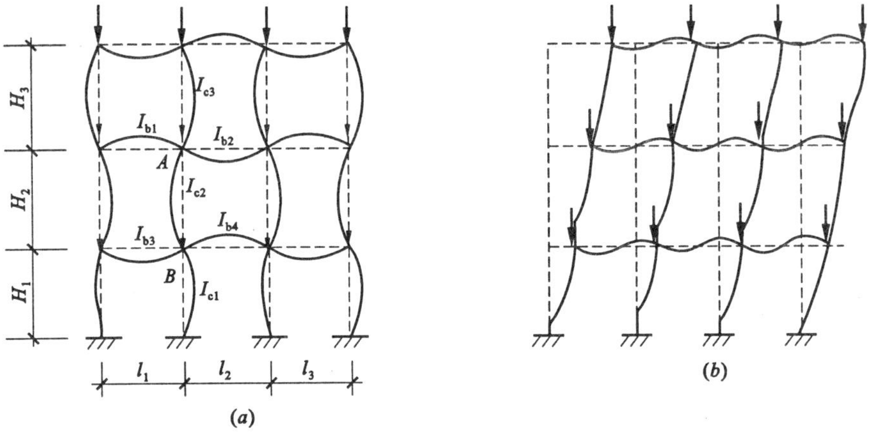

图 6.45　多层多跨框架失稳形式

(a) 无侧移;(b) 有侧移

$$K_2 = \frac{I_{b3}/l_1 + I_{b4}/l_2}{I_{c2}/H_2 + I_{c1}/H_1} \qquad (6.91b)$$

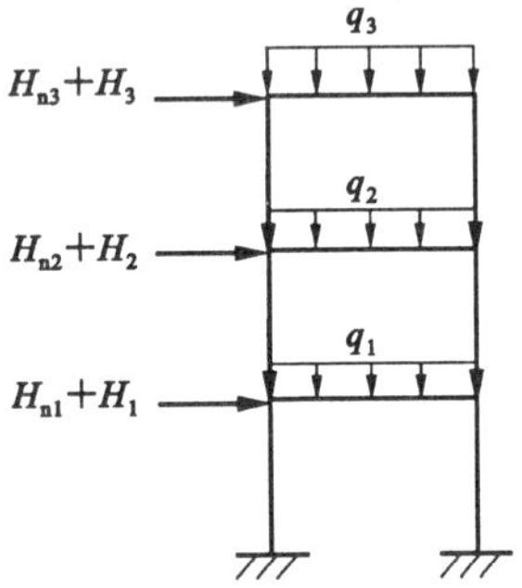

图 6.46　无支撑纯框架计算简图

(3) 单层厂房框架柱在框架平面内的计算长度

单层厂房框架阶梯形柱的计算长度确定方法详见《设计规范》,本书从略。

6.10.2.2　在框架平面外的计算长度

当框架柱在框架平面外失稳时,可假定侧向支承点(柱顶、柱底、柱间支撑、吊车梁等)是其变形曲线的反弯点。在一般情况,框架柱在柱脚及支承点处的侧向约束均较弱,故均应假定为铰接。因此,在框架平面外的计算长度等于侧向支承点之间的距离(图 6.47(a))。若无侧向支承时,则为柱的全长(图 6.47(b))。

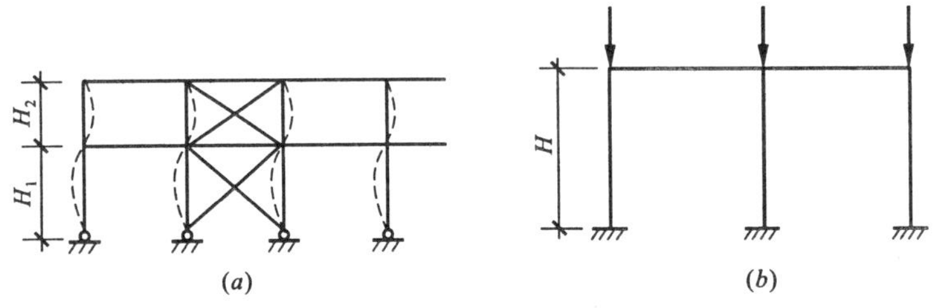

图 6.47　框架柱在框架平面外的计算长度

【例 6.4】 试确定图 6.48 所示双跨等截面框架柱(边柱和中柱)在框架平面内的计算长度。柱与基础铰接,按有侧移失稳形式计算。

【解】 各构件的惯性矩:

横梁

$$I_1 = \frac{1}{12} \times 1 \times 76^3 + 2 \times 38 \times 2 \times 39^2 = 267770\text{cm}^4$$

边柱

$$I = \frac{1}{12} \times 1 \times 35^3 + 2 \times 40 \times 1.6 \times 18.3^2 = 46440\text{cm}^4$$

中柱

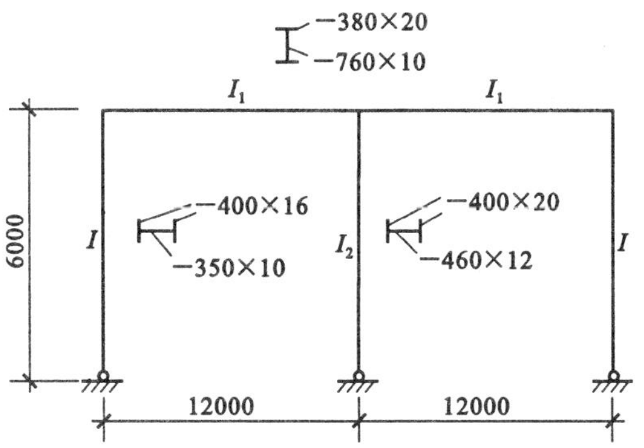

图 6.48 例 6.4 附图

$$I_2 = \frac{1}{12} \times 1.2 \times 46^3 + 2 \times 40 \times 2 \times 24^2 = 101890\text{cm}^4$$

边柱线刚度比

$$K_1 = \frac{I_1 H}{Il} = \frac{267770 \times 600}{46440 \times 1200} = 2.88$$

查表 6.8 得 μ=2.12。

边柱计算长度

$$H_0 = 2.12 \times 6 = 12.72\text{m}$$

中柱线刚度比应计入两根横梁的线刚度

$$K_1 = \frac{2I_1 H}{I_2 l} = \frac{2 \times 267770 \times 600}{101890 \times 1200} = 2.63$$

查表 6.8 得 μ=2.13。

中柱计算长度

$$H_0 = 2.13 \times 6 = 12.78\text{m}$$

【例 6.5】 图 6.49 示一有侧移多层框架，图中圆圈内数字为横梁或柱的线刚度值，试确定各柱在框架平面内的计算长度系数。

【解】 先按式(6.91)计算 K_1、K_2，然后按附表 2.2，查出 μ 值：

柱 C1 $K_1=\frac{4}{2}=2$， $K_2=\frac{10}{2+3}=2$， $\mu=1.16$

柱 C2 $K_1=\frac{10}{2+3}=2$， $K_2=\frac{10}{3+4}=1.43$， $\mu=1.21$

柱 C3 $K_1=\frac{10}{3+4}=1.43$， $K_2=10$， $\mu=1.14$

柱 C4 $K_1=\frac{4}{2}=2$， $K_2=\frac{10+10}{2+3}=4$， $\mu=1.12$

柱 C5 $K_1=\frac{10+10}{2+3}=4$， $K_2=\frac{10+10}{3+4}=2.86$， $\mu=1.10$

柱 C6 $K_1=\frac{10+10}{3+4}=2.86$， $K_2=0$， $\mu=2.12$

柱 C7 $K_1=\frac{10}{3}=3.33$， $K_2=\frac{10}{3+4}=1.43$， $\mu=1.18$

柱 C8 $K_1=\frac{10}{3+4}=1.43$， $K_2=10$， $\mu=1.14$

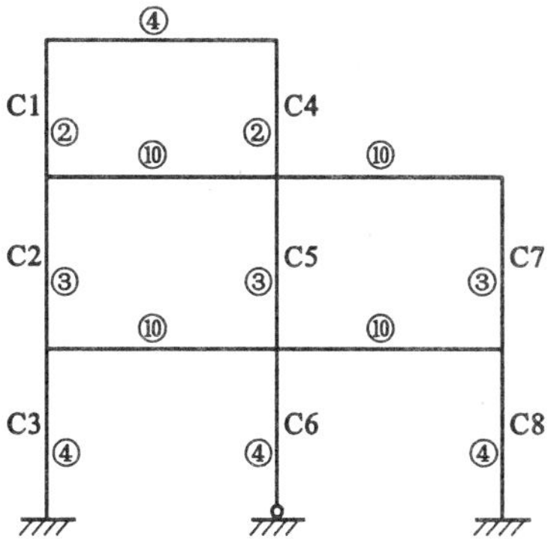

图 6.49 例 6.5 附图

6.11　实腹式压弯构件的截面设计

6.11.1　设计原则

前已述及，实腹式压弯构件的截面形式可根据弯矩的大小和方向，选用图 6.4(*a*)、(*b*)中的双轴对称截面或单轴对称截面。为取得经济效果，同样应遵照第 6.5 节所述的等稳定性(弯矩作用平面内和平面外的整体稳定性尽量接近)、宽肢薄壁、制造省工和连接简便等设计原则。

6.11.2　设计方法

6.11.2.1　试选截面

压弯构件的截面尺寸通常取决于整体稳定性能，它包括在弯矩作用平面内和平面外两个方向的稳定，但因计算公式中许多量值均与截面尺寸有关，故很难根据内力直接选择截面，因此一般须结合经验或参照已有资料先选截面，然后验算，在不满足时再行调整。但也可参照下述程序初选一个比较接近的截面，以作为设计参考。

(1) 假定长细比 λ_x ↗ 查 φ_x；↘ 求 $i_{xreq}=\dfrac{l_{0x}}{\lambda_x}$ → 由 i_{xreq} 求得 $h_{req}=\dfrac{i_{xreq}}{\alpha_1}$

(2) 由 h_{req} 和 i_{xreq} 计算 $\dfrac{A}{W_{1x}}=\dfrac{A}{I_x}y_1=\dfrac{y_1}{i_{xreq}^2}\approx\dfrac{h_{req}}{2i_{xreq}^2}$

(y_1 为由 x 轴到较大受压纤维的距离。对单轴对称截面也可先近似地按对称截面的 $y_1=h/2$ 计算。)

(3) 将 A/W_{1x}、φ_x 等代入式(6.72)计算截面需要的面积

$$A_{req}=\frac{1}{f}\left[\frac{N}{\varphi_x}+\frac{A}{W_{1x}}\cdot\frac{\beta_{mx}M_x}{\gamma_x(1-0.8N/N'_{Ex})}\right]\approx\frac{1}{f}\left(\frac{N}{\varphi_x}+\frac{A}{W_{1x}}\cdot\frac{\beta_{mx}M_x}{\gamma_x}\right)$$

(此处将式中 $1-0.8N/N'_{Ex}$ 省略为 1.0。)

(4) 计算

$$W_{1x}=\frac{Ai_x^2}{y_1}\approx\frac{2A_{req}i_{xreq}^2}{h_{req}}$$

(5) 将 W_{1x} 等代入式(6.75)计算 φ_y

$$\varphi_y=\frac{N}{A}\cdot\frac{1}{f-\dfrac{\eta\beta_{tx}M_x}{\varphi_b W_{1x}}}$$

(6) 由 φ_y 反查 λ_y → 由 λ_y 求 $i_{yreq}=\dfrac{l_{0y}}{\lambda_y}$ → 由 i_{yreq} 求得 $b_{req}=\dfrac{i_{yreq}}{\alpha_2}$

(7) 根据 A_{req}、h_{req} 和 b_{req} 确定截面尺寸。

6.11.2.2　验算截面

对试选的截面需作如下几方面验算：

(1) 强度——按式(6.64)计算(若 N、M_x 的取值与验算整体稳定性时的一样，等效弯矩系数为 1.0，且截面无削弱时，可不必验算强度)。

(2) 刚度——按式(6.5)计算。

(3) 整体稳定——在弯矩作用平面内按式(6.72)计算,对单轴对称截面当弯矩作用在对称轴平面且使较大翼缘受压时尚需按式(6.73)计算。在弯矩作用平面外按式(6.75)计算。

(4) 局部稳定——受压翼缘:工字形和T形截面按式(6.76)或式(6.77)计算;箱形截面两腹板之间的部分则按式(6.78)计算。腹板:工字形截面按式(6.85a)或式(6.85b)计算;箱形截面则按上两式计算结果的0.8倍且不小于40 $\sqrt{235/f_y}$计算;T形截面按式(6.86a)、式(6.86b)或式(6.39)、式(6.40)计算。

6.11.3 构造规定

实腹式压弯构件的横向加劲肋、横隔和纵向连接焊缝等的构造规定同实腹式轴心受压柱。

【例6.6】 试设计图6.50(a)所示焊接工字形翼缘为焰切边的压弯杆。杆两端铰接,长15m,在杆中间1/3长度处有侧向支承。截面无削弱。承受轴心压力设计值N=850kN,中点横向荷载设计值F=180kN,材料Q345钢。

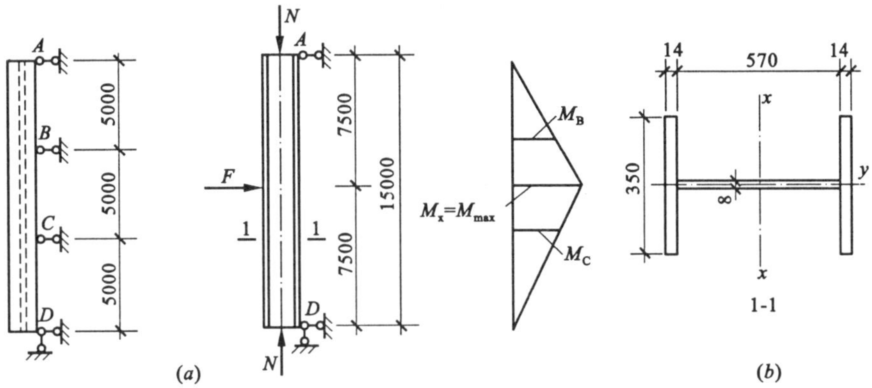

图6.50 例6.6附图

【解】 (1) 按试选截面程序初选截面

$$M_x = \frac{1}{4} \times 180 \times 15 = 675\text{kN} \cdot \text{m}$$

查附表1.2:$\varphi_x = 0.734$

假定$\lambda_x = 60$

$$\left(\text{按 } 60\sqrt{\frac{f_y}{235}} = 72.7\right) i_{xreq} = \frac{l_{0x}}{\lambda_x} = \frac{1500}{60} = 25\text{cm} \rightarrow h_{req} \approx \frac{i_{xreq}}{\alpha_1} = \frac{25}{0.43} = 58.1\text{cm}$$

$$\frac{A}{W_{1x}} = \frac{h_{req}}{2i_{xreq}^2} = \frac{58.1}{2 \times 25^2} = 0.0465\text{cm}^{-1}$$

$$A_{req} = \frac{1}{f}\left(\frac{N}{\varphi_x} + \frac{A}{W_{1x}} \cdot \frac{\beta_{mx} M_x}{\gamma_x}\right) \approx \frac{1}{f}\left(\frac{N}{\varphi_x} + \frac{AM_x}{W_{1x}}\right)$$

$$= \frac{1}{345} \times \left(\frac{850 \times 10^3}{0.734} + 0.0465 \times 0.1 \times 675 \times 10^6\right)$$

$$= 12450\text{mm}^2 = 124.5\text{cm}^2$$

(此处先设β_{mx}、γ_x均等于1.0)

$$W_{1x} = \frac{2A_{req} i_{xreq}^2}{h_{req}} = \frac{124.5}{0.0465} = 2677\text{cm}^3$$

$$\varphi_y = \frac{N}{A} \cdot \frac{1}{f - \frac{\eta \beta_{tx} M_x}{\varphi_b W_{1x}}} \approx \frac{N}{A} \cdot \frac{1}{f - \frac{M_x}{W_{1x}}}$$

$$= \frac{850 \times 10^3}{124.5 \times 10^2} \times \frac{1}{345 - \frac{675 \times 10^6}{2677 \times 10^3}} = 0.735$$

（此处均先取 η、β_{tx}、φ_b 等于 1.0）

由 φ_y=0.735 反查附表 1.2，$\lambda_y \sqrt{f_y/235}$=72.5，得

$$\lambda_y = 59.8 \rightarrow i_{yreq} = \frac{l_{0y}}{\lambda_y} = \frac{500}{59.8} = 8.36\text{cm} \rightarrow b_{req} = \frac{i_{yreq}}{\alpha_2} = \frac{8.36}{0.24} = 34.8\text{cm}$$

根据 A_{req}、h_{req}、b_{req}确定的截面尺寸如图 6.50(b)所示。

(2) 验算截面

截面几何特性

$$A = 2 \times 35 \times 1.4 + 57 \times 0.8 = 143.6\text{cm}^2$$

$$I_x = \frac{0.8 \times 57^3}{12} + 2 \times 35 \times 1.4 \times 29.2^2 = 95900\text{cm}^4$$

$$I_y = 2 \times \frac{1.4 \times 35^3}{12} = 10000\text{cm}^4$$

$$i_x = \sqrt{\frac{I_x}{A}} = \sqrt{\frac{95900}{143.6}} = 25.8\text{cm}$$

$$i_y = \sqrt{\frac{I_y}{A}} = \sqrt{\frac{10000}{143.6}} = 8.34\text{cm}$$

$$W_{1x} = \frac{95900}{29.9} = 3207\text{cm}^3$$

1) 强度

按式(6.64a)

$$\frac{N}{A_n} + \frac{M_x}{\gamma_x W_{nx}} = \frac{850 \times 10^3}{143.6 \times 10^2} + \frac{675 \times 10^6}{1.0 \times 3207 \times 10^3}$$

$$= 59.2 + 210.5 = 269.7\text{N/mm}^2 < f = 310\text{N/mm}^2 \quad \text{（满足）}$$

2) 在弯矩作用平面内的稳定

$$\lambda_x = \frac{l_{0x}}{i_x} = \frac{1500}{25.8} = 58.1 < [\lambda] = 150 \quad \text{（刚度满足）}$$

按表 6.4a，翼缘为焰切边的焊接工字形截面对 x、y 轴均属 b 类截面，由 $58.1\sqrt{f_y/235}=58.1\times\sqrt{345/235}$=70.4 查附表 1.2，$\varphi_x$=0.749

$$N'_{Ex} = \frac{\pi^2 EA}{1.1\lambda_x^2} = \frac{\pi^2 \times 206 \times 10^3 \times 143.6 \times 10^2}{1.1 \times 58.1^2} = 7863000\text{N} = 7863\text{kN}$$

β_{mx}=1.0（按无端弯矩但有横向荷载作用）

按式(6.72)

$$\frac{N}{\varphi_x A} + \frac{\beta_{mx} M_x}{\gamma_x W_{1x}\left(1 - 0.8\frac{N}{N'_{Ex}}\right)}$$

$$= \frac{850 \times 10^3}{0.749 \times 143.6 \times 10^2} + \frac{1.0 \times 675 \times 10^6}{1.0 \times 3207 \times 10^3 \times \left(1 - 0.8 \times \frac{850 \times 10^3}{7863 \times 10^3}\right)}$$

$$= 79 + 230.4 = 309.4\text{N/mm}^2 < f = 310\text{N/mm}^2 \quad （满足）$$

3）在弯矩作用平面外的稳定（取 BC 段）

$$\lambda_y = \frac{l_{0y}}{i_y} = \frac{500}{8.34} = 59.9 < [\lambda] = 150 \quad （刚度满足）$$

按 $59.9\sqrt{f_y/235} = 59.9 \times \sqrt{345/235} = 72.6$ 查附表 1.2，$\varphi_y = 0.735$。由式(5.23)

$$\varphi_b = 1.07 - \frac{\lambda_y^2}{44000} \cdot \frac{f_y}{235} = 1.07 - \frac{59.9^2}{44000} \times \frac{345}{235} = 0.95$$

$\beta_{tx} = 1.0$（按所考虑的 BC 构件段内有端弯矩和横向荷载同时作用，且使构件段产生同向曲率）。$\eta = 1.0$。

按式(6.75)

$$\frac{N}{\varphi_y A} + \eta \frac{\beta_{tx} M_x}{\varphi_b W_{1x}} = \frac{850 \times 10^3}{0.735 \times 143.6 \times 10^2} + \frac{1.0 \times 1.0 \times 675 \times 10^6}{0.95 \times 3207 \times 10^3}$$

$$= 80.5 + 221.6 = 302.1\text{N/mm}^2 < f = 310\text{N/mm}^2 \quad （满足）$$

4）局部稳定

翼缘按式(6.76)或式(6.77)，腹板按式(6.85)

翼缘：$\frac{b_1}{t} = \frac{35 - 0.8}{2 \times 1.4} = 12.2$ $< 15\sqrt{235/f_y} = 15 \times \sqrt{235/345} = 12.4$ （满足）

$> 13\sqrt{235/f_y} = 13 \times \sqrt{235/345} = 10.7$

（不满足部分截面发展塑性的限值，故前面计算强度和稳定时取 $\gamma_x = 1.0$ 正确）

腹板：$$\frac{\sigma_{max}}{\sigma_{min}} = \frac{N}{A} \pm \frac{M}{I_x} \cdot \frac{h_0}{2} = \frac{850 \times 10^3}{143.6 \times 10^2} \pm \frac{675 \times 10^6}{95900 \times 10^4} \times \frac{570}{2}$$

$$= 59.2 \pm 200.6 = \begin{matrix} 259.8\text{N/mm}^2（压应力） \\ -141.4\text{N/mm}^2（拉应力） \end{matrix}$$

$$\alpha_0 = \frac{\sigma_{max} - \sigma_{min}}{\sigma_{max}} = \frac{259.8 - (-141.4)}{259.8} = 1.54 < 1.6，按式(6.85a)$$

$$\frac{h_0}{t_w} = \frac{570}{8} = 71.3 > (16\alpha_0 + 0.5\lambda_x + 25)\sqrt{\frac{235}{f_y}}$$

$$= (16 \times 1.54 + 0.5 \times 58.1 + 25) \times \sqrt{\frac{235}{345}} = 64.9 \quad （不满足）$$

由计算结果可知，该截面仅腹板不满足局部稳定要求。由于整体稳定性也无富余，故不能采用腹板屈曲后的有效截面计算，还需对截面稍作修改或设置纵向加劲肋。

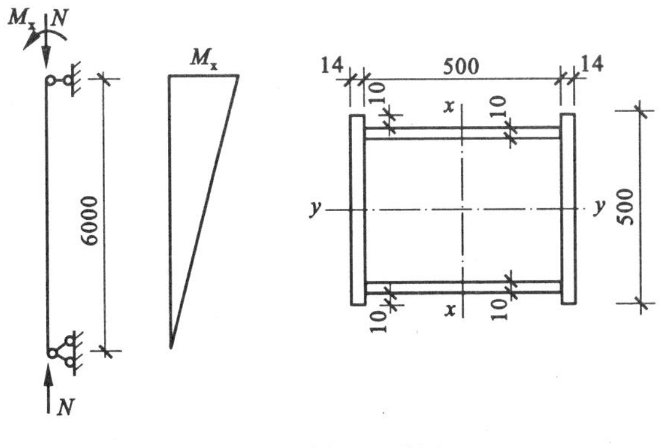

图 6.51 例 6.7 附图

【例 6.7】 图 6.51 所示箱形截面压弯构件，承受静力荷载，轴心压力设计值 $N = 1500\text{kN}$，上端弯矩设计值 $M_x = 700\text{kN} \cdot \text{m}$。钢材 Q235B。截面无削弱。试验算此构件的强度和稳定性。

【解】 (1) 截面几何特性

$$A = 2 \times 50 \times 1.4 + 2 \times 50 \times 1$$
$$= 240\text{cm}^2$$

$$I_x = 2 \times \frac{1}{12} \times 1 \times 50^3 + 2 \times 50 \times 1.4 \times 25.7^2 = 113300\text{cm}^4$$

$$I_y = 2 \times \frac{1}{12} \times 1.4 \times 50^3 + 2 \times 50 \times 1 \times 23.5^2 = 84390\text{cm}^4$$

$$i_x = \sqrt{\frac{I_x}{A}} = \sqrt{\frac{113300}{240}} = 21.7\text{cm}$$

$$i_y = \sqrt{\frac{I_y}{A}} = \sqrt{\frac{84390}{240}} = 18.8\text{cm}$$

$$W_{nx} = W_x = \frac{113300}{26.4} = 4290\text{cm}^3$$

(2) 截面验算

1) 强度验算(取弯矩最大截面)

按式(6.64)

$$\frac{N}{A_n} + \frac{M_x}{\gamma_x W_{nx}} = \frac{1500 \times 10^3}{240 \times 10^2} + \frac{700 \times 10^6}{1.05 \times 4290 \times 10^3} = 62.5 + 155.4 = 217.9\text{N/mm}^2$$

$$\approx 215\text{N/mm}^2 \quad (\text{满足})$$

2) 弯矩作用平面内稳定性

$$\lambda_x = \frac{l_{0x}}{i_x} = \frac{600}{21.7} = 27.6 < [\lambda] = 150 \quad (\text{满足})$$

按表 6.4a,焊接箱形截面且板件宽厚比大于 20,对 x 轴和 y 轴均属于 b 类。故查附表 1.2,$\varphi_x=0.944$。

$$N'_{Ex} = \frac{\pi^2 EA}{1.1\lambda_x^2} = \frac{\pi^2 \times 206 \times 10^3 \times 240 \times 10^2}{1.1 \times 27.6^2} = 58230000\text{N} = 58230\text{kN}$$

$$\beta_{mx} = 0.65 + 0.35\frac{M_2}{M_1} = 0.65(\text{下端弯矩 } M_2 = 0)$$

按式(6.72)

$$\frac{N}{\varphi_x A} + \frac{\beta_{mx} M_x}{\gamma_x W_{1x}\left(1 - 0.8\frac{N}{N'_{Ex}}\right)}$$

$$= \frac{1500 \times 10^3}{0.944 \times 240 \times 10^2} + \frac{0.65 \times 700 \times 10^6}{1.05 \times 4290 \times 10^3 \times \left(1 - 0.8 \times \frac{1500 \times 10^3}{58230 \times 10^3}\right)}$$

$$= 66.2 + 103.1 = 169.3\text{N/mm}^2 < f = 215\text{N/mm}^2 \quad (\text{满足})$$

3) 弯矩作用平面外的稳定性

$$\lambda_y = \frac{l_{0y}}{i_y} = \frac{600}{18.8} = 31.9 < [\lambda] = 150 \quad (\text{满足})$$

按 b 类截面查附表 1.2,$\varphi_y=0.929$。$\beta_{tx}=0.65$(取值方法与 β_{mx} 相同)。

对箱形截面 $\eta=0.7$。按式(5.28),$\varphi_b=1.0$。

按式(6.75)

$$\frac{N}{\varphi_y A} + \eta\frac{\beta_{tx} M_x}{\varphi_b W_{1x}} = \frac{1500 \times 10^3}{0.929 \times 240 \times 10^2} + 0.7 \times \frac{0.65 \times 700 \times 10^6}{1.0 \times 4290 \times 10^3}$$

$$= 67.3 + 74.2 = 141.5\text{N/mm}^2 < f = 215\text{N/mm}^2 \quad (\text{满足})$$

4) 局部稳定

翼缘：按式(6.78)

$$\frac{b_0}{t}=\frac{46}{1.4}=33<40\times\sqrt{\frac{235}{f_y}}=40\times\sqrt{\frac{235}{235}}=40 \qquad (满足)$$

腹板：

$$\left.\begin{matrix}\sigma_{max}\\ \sigma_{min}\end{matrix}\right\}=\frac{N}{A}\pm\frac{M_x}{I_x}\cdot\frac{h_0}{2}=\frac{1500\times10^3}{240\times10^2}\pm\frac{700\times10^6}{113300\times10^4}\times\frac{500}{2}$$

$$=62.5\pm154.5=\begin{matrix}217\\ -92\end{matrix}\ \text{N/mm}^2(负号表明腹板一端已处在受拉状态)$$

$$\alpha_0=\frac{\sigma_{max}-\sigma_{min}}{\sigma_{max}}=\frac{217-(-92)}{217}=1.42<1.6$$

故应按式(6.85a)右侧乘以 0.8 计算

$$\frac{h_0}{t_w}=\frac{50}{1}=50\approx0.8\times(16\alpha_0+0.5\lambda+25)\sqrt{\frac{235}{f_y}}$$

$$=0.8\times(16\times1.42+0.5\times27.6+25)\times\sqrt{\frac{235}{235}}=49.2 \qquad (满足)$$

由本例计算结果可见，对实腹式压弯构件，当端弯矩较大时，往往是由该处的强度控制承载力。另外，截面也较开展，腹板宽厚比达到了限值。

【例 6.8】 图 6.52 所示天窗架侧柱 AB，承受轴心压力设计值 $N=85.8\text{kN}$，风荷载设计值 $w=\pm2.87\text{kN/m}$（正号为压力，负号为吸力），计算长度 $l_{0x}=l=3.5\text{m}$，$l_{0y}=3.0\text{m}$，试选择双角钢截面。材料 Q235B 钢。

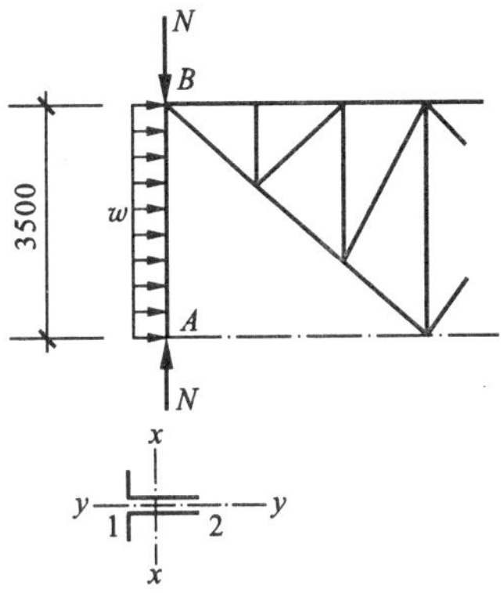

图 6.52 例 6.8 附图

【解】 根据已知条件，该柱为承受轴心压力和横向荷载作用的压弯构件，可根据经验先试选截面，然后分别考虑风为压力和吸力两种情况进行在弯矩作用平面内和平面外的稳定性验算（截面无削弱，且计算稳定性和强度属同一截面，可不进行强度验算）。当风为压力时，跨中截面最大弯矩使翼缘边缘 1 处产生最大压应力，与轴心压力产生的压应力同号，故应以此处进行弯矩作用平面内稳定验算。同时，因截面为单轴对称截面且较大翼缘受压，有可能在受拉侧首先发展塑性而使构件破坏，故还应对肢尖 2 处进行验算。当风为吸力时，跨中截面最大弯矩使肢尖 2 处产生最大压应力且与轴心压力产生的应力同号，故应以此处进行弯矩作用平面内稳定性验算。另外，不论风为压力和吸力均应进行弯矩作用平面外的稳定验算。

试选 2∟100×80×7 长肢相连，设角钢间节点板厚度 10mm。

(1) 截面几何特性

查附表 10：

$$A=2\times12.3=24.6\text{cm}^2,\quad I_x=2\times123.7=247.4\text{cm}^4$$

$$i_x=3.16\text{cm},\quad i_y=3.46\text{cm},\quad z=3.0\text{cm}$$

(2) 截面验算

1) 当风荷载为压力时

① 弯矩作用平面内的稳定性

$$M_x=\frac{ql^2}{8}=\frac{2.87\times3.5^2}{8}=4.4\text{kN}\cdot\text{m}$$

$$\lambda_x = \frac{l_{0x}}{i_x} = \frac{350}{3.16} = 110.8 < [\lambda] = 150$$

按表 6.4a，双角钢 T 形截面对 x 轴、y 轴均属 b 类。查附表 1.2，$\varphi_x=0.488$。

$$N'_{Ex} = \frac{\pi^2 EA}{1.1\lambda_x^2} = \frac{\pi^2 \times 206 \times 10^3 \times 24.6 \times 10^2}{1.1 \times 110.8^2} = 370000\text{N} = 370\text{kN}$$

$$W_{1x} = \frac{247.4}{3} = 82.5\text{cm}^3$$

$$W_{2x} = \frac{247.4}{7} = 35.3\text{cm}^3$$

$\beta_{mx} = 1.0$(按无端弯矩但有横向荷载作用时)

$\gamma_{x1} = 1.05 \qquad \gamma_{x2} = 1.20$

按式(6.72)、式(6.73)

$$\frac{N}{\varphi_x A} + \frac{\beta_{mx} M_x}{\gamma_{x1} W_{1x}\left(1 - 0.8\dfrac{N}{N'_{Ex}}\right)}$$

$$= \frac{85.8 \times 10^3}{0.488 \times 24.6 \times 10^2} + \frac{1.0 \times 4.4 \times 10^6}{1.05 \times 82.5 \times 10^3 \times \left(1 - 0.8 \times \dfrac{85.8 \times 10^3}{370 \times 10^3}\right)}$$

$$= 71.5 + 62.4 = 133.9\text{N/mm}^2 < f = 215\text{N/mm}^2 \quad \text{(满足)}$$

$$\left|\frac{N}{A} - \frac{\beta_{mx} M_x}{\gamma_{x2} W_{2x}\left(1 - 1.25\dfrac{N}{N'_{Ex}}\right)}\right|$$

$$= \left|\frac{85.8 \times 10^3}{24.6 \times 10^2} - \frac{1.0 \times 4.4 \times 10^6}{1.2 \times 35.3 \times 10^3 \times \left(1 - 1.25 \times \dfrac{85.8 \times 10^3}{370 \times 10^3}\right)}\right|$$

$$= |34.9 - 146.3| = 111.4\text{N/mm}^2 < f = 215\text{N/mm}^2 \quad \text{(满足)}$$

② 弯矩作用平面外的稳定性

$$\lambda_y = \frac{l_{0y}}{i_y} = \frac{300}{3.46} = 86.7 < [\lambda] = 150$$

$$b_2/t = 8/0.7 = 11.4 < 0.48 l_{0y}/b_2 = 0.48 \times 300/8 = 18$$

故按式(6.33a)

$$\lambda_{yz} = \lambda_y\left(1 + \frac{1.09 b_2^4}{l_{0y}^2 t^2}\right) = 86.7 \times \left(1 + \frac{1.09 \times 8^4}{300^2 \times 0.7^2}\right) = 95.5 < [\lambda] = 150 \quad \text{(满足)}$$

由 λ_{yz} 查附表 1.2，$\varphi_y=0.584$。

双角钢 T 形截面压弯构件，弯矩使翼缘受压时的 φ_b 可按近似公式(5.25)计算

$$\varphi_b = 1 - 0.0017\lambda_y\sqrt{\frac{f_y}{235}} = 1 - 0.0017 \times 86.7 \times \sqrt{\frac{235}{235}} = 0.853$$

$\beta_{tx}=1.0$(按所计算构件段内有端弯矩和横向荷载同时作用且使构件段产生同向曲率时)

按式(6.75)

$$\frac{N}{\varphi_y A} + \eta\frac{\beta_{tx} M_x}{\varphi_b W_{1x}} = \frac{85.8 \times 10^3}{0.584 \times 24.6 \times 10^2} + 1.0 \times \frac{1.0 \times 4.4 \times 10^6}{0.853 \times 82.5 \times 10^3}$$

$$= 59.7 + 62.5 = 122.2\text{N/mm}^2 < f = 215\text{N/mm}^2 \quad \text{(满足)}$$

2) 当风荷载为吸力时

① 弯矩作用平面内的稳定性

按式(6.72)

$$\frac{N}{\varphi_x A}+\frac{\beta_{mx}M_x}{\gamma_{x2}W_{2x}\left(1-0.8\frac{N}{N_{Ex}'}\right)}$$

$$=\frac{85.8\times10^3}{0.488\times24.6\times10^2}+\frac{1.0\times4.4\times10^6}{1.2\times35.3\times10^3\times\left(1-0.8\times\frac{85.8\times10^3}{370\times10^3}\right)}$$

$$=71.5+127.5=199\text{N/mm}^2<f=215\text{N/mm}^2 \qquad (满足)$$

② 弯矩作用平面外的稳定性

双角钢 T 形截面弯矩使翼缘受拉时按式(5.27)计算

$$\varphi_b=1-0.0005\lambda_y\sqrt{\frac{f_y}{235}}=1-0.0005\times86.7\times\sqrt{\frac{235}{235}}=0.957$$

按式(6.75)

$$\frac{N}{\varphi_y A}+\eta\frac{\beta_{tx}M_x}{\varphi_b W_{2x}}=\frac{85.8\times10^3}{0.584\times24.6\times10^2}+1.0\times\frac{1.0\times4.4\times10^6}{0.957\times35.3\times10^3}$$

$$=59.7+130.2=189.9\text{N/mm}^2<f=215\text{N/mm}^2 \qquad (满足)$$

由计算结果可见，当风荷载为吸力，即在角钢肢尖受压时的稳定性较不利。

6.12 格构式压弯构件的设计

6.12.1 格构式压弯构件的组成形式

格构式压弯构件多用于截面较大的厂房框架柱和独立柱，可以较好地节约材料。一般将弯矩绕虚轴作用，在弯矩作用平面内的截面高度较大，加之承受较大的外剪力，故通常采用缀条构件。构件分肢可根据作用的轴心压力和弯矩的大小以及使用要求，采用型钢或钢板设计成如图 6.4(*c*)所示的双轴对称截面(正负弯矩的绝对值相差不大时)或单轴对称截面(正负弯矩绝对值相差较大时，并将较大肢放在受压较大一侧)。缀条亦多采用单角钢，其要求同格构式轴心受压构件。

6.12.2 格构式压弯构件的稳定

6.12.2.1 弯矩绕实轴作用时

(1) 在弯矩作用平面内的稳定

如图 6.53(*a*)所示的弯矩绕实轴 y-y 作用(图中双箭头代表矢量表示的绕 y 轴的弯矩 M_y。按右手法则)的格构式压弯构件，显而易见，在弯矩作用平面内的稳定与实腹式压弯构件的相同，故应按式(6.72)计算(将式中 x 改为 y)。

(2) 在弯矩作用平面外的稳定

在弯矩作用平面外的稳定与实腹式闭合箱形截面类似，故应按式(6.75)计算(将式中 x 改为 y)，但式中 φ_y(改为 φ_x)应按换算长细比(即 λ_{0x}，用格构式轴心受压构件相同方法计算)查表，并取 $\varphi_b=1.0$(因截面对虚轴的刚度较大)。

6.12.2.2 弯矩绕虚轴作用时

(1) 在弯矩作用平面内的稳定

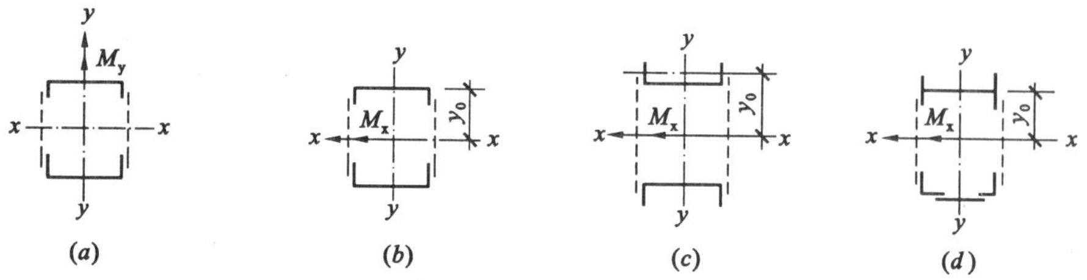

图 6.53 格构式压弯构件的稳定计算

弯矩绕虚轴 x-x 作用的格构式压弯构件，由于截面腹部虚空，故不考虑截面深入发展塑性。对图 6.53(b)所示截面，当压力较大一侧分肢的腹板边缘达屈服时，可近似地认为构件承载力已达极限状态；对图 6.53(c)、(d)所示截面，也只考虑压力较大一侧分肢的外伸翼缘发展部分塑性。因此《设计规范》采用边缘纤维屈服作为设计准则，即按式(6.71)计算。引入抗力分项系数后，可得

$$\frac{N}{\varphi_x A}+\frac{\beta_{mx}M_x}{W_{1x}(1-\varphi_x N/N'_{Ex})}\leqslant f \tag{6.92}$$

式中 $W_{1x}=I_x/y_0$；

I_x——对 x 轴的毛截面惯性矩；

y_0——由 x 轴到压力较大分肢轴线的距离或者到压力较大分肢腹板外边缘的距离，取二者中较大者；

φ_x、N'_{Ex}——轴心压杆稳定系数和考虑 γ_R 的欧拉临界力（$N'_{Ex}=\pi^2 EA/(1.1\lambda_x^2)$），均由对虚轴的换算长细比 λ_{0x} 确定。

(2) 分肢的稳定

弯矩绕虚轴作用的格构式压弯构件，也可能因弯矩作用平面外即对实轴的刚度不足而失稳，但其屈曲形式和实腹式压弯构件的不尽相同。实腹式截面的整体性很强，故当压力较大翼缘趋向平面外弯曲时，将受到腹板和压力较小(或拉力)翼缘的约束，以致呈现为弯扭屈曲。而格构式构件因缀件比较柔细，故当压力较大(或压力较小)分肢趋向平面外弯曲时，受另一分肢的约束很小，以致呈现为单肢屈曲。因此，对在弯矩作用平面外的稳定可不必计算，而用计算各分肢的稳定性代替。计算时，可将构件视为平行弦桁架，分肢视为弦杆，并按轴心压杆计算。若分肢在弯矩作用平面外的稳定能保证，则整个构件在弯矩作用平面外的稳定也得到保证。

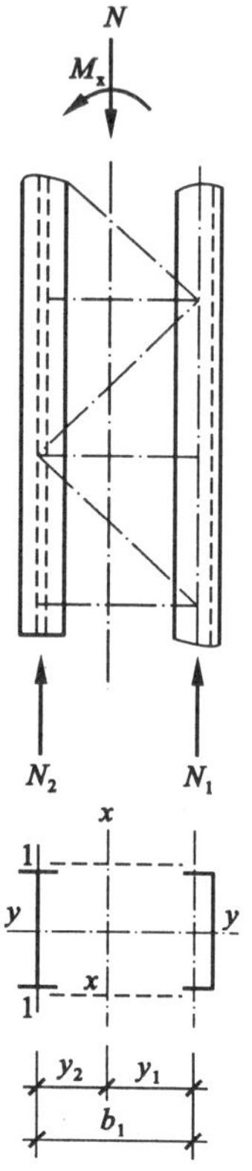

图 6.54 分肢内力计算

分肢的轴心力按下式计算(图 6.54)：

分肢 1

$$N_1=\frac{M_x}{b_1}+\frac{Ny_2}{b_1} \tag{6.93}$$

分肢 2

$$N_2=N-N_1 \tag{6.94}$$

对缀条柱，分肢按承受 N_1(或 N_2)的轴心受力构件计算。

对缀板柱，分肢除受轴心力 N_1(或 N_2)作用外，尚应考虑由剪力引起的局部弯矩(见第 6.6 节)，按压弯构件计算。剪力 V 取实际剪力和按式(6.49)的计算剪力两者中的较大值。

分肢的计算长度，在缀件平面内(对 1-1 轴)取缀条相邻两节点中心间

的距离或缀板间的净距，在缀件平面外则取整个构件侧向支承点之间的距离。

6.12.3 格构式压弯构件的缀件计算

与格构式轴心受压构件的缀件相同，但所受剪力应取实际剪力和按式(6.49)的计算剪力两者中的较大值。

6.12.4 格构式压弯构件的连接节点和构造规定

同第 6.6 节格构式轴心受压构件。

6.12.5 格构件压弯构件的截面设计

格构式压弯构件截面的设计方法同样需按试选截面和验算截面两步进行。试选截面可参照已有资料或经验初选，然后对其作如下几方面验算：

(1) 强度——按式(6.64)验算，但取式中 $\gamma_x=1.0$。

(2) 刚度——按式(6.5)验算，但对虚轴需用换算长细比 λ_{0x}。

(3) 整体稳定——当弯矩绕实轴作用时，在弯矩作用平面内的稳定按式(6.72)验算，平面外的稳定按式(6.75)验算。当弯矩绕虚轴作用时，在弯矩作用平面内的稳定按式(6.92)验算，平面外的稳定对缀条柱分肢按实腹式轴心受压构件验算，对缀板柱分肢则按实腹式压弯构件验算。

(4) 局部稳定——按实腹式轴心受压构件公式验算。

(5) 缀件(缀条、缀板)——按格构式轴心受压构件公式验算。但所受剪力取实际剪力和计算剪力两者中的较大值。

【例 6.9】 试计算图 6.55 所示单层厂房框架柱的下柱截面，属有侧移框架。在框架平面内的计算长度 $l_{0x}=26.03\text{m}$，在框架平面外的计算长度 $l_{0y}=12.76\text{m}$。组合内力的设计值为：$N=4400\text{kN}$，$M=\pm4375\text{kN}\cdot\text{m}$，$V=\pm300\text{kN}$。钢材 Q235B，火焰切割边。

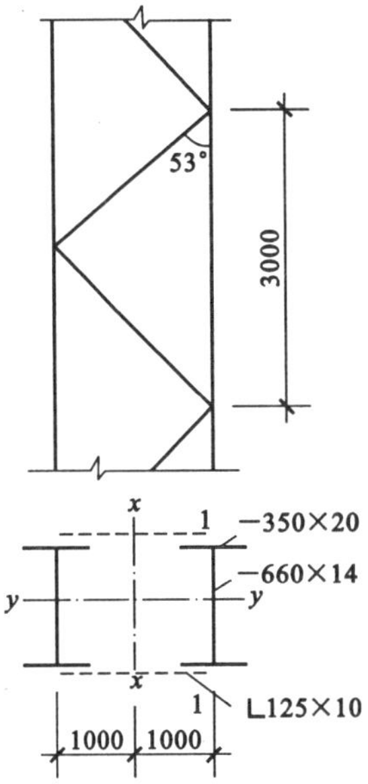

图 6.55 例 6.9 附图

【解】 (1) 截面几何特性

$$A=2\times(2\times35\times2+66\times1.4)=464.8\text{cm}^2$$

$$I_x=4\times\left(\frac{2\times35^3}{12}+35\times2\times100^2\right)+2\times66\times1.4\times100^2=4677000\text{cm}^4$$

$$I_y=4\times35\times2\times34^2+2\times\frac{1.4\times66^3}{12}=390800\text{cm}^4$$

$$i_x=\sqrt{\frac{I_x}{A}}=\sqrt{\frac{4677000}{464.8}}=100.3\text{cm}$$

$$i_y=\sqrt{\frac{I_y}{A}}=\sqrt{\frac{390800}{464.8}}=29.0\text{cm}$$

$$W_x=\frac{I_x}{y_{max}}=\frac{4677000}{117.5}=39800\text{cm}^3$$

查附表 9，∟125×10，$A=24.37\text{cm}^2$，$i_{y_0}=2.48\text{cm}$

缀条 $A_1=2\times24.37=48.74\text{cm}^2$

分肢 $A_1'=\frac{A}{2}=\frac{464.8}{2}=232.4\text{cm}^2$

$$I_{x1} = 2 \times \frac{2 \times 35^3}{12} = 14290\text{cm}^4$$

$$I_{y1} = \frac{I_y}{2} = \frac{390800}{2} = 195400\text{cm}^4$$

$$i_{x1} = \sqrt{\frac{I_{x1}}{A_1'}} = \sqrt{\frac{14290}{232.4}} = 7.84\text{cm}$$

$$i_{y1} = \sqrt{\frac{I_{y1}}{A_1'}} = \sqrt{\frac{195400}{232.4}} = 29.0\text{cm}$$

(2) 验算截面

1) 强度(验算工字形截面翼缘外端点)

按式(6.64a)

$$\frac{N}{A_n} + \frac{M_x}{\gamma_x W_{nx}} = \frac{4400 \times 10^3}{464.8 \times 10^2} + \frac{4375 \times 10^6}{1.0 \times 39800 \times 10^3} = 94.7 + 109.9 = 204.6\text{N/mm}^2$$

$$< f = 205\text{N/mm}^2 \quad (满足)$$

(按翼缘厚度 t=20mm 取 f=205N/mm^2)

2) 在弯矩作用平面内的稳定

$$\lambda_x = \frac{l_{0x}}{i_x} = \frac{2603}{100.3} = 25.95$$

$$\lambda_{0x} = \sqrt{\lambda_x^2 + 27\frac{A}{A_1}} = \sqrt{25.95^2 + 27 \times \frac{464.8}{48.74}} = 30.5 < [\lambda] = 150 \quad (满足)$$

按表 6.4a,格构式截面对 x 轴属 b 类截面。查附表 1.2,φ_x=0.934。

$$N_{Ex}' = \frac{\pi^2 EA}{1.1\lambda_{0x}^2} = \frac{\pi^2 \times 206 \times 10^3 \times 464.8 \times 10^2}{1.1 \times 30.5^2} = 92350000 = 92350\text{kN}$$

$$W_{1x} = \frac{I_x}{y_0} = \frac{4677000}{100} = 46770\text{cm}^3$$

$$\beta_{mx} = 1.0(按有侧移的框架柱)$$

按式(6.92)

$$\frac{N}{\varphi_x A} + \frac{\beta_{mx} M_x}{W_{1x}\left(1 - \varphi_x \frac{N}{N_{Ex}'}\right)}$$

$$= \frac{4400 \times 10^3}{0.934 \times 464.8 \times 10^2} + \frac{1.0 \times 4375 \times 10^6}{46770 \times 10^3 \times \left(1 - 0.934 \times \frac{4400 \times 10^3}{92350 \times 10^3}\right)}$$

$$= 101.4 + 97.9 = 199.3\text{N/mm}^2 < f = 205\text{N/mm}^2 \quad (满足)$$

3) 分肢的整体稳定

由式(6.93)

$$N_1 = \frac{N}{2} + \frac{M}{b_1} = \frac{4400}{2} + \frac{4375}{2} = 4387.5\text{kN}$$

$$\lambda_{x1} = \frac{l_{0x}}{i_{x1}} = \frac{300}{7.84} = 38.3 < [\lambda] = 150 \quad (满足)$$

$$\lambda_{y1} = \frac{l_{0y}}{i_{y1}} = \frac{1276}{29} = 44 < [\lambda] = 150 \quad (满足)$$

按表6.4a，翼缘为焰切边的焊接工字形截面对 x、y 轴均属b类截面，由 $\lambda_{max}=\lambda_{y1}=44$ 查附表1.2，$\varphi_{min}=0.882$。按式(6.23)

$$\frac{N_1}{\varphi_{min}A'_1}=\frac{4387.5\times10^3}{0.882\times232.4\times10^2}=214\text{N/mm}^2\approx f=205\text{N/mm}^2 \quad (满足)$$

4）分肢的局部稳定

翼缘(按式(6.37))

$$\frac{b_1}{t}=\frac{350-14}{2\times20}=8.4<(10+0.1\lambda_{max})\sqrt{\frac{235}{f_y}}$$

$$=(10+0.1\times44)\times\sqrt{\frac{235}{235}}=14.4 \quad (满足)$$

腹板(式(6.38))

$$\frac{h_0}{t_w}=\frac{660}{14}=47.1\approx(25+0.5\lambda_{max})\sqrt{\frac{235}{f_y}}$$

$$=(25+0.5\times44)\times\sqrt{\frac{235}{235}}=47 \quad (满足)$$

5）缀条的稳定

计算剪力(由式(6.49))

$$V=\frac{Af}{85}\sqrt{\frac{f_y}{235}}=\frac{464.8\times10^2\times215}{85}\times\sqrt{\frac{235}{235}}$$

$$=117600\text{N}=117.6\text{kN}<V=300\text{kN}$$

故采用实际剪力 $V=300$kN 计算。

斜缀条内力

$$N_1=\frac{V_1}{2\sin\alpha}=\frac{300}{2\sin53^\circ}=187.5\text{kN}$$

$$\lambda=\frac{l_0}{i_{y0}}=\frac{200}{\sin53^\circ\times2.48}=101<[\lambda]=150 \quad (满足)$$

按表6.4a，等边单角钢对 y_0 轴属b类截面。查附表1.2，$\varphi=0.549$。按式(6.23)

$$\frac{N_1}{\varphi A}=\frac{187.5\times10^3}{0.549\times24.37\times10^2}=140.1\text{N/mm}^2$$

$$<\psi f=0.75\times215=161.3\text{N/mm} \quad (满足)$$

式中 ψ 根据式(6.51)

$$\psi=0.6+0.0015\lambda=0.6+0.0015\times101=0.75$$

由计算结果可见，截面满足要求。

6.13 梁与柱的连接

梁与柱的连接分铰接和刚接两种形式。轴心受压柱与梁的连接应采用铰接，在框架结构中，横梁与柱则多采用刚接。刚接对制造和安装的要求较高，施工较复杂。设计梁与柱的连接应遵循安全可靠、传力路线明确简捷、构造简单和便于制造安装等原则。

6.13.1 铰接连接

梁与柱的铰接，按梁和柱的相对位置不同可分为梁支承于柱顶和支承于柱侧两种，在多层框架中则只能采用后者。现对其构造形式和设计方法简述如下。

6.13.1.1　梁支承于柱顶

梁支承于柱顶时，与梁连接的这部分柱顶通称为柱头。其构造一般为在柱顶设一顶板，梁的反力即经其传给柱身。顶板应具有足够刚度，其厚度不宜小于 16mm。

对图 6.56(*a*)所示实腹式柱，应将梁端支承加劲肋对准柱翼缘，这样可使梁的反力直接传给柱翼缘。两相邻梁之间应留 10～20mm 间隙，以便于梁的安装，待梁调整定位后用连接板和构造螺栓固定。此种连接构造简单，对制造和安装要求都不高，且传力明确。但当两相邻梁的反力不等时，将使柱偏心受压。

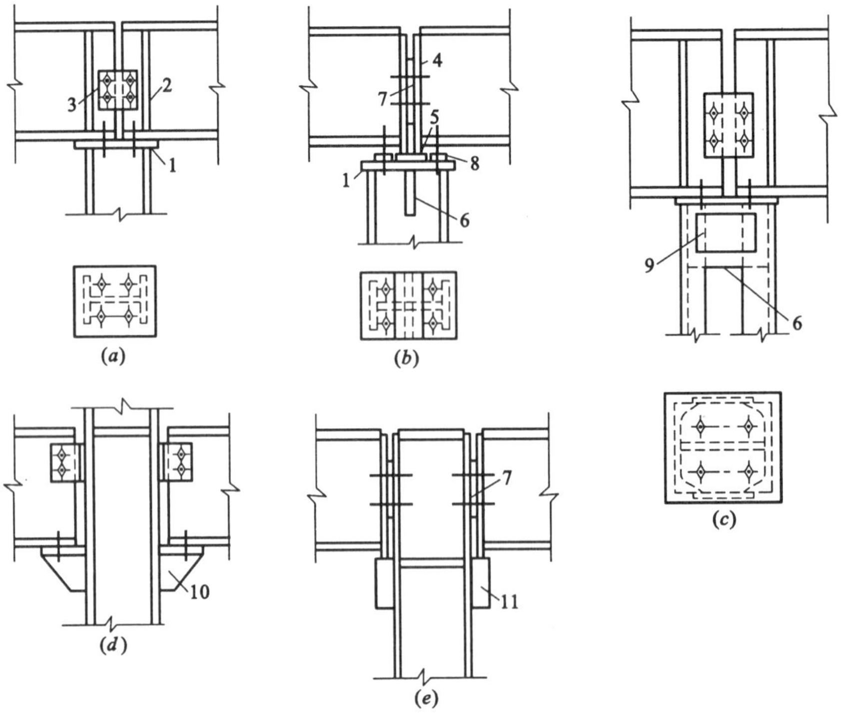

图 6.56　梁与柱的铰接

1—柱顶板；2—支承加劲肋；3—连接板；4—突缘加劲板；5—垫板；
6—加劲肋；7—填板；8—垫圈；9—缀板；10—T 形承托；11—钢板承托

当梁的支座反力通过突缘加劲板传递时，应将加劲板放在柱的轴线附近(图 6.56(*b*))，这样即使两相邻梁的反力不等，柱仍接近于轴心受压。突缘加劲板底部应刨平并与柱顶板顶紧。当梁支座反力较大时，为提高柱顶板的抗弯刚度，可在其上加设垫板，且对柱腹板亦应加强，在其两侧设加劲肋。加劲肋顶部与柱顶板可用焊接，但为了更好地传递梁支座反力，宜采用刨平顶紧，同时，柱腹板也不能太薄，当梁的反力很大时，可将其靠近柱顶板的部分加厚。另外，两相邻梁之间应留 10mm 间隙，以便于梁的安装就位，待梁调整好后，余留间隙嵌入填板并用构造螺栓固定。

对图 6.56(*c*)所示格构式柱，柱顶必须设置缀板，同时分肢间的顶板下面还须在中央设加劲肋。

6.13.1.2　梁支承于柱侧

图 6.56(*d*)所示为梁搁置于柱侧 T 形承托上。为防止梁扭转，可在其顶部附近设一小角钢用构造螺栓与柱连接。这种方式构造简单，施工方便，适用于梁的反力较小的情况。当梁的反力较大

时，可在柱的翼缘(或腹板)外焊接一厚钢板承托，梁端则采用突缘加劲板与承托刨平顶紧(图6.56(e))。承托与柱翼缘(或腹板)连接的角焊缝，由于梁的反力有一定偏心，可将反力加大，按1.25倍计算。同样为便于安装，梁端与柱翼缘(或腹板)之间亦应留一定间隙，并嵌入填板用构造螺栓固定。

当两侧梁的反力相差较大时，以上两种方式均应考虑将柱按压弯构件计算(对梁与柱的腹板连接，可不考虑)。

6.13.2　刚接连接

梁与柱的刚接构造，不仅要能传递梁端剪力和弯矩，同时还要具有足够的刚性，使连接不产生明显的相对转角，因此，不论梁位于柱顶或位于柱身，均应将梁支承于柱侧(图6.57)。图6.57(a)、(b)为全焊接刚性连接。前者采用连接板和角焊缝与柱连接，后者则将梁翼缘用坡口焊缝、梁腹板则直接用角焊缝与柱连接。坡口焊缝须设引弧板和坡口下面垫板(预先焊于柱上)，梁腹板则在端头上、下各开一个$r \approx 30$mm的弧形缺口，上缺口是为了留出垫板位置，下缺口则是为了便于施焊操作。图6.57(c)、(d)是将梁腹板与柱的连接改用普通螺栓或高强度螺栓，梁翼缘与柱的连接前者用连接板和角焊缝，后者则用坡口焊缝，这类栓焊混合连接便于安装，故目前在高层框架钢结构中应用普遍。另外应用较广的还有如图6.57(e)所示的用高强度螺栓连接的梁与柱的刚接。它是预先在柱上焊接一小段和横梁截面相同的短梁，安装时，采用连接盖板和高强度螺栓进行拼接，施工也较方便。

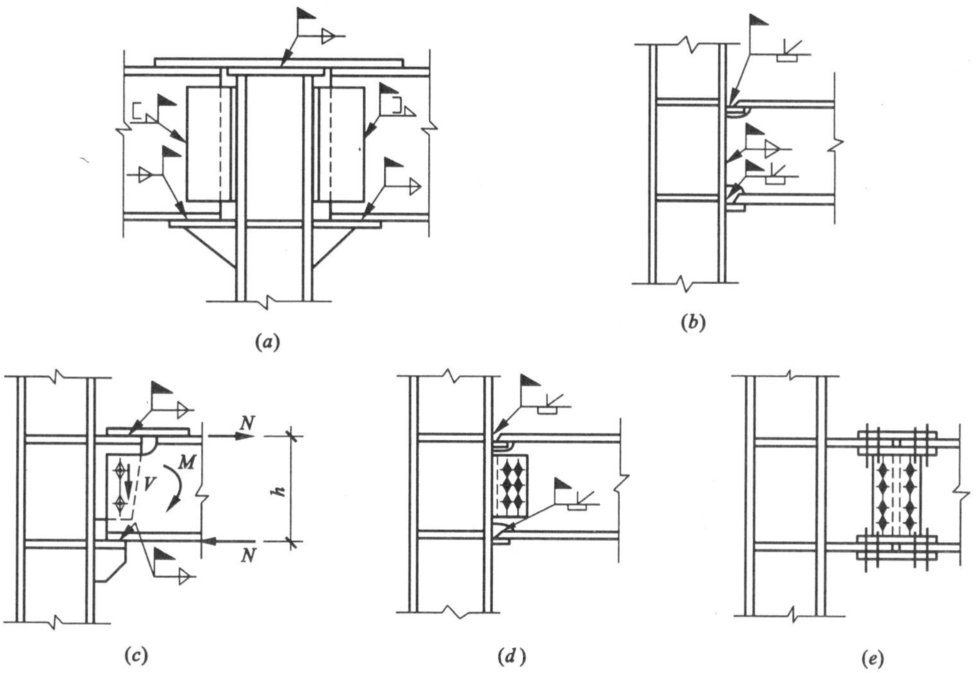

图6.57　梁与柱的刚接

梁与柱的刚接在计算时，梁端弯矩M只考虑由梁的上、下翼缘通过连接板和T形承托的顶板及角焊缝(或高强度螺栓)传递给柱，或直接由坡口焊缝传递给柱。M则代换为水平拉力和压力$N=M/h$(h为梁高)进行计算(图6.57(c))。梁的反力V全部由连接于梁腹板的连接板及焊缝(或高强螺栓)传递，或由承托传递。

为防止柱翼缘在水平拉力 N 作用下向外弯曲，柱腹板在水平压力 N 作用下局部失稳，应在柱腹板位于梁的上、下翼缘处设置横向加劲肋。其厚度一般与梁翼缘相等，这样相当于将两相邻梁连接成整体。

6.14　柱　　脚

柱脚的作用是将柱身内力传给基础，并与基础固定。由于柱脚的耗钢量大，且制造费工，因此设计时应使其构造简单，传力可靠，符合结构的计算简图，并便于安装固定。

柱脚按其与基础的连接形式可分铰接和刚接两种。不论是轴心受压柱、框架柱或压弯构件，这两种形式均有采用。但轴心受压柱常用铰接柱脚，而框架柱则多用刚接柱脚。

6.14.1　铰接柱脚

6.14.1.1　*形式和构造*

铰接柱脚主要承受轴心压力。由于基础材料（混凝土）的强度远比钢材低，因此需在柱底设一放大的底板以增加与基础的承压面积。图 6.58 所示为几种平板式柱脚，它们一般由底板和辅助传力零件——靴梁、隔板、肋板组成，并用埋设于混凝土基础内的锚栓将底板固定。底板标高一般在地平面以下，施工完后应用混凝土将柱脚封灌。锚栓一般按构造采用 2 个 M20～M27，并沿底板短轴线设置。由于这种构造在两方向的抗弯能力均有限，故可接近于铰接。

图 6.58(*a*)所示为铰接柱脚的最简单形式，柱身压力通过柱端与底板间的焊缝传递，故当压力大时，焊脚尺寸可能过大，同时底板也可能因抗弯刚度的需要而过厚，因此它只适用于小型柱。图 6.58(*b*)、(*c*)、(*d*)是几种常用的实腹式和格构式柱铰接柱脚形式。由于增设了一些辅助传力零件——靴梁、隔板、肋板，可使柱端和底板间的焊缝长度增加，焊脚尺寸减小。同时，底板因被分成几个较小区格，因而由基础反力作用产生的弯矩将大为减小，其厚度亦可减薄。但须注意，由于隔板等零件的设置，使柱脚一些部位形成封闭状，故在布置焊缝时应考虑施焊的方便和可能，尤其是对受力焊缝更应注意。

底板上锚栓孔的孔径应比锚栓直径大 1～1.5 倍或做成 U 形缺口，以便于柱的安装和调整。最后固定时，应用孔径比锚栓直径大 1～2mm 的锚栓垫板套住锚栓并与底板焊固。

6.14.1.2　*计算方法*

铰接柱脚一般只按承受轴心压力计算。当框架柱的铰接柱脚须承受剪力时，可由底板与基础表面的摩擦力传递，如不满足，可在底板下设置用方钢或其他型钢做成的抗剪键(图6.58(*c*))。

(1) 底板面积

计算时假定底板与基础间的压应力为均匀分布，底板的面积由下式确定：

$$A = lB \geqslant \frac{N}{f_{cc}} + A_0 \tag{6.95}$$

式中　l、B——底板的长度和宽度；

A_0——锚栓孔面积；

f_{cc}——基础混凝土考虑局部承压的抗压强度设计值，按《混凝土结构设计规范》(GB 50010—2002)。

底板宜做成正方形，或做成 $l \leqslant 2B$ 的长方形。若做成狭长形，底板下的压应力分布则不易均匀，且须设置较多隔板，同时长方向抗弯能力也可能过大，不符合铰接柱的假定。底板尺寸一般按

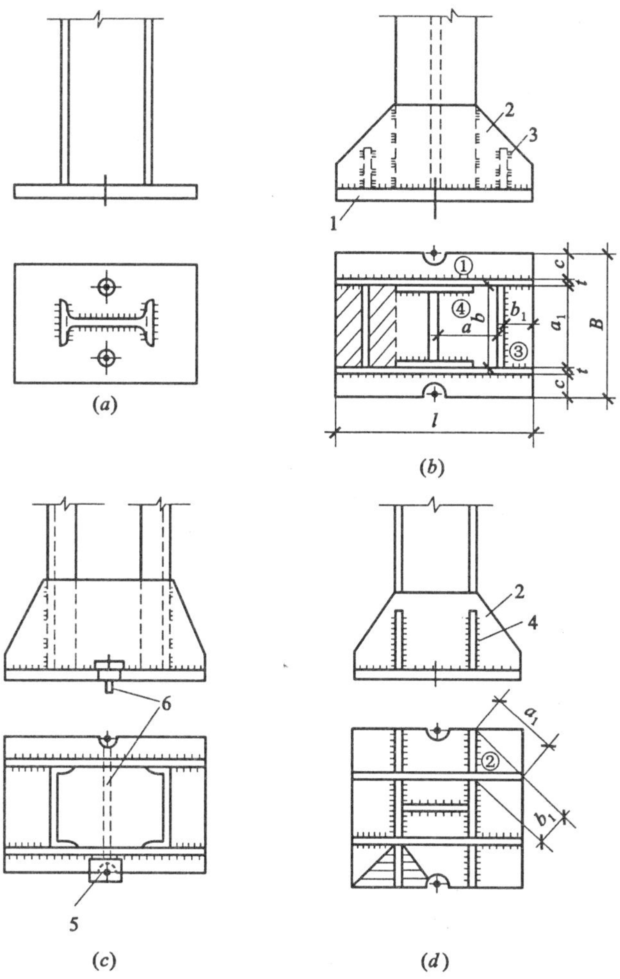

图 6.58 铰接柱脚

1—底板；2—靴梁；3—隔板；4—肋板；5—锚栓垫板；6—抗剪键

构造要求先定出宽度，然后即可算出需要的长度。

(2) 底板厚度

底板的厚度由其抗弯强度确定。将柱端、靴梁、隔板和肋板等视为底板的支承，因此底板形成四边支承板、三边支承板、两相邻边支承板和一边支承(悬臂)板等几种受力状态区格(图 6.58 中④、③、②、①)，在均布基础反力的作用下，各区格板单位宽度上的最大弯矩为：

四边支承板

$$M_4 = \alpha p a^2 \tag{6.96}$$

三边支承板及两相邻边支承板

$$M_{3,(2)} = \beta p a_1^2 \tag{6.97}$$

一边支承(悬臂)板

$$M_1 = \frac{1}{2} p c^2 \tag{6.98}$$

上列式中 $p=\dfrac{N}{lB-A_0}$——作用于底板单位面积的均匀压应力；

a——四边支承板的短边长度；

a_1——三边支承板的自由边的长度或两相邻边支承板的对角线长度；

c——悬臂长度(一般为3～4倍锚栓直径)；

α——系数，由 b/a 查表6.9，b 为四边支承板的长边长度；

β——系数，由 b_1/a_1 查表6.10，b_1 为三边支承板中垂直于自由边方向的长度或两相邻边支承板中内角顶点至对角线的垂直距离。

当三边支承板的 $b_1/a_1<0.3$ 时，可按悬臂长为 b_1 的悬臂板计算。

表6.9 α表

b/a	1.0	1.1	1.2	1.3	1.4	1.5	1.6	1.7	1.8	1.9	2.0	3.0	≥4.0
α	0.048	0.055	0.063	0.069	0.075	0.081	0.086	0.091	0.095	0.099	0.101	0.119	0.125

表6.10 β表

b_1/a_1	0.3	0.4	0.5	0.6	0.7	0.8	0.9	1.0	1.2	≥1.4
β	0.027	0.044	0.060	0.075	0.087	0.097	0.105	0.112	0.121	0.125

取由上列各式计算出的各区格板中的最大弯矩 M_{max}，即可按下式确定底板厚度

$$t=\sqrt{\frac{6M_{max}}{f}} \tag{6.99}$$

显而易见，为使底板厚度的设计合理，应使各区格中弯矩值接近，故在必要时，须调整底板尺寸或重划区格。

底板厚度一般取20～40mm，且不得小于14mm，以使其具有足够的刚度，符合基础反力为均匀分布的假定。

(3) 靴梁、隔板和肋板

靴梁可近似地作为支承在柱身的双悬臂简支梁计算(图6.59(b))，承受由底板连接焊缝传来的均匀反力作用。可先按柱的轴心压力 N 计算靴梁与柱身之间需要的竖焊缝长度以确定靴梁高度，并取其厚度略小于柱翼缘，然后对其抗弯和抗剪强度进行验算。

隔板作为底板的支承边，亦应具有一定的刚度。其厚度不应小于宽度的1/50，但可比靴梁的略薄。隔板高度一般取决于与靴梁连接焊缝长度的需要。在大型柱脚中还须按支承于靴梁的简支梁对其强度进行计算。隔板承受的底板反力可按图6.58(b)中阴影面积计算。

肋板可按悬臂梁计算其强度和与靴梁的连接焊缝，肋板承受的底板反力可按图6.58(d)中阴影面积计算。

(4) 靴梁、隔板和肋板与底板的水平角焊缝计算

柱身压力一部分通过竖焊缝传给靴梁、隔板或肋板，然后再由水平焊缝传给底板；另一部分则直接经柱端水平角焊缝传给底板。然而柱在制造时，柱端不一定齐平，且有时为调整柱的长度和垂直度，柱端还可能缩于靴梁里面，从而和底板之间出现较大间隙，故焊缝质量不易保证。而靴梁、隔板和肋板等零件在拼装时可任意调整其下表面，使其与底板接触，焊缝质量可以得到保证。因此，在计算以上水平角焊缝时，通常都偏安全地假定柱端与底板间的焊缝不传力，而只考虑其他焊缝受力。

【例6.10】 试设计一轴心受压格构式柱柱脚。柱截面尺寸如图6.59所示。轴心压力设计值 N=1700kN(包括柱自重)。基础混凝土强度等级C15。钢材Q235B，焊条E43型。

【解】 采用如图6.59(a)所示的柱脚形式，用2个M20锚栓。

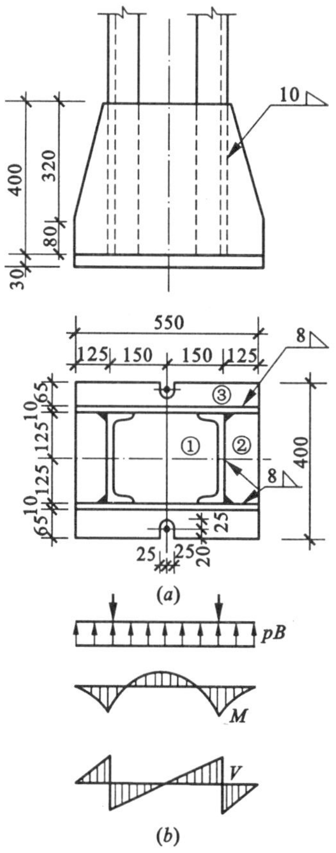

图 6.59　例 6.10 附图

(a) 柱脚形式;(b) 靴梁内力

(1) 底板尺寸

C15 混凝土 $f_{cc}=7.5\text{N/mm}^2$,局部受压的强度提高系数 $\beta=1.1$,则 $\beta f_{cc}=1.1\times7.5=8.25\text{N/mm}^2$。

螺栓孔面积

$$A_0=2\times\left(5\times2+\frac{\pi\times5^2}{8}\right)=39.6\text{cm}^2$$

底板需要面积(按式(6.95))

$$A=lB=\frac{N}{f_{cc}}+A_0=\frac{1700\times10^3}{8.25\times10^2}+39.6=2100\text{cm}^2$$

取底板宽度

$$B=25+2\times1+2\times6.5=40\text{cm}$$

所以底板需要长度

$$l=\frac{A}{B}=\frac{2100}{40}=52.5\text{cm}\quad 取 55\text{cm}$$

基础对底板单位面积的压应力为

$$p=\frac{N}{lB-A_0}=\frac{1700\times10^3}{(55\times40-39.6)\times10^2}$$

$$=7.87\text{N/mm}^2<\beta f_{cc}=8.25\text{N/mm}^2\qquad(满足)$$

按底板的三种区格分别计算其单位宽度上的最大弯矩

区格①为四边支承板,按式(6.96),$b/a=30/25=1.2$,查表 6.9 得 $\alpha=0.063$

$$M_4=\alpha pa^2=0.063\times7.87\times250^2=30990\text{N}\cdot\text{mm/mm}$$

区格②为三边支承板,按式(6.97),$b_1/a_1=12.5/25=0.5$,查表 6.10 得 $\beta=0.060$

$$M_3=\beta pa_1^2=0.060\times7.87\times250^2=29510\text{N}\cdot\text{mm/mm}$$

区格③为悬臂板,按式(6.98)

$$M_1=\frac{1}{2}pc^2=\frac{1}{2}\times7.87\times65^2=16630\text{N}\cdot\text{mm/mm}$$

按最大弯矩 $M_{max}=M_4=30990\text{N}\cdot\text{mm/mm}$ 计算底板厚度,取厚度 $t>16\sim40\text{mm}$ 的 $f=205\text{N/mm}^2$。由式(6.99)

$$t=\sqrt{\frac{6M_{max}}{f}}=\sqrt{\frac{6\times30990}{205}}=30.1\text{mm},取\ t=30\text{mm}$$

(2) 靴梁计算

靴梁与柱身共用 4 条竖直焊缝连接,每条焊缝需要的长度为(设 $h_f=10\text{mm}$)

$$l_w=\frac{N}{4\times0.7h_f f_f^w}=\frac{1700\times10^3}{4\times0.7\times10\times160}=379.5\text{mm}$$

$$<l_{wmax}=60h_f=60\times10=600\text{mm}\qquad(满足)$$

取靴梁高度为 $380+2\times10=400\text{mm}$,厚度为 10mm。

两块靴梁板承受的线荷载为(图 6.59(b))

$$pB=7.87\times400=3150\text{N/mm}$$

靴梁板承受的最大弯矩

$$M = \frac{1}{2}pBl^2 = \frac{1}{2} \times 3150 \times 125^2 = 24610000\text{N} \cdot \text{mm}$$

$$\sigma = \frac{M_{\max}}{W} = \frac{6 \times 24610000}{2 \times 10 \times 400^2} = 46.1\text{N/mm}^2 < f = 215\text{N/mm}^2 \quad （满足）$$

靴梁板承受的最大剪力

$$V = pBl = 3150 \times 125 = 393800\text{N}$$

$$\tau = 1.5\frac{V}{A} = 1.5 \times \frac{393800}{2 \times 400 \times 10} = 73.8\text{N/mm}^2 < f_v = 125\text{N/mm}^2 \quad （满足）$$

(3) 靴梁与底板的连接焊缝计算(按式(4.11))

设 $h_f = 8\text{mm}, \sum l_w = 2 \times (55 - 2 \times 0.8) + 4 \times (12.5 - 2 \times 0.8) = 150.4\text{cm}$

$$\sigma_f = \frac{N}{h_e \sum l_w} = \frac{1700 \times 10^3}{0.7 \times 8 \times 1504} = 201.8\text{N/mm}^2$$

$$\approx \beta_f f_f^w = 1.22 \times 160 = 195.2\text{N/mm}^2 \quad （满足）$$

6.14.2　刚接柱脚

6.14.2.1　形式和构造

刚接柱脚一般除承受轴心压力外，同时还承受弯矩和剪力。图 6.60 所示为几种平板式刚接柱脚。图 6.60(*a*)所示形式适用于压力和弯矩都较小，且在底板与基础间只产生压应力时，它类似于轴心受压柱柱脚。图 6.60(*b*)所示形式为常见的刚接柱脚，采用靴梁和整块底板，它适用于实腹式柱和小型格构式柱。为便于安装和保证柱与基础能可靠地形成刚性连接，锚栓不固定在底板上，而是从底板外缘穿过并固定在靴梁两侧由肋板和水平板组成的支座上。图 6.60(*c*)所示为分离式柱脚，它比整块底板经济，多用于大型格构式柱。各分肢柱脚相当于独立的轴心受力铰接柱脚，但柱脚底部须作必要的联系，以保证一定的空间刚度。

6.14.2.2　计算方法

与铰接柱脚相同，刚接柱脚的剪力亦应由底板与基础表面的摩擦力(摩擦系数可取 0.4)或设置抗剪键传递，不应将柱脚锚栓用来承受剪力。

(1) 底板面积

以图 6.60(*b*)所示柱脚为例。在轴心压力 N 和弯矩 M 的作用下，底板与基础间的压应力呈不均匀分布。在弯矩指向一侧底板边缘的压应力最大，而另一侧底板边缘的压应力则最小，甚至还可能出现拉应力。

设计底板面积时，首先根据构造要求确定底板宽度 B，悬臂长 c 可取 20～30mm。然后假定基础为弹性状态工作，基础反力呈直线分布，根据底板边缘最大压应力不超过混凝土的抗压强度设计值，采用下式即可确定底板在弯矩作用平面内的长度 l

$$\sigma_{\max} = \frac{N}{Bl} + \frac{6M}{Bl^2} \leqslant f_{cc} \tag{6.100}$$

式中　N、M——柱端承受的轴心压力和弯矩。应取使底板一侧边缘产生最大压应力的最不利内力组合。

(2) 底板厚度

底板另一侧边缘的应力可由下式计算

$$\sigma_{\min} = \frac{N}{Bl} - \frac{6M}{Bl^2} \tag{6.101}$$

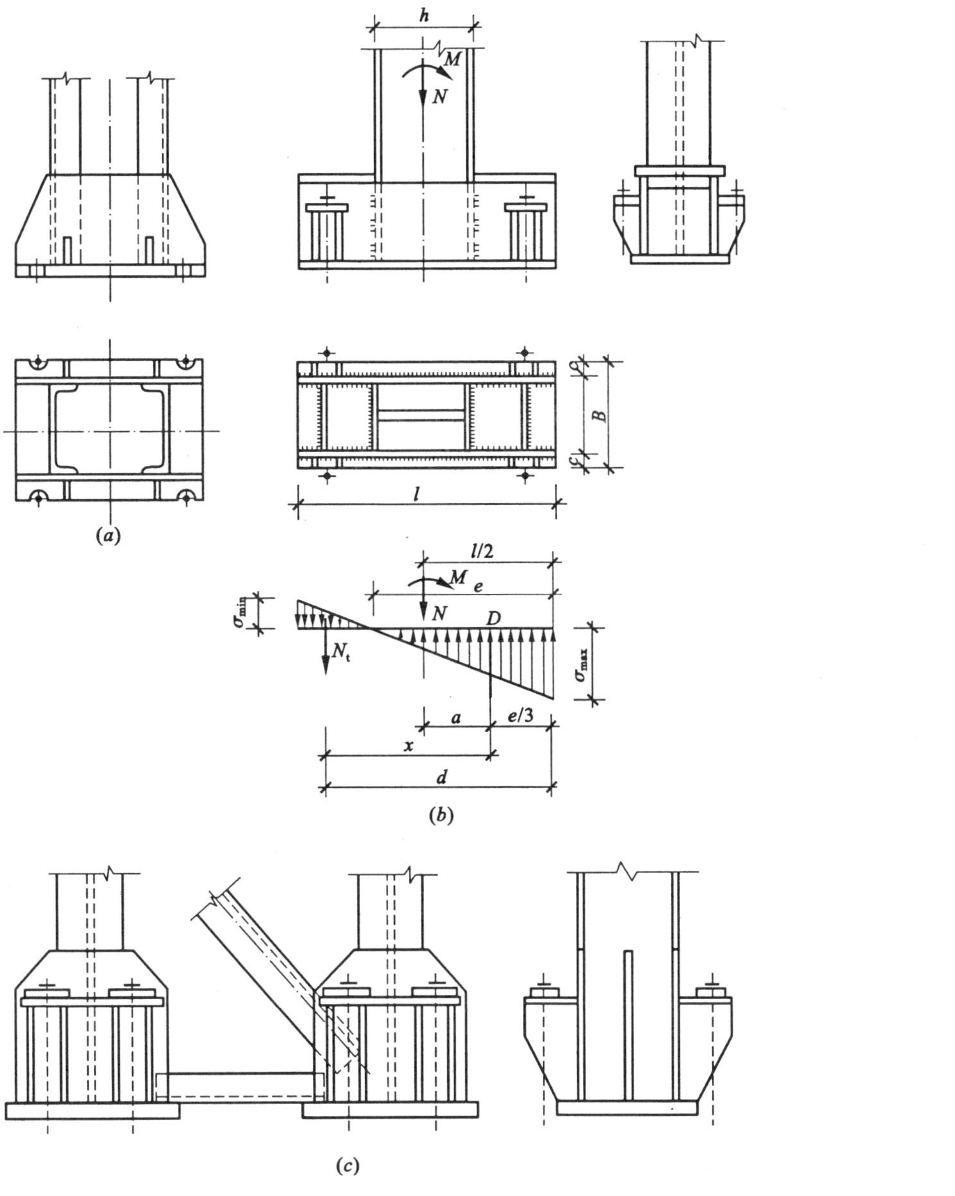

图 6.60 刚接柱脚

根据式(6.100)和式(6.101)即可得底板下压应力的分布图形，然后采用与铰接柱脚相同方法，用式(6.96)、式(6.97)、式(6.98)计算各区格底板单位宽度上的最大弯矩，再用式(6.99)确定底板厚度。计算弯矩时，可偏安全地取各区格中的最大压应力作为作用于底板单位面积的均匀压应力 p 进行计算。

(3) 靴梁、隔板和肋板

可采用与铰接柱脚类似方法计算靴梁、隔板和肋板的强度，靴梁与柱身以及与隔板、肋板等的连接焊缝，然后根据焊缝长度确定各自的高度。靴梁和锚栓支座的高度宜大于400mm。

在计算靴梁与柱身连接的竖直焊缝时，应按可能产生的最大内力 N_1 计算，即

$$N_1 = \frac{N}{2} + \frac{M}{h} \tag{6.102}$$

式中 h——柱截面高度。

(4) 锚栓

当由式(6.101)计算出的 $\sigma_{min} \geqslant 0$ 时，表明底板与基础间全为压应力，此时锚栓可按构造设置，将柱脚固定即可。若 $\sigma_{min} < 0$，则表明底板与基础间出现拉应力，此时锚栓的作用除了固定柱脚位置外，还应能承受柱脚底部由压力 N 和弯矩 M 组合作用而引起的拉力 N_t（图 6.60(*b*)）。当内力组合 N、M（通常取 N 偏小、M 偏大的一组）作用下产生如图中所示底板下应力的分布图形时，可确定出压应力的分布长度 e。现假定拉应力的合力 N_t 由锚栓承受，根据对压应力合力作用点 D 的力矩平衡条件 $\sum M_D = 0$，可得

$$N_t = \frac{M - Na}{x} \tag{6.103}$$

式中　$a = \frac{l}{2} - \frac{e}{3}$——底板压应力合力的作用点 D 至轴心压力 N 的距离；

$x = d - \frac{e}{3}$——底板压应力合力的作用点 D 至锚栓的距离；

$e = \frac{\sigma_{max}}{\sigma_{max} + |\sigma_{min}|} \cdot l$——压应力的分布长度；

d——锚栓至底板最大压应力处的距离。

根据 N_t 即可由下式计算锚栓需要的净截面面积 A_n，从而选出锚栓的数量和规格，或按附表13 选用锚栓的规格、数量和埋设深度

$$A_n = \frac{N_t}{f_t^a} \tag{6.104}$$

式中　f_t^a——锚栓的抗拉强度设计值，按表 4.11 选用。

另外，对柱脚的防腐蚀应特别加以重视。《设计规范》对此制定有强制性条文："柱脚在地面以下的部分应采用强度等级较低的混凝土包裹（保护层厚度不应小于 50mm），并应使包裹的混凝土高出地面不小于 150mm。当柱脚底面在地面以上时，柱脚底面应高出地面不小于 100mm。"

小　　结

(1) 轴心受拉构件和一般拉弯构件只需计算强度和刚度，而轴心受压构件、压弯构件和某些（拉力很小、弯矩很大）拉弯构件则同时还需计算整体稳定和局部稳定。整体稳定是其中最重要的一项，因压杆整体失稳往往是在其强度有足够保证的情况下突然发生的。

(2) 轴心受力构件的强度计算式(6.4)是根据构件净截面的平均应力 σ 不超过钢材的屈服点 f_y 制定的简化计算公式。

(3) 轴心受力构件和拉弯、压弯构件的刚度均按式(6.5)计算，即用容许长细比[λ]控制。

(4) 轴心受压构件的整体稳定承载力涉及构件的几何形状和尺寸（长度和截面几何特性）、杆端的约束程度和与之相关的屈曲形式（弯曲屈曲、扭转屈曲或弯扭屈曲）及屈曲方向、钢材生产和构件加工时存在的初始缺陷（残余应力、初弯曲、初偏心等），以及钢材的强度和弹性、弹塑性不同工作状态等众多因素，《设计规范》据此将其弯曲屈曲的临界力归纳为 4 条柱子曲线并用式(6.23)计算（须同时考虑两主轴方向）。式中 φ 值应根据长细比 $\lambda\sqrt{f_y/235}$ 对照 4 类截面形式和对应轴及 4 种钢材牌号查附表 1.1～附表 1.4。

实腹式轴心受压构件的扭转屈曲，可用其临界力与弯曲屈曲的欧拉临界力比较得到的式(6.30)换算长细比 λ_z 进行计算。由此式可得十字形截面不需考虑扭转屈曲的构件长细比为 $\lambda_x = \lambda_y \geqslant 5.07b/t$。$b/t$ 为悬伸板件的宽厚比。

单轴对称截面(双板T形、槽形、单角钢和双角钢组合T形截面等)轴心受压构件的弯扭屈曲，也是通过其临界力与弯曲屈曲的欧拉临界力比较得到的式(6.29)的换算长细比λ_{yz}，然后借用弯曲屈曲的φ值进行计算。但单角钢和双角钢组合T形截面的λ_{yz}可采用简化式(6.31)～式(6.35)计算。

格构式轴心受压构件对实轴(y-y轴)的整体稳定计算与实腹式轴心受压构件的完全相同。对虚轴(x-x轴)的整体稳定则要考虑剪力引起的附加剪切变形的影响，其临界力较实腹式轴心受压构件的低。双肢缀条构件和缀板构件可通过与实腹式的欧拉临界力比较得到的式(6.43)和式(6.44)换算长细比λ_{0x}查φ值进行计算。另外，格构式轴心受压构件还须保证其分肢不先于构件失稳，即应按式(6.45)或式(6.46)计算。同时还须对缀条或缀板及与分肢的连接焊缝进行计算。

(5) 实腹式轴心受压构件的局部稳定是根据板件的局部失稳不先于构件的整体失稳原则，用板件宽厚比的限值控制，即用式(6.37)～式(6.41)计算。前四式均与构件长细比λ相关，即除箱形截面外，其他截面的板件宽厚比限值均随λ而增减。

(6) 一般拉弯、压弯构件的强度可按考虑部分截面发展塑性的式(6.64)计算。对需要计算疲劳的承受动力荷载的实腹式构件和弯矩绕虚轴作用时的格构式构件则应按弹性工作状态的公式计算，即取式(6.64)中的$\gamma=1.0$。

(7) 压弯构件在弯矩作用平面内和平面外的整体稳定均采用直观表达N和M的双项相关式(6.72)、式(6.73)、式(6.75)和式(6.92)计算，它们可反映各种因素对构件承载力的影响，并可与轴心受压构件和受弯构件的有关公式协调和衔接。

格构式压弯构件当弯矩绕虚轴作用时，可不计算在弯矩作用平面外的稳定，但应计算其分肢稳定，即对缀条柱分肢按轴心受压构件计算，对缀板柱分肢按压弯构件计算(计算内容均包括整体稳定、局部稳定、刚度等)。

(8) 实腹式压弯构件的局部稳定也以板件宽厚比的限值控制。翼缘板的限值同受弯构件。工字形、箱形截面腹板的限值须结合应力梯度α_0和构件长细比λ用式(6.85a)或式(6.85b)计算(箱形截面须乘以0.8)。两式求出的限值不仅随λ而增减，且随α_0而增减。当$\alpha_0=0$(与轴心受压构件衔接)时最小，$\alpha_0=2$(与受弯构件衔接)时最大。T形截面的腹板则分为：当弯矩使腹板自由边受压时，根据α_0是否大于1.0按式(6.86a)或式(6.86b)计算；当弯矩使腹板自由边受拉时，按式(6.39)或式(6.40)计算。

(9) 轴心受压构件和压弯构件均用计算长度来反映构件端部的约束程度，即将不同支承情况的构件长度代换为等效铰接支承的长度，并用计算长度系数μ表达。

轴心受压构件和单根压弯构件的μ值可按表6.3选用。

对单层或多层框架等截面柱在框架平面内的计算长度，应按无支撑纯框架和有支撑框架采用不同的计算方法。对有支撑框架还应按式(6.87)划分为强支撑框架或弱支撑框架。对强支撑框架，框架柱的μ值可按附表2.1无侧移框架柱的计算长度系数确定。对弱支撑框架则直接用式(6.88)计算的轴心压杆稳定系数φ进行计算。对无支撑纯框架当采用一阶弹性分析方法时，框架柱的μ值可按附表2.2有侧移框架柱的计算长度系数确定。对符合式(6.89)条件的框架，宜采用二阶弹性分析方法计算内力，且在每层柱顶附加按式(6.90)计算的假想水平力H_{ni}，此时取框架柱的$\mu=1.0$。

框架柱在框架平面外的计算长度应取阻止框架柱平面外位移的侧向支承点之间的距离。

(10) 梁与柱的连接和柱脚均有铰接和刚接两种形式。铰接只承受剪力或轴心压力，刚接则同时还承受弯矩，故在两者的构造上，应符合结构的计算简图，使传力路线明确简捷，构造简单，便于制造和安装。

思 考 题

6.1 轴心受力构件强度的计算公式是按它的承载能力极限状态确定的吗？为什么？

6.2 轴心受压构件整体失稳时有哪几种屈曲形式？双轴对称截面的屈曲形式是怎样的？

6.3 轴心受压构件的整体稳定承载力与哪些因素有关？其中哪些因素被称为初始缺陷？

6.4 提高轴心压杆钢材的抗压强度能否提高其稳定承载能力？为什么？

6.5 轴心压杆屈曲为什么要分为弹性屈曲和弹塑性屈曲？在理想轴心压杆中，这两种屈曲的范围可用什么来划分？

6.6 怎样区分研究压杆稳定性时的第一类稳定问题和第二类稳定问题？它们分别适用于哪类压杆的失稳现象？

6.7 残余应力、初弯曲和初偏心对轴心压杆承载力的主要影响有哪些？为什么残余应力在截面两个主轴方向对承载能力的影响不同？

6.8 轴心受压构件的稳定系数 φ 为什么要按截面形式和对应轴分成4类？各类适用的截面的基本情况有何异同？

6.9 轴心受压构件翼缘和腹板局部稳定的计算公式中，λ 为什么不取两方向长细比的较小值？

6.10 用Q235钢的各种型号工字钢、槽钢或角钢组成的轴心压杆是否都能满足局部稳定的要求？Q345钢的是否一样也都能满足？或是有些型号在一定的长细比范围能满足？

6.11 轴心受压柱的整体稳定不满足时，若不增大截面面积，是否还可采取其他措施提高其承载力？

6.12 实腹式轴心压杆须作哪几方面验算？计算公式是怎样的？

6.13 格构式轴心压杆计算整体稳定时，对虚轴采用的换算长细比表示什么意义？缀条式与缀板式双肢柱的换算长细比计算公式有何不同？分肢的稳定怎样保证？

6.14 在计算实腹式拉弯、压弯构件的强度时，为什么承受动力荷载且需要计算疲劳的与承受静力荷载的公式不同？格构式的为什么也不相同？它们是依据怎样的工作状态制定的？

6.15 计算实腹式压弯构件在弯矩作用平面内稳定和平面外稳定的公式中的弯矩取值是否不一样？若平面外设有侧向支承，取值是否又不一样？

6.16 在计算实腹式压弯构件的强度和整体稳定时，在哪些情况应取计算公式中的 $\gamma_x=1.0$？

6.17 在压弯构件整体稳定计算公式中，为什么要引入 β_{mx} 和 β_{tx}？在哪些情况它们较大？在哪些情况它们较小？

6.18 对实腹式单轴对称截面的压弯构件，当弯矩作用在对称轴平面内且使较大翼缘受压时，其整体稳定性应如何计算？在式(6.72)和式(6.73)中的 W_{1x} 和 W_{2x} 应如何计算？两个式中的 γ_x 是否一样取值？

6.19 试比较工字形、箱形、T形截面的压弯构件与轴心受压构件的腹板高厚比限值计算公式各有哪些不同？

6.20 格构式压弯构件当弯矩绕虚轴作用时，为什么不计算弯矩作用平面外的稳定性？它的分肢稳定性如何计算？

6.21 格构式压弯构件弯矩绕虚轴作用时，在弯矩作用平面内整体稳定计算公式(6.92)中的 $W_{1x}=I_x/y_0$，对 y_0 应如何取值？而计算强度的公式(6.60)中的 $W_{nx}=I_x/y$，对 y 应如何取值？

6.22 压弯构件的计算长度和轴心受压构件的是否一样计算？它们都受哪些因素的影响？框架柱的计算长度为什么要分框架平面内和框架平面外，而框架平面内又需按框架分为无支撑纯框架和有支撑框架，且有支撑框架又分为强支撑框架和弱支撑框架，它们有什么区别？按什么划分？怎样确定它们框架柱的计算长度？

6.23 梁与柱的铰接和刚接以及铰接和刚接柱脚各适用于哪些情况？它们的基本构造形式有哪些特点？

习 题

6.1 试验算图6.61所示焊接工字形截面柱(翼缘为焰切边)。轴心压力设计值 $N=4500\text{kN}$，柱的计算长度 $l_{0x}=l_{0y}=6\text{m}$。钢材Q235B，截面无削弱。

(答案：整体稳定 203.6N/mm^2，局部稳定满足)

6.2　若在习题6.1柱的中点侧向增加一支承，即改 $l_{0y}=3m$，其他条件不变。(1) 重新设计此焊接工字形截面；(2) 设计为H型钢截面。

6.3　试计算图6.62所示截面面积相等的两种工字形截面轴心受压柱所能承受的最大轴心压力设计值。翼缘为剪切边，柱高10m，两端简支，钢材Q235B。　　（答案：(*a*) 1230kN，(*b*)1641kN)

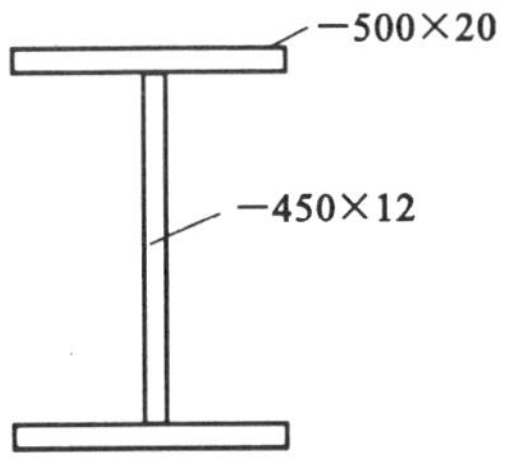

图 6.61　习题 6.1 附图

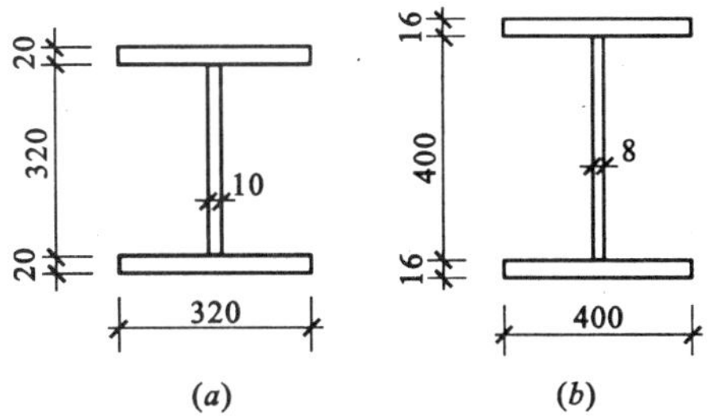

图 6.62　习题 6.3 附图

6.4　试设计一桁架的轴心受压杆件，用两等边角钢组成T形截面，角钢间距为12mm。轴心压力设计值 $N=410kN$。杆长 $l_{0x}=230cm$，$l_{0y}=287cm$。钢材Q235。

6.5　试设计一双肢缀板柱的截面，分肢采用槽钢。柱高7.5m，上端铰接，下端固定。承受的轴心压力设计值 $N=1600kN$。钢材Q235。截面无削弱。

6.6　按习题6.5条件设计一双肢缀条柱，分肢采用工字钢，缀条采用角钢。

6.7　图6.63所示为一间接承受动力荷载的拉弯构件。横向均布活荷载设计值 $q=8kN/m$。截面为I22a，无削弱。试确定构件能承受的最大轴心拉力设计值。钢材Q235。　　（答案：416kN）

6.8　试计算一偏心压杆的强度和稳定性。杆截面I45a，杆长5m，两端铰接，在杆中点有一侧向支承。承受的静力荷载设计值 $N=380kN$，偏心距 $e=50cm$。钢材Q235。

（答案：强度 $163.6N/mm^2$；整体稳定：平面内 $166.6N/mm^2$，平面外 $205.2N/mm^2 \approx f=205N/mm^2$）

6.9　试验算图6.64所示偏心压杆，压力设计值 $F=900kN$（静力荷载），偏心距 $e_1=150mm$，$e_2=100mm$。焊接T形截面，翼缘为焰切边。力作用于对称轴平面内翼缘一侧。杆长8m，两端铰接，杆中央在侧向（垂直于对称轴平面）有一支点。钢材Q235。

（答案：强度：翼缘背 $157N/mm^2$，腹板尖 $-111.3N/mm^2$；整体稳定：平面内 $185.8N/mm^2$ 和 $143.5N/mm^2$，平面外 $207.8N/mm^2$；局部稳定：满足）

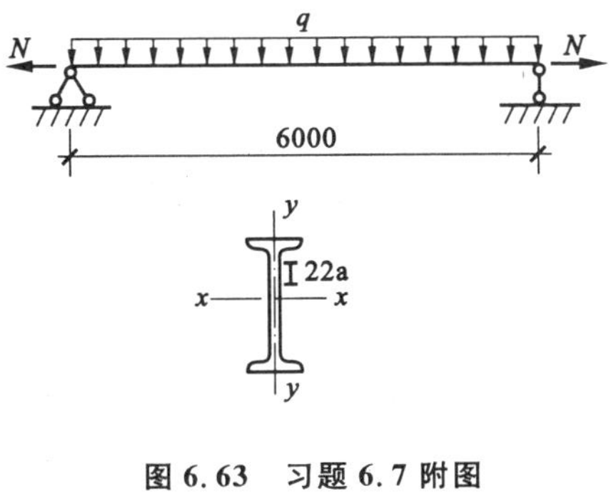

图 6.63　习题 6.7 附图

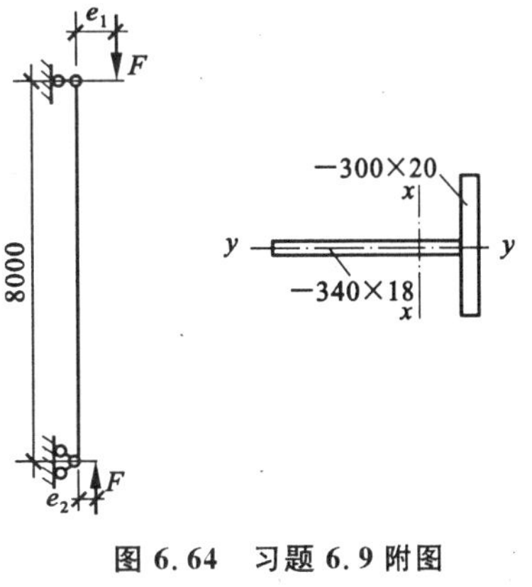

图 6.64　习题 6.9 附图

6.10　试设计图6.65所示压弯构件截面。采用双轴对称焊接工字形截面，焰切边。已知轴心压力设计值 $N=1350kN$，中点横向荷载设计值 $F=220kN$。材料Q235B钢。

6.11　试验算图6.66所示一厂房柱的下柱截面，柱的计算长度 $l_{0x}=19.8m$，$l_{0y}=6.6m$。最不利内力设计值为 $N=1700kN$。$M_x=\pm2000kN\cdot m$。缀条倾角为45°，且设有横缀条。钢材Q235。

（答案：平面内 $191.5N/mm^2$，分肢 $212.5N/mm^2$）

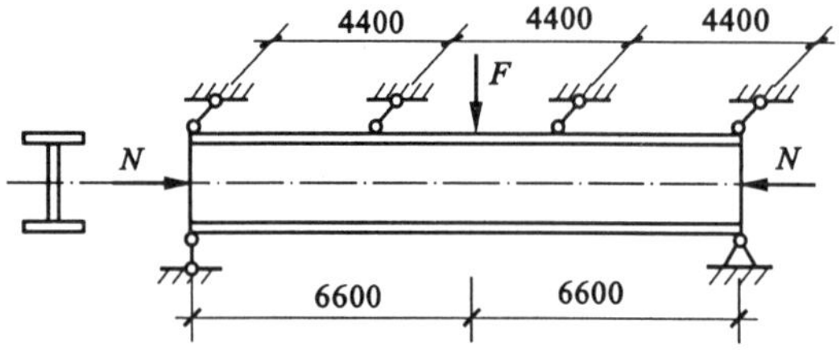

图 6.65　习题 6.10 附图

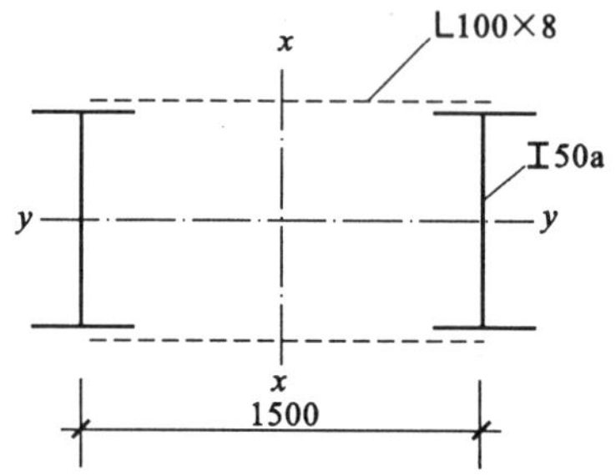

图 6.66　习题 6.11 附图

6.12　试设计习题 6.1 的柱脚。基础混凝土的强度等级 C15。

7 屋盖结构

提要

屋盖结构采用钢结构几乎遍于当今公共建筑和工业建筑。它具有跨度大、质量轻、建造工期短、工业化程度高等众多优点。屋盖结构的设计应尽量采用轻型屋盖，并根据屋面材料正确选用屋架形式和支撑体系、选择杆件截面、计算节点和绘制施工图。

7.1 屋盖结构的组成和形式

屋盖结构一般由屋架、托架、天窗架、檩条和屋面材料等组成。根据屋面材料和屋面结构布置情况的不同，可分为有檩体系屋盖和无檩体系屋盖两类（图7.1）。前一类多采用瓦楞铁、波形石棉瓦、预应力混凝土槽瓦、钢丝网水泥波形瓦、彩色涂层压型钢板、压型钢板夹芯保温板（图1.6(*c*)、(*e*)）等轻型屋面材料，故须设置檩条作支承并传递屋面荷载给屋架；后一类则是在屋架上直接安放预应力混凝土大型屋面板、发泡水泥复合板（太空板）等，屋面荷载即由其自身传给屋架。

无檩体系屋盖屋面刚度大，整体性能好，在构造上易于设置保温和防水材料，且构件的种类和数量少，施工速度快。但大型屋面板的自重大，故要增大屋架和柱等下部承重结构的截面，且对抗震不利。有檩体系屋盖柱距不受限制，屋面材料可供选择的种类多且自重轻，用料省，但屋面刚度较差，构件数量多，构造复杂。选用哪种体系作为设计方案，应综合考虑建筑物的使用要求、受力特点、材料供应情况、施工和运输条件等确定。

屋架的跨度和间距须结合柱网的布置确定。对无檩体系屋盖，通常屋架间距为6m，跨度则为3m的倍数，以配合大型屋面板的规格（1.5m×6m或3m×6m）。对有檩体系屋盖，屋架较经济，间距为4～6m，但对压型钢板，常为12m甚至更大，可结合使屋面材料、屋架和檩条三者的总造价最低的原则选用。对柱距较大的部分，一般采用在柱间设置托架支承中间屋架，以保持屋架的间距不变。

天窗用于有通风和采光需要的房屋，其形式多为沿房屋纵向在屋架上设置天窗架和连系构件（图7.2）。天窗架的外形和高度应根据采光及通风需要的窗扇、窗下侧墙和檐头的尺寸等建筑要求，结合屋架形式确定。

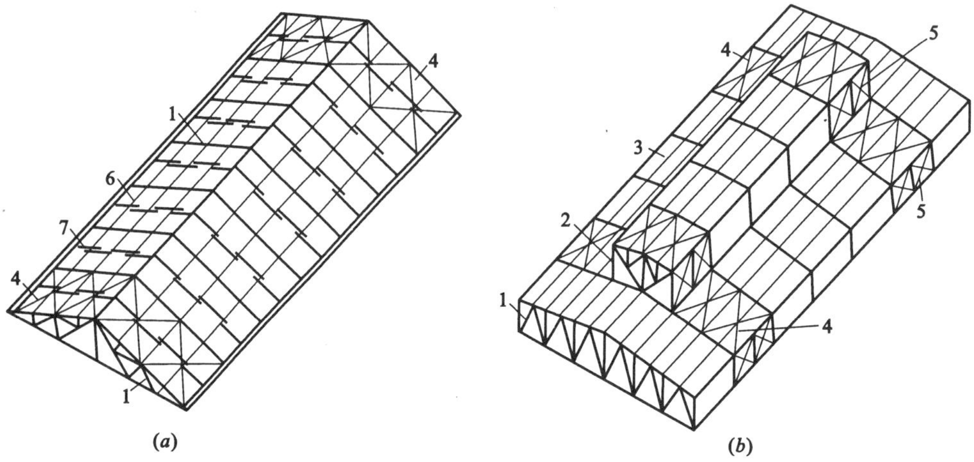

图 7.1　屋盖结构的组成形式

(a) 有檩体系屋盖；(b) 无檩体系屋盖

1—屋架；2—天窗架；3—大型屋面板；4—上弦横向水平支撑；5—垂直支撑；6—檩条；7—拉条

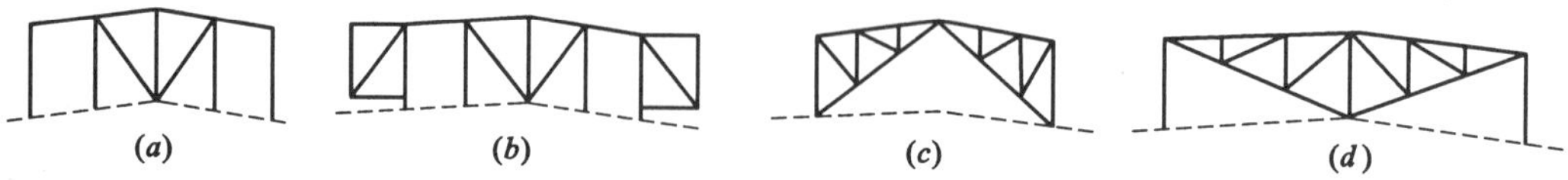

图 7.2　纵向天窗架形式

(a)、(b) 多竖杆式；(c) 三铰拱式；(d) 三支点桁架式

7.2　屋面材料

屋面材料不仅对屋盖结构和下部承重结构的截面尺寸有很大影响，而且对是否需要设置檩条以及檩条间距的大小更有着直接关系。一般而言，屋面材料宜优先采用轻质、高强、保温、隔热、耐火等性能较好的建筑材料，且工业化程度高，性价比较低。下面结合有檩体系和无檩体系两种屋盖分别对其加以介绍。

7.2.1　有檩体系屋面材料

传统的有檩体系屋面材料，以往多采用粘土瓦或水泥平瓦（自重 0.55kN/m²）、石棉水泥瓦（分大波、中波、小波，自重 0.2kN/m²）和加筋（加钢丝网）石棉水泥中波瓦（自重 0.08kN/m²）等，但因其长、宽均较小，且自身均或多或少存在一定缺陷（强度低、破损率高、耐久性和保温隔热性差等），故应用都受到一定限制，只适用于排水坡度大且檩距小（一般为 0.8～1.1m）的屋面。另外还有用水泥砂浆加钢丝网制成的钢丝网水泥波形瓦（瓦厚约 15mm，自重 0.4～0.5kN/m²，外形类似石棉水泥大波瓦）和加预应力的混凝土槽瓦（自重 0.85～1kN/m²）等，虽檩距较大（1.5～3m），但自重也较大，故只适合于对保温隔热要求不高且屋面坡度较大的有檩屋盖使用。

近年来新型建筑材料发展较快，适合于有檩体系的屋面材料大致有如下数种：

(1) 压型钢板和夹芯板

用彩涂钢板制成的压型钢板和夹以保温材料的夹芯板已在第 1 章中作过介绍。我国近年来用其建造的屋面已超过 1000 万 m²。

一般压型钢板的波形分 1～6 波，波高 25～130mm，板宽 600～760mm（用 1m 宽的彩涂钢板压制而成)。压型钢板按板长分短尺和长尺,一般采用长尺(长度不限),可在施工现场压制,接头不用搭接,故尤其适用于平坡屋面。几种常用压型钢板的板型及适用檩距见表 7.1。

表 7.1 几种常用压型钢板和夹芯板板型及最大檩距

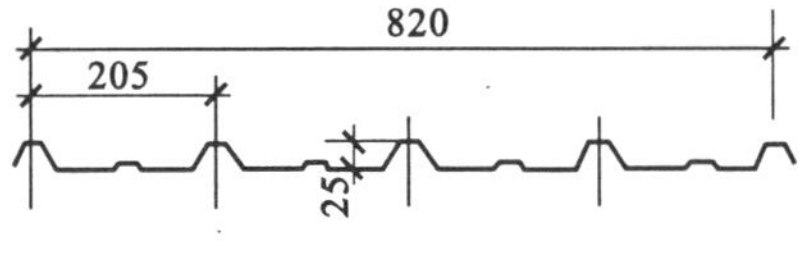

YX25-205-820

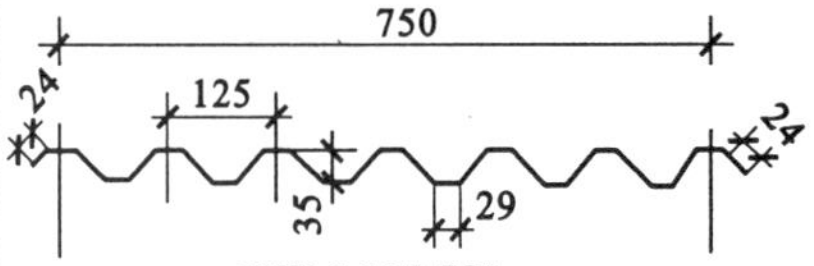

YX35-125-750

板厚(mm)			0.5		0.6		0.8		1.0		0.5		0.6		0.8		1.0	
重量(kN/m²)			0.05		0.06		0.08		0.10		0.054		0.065		0.086		0.11	
支承情况			简支	连续	简支	连续	简支	连续	简支	连续	简支	连续	简支	连续	简支	连续	简支	连续
最大檩距(m)	荷载(kN/m²)	0.5	2.0	2.4	2.2	2.6	2.5	2.9	2.7	3.1	2.2	2.6	2.4	2.9	2.7	3.2	2.9	3.4
		1.0	1.5	1.9	1.7	2.1	1.9	2.3	2.1	2.5	1.7	2.1	1.9	2.3	2.1	2.5	2.3	2.7
		1.5	1.3	1.6	1.5	1.8	1.7	2.0	1.9	2.1	1.5	1.8	1.7	2.0	1.8	2.2	2.0	2.3
		2.0	1.1	1.3	1.3	1.5	1.5	1.8	1.7	1.9	1.3	1.5	1.5	1.8	1.7	2.0	1.8	2.1

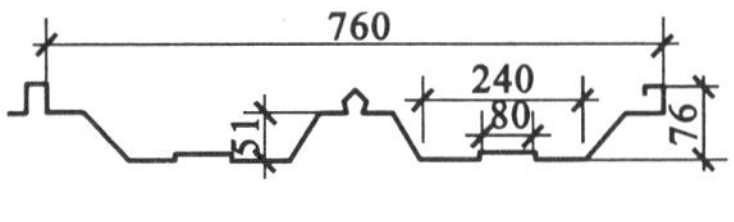

YX51-380-760

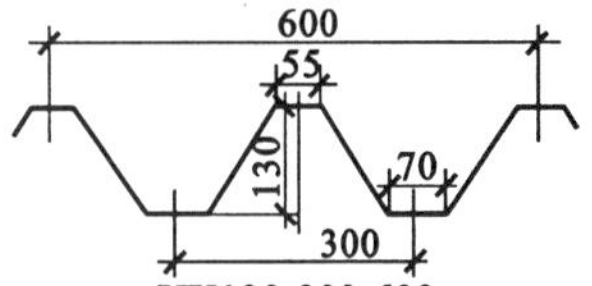

YX130-300-600

板厚(mm)			0.5		0.6		0.8		1.0		0.5		0.6		0.8		1.0	
重量(kN/m²)			0.054		0.065		0.086		0.11		0.07		0.08		0.11		0.14	
支承情况			简支	连续	简支	连续	简支	连续	简支	连续	简支	连续	简支	连续	简支	连续	简支	连续
最大檩距(m)	荷载(kN/m²)	0.5	3.1	3.7	3.3	4.0	3.6	4.2	3.7	4.4	5.6	6.6	6.0	7.1	6.7	7.9	7.3	8.6
		1.0	2.5	3.0	2.7	3.2	2.8	3.3	2.9	3.4	4.3	5.2	4.7	5.6	5.3	6.3	5.8	6.8
		1.5	2.2	2.6	2.4	2.8	2.5	2.9	2.6	3.0	3.8	4.5	4.1	4.9	4.6	5.5	5.0	6.0
		2.0	2.0	2.3	2.1	2.5	2.2	2.6	2.3	2.7	3.3	4.0	3.7	4.4	4.2	5.0	4.6	5.4

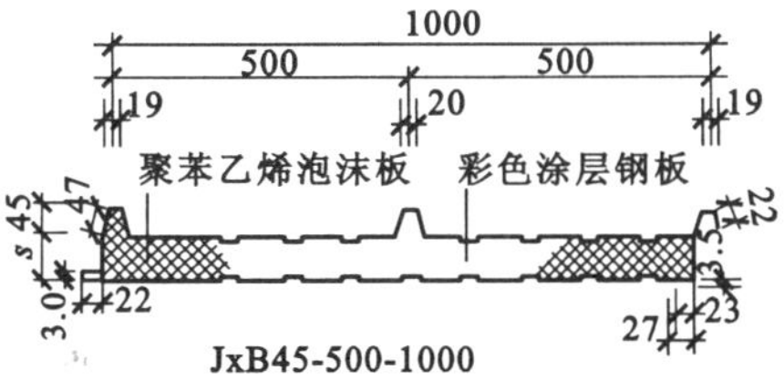

JxB45-500-1000

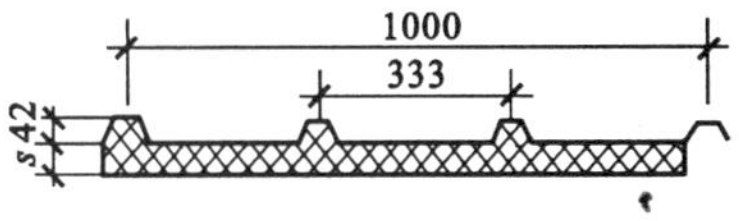

JxB42-333-1000

板厚 s(mm)			75		100		150		75		100		150	
彩板厚(mm)			0.6		0.6		0.6		0.5		0.5		0.5	
重量(kN/m²)			0.13		0.14		0.15		0.11		0.12		0.13	
支承情况			简支	连续	简支	连续	简支	连续	简支	连续	简支	连续	简支	连续
最大檩距(m)	荷载(kN/m²)	0.5	5.0	5.5	5.4	6.0	6.5	7.2	5.3	5.8	5.6	6.1	6.6	7.3
		1.0	3.8	4.4	4.0	4.7	4.9	5.7	4.0	4.6	4.1	4.8	5.0	5.9
		1.5	3.1	3.7	3.4	4.0	4.0	4.8	3.2	3.8	3.5	4.1	4.1	4.9
		2.0	2.4	3.0	2.8	3.4	3.3	4.0	2.5	3.2	2.9	3.6	3.4	4.2

夹芯板填充的保温和隔热芯材有聚胺酯(防火性能最好)、岩棉和聚苯乙烯等。其板宽一般为1m,板厚50～150mm,自重0.12～0.25kN/m,板长一般采用长尺,但不大于12m。常用夹芯板的板型及最大檩距亦见表7.1。

(2) 发泡水泥复合板

发泡水泥复合板(亦称太空板)用于有檩体系屋面时,一般做成条形平板(表7.2序号1)。其构造是由钢筋焊成桁架,再铺设冷拔低碳钢丝网,然后充填高强水泥发泡芯材,并用玻纤网增强水泥上、下面层等复合而成,故其具有良好的承重、保温、隔热、防火、隔声等性能。在其上铺设0.1kN/m^{2}的SBS改性沥青卷材,防水功能即可保证。条形发泡水泥板标准规格为长度3m,宽度1m或1.2m、1.5m。厚度分80mm、100mm、120mm,其自重为0.6kN/m^2、0.66kN/m^2、0.72kN/m^2。

表7.2　几种常用发泡水泥复合板(太空板)板型

序号	板　型	示　意　图(mm)	边框高(mm)	面板厚(mm)	最大檩距(m)
1	条型板 TB 1.5m×3m	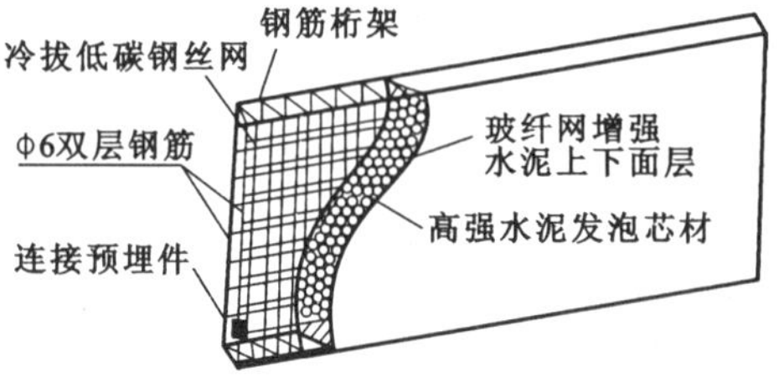	120	120	3
2	大型屋 面板 DW 1.5m×6m 3m×6m 1.5m×7.5m	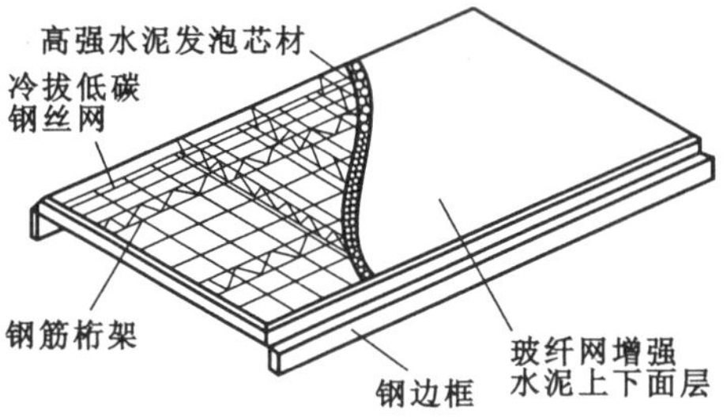	200 240 240	100 100 100	
3	网架板 WB 3m×3m	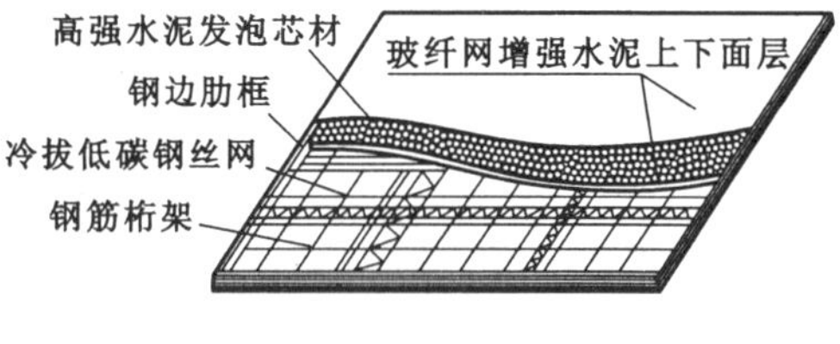	100 120 140	80 100 120	

(3) GRC板

GRC板是玻璃纤维增强混凝土板的英语简称。其构造是用钢筋混凝土做边肋,但其水泥砂浆面板用玻璃纤维增强。成品有带隔热层和不带隔热层两种。用于有檩体系屋面的为条形板,标准规格为1.5m×3m,厚度为120mm,最大檩距3m,自重为0.5～0.6kN/m^2。

7.2.2　无檩体系屋面材料

传统的无檩体系屋面材料为预应力混凝土大型屋面板,标准规格为1.5m×6m或3m×6m。由于其受力性能较好,故还有一定的应用。但其缺点是自重太大,约1.4kN/m^2,若再加上保温和防水层，则达 2.5～$3kN/m^2$，致使下部承重结构的截面尺寸加大。

近年来用发泡水泥复合板(太空板)制成的大型屋面板(表 7.2 中序号 2)得到较广泛应用，其标准规格宽为 1.5m 或 3m，长为 6m 或 7.5m，自重 0.6～$0.75kN/m^2$。

同样，用 GRC 板制作的大型屋面板也得到一定应用，其不保温型自重 0.5～$0.6kN/m^2$。

7.3 檩条、拉条和撑杆

屋盖中檩条的数量多，其用钢量约达屋盖总用钢量的一半，因此设计时应给予充分重视，合理地选择其形式和截面。

檩条可全部布置在屋架上弦节点，亦可由屋檐起沿屋架上弦等距离设置，其间距应结合檩条的承载能力、屋面材料的规格和其最大容许檩距、屋架上弦节间长度及是否考虑节间荷载等因素决定。如中波石棉瓦直接放置在檩条上时，由于其长度一般为 1820mm，去掉搭接长度 150mm，且中部还须有一支承，故檩条最大容许间距为(1820－150)/2＝835mm。若石棉瓦下面铺设木望板等基层材料时，则檩条最大容许间距须由基层材料的强度决定。

实腹式檩条常用槽钢、角钢、H 型钢和 Z 形薄壁型钢(图 5.13)，并按双向受弯构件计算(见第 5.5 节)。

檩条在屋架上应可靠地支承。一般采取在屋架上弦焊接用短角钢制造的檩托，将檩条用 C 级螺栓(不少于两个)与其连接(图 7.3)。对 H 型钢檩条，应将支承处靠向檩托一侧的下翼缘切掉，以便与其连接(图 7.3(*a*))。若翼缘较宽，还可直接用螺栓与屋架连接(图 7.3(*b*))，但檩条端部宜设加劲肋，以增强抗扭能力。槽钢檩条的槽口可向上或向下(图 7.3(*d*)、(*f*))，但朝向屋脊便于安装。Z 形薄壁型钢和角钢檩条的上翼缘肢尖均应朝向屋脊(图 7.3(*c*)、(*e*))。

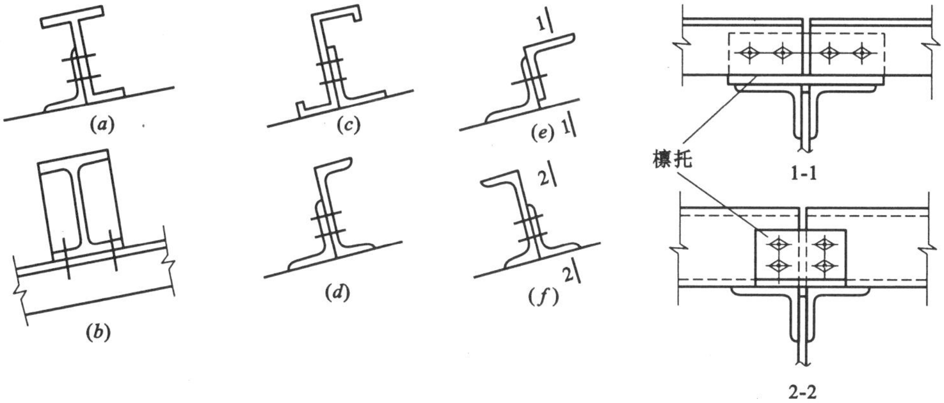

图 7.3 檩条与屋架的连接

拉条的作用是作为檩条的侧向支承点，以减小檩条在平行于屋面方向的跨度，提高檩条的承载能力，减少檩条在使用和施工过程中的侧向变形和扭转。当檩条跨度 l＝4～6m 时，宜设置一道拉条；当 l＞6m 时，宜设置两道拉条(图 7.4(*a*)、(*b*))。

为使拉条形成一个整体不动体系，并能将檩条平行于屋面方向的反力上传至屋脊，须使某些拉条与可作为不动点的屋架节点或檩条连接。当屋面有天窗时，应在天窗侧边两檩条间设斜拉条和作檩条侧向支承的承压刚性撑杆(图 7.4(*c*))。当屋面无天窗时，屋架两坡面的脊檩须在拉条连接处相互联系(图 7.4(*d*))，以使两坡面拉力相互平衡，或同天窗侧边一样，设斜拉条和刚性撑杆(图 7.4(*a*))。对 Z 形薄壁型钢檩条，还须在檐口处设斜拉条和撑杆，因为在荷载作用下它也可能向屋

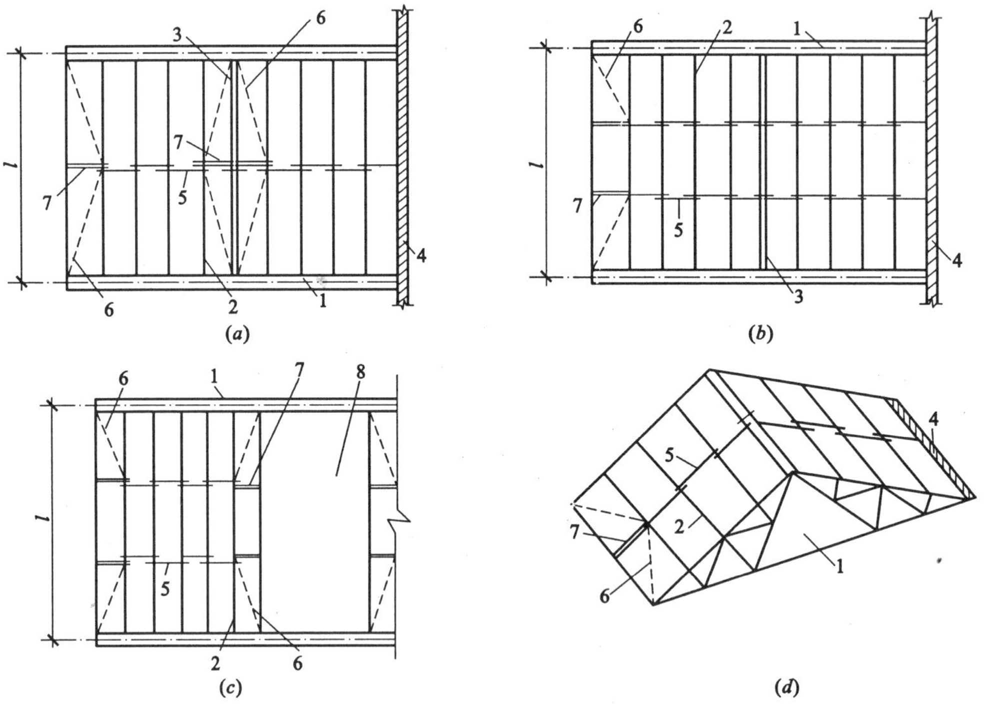

图 7.4 拉条和撑杆的布置

1—屋架；2—檩条；3—屋脊；4—圈梁；5—直拉条；6—斜拉条；7—撑杆；8—天窗

脊方向弯曲。当檐口处有圈梁或承重天沟时，可只设直拉条与圈梁或天沟板相连(图 7.4(*a*))。

拉条常用 ϕ10、ϕ12 或 ϕ16 圆钢制造，撑杆则多用角钢，按支撑压杆容许长细比 200 选用截面。

拉条、撑杆与檩条的连接构造如图 7.5 所示。拉条的位置应靠近檩条上翼缘 30～40mm，并用螺母将其张紧固定。撑杆则用 C 级螺栓与焊在檩条上的角钢固定。

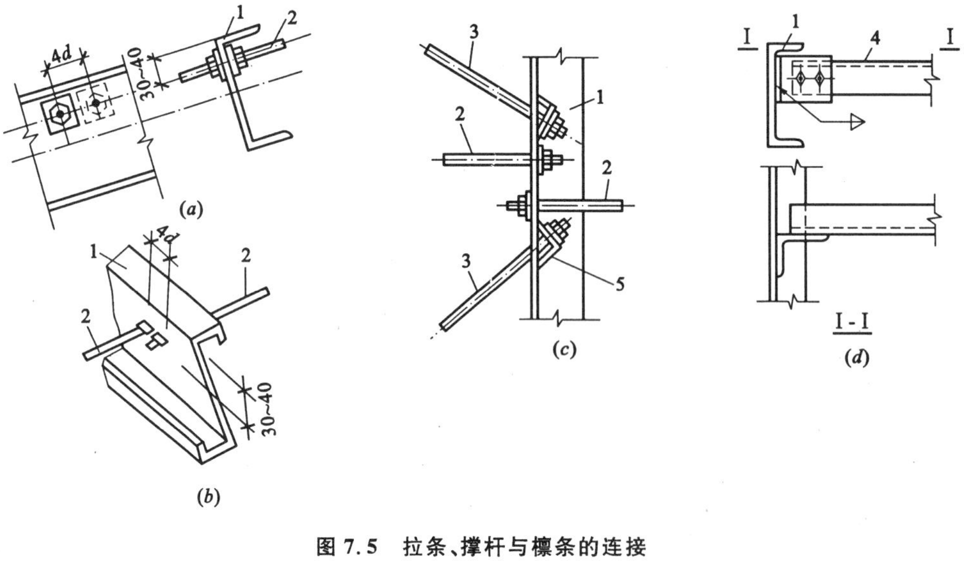

图 7.5 拉条、撑杆与檩条的连接

1—檩条；2—直拉条；3—斜拉条；4—撑杆；5—角钢垫

7.4 屋盖支撑

7.4.1 屋盖支撑的作用

(1) 保证屋盖结构的空间几何不变性和稳定性

平面屋架虽然其平面内刚度较大，且为几何形状不可变体系，能承受屋架平面内的垂直荷载，但在屋架平面外（侧向）的刚度和稳定性则很差，不能承受水平荷载。即使有檩体系屋盖，虽然在屋架上弦连有檩条，但仍旧是一种几何形状可变的不稳定体系，其纵向刚度很低。而无檩体系屋盖在屋架上弦虽连有刚度较大的大型屋面板，但安装时仅能在三个角点与屋架焊接，且焊接质量不易保证，故亦不能靠其保证屋盖结构的空间稳定性。因此，屋盖结构在荷载作用下或在安装过程中，有可能同向一侧鼓曲（图 7.6(a)中虚线）甚至倾覆。但是，若将某两榀相邻屋架（一般在房屋两端）在其上、下弦平面和两端及跨中竖直腹杆（或斜腹杆）平面用支撑连系，这样可形成几个水平和垂直桁架，同时它们又和两榀相邻屋架组成一具有空间几何不变性和整体刚度好的稳定空间桁架结构体系（图 7.6(b)）。在此基础上再用少量的纵向构件——上、下弦平面内的系杆（檩条或屋面板可起上弦系杆作用）——将其余的屋架与它相连，即可使整个屋盖结构的空间几何不变性和稳定性得到可靠保证。

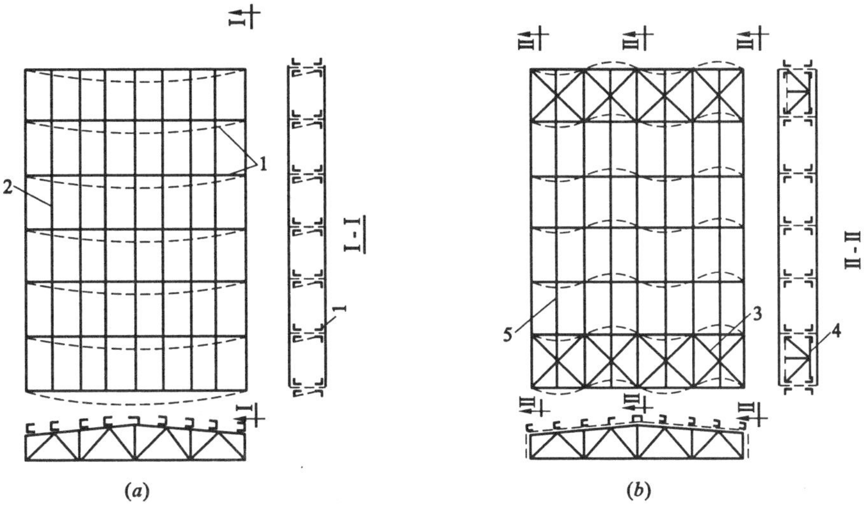

图 7.6 屋架支撑的作用

(a) 无支撑时；(b) 有支撑时

1—屋架；2—檩条或屋面板；3—横向水平支撑；4—垂直支撑；5—系杆

(2) 作为屋架弦杆的侧向支承点

屋盖结构通过支撑连系形成稳定的空间结构体系，因此支撑桁架的节点以及与其连接的系杆，可以作为屋架弦杆的侧向支承点，使其在屋架平面外的计算长度大为缩短，从而使上弦压杆的侧向稳定性能提高，下弦拉杆的侧向刚度得到加强，不致因振动设备（桥式吊车、锻锤等）运转产生过大的水平振幅和变位而增加杆件和连接的内力。

(3) 承受和传递水平荷载

支撑体系可有效地承受和传递风荷载、吊车的制动荷载及地震作用等水平荷载。

(4) 保证屋盖结构安装质量和施工安全

支撑能加强屋盖结构在安装中的稳定，为保证安装质量和施工安全创造良好条件。

7.4.2　屋盖支撑的布置

屋盖支撑按其布置位置可分为上、下弦横向水平支撑，下弦纵向水平支撑，垂直支撑和系杆等5种(图7.7)，设计时应结合屋盖结构的形式，房屋的跨度、高度和长度，荷载情况及柱网布置等条件有选择地设置。

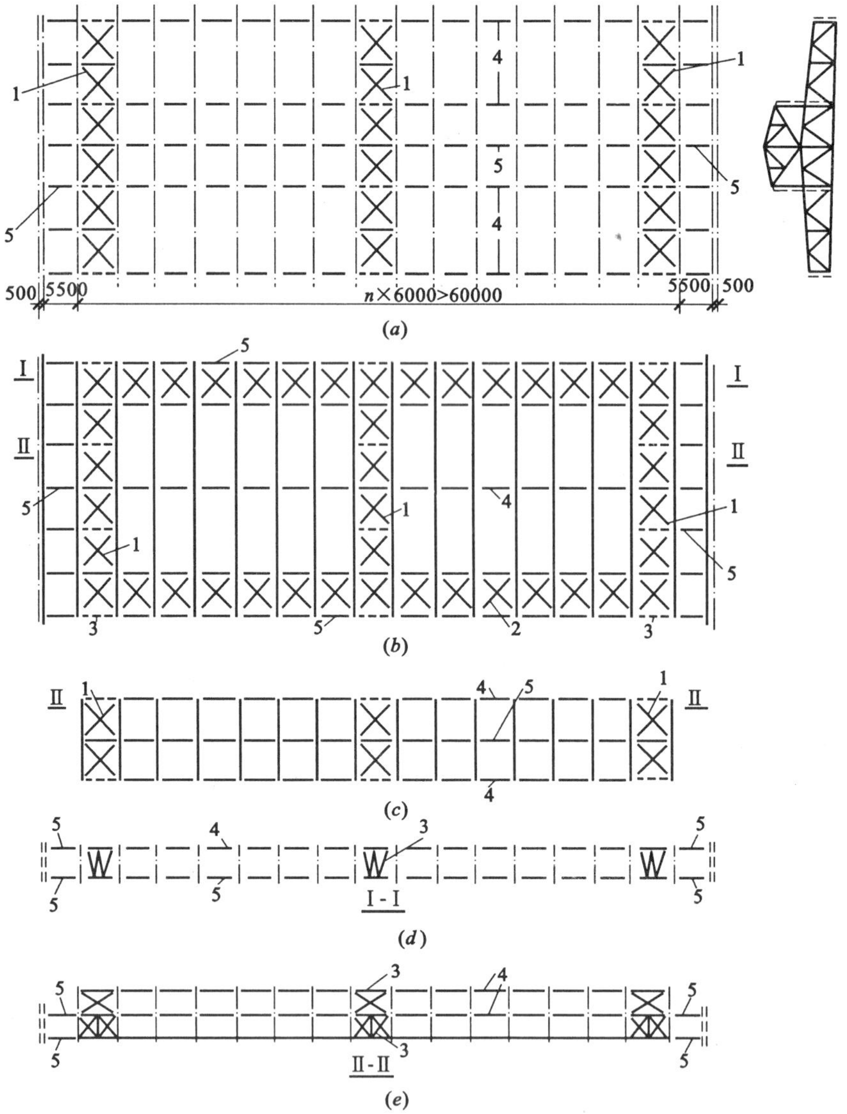

图 7.7　屋盖支撑布置示例

(*a*) 屋架上弦平面；(*b*) 屋架下弦平面；(*c*) 天窗架上弦平面

1—横向水平支撑；2—纵向水平支撑；3—垂直支撑；4—柔性系杆；5—刚性系杆

7.4.2.1　上弦横向水平支撑

上弦横向水平支撑一般设在房屋或横向伸缩缝两端，在屋架上弦平面沿跨度方向全长布置，且两道横向水平支撑间的净距不宜大于60m；否则，尚应在房屋中间增设一道或数道(图7.7(*a*))。

对有纵向天窗的房屋，在天窗架上弦亦应设置横向水平支撑(图 7.7(*c*))。

为利于传递房屋端部风荷载，房屋两端支撑(包括上、下弦横向水平支撑和垂直支撑等)宜设在第一开间。但有时为了和天窗架支撑体系配合，统一支撑尺寸(第一开间尺寸常为 5.5m，而房屋中间开间尺寸为 6m)，也可设在第二开间。此时第一开间须在支撑节点处用刚性系杆与端部屋架连接(图 7.7(*a*)、(*b*))，使其既可传递山墙风压力，又可传递风吸力。

对无檩体系屋盖，如能保证每块大型屋面板与屋架上弦焊牢三个角时，则屋面板可起支撑作用。但限于施工条件，焊接质量不一定可靠，故一般仅考虑其起系杆作用。对有檩体系屋盖，通常也只考虑檩条起系杆作用。因此，无论有檩体系或无檩体系屋盖，均应设置上弦横向水平支撑。

7.4.2.2 下弦横向水平支撑

下弦横向水平支撑应在屋架下弦平面沿跨度方向全长布置，并应位于上弦横向水平支撑同一开间(图 7.7(*b*))，以形成空间稳定体系。但当屋架跨度较小(l<18m)、无悬挂吊车、桥式吊车吨位不大和无太大振动设备等情况时，可不设置。

7.4.2.3 下弦纵向水平支撑

下弦纵向水平支撑应设在屋架下弦(三角形屋架也可在上弦)端节间。对单跨厂房应沿两纵向柱列布置(图 7.7(*b*))，因此可与下弦横向水平支撑组成封闭体系，使房屋的整体刚度大为提高。对多跨厂房(包括等高的多跨厂房和多跨厂房的等高部分)，下弦纵向水平支撑须根据具体情况沿全部或部分纵向柱列设置。

下弦纵向水平支撑由于数量大，耗钢量大，故一般只在下列情况时才考虑设置：房屋内设有重级工作制或起重量较大的中级工作制吊车和壁行吊车或较大的振动设备，以及高度较高、跨度较大和空间刚度要求较高的房屋。另外，在房屋内设有托架处，为了保证托架的侧向稳定，应在托架范围并向两端各延伸一个柱间设置下弦纵向水平支撑。

7.4.2.4 垂直支撑

垂直支撑应设在两榀相邻屋架或天窗架对应的竖直腹杆(或斜腹杆)间，并应位于上、下弦横向水平支撑同一开间(图 7.7(*d*)、(*e*))，且所有房屋均应设置，以确保屋盖结构组成空间几何不变体系。

屋架的垂直支撑在沿跨度方向设置的位置和数量须结合屋架的形式和跨度决定。当梯形屋架跨度 $l \leqslant 30$m、三角形屋架 $l \leqslant 24$m 时，可仅在屋架跨中设置一道(图 7.8(*a*)、(*c*))；当梯形屋架 $l>30$、三角形屋架 $l>24$m 时，则宜在跨中约 1/3 处或天窗架侧柱处设置两道(图 7.8(*b*)、(*d*))。另外，梯形屋架两端还应各增设一道(图 7.8(*a*)、(*b*))。如屋架由托架支承，则可不设。

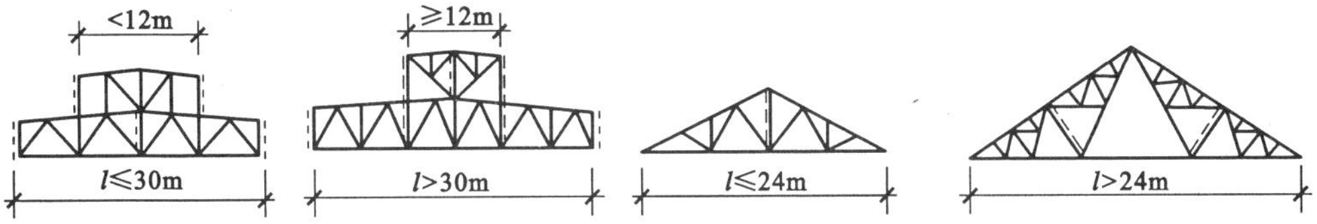

(*a*) (*b*) (*c*) (*d*)

图 7.8 垂直支撑的布置

天窗架的垂直支撑应在其两侧设置(图 7.8(*a*))。当天窗架跨度≥12m 时，还应在中央增设一道(图 7.8(*b*))。

7.4.2.5 系杆

系杆一般应设在屋架和天窗架两端，以及垂直支撑的上、下弦节点处或横向水平支撑的节点处，并应沿房屋纵向通长设置，以保证未设置支撑的屋架和天窗架的稳定。系杆有柔性和刚性之分，前者只能承受拉力，而后者则拉力、压力均可承受，故须结合使用部位的受力情况加以选择。如前述房屋端部支撑设在第二开间时，第一开间应设刚性系杆。

(1) 上弦系杆

如前所述，对无檩体系屋盖，屋面板可起系杆作用，但为了保证屋盖在安装时的稳定，仍需在屋脊处设刚性系杆，在屋架两端设柔性系杆。当设有纵向天窗时，尚应在天窗脊处设刚性系杆，在天窗架两侧柱处设柔性系杆。对有檩体系屋盖，檩条可兼作系杆之用。

(2) 下弦系杆

下弦一般应在屋架中部设一道或两道柔性系杆（在垂直支撑处并结合下弦杆平面外的容许长细比确定）。在屋架支座处设刚性系杆，如此处为托架或圈梁时，则可不设。

7.4.3　支撑的形式、计算和连接构造

水平支撑常采用交叉斜杆和直杆形式。因此，横向水平支撑可视为一平行弦桁架的交叉斜腹杆和横腹杆，其弦杆则由屋架的弦杆兼任。同理，纵向水平支撑则可视为一平行弦桁架的交叉斜腹杆和弦杆，而屋架的下弦杆则兼任桁架的横腹杆。斜腹杆和弦杆的交角宜在 30°～60°之间。通常横向水平支撑节点间的距离为屋架弦杆节间距离的 2～4 倍。纵向水平支撑的宽度取屋架下弦端节间的长度，为 3～6m。

若将檩条与支撑的交叉斜杆在交叉点处连接（见图 7.11(*a*)和图 7.19(*b*)右半部），则檩条可兼任支撑横杆。

垂直支撑一般亦采用平行弦桁架形式，其上、下弦可兼作水平支撑的横杆。腹杆体系应根据高和长的尺寸比例确定。当高和长的尺寸相差不大时，采用交叉式（图 7.9(*a*)、(*b*)），相差较大时，则采用 V 式或 W 式（图 7.9(*c*)、(*d*)）。

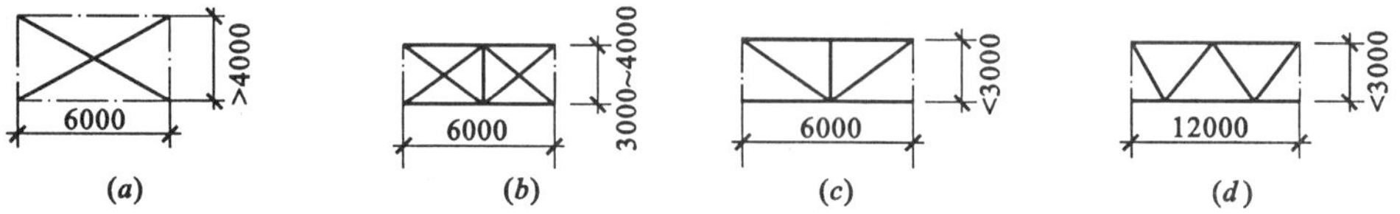

图 7.9　垂直支撑的形式

屋盖支撑受力较小，一般可不进行内力计算，截面尺寸由杆件的容许长细比和构造要求决定。交叉斜杆和柔性系杆（包括兼任柔性系杆的檩条）按拉杆[λ]＝400 或 350（对有重级工作制吊车的厂房）设计，常采用单角钢截面；非交叉斜杆、弦杆和横杆以及刚性系杆（包括兼任支撑桁架中这类杆件的檩条或屋架杆件）按压杆[λ]＝200 设计，常采用双角钢组成的 T 形截面，但横杆和刚性系杆一般组成十字形截面，以使两个方向具有等稳定性。支撑的节点板厚度一般采用 6mm。

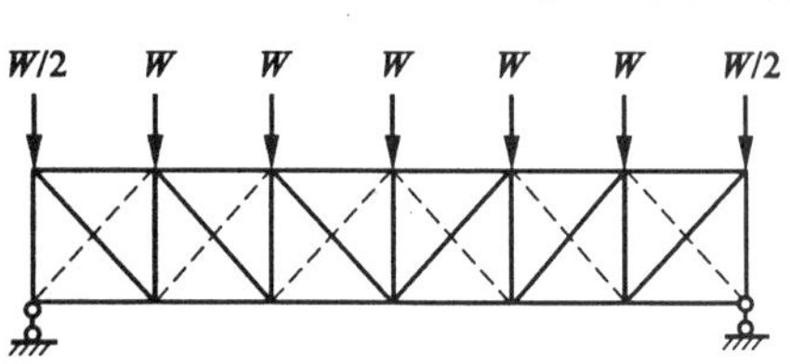

图 7.10　横向水平支撑计算简图

当支撑桁架的跨度较大（≥24m）且承受较大的墙面传来的风荷载（$w_k > 0.5kN/m^2$），或垂直支撑兼作檩条以及考虑厂房空间工作须使纵向水平支撑作为柱的弹性支承时，支撑杆件除应满足容许长细比要求外，尚应按桁架体系计算内力，并据此内力选择截面。

具有交叉斜腹杆的支撑桁架是超静定体系，但其受力较小，可采用如图 7.10 所示计算简图。在节点荷载 W 作用下，每节间只考虑一根受拉斜腹杆工作，另一根虚线所示斜腹杆则视为柔性杆件因受压屈曲而退出工作，因此桁架可按单斜杆体系分析。

当荷载反向时，显然两组杆的受力情况将互易。

支撑以及支撑与屋架或天窗架的连接构造如图 7.11 所示。上弦水平支撑角钢的肢尖应朝下，以免影响屋面板或檩条的安放。因此，对交叉斜杆应在交叉点切断一根另用连接板连接(图 7.11(*a*))。下弦水平支撑角钢的肢尖可以朝上，故交叉斜杆可肢背靠肢背交叉放置，采用填板连接(图 7.11(*b*))。支撑与屋架或天窗架的连接通常采用连接板和 M16～M20 C 级螺栓，且每端不少于两个。在有重级工作制吊车或其他较大振动设备的房屋中，屋架下弦支撑和系杆宜用高强度螺栓连接，或用 C 级螺栓再加焊缝将连接板焊固(图 7.11(*b*))。

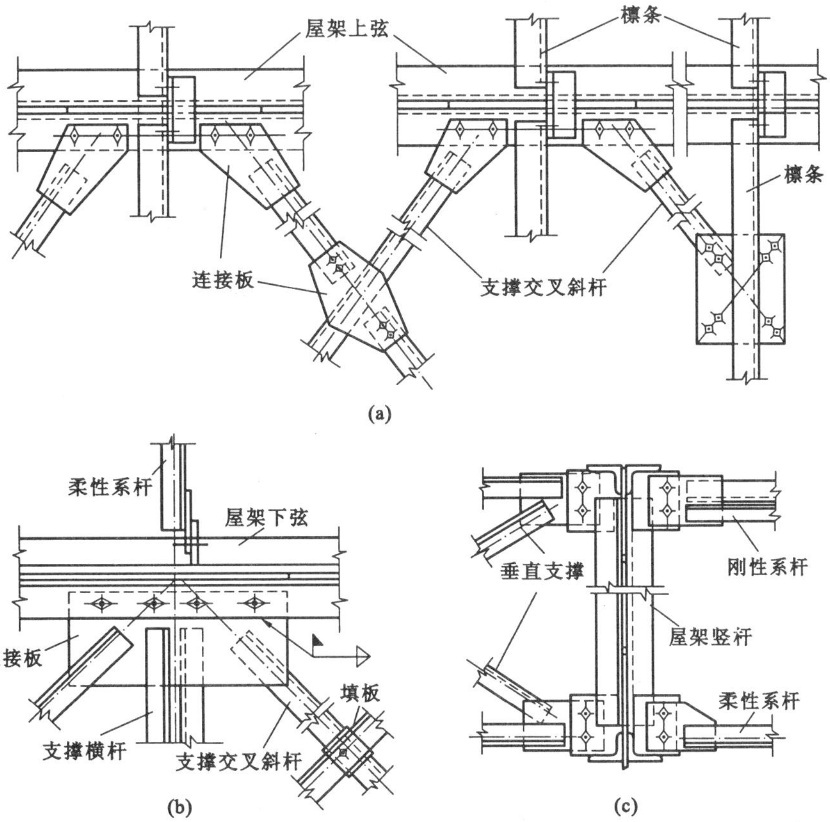

图 7.11 支撑与屋架的连接构造

(*a*) 上弦支撑的连接；(*b*) 下弦支撑的连接；(*c*) 垂直支撑的连接

7.5 屋 架

屋架是主要承受横向荷载作用的格构式受弯构件。由于其是由直杆相互连接组成，各杆件一般只承受轴心拉力或轴心压力，故截面上的应力分布均匀，材料能充分发挥作用。因此，与实腹梁相比，屋架具有耗钢量小、自重轻、刚度大和容易按需要制成各种不同外形的特点，所以在工业与民用建筑的屋盖结构中得到广泛应用，但屋架在制造时比梁费工。

本节主要以普通钢屋架为对象，就其造型、计算、构造和施工图绘制等作较详细的介绍，但其基本原理同样适用于其他用途的桁架体系，如吊车桁架、制动桁架和支撑桁架等。

7.5.1　屋架的形式和选型原则

屋架按其外形可分为三角形、梯形、拱形及平行弦(人字形)四种。屋架的选型应符合使用要求、受力合理和便于施工等原则。

(1) 使用要求

屋架上弦坡度应适应屋面材料的排水需要。当采用短尺压型钢板、波形石棉瓦和瓦楞铁等时,其排水坡度要求较陡,应采用三角形屋架。当采用大型混凝土屋面板或发泡水泥复合板(太空板)等铺油毡防水材料或长尺压型钢板时,其排水坡度可较平缓,应采用梯形或人字形屋架。另外,还应考虑建筑上净空的需要,以及有无天窗、天棚和悬挂吊车等方面的要求。

(2) 受力合理

屋架的外形应尽量与弯矩图相近,以使弦杆内力均匀,材料利用充分。腹杆的布置应使内力分布合理,短杆受压,长杆受拉,且杆件和节点数量宜少,总长度宜短。同时应尽可能使荷载作用在节点上,以避免弦杆因受节间荷载产生的局部弯矩而加大截面。当梯形屋架与柱刚接时,其端部应有足够的高度,以便能有效地传递支座弯矩而端部弦杆不致产生过大内力。另外,屋架中部亦应有足够高度,以满足刚度要求。

(3) 便于施工

屋架杆件的数量和品种规格宜少,尺寸力求划一,构造应简单,以便于制造。杆件夹角宜在30°～60°之间,夹角过小,将使节点构造困难。

以上各条要求要同时满足往往不易,因此须根据各种有关条件,对技术经济进行综合分析比较,以便得到较好的经济效果。

7.5.2　各型屋架的特性和适用范围

(1) 三角形屋架

三角形屋架适用于屋面坡度较陡的有檩体系屋盖。根据屋面材料的排水要求,一般屋面坡度$i=1/2\sim1/3$。三角形屋架端部只能与柱铰接,故房屋横向刚度较低。且其外形与弯矩图的差别较大,因而弦杆的内力很不均匀,在支座处很大,而跨中却较小,使弦杆截面不能充分发挥作用。三角形屋架的上、下弦杆交角一般都较小,尤其在屋面坡度不大时更小,使支座节点构造复杂。综上所述原因,三角形屋架一般只宜用于中、小跨度($l\leqslant18\sim24$m)的轻屋面结构。

三角形屋架的腹杆多采用芬克式(图7.12(a)、(b)),其腹杆虽较多,但压杆短,拉杆长,受力合理,且它可分成两榀小屋架和一根直杆(下弦中间杆),便于运输。人字式(图7.12(c))的腹杆较少,但受压腹杆较长,适用于跨度$l\leqslant18$m的屋架。单斜式(图7.12(d))的腹杆较长且节点数目较多,只适用于下弦须设置天棚的屋架,一般较少采用。如屋面材料要求的檩距很小,以致檩条有可能不全放在屋架上弦节点,而使节间因荷载作用产生局部弯矩,此时是缩小节间增加腹杆还是加大上弦截面以承受弯矩,须综合分析比较。

(2) 梯形屋架

梯形屋架适用于屋面坡度平缓的无檩体系屋盖和采用长尺压型钢板和夹芯保温板的有檩体系屋盖。其屋面坡度一般为$i=1/8\sim1/16$,跨度$l\geqslant18\sim36$m。由于梯形屋架外形与均布荷载的弯矩图比较接近,因而弦杆内力比较均匀。梯形屋架与柱连接可做成刚接,也可做成铰接。由于刚接可提高房屋横向刚度,因此在全钢结构厂房中广泛采用。当屋架支承在钢筋混凝土柱或砖柱上时,只能做成铰接。

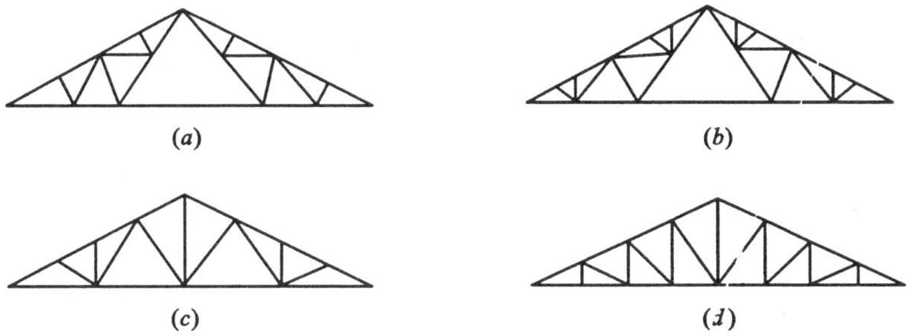

图 7.12　三角形屋架

梯形屋架按支座斜杆(端斜杆)与弦杆组成的支承点在下弦或在上弦分为下承式(图 7.13(*a*))和上承式(图 7.13(*b*))两种。一般情况,与柱刚接的屋架宜采用下承式,与柱铰接的则两者均可。梯形屋架的腹杆多采用人字式(图 7.13(*a*)),如在屋架下弦设置天棚,可在图中虚线处增设吊杆或采用单斜式腹杆(图 7.13(*c*))。在屋架高度较大的情况下,为使斜杆与弦杆保持适当的交角,上弦节间长度往往比较大,当上弦节间长度为 3m,而大型屋面板宽度为 1.5m 时,可采用再分式腹杆(图 7.13(*d*))将节间缩短至 1.5m,但其制造较费工。故有时仍采用 3m 节间而使上弦承受局部弯矩,不过这将使上弦截面加大。为同时兼顾,可采取只在跨中一部分节间增加再分杆,而在弦杆内力较小的支座附近采用 3m 节间,以获得经济效果。

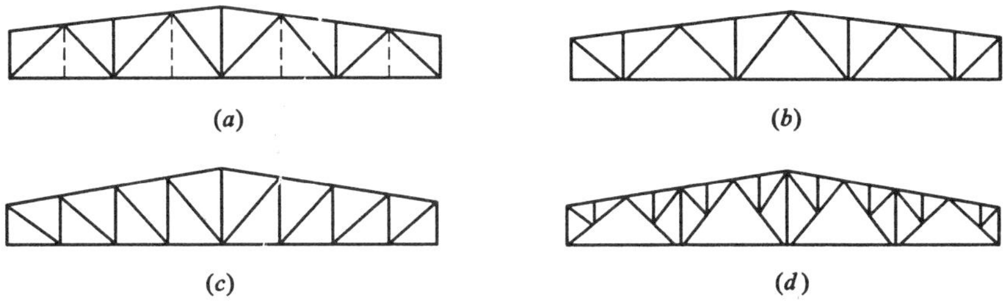

图 7.13　梯形屋架

(3) 拱形屋架

拱形屋架适用于有檩体系屋盖。由于屋架外形与弯矩图(通常为抛物线形)接近,故弦杆内力较均匀,腹杆内力亦较小,受力合理。

拱形屋架的上弦可做成圆弧形(图 7.14(*a*))或较易加工的折线形(图 7.14(*b*))。腹杆多采用人字式,也可采用单斜式。

图 7.14　拱形屋架

(*a*) 圆弧形;(*b*) 折线形

拱形屋架由于制造费工,故应用较少,仅在大跨度重型屋盖(多做成落地拱式桁架)有所采用。一些大型农贸市场,利用其美观的造型,再配合新品种轻型屋面材料,也有一定应用。

(4) 平行弦和人字形屋架

平行弦屋架的上、下弦杆平行,且可做成不同坡度。与柱连接亦可做成刚接或铰接。平行弦屋架多用于单坡屋盖(图 7.15(*a*))或用作托架,支撑桁架亦属此类。用两个平行弦屋架做成人字形屋架的双坡屋盖(图 7.15(*b*)),可以增加建筑净空,减少压顶感觉。另外,为改善屋架受力,屋架的上、下弦杆也可做成不同坡度或下弦中部做一水平段(图 7.15(*c*))。

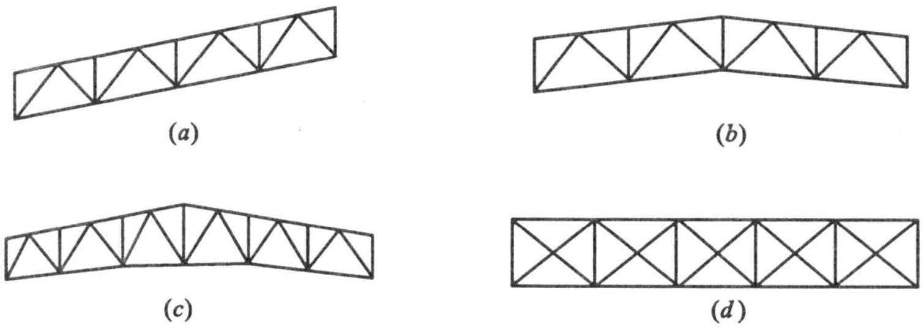

图 7.15　平行弦和人字形屋架

平行弦屋架的腹杆多采用人字式(图 7.15(*a*)、(*b*)),用作支撑时常采用交叉式(图 7.15(*c*))。

我国近年来在一些大型工厂中采用了坡度 $i=2/100\sim5/100$ 的人字形屋架,由于腹杆长度一致,节点类型统一,且在制造时不必起拱,符合标准化、工厂化制造的要求,故效果较好。

7.5.3　屋架的主要尺寸

屋架的主要尺寸为跨度 l 和跨中高度 h。对梯形屋架还有端部高度 h_0。

(1) 跨度

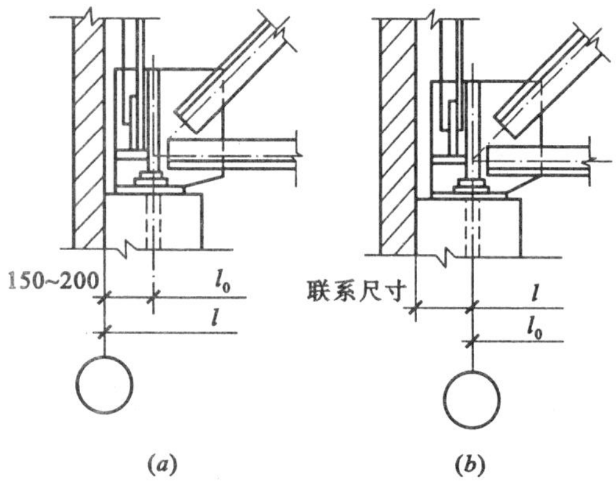

图 7.16　屋架的计算跨度

屋架的跨度应满足房屋的工艺和使用要求,同时应考虑结构布置的合理性。柱网横向轴线的间距即屋架的标志跨度 l,在无檩体系屋盖中应与大型屋面板的宽度相配合,以 3m 为模数。屋架的计算跨度 l_0 是屋架两端支座反力的间距。当屋架简支于钢筋混凝土柱且柱网采用封闭结合时,考虑屋架支座处的构造尺寸(使支座外缘不致超出轴线),一般可取 $l_0=l-(300\sim400)$mm(图7.16(*a*));当柱网采用非封闭结合时,计算跨度等于标志跨度,即 $l_0=l$(图 7.16(*b*))。

(2) 高度

与组合梁一样,屋架的高度亦取决于建筑高度、刚度要求和经济高度等条件,同时还须结合屋面坡度和满足运输界限的要求。屋架的最大高度不能超过运输界限,最小高度应满足屋架容许挠度($[v]=l/500$)的需要,经济高度则应根据屋架弦杆和腹杆的总重为最小的条件确定。

三角形屋架高度主要取决于屋面坡度,当 $i=1/2\sim1/3$ 时,$h=(1/4\sim1/6)l$。

平行弦屋架和梯形屋架的中部高度主要由经济高度决定,一般取 $h=(1/6\sim1/10)l$(l 大时取小值,l 小时取大值)。梯形屋架的端部高度,当屋架与柱刚接时,为了有效传递端部负弯矩,应具有一定高度,一般为 $h_0=(1/10\sim1/16)l$,常取 1.8～2.4m;当屋架与柱铰接时,根据跨中经济高度和屋面坡度决定即可,但为多跨房屋时,h_0 应力求统一,以便于屋面构造处理。

人字形屋架的高度一般取 $h=(1/18\sim1/12)l$,通常为 $h=2.0\sim2.4$m。跨度大于 36m 时可稍大,但亦不宜超过 3m。需要注意,当人字形屋架轴线坡度大于 1/7 且与柱刚接时,应将其视为折线横梁进行框架分析。当与柱铰接时,则应考虑竖向荷载作用下折线拱的推力对柱的影响,且应在檩条及屋面板等安装完后才将屋架永久固定。

7.5.4 屋架的荷载和荷载组合

永久荷载——包括屋面材料和檩条、屋架、天窗架、支撑以及天棚等结构的自重；

可变荷载——包括屋面活荷载、雪荷载、风荷载、积灰荷载以及悬挂吊车荷载等。

永久荷载和可变荷载可按《荷载规范》或按材料的规格计算。需要指出，按《设计规范》规定，对支承轻型屋面(如压型钢板)的屋架，当仅有一个可变荷载(如只有雪荷载)且受荷水平投影面积超过 $60m^2$ 时，屋面均布活荷载标准值应取 $0.3kN/m^2$(如有两个及以上可变荷载参与组合时，则仍应按《荷载规范》取为 $0.5kN/m^2$)。

屋架设计时必须根据使用和施工过程中可能遇到的荷载组合对屋架杆件的内力最不利进行计算。荷载组合要按荷载效应的基本组合设计式(3.18)和式(3.19)。一般应考虑下面三种荷载组合：

(1) 全跨永久荷载+全跨可变荷载；

(2) 全跨永久荷载+半跨可变荷载；

(3) 全跨屋架、天窗架和支撑自重+半跨屋面板重+半跨屋面活荷载。

上述(1)、(2)为使用时可能出现的不利情况，而(3)则是考虑在屋面(主要为大型混凝土屋面板)安装时可能出现的不利情况。在多数情况，用第一种荷载组合计算的屋架杆件内力即为最不利内力。但在第二和第三种荷载组合下，梯形、平行弦、人字形和拱形屋架跨中附近的斜腹杆可能由拉杆变为压杆或内力增大，故应予考虑。有时为了简化计算，可将跨中央每侧各 2～3 根斜腹杆，不论其在第一种荷载组合下是拉杆还是压杆，均当作压杆计算，即控制其长细比不超过 150，此时一般可不再计算第二、第三两种荷载组合。

在荷载组合时，屋面活荷载和雪荷载不会同时出现，可取两者中的较大值计算。

对风荷载，当屋面倾角 $\alpha \leqslant 30°$ 时为产生卸载作用的风吸力，故一般可不予考虑。但对压型钢板等轻型屋面，则应考虑负风压的影响，因为负风压大于屋面永久荷载时，可能使屋架的拉杆变为压杆。计算时可取负风压的垂直分力与屋面永久荷载进行比较(对永久荷载分项系数的取值应按式(3.18)的规定，即按永久荷载效应对结构构件的承载能力有利这种情况，取 $\gamma_G=1.0$[①]，而对风荷载，则取 $\gamma_Q=1.4$)，若前者大于后者，则屋架的拉杆变为受压，但一般压力不会太大，因此一般可将其杆件长细比按容许长细比 250 进行控制(见表 6.1 注(5))，可不必再计算风荷载产生的内力。

屋架和支撑的自重 g_0 可参照下面经验公式估算：

$$g_0 = \beta l \quad (kN/m^2, \text{水平投影面}) \tag{7.1}$$

式中 β——系数，当屋面荷载 $Q \leqslant 1kN/m^2$(轻屋盖)时，$\beta=0.01$；当 $Q=1 \sim 2.5kN/m^2$(中屋盖)时，$\beta=0.012$；当 $Q>2.5kN/m^2$(重屋盖)时，$\beta=0.12/l+0.011$；

l——屋架的标志跨度(m)。

当屋架下弦未设天棚时，通常假定屋架和支撑自重全部作用在上弦；当设有天棚时，则假定上、下弦平均分配。

7.5.5 屋架杆件的内力计算

计算屋架杆件内力时采用如下假定：

---

① 为什么永久荷载效应对结构构件有利时，取 $\gamma_G=1.0$、$\gamma_Q=1.4$ 的原因，可参阅《疑难释义》第 2.11 节。

(1) 节点均视为铰接。对实际节点中因杆件端部和节点板焊接而具有的刚度以及引起的次应力，在一般情况下可不考虑。

(2) 各杆件轴线均在同一平面内且相交于节点中心。屋架杆件的内力均按荷载作用于屋架的上、下弦节点进行计算。对有节间荷载作用的屋架，可先将节间荷载分配在相邻的两个节点上，按只有节点荷载作用的屋架求出各杆件内力，然后再计算直接承受节间荷载杆件的局部弯矩。

作用于屋架上弦节点的荷载 Q 可按各种均布荷载对节点汇集进行计算，如图 7.17 所示阴影部分：

$$Q=\sum q_h sa+\sum\left(\frac{q_s}{\cos\alpha}\right)sa \tag{7.2}$$

式中　q_h——按屋面水平投影面分布的荷载(雪荷载、活荷载、屋架自重等)；

q_s——按屋面坡向分布的永久荷载(屋面材料等)；

s——屋架的间距；

a——上弦节间的水平投影长度；

α——屋面倾角，当 α 较小时，可近似取 $\cos\alpha=1$。

屋架杆件内力可根据屋架计算简图采用图解法、数解法或电算方法计算，但图解法对三角形屋架和梯形屋架使用较方便。另外，对一般常用形式的屋架，各种建筑结构设计手册中均有单位节点荷载作用下的杆件内力系数，可方便地查表应用。

上弦杆承受节间荷载时的局部弯矩，在理论上应按弹性支座连续梁计算，但其过于烦琐，故一般简化为按简支梁弯矩 M_0 乘以调整系数计算(图 7.18)：对端节间正弯矩取 $M_1=0.8M_0$；对其他节间正弯矩和节点(包括屋脊节点)负弯矩取 $M_2=\pm0.6M_0$。当仅有一个节间荷载 Q 作用在节间中点时，$M_0=Qa/4$。

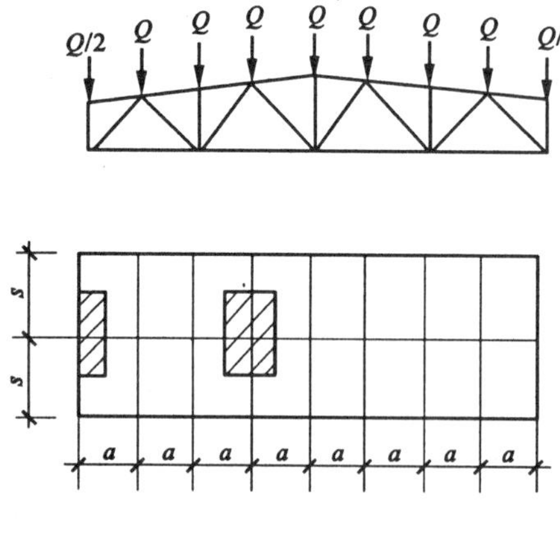

图 7.17　节点荷载汇集简图

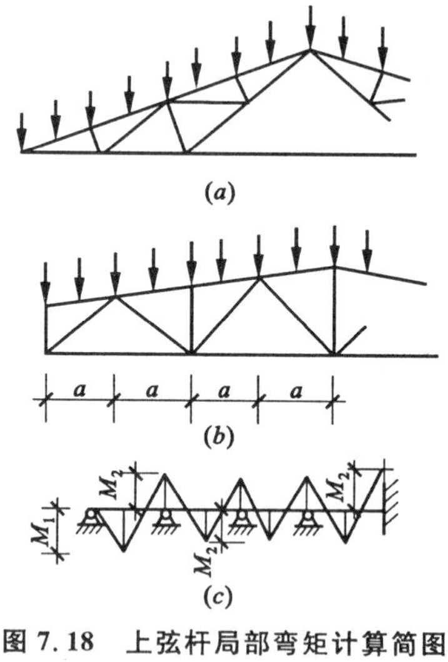

图 7.18　上弦杆局部弯矩计算简图

7.5.6　屋(桁)架杆件的计算长度

7.5.6.1　屋架弦杆和单系腹杆的计算长度

在确定屋(桁)架弦杆和单系腹杆的长细比时，其计算长度 l_0 应按表 7.3 选用。下面对表中各项数值的取值原因简述如下。

表 7.3　屋(桁)架弦杆和单系腹杆的计算长度 l_0

项　次	弯曲方向	弦　杆	腹　杆	
			支座斜杆和支座竖杆	其他腹杆
1	在桁架平面内	l	l	$0.8l$
2	在桁架平面外	l_1	l	l
3	斜平面	—	l	$0.9l$

注：l 为构件的几何长度(节点中心间距离)，l_1 为桁架弦杆侧向支承点之间的距离。

(1) 屋(桁)架平面内的计算长度 l_{0x}

在理想铰接的屋架中，杆件在屋架平面内的计算长度 l_{0x} 应等于节点中心间的距离，即杆件的几何长度 l。但实际屋架是用焊接将杆件端部和节点板相连，故节点本身具有一定刚度，杆件两端均为弹性嵌固。当某一压杆因失稳杆端绕节点转动时(图 7.19(a))，节点上汇集的其他杆件将对其起约束作用，且其中以拉杆的作用为大。因此，若节点上汇集的拉杆数目多，线刚度大，则产生的约束作用也大，压杆在节点处的嵌固程度也大，其计算长度就小。

如图 7.19(a)所示，弦杆、支座斜杆和支座竖杆的自身刚度均较大，且其两端节点上的拉杆却很少，因而嵌固程度很小，与两端铰接的情况比较接近，故其计算长度均采用 $l_{0x}=l$。其他中间腹杆，虽上端相连的拉杆少，嵌固程度小，可视为铰接，但其下端相连的拉杆则较多，且下弦的线刚度大，嵌固程度较大，故其计算长度可取 $l_{0x}=0.8l$。再分式腹杆(图 7.20(b))在中间节点上汇集的均为中间腹杆，且拉杆少，截面一般又较小，嵌固程度很低，故其计算长度取 $l_{0x}=l$。

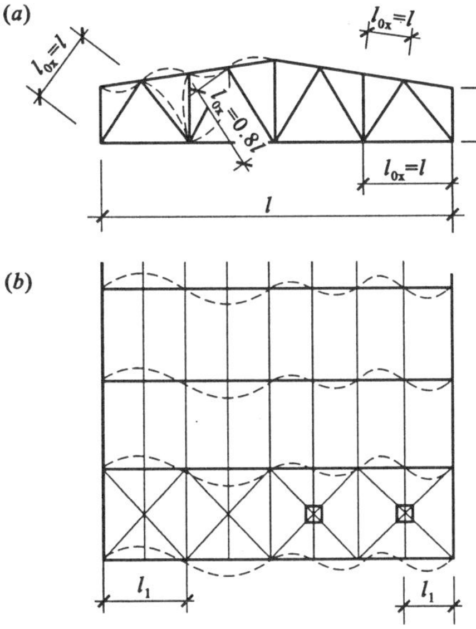

图 7.19　屋架杆件计算长度

(a) 在屋架平面内；(b) 在屋架平面外

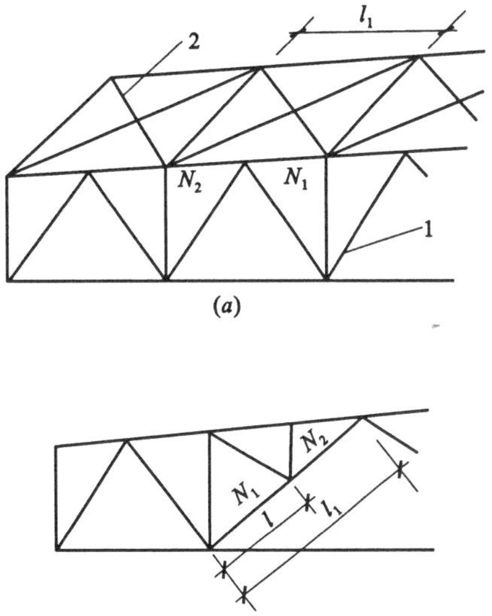

图 7.20　轴心压力在侧向支承点之间有变化的杆件平面外计算长度

1—屋架；2—支撑

(2) 屋(桁)架平面外的计算长度 l_{0y}

弦杆在屋架平面外的计算长度 l_{0y} 应取弦杆侧向支承点之间的距离 l_1，即 $l_{0y}=l_1$。对上弦杆，一般取横向水平支撑的节间长度(图 7.19(b))。在有檩体系屋盖中，前已述及，如檩条与横向水平支撑的交叉点用连接板焊牢，则可取檩条之间的距离；在无檩体系屋盖中，当考虑大型屋面板能起支撑作用时，一般可取两块屋面板的宽度但不大于3m，若不能保证屋面板三个角焊牢，则仍应取支撑节点间距离。对下弦杆，应取纵向水平支撑节点与系杆或系杆与系杆间的距离。

当受压弦杆侧向支承点之间的距离 l_1 为节间长度的两倍，且两节间弦杆的内力 N_1 和 N_2 不等(图 7.20(*a*))，若 N_1 为较大压力，N_2 为较小压力或拉力，显然在取 N_1 作为弦杆在屋架平面外稳定性的计算内力时，仍将 l_1 作为计算长度偏于保守，因此可按下式将其适当折减：

$$l_{0y}=l_1\left(0.75+0.25\frac{N_2}{N_1}\right) \tag{7.3}$$

式中 N_1——较大的压力，计算时取正值；

N_2——较小的压力或拉力，计算时压力取正值，拉力取负值。

当按上式算得的 $l_{0y}<0.5l_1$ 时，取 $l_{0y}=0.5l_1$。

腹杆在屋架平面外失稳时，因节点板在此方向的刚度很小，对杆件没有什么嵌固作用，相当于板铰，故所有腹杆均应取 $l_{0y}=l$。

再分式腹杆的受压主斜杆(图 7.20(*b*))在屋架平面外的计算长度亦应按式(7.3)计算，但受拉主斜杆则仍应取 $l_{0y}=l_1$。

(3) 斜平面的计算长度

单面连接的单角钢腹杆及双角钢十字形截面腹杆(见表 7.5)，其截面的两主轴均不在屋架平面内。当杆件绕最小主轴受压失稳时为斜平面失稳，此时杆件两端节点对其均有一定的嵌固作用，其程度约介于屋架平面内和平面外之间，因此取一般腹杆斜平面计算长度 $l_0=0.9l$。但对支座斜杆、支座竖杆、再分式腹杆仍应取 $l_0=l$。

7.5.6.2 屋(桁)架交叉腹杆的计算长度

在确定屋(桁)架交叉腹杆的长细比时，在屋(桁)架平面内的计算长度应取节点中心到交叉点间的距离。在屋(桁)架平面外的长度应按表 7.4 选用。

表 7.4 屋(桁)架交叉腹杆在屋(桁)架平面外的计算长度

项次	杆件类别	杆件交叉情况	在屋(桁)架平面外的计算长度
1	压杆	所相交的另一杆受压，且两杆截面相同并在交叉点均不中断	$l_0=l\sqrt{\frac{1}{2}\left(1+\frac{N_0}{N}\right)}$
2		所相交的另一杆受压，且该杆在交叉点中断但以节点板搭接	$l_0=l\sqrt{1+\frac{\pi^2}{12}\cdot\frac{N_0}{N}}$
3		所相交的另一杆受拉，且两杆截面相同并在交叉点均不中断	$l_0=l\sqrt{\frac{1}{2}\left(1-\frac{3}{4}\cdot\frac{N_0}{N}\right)}\geqslant 0.5l$
4		所相交的另一杆受拉，且该杆在交叉点中断但以节点板搭接	$l_0=l\sqrt{1-\frac{3}{4}\cdot\frac{N_0}{N}}\geqslant 0.5l$
5		所计算的压杆中断但以节点板搭接，而相交的另一杆为连续的拉杆，若 $N_0\geqslant N$ 或拉杆在桁架平面外的抗弯刚度 $EI_y\geqslant\frac{3N_0l^2}{4\pi^2}\left(\frac{N}{N_0}-1\right)$	$l_0=0.5l$
6	拉　杆	—	$l_0=l$

注：(1)表中 l 为屋(桁)架节点中心间距离(交叉点不作节点考虑)；N 为所计算杆的内力；N_0 为所相交另一杆的内力，均为绝对值。

(2) 两杆均受压时，取 $N_0\leqslant N$，两杆截面相同。

在确定屋(桁)架交叉腹杆中单角钢杆件斜平面的长细比时,计算长度应取节点中心至交叉点的距离。

7.5.7 屋架杆件的截面形式

屋架杆件的截面形式应根据用料经济、连接构造简单和具有必要的承载能力和刚度等要求确定。由于杆件多为轴心受力,故其截面宜宽肢薄壁,以提高稳定承载力及刚度。对轴心压杆,应尽量使两主轴方向的长细比接近,即 $\lambda_x \approx \lambda_y$,以近似于等稳定性($\varphi_x \approx \varphi_y$)节约材料。若弦杆为还受有节间荷载的压弯杆或拉弯杆时,则应加大弯矩作用方向的截面高度。

屋架杆件的截面过去一直都是采用两个等边或不等边角钢组成 T 形截面或十字形截面(少数受力很小的腹杆采用单角钢),因为经过适当调配,容易做到使其在两主轴方向的回转半径 i_x、i_y 与杆件在同方向的计算长度 l_{0x}、l_{0y}配合,故能较好地满足前述要求。但近年来,随着剖分 T 型钢的生产,直接用它来代替用双角钢组合的屋架杆件(或优先用于上、下弦杆),不仅省工(约 20%)、省料(可省节点板和填板等钢材 12%～15%),且易于刷油防腐(不存在双角钢相并的间隙不能涂漆问题),延长使用寿命,因此将逐步处于主导材料地位。

现将各种截面的形式及其 i_y/i_x 值的大致范围和用途列入表 7.5,可供选用时参考(i_x、i_y、i_{x_0}、i_{y_0} 的具体数值可查附表 6、附表 9 和附表 10)。下面结合各种杆件作一简述。

表 7.5　屋架杆件的截面形式

型钢类型		截面形式	回转半径的比值	用　途
TW 型钢		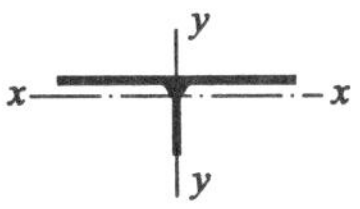	$\frac{i_y}{i_x}=1.8\sim2.1$	l_{0y}较大的上、下弦杆
TM 型钢		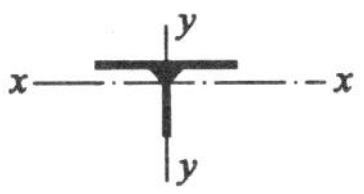	$\frac{i_y}{i_x}=0.78\sim1.4$	一般上、下弦杆或腹杆
TN 型钢		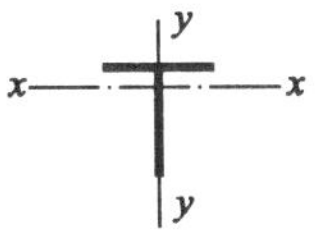	$\frac{i_y}{i_x}=0.44\sim0.83$	受局部弯矩作用的上、下弦杆
不等边角钢	短肢相并	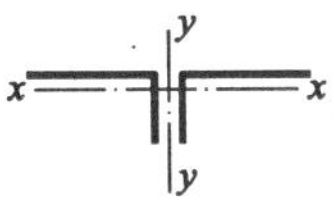	$\frac{i_y}{i_x}=2.6\sim2.9$	l_{0y}较大的上、下弦杆
	长肢相并	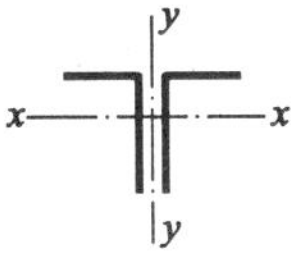	$\frac{i_y}{i_x}=0.75\sim1.0$	端斜杆,端竖杆,受局部弯矩作用的上、下弦杆
等边角钢相并		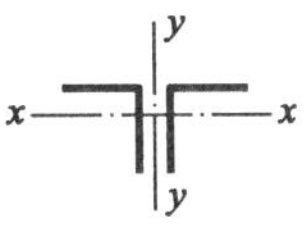	$\frac{i_y}{i_x}\approx1.3\sim1.5$	其他腹杆或一般上、下弦杆

续表 7.5

型钢类型	截面形式	回转半径的比值	用　　途
等边角钢十字相连	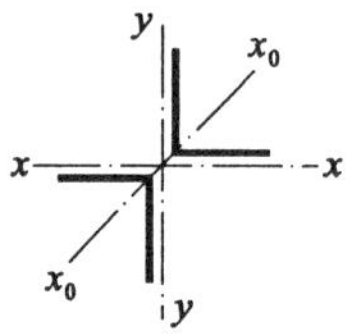	$\frac{i_{x_0}}{i_x}=0.77\sim0.92$	连接垂直支撑的竖杆
单角钢	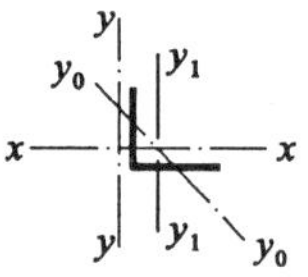	$\frac{i_{y_0}}{i_x}\approx0.64$	用于内力较小杆件

(1) 上弦杆

在一般支撑布置情况，其计算长度常为 $l_{0y}=2l_{0x}$，故为满足 $\lambda_x\approx\lambda_y$，需要 $i_y\approx2i_x$，因此宜采用 TW 型钢或两个不等边角钢短肢相并的 T 形截面。采用较宽的水平肢侧向刚度较好，也便于连接支撑和放置屋面板及檩条。当计算长度 $l_{0y}=l_{0x}$时，宜采用 $i_y\approx i_x$ 的 TM 型钢或两个等边角钢相并的 T 形截面。当上弦有节间荷载时，为了提高杆件在屋架平面内的抗弯能力，宜采用 TN 型钢或两个不等边角钢长肢相并(视弯矩大小，也可采用两个等边角钢相并)的 T 形截面。

(2) 下弦杆

为受拉杆件，一般由强度条件确定截面，但还须满足拉杆容许长细比的要求。下弦杆的 l_{0y}通常都很大，且可能受有振动，故应优先采用 TW 型钢或两个不等边角钢短肢相并的倒 T 形截面，以增加杆件的侧向刚度，这也有利于吊装和便于与支撑连接。

(3) 端斜杆

其 $l_{0x}=l_{0y}$，需要 $i_y\approx i_x$，故宜采用两个不等边角钢长肢相并的 T 形截面或 TM 型钢。

(4) 一般腹杆

其 $l_{0x}=0.8l$，$l_{0y}=l$，即 $l_{0y}=1.25l_{0x}$，需要 $i_y=1.25i_x$，故宜采用两个等边角钢相并的 T 形截面或 TM 型钢。受力很小的腹杆，也可采用单角钢截面，其放置方法可采取在端部开槽对称置于屋架平面，或交替地单面连接在屋架平面的两侧。连接垂直支撑的竖杆，为了与支撑连接时不致产生偏心和在屋架吊装时两端可以互换位置，宜采用两个等边角钢十字相连的十字形截面。

(5) 双角钢杆件间的填板

为了保证双角钢 T 形截面和十字形截面杆件能共同受力，必须每隔一定距离在两个角钢间设置填板并用焊缝连接(图 7.21，十字形截面为一竖一横交错放置)。填板宽度一般约 60mm，长度则取：T 形截面从角钢肢背、肢尖各伸出 10～15mm；十字形截面，由角钢肢尖缩进 10～15mm。填板厚度与节点板相同。填板间距：压杆 $l_d\leqslant40i$，拉杆 $l_d\leqslant80i$，式中 i 为 T 形截面为一个角钢对平行于填板的自身形心轴(图 7.21(a)中 1-1 轴)的回转半径；十字形截面为一个角钢的最小回转半径(对图 7.21(b)中 2-2 轴)。T 形截面压杆的填板数在两个侧向支承点之间不得少于 2 个，且每节间亦不宜少于 2 个(节间较短时至少 1 个)，十字形截面的则不得少于 3 个。

7.5.8　节点板厚度

节点板中应力十分复杂，通常不作计算，可按其所连接杆件内力的大小确定厚度。三角形(或

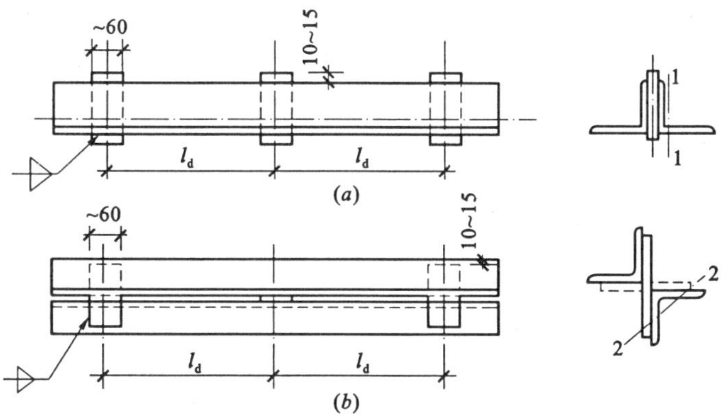

图 7.21　双角钢杆件间的填板

拱形）屋架端节间上弦杆和梯形（或平行弦、人字形）屋架腹杆中端斜杆的内力，一般为节点板所传的最大内力，故可根据其大小按表 7.6 确定支座节点板厚度。中间节点板受力比支座节点板小，可减薄 2mm。

表 7.6　屋架节点板厚度（Q235 钢）

梯形、人字形屋架腹杆最大内力或三角形屋架弦杆端节间内力(kN)	≤200	201～300	301～520	521～780	781～950	951～1200	1201～1550	1551～2000
中间节点板厚度(mm)	6	8	10	12	14	16	18	20
支座节点板厚度(mm)	8	10	12	14	16	18	20	22

注：当节点板材料采用 Q345、Q390、Q420 钢时，其厚度可比表中数值减小 2mm，但不得小于 6mm。

7.5.9　屋架杆件的截面选择

7.5.9.1　截面选择的一般原则

（1）应优先选用肢宽壁薄的 T 型钢或角钢，以增加截面的回转半径。在一般情况，其肢厚不宜小于 5mm（角钢不小于∟50×5 或∟75×50×5），受力较小屋架 4mm（角钢不小于∟45×4 或∟56×36×4），以满足受压杆件局部稳定要求。有螺栓孔时，角钢最小肢宽须满足表 4.9 的要求。放置屋面板时，上弦角钢水平肢宽不宜小于 80mm。

（2）同一屋架的 T 型钢或角钢规格应尽量统一，一般宜调整到 5～6 种，且不应使用肢宽相同而厚度相差不大的规格，以方便配料和避免制造时混料。

（3）对跨度大于 24m 的屋架，弦杆可根据内力变化，从适当的节点部位处改变截面，但半跨内只宜改变一次，且只改变肢宽而保持厚度不变，以方便拼接的构造处理。

7.5.9.2　截面计算

（1）轴心拉杆

按强度条件计算杆件需要的净截面面积

$$A_{\mathrm{nreq}} = \frac{N}{f} \tag{7.4}$$

式中　f——钢材的抗拉强度设计值。当采用单角钢单面连接时，应乘折减系数 0.85。

根据 A_{nreq}，由附表 6、附表 9 或附表 10 中选用回转半径较大而截面面积相对较小的 T 型钢或角钢，然后按式(6.4)或式(6.5)进行强度和刚度验算。

当螺栓孔位于节点板内且离节点板边缘的距离（图 7.27 中(a)）大于或等于 100mm 时，由于焊缝已传递部分内力给节点板，内力减小，且节点板也足够补偿孔的削弱，故在计算杆件强度时可不予考虑。

(2) 轴心压杆

按第 6.5 节所述方法，先假定杆件长细比 λ（弦杆取 $\lambda=50\sim100$，腹杆取 $\lambda=80\sim120$）求 A_{req}、i_{xreq}，参考这些数值由附表 6、附表 9 或附表 10 中选用合适的 T 型钢或角钢，然后按式(6.4)、式(6.5)和式(6.23)进行强度、刚度和整体稳定验算。若不满足，可重新假定 λ 计算或在原选截面的基础上改选截面验算，直到合适为止。

对采用单角钢且单面连接的杆件，在按轴心压杆（或轴心拉杆）计算其强度、稳定及连接时，钢材和连接的强度设计值应乘以式(6.51)～式(6.54)的折减系数 ψ。

(3) 压弯或拉弯杆

当下弦或上弦受有节间荷载时，应根据轴心力和局部弯矩按拉弯或压弯杆计算。由于计算公式中与截面有关的未知数太多，故通常均采用试选截面，然后对其强度和刚度按式(6.64a)和式(6.5)进行验算。对压弯杆则尚应按式(6.72)、式(6.73)和式(6.75)对其在弯矩作用平面内和在弯矩作用平面外的稳定性进行验算。

(4) 按刚度条件选择截面的杆件

对屋架中因构造需要而设置的杆件（如芬克式屋架跨中央竖杆）或内力很小的杆件，可按刚度条件根据容许长细比计算截面需要的回转半径（对单角钢杆件或十字形截面杆件为截面最小回转半径 i_{min}）

$$i_{xreq}=\frac{l_{0x}}{[\lambda]},\quad i_{yreq}=\frac{l_{0y}}{[\lambda]}\quad 或\quad i_{min,req}=\frac{l_0}{[\lambda]} \tag{7.5}$$

根据计算的数值，即可由角钢或 T 型钢表中选用合适规格。

7.5.10 屋架的节点设计

屋架节点的作用是使杆件的内力通过各自的杆端焊缝传至节点板，并在节点中心汇交取得平衡。节点设计应做到构造合理、强度可靠和制造、安装简便。

7.5.10.1 节点设计的一般原则

(1) 各杆件的形心线理论上应与杆件轴线重合，以免产生偏心受力而引起附加弯矩。但为了方便制造，通常将 T 型钢背或角钢肢背至形心线的距离调整为 5mm 的倍数，以作为杆件的定位尺寸（图 7.27 中 $z_1\sim z_4$）。当弦杆截面有改变时，为方便拼接和安放屋面构件，应使杆件的上表面保持齐平。此时应取两形心线的中线作为弦杆的共同轴线（图 7.22），以减少因两侧 T 型钢或角钢形心线错开而产生的偏心影响。若此偏心不超过较大弦杆截面高度的 5%，可不考虑因其引起的偏心弯矩的影响。

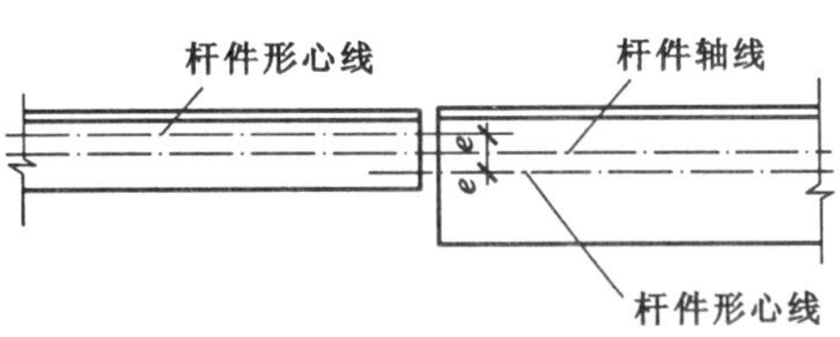

图 7.22 弦杆截面改变时的轴线

(2) 弦杆与腹杆或腹杆与腹杆之间的间隙不宜小于 20mm，相邻角焊缝焊趾间的净距应不小于 5mm（图7.27），以便于施焊和避免焊缝过于密集而使钢材过热变脆。

(3) 杆件端部一般应与杆件轴线垂直切割（图 7.23(a)）。但有时为了减小节点板尺寸，也可采用图 7.23(b)、(c)所示形式，将其一肢斜切一角（参见图 7.30(a)中下弦杆）。图 7.23(d)所示形式不宜采用，因其不能使用机械切割。

(4) 节点板的形状应简单规整，没有凹角，一般至少应有两边平行，如矩形、平行四边形和直角梯形等(图 7.24),以方便下料和节约材料。

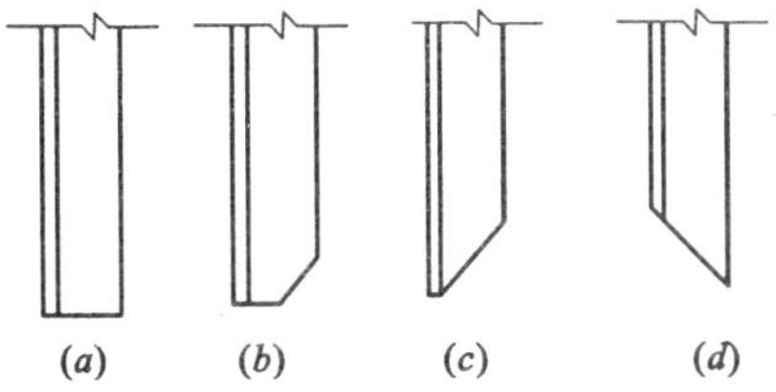

图 7.23 角钢端部切割形式

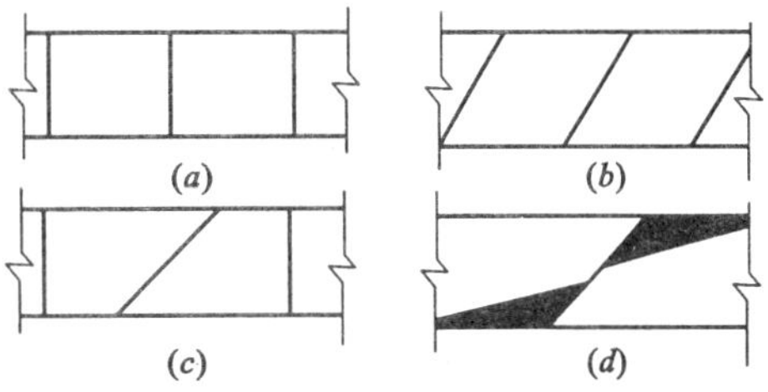

图 7.24 节点板形状

(a)、(b)、(c) 正确;(d) 不正确

(5) 节点板边缘与杆件轴线间的夹角 α 宜大于 15°(图 7.25(a)),同时应防止图 7.25(b)所示形式,以免节点板宽度不足而强度不够,或弦杆的连接焊缝偏心受力。

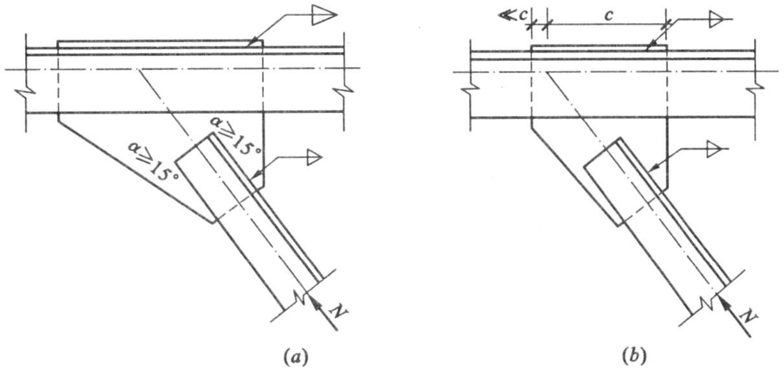

图 7.25 斜杆的节点板形状和位置

(a) 正确;(b) 不正确

(6) 当屋架上弦支承大型混凝土屋面板或檩条处的集中荷载设计值过大(超过表 7.7 中数值)时,应按图 7.26 所示在集中荷载作用部位设置盖板或肋板加强,以防外伸肢弯曲。

表 7.7 上弦杆不需加强的最大集中荷载

T 型钢或角钢水平外伸肢厚度(mm)	Q235 钢	8	10	12	14	16
	Q345、Q390、Q420 钢	7	8	10	12	14
支承处集中荷载设计值(kN)		25	40	55	75	100

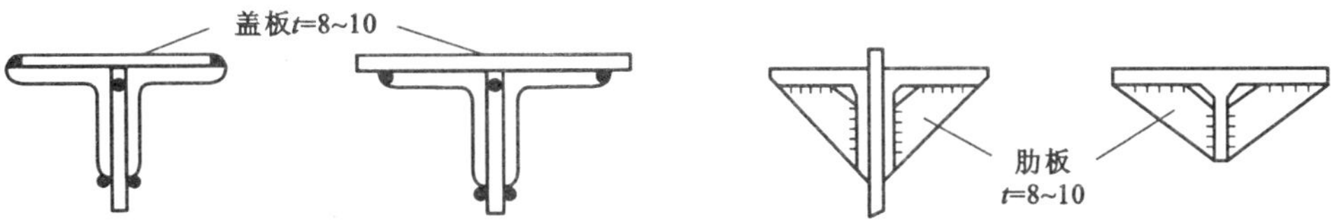

图 7.26 上弦角钢和 T 型钢在集中荷载处的加强

7.5.10.2 节点的计算和构造

节点设计宜结合绘制屋架施工图进行。其程序为首先绘出屋架杆件几何轴线和各杆件角钢或 T 形钢外形线,再按杆件之间应留的大于或等于 20mm 间隙定出杆端,然后根据腹杆内力计算的连接焊缝的焊脚尺寸和长度,并适当考虑制造装配误差,确定节点板的合理形状和尺寸。最后还须验算弦杆和节点板的连接焊缝。

由于角钢屋架和T型钢屋架节点在构造上略有不同，下面分别加以叙述。

（1）角钢屋架

1）一般节点

一般节点系指无集中荷载和无弦杆拼接的节点，一般多位于屋架下弦，其构造形式如图7.27所示。各腹杆杆端与节点板连接的角焊缝的焊脚尺寸和长度，应按第4章中角钢连接的角焊缝计算，从而可定出1～6点。节点板的尺寸应能框进所有点，同时还应伸出弦杆角钢肢背10～15mm，以便焊接。因此，为缩小节点板尺寸应对某些关键点（如1、2或3、6等）进行控制，即对焊缝宜采用构造要求的h_{fmax}以减小l_f，必要时或采用L形围焊和三面围焊。对其他点则可根据实际可焊长度，适当缩小h_f。弦杆与节点板的连接焊缝，由于弦杆角钢一般在节点处不断开，故应按相邻节间弦杆的内力差$\Delta N=N_1-N_2$用式（4.23）、式（4.24）计算。通常ΔN很小，所需焊缝长度常远小于节点板实有宽度，因此按构造要求的h_{fmin}满焊即可。

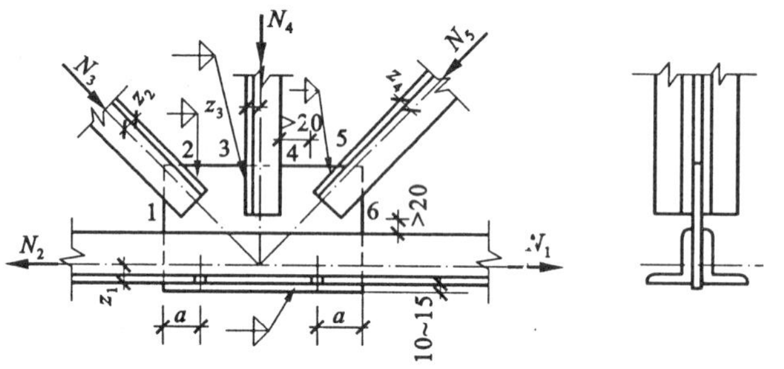

图7.27　角钢屋架的一般节点

2）有集中荷载的节点

如图7.28所示的角钢屋架上弦节点，一般受檩条或大型屋面板传来的集中荷载Q的作用。为了放置上部构件，节点板须缩入上弦角钢背5～10mm且不宜小于$t/2+2$mm（t为节点板厚度）的深度用塞焊缝连接。塞焊缝质量一般较难保证，故其计算多采用近似方法，即假定其相当于两条焊脚尺寸各为$h_{f1}=t/2$、长度为l_{w1}（即节点板宽度）的角焊缝，且仅承受Q力的作用。计算时忽略屋架坡度的影响，设Q力垂直于焊缝，故焊缝强度按式（4.11）应满足：

$$\sigma_f=\frac{Q}{\beta_f(2\times0.7h_{f1}l_{w1})}\leqslant f_f^w \tag{7.6}$$

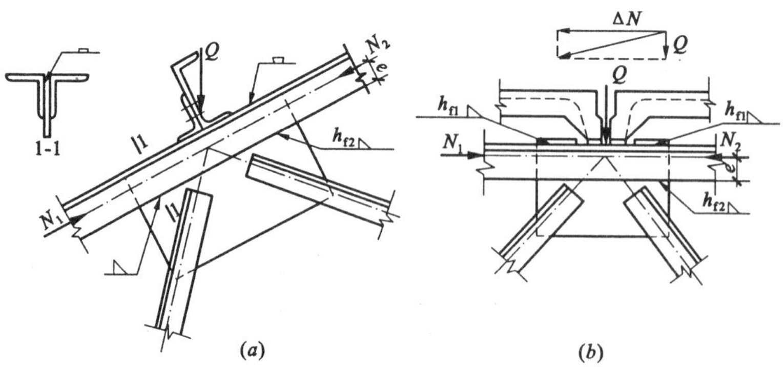

图7.28　角钢屋架有集中荷载的（上弦）节点

通常Q力不大，算出的σ_f很小，因此一般可不作计算，按构造将全长焊满即可。

角钢肢尖焊缝承受相邻节间弦杆的内力差$\Delta N=N_1-N_2$和由其产生的偏心弯矩$M=(N_1-$

$N_2)e$（e 为角钢肢尖至弦杆轴线的距离）的共同作用，故根据式(4.10)，焊缝强度应满足

$$\sqrt{\left(\frac{6M}{\beta_f \times 2 \times 0.7 h_{f2} l_{w2}^2}\right)^2 + \left(\frac{\Delta N}{2 \times 0.7 h_{f2} l_{w2}}\right)^2} \leqslant f_f^w \tag{7.7}$$

式中 h_{f2}、l_{w2}——角钢肢尖焊缝的焊脚尺寸和计算长度。

当 ΔN 较大，按上式计算肢尖焊缝强度不足时，亦可采用如图 7.28(*b*)所示将节点板部分伸出上弦角钢肢背。此时肢背和肢尖两条角焊缝共同承受 ΔN 和 Q 的合力作用，由于 Q 力一般较小，故合力方向与焊缝的夹角不会太大，因此仍近似地按侧面角焊缝计算，即其强度应满足

肢背焊缝

$$\frac{\sqrt{(Q/2)^2 + (\eta_1 \Delta N)^2}}{2 \times 0.7 h_{f1} l_{w1}} \leqslant f_f^w \tag{7.8}$$

肢尖焊缝

$$\frac{\sqrt{(Q/2)^2 + (\eta_2 \Delta N)^2}}{2 \times 0.7 h_{f2} l_{w2}} \leqslant f_f^w \tag{7.9}$$

式中 h_{f1}、l_{f1}——伸出角钢肢背的焊缝的焊脚尺寸和计算长度；

η_1、η_2——角钢肢背和肢尖焊缝的内力分配系数，同式(4.16)、式(4.17)。

3) 弦杆的拼接节点

弦杆的拼接分工厂拼接和工地拼接两种。工厂拼接是角钢供应长度不足时的制造接头，通常设在内力较小的节间内。工地拼接是在屋架分段制造和运输时的安装接头，上弦多设在屋脊节点（图 7.29(*a*)、(*b*)分别属芬克式三角形屋架和梯形屋架），下弦则多设在跨中央（图 7.29(*c*)），但芬克式三角形屋架也可设在下弦中间杆的两端。

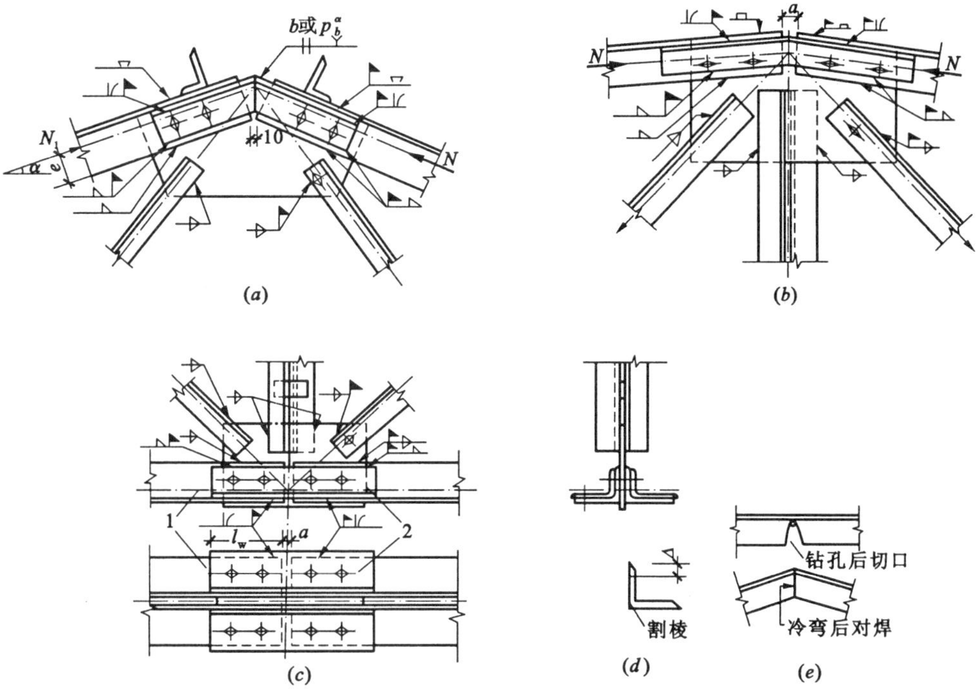

图 7.29 角钢屋架弦杆工地拼接节点

(*a*)、(*b*) 上弦拼接节点；(*c*) 下弦拼接节点

1—屋架下弦；2—拼接角钢

为保证拼接处具有足够的强度和在平面外的刚度，弦杆的拼接均应设置拼接角钢，其截面与弦杆截面相同。角钢肢背的棱角应割去(图 7.29(*d*))，以便与弦杆角钢贴紧。另外，为了施焊，还应将角钢竖肢切去 $\Delta=t+h_f+5\text{mm}$(t 为角钢厚度；h_f 为焊缝的焊脚尺寸；5mm 为避开弦杆角钢肢尖圆角的切割量)。割棱切肢引起的截面削弱，一般不超过原截面的 15%，故节点板可以补偿。若拼接处无节点板时，则应在角钢间设适当宽度(按弦杆内力 N 的 15%计算弦杆与填板间需要的连接焊缝长度确定)的填板给予补偿。屋脊节点的拼接角钢，一般应采用热弯成型。当屋面坡度较大或角钢肢较宽不易弯折时，宜将竖肢在根部钻孔并切口后再冷弯对焊(图 7.29(*e*))。

拼接角钢的长度应根据拼接焊缝需要的长度确定，一般可按被拼接处弦杆最大内力或偏安全地按与弦杆等强(宜用于拉杆)计算，并假定 4 条焊缝均匀受力。按等强计算时，接头一侧需要的焊缝计算长度为：

$$l_w=\frac{Af}{4\times0.7h_f f_f^w}\tag{7.10}$$

式中 A——弦杆的截面面积。

拼接角钢的总长度为：

$$l=2(l_w+2h_f)+a\tag{7.11}$$

式中 a 为弦杆端头的距离：下弦取 10mm，上弦则还应加上与屋面坡度 i 及角钢垂直肢宽 b 有关的距离，即 $2ib$。

弦杆与节点板的连接焊缝可按较大一侧弦杆内力 N 的 15%或相邻节间弦杆的内力差 ΔN 两者中的较大值计算。当节点处还作用有集中荷载 Q 时，则应按两方向力共同作用计算。

为便于拼装，工地拼接宜采用图 7.29 所示的连接方式。节点板(和中间竖杆)用工厂焊缝焊于左半榀屋架，拼接角钢则作为单独零件出厂，待工地将右半榀屋架拼装后再将其装配上，然后一起用安装焊缝连接。另外，为了拼接节点能正确定位和施焊，宜设置安装螺栓。

4) 支座节点

屋架与柱的连接分铰接和刚接两种形式。支承在钢筋混凝土柱上的屋架一般采用铰接，而支承在钢柱上的屋架则多采用刚接。

① 铰接支座节点

图 7.30 所示为三角形屋架和梯形屋架的铰接支座节点，采用由节点板、底板、加劲肋和锚栓组成的构造形式。加劲肋的作用是分布支座反力，减小底板弯矩和提高节点板的侧向刚度。加劲肋应设在节点的中心，其轴线与支座反力的作用线重合。为便于施焊，下弦杆和底板间应保持一定距离(图 7.30 中尺寸 d)，一般应不小于下弦角钢水平肢的宽度且不小于 130mm。梯形屋架端竖杆角钢肢朝外时，其外缘与加劲肋之间的距离应不小于 50mm。锚栓常用 M20～M24，应预埋于钢筋混凝土柱顶。为便于屋架安装和调整，底板上的锚栓孔径应比锚栓直径大 1～1.5 倍或做成 U 形缺口，待屋架调整定位后，再用孔径比锚栓直径大 1～2mm、厚度与底板相同的垫板套住锚栓并与底板焊固。

支座节点的传力路线是：屋架端部各杆件的内力通过杆端焊缝传给节点板，再经节点板和加劲肋间的竖直焊缝将一部分力传给加劲肋，然后通过节点板、加劲肋和底板间的水平焊缝将全部支座反力传给底板，最终传至柱，故其计算可采用第 6 章铰接柱脚类似方法：

● 底板面积：按式(6.95)计算。一般当支座反力不大时，其值较小，故可按设置锚栓孔等构造要求决定，通常以短边尺寸不小于 200mm 为宜。

● 底板厚度：按式(6.99)计算，式中 M 按式(6.97)计算。为使柱顶压力分布均匀，底板不宜太

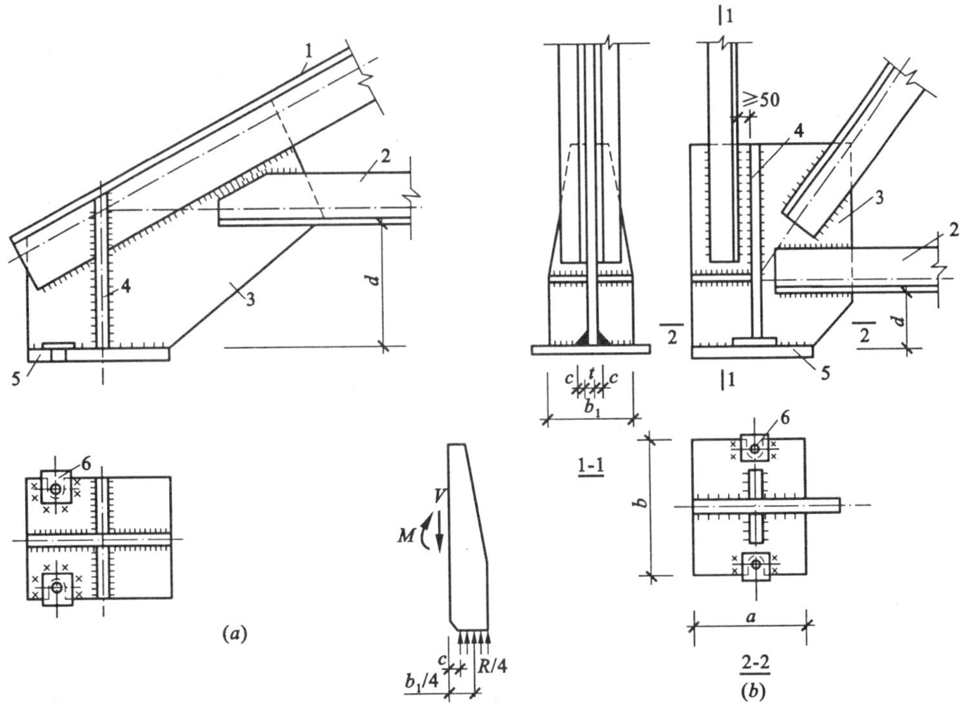

图 7.30　屋架(铰接)支座节点

(a) 三角形屋架支座节点;(b) 梯形屋架支座节点

1—上弦;2—下弦;3—节点板;4—加劲肋;5—底板;6—垫板

薄,一般在屋架跨度 $l \leqslant 18\text{m}$ 时,$t \geqslant 16\text{mm}$;$l > 18\text{m}$ 时,$t \geqslant 20\text{mm}$。

● 加劲肋:加劲肋的高度对梯形屋架应结合节点板的尺寸确定,对三角形屋架则应和上弦角钢靠紧焊牢。加劲肋厚度可略小于节点板厚度。

加劲肋可视为支承于节点板的悬臂梁,每块加劲肋近似地承受 1/4 支座反力,因此加劲肋与节点板间的两条竖直焊缝承受剪力 $V=R/4$ 和弯矩 $M=Vb_1/4$。故焊缝强度按式(4.10)应满足

$$\sqrt{\left(\frac{6M}{\beta_f \times 2 \times 0.7h_f l_w^2}\right)^2 + \left(\frac{V}{2 \times 0.7h_f l_w}\right)^2} \leqslant f_f^w \tag{7.12}$$

加劲肋、节点板与底板间的水平焊缝按全部支座反力进行计算。6 条焊缝的总计算长度为 $\sum l_w = 2a + 2(b_1 - t - 2c) - 12h_f$($t$ 为节点板厚度,c 为加劲肋切口宽度)。故焊缝强度应满足:

$$\sigma_f = \frac{R}{\beta_f \times 0.7h_f \sum l_w} \leqslant f_f^w \tag{7.13}$$

② 刚接支座节点

图 7.31 所示为梯形屋架或人字形屋架与钢柱连接的刚接节点。图 7.31(b)为上承式屋架与柱刚接的一种构造形式。

(2) T 型钢屋架

T 型钢屋架可分为屋架全部杆件均采用 T 型钢和仅上、下弦杆采用 T 型钢而腹杆则采用角钢两种类型。但不论哪种类型,通常均可不设节点板,将杆件直接焊接即可。

图 7.32(a)所示为弦杆和腹杆均采用 T 型钢的一般节点,可将腹杆端部的 T 型钢腹板与弦杆的抵触部分切去,以与弦杆对焊。T 型钢翼缘则开豁口插入弦杆并用角焊缝连接,其焊脚尺寸和长度以能承受翼缘内力即可。

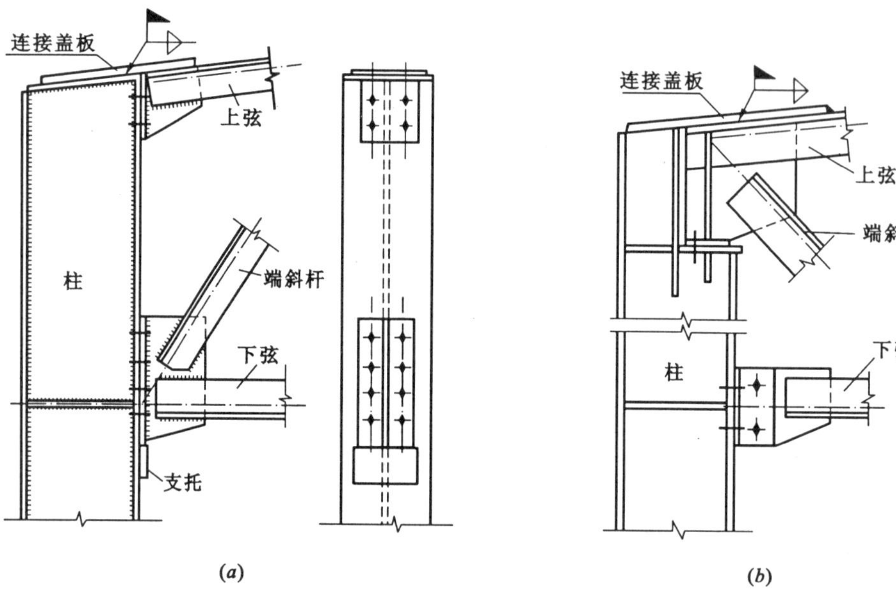

图 7.31　屋架与柱的刚接

(*a*) 下承式屋架与柱的刚接；(*b*) 上承式屋架与柱的刚接

图 7.32(*b*)所示为腹杆采用角钢时的一般节点，可将腹杆双角钢直接伸入弦杆腹板与其焊接。弦杆腹板尺寸一般可满足焊缝长度的需要(必要时可如图所示将角钢肢切成斜角)，若不能满足，可按图 7.32(*c*)所示加焊一节点板。节点板的厚度 t 与弦杆腹板的相同，并与其用对接焊缝连接。焊缝应能承受相邻节间弦杆的内力差 $\Delta N=N_1-N_2$ 和由其产生的偏心弯矩 $M=\Delta Ne$。因此，焊缝强度应按式(4.2)和式(4.3)计算，即

$$\sigma=\frac{M}{W_w}=\frac{6\Delta Ne}{tl_w^2}\leqslant f_t^w \quad 或 \quad f_c^w \tag{7.14}$$

$$\tau=\frac{VS_w}{I_w t_w}=\frac{3\Delta N}{2tl_w}\leqslant f_v^w \tag{7.15}$$

式中　l_w——对接焊缝长度，即根据腹杆焊缝长度需要确定的节点板长度。

若节点处还有集中荷载作用时，其计算可按式(4.1)将集中荷载 Q 在焊缝中引起的正应力和由式(7.14)计算的偏心弯矩引起的正应力叠加，验算焊缝强度，即(设 Q 力近似垂直于焊缝)

$$\frac{Q}{tl_w}+\frac{6\Delta Ne}{tl_w^2}\leqslant f_c^w \tag{7.16}$$

T 型钢屋架的上、下弦杆拼接节点如图 7.32(*d*)、(*e*)所示。弦杆翼缘和腹板均采用钢板拼接。翼缘拼接板的厚度与 T 型钢翼缘的相同，但宽度则应比其稍宽，以便于焊接。长度则按与翼缘等强需要的焊缝长度，根据接头一侧 2 条焊缝参照式(7.10)、式(7.11)确定。腹板拼接钢板采用两块，分别置于 T 型钢腹板的两侧，但宽度应比其稍窄，厚度则应大于 1/2 腹板厚度，以达到等强。长度按与腹板等强需要的焊缝长度确定。由于靠翼缘侧的焊缝无法施焊，可将拼接钢板端部斜切，以作为弥补。与腹杆的连接，可在加焊的节点板上，采用角焊缝或对接焊缝连接。

T 型钢屋架支座节点的构造和计算可参照角钢屋架(图 7.30、图 7.31)，并结合前述 T 型钢的特点进行。

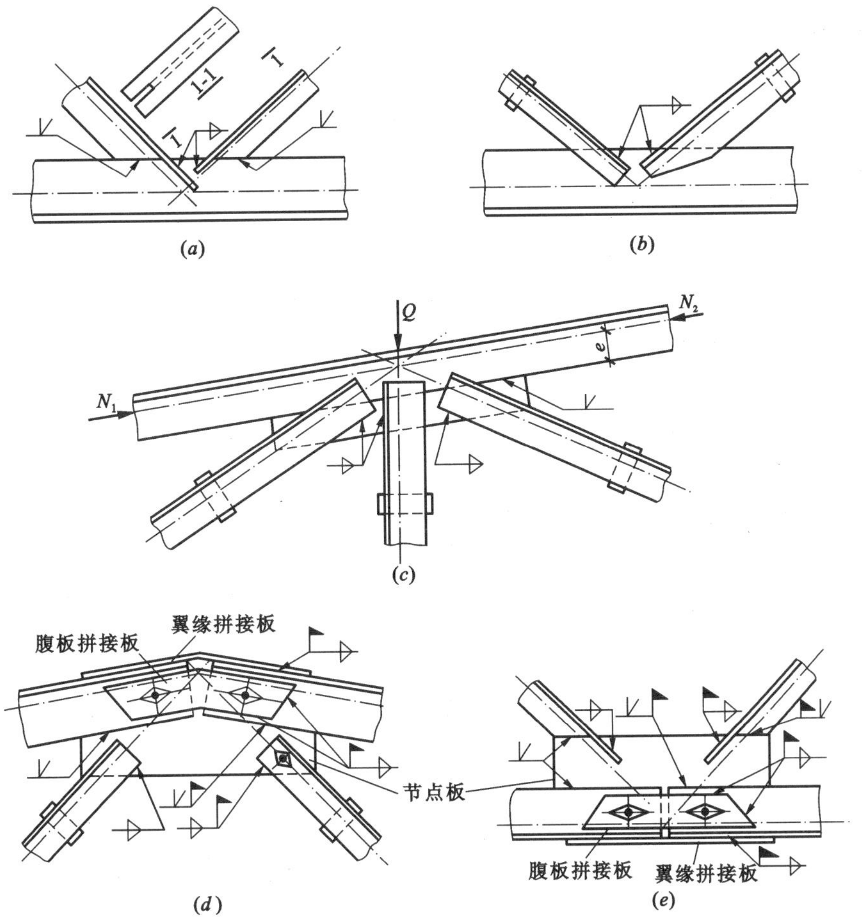

图 7.32　T 型钢屋架节点

7.5.11　屋架施工图

钢结构施工图包括构件布置图和构件详图两部分，它们是钢结构制造和安装的主要依据，必须绘制正确，表达详尽。

7.5.11.1　构件布置图

构件布置图是表达各类构件(如柱、吊车梁、屋架、墙架、平台等系统)位置的整体图，图中每个构件用粗黑线或简单形状线表示，并与其他构件断开，它主要用于钢结构安装。构件布置图内容一般包括平面图、侧面图和必要的剖面图(参见图 7.35)，另外还有安装节点大样、构件编号、构件表(包括构件编号、名称、数量、单重、总重和详图图号等)及总说明等，即它应将各构件的安装位置(轴线、标高、与其他构件的连接方法等)、具体尺寸和工艺要求等表达清楚。

构件编号应按构件种类(屋架、天窗、支撑等)和其外形、尺寸以及所用零部件是否相同进行编号。如屋架、天窗架、支撑分别用字母 WJ、TJ、C 表示构件种类。若每类构件的外形、尺寸和其零件完全相同时，可编同一编号。否则，须编不同编号。如图 7.35 中，WJ1、WJ2 和 WJ3 分别为一般屋架、有横向支撑的屋架和端部屋架，虽其外形和尺寸相同，但因零件和螺栓孔有所不同(见图 7.40)，故须不同编号。

7.5.11.2　构件详图

构件详图是表达所有单体构件(按构件编号)的详细图，主要用于钢结构制造。其内容包括众多方面，现将屋架详图的主要内容和绘制要点叙述如下(参见图7.40)：

(1) 屋架详图一般应按运输单元或安装单元绘制，但当屋架对称时，可仅绘制半榀屋架。

(2) 主要图面应绘制屋架的正面图，上、下弦的平面图，必要的侧面图和剖面图，以及某些安装节点或特殊零件的大样图。屋架施工图通常采用两种比例尺绘制，杆件的轴线一般用1∶20～1∶30，以免图幅太大，而节点和杆件截面尺寸则用1∶10～1∶15，以清晰表达。重要节点大样，比例尺还可加大，但以清楚地表达节点的细部尺寸为准。

(3) 在图面左上角用合适比例(根据空隙大小)绘制屋架简图。图中一半注明杆件的几何长度(mm)，另一半注明杆件的内力设计值(kN)。当梯形屋架 $l \geqslant 24$m、三角形屋架 $l \geqslant 15$m 时，挠度值较大，为了不影响使用和外观，需在制造时起拱。拱度 f 一般取屋架跨度的 1/500，并在屋架简图中注明(图7.33)，或注明在文字说明中。

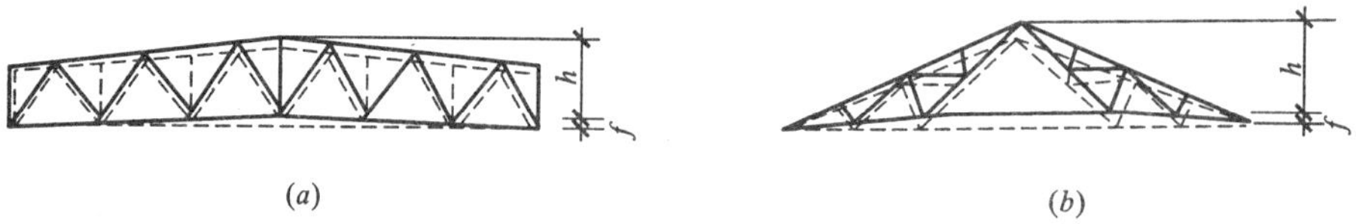

图7.33　屋架的起拱

(4) 应注明各零件(型钢和钢板)的型号和尺寸，包括加工尺寸(宜取为5mm的倍数)、定位尺寸、孔洞位置以及对工厂制造和工地安装的要求。定位尺寸主要有：轴线至T型钢背或角钢肢背的距离，节点中心至各杆杆端和至节点板上、下和左、右边缘的距离等。螺孔位置要符合型钢上容许线距和螺栓排列的最大、最小容许距离的要求。对制造和安装的其他要求，包括零件切斜角、孔洞直径和焊缝尺寸等都应注明。拼接焊缝要注意标出安装焊缝符号，以适应运输单元的划分和拼装。

(5) 应对零件详细编号，编号按主次、上下、左右顺序逐一进行。完全相同的零件用同一编号。如果两个零件的形状和尺寸完全一样，仅因开孔位置或因切斜角等原因有所不同，但系镜面对称时，亦采用同一编号，可在材料表中注明正或反字样，以示区别。有些屋架仅在少数部位的构造略有不同，如像连支撑屋架和不连支撑屋架只在螺栓孔上有区别，可在图上螺栓孔处注明所属屋架的编号，这样数个屋架可绘在一张施工图上。

(6) 材料表应包括各零件的编号、截面、规格、长度、数量(正、反)和重量等。材料表的作用不但可归纳各零件以便备料和计算用钢量，同时也可供配备起重运输设备参考。

(7) 文字说明应包括钢号和附加条件、焊条型号、焊接方法和质量要求，图中未注明的焊缝和螺孔尺寸，油漆、运输、制造和安装要求，以及一些不易用图表达的内容。

7.6　普通钢屋架设计实例

【例7.1】　根据下列设计资料设计一角钢屋架，并绘制施工图。

(1) 设计资料

某房屋跨度 $l=24$m，长度60m。冬季计算温度高于－20℃。房屋内无吊车。不需地震设防。采用1.5m×6m预应力混凝土大型屋面板，10cm厚泡沫混凝土保温层和卷材屋面。雪荷载0.40kN/m^2，屋面积灰荷载0.75kN/m^2。屋架支承于钢筋混凝土柱，柱截面400mm×400mm，混凝土强度等级 C20。钢材选用 Q235B。焊条选用 E43 型，手工焊。

(2) 屋架形式和几何尺寸

屋面材料为大型屋面板，故采用无檩体系平坡梯形屋架。屋面坡度 $i=1/10$。屋架计算跨度 $l_0=l-300=23700\text{mm}$。端部高度取 $H_0=1990\text{mm}$，中部高度 $H=3190\text{mm}$(约 $l_0/7.4$)。屋架几何尺寸如图 7.34 左半部所示。

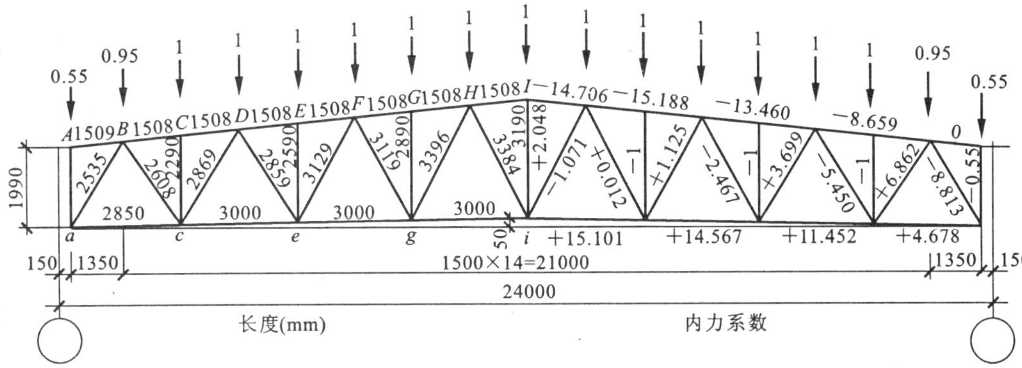

图 7.34 屋架形式、几何尺寸及内力系数

(3) 支撑布置

由于房屋长度只有 60m，故仅在房屋两端部开间设置上、下弦横向水平支撑和屋架两端及跨中三处设置垂直支撑。其他屋架则在垂直支撑处分别于上、下弦设置三道系杆，其中屋脊和两支座处为刚性系杆，其余三道为柔性系杆(图 7.35)。

(4) 屋架节点荷载

屋面坡度较小，故对所有荷载均按水平投影面计算(风荷载为风吸力，且本例为重屋盖，故不考虑)：

预应力混凝土大型屋面板和灌缝	1.40kN/m^2
冷底子油、热沥青各一道	0.05kN/m^2
100mm 厚泡沫混凝土保温层(6kN/m^3)	0.60kN/m^2
20mm 厚水泥砂浆找平层	0.40kN/m^2
二毡三油上铺小石子	0.35kN/m^2
屋架和支撑自重	$0.12+0.011l=0.12+0.011\times24=0.38\text{kN/m}^2$
永久荷载总和	3.18kN/m^2
屋面活荷载(大于雪荷载)	0.50kN/m^2
屋面积灰荷载	0.75kN/m^2

荷载组合按全跨永久荷载和全跨可变荷载并根据式(3.18)和式(3.19)计算。对跨中的部分斜腹杆因半跨荷载可能产生的内力变号，采取将跨度中央每侧各三根斜腹杆(图 7.34 中 Fg、gH、Hi 杆)均按压杆控制长细比，故不再考虑半跨荷载作用的组合。

按式(3.18)由可变荷载效应控制的组合计算：取永久荷载 $\gamma_G=1.2$，屋面活荷载 $\gamma_{Q1}=1.4$，屋面积灰荷载 $\gamma_{Q2}=1.4$、$\psi_2=0.9$，则节点荷载设计值为

$$F=(1.2\times3.18+1.4\times0.5+1.4\times0.9\times0.75)\times1.5\times6=49.1\text{kN}$$

按式(3.19)由永久荷载效应控制的组合计算：取永久荷载 $\gamma_G=1.35$，屋面活荷载 $\gamma_{Q1}=1.4$、$\psi_1=0.7$，屋面积灰荷载 $\gamma_{Q2}=1.4$、$\psi_2=0.9$，则节点荷载设计值为

$$F=(1.35\times3.18+1.4\times0.7\times0.5+1.4\times0.9\times0.75)\times1.5\times6=51.6\text{kN}$$

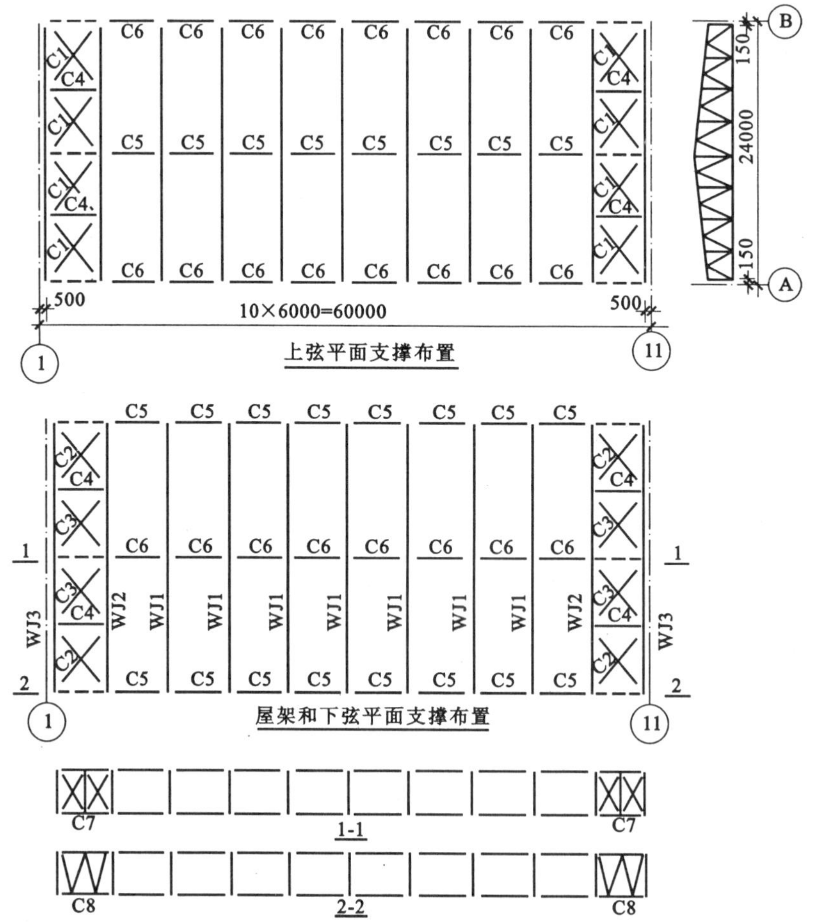

图 7.35　屋架和支撑布置

故应取节点荷载设计值 $F=51.6\mathrm{kN}$。

(5) 屋架杆件内力

经计算在全跨荷载作用下的屋架杆件内力系数示如图7.34右半部，内力设计值则示如图 7.40 中左上角的屋架简图右半部(Fg、gH、Hi 杆中括号内数值为按其他荷载组合时的内力值)。

(6) 杆件截面选择

按腹杆最大内力 $N_{aB}=-454.8\mathrm{kN}$，查表 7.6 选中间节点板厚度为 10mm，支座节点板厚度为 12mm。

1) 上弦杆

整个上弦采用等截面，按最大内力 $N_{FH}=-783.7\mathrm{kN}$ 计算。$l_{0x}=150.8\mathrm{cm}$，$l_{0y}=301.6\mathrm{cm}$(取两块屋面板宽度)。

$$\text{假定}\ \lambda=50 \begin{cases} \rightarrow \text{查附表 1.2}: \varphi=0.856 \rightarrow A_{req}=\dfrac{N}{\varphi f}=\dfrac{783.7\times10^3}{0.856\times215\times10^2}=42.58\mathrm{cm}^2 \\ \rightarrow i_{xreq}=\dfrac{l_{0x}}{\lambda}=\dfrac{150.8}{50}=3.02\mathrm{cm} \\ \rightarrow i_{yreq}=\dfrac{l_{0y}}{\lambda}=\dfrac{301.6}{50}=6.03\mathrm{cm} \end{cases}$$

由附表 10 选 2∟140×90×10 短肢相并(图 7.36)，$A=2\times22.26=44.52\mathrm{cm}^2$，$i_x=2.56\mathrm{cm}$，$i_y$

$=6.77\text{cm}$。

截面验算：按式(6.5)

$$\lambda_x = \frac{l_{0x}}{i_x} = \frac{150.8}{2.56} = 58.9 < [\lambda] = 150 \qquad (满足)$$

$$\lambda_y = \frac{l_{0y}}{i_y} = \frac{301.6}{6.77} = 44.5 < [\lambda] = 150 \qquad (满足)$$

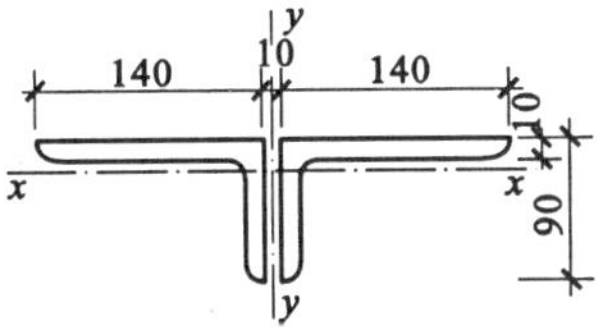

图 7.36 上弦杆截面

双角钢 T 形截面绕对称轴(y 轴)应按弯扭屈曲计算换算长细比 λ_{yz}

$\dfrac{b_1}{t}=\dfrac{14}{1}=14>\dfrac{0.56l_{0y}}{b_1}=\dfrac{0.56\times301.6}{14}=12.1$。故应按式(6.34$b$)

$$\lambda_{yz} = 3.7\frac{b_1}{t}\left(1+\frac{l_{0y}^2t^2}{52.7b_1^4}\right) = 3.7\times14\times\left(1+\frac{301.6\times1^2}{52.7\times14^4}\right) = 51.8 < \lambda_x$$

故由 $\lambda_{max}=\lambda_x=58.9$ 查附表 1.2，得 $\varphi=0.813$。按式(6.23)

$$\frac{N}{\varphi A} = \frac{783.7\times10^3}{0.813\times44.52\times10^2} = 216.5\text{N/mm}^2 \approx f = 215\text{N/mm}^2 \qquad (满足)$$

2) 下弦杆

整个下弦采用等截面。按最大内力 $N_{gi}=+779.2\text{kN}$ 计算。$l_{0x}=300\text{cm}$，$l_{0y}=1185\text{cm}$。

$$A_{nreq} = \frac{N}{f} = \frac{779.2\times10^3}{215} = 3624\text{mm}^2 = 36.24\text{cm}^2$$

由附表 10 选 2∟140×90×8，$A_n=A=2\times18.04=36.08\text{cm}^2$(设连接支撑的螺栓孔位于节点板内的距离 $a\geq100\text{mm}$)，$i_x=2.59\text{cm}$，$i_y=6.72\text{cm}$。按式(6.4)和式(6.5)

$$\sigma = \frac{N}{A_n} = \frac{779.2\times10^3}{36.08\times10^2} = 216.0\text{N/mm}^2 \approx f = 215\text{N/mm}^2 \qquad (满足)$$

$$\lambda_x = \frac{l_{0x}}{i_x} = \frac{300}{2.59} = 115.8 < [\lambda] = 350 \qquad (满足)$$

$$\lambda_y = \frac{l_{0y}}{i_y} = \frac{1185}{6.72} = 176.3 < [\lambda] = 350 \qquad (满足)$$

3) 腹杆

① aB 杆

$$N_{aB} = -454.8\text{kN}, \quad l_{0x} = l_{0y} = l = 253.5\text{cm}$$

选用 2∟125×80×8，长肢相并。查附表 10，$A=2\times15.99=31.98\text{cm}^2$，$i_x=4.01\text{cm}$，$i_y=3.27\text{cm}$。按式(6.5)

$$\lambda_x = \frac{l_{0x}}{i_x} = \frac{253.5}{4.01} = 63.2 < [\lambda] = 150 \qquad (满足)$$

$$\lambda_y = \frac{l_{0y}}{i_y} = \frac{253.5}{3.27} = 77.5 < [\lambda] = 150 \qquad (满足)$$

因为 $\dfrac{b_2}{t}=\dfrac{8}{0.8}=10<0.48\dfrac{l_{0y}}{b_2}=0.48\times\dfrac{253.5}{8}=15.2$。故按式(6.33$a$)

$$\lambda_{yz} = \lambda_y\left(1+\frac{1.09b_2^4}{l_{0y}^2t^2}\right) = 77.5\times\left(1+\frac{1.09\times8^4}{253.5^2\times0.8^2}\right) = 85.9$$

$\lambda_{yz}>\lambda_x$，故由 λ_{yz} 查附表 1.2，得 $\varphi_x=0.649$。按式(6.23)

$$\frac{N}{\varphi A} = \frac{454.8\times10^3}{0.649\times31.98\times10^2} = 219.1\text{N/mm}^2 \approx f = 215\text{N/mm}^2 \qquad (满足)$$

② Bc 杆

$N_{Bc} = +354.1\text{kN}, l_{0x} = 0.8l = 0.8 \times 260.8 = 208.6\text{cm}, l_{0y} = l = 260.8\text{cm}$

选用 2∟70×6。查附表 9，$A=2\times 8.16=16.32\text{cm}^2$，$i_x=2.15\text{cm}$，$i_y=3.26\text{cm}$

$$\lambda_x = \frac{l_{0x}}{i_x} = \frac{208.6}{2.15} = 97 < [\lambda] = 350 \quad （满足）$$

$$\lambda_y = \frac{l_{0y}}{i_y} = \frac{260.8}{3.26} = 80 < [\lambda] = 350 \quad （满足）$$

$$\sigma = \frac{N}{A_n} = \frac{354.1 \times 10^3}{16.32 \times 10^2} = 217\text{N/mm}^2 \approx f = 215\text{N/mm}^2 \quad （满足）$$

③ Fg 杆

$N_{Fg} = +58.1\text{kN}, l_{0x} = 0.8l = 0.8 \times 311.9 = 249.5\text{cm}, l_{0y} = l = 311.9\text{cm}$

将 Fg 杆按 $N_{Fg}=+58.1\text{kN}$ 的拉杆设计，选用屋架需采用的最小角钢 2∟50×5 都可满足要求。但考虑该杆在其他荷载组合时可能产生内力变号，故宜按压杆的容许长细比进行控制。现选用 2∟56×5，查附表 9，$A=2\times 5.42=10.84\text{cm}^2$，$i_x=1.72\text{cm}$，$i_y=2.69\text{cm}$。

$$\lambda_x = \frac{l_{0x}}{i_x} = \frac{249.5}{1.72} = 145.1 < [\lambda] = 150 \quad （满足）$$

$$\lambda_y = \frac{l_{0y}}{i_y} = \frac{311.9}{2.69} = 115.9 < [\lambda] = 150 \quad （满足）$$

（根据计算，按第二种荷载组合时，$N_{Fg}=+64.5\text{kN}$，拉力略有增加。按第三种荷载组合时，$N_{Fg}=-8.5\text{kN}$，虽变为压力，但其值很小，故按压杆容许长细比选用其截面即可满足要求。）

④ gH 杆

$N_{gH} = +0.6\text{kN}, l_{0x} = 0.8l = 0.8 \times 339.6 = 271.7\text{cm}, l_{0y} = l = 339.6\text{cm}$

同理，亦按压杆容许长细比进行控制。选用 2∟63×5，查附表 9，$A=2\times 6.14=12.28\text{cm}^2$，$i_x=1.94\text{cm}$，$i_y=2.97\text{cm}$。

$$\lambda_x = \frac{l_{0x}}{i_x} = \frac{271.7}{1.94} = 140.1 < [\lambda] = 150 \quad （满足）$$

$$\lambda_y = \frac{l_{0y}}{i_y} = \frac{339.6}{2.97} = 114.3 < [\lambda] = 150 \quad （满足）$$

（根据计算，按第三种荷载组合时，$N_{gH}=-45.9\text{kN}$，其值不大，故选用的 2∟63×5 可满足要求。）

⑤ Hi 杆

$N_{Hi} = -55.3\text{kN}, l_{0x} = 0.8l = 0.8 \times 338.4 = 270.7\text{cm}, l_{0y} = l = 338.4\text{cm}$

由于压力很小，亦按容许长细比选用 2∟63×5。

$$\lambda_x = \frac{l_{0x}}{i_x} = \frac{270.7}{1.94} = 139.5 < [\lambda] = 150 \quad （满足）$$

$$\lambda_y = \frac{l_{0y}}{i_y} = \frac{338.4}{2.97} = 113.9 < [\lambda] = 150 \quad （满足）$$

（根据计算，按第二种荷载组合时，$N_{Hi}=-75.8\text{kN}$，压力虽略有增加，但其值很小，选用的 2∟63×5 可满足要求。）

⑥ Ii 杆

$$N_{Ii} = +105.7\text{kN}, l_0 = 0.9l = 0.9 \times 319 = 287.1\text{cm}$$

选用 2∟63×5 十字相连。查附表 9，$A=12.28\text{cm}^2$，$i_{x_0}=2.45\text{cm}$。

$$\lambda_{x_0}=\frac{l_0}{i_{x_0}}=\frac{287.1}{2.45}=117.2<[\lambda]=350 \quad (满足)$$

$$\sigma=\frac{N}{A_n}=\frac{105.7\times10^3}{12.28\times10^2}=86.1\text{N/mm}^2<f=215\text{N/mm}^2 \quad (满足)$$

其他杆件截面选择见表7.8。选用时采用的最小角钢，一般腹杆按2∟50×5，连接支撑的竖杆按2∟63×5。

(7) 节点设计

1) 屋脊节点

竖杆 Ii 杆端焊缝按构造取 h_f 和 l_w 为5mm和80mm(见表7.8)。上弦与节点板的连接焊缝，角钢肢背采用塞焊缝，并假定仅承受屋面板传来的集中荷载，一般可不作计算。角钢肢尖焊缝应取上弦内力 N 的15%进行计算，即 $\Delta N=0.15N=0.15\times758.8=113.8$kN。其产生的偏心弯矩 $M=\Delta Ne=113.8\times10^3\times70=7966000$N·mm。

现取节点板尺寸如图7.37所示。设肢尖焊脚尺寸 $h_{f2}=6$mm，则焊缝计算长度 $l_{w2}=200-2\times6-5=183$mm。按式(7.7)验算肢尖焊缝强度：

$$\sqrt{\left(\frac{6M}{\beta_f\times2\times0.7h_{f2}l_{w2}^2}\right)^2+\left(\frac{\Delta N}{2\times0.7h_{f2}l_{w2}}\right)^2}$$

$$=\sqrt{\left(\frac{6\times7966000}{1.22\times2\times0.7\times6\times183^2}\right)^2+\left(\frac{113.8\times10^3}{2\times0.7\times6\times183}\right)^2}$$

$$=157.7\text{N/mm}^2<f_f^w=160\text{N/mm}^2 \quad (满足)$$

上弦杆起拱后坡度为1/9.6。拼接角钢采用与上弦相同截面，热弯成型。拼接角钢一侧的焊缝长度按弦杆所受内力计算。设角焊缝焊脚尺寸 $h_f=t-2=10-2=8$mm。则接头一侧需要的焊缝计算长度为：

$$l_w=\frac{N}{4\times0.7h_f f_f^w}=\frac{758.8\times10^3}{4\times0.7\times8\times160}=211.7\text{mm}$$

拼接角钢的总长度按式(7.11)为

$$l=2(l_w+2h_f)+a=2\times(211.7+2\times8)+\left(10+2\times\frac{1}{9.6}\times90\right)=484.2\text{mm}$$

取 $l=500$mm。

拼接角钢竖肢需切去的高度为

$$\Delta=t+h_f+5=10+8+5=23\text{mm}$$

取 $\Delta=25$mm，即竖肢余留高度为65mm。

2) 下弦拼接节点

拼接角钢采用与下弦相同截面。拼接角钢一侧的焊缝长度按与杆件等强设计。设角焊缝焊脚尺寸 $h_f=t-2=8-2=6$mm，则接头一侧需要的焊缝计算长度按式(7.10)为

$$l_w=\frac{Af}{4\times0.7h_f l_f^w}=\frac{36.08\times10^2\times215}{4\times0.7\times6\times160}=288.6\text{mm}$$

拼接角钢的总长度按式(7.11)为

$$l=2(l_w+2h_f)+a=2\times(288.6+2\times6)+10=611.2\text{mm}$$

取 $l=620$mm(图7.38)。拼接角钢水平肢较宽，故采用斜切(见图7.40)，不但便于焊接，且可增加焊缝长度。水平肢上的安装螺栓孔，待屋架拼装完后可用于连接屋架下弦横向水平支撑。竖肢因切肢后余留高度较小，不设安装螺栓。

表 7.8　屋架杆件截面选择表

杆件		内力设计值 (kN)	截面形式和规格	截面面积 A、A_n (cm^2)	计算长度		回转半径		长细比				φ_{min}	$N/\varphi A$ (N/mm^2)	$\sigma=N/A_n$ (N/mm^2)	填板数	端部焊缝 h_f-l_w	
名称	编号				l_{0x} (cm)	l_{0y} (cm)	i_x (cm)	i_y (cm)	λ_x	λ_y	λ_{yz}	[λ]					肢背	肢尖
上弦	*AI*	−783.7	┐┌ 140×90×10	44.52	150.8	301.6	2.56	6.77	58.9	44.5	51.8	150	0.813	216.5		8		
下弦	*ai*	+779.2	┘└ 140×90×8	36.08	300	1185	2.59	6.72	115.8	176.3		350			216	4		
腹杆	*aB*	−454.8	┐┌ 125×80×8	31.98	253.5	253.5	4.01	3.27	63.2	77.5	85.9	150	0.649	219.1		2	8-180	6-130
	Bc	+354.1	┐┌ 70×6	16.32	208.6	260.8	2.15	3.26	97	80		350			217	2	6-190	5-110
	cD	−281.2	┐┌ 90×6	21.28	229.5	286.9	2.79	4.05	82.3	70.8	78.2	150	0.673	196.3		2	6-160	5-90
	De	+190.9	┐┌ 50×5	9.6	228.7	285.9	1.53	2.45	149.5	116.7		350			198.9	2	6-110	5-80
	eF	−127.3	┐┌ 70×6①	16.32	250.3	312.9	2.15	3.26	116.4	96		150	0.456	171.1		3	6-80	5-80
	Fg	+58.1 (−8.5)	┐┌ 56×5	10.84	249.5	311.9	1.72	2.69	145.1	115.9		150	0.326	(24.1)	53.6	3	5-80	5-80
	gH	+0.6 (−45.9)	┐┌ 63×5	12.28	271.7	339.6	1.94	2.97	140.1	114.3		150	0.345	(108.3)	0.5	3	5-80	5-80
	Hi	−55.3 (−75.8)	┐┌ 63×5	12.28	270.7	338.4	1.94	2.97	139.5	113.9		150	0.347	129.8 (177.9)		3	5-80	5-80
	Aa	−28.4	┐┌ 63×5	12.28	200.5	200.5	1.94	2.97	103.4	67.5		150	0.533	43.4		2	5-80	5-80
	Cc	−51.6	┐┌ 50×5	9.6	183.2	229	1.53	2.45	119.7	93.5		150	0.438	122.7		2	5-80	5-80
	Ee	−51.6	┐┌ 50×5	9.6	207.2	259	1.53	2.45	135.4	105.7		150	0.363	148.1		3	5-80	5-80
	Gg	−51.6	┐┌ 56×5	10.84	231.2	289	1.72	2.69	134.4	107.4		150	0.368	129.4		3	5-80	5-80
	Ii	+105.7	$\llcorner_{x_0}$ 63×5	12.28	$l_0=287.1$		$i_{x_0}=2.45$		$\lambda_{x_0}=117.2$			350			86.1	3	5-80	5-80

注：① *eF* 杆本可选┐┌ 70×5，但为了不致与∟ 70×6 混淆错料，故统一用┐┌ 70×6。

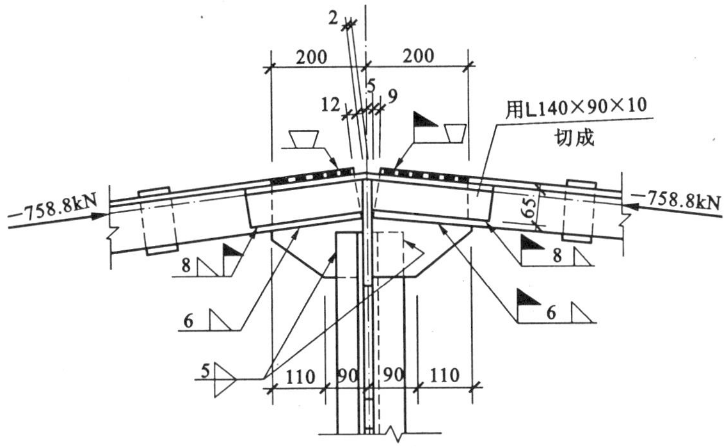

图 7.37 屋脊节点

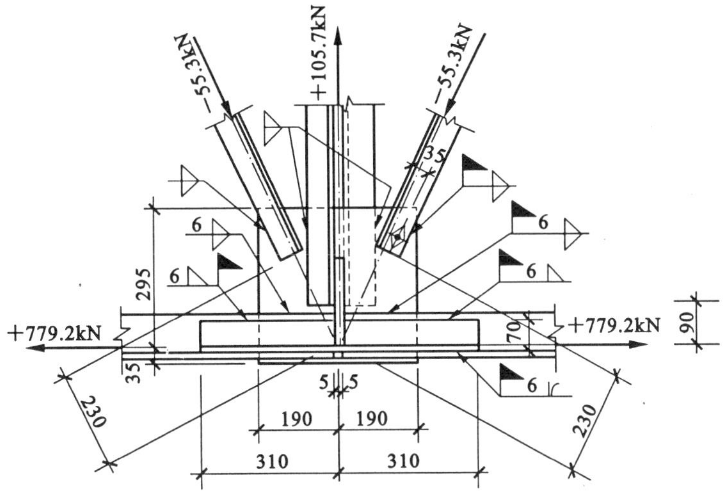

图 7.38 下弦拼接节点

拼接角钢竖肢需切去的高度为

$$\Delta = t + h_f + 5 = 8 + 6 + 5 = 19\text{mm}$$

取 Δ=20mm,即竖肢余留高度为 70mm。

取两斜腹杆杆端至节点中心距离为 230mm,竖杆杆端至节点中心则取 90mm(按工程惯例梯形屋架通常取下弦节点中心至各腹杆下端的距离为 5mm 的倍数,各腹杆的角钢长度亦取 5mm 或 10mm 的倍数,而让上弦节点中心至腹杆上端的距离为不规则尾数)。节点板按布置腹杆杆端焊缝需要,采用— 330×10×380。

3) 支座节点

根据端斜杆和下弦杆杆端焊缝(见表 7.8),节点板采用— 380×12×440(图 7.39)。为便于施焊,取底板上表面至下弦轴线的距离为 160mm。且在支座中线处设加劲肋— 90×10,高度与节点板相同,亦为 440mm。

① 底板计算

支座反力

$$R = 8F = 8 \times 51.6 = 412.8\text{kN}$$

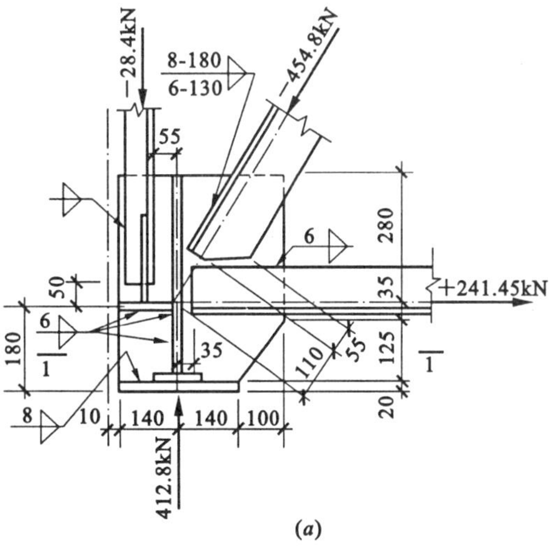

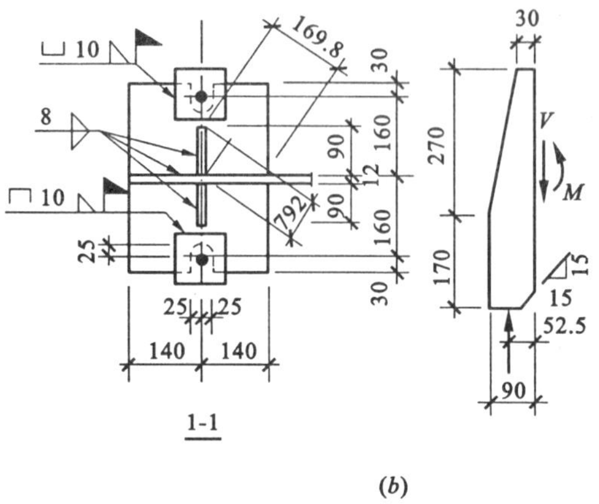

图 7.39　支座节点

根据构造需要，取底板尺寸为 280mm×380mm。锚栓采用 2M24，并用图示 U 形缺口。柱采用的 C20 混凝土 $f_{cc}=10\text{N/mm}^2$。作用于底板的压应力为（垂直于屋架方向的底板长度偏安全地仅取加劲肋部分）

$$p=\frac{R}{A_n}=\frac{412.8\times10^3}{192\times280}=7.68\text{N/mm}^2<f_{cc}=10\text{N/mm}^2 \qquad (满足)$$

底板被节点板和加劲肋分成 4 块两相邻边支承板，故应按式(6.97)计算底板单位宽度上的最大弯矩

$$\frac{b_1}{a_1}=\frac{79.2}{169.8}=0.466，查表 6.10 得 \beta=0.0546$$

$$M=\beta pa_1^2=0.0546\times7.68\times169.8^2=12090\text{N}\cdot\text{mm/mm}$$

需要底板厚度：按式(6.99)，$f=205\text{N/mm}^2$（按厚度 $t>16\sim40$mm 取值）

$$t=\sqrt{\frac{6M}{f}}=\sqrt{\frac{6\times12090}{205}}=18.8\text{mm}，取 20\text{mm}$$

② 加劲肋计算

按式(7.12)对加劲肋和节点板间的两条竖直焊缝进行验算(图 7.39(*b*))：

设 $h_f=6$mm，取焊缝最大计算长度 $l_w=60h_f=60\times6=360\text{mm}<425\text{mm}$（实际焊缝长度）

$$V=\frac{R}{4}=\frac{412.8}{4}=103.2\text{kN}$$

$$M=Ve=103.2\times52.5=5418\text{kN}\cdot\text{mm}$$

$$\sqrt{\left(\frac{6M}{\beta_f\times2\times0.7h_fl_w^2}\right)^2+\left(\frac{V}{2\times0.7h_fl_w}\right)^2}$$

$$=\sqrt{\left(\frac{6\times5418\times10^3}{1.22\times2\times0.7\times6\times360^2}\right)^2+\left(\frac{103.2\times10^3}{2\times0.7\times6\times360}\right)^2}$$

$$=42\text{N/mm}^2<f_f^w=160\text{N/mm}^2 \qquad (满足)$$

③ 加劲肋、节点板与底板的连接焊缝计算

$h_{fmin}=1.5\sqrt{t}=1.5\times\sqrt{20}=6.7$mm，取 8mm。焊缝的总计算长度按式(7.13)为

$$\sum l_w=2a+2(b_1-t-2c)-12h_f=2\times280+2\times(192-12-2\times15)-12\times8$$

$= 764\text{mm}$

$$\sigma_f = \frac{R}{\beta_f \times 0.7 h_f \sum l_w} = \frac{412.8 \times 10^3}{1.22 \times 0.7 \times 8 \times 764} = 79.1\text{N/mm}^2 < f_f^w$$

$$= 160\text{N/mm}^2 \quad （满足）$$

其余节点略。

(8) 屋架施工详图

绘如图 7.40 所示。

【例 7.2】 根据下列资料设计一 T 型钢三角形屋架。

(1) 设计资料

武汉某单跨厂房，跨度 24m，长 120m，柱距 6m。屋架支承在钢筋混凝土柱上，上柱截面 400mm×400mm，混凝土强度等级 C20。厂房内有一台起重量 Q=30t 的中级工作制桥式吊车。屋面材料采用波形石棉瓦，木丝板保温层。

(2) 钢材和焊条牌号的选择

根据武汉地区的计算温度、屋架承受的荷载特征（静力荷载）和连接方法（焊接结构），钢材采用 Q235B。焊条采用 E4303 型，手工焊。

(3) 屋架形式及几何尺寸

根据所用的屋面材料的排水需要，采用芬克式三角形屋架，屋架几何尺寸见图 7.41 左半部。屋面坡度 $i=\frac{1}{2.5}$，屋面倾角 $\alpha=\arctan\frac{1}{2.5}=21°48'$，$\sin\alpha=0.3714$，$\cos\alpha=0.9285$。

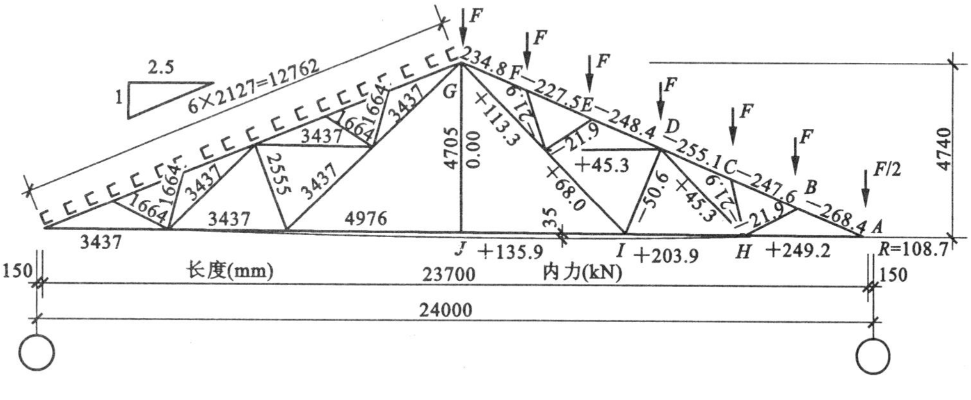

图 7.41　屋架几何尺寸及内力图

屋架计算跨度

$$l_0 = l - 300 = 23700\text{mm}$$

屋架跨中高度

$$h = \frac{23700}{5} = 4740\text{mm}$$

上弦长度

$$L = \frac{l_0}{2\cos\alpha} = \frac{23700}{2 \times 0.9285} = 12762\text{mm}$$

划分为 6 节间，节间长度

$$s = \frac{12762}{6} = 2127\text{mm}$$

节间水平投影长度

$$a = s\cos\alpha = 2127 \times 0.9285 = 1975\text{mm}$$

(4) 支撑布置

根据厂房长度大于 60m、跨度 l=24m 和有桥式吊车，故在房屋两端第二开间(因第一开间尺寸为 5.5m)及厂房中间设置三道上弦横向水平支撑(支撑横杆由檩条兼任)和下弦横向水平支撑，并在跨中设垂直支撑(图 7.42)。其他屋架只在下弦跨中央设一道柔性系杆，上弦因有檩条可不设系杆。另外，在第一开间下弦设三道刚性系杆。

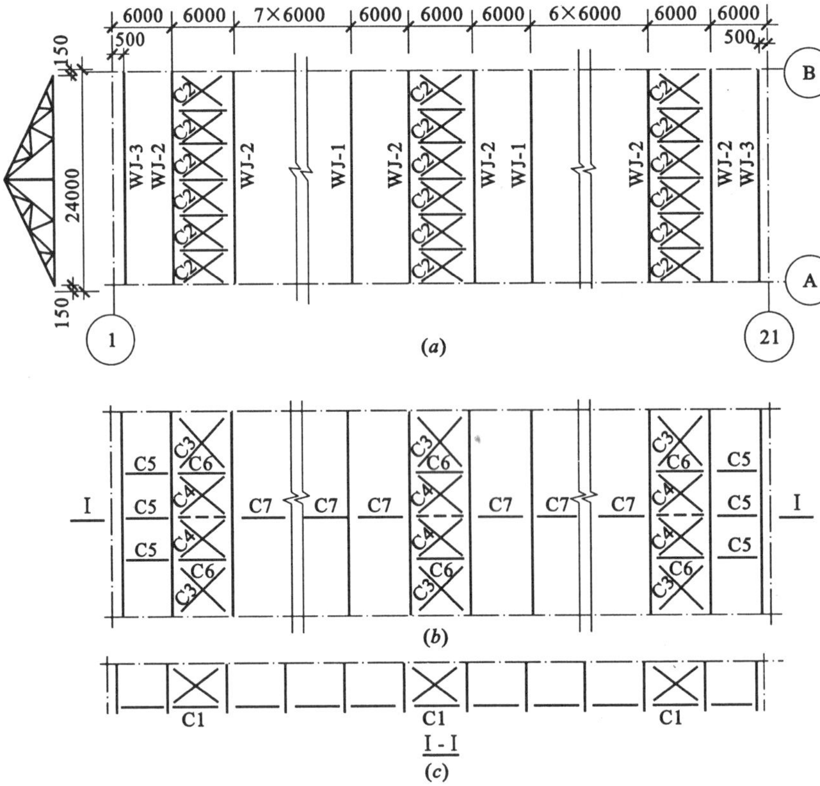

图 7.42　屋架和支撑布置

(a) 屋架和上弦横向水平支撑；(b) 下弦横向水平支撑；(c) 垂直支撑

(5) 檩条布置

每节间放两根檩条(图 7.41)，檩距为 2127/3=709mm。在檩条跨中设一道拉条。

(6) 屋架节点荷载

屋面活荷载 0.3kN/m^2(因仅有一个可变荷载，且属受荷水平投影面积 24×6=144m^2>60m^2 的轻型屋面)，小于武汉地区雪荷载 s=0.4kN/m^2，故可变荷载按雪荷载取值。

波形石棉瓦重　　0.2×0.709=0.14kN/m

木丝板重　　0.24×0.709=0.17kN/m

檩条和拉条自重(计算略)　　=0.10kN/m

永久荷载总和　　g=0.41kN/m

可变荷载　　$q=s=0.4\times0.709\times\cos\alpha$=0.26kN/m

檩条均布荷载设计值

$$g + q = 1.2 \times 0.41 + 1.4 \times 0.26 = 0.85\text{kN/m}$$

檩条作用在屋架上弦的集中力

$$Q = 2\times\frac{(g+q)l}{2} = 2\times\frac{1}{2}\times 0.85\times 6 = 5.1\text{kN}$$

屋架和支撑自重：按式(7.1)估算(由于估算数值偏大，故本例对其未乘荷载分项系数)

$$g_0 = \beta l = 0.01\times 24 = 0.24\text{kN/m}^2$$

节点荷载设计值

$$F = 3\times 5.1 + 0.24\times 6\times 1.975 = 18.1\text{kN}$$

(7) 屋架杆件内力计算

由于屋面坡度较小，风荷载为吸力，且远小于屋面永久荷载，故永久荷载与风荷载组合时不会增大杆件内力，因此不需考虑。另外，芬克式屋架在半跨雪荷载作用下，腹杆内力不变号，故只需按全跨雪荷载和全跨永久荷载组合计算屋架杆件内力。计算出的内力见图 7.41 右半部。

上弦杆的局部弯矩(图 7.43)

$$M_0 = \frac{Ql}{3} = \frac{5.1\times 1.975}{3} = 3.36\text{kN}\cdot\text{m}$$

端节间：

$$M_1 = 0.8M_0 = 0.8\times 3.36 = 2.69\text{kN}\cdot\text{m}$$

中部节间和节点：

$$M_2 = \pm 0.6M_0 = 0.6\times 3.36 = \pm 2.02\text{kN}\cdot\text{m}$$

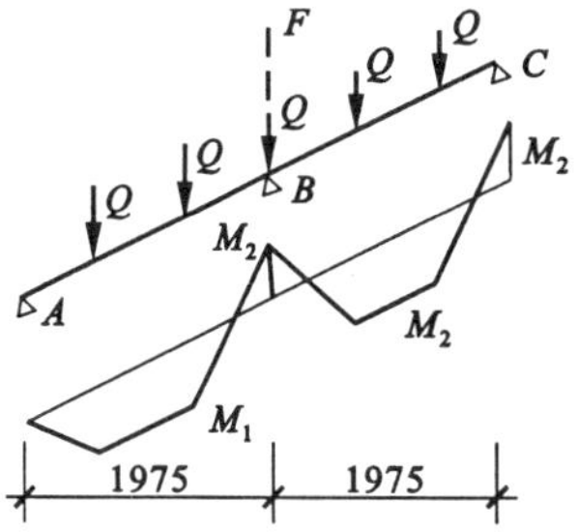

图 7.43　节点荷载

(8) 杆件截面选择

按弦杆最大内力 268.4kN，由表 7.6 选中间节点板厚度为 8mm，支座节点板厚度为 10mm。

1) 上弦杆

整个上弦杆采用等截面。取 AC 杆段(图 7.44)按最大内力 $N_{AB} = -268.4\text{kN}$、$N_{BC} = -247.6\text{kN}$和 $M_1 = 2.69\text{kN}\cdot\text{m}$、$M_2 = \pm 2.02\text{kN}\cdot\text{m}$ 计算。

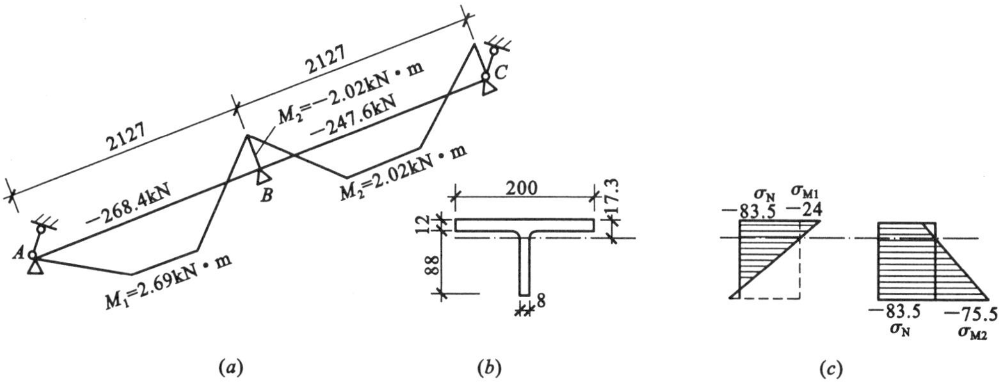

图 7.44　上弦杆截面计算

由附表 6 选 TW100×200×8×12，$A = 31.77\text{cm}^2$，$i_x = 2.42\text{cm}$，$i_y = 5.03\text{cm}$，$I_x = 185.6\text{cm}^4$，$z_x = 1.73\text{cm}$，$W_{1x} = I_x/z_x = 185.6/1.73 = 107.3\text{cm}^3$，$W_{2x} = 22.4\text{cm}^3$。

截面验算：

① 强度：按式(6.64)

A. 取节点 B。由负弯矩 M_2 控制，对腹板肢尖进行计算(图 7.44(c))。

$$\frac{N}{A_n}+\frac{M}{\gamma_{x2}W_{n2x}}=\frac{268.4\times10^3}{31.77\times10^2}+\frac{2.02\times10^6}{1.2\times22.4\times10^3}=84.5+75.1$$

$$=159.6\text{N/mm}^2<f=215\text{N/mm}^2\qquad(满足)$$

B. 取 AB 杆段中点。由正弯矩 M_1 控制，对翼缘肢背进行计算。

$$\frac{N}{A_n}+\frac{M}{\gamma_{x1}W_{n1x}}=\frac{268.4\times10^3}{31.77\times10^2}+\frac{2.69\times10^6}{1.05\times107.3\times10^3}$$

$$=84.5+23.9=108.4\text{N/mm}^2$$

$$<f=215\text{N/mm}^2\qquad(满足)$$

② 弯矩作用平面内的稳定性：取 AB 杆段按式(6.72)、式(6.73)，即由正弯矩 M_1 控制，对翼缘肢背和受拉侧腹板肢尖进行计算

$$\lambda_x=\frac{l_{0x}}{i_x}=\frac{212.7}{2.42}=87.9$$

按表 6.4a，轧制 T 型钢截面对 x 轴和 y 轴均属 b 类截面。查附表 1.2，$\varphi_x=0.634$。

$$N_{Ex}'=\frac{\pi^2EA}{1.1\lambda_x^2}=\frac{\pi^2\times206\times10^3\times31.77\times10^2}{1.1\times87.9^2\times10^3}=760\text{kN}$$

按有端弯矩和横向荷载同时作用时使构件产生反向曲率，取 $\beta_{mx}=0.85$

$$\frac{N}{\varphi_xA}+\frac{\beta_{mx}M_x}{\gamma_{x1}W_{1x}\left(1-0.8\dfrac{N}{N_{Ex}'}\right)}$$

$$=\frac{268.4\times10^3}{0.634\times31.77\times10^2}+\frac{0.85\times2.69\times10^6}{1.05\times107.3\times10^3\times\left(1-0.8\times\dfrac{268.4\times10^3}{760\times10^3}\right)}$$

$$=133.3+28.3=161.6\text{N/mm}^2<f=215\text{N/mm}^2\qquad(满足)$$

$$\left|\frac{N}{A}-\frac{\beta_{mx}M_x}{\gamma_{x2}W_{2x}\left(1-1.25\dfrac{N}{N_{Ex}'}\right)}\right|$$

$$=\left|\frac{268.4\times10^3}{31.77\times10^2}-\frac{0.85\times2.69\times10^6}{1.2\times22.4\times10^3\times\left(1-1.25\times\dfrac{268.4\times10^3}{760\times10^3}\right)}\right|$$

$$=|84.5-152.3|=67.8\text{N/mm}^2<f=215\text{N/mm}^2\qquad(满足)$$

③ 弯矩作用平面外的稳定性：取 AC 杆段按式(6.75)，即由负弯矩 M_2 控制，对腹板肢尖进行计算。

因两段杆的轴心压力 N_{AB} 和 N_{BC} 不等，故屋架平面外的计算长度 l_{0y} 应按式(7.3)折减

$$l_{0y}=l_1\left(0.75+0.25\frac{N_2}{N_1}\right)=2\times212.7\times\left(0.75+0.25\times\frac{247.6}{268.4}\right)=417\text{cm}$$

$$\lambda_y=\frac{l_{0y}}{i_y}=\frac{417}{5.03}=82.9$$

$$e_0^2=\left(z_x-\frac{t}{2}\right)^2=(1.73-0.6)^2=1.28\text{cm}^2$$

$$i_0^2=i_x^2+i_y^2+e_0^2=2.42^2+5.03^2+1.28=32.43\text{cm}^2$$

$$I_t=\frac{\eta}{3}\sum_{i=1}^{n}b_it_i^3=\frac{1.15}{3}\times[(10-1.2)\times0.8^3+20\times1.2^3]=14.98\text{cm}^4$$

(对 T 型钢，取 $\eta=1.15$)

$$I_\omega = \frac{1}{36}\left(\frac{b^3 t^3}{4} + h^3 t_w^3\right) \approx 0$$

由式(6.30)

$$\lambda_z^2 = \frac{A i_0^2}{I_\omega / l_\omega^2 + I_t / 25.7} = \frac{31.77 \times 32.43}{14.98/25.7} = 1768$$

由式(6.29)

$$\lambda_{yz} = \frac{1}{\sqrt{2}}[\lambda_y^2 + \lambda_z^2 + \sqrt{(\lambda_y^2 + \lambda_z^2)^2 - 4(1 - e_0^2/i_0^2)\lambda_y^2 \lambda_z^2}]^{1/2}$$

$$= \frac{1}{\sqrt{2}} \times \left[82.9^2 + 1768 + \sqrt{(82.9^2 + 1768)^2 - 4 \times \left(1 - \frac{1.28}{32.43}\right) \times 82.9^2 \times 1768}\right]^{1/2}$$

$$= 83.5 < [\lambda] = 150 \quad （满足）$$

由 λ_{yz} 按 b 类截面查附表 1.2，$\varphi_y = 0.664$。$\beta_{tx} = 0.85$（取值方法与 β_{mx} 相同）。

T 型钢弯矩使翼缘受拉且腹板宽厚比不大于 18 时，按式(5.27)：

$$\varphi_b = 1 - 0.0005\lambda_y \sqrt{\frac{f_y}{235}} = 1 - 0.0005 \times 82.9 \times \sqrt{\frac{235}{235}} = 0.96$$

$$\frac{N}{\varphi_y A} + \eta \frac{\beta_{tx} M_x}{\varphi_b W_{2x}} = \frac{268.4 \times 10^3}{0.664 \times 31.77 \times 10^2} + 1.0 \times \frac{0.85 \times 2.02 \times 10^6}{0.96 \times 22.4 \times 10^3}$$

$$= 127.2 + 79.8 = 207.0 \text{N/mm}^2$$

$$< f = 215 \text{N/mm}^2 \quad （满足）$$

2）下弦

整个下弦采用等截面。按最大内力 $N_{AH} = +249.2$kN 计算。屋架平面内计算长度根据最大节间 IJ，即 $l_{0x} = 497.6$cm。屋架平面外计算长度因只在跨中有一道系杆，故 $l_{0y} = 1185$cm。

$$A_{nreq} = \frac{N}{f} = \frac{249.2 \times 10^3}{215} = 1159 \text{mm}^2 = 11.59 \text{cm}^2$$

由附表 6 选用 TW75×150×7×10，$A_n = A = 19.82\text{cm}^2$，$i_x = 1.83$cm，$i_y = 3.77$cm。按式(6.4)和式(6.5)

$$\sigma = \frac{N}{A_n} = \frac{249.2 \times 10^3}{19.82 \times 10^2} = 125.7 \text{N/mm}^2 < f = 215 \text{N/mm}^2 \quad （满足）$$

$$\lambda_x = \frac{l_{0x}}{i_x} = \frac{497.6}{1.83} = 271.9 < [\lambda] = 350 \quad （满足）$$

$$\lambda_y = \frac{l_{0y}}{i_y} = \frac{1185}{3.77} = 314.3 < [\lambda] = 350 \quad （满足）$$

其余杆件截面选择和节点设计从略。

小　结

(1) 钢屋盖根据屋面材料和屋面结构布置情况分有檩体系和无檩体系两类。

(2) 钢屋盖支撑分上、下弦横向水平支撑，下弦纵向水平支撑，垂直支撑和系杆等五种，应根据屋盖结构的形式，房屋的跨度、高度和长度，荷载情况及柱网布置等条件设置。但在一般情况，必须设置上弦横向水平支撑、垂直支撑和系杆。

(3) 按外形，屋架一般可分三角形、梯形、拱形、平行弦和人字形四种形式，腹杆体系也分人字式、单斜式、芬克式和再分式等多种，须结合屋面材料的排水需要和建筑结构要求等条件进行选择，并应做到受力合理和便于施工。

(4) 屋架杆件内力应按最不利荷载组合计算，尤其是对可能出现拉杆变压杆或内力增大的腹杆。

(5) 屋架杆件的计算长度因其在节点处的嵌固程度不同而取值不同。在屋架平面内：弦杆——$l_{0x}=l$(杆件几何长度)；腹杆——支座斜杆、支座竖杆和再分式腹杆 $l_{0x}=l$，中间腹杆 $l_{0x}=0.8l$。在屋架平面外：弦杆——$l_{0y}=l_1$(侧向支承点间的距离)，但对 $l_1=2l$ 且两节间的压力 N_1 和 N_2 不等的受压弦杆(包括再分式腹杆的受压主斜杆)，l_{0y} 可按式(7.3)折减；腹杆——$l_{0y}=l$，再分式受拉主斜杆 $l_{0y}=l_1$(图 7.20)。斜平面：中间腹杆 $l_0=0.9l$，支座斜杆、支座竖杆和再分式腹杆 $l_0=l$。

(6) 屋架杆件的截面选择应满足受力和刚度要求，宜宽肢薄壁和等稳定性($\lambda_x=\lambda_y$)，且连接构造简单。当选用 T 型钢或角钢组成的 T 形截面时，可根据用途按表 7.5 调配。

(7) 屋架杆件截面计算一般均按轴心受力构件(轴心拉杆或轴心压杆)，当有节间荷载作用时按拉弯或压弯构件。

(8) 屋架的节点设计应做到构造合理、强度可靠、制造和安装简便。T 型钢屋架一般不采用节点板，角钢屋架节点板的大小应根据可框进腹杆杆端焊缝的长度确定。

(9) 屋架施工图是钢结构制造和安装的主要依据，应绘制正确，表达详尽。施工图的绘制要点应参照图 7.40 逐条掌握。

思考题

7.1 屋盖支撑有哪些作用？它分哪几种类型？布置在哪些位置？

7.2 三角形、梯形、拱形、平行弦和人字形屋架各适用于何种情况？它们各有哪些腹杆体系？优缺点如何？

7.3 为什么梯形、平行弦、人字形和拱形屋架除按全跨荷载计算外，还要根据使用和施工中可能遇到的半跨荷载组合情况进行计算？

7.4 屋架杆件的计算长度在屋架平面内和屋架平面外及斜平面有何区别？应如何取值？

7.5 屋架上弦当采用 TN、TW 型钢或不等边角钢组成的 T 形截面长肢相连和短肢相连时，各适用于何种受力情况？

7.6 屋架节点设计有哪些基本要求？节点板的尺寸应怎样确定？

7.7 屋架施工图应表示哪些主要内容？

课程设计任务书

按下列资料选其中一组设计某厂机加工车间单跨厂房的钢屋盖，并绘制屋架施工图一张(加长 2 号图)。计算书内容应包括屋架、支撑、系杆、檩条和拉条(对有檩体系屋盖)的平面布置图和计算。所有荷载均按《荷载规范》选用，活荷载按不上人的屋面。

一、车间一般情况

长度 180m，钢筋混凝土柱，柱距 6m，混凝土强度等级 C20。车间内设有一台起重量为 30t 的中级工作制桥式吊车。

二、屋架情况

(一) 梯形屋架

1. 屋架跨度：27m、30m 或 33m。

2. 车间建筑地点：武汉、天津或沈阳。

3. 屋架杆件截面：全部 T 型钢或弦杆 T 型钢、腹杆角钢或全部角钢。

4. 屋面材料：1.5m×6m 大型预应力钢筋混凝土屋面板、泡沫混凝土保温层(厚度根据建筑地点的计算温度确定)或发泡水泥复合板(太空板)。

(二)三角形屋架(芬克式)

1. 屋架跨度:21m、24m 或 27m。

2. 屋面坡度:1∶2.5 或 1∶3。

3. 车间建筑地点:武汉、北京、合肥、西安或乌鲁木齐。

4. 屋架杆件截面:全部 T 型钢或弦杆 T 型钢、腹杆角钢或全部角钢。

5. 屋面材料:波形石棉瓦、木望板和油毡一层或彩涂压型钢板。

三、材料

钢材:Q235B;焊条:E43 系列。

8 平板网架☆

提要

平板网架属于空间结构，它具有三度空间的形体和在荷载作用下三向受力的特点，故其力学性能较平面桁架优良得多。而用钢管作杆件、螺栓球作连接节点的平板网架，更是以小型材料快速地建造大跨度空间结构的典范。

8.1 平板网架的特点和形式

在上章所述的屋盖结构，系采用平面桁架(屋架)并用支撑体系连接，使其构成空间几何不变性的稳定结构体系，但支撑不作为承重构件，也不参与屋面荷载的传递，故其仍属于平面结构。而本章所述的平板网架则属于空间结构，它不但具有三度空间的形体，而且具有三向受力的功能。

一般而言，网架是由平面桁架发展起来的空间结构。当其外形为曲面时，通常将其称为网壳。而外形为平面时则称为平板网架，或简称网架。网壳可做成单层或双层，而网架一般则需做成双层，且需要一定高度，以保证必要的刚度(图8.1)。

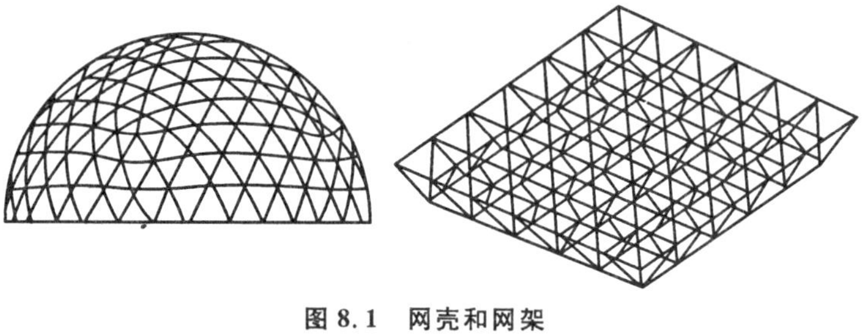

图 8.1 网壳和网架

8.1.1 平板网架的特点和适用范围

平板网架一般由若干个平面桁架相互正交或斜交组成交叉桁架系，或由杆件组成角锥骨架构成角锥系。通常采用钢管作杆件和钢球作连接节点。虽然材料普通，但由于平板网架优异的力学性能和易于加工、安装的特点，突显出其采用小型材料也可快捷地建造大跨度空间结构的能力，可谓空间结构当之无愧的典范。

将轻型屋面配套用于平面网架屋盖系统，也是完美组合，其耗钢量可以大幅降低(跨度 40m 以内的轻屋面，一般不超过 $20kg/m^2$)，且可降低下部结构重力，整体经济效果更好，这也是我国每年建造成百万平方米网架的原因之一。下面对其特点作一综述：

(1) 良好的力学性能：由于平板网架具有三维空间结构形体，相当于将平面桁架的受力杆件与支撑体系融为一体，故不但空间刚度大增，整体稳定和抗震性能更好，而且能以整体结构的形体来承受外荷载。再者，平板网架的节点荷载由多根杆件承担，且主要为轴心受力，能充分利用材料的强度，故杆件截面远比平面桁架的小。另外，网架属于多次超静定结构，故具有内力重分布能力，即使某个杆件或节点因故损坏，也不会导致结构整体的突然破坏。

(2) 适应性强、造型美观：平板网架能适应不同建筑平面（方形、圆形、多边形等）、不同跨度（大、中、小）、不同支承条件（点支承、周边支承或两者混合支承等）和不同荷载（均布荷载、局部集中荷载等）。且造型美观，层次丰富，具有结构美感，很适合外露展现。

(3) 制作、安装简便：平板网架的杆件和连接形式简单划一，且质量较轻（一般为 $\phi60\sim\phi203$ 钢管和 $d=100\sim500$mm 连接球），加工机具简单，很适合工业化和商品化生产。安装时若采用高空散装，也不需要大型起重机械。

根据上述特点，平板网架几乎可适用于任何情况的屋盖。

为了规范网架的设计与施工，我国于 1991 年还颁布了《网架结构设计与施工规程》(JGJ 7—1991)。

8.1.2　常用平板网架的形式

平板网架的形式可按其组成方式（由平面桁架组成或角锥体组成）进行分类。每类都有很多形式，下面选几种最常用网架加以介绍。

8.1.2.1　由平面桁架系组成的网架

平面桁架系网架是由若干平面桁架沿两个方向或三个方向交叉组成的平板网架。当沿两个方向相交时，其交角可为 90°（正交）或任意角度（斜交）。当沿三个方向相交时，其交角一般为 60°。将两向正交的网架平行（或垂直）于其边界方向放置时称为正放，与其边界方向呈 45°放置时称为斜放。

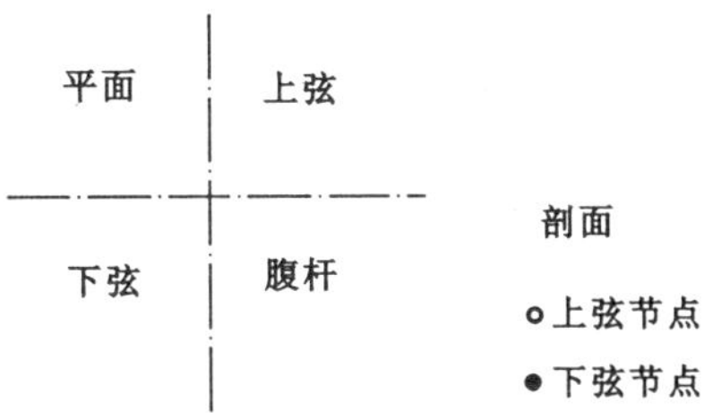

图8.2~图8.10的图例

(1) 两向正交正放网架

两向正交正放网架（图 8.2）也称井字形网架。其特点是构造简单，上、下弦的网格尺寸相同，且同一方向平面桁架的长度也相同，故加工方便。

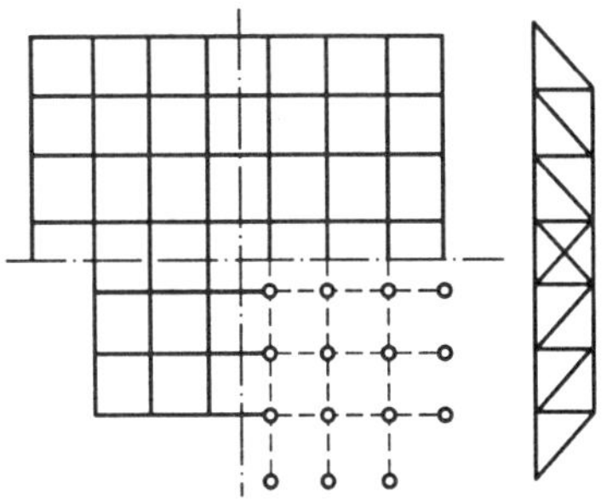

图 8.2　两向正交正放网架

两向正交正放网架在周边支承时，当网架平面为正方形或接近正方形，其受力状况类似双向板，两个方向杆件的内力相差不大，受力比较均匀。当网架平面为长方形时，则趋向于单方向传力。短向桁架相当于主梁，而长向桁架则相当于次梁，两方向杆件的内力差随两方向长度比例的增加而增加，网架的空间性能则随之降低。在采用点支承时，可改变这种受力状况，但支承处杆件及主桁架跨中弦杆的内力很大，而其余杆件内力则相对较小，存在较大差别。此时可将四周向外作适当悬挑，加以调整。

两向正交网架的上、下弦平面均为正方形网格，属几何可变性，因此应布置水平支撑（对周边支承网架，宜在上弦或下弦沿周边网格设置；对点支承网架应在通过支承的主桁架四周设置），以保证其几何不变性，并有效地传递水平荷载。

两向正交正放网架用于建筑平面为正方形或长方形、支承为周边支承或四点支承及多点支承较适合。

(2) 两向正交斜放网架

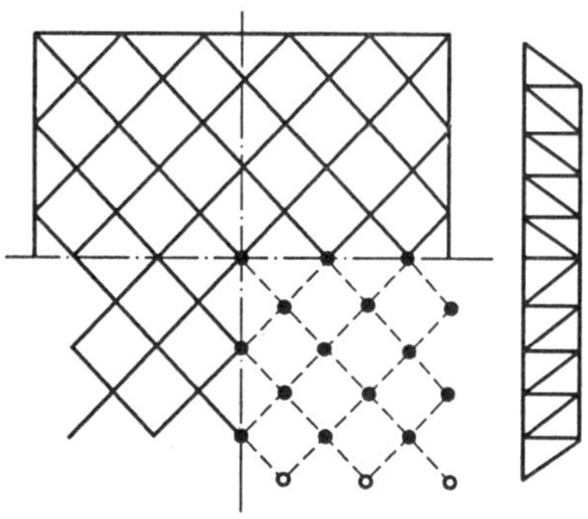

图 8.3　两向正交斜放网架

两向正交斜放网架(图 8.3)在周边支承时较两向正交正放网架的空间刚度大,可节省钢材。这是因为网架斜放,各个桁架的长度不同,但高度仍一样,因此四角的短桁架刚度相对较大,能对与其相交的长桁架起一定的弹性支承作用,使长桁架的跨中正弯矩减小。同理,两向正交斜放的长方形网架的受力也较均匀。

两向正交斜放网架的四个角支座,由于负弯矩会引起较大拉力,故设计时需考虑在必要时采用拉力支座。

两向正交斜放网架用于建筑平面为正方形和长方形、支承为周边支承或周边支承与多点支承相结合较适合。

(3) 两向斜交斜放网架

两向斜交斜放网架(图 8.4),其桁架沿两个方向的交角宜为 30°～60°。放置时两桁架方向均不与边界方向平行。

两向斜交斜放网架适合于建筑平面为正方形和长方形,但长宽两个方向支承距离不等,不能选用正交正放或正交斜放网架时采用。

(4) 三向网架

三向网架是由三个平面桁架成 60°角相互斜向交叉,组成空间网架结构(图 8.5)。三向网架上、下弦平面的网格均为正三角形,为几何不变体系,故其空间刚度比两向网架的大,受力性能好,内力均匀。缺点是节点上汇集的杆件太多(最多达 13 根),构造较复杂,因此宜采用钢管做杆件,并用焊接球连接节点。

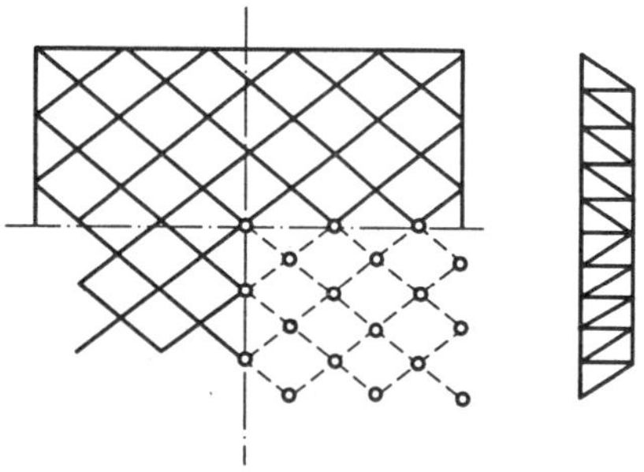

图 8.4　两向斜交斜放网架

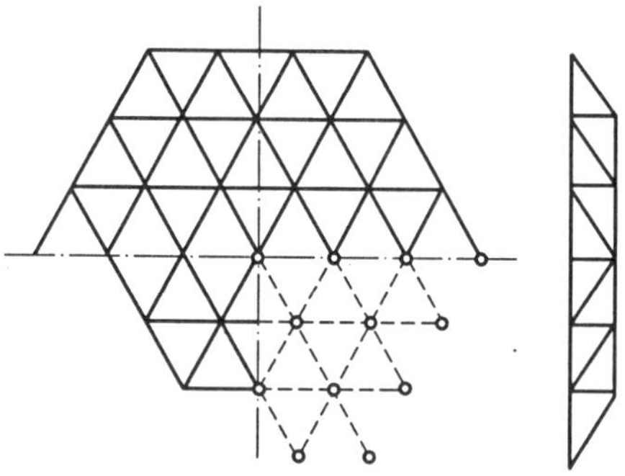

图 8.5　三向网架

三向网架用于建筑平面为圆形或三角形及多边形、支承为周边支承较适合,且特别适合大跨度(大跨度为 60m 以上、中跨度为 30～60m、小跨度为 30mm 以下)屋盖。

8.1.2.2　由角锥体组成的网架

角锥体网架是用由杆件构成的四角锥体、三角锥体或六角锥体单元组成的平板网架。其中以四角锥网架和三角锥网架较常用,尤其是四角锥网架目前应用更多。

(1) 四角锥网架

四角锥网架的上、下弦平面一般均采用正方形网格,且上、下弦网格相互错开半格。因此,下弦平面正方形网格的四个角点(节点)正好位于上弦平面正方形网格的中心。在每个网格用四根斜腹杆连接上、下弦节点，即形成一串四角锥单元。将四角锥单元正放时称为正放四角锥网架，旋转45°斜放时称为斜放四角锥网架。将正放四角锥网架的弦杆和腹杆作跳格抽空，称为正放抽空四角锥网架。现分别对其特性加以简述：

1）正放四角锥网架

将一串正放（锥底边与建筑物边界方向平行放置）的四角锥单元加以连接，其锥底的四边即构成正放四角锥网架的上弦杆，四棱为腹杆，锥顶间的连接杆成为下弦杆（图8.6）。正放四角锥网架由于上、下弦网格尺寸统一，故其上、下弦杆等长，便于制作和安装，也便于统一屋面板的规格。

正放四角锥网架的受力均匀，空间刚度也比两向平面桁架系网架的好，只是耗钢量因杆件较多而略高。

正放四角锥网架用于建筑平面为正方形或长方形、支承为周边支承或四点支承及多点支承较适合。且适宜设置悬挂单梁吊车和屋面荷载较大时采用。

2）正放抽空四角锥网架

正放抽空四角锥网架（图8.7）是在正放四角锥网架的中部（不包括周边）网格，跳格抽空四角锥单元的腹杆连同下弦杆，从而使下弦平面的网格尺寸增加一倍。抽空的正放四角锥网架类似于交叉梁体系（将未抽空的四角锥连续部分看作梁），虽其刚度较整体未抽空的正放四角锥的要小，但仍可应用。由于减少了杆件，构造也较简单，用钢省，其经济效果较好。

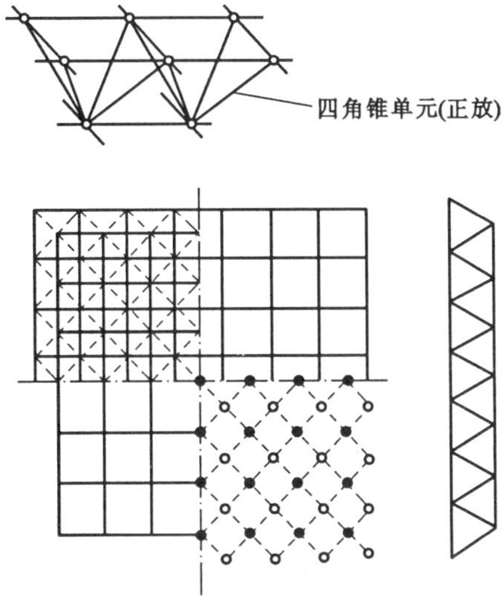

图8.6 正放四角锥网架

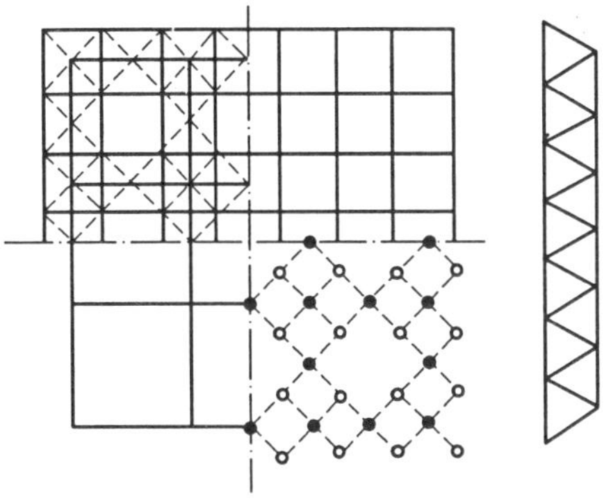

图8.7 正放抽空四角锥网架

正放抽空四角锥网架用于建筑平面为正方形和长方形、支承为周边支承或四点支承及多点支承的中、小跨度屋盖较适合。

3）斜放四角锥网架

斜放四角锥网架的上弦网格为正交斜放（与边界方向成45°角），下弦网格则为正交正放（图8.8），故上弦杆较短，而下弦杆较长。在周边支承的情况下，上弦为压杆，下弦为拉杆，因此受力合理。另外，在节点处汇交的杆件也较正放时的少2根（6根），故较经济。

斜放四角锥网架的四角锥单元可能绕其竖轴（通过锥顶垂直于锥底的轴）旋转，故应在网架周边设置刚性边梁（对周边支承）或封闭的边桁架（对点支承），以保证网架稳定。

斜放四角锥网架用于建筑平面为正方形或长方形（长边与短边之比小于2）、支承为周边支承或周边支承与点支承结合较适合。

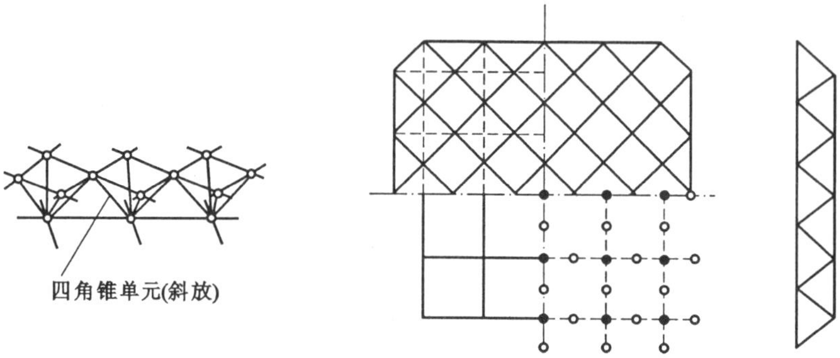

图 8.8　斜放四角锥网架

(2) 三角锥网架和抽空三角锥网架

三角锥网架是由三角锥单元组成(图 8.9)。由于其具有的几何不变性,故比其他网架形式的刚度大,且受力均匀。

三角锥网架也可跳格抽空为抽空三角锥网架(图 8.10)。此时,其上弦为三角形网格,下弦为三角形和六角形网格,虽刚度有所降低,但较经济。

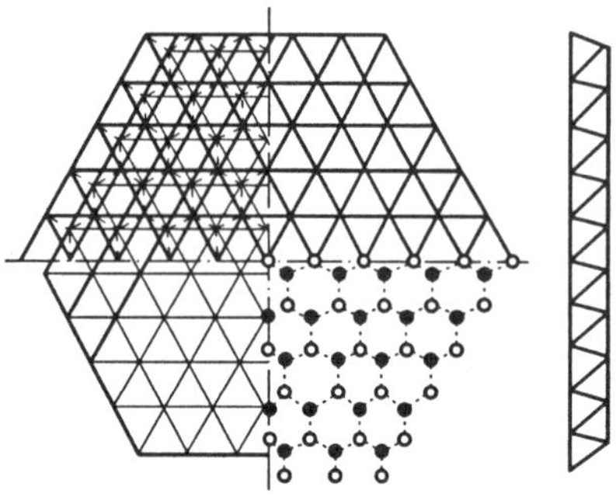

图 8.9　三角锥网架

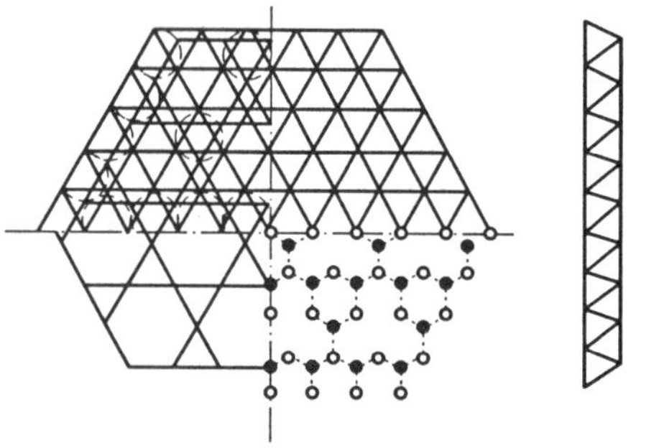

图 8.10　抽空三角锥网架

三角锥网架和抽空三角锥网架用于建筑平面为圆形或正六边形、支承为周边支承较适合。抽空三角锥网架用于中、小跨度屋盖较适合。

8.2　平板网架设计

8.2.1　网架的选型

网架的选型应根据建筑的平面形状和跨度大小、支承情况、荷载大小、屋面构造、建筑要求等因素综合考虑,可结合前述各种网架的适用范围进行选择。

从材料用量分析,当平面接近正方形时,以斜放四角锥网架最经济,正放四角锥网架和两向正交正放或斜放网架次之。当荷载和跨度均较大时,以三向网架较经济,且刚度也好。当平面为长方形时,则以斜放四角锥网架和两向正交正放网架较经济。

8.2.2　网架的屋面材料

同第 7 章屋盖结构所述,网架所采用的屋面材料亦可分有檩体系和无檩体系两类。但目前采用的以轻型材料(压型钢板、夹心板)的有檩体系居多。轻型屋面材料可极大地降低网架自身的用钢量，且跨度愈大降低愈多。同时下部结构的截面也将随之减小。

无檩体系的屋面材料，如用发泡水泥复合板（太空板）制作的网架板（表 7.2 序号 3）也有一定应用。

8.2.3 网格尺寸和网架高度

网格尺寸的大小关系网架的经济性。网格尺寸应按上弦平面划分，一般可根据网架形式、跨度大小、屋面材料、构造要求以及建筑功能等因素确定。对于矩形平面的网架通常采用正方形网格。

网架的高度也关系网架的经济性，同时还影响杆件内力及空间刚度。另外网架高度和腹杆角度也有关系，一般宜使腹杆与弦杆的夹角为 35°～60°。

表 8.1 和表 8.2 分别为按网架短向跨度 L_2 和按不同的屋面材料制定的网格尺寸（或网格数）和网架高度（或跨高比）的建议值，可参考选用。

表 8.1 上弦网格尺寸

网格短向跨度 L_2(m)	<30	30～60	>60
网格尺寸	$(1/6～1/12)L_2$	$(1/10～1/16)L_2$	$(1/12～1/20)L_2$

表 8.2 （周边支承）网架上弦网格数和跨高比

网架形式	钢筋混凝土屋面体系		钢檩条屋面体系	
	网格数	跨高比	网格数	跨高比
两向正交正放网架、正放四角锥网架、正放抽空四角锥网架	$(2～4)+0.2L_2$	10～14	$(6～8)+0.07L_2$	$(13～17)-0.03L_2$
两向正交斜放网架、斜放四角锥网架	$(6～8)+0.08L_2$			

注：当跨度在 18m 以下时，网格数可适当减少。

8.2.4 网架的支承

网架的支承分周边支承、点支承（四点支承、多点支承）、三边支承和两边支承等，现对其特点分述如下：

(1) 周边支承

周边支承是指网架的周边所有节点均搁置在柱或圈梁上，其传力直接、均匀，是较常用的一种支承形式。

网架周边支承于柱顶时，其网格尺寸应和柱距保持一致（图 8.11(*a*)）。当支承于圈梁时，网格尺寸可根据需要确定（图 8.11(*b*)）。

(*a*) (*b*)

图 8.11 周边支承网架

当网架周边支承于柱顶时，沿柱侧向应设置刚性系杆或边桁架，以保证侧向刚度。

(2) 点支承

点支承是指网架仅搁置在几个支座节点上。当数量为四个时称四点支承(图 8.12(*a*))，当为多个时称多点支承(图 8.12(*b*))。点支承在一些柱距要求较大的公用建筑(展览厅、加油站等)和工业厂房应用较多。

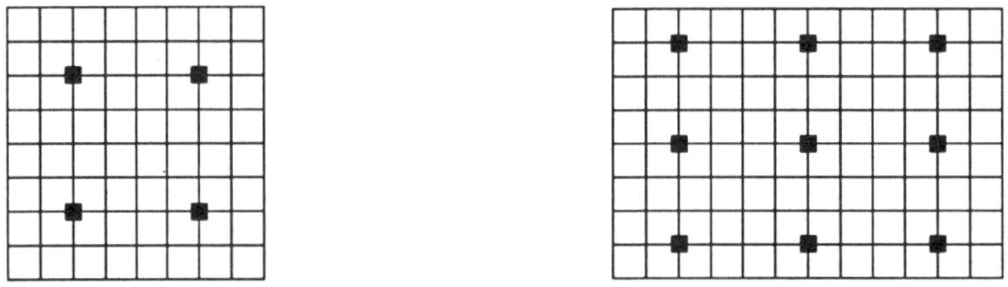

(*a*)　　(*b*)

图 8.12　点支承网架

为了减少点支承时网架跨中杆件的内力和挠度，网架四周宜适当悬挑(按跨度的 1/4～1/3)。

另外，为了扩散网架支承点的反力，使其周围杆件的内力不致过大，宜在支承点处设置柱帽。柱帽可设置于下弦平面之下(图 8.13(*a*))或上弦平面之上(图 8.13(*b*))，也可采用图 8.13(*c*)所示用短柱将上弦节点直接搁置于柱顶(柱帽呈倒伞形)。

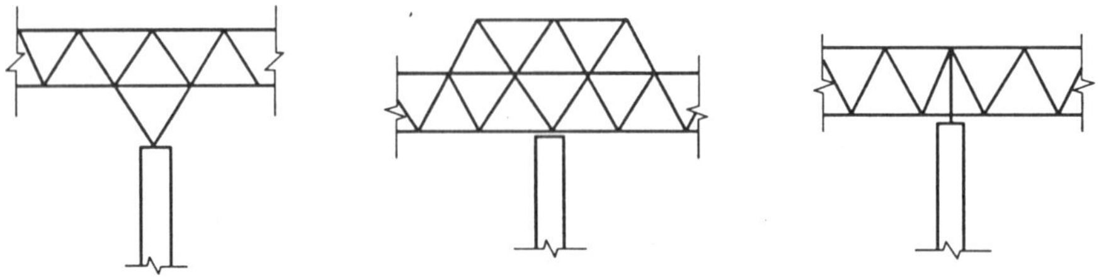

(*a*)　　(*b*)　　(*c*)

图 8.13　点支承网架柱帽

(3) 周边支承结合点支承

在某些大型展览厅等公共建筑或工业厂房在采用周边支承时，结合建筑平面布置，也可在内部设置一些点支承(图 8.14)，以改善受力情况。

(4) 三边支承或两边支承

当矩形平面的建筑需要在一边开口(如飞机库)或两对边开口(如考虑扩建等原因)时，网架仅能在三边或两对边支承(图 8.15)。开口边为自由边，对网架受力不利。此时应在开口边增加网架层数(将边部网格增至三层，图 8.16(*a*))或适当增加整个网架高度(对中、小跨度网架也可局部加大杆件)，且开口边必须形成竖直或倾斜的边桁架(图 8.16(*b*))，以保证整体刚度。

8.2.5　网架的荷载和荷载组合

同屋盖结构一样，网架的荷载亦要分永久荷载(包括屋面材料、檩条、网架自重、吊顶等)和可变荷载(包括屋面活荷载、雪荷载、积灰荷载以及悬挂吊车荷载等)。

荷载组合应按承载能力极限状态荷载效应的基本组合确定杆件内力设计值，对杆件截面和节点进行计算。对变形(挠度)的计算则应按正常使用极限状态荷载效应的标准组合。

网架自重 g_{0k}(kN/m^2)可按下式估算：

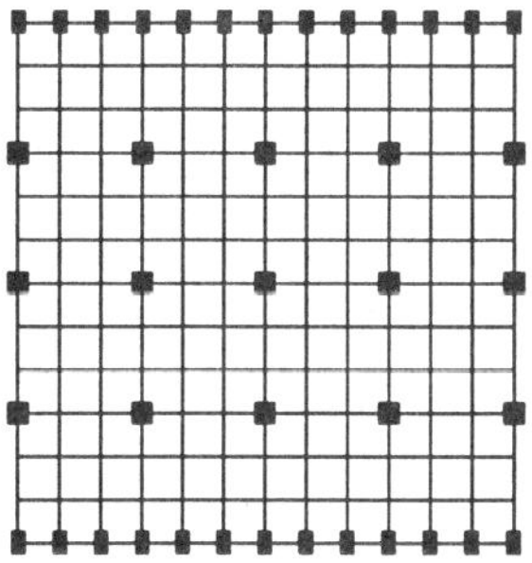
图 8.14 周边支承与点支承网架

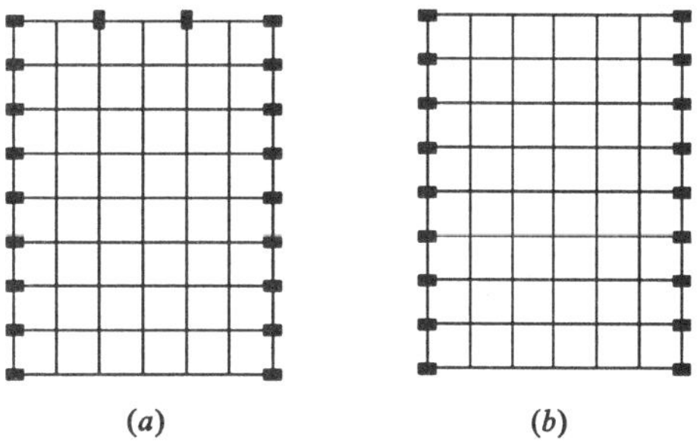

图 8.15 三边支承或两边支承网架

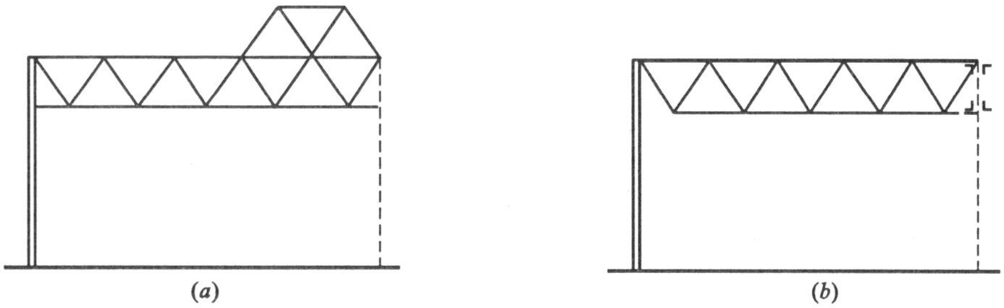

图 8.16 开口边的处理

$$g_{0k}=\frac{\xi\sqrt{q_w}L_2}{200} \tag{8.1}$$

式中 q_w——除网架自重以外的屋面荷载的标准值(kN/m^2);

L_2——网架的短向跨度(m);

ξ——系数,对于钢管网架取 $\xi=1.0$,对于型钢网架取 $\xi=1.2$。

8.2.6 网架的计算方法

网架结构为空间桁架体系,是一种高次超静定结构,因此要精确地计算其内力和变形十分复杂。为了获得适合于工程上应用的结果,常需作一些假定,即忽略一些次要因素。当然,忽略的因素越少,计算假定越接近结构的工作情况,则计算精度越高,但计算工作量也越大,只有借助计算机完成。反之,忽略的因素越多,则会出现一定误差,计算结果存在一定的近似性,但计算较简单,故也有一定的适用性。所以,网架的计算方法分精确法和简化法两类。常用的精确法为空间桁架位移法,简化法有交叉梁系差分法、拟夹层板法等,可根据网架类型、跨度大小及工程情况进行选择。下面对这几种方法及其适用范围加以简述。

网架计算的一般原则为:网架结构上的荷载按静力等效原则,将节点所辖区域内的荷载汇集至该节点上;结构分析时可忽略节点刚度的影响,假定节点为铰接,杆件只承受轴向力,仅在杆件节间上作用有荷载时,才另行考虑局部弯矩的影响。同时,网架的内力和位移按弹性阶段进行计算。

8.2.6.1 空间桁架位移法

空间桁架位移法是以网架节点三个线位移作为未知量、所有杆件作为承受轴向力的铰接杆系的有限元法。其基本计算步骤为:

(1) 根据虎克定律,建立各杆件单元的内力与位移间的关系,形成单元刚度矩阵;

(2) 根据各节点的静力平衡条件和变形协调条件,建立结构上各节点的荷载与节点位移间的关系,形成结构总刚度矩阵和总刚度方程(以节点位移为未知量的线性代数方程组);

(3) 根据给定的边界条件,用计算机求出各节点的位移值;

(4) 根据杆件单元的位移与内力间的关系,求出各杆件的内力 N。

空间桁架位移法是目前应用较普遍的网架计算方法,市面上有较多的计算软件(包括自动绘图)可资利用。采用空间桁架位移法计算的结果,精度较高,且适应性广,可用于各种网架形式、不同的平面形状、支承情况和边界条件,除适用于一般荷载的计算外,还可计算由地震、温度、沉降等因素引起的内力与变形。

8.2.6.2　*交叉梁系差分法*

交叉梁系差分法是将网架经过惯性矩的折算,将其简化为相应的交叉梁系,然后用差分法进行内力和位移的计算。为了方便,制定有专用图表,可使计算简化。

交叉梁系差分法计算误差为 10%~20%,可用于跨度在 40m 以下的由平面桁架系组成的网架或正放四角锥网架的计算。

8.2.6.3　*拟夹层板法*

拟夹层板法是将网架简化为正交异性或各向同性的平板进行内力和位移的计算。也有计算图表可资利用。

拟夹层板法计算误差小于 10%,可用于跨度在 40m 以下由平面桁架系或角锥系组成的网架计算。

8.2.7　网架杆件截面选择

网架杆件主要承受轴向力,故其截面以采用壁厚较薄的圆钢管为最佳选择,也可采用 T 型钢或角钢组合截面。钢管宜选用高频电焊钢管或无缝钢管(附表 10、附表 11)。每个网架钢管规格不宜过多,以 4~7 种为宜,且不宜小于 $\phi48\times2$(采用角钢时不宜小于 $\llcorner 50\times3$)。材料宜选用 Q345 钢(现在 Q345 钢价格与 Q235 钢已相差不大),以节省钢材,也可采用 Q235 钢。

网架杆件的计算长度,对螺栓球节点因其接近于铰接,故所有杆件均应取杆件的几何长度,即 $l_0=l$;对焊接球节点因其对杆件有一定的嵌固约束作用,故对弦杆及支座腹杆可取 $l_0=0.9l$,对一般腹杆取 $l_0=0.8l$;对钢板节点则类似普通屋架,分别取 $l_0=l$ 和 $l_0=0.8l$。

杆件的容许长细比,对受压杆件 $[\lambda]=180$;对受拉杆件:一般杆件 $[\lambda]=400$,支座附近处杆件 $[\lambda]=300$,直接承受动力荷载杆件 $[\lambda]=250$。

杆件截面应按第 6 章所述的轴心受拉构件或轴心受压构件对其强度、刚度和整体稳定进行验算。另外,网架的挠度不应超过其容许值 $[v]=L_2/250$(L_2 为短向跨度)。

8.2.8　网架节点设计

网架的节点是网架的重要组成部分,且其质量约占网架的 20%,故应引起注意。

网架节点因连接的杆件数量多,且来自不同方向,还要符合各杆件轴线在节点上汇交于一点和铰接连接的计算假定,故其构造比平面桁架的复杂得多。为了达到构造简单、传力明确,且易于加工、安全可靠,对钢管网架一般采用球节点。按杆件与球的连接方法,球节点分螺栓球节点和焊接空心球节点两种,现分述如下:

8.2.8.1　*螺栓球节点*

螺栓球节点由螺栓、实心钢球、销子(或螺钉)、套筒、锥头或封板组成(图 8.17)。钢球内先按连接杆件的角度钻孔并车出螺纹。在杆件钢管的端头则焊一锥头或封板(钢管直径小于 76mm 时,一般采用封板),以减少与钢球的接触面积并缩小钢球。高强度螺栓需穿过锥头(或封板)、套筒与钢球连接。套筒实际上为一六角形无纹螺母，在其两面开有长圆形滑槽，可插入销子（或螺钉）到螺栓上预留的小孔，从而将套筒和螺栓连在一起。用扳手拧动套筒即可带动螺栓拧入钢球，直至紧固。

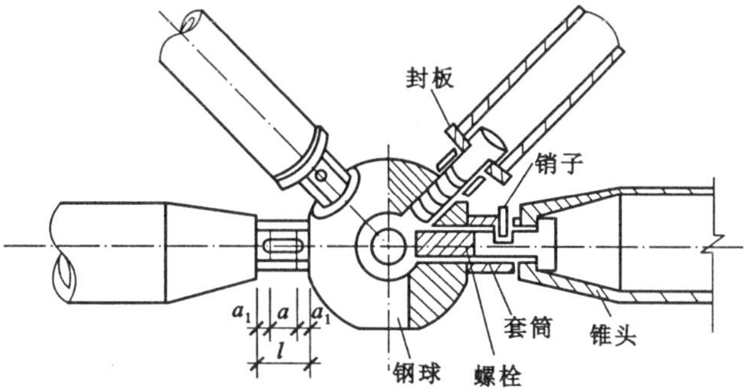

图 8.17 螺栓球节点

套筒除起拧固螺栓的作用外，在压杆中还起传递轴心压力作用，故需验算其开槽处和端部有效截面的承压强度。套筒端部（承压面）应保持平整，外形应符合扳手开口尺寸系列，内径则比螺栓直径大 1mm。套筒端部到开槽端部距离应使该处有效截面抗剪力不低于销钉（或螺钉）抗剪力，且不应小于 1.5 倍开槽的宽度。套筒长度可按下式计算（图 8.17）：

$$l = a + 2a_1 \tag{8.2}$$

$$a = \xi d_0 - a_2 + d_s + 4\text{mm}$$

式中 a_1——套筒端部到滑槽端部距离；

ξd_0——螺栓伸入钢球的长度；

a_2——螺栓露出套筒长度，可预留 4～5mm，但不应少于 2 个丝扣；

d_s——销子直径（mm）。

锥头或封板起着连接钢管和螺栓的作用，故锥头与钢管的连接焊缝及其任何截面应与钢管等强。封板厚度亦应按实际受力大小进行计算，当钢管壁厚度小于 4mm 时，也不宜小于钢管外径的 1/5。锥头或封板与钢管的连接焊缝宽度 b（图 8.18）可根据连接钢管壁厚取 2～5mm。

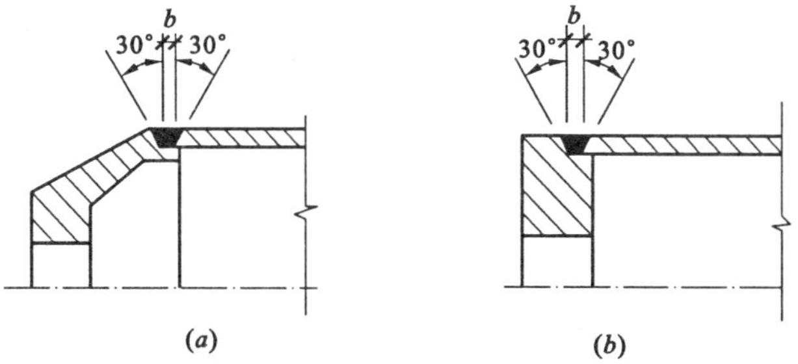

图 8.18 杆件端部连接焊缝

（a）锥头与钢管连接；（b）封板与钢管连接

高强度螺栓采用的钢材性能等级为 8.8S 或 10.9S 级（8.8S 级系按 JGJ 7—91 网架规程中推荐的 45 号钢确定的，现 45 号钢已很少采用。目前网架高强度螺栓多采用 10.9S 或 9.8S 级，见表 8.3）。单个高强度螺栓的抗拉承载力设计值 N_t^b 应按下式计算：

$$N_t^b \leqslant \psi A_e f_t^b \tag{8.3}$$

式中 ψ——螺栓直径对承载力影响系数，当螺栓直径 $d<30$mm 时，$\psi=1.0$，当 $d\geqslant30$mm 时，$\psi=$

0.93；

A_e——高强度螺栓螺纹处的有效截面面积（mm^2），按附表 14 选用，当螺栓上钻有销孔或键槽时，A_e 应取螺纹处或销孔键槽处二者中的较小值；

f_t^b——高强度螺栓经热处理后的抗拉强度设计值，对 10.9S 级螺栓取 430N/mm^2，对 8.8S 级螺栓取 365N/mm^2。

受压杆件的连接螺栓可按其内力所求得的螺栓直径适当减小，但必须保证套筒具有足够的抗压强度，并验算其开槽处和端部有效截面的承压力。

高强度螺栓采用的材料应根据钢材性能等级结合螺栓直径选用（表 8.3）。大直径螺栓采用的钢材，其抗应力腐蚀断裂（延迟断裂）的性能要求较高。

表 8.3　网架高强度螺栓的性能等级、推荐材料和机械性能

螺栓直径	性能等级	推荐材料	抗拉强度 f_u (N/mm^2)	屈服点 $f_{0.2}$ (N/mm^2)	伸长率 δ (%)	收缩率 Ψ (%)	冲击韧性 α_k (J/cm^2)
M12～M24	10.9S	20MnTiB、40Cr、35CrMo	1040～1240	≥940	≥10	≥42	≥59
M27～M36		35VB、40Cr、35CrMo					
M39～M64	9.8S	40Cr、35CrMo	900～1100	≥720	≥10	≥42	≥59

销子或螺钉宜采用高强度钢材，其直径可取螺栓直径的 0.16～0.18 倍，且不宜小于 3mm。螺钉直径可采用 6～8mm。

钢球可用锻压或铸造成型。钢球直径需根据相邻两个螺栓（即相邻两根杆件）间的夹角和螺栓伸入钢球的长度确定，即两个螺栓不能相碰。根据图 8.19，可得螺栓球的直径

$$D \geqslant \sqrt{\left(\frac{d_2}{\sin\theta}+d_1\cot\theta+2\xi d_1\right)^2+\eta^2 d_1^2} \qquad (8.4a)$$

为满足套筒接触面的要求，螺栓球直径 D 尚应按下式核算，并取两式中的较大值

$$D \geqslant \sqrt{\left(\frac{\eta d^2}{\sin\theta}+\eta d_1\cot\theta\right)^2+\eta^2 d_1^2} \qquad (8.4b)$$

上两式中　θ——两个螺栓间的最小夹角（rad）；

d_1、d_2——螺栓直径（mm），$d_1>d_2$；

ξ——螺栓伸入钢球的长度与螺栓直径的比值，可取 1.1；

η——套筒外接圆直径与螺栓直径的比值，可取 1.8。

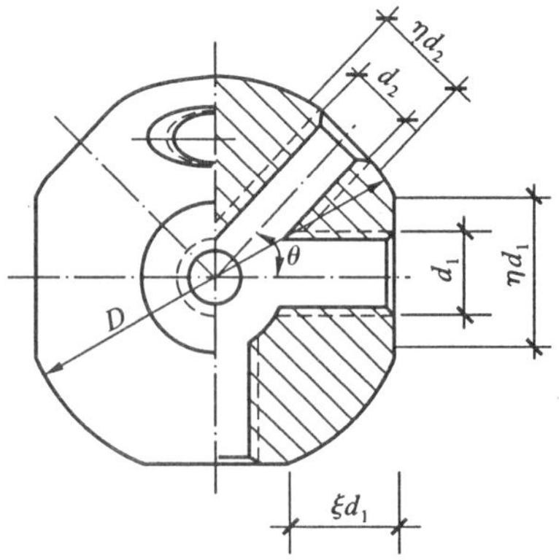

图 8.19　螺栓球

8.2.8.2　焊接空心球节点

焊接空心球节点是将杆件钢管直接焊接于空心钢球上。它加工简单，造价较低，且杆件自然对中，可避免节点偏心受力。另外，焊接球节点的刚度大，不存在螺栓球节点可能有的假拧紧情况。缺点是焊接球节点的现场施工速度较慢，需要地面拼装后安装，对工人的技术水平要求也较高。但是，对大跨度或超大跨度网架，焊接球节点仍然不可替代。

焊接空心球是由钢板压制的两个半球焊接而成，且有加肋和不加肋两种形式（图 8.20）。材料为 Q235 钢或 Q345 钢。加肋空心球是当空心球外径等于或大于 300mm，且杆件内力较大需要提高承载力时，在球内两半球焊接处增加环肋（图 8.20(b)）。环肋厚度不应小于空心球壁厚，且可去掉（1/3～1/2）D（D 为空心球直径）的内空，以减轻自重。使用时，应使内力较大的杆件位于肋板平面内（加肋空心球的承载力提高 10%～40%）。

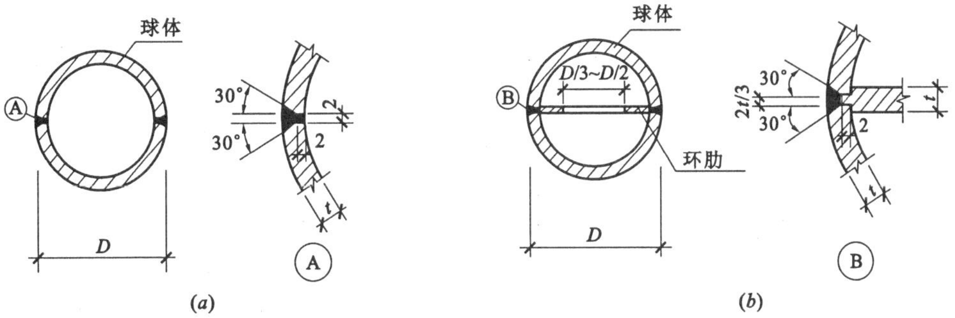

图 8.20 焊接空心球

(a) 不加肋；(b) 加肋

焊接空心球的外径 D，应能保证球面上连接的杆件之间的缝隙 a 不小于 10mm(图 8.21)，因此宜先按下式进行估算

$$D=\frac{d_1+2a+d_2}{\theta} \tag{8.5}$$

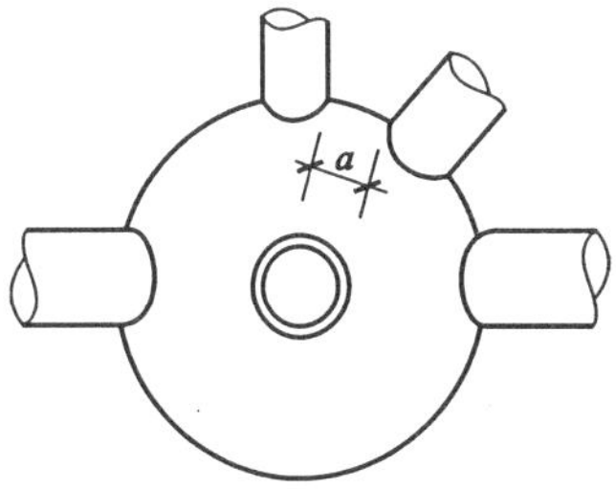

图 8.21 空心球节点

式中 θ——汇集于球节点任意两钢管杆件间的夹角(rad)；

d_1、d_2——组成 θ 角的钢管外径(mm)。

对直径 D=120～500mm 的受压和受拉空心球，其受压和受拉承载力设计值 N_c 和 N_t 可分别按下列公式计算

$$N_c \leqslant \eta_c\left(400td-13.3\frac{t^2d^2}{D}\right) \tag{8.6}$$

$$N_t \leqslant 0.55\eta_t t d\pi f \tag{8.7}$$

式中 d——钢管外径(mm)；

D、t——空心球外径和壁厚(mm)；

η_c、η_t——受压和受拉空心球加肋承载力提高系数，不加肋时，$\eta_c=\eta_t=1.0$；加肋时 $\eta_c=1.4$，$\eta_t=1.1$。

空心球外径与壁厚的比值一般可在 D/t=25～45 范围内选用。空心球壁厚与钢管最大壁厚的比值宜选用 1.2～2.0，且空心球壁厚不宜小于 4mm。

当受拉空心球的壁厚 t 与钢管壁厚 δ 的比值满足以下数值时，可不用式(8.7)进行承载能力计算：$t/\delta \geqslant 1.73$(不加肋时)或 $t/\delta \geqslant 1.57$(加肋时)。

钢管与空心球应采用对接焊缝连接，其端部应开坡口，并在钢管与空心球之间留一定间隙以保证焊透，实现焊缝与钢管等强，否则应按角焊缝计算。为保证焊缝质量，钢管端部可加套筒与空心球焊接(图 8.22)。

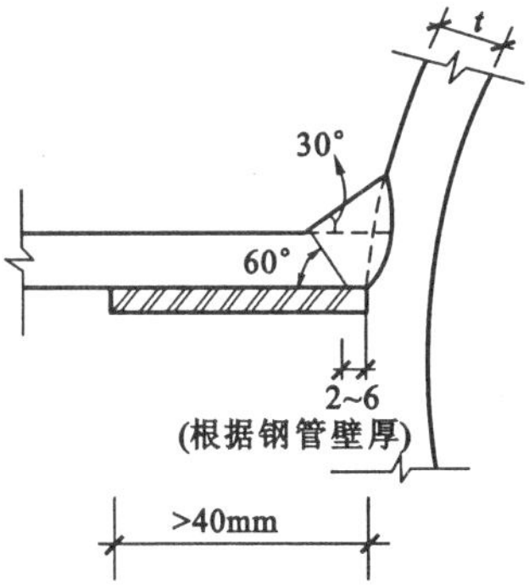

图 8.22 加套管连接

对跨度较小的轻型屋面网架，钢管与空心球可采用角焊缝连接，其焊脚尺寸应符合下列要求：

当 $t \leqslant 4$mm 时，$h_f \leqslant 1.5t$ 且不小于 4mm；

当 $t > 4$mm 时，$h_f \leqslant 1.2t$ 且不小于 6mm。

式中 t 为钢管壁厚。

8.2.8.3　屋顶节点和悬挂单梁吊车节点

屋顶节点在采用小立柱作屋面排水找坡时，可按图8.23所示形式。小立柱一般采用小规格钢管直接焊于上弦球节点顶部，并在其上焊一顶板作檩条支托。小立柱按屋面坡度由高到低设置。当高度较高时需作稳定性验算。

网架悬挂有单梁吊车时的节点可按图8.24所示形式。节点球下焊接的短管长度应考虑网架的挠度，并相应加以调整。

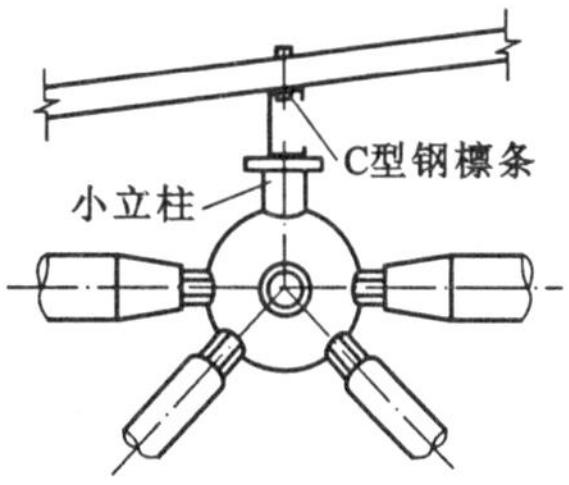

图8.23　屋顶节点

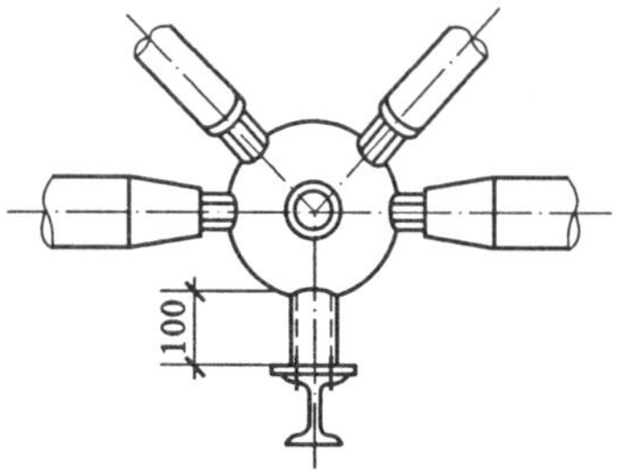

图8.24　悬挂单梁吊车节点

8.2.9　网架支座

网架支座一般按压力支座设计，但在某些斜放类网架中则有可能要承受拉力，需按拉力支座设计。

8.2.9.1　压力支座

压力支座按其适用于网架的跨度大小，可分为平板形、单面弧形、双面弧形、球铰形和板式橡胶形等类型。现简介如下：

(1) 平板压力支座

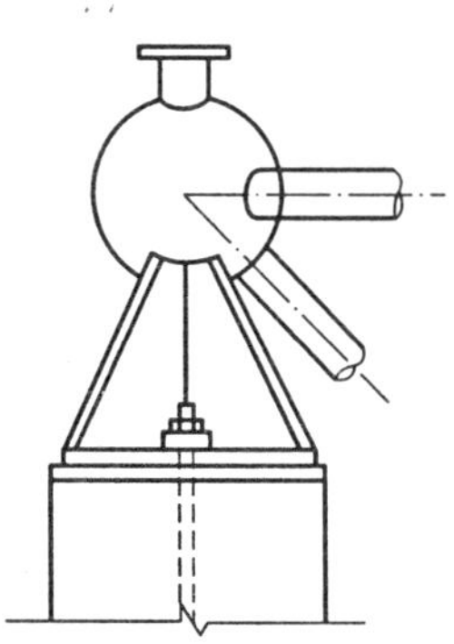

图8.25　平板压力支座

平板压力支座(图8.25)的构造简单，加工方便，用钢省，但其底板下应力分布不是很均匀，且支座不能完全转动和移动(为了支座能有少量移动，可将底板上锚栓孔径加大或做成长圆孔)，故仅适用于小跨度网架。

(2) 单面弧形压力支座

单面弧形压力支座(图8.26)系在平板支座下加一块用厚钢板加工成的弧形钢板，从而达到可以转动。支座锚栓可采用2个并设在支座中心线。但当支座反力很大时，则需采用4个锚栓设置于支座中心线两侧，并加弹簧盒，以免影响支座转动。单面弧形压力支座适用于中、小跨度网架。

(3) 双面弧形压力支座

双面弧形压力支座(图8.27)是在支座的上、下托座(托座上开有长圆形销钉孔)之间设置一两面弧形的铸钢件，从而达到使支座既能转动又能作一定侧移。它适用于大跨度网架。

(4) 球铰压力支座

球铰压力支座(图8.28)是用铸钢球铰置于支座下，从而使支座在两个方向均能转动，它适用于多支点的大跨度网架。

(5) 板式橡胶支座

板式橡胶支座(图8.29)是在支座下设置一橡胶垫板。它是由具有良好弹性的多层橡胶片之

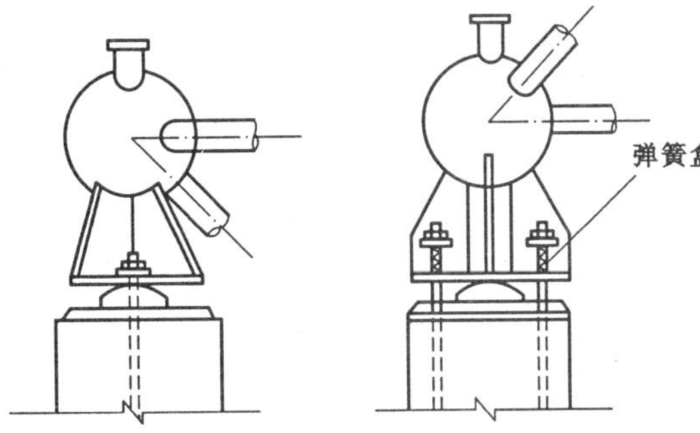

图 8.26　单面弧形压力支座

(a) 2 个锚栓;(b) 4 个锚栓

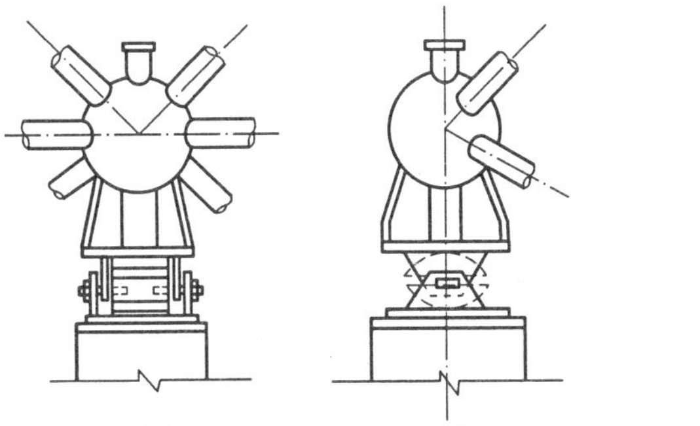

图 8.27　双面弧形压力支座

(a) 正视图;(b) 侧视图

间分层夹以薄钢板压制而成,它不仅可使支座在不出现过大的压缩变形的情况保持足够的承载力,而且还可产生较大的剪切变形,从而使支座既能转动又能作水平移动(适合于温差较大并对抗震十分有利)。橡胶垫板厚度需按 JGJ 7—91 网架规程作受力计算。板式橡胶支座适用于大、中跨度网架。

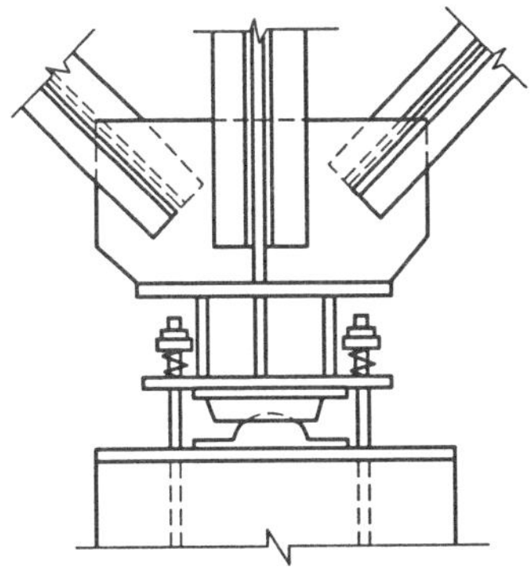

图 8.28　球铰压力支座

8.2.9.2　拉力支座

(1) 平板拉力支座

平板拉力支座与平板压力支座构造相同,但需考虑锚栓的抗拔能力。同样,它仅适用于小跨度网架。

(2) 单面弧形拉力支座

单面弧形拉力支座(图 8.30)是在单面弧形压力支座上增设靴梁,锚栓则固定在靴梁上,同样需验算其锚栓的抗拔能力。单面弧形拉力支座适用于中、小跨度网架。

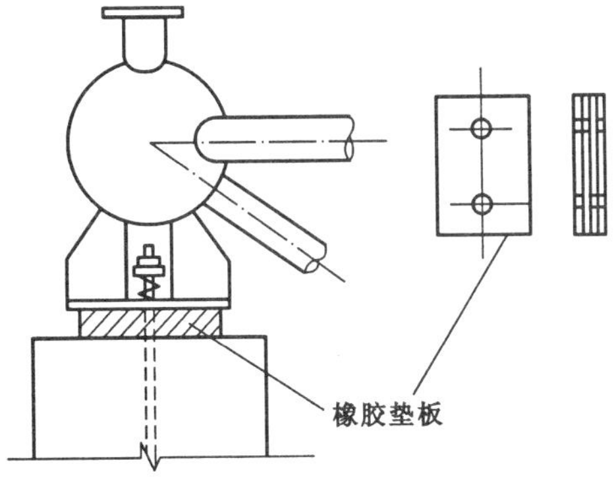

图 8.29　板式橡胶支座

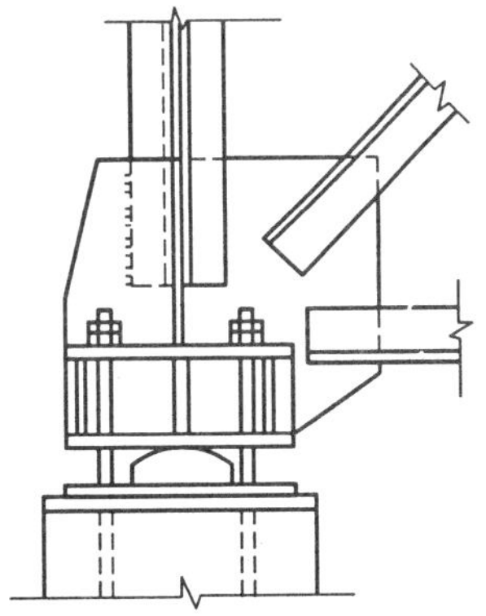

图 8.30　单面弧形拉力支座

8.3 平板网架设计实例

【例 8.1】 根据下列资料设计一平板网架。

(1) 设计资料

网架平面尺寸 27m×30m,周边支承。屋面材料为彩涂夹心板(聚氨酯保温层),C 型薄壁型钢檩条,两面坡排水,$i=4\%$,采用檩条并用钢管小立柱找坡。屋面活荷载与雪荷载的较大值为0.5kN/m^2。

(2) 网架形式和几何尺寸

采用正放四角锥网架。上弦网格尺寸按表 8.1 宜选$(1/6\sim1/12)L_2=(1/6\sim1/12)\times27=4.5\sim2.25$m。网格数按表 8.2 宜选用$(6\sim8)+0.07L_2=(6\sim8)+0.07\times27=8\sim10$ 格。网架跨高比 L_2/h 按表 8.2 宜选用$(13\sim17)-0.03L_2=(13\sim17)-0.03\times27=12.2\sim16.2$,即 $h=27/(12.2\sim16.2)=2.2\sim1.67$m。现选用网格尺寸 3m×3m,网格数 9×10,网架高度 1.5m(压型钢板夹心板等轻型屋面可比按公式计算的建议值稍小)。

(3) 荷载

1) 永久荷载标准值

夹心板和檩条:0.3kN/m^2。

网架自重:按式(8.1)为

$$g_{0k}=\frac{\xi\sqrt{q_w}L_2}{200}=\frac{1.0\times\sqrt{0.3+0.5}\times27}{200}=0.12\text{kN/m}^2$$

2) 可变荷载标准值

屋面活荷载与雪荷载的较大值:0.5kN/m^2。

3) 节点荷载

按式(3.7)由可变荷载效应控制的组合计算,取永久荷载的 $\gamma_G=1.2$,可变荷载的 $\gamma_Q=1.4$,则节点荷载的设计值为

$$F=[1.2\times(0.3+0.12)+1.4\times0.5]\times3\times3=10.84\text{kN}$$

(4) 杆件内力

按空间桁架位移法编制的计算机软件得出的杆件内力设计值见图 8.31。

(5) 杆件截面选择

从附表 11 中选用 5 种规格焊接钢管(钢号 Q235B)。根据式(6.4)和式(6.23),可得其用于弦杆、支座腹杆或一般腹杆时的抗拉和承压承载力设计值,现汇总列入表 8.4。图8.32则是据此承载力设计值结合杆件内力选用的杆件编号图。

表 8.4　网架杆件的抗拉和承压承载力设计值

杆件编号	1	2	3	4	5
钢管规格	ϕ51×3	ϕ63.5×3	ϕ76×3.5	ϕ89×4	ϕ114×4
截面面积 A(cm^2)	4.52	5.70	7.97	10.68	13.82
回转半径 i(cm)	1.70	2.14	2.57	3.01	3.89
抗拉承载力 $N=Af$(N/mm^2)	**97.2**	**122.6**	**171.4**	**229.6**	**297.1**

续表 8.4

杆件编号			1	2	3	4	5
承压承载力	上弦	几何长度 l(cm)	300	300	300	300	300
		计算长度 $l_0=0.9l$(cm)	270	270	270	270	270
		长细比 λ	158.8	126.2	105.1	89.7	69.4
		φ	0.280	0.405	0.522	0.623	0.755
		$N=\varphi Af$(kN)	**27.2**	**49.7**	**89.5**	**143.1**	**224.3**
	支座腹杆	几何长度 l(cm)	260	260	260	260	260
		计算长度 $l_0=0.9l$(cm)	234	234	234	234	234
		长细比 λ	137.6	109.3	91.1	77.7	60.2
		φ	0.355	0.497	0.613	0.703	0.806
		$N=\varphi Af$(kN)	**34.5**	**60.9**	**105.1**	**161.4**	**239.5**
	一般腹杆	几何长度 l(cm)	260	260	260	260	260
		计算长度 $l_0=0.8l$(cm)	208	208	208	208	208
		长细比 λ	122.4	97.2	80.9	69.1	53.5
		φ	0.424	0.574	0.682	0.756	0.840
		$N=\varphi Af$(kN)	**41.2**	**70.4**	**116.9**	**173.6**	**249.6**

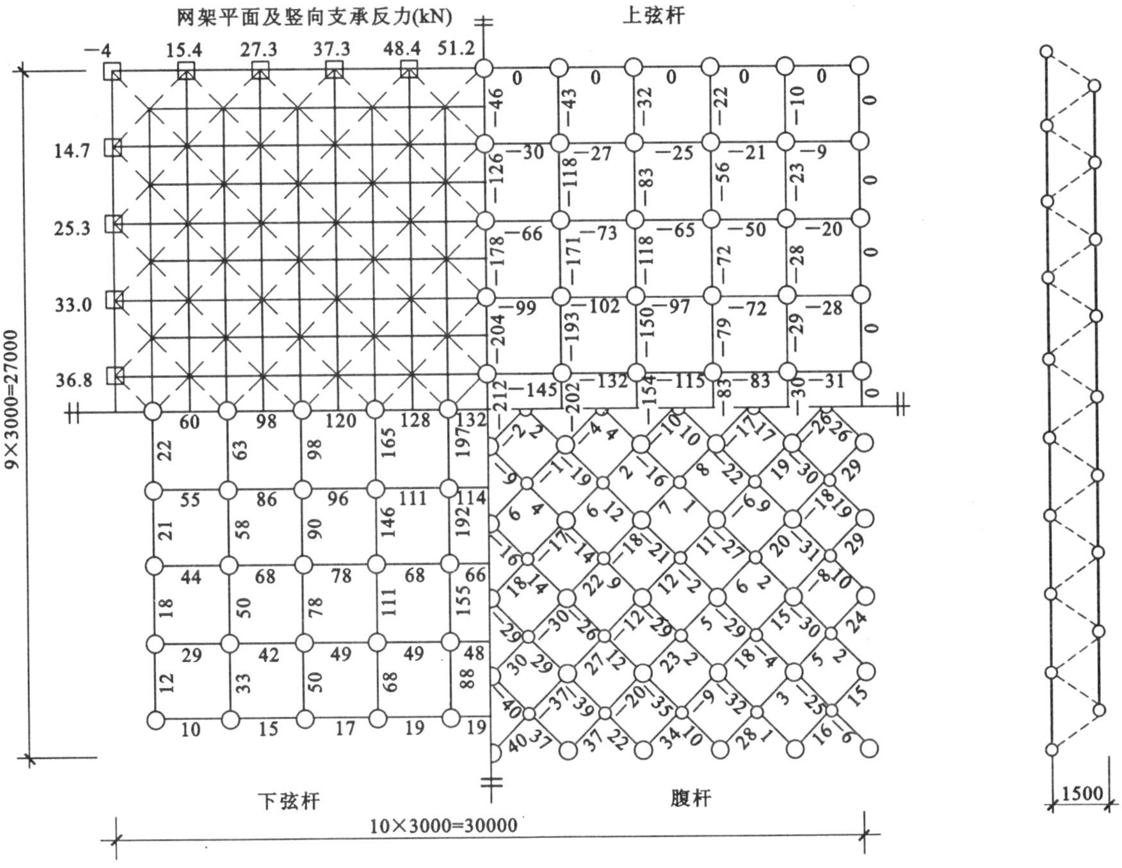

图 8.31 杆件内力图

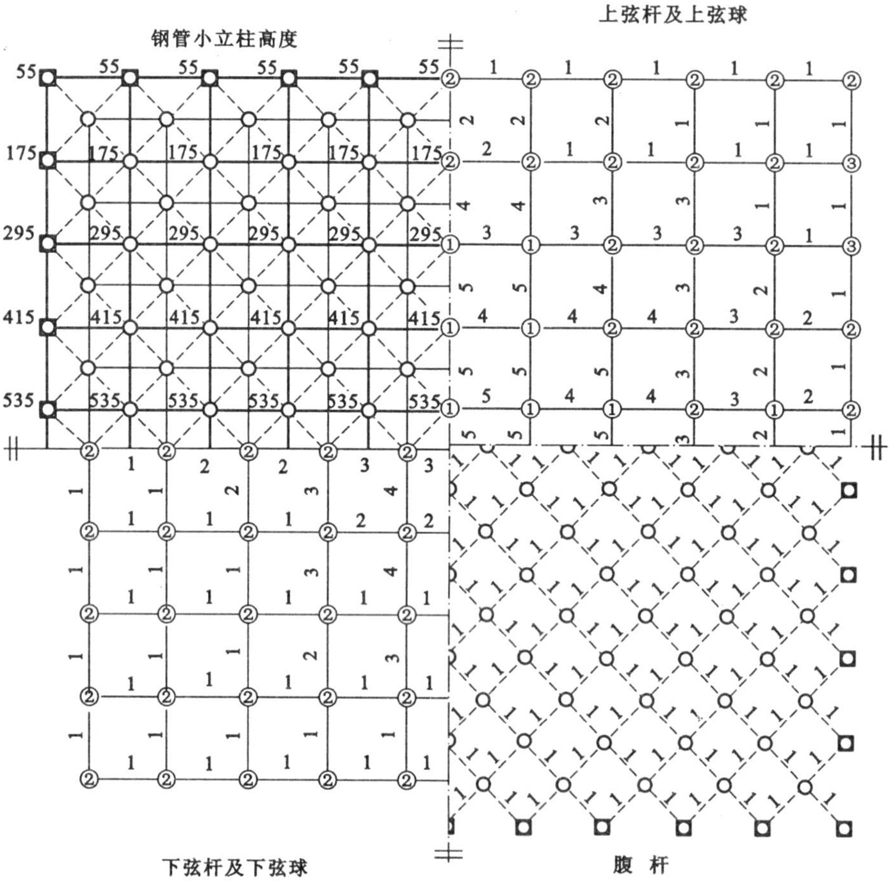

图 8.32 杆件截面和焊接空心球编号

(6) 焊接空心球选择

采用壁厚 $t=6\text{mm}$、外径 $D=180\text{mm}$ 和 160mm 两种规格的不加肋空心球。下面分别对其受压和受拉承载力进行计算：

1) 1 号球($D=180\text{mm}$、$t=6\text{mm}$)

1 号球主要用于上弦杆件压力较大部位。所连上弦钢管最大外径为 $\phi114$，腹杆外径为 $\phi51$。杆件最大压力为 -212kN。

先按式(8.5)计算空心球需要的最小外径

$$\theta = 2\left(\sin^{-1}\frac{1.5}{2.6}\right)\frac{\pi}{180} = 1.23\text{rad}$$

$$D = \frac{d_1 + 2a + d_2}{\theta} = \frac{114 + 2\times 10 + 51}{1.23} = 150.4\text{mm} < 180\text{mm} \quad (满足)$$

按式(8.6)计算受压承载力设计值

$$N_c = \eta_c\left(400td - 13.3\frac{t^2d^2}{D}\right) = 1\times\left(400\times 6\times 114 - 13.3\times\frac{6^2\times 114^2}{180}\right)$$
$$= 239\text{kN} > -212\text{kN} \quad (满足)$$

2) 2 号球($D=160\text{mm}$、$t=6\text{mm}$)

2 号球主要用于下弦杆和上弦杆压力较小部位，所连受压和受拉钢管外径有 51～89mm 多种。按式(8.6)、式(8.7)

$$N_{c(d=51)}=\eta_c\left(400td-13.3\frac{t^2d^2}{D}\right)=400\times6\times51-13.3\times\frac{6^2\times51^2}{160}$$
$$=114.6\text{kN}>-40\text{kN}\quad（满足）$$
$$N_{c(d=89)}=\eta_c\left(400td-13.3\frac{t^2d^2}{D}\right)=400\times6\times89-13.3\times\frac{6^2\times89^2}{160}$$
$$=189.9\text{kN}>-126\text{kN}\quad（满足）$$

按式(8.7)计算1号球和2号球的受拉承载力设计值：

$$N_{t(d=51)}=0.55\eta_t td\pi f=0.55\times1\times6\times51\pi\times215=113.7\text{kN}>96\text{kN}\quad（满足）$$
$$N_{t(d=76)}=0.55\eta_t td\pi f=0.55\times1\times6\times76\pi\times215=169.4\text{kN}>165\text{kN}\quad（满足）$$
$$N_{t(d=89)}=0.55\eta_t td\pi f=0.55\times1\times6\times89\pi\times215=198.4\text{kN}>197\text{kN}\quad（满足）$$

其余管径的 N_c、N_t 计算从略。根据以上计算结果选用的1号或2号焊接空心球亦如图8.32所示。所有钢管与空心球均采用对接焊缝，端部开坡口，与钢管达到等强。

(7) 挠度

经用电算，挠度 $v=65\text{mm}<[v]=L_2/250=27000/250=108\text{mm}$。网架自重约 9.4kg/m^2。

小　结

(1) 常用平板网架由平面桁架系组成或由角锥体组成。最常用的为四角锥网架，且以斜放四角锥网架最经济。

(2) 网格尺寸和网架高度均关系网架的受力和经济性，应根据网架形式、跨度大小、屋面材料、构造要求及建筑功能等因素，综合考虑。

(3) 网架的支承分周边支承、三边支承和点支承，或几者结合的支承。设在柱顶的周边支承应在柱侧向设刚性系杆或边桁架。点支承应加设柱帽。三边支承应在开口边设桁架。

(4) 网架杆件宜选用薄壁钢管。节点宜选用螺栓球，以便于施工。对跨度很大的网架则应选用焊接空心球。

(5) 网架支座一般采用压力支座，但对斜放类网架应考虑采用拉力支座。

思　考　题

8.1　常用网架形式有哪些？应如何选用？

8.2　正放四角锥网架和斜放四角锥网架各有哪些优点？如何选用？

8.3　网格大小和网格高度对网架杆件受力有哪些影响？应如何进行选择？

8.4　螺栓球节点和焊接空心球节点在构造上有哪些特点？这两种球节点对网架的安装工艺有哪些不同？

8.5　螺栓球节点和焊接空心球节点都需作哪些计算？当受拉空心球的壁厚与钢管壁厚的比值达到一定数值时，是否不必计算其受拉承载力？

习　题

8.1　根据例8.1平板网架的内力等条件，试改选其杆件截面和空心球规格。(1) 采用无缝钢管；(2) 仍采用电焊钢管。钢号Q235B。

8.2　试重新设计例8.1的正放四角锥平板网架。屋面改用3m×3m发泡水泥复合板(太空板)。屋面板自重 0.6kN/m^2，防水层重 0.1kN/m^2。屋面活荷载与雪荷载的较大值亦为 0.5kN/m^2。仍采用电焊钢管和空心球，钢号Q345。

9 (轻钢)门式刚架☆

提要

(轻钢)门式刚架由梁、柱构件组合,配以轻型屋面和墙面系统,不仅构造简单,外形美观,质量轻,且便于工业化制造和快速安装。我国近年来数以百万平方米计的轻工业厂房和公共建筑(仓库、超市等)均采用了这种结构。

9.1 概 述

9.1.1 轻(型)钢结构系统

(轻钢)门式刚架是对轻型房屋钢结构门式刚架的简称。近年来,它在我国飞速发展,给钢结构注入了新的活力。不仅在轻工业厂房中得到非常广泛的应用,而且在一些城市公共建筑,如超市、展览厅、停车场等也得到普遍应用。

(轻钢)门式刚架的广泛应用,除其自身具有的优点外,还与近年来普遍采用轻型(钢)屋面和墙面系统——冷弯薄壁型钢的檩条和墙梁、彩涂压型钢板和轻质保温材料的屋面板和墙板——密不可分。它们完美地结合,构成了如图 9.1 所示的轻(型)钢结构系统(美国称金属建筑系统)。

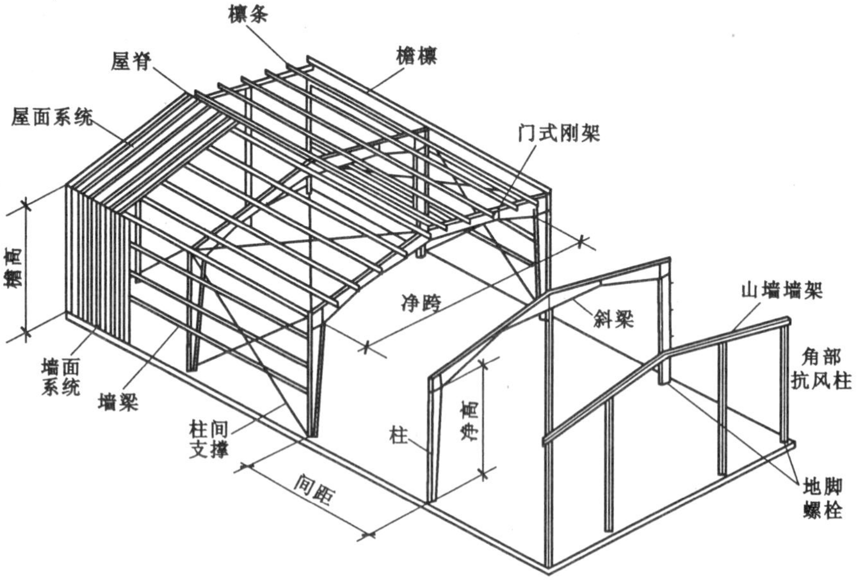

图 9.1 轻钢结构系统——门式刚架轻型房屋钢结构

轻钢结构系统代替传统的混凝土和热轧型钢制作的屋面板、檩条等,不仅可减少梁、柱和基础截面尺寸,整体结构质量减轻,而且式样美观,工业化程度高,施工速度快,经济效益显著。

9.1.2 (轻钢)门式刚架的特点和适用范围

门式刚架是由梁、柱构件组合而成。若按构件的形式也可分为格构式和实腹式两种类型(图9.2)。格构式门式刚架刚度大,用钢省,外形和净空布置灵活,但其需采用角钢或钢管组合,加工复杂,故较适合于大跨度刚架采用。实腹式门式刚架一般采用钢板焊成的工字形截面,其构造简单,外形简洁,便于工业化生产,虽用钢量稍多,但用于轻型房屋钢结构,仍可发挥其优势。

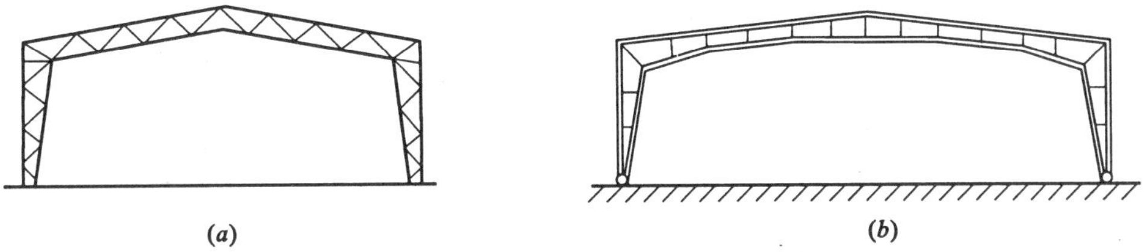

图 9.2 门式刚架

(a) 格构式;(b) 实腹式

根据我国针对(轻钢)门式刚架制定的《门式刚架轻型房屋钢结构技术规程》(CECS 102:2002)①的规定,其适用范围应为轻型屋盖(压型钢板屋面板及薄壁型钢檩条)和轻型外墙(压型钢板墙板及薄壁型钢墙梁)或砌体外墙及底部为砌体、上部为轻质材料的外墙;仅可设置起重量不大于 20t 的 A1～A5 工作级别桥式吊车或 3t(在采取可靠技术措施时,允许不大于 5t)悬挂式起重机;单跨跨度宜为 9～36m;高度宜为 4.5～9m;当有桥式吊车时不宜大于 12m。

9.2 (轻钢)门式刚架设计

9.2.1 结构形式和布置

门式刚架分为单跨、双跨或多跨的单、双坡刚架,以及带挑檐和带毗屋的刚架等形式(图 9.3)。多跨刚架中间柱与刚架斜梁的连接可采用铰接。根据通风和采光需要,可设置通风口、采光带和天窗架。

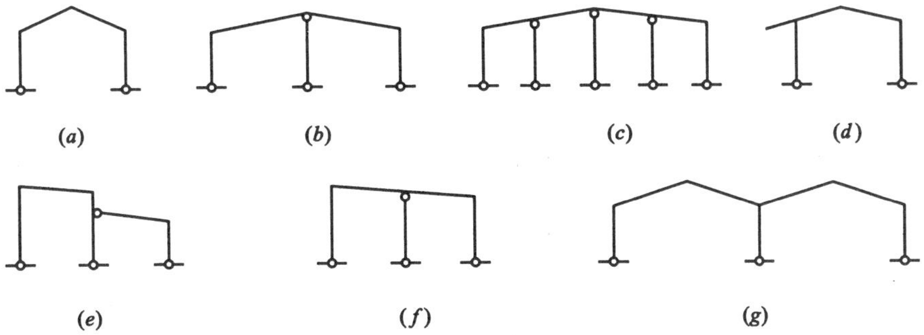

图 9.3 门式刚架的形式

(a) 单跨双坡;(b) 双跨双坡;(c) 四跨双坡;(d) 单跨双坡带挑檐;

(e) 单跨单坡带毗屋;(f) 双跨单坡;(g) 双跨四坡

门式刚架可由多个梁、柱单元组成。柱一般为单独单元构件,斜梁可根据运输条件划分为若干

① 本书以下对《门式刚架轻型房屋钢结构技术规程》(CECS 102:2002)简称《门式刚架规程》。

个单元。单元构件本身采用焊接，单元之间可用端板以高强度螺栓连接。

根据跨度、高度及荷载不同，(轻钢)门式刚架的梁、柱宜用 4～25mm 厚钢板组成的焊接工字形截面或 H 型钢，制作成变截面或等截面构件。变截面构件宜用于跨度较大或房屋较高的梁、柱。设有桥式吊车时，柱宜采用等截面构件。变截面构件通常改变腹板的高度，做成楔形，必要时可改变腹板厚度。翼缘截面在安装单元内则一般不作改变(必要时可改变翼缘厚度)。在邻接的安装单元可采用不同的翼缘截面，两单元相邻截面高度宜相等。

门式刚架的柱脚通常设计成平板支座，设一对或两对地脚螺栓，并按铰接支承设计。当设有 5t 以上桥式吊车时，柱脚宜设计成刚接。

门式刚架屋面可采用隔热卷材做屋面隔热和保温层，也可采用带隔热层的板材(夹心板)做屋面。屋面坡度宜为 1/20～1/8(长尺压型钢板取小值，雨水较多地区取较大值)。

门式刚架的跨度应取横向刚架柱轴线间的距离，其大小宜为 9～36m(以 3m 为模数)。当边柱宽度不等时，应将其外侧对齐。

门式刚架的高度应取地坪到柱轴线与斜梁轴线交点的高度，一般应根据使用要求的室内净高(图 9.1)确定。设有吊车时，应根据轨顶标高和吊车净高要求确定。门式刚架的平均高度宜为 4.5～9m，当设有桥式吊车时不宜大于 12m。

柱轴线可取通过柱下端(较小端)中心的竖向轴线(工业建筑边柱的定位轴线宜取柱外皮)。斜梁轴线可取通过变截面梁段最小端中心与斜梁上表面平行的轴线。

门式刚架的间距即柱网轴线间的纵向距离宜为 6～9m。

门式刚架纵向温度区段长度(伸缩缝间距)不大于 300m。横向温度区段长度不大于 150m。当需要设置伸缩缝时，可将搭接檩条上的螺栓孔采用长圆孔，并使该处屋面板在构造上可以胀缩或设置双柱。

在多跨刚架局部抽掉中间柱或边柱处，可设置托架梁或托架。

山墙可采用门式刚架，也可设置由斜梁、抗风柱和墙梁及其支撑组成的山墙墙架。

9.2.2　支撑的布置

门式刚架各列柱均应设置十字形柱间支撑(当建筑物宽度大于 60m 时，在中间柱列宜适当增加设置。若因建筑或工艺上原因不能设置十字形支撑时，可设置人字形支撑或纵向刚架)，并在同一开间设置屋盖横向支撑，以组成几何不变体系。柱间支撑的间距应根据房屋纵向柱距、受力情况和安装条件确定。当无吊车时宜取 30～45m；当有吊车时宜设在温度区段中部，或当温度区段较长时宜设在三分点处，且间距不宜大于 60m。支撑体系应能保证在每个温度区段或分期建设的区段中能独立构成空间稳定结构。当房屋高度相对于柱间距较大时，柱间支撑宜分层设置。

横向支撑宜设在温度区段端部的第一个或第二个开间。当设在第二开间时，在第一开间的支撑节点处宜设置刚性系杆。另外，在刚架转折处(单跨房屋边柱柱顶和屋脊，以及多跨房屋某些中间柱柱顶和屋脊)应沿房屋全长设置刚性系杆。温度区段端部吊车梁以下不宜设置柱间刚性支撑。

对吊车起重量大于 15t 的房屋，应设置屋盖纵向支撑和连续制动桁架。

由支撑斜杆等组成的水平桁架中的直腹杆，宜按刚性系杆考虑，且可由檩条兼任，此时檩条应满足对压弯构件的刚度和承载力要求。当不满足时，可在刚架斜梁之间设置钢管、H 型钢或其他截面形式的杆件。

十字形交叉支撑宜采用圆钢，圆钢与构件的夹角应在 30°～60°范围内，宜接近 45°，并采用连接件或节点板与梁、柱腹板连接，在刚架矫正定位后用花篮螺栓张紧。对设置 5t 以上吊车的柱间支撑,应采用型钢。

9.2.3 墙架的布置

当采用压型钢板作侧墙围护面时,墙梁宜布置在刚架柱的外侧,其间距根据墙板板型和规格决定,但不应大于计算确定的值。

当抗震设防烈度不高于 6 度时,外墙可采用轻型钢墙板或砌体;当为 7 度、8 度时,可采用轻型钢墙板或非嵌砌砌体;当为 9 度时,宜采用轻型钢墙板或与柱柔性连接的轻质墙板。

9.2.4 荷载计算

永久荷载:包括屋面材料、檩条、刚架、墙架、支撑等结构自重和悬挂荷载(吊顶、天窗、管道、门窗等)。屋面材料等结构自重可参照第 7 章和《荷载规范》的规定计算。悬挂荷载按实际情况取用。

可变荷载:包括屋面均布活荷载、雪荷载、积灰荷载、风荷载及吊车荷载等。当采用压型钢板轻型屋面时,屋面竖向均布活荷载的标准值(按水平投影面计算)应取 $0.5kN/m^2$;对于受荷水平投影面积大于 $60m^2$ 的刚架构件可取不小于 $0.3kN/m^2$(刚架横梁多属此种情况)。

雪荷载、积灰荷载及吊车荷载按《荷载规范》的规定计算。

对于风荷载,由于(轻钢)门式刚架这类轻型房屋钢结构,其屋面坡度一般较小,高度也较低(属低层房屋体系),故其风荷载的计算不能完全按照《荷载规范》(主要为风荷载体型系数 μ_s),因为在大多数情况偏于不安全,甚至严重不安全(低 60%)。因此,《门式刚架规程》对风荷载的计算制定了如下的专门规定:

$$w_k = \mu_s \mu_z w_0 \tag{9.1}$$

式中 w_k——风荷载标准值(kN/m^2);

w_0——基本风压,按《荷载规范》规定值乘以 1.05 采用;

μ_z——风荷载高度变化系数,按《荷载规范》规定采用;当高度小于 10m 时,应按 10m 高度处的数值采用;

μ_s——风荷载体型系数(考虑内、外风压最大值的组合,且含阵风系数),对刚架上的风荷载体型系数应按表 9.1 的规定采用(对檩条、墙梁、屋面板、墙板、山墙墙架和屋面挑檐等的荷载体型系数见《门式刚架规程》)。

表 9.1 刚架的风荷载体型系数

建筑类型	分区											
	端区						中间区					
	1E	2E	3E	4E	5E	6E	1	2	3	4	5	6
封闭式	+0.50	−1.40	−0.80	−0.70	+0.90	−0.30	+0.25	−1.00	−0.65	−0.55	+0.65	−0.15
部分封闭式	+0.10	−1.80	−1.20	−1.10	+1.00	−0.20	−0.15	−1.40	−1.05	−0.95	+0.75	−0.05

注:(1) 本表适用于门式刚架轻型房屋,其屋面坡度 α 不大于 10°,屋面平均高度不大于 18m,房屋高宽比不大于 1,檐口高度不大于房屋的最小水平尺寸。其中各区域的意义及风向的关系见图 9.4。

(2) 正号(压力)表示风力由外朝向表面,负号(吸力)表示风力自表面向外离开。

(3) 屋面以上的周边伸出部分,对 1 区和 5 区可取+1.3,对 4 区和 6 区可取−1.3,这些系数包括了迎风面和背风面的影响。

(4) 当端部柱距不小于端区宽度时,端区风荷载超过中间区的部分,宜直接由端刚架承受。

(5) 单坡房屋的风荷载体型系数,可按双坡房屋的两个半边处理(图 9.4(*b*))。

对地震作用应按《建筑抗震设计规范》(GB 50011—2001)(2008 年版)的规定计算。

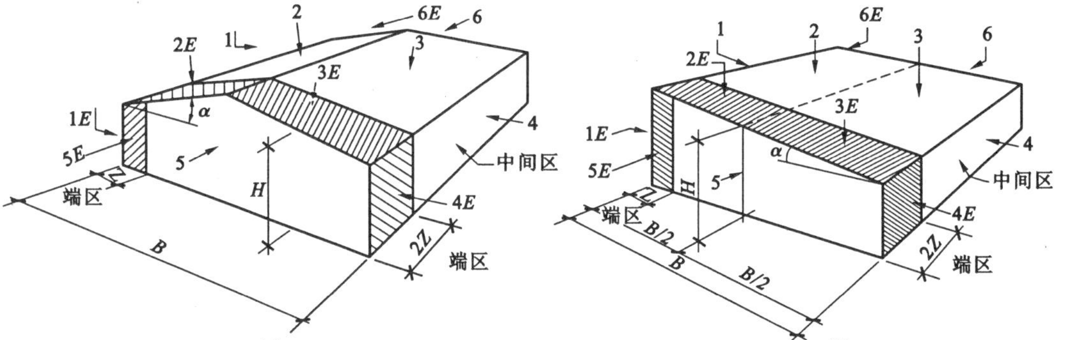

(a)　　　　　　　　　　　　　　　　　　　　(b)

图 9.4　刚架的风荷载体型系数分区

(a) 双坡刚架；(b) 单坡刚架

α—屋面与水平面的夹角；B—建筑宽度；H—屋顶至地面的平均高度，可近似取檐口高度；

Z—计算围护结构构件时的房屋边缘带宽度，取建筑最小水平尺寸的 10%或 0.4H 中的较小值，

但不得小于建筑最小水平尺寸的 4%或 1m，房屋端区宽度取 Z(横向)和 2Z(纵向)

9.2.5　内力计算

变截面门式刚架应采用弹性分析方法确定内力，仅在构件全部为等截面时才允许采用塑性分析方法(塑性设计见《设计规范》)。计算时宜取单榀刚架按平面结构进行分析，可采用有限元法(直接刚度法)计算。计算时宜将构件分为若干段，每段可视为等截面，也可采用楔形单元。计算可采用计算机，且有专门软件可资利用。单跨门式刚架也可按结构力学方法或查阅计算手册中的公式计算。

9.2.6　控制截面

图 9.5 所示为一单跨门式刚架通常在承受屋面均布垂直荷载(恒荷载 g_1＋活荷载 q)、墙面恒荷载 g_2 和风荷载 w 时的内力(M、V、N)组合图。由图可见，刚架横梁两端支座处一般是最大负弯矩(M_{min})及最大剪力(V_{max})作用的截面(但在风荷载很大时也可能产生正弯矩)，而跨中央处则是最大正弯矩(M_{max})作用的截面(在风荷载很大时也可能产生负弯矩)，轴心力 N 则沿横梁全长差别不大。因此，刚架横梁应取其两端支座和中央截面作为控制截面。

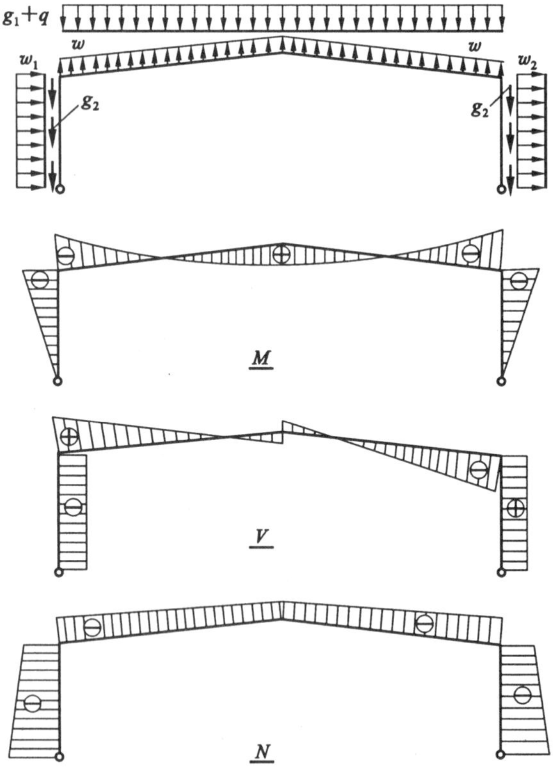

图 9.5　门式刚架内力图

柱脚铰接的刚架柱，柱顶处弯矩一般最大，柱脚刚接的则可能柱底处最大，而轴心压力则是柱底处最大，剪力则差别不大。因此刚架柱应取柱顶和柱底作为控制截面。当设置吊车时，还应选择变阶处截面。

9.2.7 内力组合

内力组合应取控制截面处的最不利内力组合。一般应计算以下几种情况：① M_{max}及相应的N、V；② M_{min}及相应的N、V；③ V_{max}及相应的M、N；④ N_{max}及相应的M、V；⑤ N_{min}及相应的M、V。

9.2.8 荷载效应组合

计算内力最不利组合时，荷载组合应按下列原则：屋面均布活荷载不与雪荷载同时考虑，应取两者中的较大值；积灰荷载应与雪荷载或屋面均布活荷载中的较大值同时考虑；当以风荷载为主时，不应考虑与风荷载效应符号相反的其他可变荷载效应；同样，当以其他可变荷载效应为主时，则与其符号相反的风荷载效应亦不应考虑；多台吊车的组合应按《荷载规范》的规定；风荷载不与地震作用同时考虑。

门式刚架的荷载效应组合在采用基本组合时，一般可采用由可变荷载效应控制的简化式，即按式(3.9)进行计算。式(3.9)在此处可改写为下面几种形式：

1.2×恒荷载效应标准值＋1.4×屋面活荷载（或雪荷载）效应标准值；

或 1.2×恒荷载效应标准值＋1.4×风荷载（或吊车荷载或积灰荷载）效应标准值；

1.2×恒荷载效应标准值＋0.9×1.4×（屋面活荷载＋风荷载）效应标准值；

1.2×恒荷载效应标准值＋0.9×1.4×（屋面活荷载＋吊车荷载）效应标准值；

1.2×恒荷载效应标准值＋0.9×1.4×（风荷载＋吊车荷载）效应标准值；

1.2×恒荷载效应标准值＋0.9×1.4×（屋面活荷载＋风荷载＋吊车荷载）效应标准值。

在通常情况，竖向荷载是设计控制荷载。但当风荷载较大或房屋较高时则风荷载有可能起控制作用。地震作用在（轻钢）门式刚架中一般不起控制作用。吊车荷载应按垂直和水平两方向考虑。

9.2.9 截面选择

门式刚架一般采取预选梁、柱截面，然后进行验算。

门式刚架的截面形式一般采用工字形。横梁截面高度可取跨度的1/40～1/30。柱顶部截面高度可与梁端部截面的相同。采用变截面时，截面按与弯矩成正比改变。

与轴心受压构件和受弯构件一样，门式刚架工字形截面构件受压翼缘自由外伸宽度b_1与其厚度之比也应满足：

$$\frac{b_1}{t} \leqslant 15\sqrt{\frac{235}{f_y}} \tag{9.2}$$

由于可考虑腹板屈曲后强度，以取得经济效益，故工字形截面梁、柱构件腹板的计算高度h_0与其厚度t_w之比，可以同受弯构件腹板考虑屈曲后强度时的一样，即可加大为：

$$\frac{h_0}{t_w} \leqslant 250\sqrt{\frac{235}{f_y}} \tag{9.3}$$

门式刚架的受压构件和受拉构件的长细比不宜大于表9.2和表9.3中规定的限值。

表 9.2　受压构件的长细比限值

构　件　类　别	长细比限值
主要构件	180
其他构件，支撑和隅撑	220

表 9.3　受拉构件的长细比限值

构　件　类　别	承受静力荷载或间接承受动力荷载的结构	直接承受动力荷载的结构
桁架构件	350	250
吊车梁或吊车桁架以下的柱间支撑	300	—
其他支撑(张紧的圆钢或钢绞线支撑除外)	400	—

注：(1) 对承受静力荷载的结构，可仅计算受拉构件在竖向平面内的长细比；
(2) 对直接或间接承受动力荷载的结构，计算单角钢受拉构件的长细比时，应采用角钢的最小回转半径；在计算单角钢交叉受拉杆件平面外长细比时，应采用与角钢肢边平行轴的回转半径；
(3) 在永久荷载与风荷载组合作用下受压的构件，其长细比不宜大于 250。

9.2.10　截面计算

9.2.10.1　强度计算

工字形截面门式刚架，当腹板高度变化不超过 60mm/m 时，可按考虑腹板屈曲后强度进行计算。其计算特点类似于考虑腹板屈曲后强度时梁的计算方法。

(1) 在剪力 V 和弯矩 M 共同作用下的工字形截面受弯构件：

当 $V \leqslant 0.5V_d$ 时

$$M \leqslant M_e \tag{9.4a}$$

当 $0.5V_d < V \leqslant V_d$ 时

$$M \leqslant M_f + (M_e - M_f)\left[1 - \left(\frac{V}{0.5V_d} - 1\right)^2\right] \tag{9.4b}$$

(2) 在剪力 V、弯矩 M 和轴心压力 N 共同作用下的工字形截面压弯构件：

当 $V \leqslant 0.5V_d$ 时

$$M \leqslant M_e^N = M_e - \frac{NW_e}{A_e} \tag{9.5a}$$

当 $0.5V_d < V \leqslant V_d$ 时

$$M \leqslant M_f^N + (M_e^N - M_f^N)\left[1 - \left(\frac{V}{0.5V_d} - 1\right)^2\right] \tag{9.5b}$$

式(9.4)、式(9.5)中：

M_f——两翼缘所承担的弯矩设计值，当截面为双轴对称时 $M_f = A_f(h_w + t)f$；

A_f——一个翼缘的截面面积；

h_w——腹板高度，对楔形腹板取板幅平均高度；

M_f^N——兼受压力 N 时两翼缘所能承受的弯矩设计值，$M_f^N = A_f(h_w + t)(f - N/A)$；

V_d——腹板屈曲后的抗剪承载力设计值，按下列公式计算：

当 $\lambda_w \leqslant 0.8$ 时

$$V_d = h_w t_w f_v \tag{9.6a}$$

当 $0.8 < \lambda_w < 1.4$ 时

$$V_d = h_w t_w [1 - 0.64(\lambda_w - 0.8)] f_v \tag{9.6b}$$

当 $\lambda_w \geqslant 1.4$ 时

$$V_d = h_w t_w (1 - 0.275\lambda_w) f_v \tag{9.6c}$$

f_v——钢材抗剪强度设计值：

λ_w——用于腹板受剪计算时的参数(通用高厚比)，按下列公式计算：

当 $a/h_w < 1$ 时

$$\lambda_w = \frac{h_w/t_w}{37\sqrt{4 + 5.34(h_w/a)^2}}\sqrt{\frac{f_y}{235}} \tag{9.7a}$$

当 $a/h_w \geqslant 1$ 时

$$\lambda_w = \frac{h_w/t_w}{37\sqrt{5.34 + 4(h_w/a)^2}}\sqrt{\frac{f_y}{235}} \tag{9.7b}$$

a——横向加劲肋间距；

M_e——腹板屈曲后按构件有效截面计算的抗弯承载力设计值，$M_e = W_e f$；

A_e、W_e——构件有效截面面积和有效截面最大受压纤维的截面模量。

A_e、W_e 应取腹板屈曲后构件的有效截面进行计算，即翼缘取全部截面，腹板则取其有效高度截面(图 9.6)。腹板有效高度 h_e 应按下列公式计算：

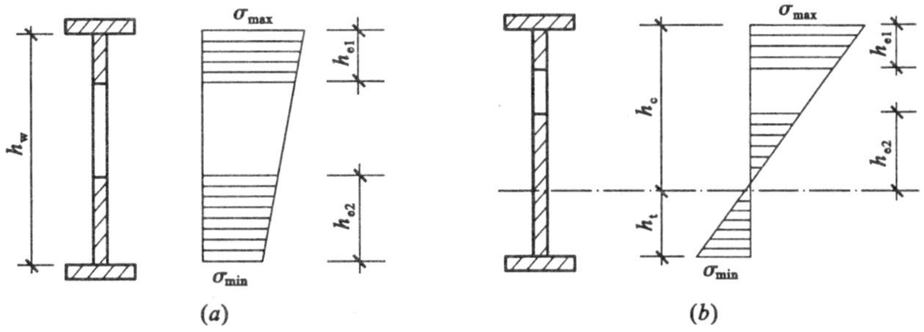

图 9.6 构件有效截面和腹板有效高度的分布

(a) 截面全部受压时；(b) 截面部分受拉时

当截面全部受压时(图 9.6(a))

$$h_e = \rho h_w \tag{9.8a}$$

当截面部分受拉时(图 9.6(b))

$$h_e = h_t + \rho h_c \tag{9.8b}$$

式中 h_t、h_c——腹板受拉区和受压区高度。

腹板屈曲区一般较靠近最大压应力 σ_{max} 一侧翼缘，故有效高度的分布应按下列公式计算：

当 $0 < \beta \leqslant 1$ 时(截面全部受压)

$$h_{e1} = \frac{2h_e}{5 - \beta} \tag{9.9a}$$

$$h_{e2} = h_e - h_{e1} \tag{9.9b}$$

当 $-1 \leqslant \beta < 0$ 时(截面部分受拉)

$$h_{e1} = 0.4h_e \tag{9.10a}$$

$$h_{e2} = 0.6h_e \tag{9.10b}$$

式中 β——腹板两边缘正应力比值，$-1 \leqslant \beta \leqslant 1$。$\beta = \sigma_{min}/\sigma_{max}$，$\sigma_{max}$ 为腹板计算高度边缘的最大压

应力，σ_{min}为腹板计算高度另一边缘相应的应力。压应力取正值，拉应力取负值。

式(9.8)中的ρ为腹板受压区有效高度系数，应按下列公式计算：

当$\lambda_p \leqslant 0.8$时

$$\rho = 1 \tag{9.11a}$$

当$0.8 < \lambda_p \leqslant 1.2$时

$$\rho = 1 - 0.9(\lambda_p - 0.8) \tag{9.11b}$$

当$\lambda_p > 1.2$时

$$\rho = 0.64 - 0.24(\lambda_p - 1.2) \tag{9.11c}$$

式中　λ_p——用于腹板受弯、受压计算时的参数(通用高厚比)，按下列公式计算

$$\lambda_p = \frac{h_w/t_w}{28.1\sqrt{k_\sigma}}\sqrt{\frac{f_y}{235}} \tag{9.12a}$$

$$k_\sigma = \frac{16}{\sqrt{(1+\beta)^2 + 0.112(1-\beta)^2} + (1+\beta)} \tag{9.12b}$$

当最大压应力$\sigma_{max} < f$时，式(9.12a)中的f_y可用实际的$\gamma_R\sigma_{max}$代替，γ_R为抗力分项系数，可不分钢种，取$\gamma_R = 1.1$。

(3) 变截面柱下端铰接时，还应验算柱端的受剪承载力。当不满足要求时，应对该处腹板进行加强。

9.2.10.2　整体稳定计算

(1) 斜梁整体稳定计算和隅撑设置

斜梁在刚架平面内可只按压弯构件计算强度，在平面外则应按压弯构件计算整体稳定。平面外的计算长度应取侧向支承点间的距离；当斜梁两翼缘侧向支承点间的距离不等时，则应取最大受压翼缘侧向支承点间的距离。

为了保证斜梁在刚架平面外的稳定，通常在下翼缘受压区两侧设置隅撑，作为斜梁的侧向支承(图 9.7)。当其间距小于斜梁受压翼缘宽度的 $16\sqrt{235/f_y}$倍时，可不需计算斜梁平面外整体稳定。

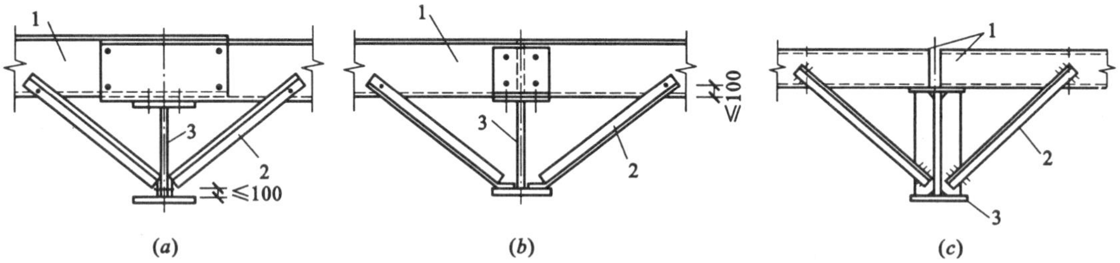

图 9.7　隅撑

1—檩条(或墙梁)；2—隅撑；3—斜梁(或柱)

隅撑宜用单角钢，并按轴心受压构件设计。轴心力可按下式计算

$$N = \frac{Af}{60\cos\theta}\sqrt{\frac{f_y}{235}} \tag{9.13}$$

式中　A——斜梁被支撑翼缘的截面面积；

θ——隅撑与檩条轴线的夹角(不宜大于45°)。

当隅撑成对布置时，每根隅撑的轴心压力可取上式计算值的一半。

隅撑通常采用单个螺栓连接在斜梁腹板或翼缘上(图 9.7(a)、(b))。若腹板上配置有横向加劲肋时,也可焊在加劲肋上(图 9.7(c))。隅撑另一端连在檩条上(加劲肋布置位置应与檩条对齐)。

另外,在斜梁下翼缘与刚架柱的交接处,压应力一般最大,故是刚架的关键部位。为防止失稳,应在檐口位置,在斜梁与柱内翼缘交接点附近的檩条和墙梁处应各设置一道隅撑(墙梁处隅撑一端连于墙梁,另一端连于柱内翼缘,参见图 9.7)。

(2) 刚架柱整体稳定计算

不论等截面柱还是变截面柱,其整体稳定计算方法是相同的,只是在公式形式上变截面柱因截面有变化而较繁,故现以其为例叙述。等截面柱只需将公式稍作简化,同样适用。

1) 变截面柱在刚架平面内的稳定计算

刚架柱应按压弯构件计算整体稳定。变截面柱在刚架平面内的稳定应按下式计算

$$\frac{N_0}{\varphi_{x\gamma}A_{e0}}+\frac{\beta_{mx}M_1}{W_{e1}\left(1-\dfrac{N_0}{N'_{Ex0}}\varphi_{x\gamma}\right)}\leqslant f \tag{9.14}$$

式中 N'_{Ex0}——参数,$N'_{Ex0}=\pi^2 EA_{e0}/(1.1\lambda_x^2)$,计算 λ_x 时,取小头的回转半径 i_{x0};

A_{e0}——小头的有效截面面积;

N_0——小头的轴心压力设计值;

M_1、W_{e1}——大头的弯矩设计值和大头有效截面最大受压纤维的截面模量,当柱的最大弯矩不出现在大头时,M_1 和 W_{e1} 取最大弯矩和该弯矩所在截面的有效截面模量;

β_{mx}——等效弯矩系数,对有侧移刚架柱 $\beta_{mx}=1.0$;

$\varphi_{x\gamma}$——弯矩作用平面内的轴心受压构件稳定系数,根据 $\lambda_{x0}=l_{0x}/i_{x0}$ 由附表 1 查得,楔形柱对 x 轴的计算长度应按 $l_{0x}=\mu_{\gamma x}l$ 计算,式中 l 为柱高,$\mu_{\gamma x}$ 为对 x 轴的计算长度系数,按下列方法计算:

① 一阶分析法

对截面高度呈线性变化的楔形柱,$\mu_{\gamma x}$ 可通过一阶分析得出柱顶水平荷载 H 作用下的水平位移 u(计算方法见后述),求出刚架侧移刚度 $K=H/u$ 进行计算。

对单跨对称刚架(图 9.8(a)):

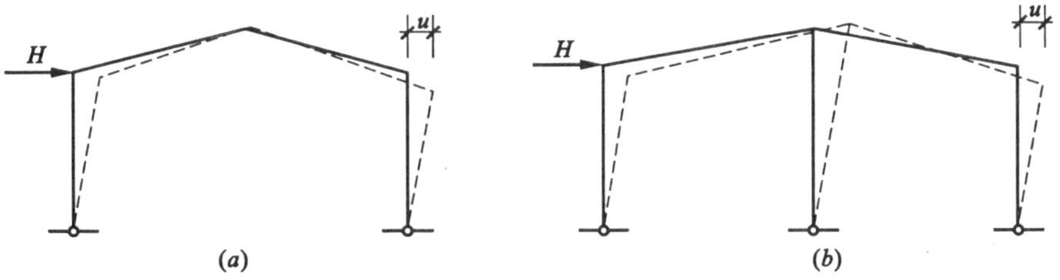

图 9.8 一阶分析时的柱顶侧移

(a) 单跨对称刚架;(b) 多跨刚架

当柱脚铰接时

$$\mu_{\gamma x}=4.14\sqrt{\frac{EI_{c0}}{Kl^3}} \tag{9.15a}$$

当柱脚刚接时

$$\mu_{\gamma x}=5.85\sqrt{\frac{EI_{c0}}{Kl^3}} \tag{9.15b}$$

式中　I_{c0}——柱小头截面惯性矩。

对中间柱为摇摆柱且屋面坡度不大于 1∶5 的多跨对称刚架(图 9.8(*b*)),可取摇摆柱的 $\mu_{\gamma x}=1.0$。边柱的 $\mu_{\gamma x}$ 则按式(9.15)计算的值乘以按下式计算的放大系数

$$\eta' = \sqrt{1+\frac{\sum(P_{li}/l_{li})}{1.2\sum(P_{fi}/l_{fi})}} \tag{9.16}$$

式中　l_{li}、l_{fi}——摇摆柱和边柱的高度;

P_{li}、P_{fi}——摇摆柱和边柱承受的荷载。

对中间柱为非摇摆柱的多跨刚架,各个柱的 $\mu_{\gamma x}$ 均可按下面公式计算:

当柱脚铰接时

$$\mu_{\gamma x} = 0.85\sqrt{\frac{1.2P'_{E0i}}{KP_i}\sum\frac{P_i}{l_i}} \tag{9.17a}$$

当柱脚刚接时

$$\mu_{\gamma x} = 1.2\sqrt{\frac{1.2P'_{E0i}}{KP_i}\sum\frac{P_i}{l_i}} \tag{9.17b}$$

式中　P'_{E0i}——参数,$P'_{E0i}=\pi^2EI_{0i}/l_i^2$;

l_i、P_i、I_{0i}——第 i 根柱的高度、轴心压力和小头的惯性矩。

② 二阶分析法

当采用计入竖向荷载-侧移效应(即 P-u 效应)的二阶分析程序计算内力时,计算长度系数 μ_γ 可按下列公式计算

$$\mu_\gamma = 1-0.375\gamma+0.08\gamma^2(1-0.0775\gamma) \tag{9.18}$$

式中　γ——构件的楔率,$\gamma=(h_1/h_0)-1$,且不大于 $0.268l/h_0$ 及 6.0,h_0、h_1 为构件小头和大头的截面高度,l 为构件长度(图 9.9)。

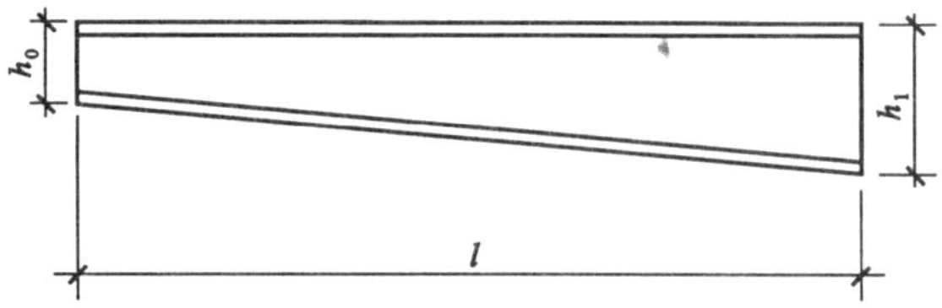

图 9.9　变截面构件的楔率

③ 对柱脚铰接楔形柱的 $\mu_{\gamma x}$ 还可查《门式刚架规程》中的表进行确定。

2) 变截面柱在刚架平面外的稳定计算

$$\frac{N_0}{\varphi_y A_{e0}}+\frac{\beta_t M_1}{\varphi_{b\gamma}W_{e1}} \leqslant f \tag{9.19}$$

式中　N_0——所计算构件段小头的轴心压力设计值;

M_1——所计算构件段大头的弯矩设计值;

β_t——等效弯矩系数,按下列公式计算:

对一端弯矩为 0 的区段

$$\beta_t = 1-N_0/N'_{Ex0}+0.75(N/N'_{Ex0})^2 \tag{9.20a}$$

对两端弯曲应力基本相等的区段

$$\beta_t = 1.0 \tag{9.20b}$$

φ_y——弯矩作用平面外的轴心受压构件稳定系数,由附表 1 查得,计算 λ_{y0} 时取小头的回转

半径 i_{y0}；计算长度取纵向柱间支撑点间的距离，若各段线刚度差别较大，确定计算长度时可考虑各段间的相互约束；

$\varphi_{b\gamma}$——均匀弯曲的楔形受弯构件的整体稳定系数，对双轴对称的工字形截面构件应按下式计算

$$\varphi_{b\gamma} = \frac{4320}{\lambda_{y0}^2} \cdot \frac{A_0 h_0}{W_{x0}} \sqrt{\left(\frac{\mu_{\gamma y}}{\mu_{\gamma z}}\right)^4 + \left(\frac{\lambda_{y0} t_0}{4.4 h_0}\right)^2} \cdot \frac{235}{f_y} \tag{9.21}$$

λ_{y0}——构件段对 y 轴的长细比，$\lambda_{y0} = \mu_{\gamma y} l_1 / i_{y0}$；

$\mu_{\gamma y}$——楔形构件对 y 轴的计算长度系数，

$$\mu_{\gamma y} = 1 + 0.023\gamma \sqrt{l_1 h_0 / A_f} \tag{9.22}$$

$\mu_{\gamma z}$——楔形构件对 z 轴(构件纵轴)的计算长度系数，

$$\mu_{\gamma z} = 1 + 0.00385\gamma \sqrt{l_1 / i_{y0}} \tag{9.23}$$

l_1——所计算构件段的长度(侧向支承点间的距离)；

i_{y0}——所计算构件段小头截面对 y 轴的回转半径；

A_f——受压翼缘截面面积；

A_0、W_{x0}、t_0——所计算构件段小头的截面面积、截面模量和受压翼缘厚度。

当按式(9.21)算得的 $\varphi_{b\gamma}$ 大于 0.6 时，应按式(5.21)计算相应的 $\varphi'_{b\gamma}$ 代替 $\varphi_{b\gamma}$ 代入式(9.19)计算。

刚架柱在平面外的稳定亦可通过设置若干隅撑来保证，它对高度较大的柱尤其必要，这样在计算时可缩短构件段的长度。隅撑一端连于柱内受压翼缘，另一端连于墙梁。柱隅撑的构造和计算同横梁隅撑(图 9.7)。

9.2.11 横向加劲肋的设置和计算

考虑腹板屈曲后强度的梁，当其 $\lambda_w \leqslant 0.8$(此时腹板不会屈曲)或强度计算满足式(9.4)或式(9.5)，即符合受力要求时，可只从构造上在与中柱连接处、较大集中荷载作用处和翼缘转折处设置横向加劲肋。

若强度不满足式(9.4)或式(9.5)的要求时，则应按计算需要增设横向加劲肋。加劲肋的间距宜取$(1\sim2)h_w$。若考虑隅撑连在加劲肋上，则采用的间距宜与檩条间距匹配。

加劲肋应按第 5.7 节所述方法，取十字形截面按轴心受压构件计算其在腹板平面外的稳定性。计算时除需考虑其所承受的集中荷载和翼缘转折产生的压力外，还需考虑由腹板屈曲的张力场所产生的压力，即

$$N_s = V - 0.9 h_w t_w \tau_{cr} \tag{9.24}$$

式中 τ_{cr}——临界剪应力，按下面公式计算：

当 $0.8 < \lambda_w \leqslant 1.25$ 时

$$\tau_{cr} = [1 - 0.8(\lambda_w - 0.8)] f_v \tag{9.25a}$$

当 $\lambda_w > 1.25$ 时

$$\tau_{cr} = f_v / \lambda_w^2 \tag{9.25b}$$

λ_w 按式(9.7)计算。

当斜梁上翼缘承受集中荷载处不设横向加劲肋时，除应按式(5.9)验算腹板上边缘在正应力、剪应力和局部压应力共同作用下的折算应力外，尚应验算腹板在集中荷载作用下不能产生屈皱，即

还需满足下式要求：

$$F \leqslant 15\alpha_m t_w^2 f \sqrt{\frac{t_f}{t_w} \cdot \frac{235}{f_y}} \tag{9.26}$$

式中 F——上翼缘所受的集中荷载；

t_f、t_w——斜梁翼缘和腹板的厚度；

α_m——参数，在斜梁正弯矩区 $\alpha_m = 1.5 - M/W_e f \leqslant 1.0$，在斜梁负弯矩区取为 1.0；

M——集中荷载作用处的弯矩；

W_e——有效截面最大受压纤维的截面模量。

9.2.12 变截面门式刚架侧移计算

变截面门式刚架的柱顶侧移应采用弹性分析方法确定。

(1) 当单跨变截面刚架斜梁上翼缘坡度不大于 1∶5 时，在柱顶水平力作用下的刚架侧移 u，可按下列公式估算：

柱脚铰接刚架

$$u = \frac{Hh^3}{12EI_c}(2 + \xi_t) \tag{9.27a}$$

柱脚刚接刚架

$$u = \frac{Hh^3}{12EI_c} \cdot \frac{3 + 2\xi_t}{6 + \xi_t} \tag{9.27b}$$

式中 ξ_t——刚架柱与刚架梁的线刚度比值：

$$\xi_t = \frac{I_c L}{I_b h} \tag{9.28}$$

h、L——刚架柱高度和刚架跨度，当坡度大于 1∶10 时，L 应取横梁沿坡折线总长度 $2s$（图 9.10）；

I_c、I_b——柱和横梁的平均惯性矩，按下列公式计算：

对楔形构件 $I_c = (I_{c0} + I_{c1})/2$

对双楔形横梁 $I_b = [I_{b0} + \beta I_{b1} + (1 - \beta) I_{b2}]/2$

I_{c0}、I_{c1}——柱小头和大头的惯性矩；

I_{b0}、I_{b1}、I_{b2}——楔形横梁最小截面、檐口和跨中截面的惯性矩；

β——楔形横梁的长度比值（图 9.10）；

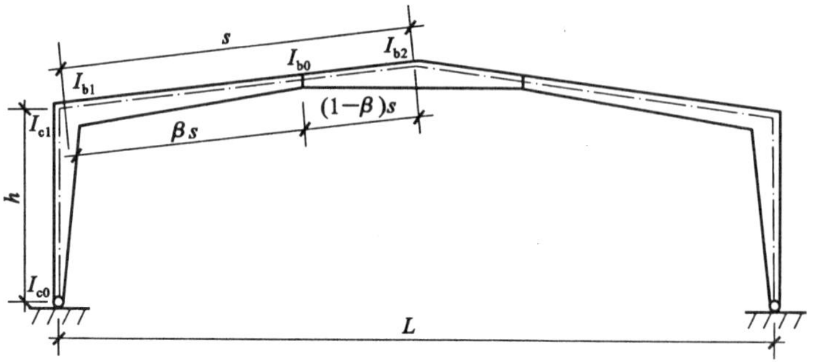

图 9.10 变截面门式刚架的几何尺寸

H——刚架柱顶等效水平力：

① 对沿柱高均布的水平风荷载(图 9.11)可取为：

对柱脚铰接刚架 $H = 0.67w$

对柱脚刚接刚架 $H = 0.45w$

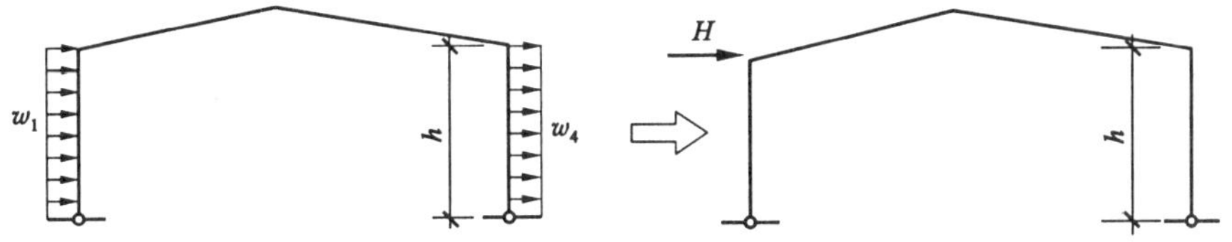

图 9.11 刚架在均布风荷载作用下柱顶的等效水平力

$w=(w_1+w_4)h$，为均布风荷载的总值，w_1、w_4 为刚架两侧沿柱高均布的水平风荷载(kN/m)，按式(9.1)计算。

② 对吊车水平荷载(图 9.12)可取为：

对柱脚铰接刚架 $H = 1.15\eta P_c$

对柱脚刚接刚架 $H = \eta P_c$

P_c 为吊车水平荷载，η 为吊车水平荷载 P_c 作用高度与柱高度之比。

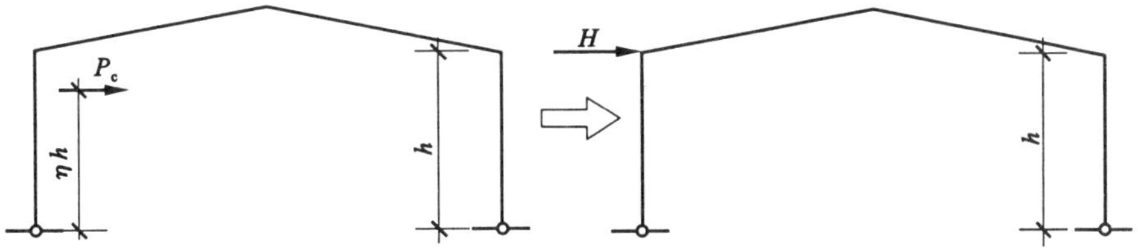

图 9.12 刚架在吊车水平荷载作用下柱顶的等效水平力

(2) 对中间柱为摇摆柱的两跨或多跨刚架，柱顶侧移也可采用式(9.27)计算，但式中的 ξ_t 在用式(9.28)计算时，应以双坡斜梁全长 $2s$ 代替其中的 L，s 为单坡面长度(图 9.13)。

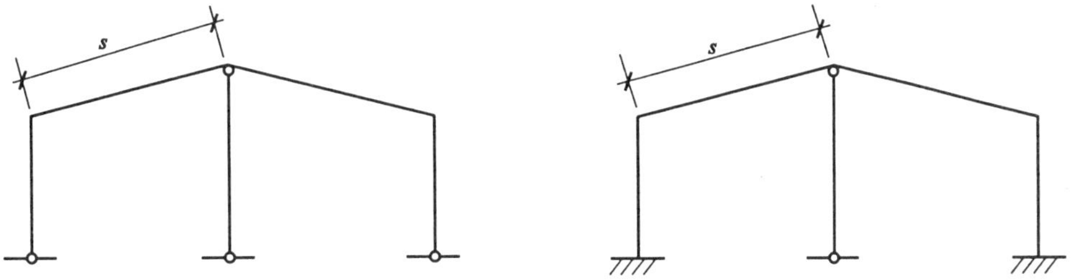

图 9.13 有摇摆柱的两跨刚架

(3) 对中间柱与横梁刚性连接的多跨刚架，可将其视为多个单跨刚架的组合体(每个中间柱分为两半，惯性矩各为 $I/2$)，按下面公式计算整个刚架在柱顶水平力作用下的侧移。

$$u = \frac{H}{\sum K_i} \tag{9.29}$$

$$K_i = \frac{12EI_{ei}}{h_i^3(2+\xi_{ti})} \tag{9.30}$$

$$\xi_{ti} = \frac{I_{ei}l_i}{I_{bi}h_i} \tag{9.31}$$

$$I_{ei} = \frac{I_l + I_r}{4} + \frac{I_l I_r}{I_l + I_r} \tag{9.32}$$

式中　$\sum K_i$ ——柱脚铰接时各单跨刚架侧向刚度之和；

h_i——所计算跨两柱的平均高度；

l_i——与所计算柱相连接的单跨刚架梁的长度；

I_{ei}——两柱惯性矩不相同时的等效惯性矩；

I_l、I_r——左、右两柱的惯性矩(图 9.14)；

I_{bi}——与所计算柱相连接的单跨刚架梁的惯性矩；

ξ_{ti}——所计算柱与相连接的单跨刚架梁的线刚度比值。

图 9.14　左、右两柱的惯性矩

单层(轻钢)门式刚架柱顶位移计算值的限值和受弯构件的挠度与跨度比限值按表 9.4 和表 9.5 选用。

表 9.4　刚架柱顶位移计算值的限值

吊 车 情 况	其 他 情 况	柱顶位移限值
无 吊 车	当采用轻型钢墙板时 当采用砌体墙时	$h/60$ $h/240$
有桥式吊车	当吊车有驾驶室时 当吊车由地面操作时	$h/400$ $h/180$

注：表中 h 为刚架柱高度。

表 9.5　受弯构件的挠度与跨度比限值

	构　件　类　别	构 件 挠 度 限 值
竖向挠度	门式刚架斜梁 　仅支承压型钢板屋面和冷弯型钢檩条 　尚有吊顶 　有悬挂起重机	 $L/180$ $L/240$ $L/400$
	檩条 　仅支承压型钢板屋面 　尚有吊顶	 $L/150$ $L/240$
	压型钢板屋面板	$L/150$
水平挠度	墙板	$L/100$
	墙梁 　仅支承压型钢板墙 　支承砌体墙	 $L/100$ $L/180$ 且≤50mm

注：(1) 表中 L 对单坡房屋为斜梁跨度，对双坡房屋为一个坡面斜梁的长度；

(2) 对悬臂梁，按悬伸长度的 2 倍计算受弯构件的跨度；

(3) 排架结构斜梁挠度不宜采用本表规定。

9.2.13　节点设计

刚架节点主要为斜梁端部与柱的连接节点和斜梁自身的拼接节点，一般均采用在构件端部焊一端板(翼缘与端板应采用全焊透对接焊缝，腹板与端板可采用角焊缝)，然后再用高强度螺栓互相连接(图 9.15)。

斜梁拼接的端板宜与构件外边缘垂直(图 9.15(a))。端部节点的端板则竖放、横放、斜放均可(图9.15(b)、(c)、(d))。

节点均应按所受最大内力设计。当内力较小时，应按能够承受不小于较小被连接截面承载力的一半设计。

主刚架构件的高强度螺栓连接，采用摩擦型连接或承压型连接均可。当为端板连接且只受轴

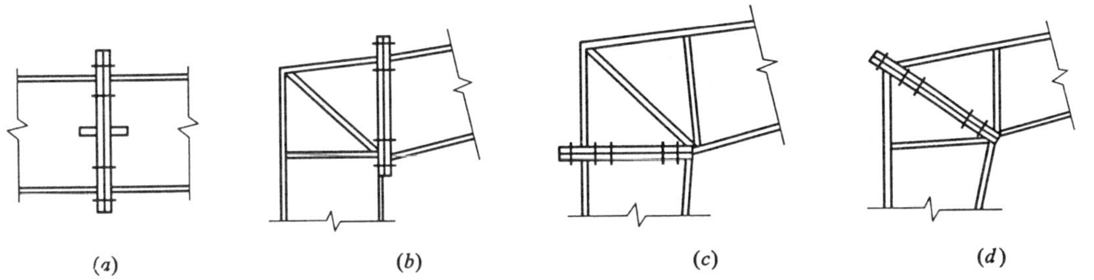

图 9.15 斜梁的拼接和与柱的连接节点

(a) 斜梁拼接;(b) 端板竖放;(c) 端板横放;(d) 端板斜放

向力和弯矩,或剪力小于其抗滑移承载力(抗滑移系数按 $\mu=0.3$)时,端板表面可不用专门处理。

端板连接的螺栓应成对对称布置。在斜梁的拼接处,应采用将端板两端伸出截面以外的外伸式连接(图 9.15(*a*))。在斜梁与柱连接处的受拉区,宜采用端板外伸式连接(图 9.15(*b*)、(*c*)、(*d*)),且宜使翼缘螺栓群的中心与翼缘的中心重合或接近。

对同时受拉和受剪的螺栓,应按拉剪螺栓设计。

高强度螺栓通常采用 M16~M24。布置螺栓时,应满足拧紧螺栓时的施工要求,即螺栓中心至翼缘和腹板表面的距离均不宜小于 65mm(扭剪型用电动扳手)、60mm(大六角头型用电动扳手)、45mm(采用手工扳手)。螺栓端距不应小于 $2d_0$,d_0 为螺栓孔径。另外,受压翼缘的螺栓不宜少于两排。当受拉翼缘两侧各设一排螺栓尚不能满足承载力要求时,可在翼缘内侧增设螺栓(图 9.15(*b*)),其间距可取 75mm,且不小于 $3d_0$。若端板上两对螺栓的最大距离大于 400mm 时,还应在端板的中部增设一对螺栓。

端板的厚度可根据其支承条件(图 9.16)按下列公式计算,并取其最大值,但不应小于 16mm。与斜梁端板连接的柱翼缘部分,应与端板等厚度(图 9.15(*b*))。

(1) 伸臂类端板

$$t \geqslant \sqrt{\frac{6e_f N_t}{bf}} \tag{9.33}$$

(2) 无加劲肋类端板

$$t \geqslant \sqrt{\frac{3e_w N_t}{(0.5a+e_w)f}} \tag{9.34}$$

(3) 两边支承类端板

当端板外伸时

$$t \geqslant \sqrt{\frac{6e_f e_w N_t}{[e_w b+2e_f(e_f+e_w)]f}} \tag{9.35a}$$

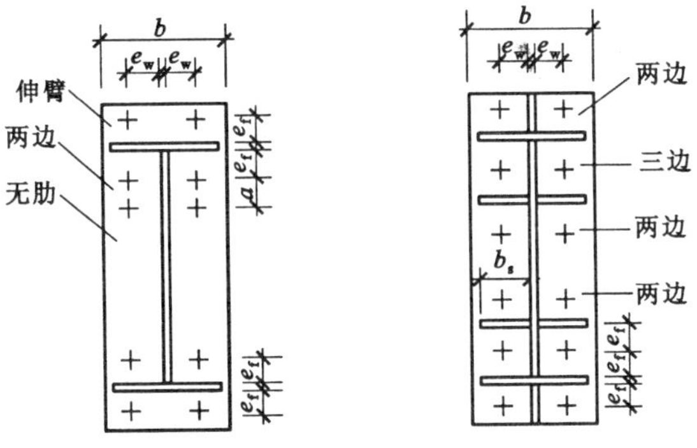

图 9.16 端板的支承条件

当端板平齐时

$$t \geqslant \sqrt{\frac{12e_f e_w N_t}{[e_w b+4e_f(e_f+e_w)]f}} \tag{9.35b}$$

端板外伸指端板外缘超出构件(或加劲肋)的宽度,端板平齐时则是等宽。前者可视为固定边,而后者则只能视为简支边。故计算得的 t 值较大。

(4) 三边支承类端板

$$t \geqslant \sqrt{\frac{6e_f e_w N_t}{[e_w(b+2b_s)+4e_f^2]f}} \tag{9.36}$$

式中　N_t——单个高强度螺栓的受拉承载力设计值；

e_w、e_f——螺栓中心至腹板和翼缘表面的距离；

b、b_s——端板和加劲肋的宽度；

a——螺栓的间距。

在斜梁与柱相交的节点域，应按下式验算柱腹板的剪应力。若不满足，应加厚腹板或在其上设置斜加劲肋（图 9.15(*b*)）。

$$\tau=\frac{M}{d_b d_c t_c}\leqslant f_v \tag{9.37}$$

式中　M——节点承受的弯矩，对多跨刚架中间柱处，应取两侧斜梁端弯矩的代数和或柱端弯矩；

d_b——斜梁端部高度或节点域高度；

d_c、t_c——节点域柱腹板的宽度和厚度。

同时，在端板设置螺栓处，还应按下式验算构件腹板的强度。若不满足，亦应加厚腹板或设置加劲肋。

当 $N_{t2}\leqslant 0.4P$ 时

$$\frac{0.4P}{e_w t_w}\leqslant f \tag{9.38a}$$

当 $N_{t2}>0.4P$ 时

$$\frac{N_{t2}}{e_w t_w}\leqslant f \tag{9.38b}$$

式中　N_{t2}——翼缘内第二排一个螺栓的轴向拉力设计值；

P——高强度螺栓的预拉力；

e_w——螺栓中心至腹板表面的距离；

t_w——腹板厚度。

9.2.14　柱脚

柱脚一般宜采用平板式铰接柱脚（图 9.17(*a*)、(*b*)）。当设有桥式吊车时，宜采用刚接柱脚（图 9.17(*c*)、(*d*)）。变截面柱下端的宽度不宜小于 200mm。

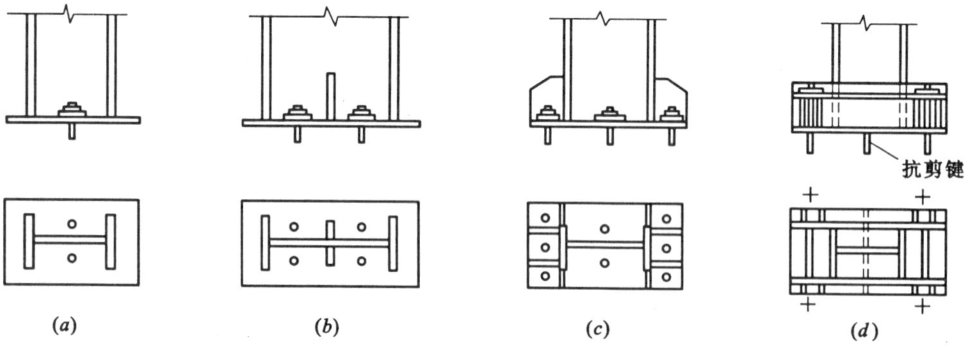

图 9.17　柱脚

柱脚的剪力不宜由柱脚锚栓承受，而应由底板与基础间的摩擦力（摩擦系数可取 0.4）传递，超过时则应设置抗剪键（图 9.17(*d*)）。锚栓的直径不宜小于 24mm，且应采用双螺帽。受拉锚栓应进行计算，除其直径应满足强度要求外，埋设深度应满足抗拔计算。

9.3 门式刚架设计实例

【例 9.1】 根据下列资料设计一(轻钢)门式刚架。

(1) 设计资料

武汉地区某轻工业车间，拟采用单跨双坡门式刚架，跨度 18m，柱高 7.5m，柱距 6m，车间总长 90m。屋面和墙面材料均采用长尺 EPS 夹心板。屋面板板厚 100mm、彩涂面板厚 0.6mm(型号 JxB45-500-1000，见表 7.1)。墙板板厚 80mm，面板厚 0.5mm。

(2) 门式刚架形式和几何尺寸

根据所用屋面材料，采用屋面坡度 $i=1:10(\alpha=5.71°)$。由于刚架跨度不太大，故梁、柱截面均采用等截面焊接工字形。檩条和墙梁则采用镀锌冷弯薄壁卷边 C 型钢(图 9.18)。

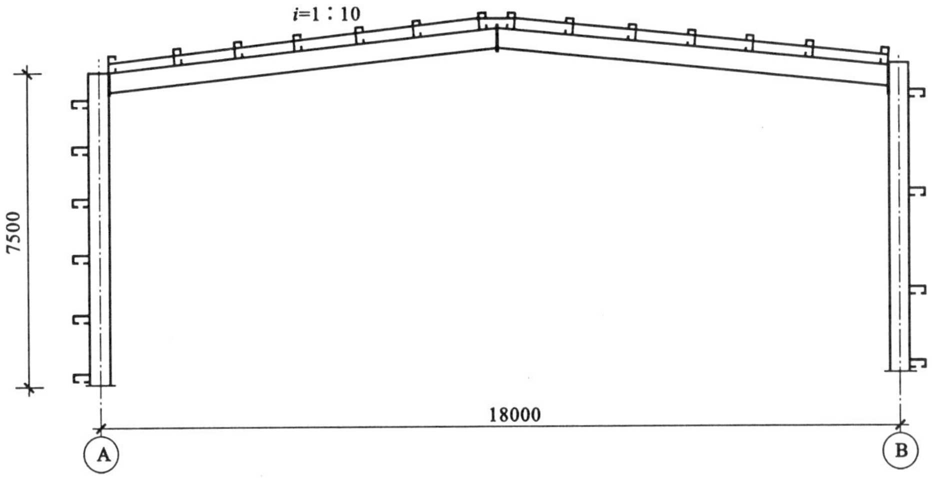

图 9.18 刚架形式和几何尺寸

(3) 支撑、隅撑和檩条布置

在房屋两端和中间共布置三道屋盖和柱间支撑。檩条和墙梁间距 1.5m(图 9.19)。在每榀刚架梁的端部和每隔 3m 在梁的下翼缘和柱的内翼缘设置隅撑(与檩条和墙梁的位置对应)。

(4) 荷载计算

1) 永久荷载标准值

EPS 夹心板 ↓	$0.25kN/m^2$
檩条及支撑 ↓	$0.15kN/m^2$
刚架梁自重(估) ↓	$0.10kN/m^2$
屋面恒荷载标准值合计 ↓	$0.50kN/m^2$
墙板、墙梁及刚架柱自重(估) ↓	$0.40kN/m^2$

2) 可变荷载标准值

(武汉)屋面雪荷载 ↓	$0.40kN/m^2$
屋面活荷载 ↓	$0.30kN/m^2$

由于刚架的受荷水平投影面积为 $18\times6=108m^2>60m^2$，故按《设计规范》取屋面活荷载(按不上人的屋面)标准值为 $0.3kN/m^2$。因此，垂直可变荷载应按较大值的雪荷载 $0.40\ kN/m^2$ 取用。

风荷载：按《荷载规范》，武汉地区基本风压 $w_0=0.35kN/m^2$。设地面粗糙度类别为 B 类，风压

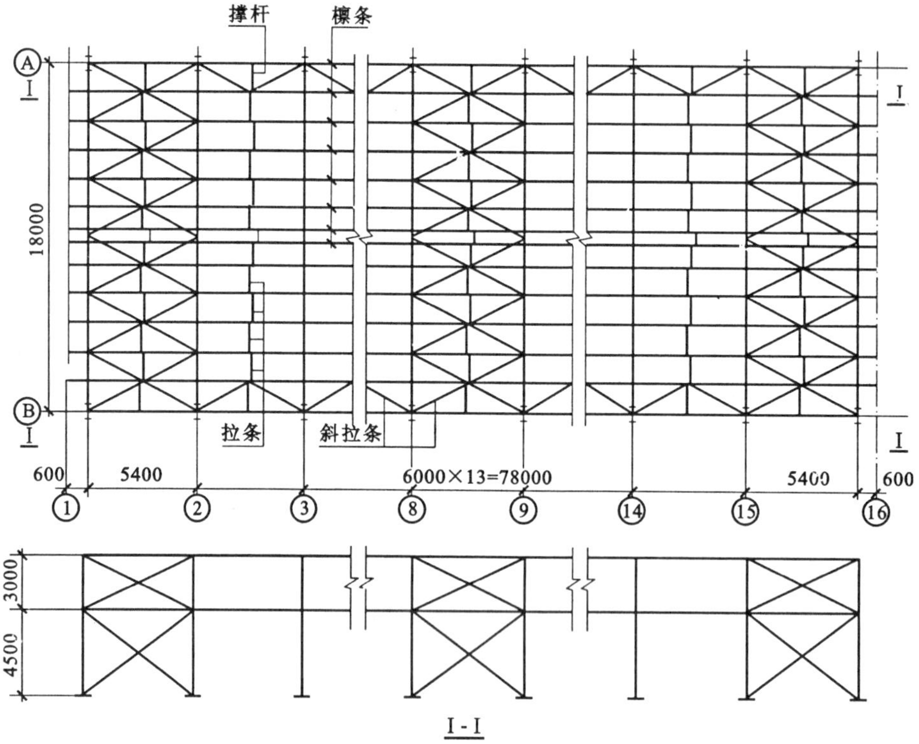

图 9.19　柱间支撑、屋盖支撑及檩条布置图

高度变化系数按离地面高度为 10m 的数值,即 $\mu_z=1.0$。风荷载体型系数按表 9.1 封闭式建筑的中间区,即迎风面的柱和屋面的 μ_s 为 +0.25 和 −1.0,按式(9.1):$w_k=\mu_s\mu_z w_0=+0.0875\text{kN/m}^2$ 和 -0.35kN/m^2;背风面的柱和屋面的 μ_s 为 −0.55 和 −0.65,则 $w_k=-0.1925\text{ kN/m}^2$ 和 -0.2275kN/m^2。

3) 刚架承受的荷载设计值

① 屋面恒荷载 ↓

$$g_1=1.2\times0.5\times\frac{1}{\cos\alpha}\times6=3.62\text{kN/m}$$

② 柱身恒荷载 ↓

$$g_2=1.2\times0.4\times6=2.88\text{kN/m}$$

③ 屋面雪荷载 ↓

$$q_s=1.4\times0.4\times6=3.36\text{kN/m}$$

④ 屋面风荷载(迎风面)

$$w_2=1.4\times(-0.35)\times6=-2.94\text{kN/m}$$

屋面风荷载(背风面)

$$w_3=1.4\times(-0.2275)\times6=-1.91\text{kN/m}$$

⑤ 墙面风荷载(迎风面) →

$$w_1=1.4\times0.0875\times6=+0.74\text{kN/m}$$

墙面风荷载(背风面) →

$$w_4=1.4\times(-0.1925)\times6=-1.62\text{kN/m}$$

以上各种荷载的分布图如图 9.20(a)所示。

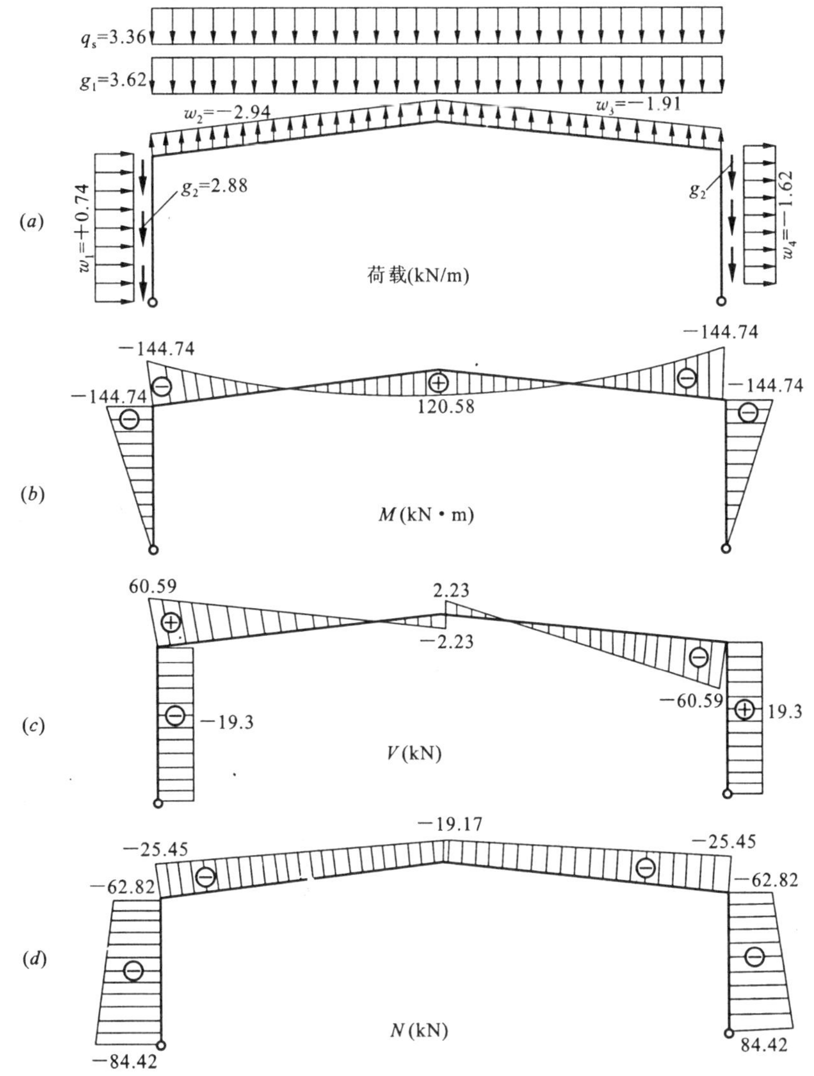

图 9.20 门式刚架荷载和内力图

(5) 内力计算

经用设计软件计算各种荷载作用下的门式刚架内力,并经最不利组合得出的内力(M、V、N)图如图 9.20(b)、(c)、(d)所示。计算结果显示,刚架内力一般均由恒荷载加雪荷载组合控制。

(6) 刚架梁、柱截面设计

试选如图 9.21 所示的焊接工字形截面,钢号 Q235B,其截面特性为

$$A = 2 \times 20 \times 0.8 + 42 \times 0.6 = 57.2\text{cm}^2$$

$$I_x = \frac{1}{12} \times 0.6 \times 42^3 + 2 \times 20 \times 0.8 \times 21.4^2 = 18360\text{cm}^4$$

$$I_y = 2 \times \frac{1}{12} \times 0.8 \times 20^3 = 1067\text{cm}^4$$

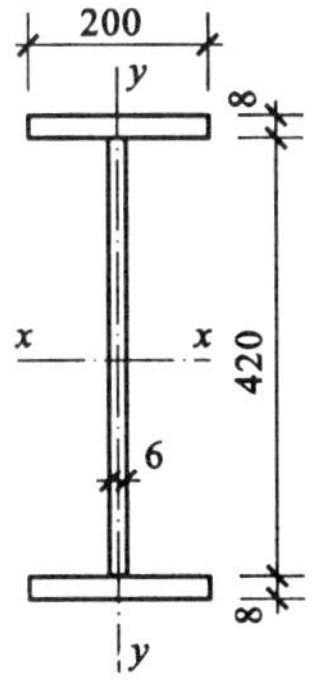

图 9.21 梁、柱截面

$$i_x = \sqrt{\frac{I_x}{A}} = \sqrt{\frac{18360}{57.2}} = 17.9\text{cm}$$

$$i_y = \sqrt{\frac{I_y}{A}} = \sqrt{\frac{1067}{57.2}} = 4.32\text{cm}$$

$$W_x = \frac{18360}{21.8} = 842.2\text{cm}^3$$

1）翼缘和腹板宽厚比验算

按式(9.2)和式(9.3)

$$\frac{b_1}{t} = \frac{9.7}{0.8} = 12.1 < 15\sqrt{\frac{235}{f_y}} = 15 \times \sqrt{\frac{235}{235}} = 15 \quad \text{（满足）}$$

$$\frac{h_0}{t_w} = \frac{42}{0.6} = 70 < 250\sqrt{\frac{235}{f_y}} = 250 \times \sqrt{\frac{235}{235}} = 250 \quad \text{（满足）}$$

2）刚架梁验算

① 强度

刚架梁端部截面为最不利截面，其承受弯矩 $M = M_{max} = 144.74\text{kN} \cdot \text{m}$，剪力 $V = V_{max} = 60.59\text{kN}$和轴心压力 $N = -25.45\text{kN}$ 的共同作用，故其强度应按式(9.5)计算。

A. 计算 V_d、M_e

a. 梁抗剪承载力设计值 V_d

仅考虑在梁端设置支承加劲肋（端板），即按 $a/h_w > 1$ 或 $h_w/a = 0$ 计算。由式(9.7b)

$$\lambda_w = \frac{h_w/t_w}{37\sqrt{5.34 + 4(h_w/a)^2}} = \frac{70}{37 \times \sqrt{5.34}} = 0.819 \begin{matrix} > 0.8 \\ < 1.4 \end{matrix}$$

故按式(9.6b)

$$\begin{aligned} V_d &= h_w t_w [1 - 0.64(\lambda_w - 0.8)] f_v \\ &= 420 \times 6 \times [1 - 0.64 \times (0.819 - 0.8)] \times 125 \\ &= 311200\text{N} = 311.2\text{kN} \end{aligned}$$

b. 梁抗弯承载力设计值 M_e

先计算梁的有效截面：腹板的最大应力 σ_{max}和最小应力 σ_{min} 为

$$\begin{matrix}\sigma_{max} \\ \sigma_{min}\end{matrix} = \frac{N}{A} \pm \frac{M_y}{I_x} = \frac{25.45 \times 10^3}{57.2 \times 10^2} \pm \frac{144.74 \times 10^6 \times 210}{18360 \times 10^4}$$

$$= 4.4 \pm 165.6 = \begin{matrix} 170\text{N/mm}^2\text{（受压）} \\ -161.2\text{N/mm}^2\text{（受拉）} \end{matrix}$$

腹板的受压区高度

$$h_c = \frac{170 \times 420}{170 + 161.2} = 215.6\text{mm}$$

$$\beta = \sigma_{min}/\sigma_{max} = -161.2/170 = -0.948$$

代入式(9.12b)，得

$$\begin{aligned} k_\sigma &= \frac{16}{\sqrt{(1+\beta)^2 + 0.112(1-\beta)^2} + (1+\beta)} \\ &= \frac{16}{\sqrt{(1-0.948)^2 + 0.112 \times (1+0.948)^2} + (1-0.948)} = 22.66 \end{aligned}$$

由于 $\sigma_{max} = 170\text{N/mm}^2 < f = 215\text{N/mm}^2$，故取 $\gamma_R \sigma_{max} = 1.1 \times 170 = 187\text{N/mm}^2$ 代替式(9.12a)

中的 f_y 计算 λ_p，即

$$\lambda_p = \frac{h_w/t_w}{28.1\sqrt{k_\sigma}}\sqrt{\frac{f_y}{235}} = \frac{70}{28.1\times\sqrt{22.66}}\sqrt{\frac{187}{235}} = 0.467 < 0.8$$

因此，由式(9.11a)得 $\rho=1$，即梁腹板不屈曲全部有效。从而可得按有效截面计算的梁抗弯承载力设计值

$$M_e = W_e f = W_x f = 842.2\times10^3\times215 = 181100000\text{N}\cdot\text{mm} = 181.1\text{kN}\cdot\text{m}$$

B. 在 M、V、N 共同作用下梁的强度计算

由于 $V=60.59\text{kN}<0.5V_d=0.5\times311.2=155.6\text{kN}$，故应按式(9.5$a$)计算，即

$$M_e^N = M_e - \frac{NW_e}{A_e} = 181.1\times10^6 - \frac{25.45\times10^3\times842.2\times10^3}{57.2\times10^2}$$

$$= 177400000\text{N}\cdot\text{mm} = 177.4\text{kN}\cdot\text{m} > M = 144.74\text{kN}\cdot\text{m} \quad \text{(满足)}$$

② 刚架平面外的整体稳定

梁在刚架平面外的计算长度 l_1 取隅撑的间距 3m，因此

$$\frac{l_1}{b} = \frac{300/\cos\alpha}{20} = 15.1 < 16\sqrt{\frac{235}{f_y}} = 16\times\sqrt{\frac{235}{235}} = 16$$

故不必计算刚架梁平面外整体稳定。

梁跨中截面虽正弯矩较大，但剪力、轴心压力均较端部截面小，且两处截面相等，故不作计算。

3）刚架柱验算

① 强度

刚架柱的强度亦需按弯、剪、压共同作用下的压弯构件计算，并取最不利的柱顶截面，该处 $M=M_{max}=144.74\text{kN}\cdot\text{m}$，$N=62.82\text{kN}$，$V=19.3\text{kN}$。

A. 计算 V_d、M_e

V_d 与刚架梁的相同。现仅计算 M_e，先计算柱的有效截面

$$\begin{matrix}\sigma_{max}\\ \sigma_{min}\end{matrix} = \frac{N}{A}\pm\frac{M_y}{I_x} = \frac{62.82\times10^3}{57.2\times10^2}\pm\frac{144.74\times10^6\times210}{18360\times10^4}$$

$$= 11\pm165.6 = \begin{matrix}176.6\text{N/mm}^2\text{(受压)}\\ -154.6\text{N/mm}^2\text{(受拉)}\end{matrix}$$

$$\beta = \sigma_{min}/\sigma_{max} = -154.6/176.6 = -0.875$$

代入式(9.12b)，得

$$k_\sigma = \frac{16}{\sqrt{(1+\beta)^2+0.112(1-\beta)^2}+(1+\beta)}$$

$$= \frac{16}{\sqrt{(1-0.875)^2+0.112\times(1+0.875)^2}+(1-0.875)} = 20.92$$

由于 $\sigma_{max}=176.6\text{N/mm}^2<f=215\text{N/mm}^2$，故取 $\gamma_R\sigma_{max}=1.1\times176.6=194.3\text{N/mm}^2$ 代替 f_y，即

$$\lambda_p = \frac{h_w/t_w}{28.1\sqrt{k_\sigma}}\sqrt{\frac{f_y}{235}} = \frac{70}{28.1\times\sqrt{20.92}}\sqrt{\frac{194.3}{235}} = 0.495 < 0.8$$

由式(9.11a)得 $\rho=1$，梁腹板全部有效，故同样可得

$$M_e = W_x f = 181.1\text{kN}\cdot\text{m}$$

B. 在 M、V、N 共同作用下柱的强度计算

由于 $V=19.3\text{kN}<0.5V_d=0.5\times311.2=155.6\text{kN}$，故按式(9.5a)

$$M_e^N=M_e-\frac{NW_e}{A_e}=181.1\times10^6-\frac{62.82\times10^3\times842.2\times10^3}{57.2\times10^2}$$

$$=171900000\text{N}\cdot\text{mm}=171.9\text{kN}\cdot\text{m}>M=144.74\text{kN}\cdot\text{m}\quad（满足）$$

② 整体稳定

A. 刚架平面内的整体稳定

等截面刚架柱的计算长度可查表 6.8 的计算长度系数 μ 进行计算。

$$K_1=\frac{I_1H}{Il}=\frac{H}{l}=\frac{750}{2\times900/\cos\alpha}=0.415\rightarrow\mu=2.76$$

$$l_0=\mu H=2.76\times750=2070\text{cm}$$

$$\lambda_x=\frac{l_0}{i_x}=\frac{2070}{17.9}=115.6$$

查附表 1.2，$\varphi_x=0.460$。另外，对有侧移刚架取 $\beta_{mx}=1.0$

$$N'_{Ex0}=\frac{\pi^2EA_{e0}}{1.1\lambda_x^2}=\frac{\pi^2\times206\times10^3\times57.2\times10^2}{1.1\times115.6^2}=791000\text{N}=791\text{kN}$$

按式(9.14)得

$$\frac{N_0}{\varphi_{x\gamma}A_{e0}}+\frac{\beta_{mx}M_1}{W_{e1}\left(1-\frac{N_0}{N'_{Ex0}}\varphi_{x\gamma}\right)}$$

$$=\frac{84.42\times10^3}{0.460\times57.2\times10^2}+\frac{1.0\times144.74\times10^6}{842.2\times10^3\times\left(1-\frac{84.42\times10^3}{791\times10^3}\times0.460\right)}$$

$$=32.1+180.7=212.8\text{N/mm}^2<f=215\text{N/mm}^2\quad（满足）$$

B. 刚架平面外的整体稳定

刚架平面外的计算长度可取柱隅撑的间距，即 3m，现偏安全地取下部柱间支撑高度4.5m。

$$\lambda_y=\frac{l_{0y}}{i_y}=\frac{450}{4.32}=104.2$$

查附表 1.2，$\varphi_y=0.528$。按式(9.21)，式中 $\mu_{\gamma y}=\mu_{\gamma z}=1.0$

$$\varphi_{b\gamma}=\frac{4320}{\lambda_{y0}^2}\cdot\frac{A_0h_0}{W_{x0}}\sqrt{\left(\frac{\mu_{\gamma y}}{\mu_{\gamma z}}\right)^4+\left(\frac{\lambda_{y0}t_0}{4.4h_0}\right)^2}\cdot\frac{235}{f_y}$$

$$=\frac{4320}{104.2^2}\times\frac{57.2\times43.6}{842.2}\times\sqrt{\left(\frac{1}{1}\right)^4+\left(\frac{104.2\times0.8}{4.4\times43.6}\right)^2}\times\frac{235}{235}=1.28>0.6$$

由式(5.21)

$$\varphi'_{br}=1.07-\frac{0.282}{\varphi_b}=1.07-\frac{0.282}{1.28}=0.850$$

由式(9.20a)

$$\beta_t=1-\frac{N}{N'_{Ex0}}+0.75\left(\frac{N}{N'_{Ex0}}\right)^2=1-\frac{62.82}{791}+0.75\times\left(\frac{62.82}{791}\right)^2=0.925$$

$$\frac{N_0}{\varphi_yA_{e0}}+\frac{\beta_tM_1}{\varphi_{b\gamma}W_{e1}}=\frac{84.42\times10^3}{0.528\times57.2\times10^2}+\frac{0.925\times144.74\times10^6}{0.85\times842.2\times10^3}$$

$$=28+187=215\text{N/mm}^2=f=215\text{N/mm}^2\quad（满足）$$

(7) 刚架柱顶位移计算

由于刚架梁坡度不大于 1∶5，故刚架侧移可按式(9.27a)估算，且其数值不应超过表 9.4 规定

的 $h/60$。由式(9.28)

$$\xi_t = \frac{I_c L}{I_b h} = \frac{L}{h} = \frac{2\times 900/\cos\alpha}{750} = 2.41$$

$$H = 0.67w_k = 0.67(w_{1k} + w_{4k})h = 0.67\times\frac{0.74+1.62}{1.4}\times 7.5 = 8.47\text{kN}$$

$$u = \frac{Hh^3}{12EI_c}(2+\xi_t) = \frac{8.47\times 10^3\times 7500^3}{12\times 206\times 10^3\times 18360\times 10^4}\times(2+2.41)$$

$$= 34.7\text{mm} < \frac{h}{60} = \frac{7500}{60} = 125\text{mm} \quad (满足)$$

(8) 节点设计

1) 梁与柱的连接节点

梁与柱的连接节点设计为如图 9.22 所示的端板竖放形式。图中 M=144.74kN·m,V=60.59kN,N=−25.45kN。

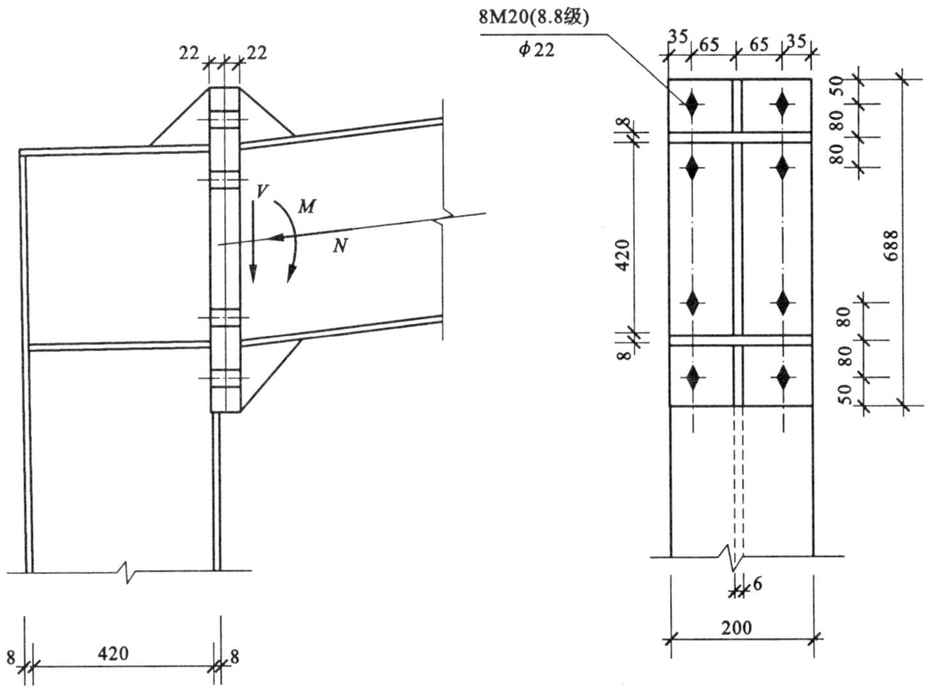

图 9.22 梁与柱的连接节点

① 连接螺栓计算

采用高强度螺栓摩擦型连接,设置 8 个 8.8 级 M20 螺栓,接触面处理方法为钢丝刷清除浮锈。顶排及第二排螺栓所承受的拉力为

$$N_{t1} = \frac{My_1}{m\sum y_i^2} - \frac{N}{n} = \frac{144.74\times 10^2\times 29.4}{2\times 2\times(13.4^2+29.4^2)} - \frac{25.45\cos\alpha}{8}$$

$$= 98.74\text{kN} < N_t = 0.8P = 0.8\times 125 = 100\text{kN} \quad (满足)$$

$$N_{t2} = 98.74\times\frac{13.4}{29.4} = 45\text{kN}$$

按式(4.76)计算连接全部螺栓的抗剪承载力设计值的总和,并与所承受的剪力 V 比较

$$V = 60.59\text{kN} < \sum_{i=1}^{n} N_{vi}^{b} = 0.9 n_f \mu (nP - 1.25 \sum_{i=1}^{n} N_{ti})$$
$$= 0.9 \times 1 \times 0.3 \times [8 \times 125 - 1.25 \times 2 \times (98.74 + 45)]$$
$$= 172.98\text{kN} \quad （满足）$$

② 端板计算

第一排螺栓处端板：先按式(9.33)的伸臂类端板计算

$$t = \sqrt{\frac{6e_f N_t}{bf}} = \sqrt{\frac{6 \times 76 \times 100 \times 10^3}{200 \times 215}} = 32.6\text{mm}$$

需要的厚度过大，现采用在伸臂中间增加一 6mm 厚肋板，并改按式(9.35*b*)的两边支承类端板计算

$$t = \sqrt{\frac{12 e_f e_w N_{t1}}{[e_w b + 4e_f(e_f + e_w)]f}}$$
$$= \sqrt{\frac{12 \times 76 \times 62 \times 100 \times 10^3}{[62 \times 200 + 4 \times 76 \times (76 + 62)] \times 215}} = 22.0\text{mm} \quad 取 22\text{mm}$$

第二排螺栓处端板亦为两边支承类端板，情况相似，故不作计算。

③ 节点域剪应力验算

按式(9.37)为

$$\tau = \frac{M}{d_b d_c t_c} = \frac{144.74 \times 10^6}{436 \times 420 \times 6} = 131.7\text{N/mm}^2 \approx f_v = 125\text{N/mm}^2 \quad （满足）$$

④ 翼缘内第二排螺栓处腹板强度验算

$$N_{t2} = 45\text{kN} \leqslant 0.4P = 0.4 \times 125 = 50\text{kN}$$

故按式(9.38*a*)

$$\frac{0.4P}{e_w t_w} = \frac{50 \times 10^3}{62 \times 6} = 134.4\text{N/mm}^2 < f = 215\text{N/mm}^2 \quad （满足）$$

2）梁的跨中央拼接节点和刚架柱脚

梁的跨中拼接节点如图 9.23 所示，计算从略。柱脚如图 9.24 所示。柱脚的抗剪承载力（按底板与基础间的摩擦力）为

$$V_f = \mu N = 0.4N = 0.4 \times 84.42 = 33.8\text{kN} > V = 19.3\text{kN} \quad （满足）$$

故不需设置抗剪键。柱脚的其他计算从略。

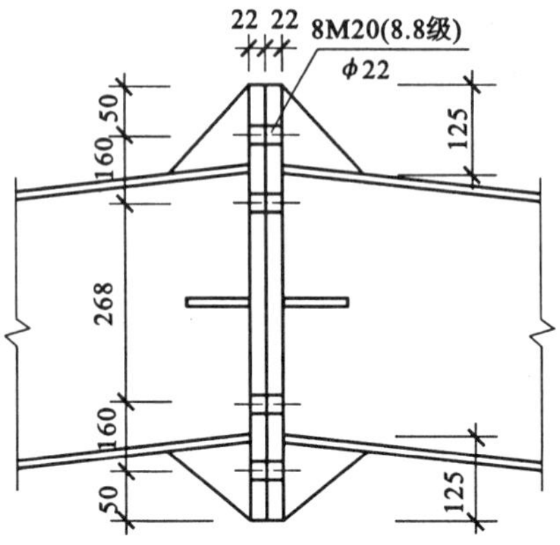

图 9.23　梁的跨中央拼接节点

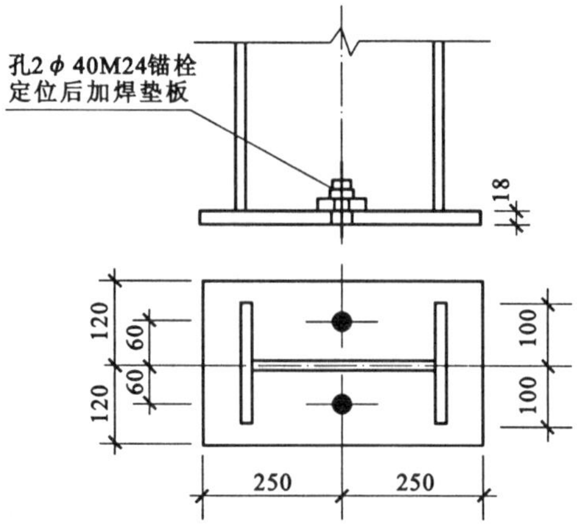

图 9.24　柱脚

3）柱间支撑和屋盖支撑连接节点

柱间支撑和屋盖支撑连接节点如图 9.25(*a*)、(*b*)所示。

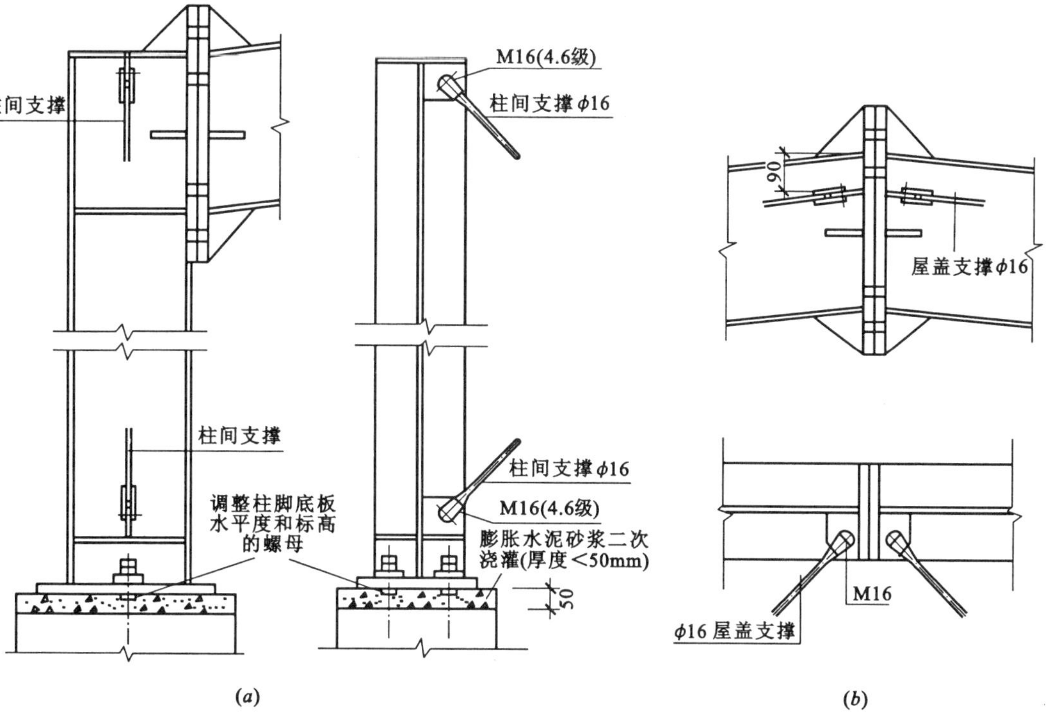

图 9.25 柱间支撑和屋盖支撑连接节点

小 结

(1) (轻钢)门式刚架是对轻型房屋钢结构门式刚架的简称。其适用范围为轻型屋盖、轻型外墙、单跨跨度宜小于 36m、高度宜小于 9m、桥式吊车小于 20t 和悬挂式吊车小于 3t。

(2) 门式刚架各列柱均应设柱间支撑，并在同一开间设屋盖横向支撑，以组成几何不变体系。

(3) 刚架应按控制截面的最不利内力组合进行计算。斜梁在刚架平面内可只按压弯构件计算强度，在刚度平面外按压弯构件计算稳定。柱除按压弯构件计算强度外，还应按压弯构件计算其在刚架平面内和平面外的稳定。梁和柱的强度均应按考虑腹板屈曲后强度有效截面进行计算(腹板高度变化应不超过 60mm/m)，不满足时应增加横向加劲肋。刚架平面外整体稳定不满足时应增加(柱和墙梁间或斜梁与檩条间)隅撑。当斜梁的侧向支承间距(或隅撑间距)小于斜梁受压翼缘宽度的 16 $\sqrt{235/f_y}$时，可不需计算斜梁平面外整体稳定。

(4) 门式刚架应计算柱顶侧移，且不得超过限值。

(5) 门式刚架斜梁的拼接和与柱的连接应采用高强度螺栓。柱脚一般采用铰接，设有吊车时宜用刚接。柱脚剪力应由底板与基础的摩擦力传递，超过时应设置抗剪键。锚栓需作抗拔验算。

思 考 题

9.1 (轻钢)门式刚架宜用哪些类型的材料作围护结构？

9.2 门式刚架需要在哪些位置布置支撑？什么位置需布置刚性系杆？支撑和刚性系杆都采用什么截面？

9.3 门式刚架计算时怎样考虑荷载效应组合？应选择哪些截面作控制截面进行计算？

9.4　门式刚架截面需要作哪些方面的验算？腹板的局部稳定是否需要验算？

9.5　隅撑起什么作用？除了斜梁需考虑设隅撑外，刚架柱是否也需要考虑设置？

习　　题

9.1　一单跨双坡等截面（轻钢）门式刚架，跨度 12m，柱高 5m，柱距 6m，长 66m，屋面坡度 $i=1:10$。采用的屋面和墙面材料为岩棉夹心板，檩条和墙梁为薄壁卷边 C 型钢，间距 1.5m。钢材 Q235B。

刚架屋面永久荷载标准值的合计为 0.5kN/m^2（不包括刚架自重），屋面活荷载与雪荷载中的较大值为 0.3kN/m^2，风荷载的基本风压值为 0.5kN/m^2。经计算的最不利荷载组合作用的内力（M、N、V）图如图 9.26 所示，试根据上述条件设计此刚架：包括支撑、檩条和隅撑的布置；刚架截面选择；节点设计等。

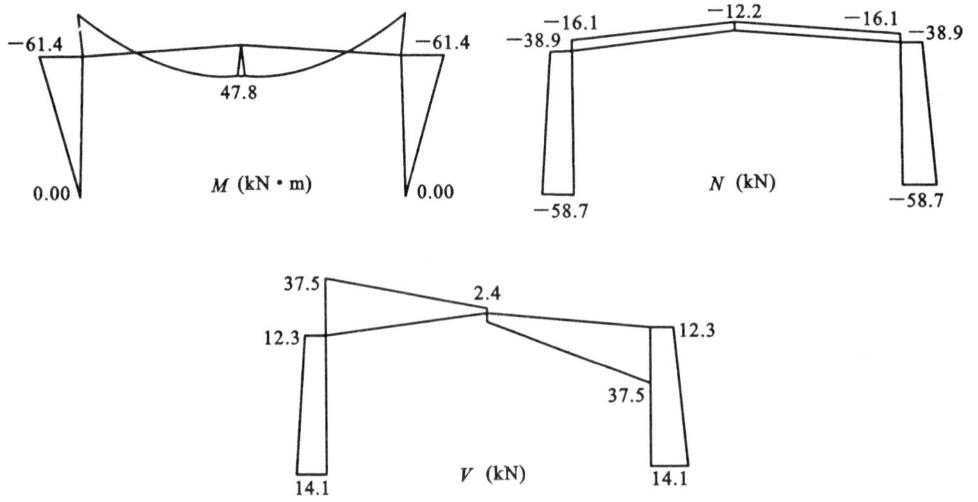

图 9.26　组合内力图

（本图选自《钢结构设计手册》（上册）第三版，读者也可自行计算。）

附　　录

附表 1　轴心受压构件的稳定系数

附表 1.1　a 类截面轴心受压构件的稳定系数 φ

$\lambda\sqrt{\frac{f_y}{235}}$	0	1	2	3	4	5	6	7	8	9
0	1.000	1.000	1.000	1.000	0.999	0.999	0.998	0.998	0.997	0.996
10	0.995	0.994	0.993	0.992	0.991	0.989	0.988	0.986	0.985	0.983
20	0.981	0.979	0.977	0.976	0.974	0.972	0.970	0.968	0.966	0.964
30	0.963	0.961	0.959	0.957	0.955	0.952	0.950	0.948	0.946	0.944
40	0.941	0.939	0.937	0.934	0.932	0.929	0.927	0.924	0.921	0.919
50	0.916	0.913	0.910	0.907	0.904	0.900	0.897	0.894	0.890	0.886
60	0.883	0.879	0.875	0.871	0.867	0.863	0.858	0.854	0.849	0.844
70	0.839	0.834	0.829	0.824	0.818	0.813	0.807	0.801	0.795	0.789
80	0.783	0.776	0.770	0.763	0.757	0.750	0.743	0.736	0.728	0.721
90	0.714	0.706	0.699	0.691	0.684	0.676	0.668	0.661	0.653	0.645
100	0.638	0.630	0.622	0.615	0.607	0.600	0.592	0.585	0.577	0.570
110	0.563	0.555	0.548	0.541	0.534	0.527	0.520	0.514	0.507	0.500
120	0.494	0.488	0.481	0.475	0.469	0.463	0.457	0.451	0.445	0.440
130	0.434	0.429	0.423	0.418	0.412	0.407	0.402	0.397	0.392	0.387
140	0.383	0.378	0.373	0.369	0.364	0.360	0.356	0.351	0.347	0.343
150	0.339	0.335	0.331	0.327	0.323	0.320	0.316	0.312	0.309	0.305
160	0.302	0.298	0.295	0.292	0.289	0.285	0.282	0.279	0.276	0.273
170	0.270	0.267	0.264	0.262	0.259	0.256	0.253	0.251	0.248	0.246
180	0.243	0.241	0.238	0.236	0.233	0.231	0.229	0.226	0.224	0.222
190	0.220	0.218	0.215	0.213	0.211	0.209	0.207	0.205	0.203	0.201
200	0.199	0.198	0.196	0.194	0.192	0.190	0.189	0.187	0.185	0.183
210	0.182	0.180	0.179	0.177	0.175	0.174	0.172	0.171	0.169	0.168
220	0.166	0.165	0.164	0.162	0.161	0.159	0.158	0.157	0.155	0.154
230	0.153	0.152	0.150	0.149	0.148	0.147	0.146	0.144	0.143	0.142
240	0.141	0.140	0.139	0.138	0.136	0.135	0.134	0.133	0.132	0.131
250	0.130									

附表 1.2 b 类截面轴心受压构件的稳定系数 φ

$\lambda\sqrt{\frac{f_y}{235}}$	0	1	2	3	4	5	6	7	8	9
0	1.000	1.000	1.000	0.999	0.999	0.998	0.997	0.996	0.995	0.994
10	0.992	0.991	0.989	0.987	0.985	0.983	0.981	0.978	0.976	0.973
20	0.970	0.967	0.963	0.960	0.957	0.953	0.950	0.946	0.943	0.939
30	0.936	0.932	0.929	0.925	0.922	0.918	0.914	0.910	0.906	0.903
40	0.899	0.895	0.891	0.887	0.882	0.878	0.874	0.870	0.865	0.861
50	0.856	0.852	0.847	0.842	0.838	0.833	0.828	0.823	0.818	0.813
60	0.807	0.802	0.797	0.791	0.786	0.780	0.774	0.769	0.763	0.757
70	0.751	0.745	0.739	0.732	0.726	0.720	0.714	0.707	0.701	0.694
80	0.688	0.681	0.675	0.668	0.661	0.655	0.648	0.641	0.635	0.628
90	0.621	0.614	0.608	0.601	0.594	0.588	0.581	0.575	0.568	0.561
100	0.555	0.549	0.542	0.536	0.529	0.523	0.517	0.511	0.505	0.499
110	0.493	0.487	0.481	0.475	0.470	0.464	0.458	0.453	0.447	0.442
120	0.437	0.432	0.426	0.421	0.416	0.411	0.406	0.402	0.397	0.392
130	0.387	0.383	0.378	0.374	0.370	0.365	0.361	0.357	0.353	0.349
140	0.345	0.341	0.337	0.333	0.329	0.326	0.322	0.318	0.315	0.311
150	0.308	0.304	0.301	0.298	0.295	0.291	0.288	0.285	0.282	0.279
160	0.276	0.273	0.270	0.267	0.265	0.262	0.259	0.256	0.254	0.251
170	0.249	0.246	0.244	0.241	0.239	0.236	0.234	0.232	0.229	0.227
180	0.225	0.223	0.220	0.218	0.216	0.214	0.212	0.210	0.208	0.206
190	0.204	0.202	0.200	0.198	0.197	0.195	0.193	0.191	0.190	0.188
200	0.186	0.184	0.183	0.181	0.180	0.178	0.176	0.175	0.173	0.172
210	0.170	0.169	0.167	0.166	0.165	0.163	0.162	0.160	0.159	0.158
220	0.156	0.155	0.154	0.153	0.151	0.150	0.149	0.148	0.146	0.145
230	0.144	0.143	0.142	0.141	0.140	0.138	0.137	0.136	0.135	0.134
240	0.133	0.132	0.131	0.130	0.129	0.128	0.127	0.126	0.125	0.124
250	0.123									

附表 1.3 c 类截面轴心受压构件的稳定系数 φ

$\lambda\sqrt{\frac{f_y}{235}}$	0	1	2	3	4	5	6	7	8	9
0	1.000	1.000	1.000	0.999	0.999	0.998	0.997	0.996	0.995	0.993
10	0.992	0.990	0.988	0.986	0.983	0.981	0.978	0.976	0.973	0.970
20	0.966	0.959	0.953	0.947	0.940	0.934	0.928	0.921	0.915	0.909
30	0.902	0.896	0.890	0.884	0.877	0.871	0.865	0.858	0.852	0.846
40	0.839	0.833	0.826	0.820	0.814	0.807	0.801	0.794	0.788	0.781
50	0.775	0.768	0.762	0.755	0.748	0.742	0.735	0.729	0.722	0.715
60	0.709	0.702	0.695	0.689	0.682	0.676	0.669	0.662	0.656	0.649
70	0.643	0.636	0.629	0.623	0.616	0.610	0.604	0.597	0.591	0.584
80	0.578	0.572	0.566	0.559	0.553	0.547	0.541	0.535	0.529	0.523
90	0.517	0.511	0.505	0.500	0.494	0.488	0.483	0.477	0.472	0.467
100	0.463	0.458	0.454	0.449	0.445	0.441	0.436	0.432	0.428	0.423
110	0.419	0.415	0.411	0.407	0.403	0.399	0.395	0.391	0.387	0.383
120	0.379	0.375	0.371	0.367	0.364	0.360	0.356	0.353	0.349	0.346
130	0.342	0.339	0.335	0.332	0.328	0.325	0.322	0.319	0.315	0.312
140	0.309	0.306	0.303	0.300	0.297	0.294	0.291	0.288	0.285	0.282
150	0.280	0.277	0.274	0.271	0.269	0.266	0.264	0.261	0.258	0.256
160	0.254	0.251	0.249	0.246	0.244	0.242	0.239	0.237	0.235	0.233
170	0.230	0.228	0.226	0.224	0.222	0.220	0.218	0.216	0.214	0.212
180	0.210	0.208	0.206	0.205	0.203	0.201	0.199	0.197	0.196	0.194
190	0.192	0.190	0.189	0.187	0.186	0.184	0.182	0.181	0.179	0.178
200	0.176	0.175	0.173	0.172	0.170	0.169	0.168	0.166	0.165	0.163
210	0.162	0.161	0.159	0.158	0.157	0.156	0.154	0.153	0.152	0.151
220	0.150	0.148	0.147	0.146	0.145	0.144	0.143	0.142	0.140	0.139
230	0.138	0.137	0.136	0.135	0.134	0.133	0.132	0.131	0.130	0.129
240	0.128	0.127	0.126	0.125	0.124	0.124	0.123	0.122	0.121	0.120
250	0.119									

附表 1.4　d 类截面轴心受压构件的稳定系数 φ

$\lambda\sqrt{\frac{f_y}{235}}$	0	1	2	3	4	5	6	7	8	9
0	1.000	1.000	0.999	0.999	0.998	0.996	0.994	0.992	0.990	0.987
10	0.984	0.981	0.978	0.974	0.969	0.965	0.960	0.955	0.949	0.944
20	0.937	0.927	0.918	0.909	0.900	0.891	0.883	0.874	0.865	0.857
30	0.848	0.840	0.831	0.823	0.815	0.807	0.799	0.790	0.782	0.774
40	0.766	0.759	0.751	0.743	0.735	0.728	0.720	0.712	0.705	0.697
50	0.690	0.683	0.675	0.668	0.661	0.654	0.646	0.639	0.632	0.625
60	0.618	0.612	0.605	0.598	0.591	0.585	0.578	0.572	0.565	0.559
70	0.552	0.546	0.540	0.534	0.528	0.522	0.516	0.510	0.504	0.498
80	0.493	0.487	0.481	0.476	0.470	0.465	0.460	0.454	0.449	0.444
90	0.439	0.434	0.429	0.424	0.419	0.414	0.410	0.405	0.401	0.397
100	0.394	0.390	0.387	0.383	0.380	0.376	0.373	0.370	0.366	0.363
110	0.359	0.356	0.353	0.350	0.346	0.343	0.340	0.337	0.334	0.331
120	0.328	0.325	0.322	0.319	0.316	0.313	0.310	0.307	0.304	0.301
130	0.299	0.296	0.293	0.290	0.288	0.285	0.282	0.280	0.277	0.275
140	0.272	0.270	0.267	0.265	0.262	0.260	0.258	0.255	0.253	0.251
150	0.248	0.246	0.244	0.242	0.240	0.237	0.235	0.233	0.231	0.229
160	0.227	0.225	0.223	0.221	0.219	0.217	0.215	0.213	0.212	0.210
170	0.208	0.206	0.204	0.203	0.201	0.199	0.197	0.196	0.194	0.192
180	0.191	0.189	0.188	0.186	0.184	0.183	0.181	0.180	0.178	0.177
190	0.176	0.174	0.173	0.171	0.170	0.168	0.167	0.166	0.164	0.163
200	0.162									

附表 2　柱的计算长度系数

附表 2.1　无侧移框架柱的计算长度系数 μ

K_2 \ K_1	0	0.05	0.1	0.2	0.3	0.4	0.5	1	2	3	4	5	≥10
0	1.000	0.990	0.981	0.964	0.949	0.935	0.922	0.875	0.820	0.791	0.773	0.760	0.732
0.05	0.990	0.981	0.971	0.955	0.940	0.926	0.914	0.867	0.814	0.784	0.766	0.754	0.726
0.1	0.981	0.971	0.962	0.946	0.931	0.918	0.906	0.860	0.807	0.778	0.760	0.748	0.721
0.2	0.964	0.955	0.946	0.930	0.916	0.903	0.891	0.846	0.795	0.767	0.749	0.737	0.711
0.3	0.949	0.940	0.931	0.916	0.902	0.889	0.878	0.834	0.784	0.756	0.739	0.728	0.701
0.4	0.935	0.926	0.918	0.903	0.889	0.877	0.866	0.823	0.774	0.747	0.730	0.719	0.693
0.5	0.922	0.914	0.906	0.891	0.878	0.866	0.855	0.813	0.765	0.738	0.721	0.710	0.685
1	0.875	0.867	0.860	0.846	0.834	0.823	0.813	0.774	0.729	0.704	0.688	0.677	0.654
2	0.820	0.814	0.807	0.795	0.784	0.774	0.765	0.729	0.686	0.663	0.648	0.638	0.615
3	0.791	0.784	0.778	0.767	0.756	0.747	0.738	0.704	0.663	0.640	0.625	0.616	0.593
4	0.773	0.766	0.760	0.749	0.739	0.730	0.721	0.688	0.648	0.625	0.611	0.601	0.580
5	0.760	0.754	0.748	0.737	0.728	0.719	0.710	0.677	0.638	0.616	0.601	0.592	0.570
≥10	0.732	0.726	0.721	0.711	0.701	0.693	0.685	0.654	0.615	0.593	0.580	0.570	0.549

注：(1) 表中的计算长度系数 μ 值系按下式算得：

$$\left[\left(\frac{\pi}{\mu}\right)^2+2(K_1+K_2)-4K_1K_2\right]\frac{\pi}{\mu}\cdot\sin\frac{\pi}{\mu}-2\left[(K_1+K_2)\left(\frac{\pi}{\mu}\right)^2+4K_1K_2\right]\cos\frac{\pi}{\mu}+8K_1K_2=0$$

K_1、K_2——相交于柱上端、柱下端的横梁线刚度之和与柱线刚度之和的比值。当横梁远端为铰接时，应将横梁线刚度乘以 1.5；当横梁远端为嵌固时，则应乘以 2.0。

(2) 当横梁与柱铰接时，取横梁线刚度为零。

(3) 对底层框架柱：当柱与基础铰接时，取 $K_2=0$（对平板支座可取 $K_2=0.1$）；当柱与基础刚接时，取 $K_2=10$。

附表 2.2　有侧移框架柱的计算长度系数 μ

K_2 \ K_1	0	0.05	0.1	0.2	0.3	0.4	0.5	1	2	3	4	5	≥10
0	∞	6.02	4.46	3.42	3.01	2.78	2.64	2.33	2.17	2.11	2.08	2.07	2.03
0.05	6.02	4.16	3.47	2.86	2.58	2.42	2.31	2.07	1.94	1.90	1.87	1.86	1.83
0.1	4.46	3.47	3.01	2.56	2.33	2.20	2.11	1.90	1.79	1.75	1.73	1.72	1.70
0.2	3.42	2.86	2.56	2.23	2.05	1.94	1.87	1.70	1.60	1.57	1.55	1.54	1.52
0.3	3.01	2.58	2.33	2.05	1.90	1.80	1.74	1.58	1.49	1.46	1.45	1.44	1.42
0.4	2.78	2.42	2.20	1.94	1.80	1.71	1.65	1.50	1.42	1.39	1.37	1.37	1.35
0.5	2.64	2.31	2.11	1.87	1.74	1.65	1.59	1.45	1.37	1.34	1.32	1.32	1.30
1	2.33	2.07	1.90	1.70	1.58	1.50	1.45	1.32	1.24	1.21	1.20	1.19	1.17
2	2.17	1.94	1.79	1.60	1.49	1.42	1.37	1.24	1.16	1.14	1.12	1.12	1.10
3	2.11	1.90	1.75	1.57	1.46	1.39	1.34	1.21	1.14	1.11	1.10	1.09	1.07
4	2.08	1.87	1.73	1.55	1.45	1.37	1.32	1.20	1.12	1.10	1.08	1.08	1.06
5	2.07	1.86	1.72	1.54	1.44	1.37	1.32	1.19	1.12	1.09	1.08	1.07	1.05
≥10	2.03	1.83	1.70	1.52	1.42	1.35	1.30	1.17	1.10	1.07	1.06	1.05	1.03

注：(1) 表中的计算长度系数 μ 值系按下式算得：

$$\left[36K_1K_2-\left(\frac{\pi}{\mu}\right)^2\right]\sin\left(\frac{\pi}{\mu}\right)+6(K_1+K_2)\frac{\pi}{\mu}\cdot\cos\left(\frac{\pi}{\mu}\right)=0$$

K_1、K_2——相交于柱上端、柱下端的横梁线刚度之和与柱线刚度之和的比值。当横梁远端为铰接时，应将横梁线刚度乘以 0.5；当横梁远端为嵌固时，则应乘以 2/3。

(2) 当横梁与柱铰接时，取横梁线刚度为零。

(3) 对底层框架柱：当柱与基础铰接时，取 $K_2=0$(对平板支座可取 $K_2=0.1$)；当柱与基础刚接时，取 $K_2=10$。

附表 3　疲劳计算的构件和连接分类

项　次	简　　图	说　　明	类　　别
1	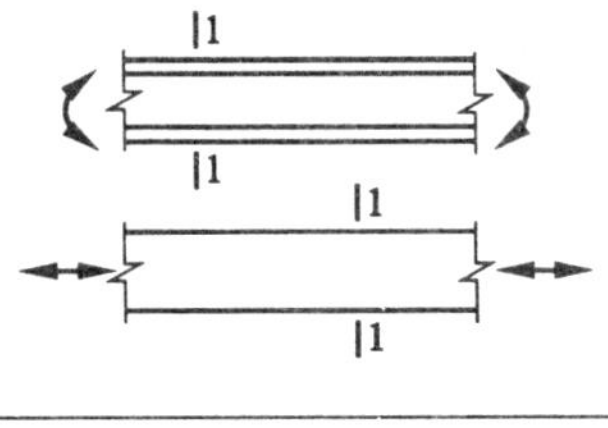	无连接处的主体金属 1. 轧制型钢 2. 钢板 a. 两边为轧制边或刨边 b. 两侧为自动、半自动切割边(切割质量标准应符合《施工规范》)	 1 1 2
2	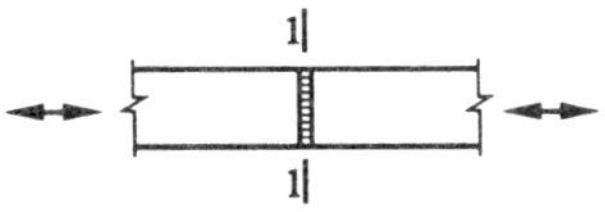	横向对接焊缝附近的主体金属 1. 符合《施工规范》的一级焊缝 2. 经加工、磨平的一级焊缝	 3 2
3	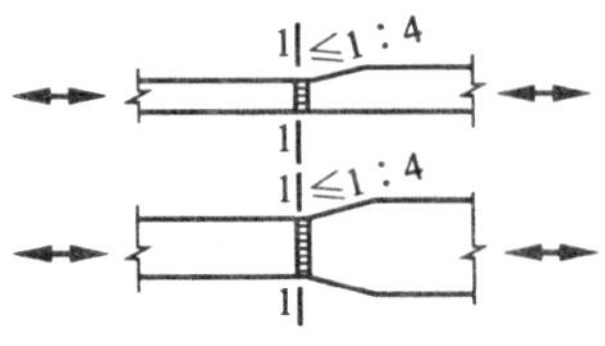	不同厚度(或宽度)横向对接焊缝附近的主体金属，焊缝加工成平滑过渡并符合一级焊缝标准	2
4	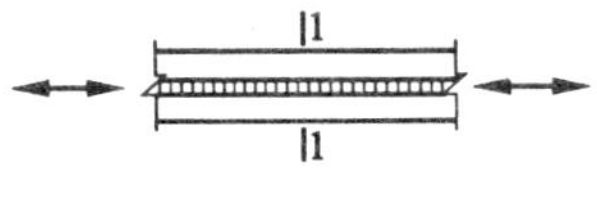	纵向对接焊缝附近的主体金属，焊缝符合二级焊缝标准	2

续表

项　次	简　图	说　明	类　别
5	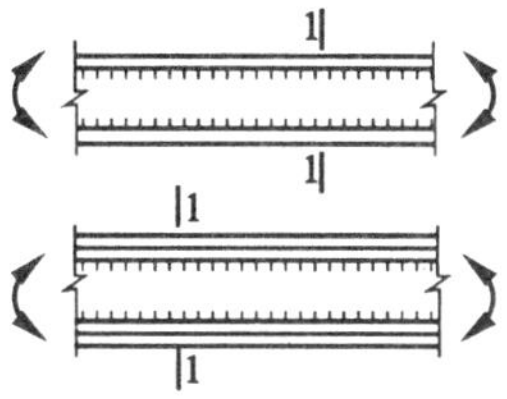	翼缘连接焊缝附近的主体金属 1. 翼缘板与腹板的连接焊缝 a. 自动焊，二级 T 形对接和角接组合焊缝 b. 自动焊，角焊缝，外观质量标准符合二级 c. 手工焊，角焊缝，外观质量标准符合二级 2. 双层翼缘板之间的连接焊缝 a. 自动焊，角焊缝，外观质量标准符合二级 b. 手工焊，角焊缝，外观质量标准符合二级	 2 3 4 3 4
6		横向加劲肋端部附近的主体金属 1. 肋端不断弧（采用回焊） 2. 肋端断弧	 4 5
7	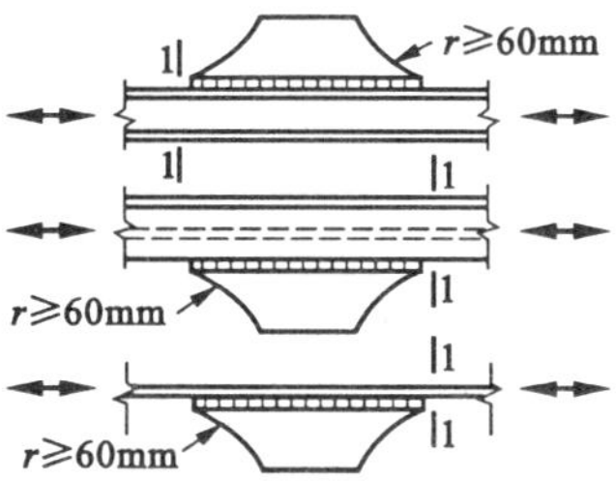	梯形节点板用对接焊缝焊于梁翼缘、腹板以及桁架构件处的主体金属，过渡处在焊后铲平、磨光、圆滑过渡，不得有焊接起弧、灭弧缺陷	5
8	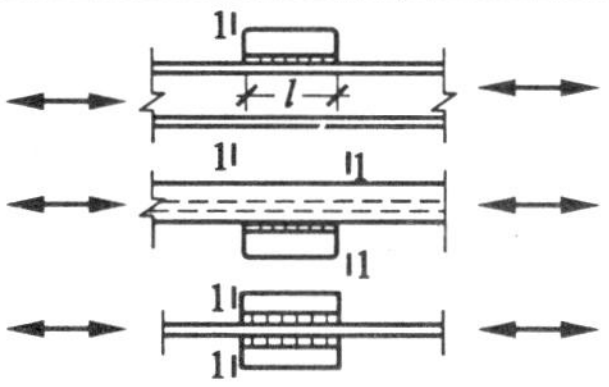	矩形节点板焊接于构件翼缘或腹板处的主体金属，$l>150$mm	7
9	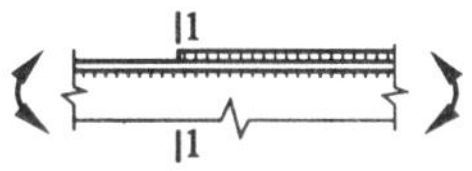	翼缘板中断处的主体金属（板端有正面焊缝）	7
10	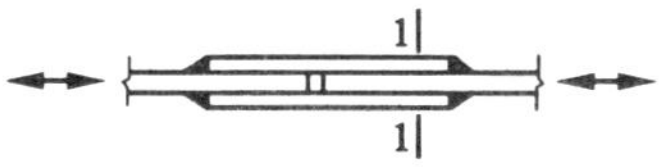	向正面角焊缝过渡处的主体金属	6
11	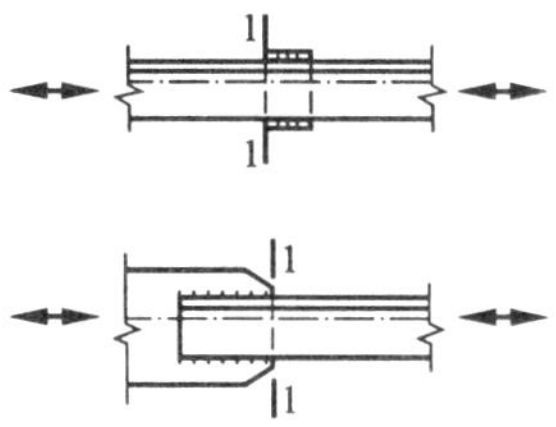	两侧面角焊缝连接端部的主体金属	8

续表

项　次	简　　图	说　　明	类　　别
12	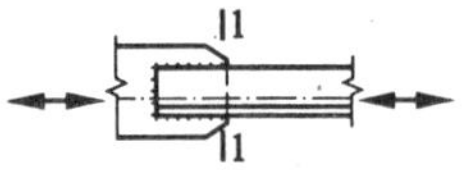	三面围焊的角焊缝端部主体金属	7
13	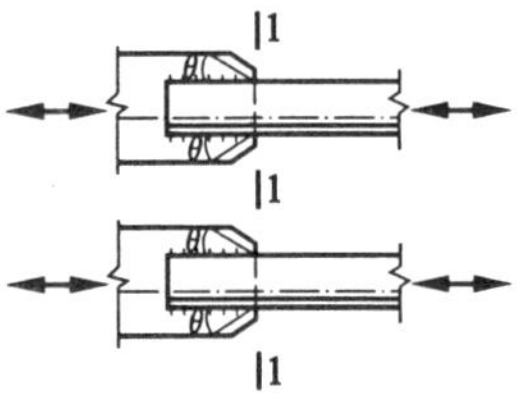	三面围焊或两侧面角焊缝连接的节点板主体金属(节点板计算宽度按应力扩散角 $\theta=30°$ 考虑)	7
14	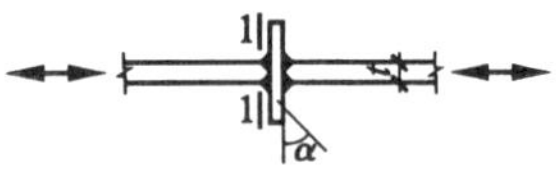	K形坡口T形对接与角接组合焊缝处的主体金属,两板轴线偏离小于 $0.15t$,焊缝为二级,焊趾角 $\alpha\leqslant45°$	5
15	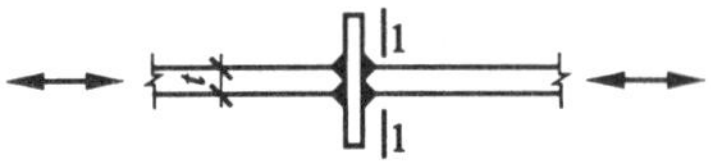	十字接头角焊缝处的主体金属,两板轴线偏离小于 $0.15t$	7
16	角焊缝	按有效截面确定的剪应力幅计算	8
17	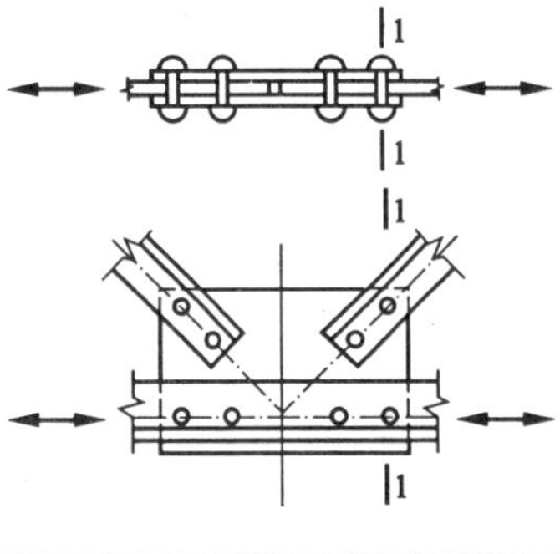	铆钉连接处的主体金属	3
18	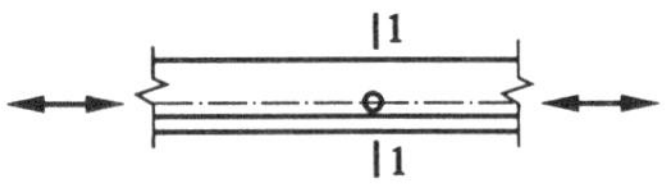	连系螺栓和虚孔处的主体金属	3
19		高强度螺栓摩擦型连接处的主体金属	2

注:(1) 所有对接焊缝及T形对接与角接组合焊缝均需焊透。所有焊缝的外形尺寸均应符合现行标准《钢结构焊缝外形尺寸》(JB 7949)的规定。

(2) 角焊缝应符合《设计规范》第8.2.7条和8.2.8条的要求。

(3) 项次16中的剪应力幅 $\Delta\tau=\tau_{max}-\tau_{min}$,其中 τ_{min} 的正负值为:与 τ_{max} 同方向时,取正值;与 τ_{max} 反方向时,取负值。

(4) 第17、18项中的应力应以净截面面积计算,第19项应以毛截面面积计算。

附表 4　H 型钢规格及截面特性(按 GB/T 11263—2005)

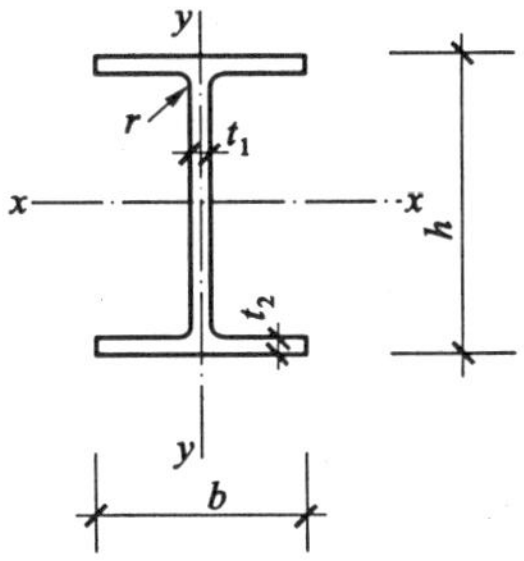

类别	型号 (高度×宽度) (mm×mm)	截面尺寸(mm)					截面面积 (cm^2)	质量 (kg/m)	惯性矩(cm^4)		回转半径(cm)		截面模量(cm^3)	
		h	b	t_1	t_2	r			I_x	I_y	i_x	i_y	W_x	W_y
HW(宽翼缘H型钢)	100×100	100	100	6	8	8	21.59	16.9	386	134	4.23	2.49	77.1	26.7
	125×125	125	125	6.5	9	8	30.00	23.6	843	293	5.30	3.13	135	46.9
	150×150	150	150	7	10	8	39.65	31.1	1620	563	6.39	3.77	216	75.1
	175×175	175	175	7.5	11	13	51.43	40.4	2918	983	7.53	4.37	334	112
	200×200	200	200	8	12	13	63.53	49.9	4717	1601	8.62	5.02	472	160
		200	204	12	12	13	71.53	56.2	4984	1701	8.35	4.88	4983	167
	250×250	244	252	11	11	13	81.31	63.8	8573	2937	10.27	6.01	703	233
		250	250	9	14	13	91.43	71.8	10689	3648	10.81	6.32	855	292
		250	255	14	14	13	103.93	81.6	11340	3875	10.45	6.11	907	304
	300×300	294	302	12	12	13	106.33	83.5	16384	5513	12.41	7.20	1115	365
		300	300	10	15	13	118.45	93.0	20010	6753	13.00	7.55	1334	450
		300	305	15	15	13	133.45	104.8	21135	7102	12.58	7.29	1409	466
	350×350	338	351	13	13	13	133.27	104.6	27352	9376	14.33	8.39	1618	534
		344	348	10	16	13	144.01	113.0	32545	11242	15.03	8.84	1892	646
		344	354	16	16	13	164.65	129.3	34581	11841	14.49	8.48	2011	669
		350	350	12	19	13	171.89	134.9	39637	13582	15.19	8.89	2265	776
		350	357	19	19	13	196.39	154.2	42138	14427	14.65	8.57	2408	808
	400×400	388	402	15	15	22	178.45	140.1	48040	16255	16.41	9.54	2476	809
		394	398	11	18	22	187.81	146.6	55597	18920	17.25	10.06	2822	951
		394	405	18	18	22	214.39	168.3	55165	19951	16.61	9.65	3003	985
		400	400	13	21	22	218.69	171.7	66455	22410	17.43	10.12	3323	1120
		400	408	21	21	22	250.69	196.8	70722	23804	16.80	9.74	3536	1167
		414	405	18	28	22	295.39	231.9	93518	31022	17.79	10.25	4518	1532
		428	407	20	35	22	360.65	283.1	12089	39357	18.31	10.45	5649	1934
		458	417	30	50	22	528.55	414.9	19093	60516	19.01	10.70	8338	2902
		498	432	45	70	22	770.8	604.5	30473	94346	19.89	11.07	12238	4368
	500×500	492	465	15	20	22	257.95	202.5	115559	33531	21.17	11.40	4698	1442
		502	465	15	25	22	304.45	239.0	145012	41910	21.82	11.73	5777	1803
		502	470	20	25	22	329.55	258.7	150283	43295	21.35	11.46	5987	1842

续表

类别	型号（高度×宽度）（mm×mm）	截面尺寸（mm）					截面面积（cm^2）	质量（kg/m）	惯性矩（cm^4）		回转半径（cm）		截面模量（cm^3）	
		h	b	t_1	t_2	r			I_x	I_y	i_x	i_y	W_x	W_y
HM（中翼缘H型钢）	150×100	148	100	6	9	8	26.35	20.7	995.3	150.3	6.15	2.39	134.5	30.1
	200×150	194	150	6	9	8	38.11	29.9	2586	506.6	8.24	3.65	266.6	67.7
	250×175	244	175	7	11	13	55.49	43.6	5908	983.5	10.32	4.21	484.3	112.4
	300×200	294	200	8	12	13	71.05	55.8	10858	1602	12.36	4.75	738.6	160.2
	350×250	340	250	9	14	13	99.53	78.1	20867	3648	14.48	6.05	1227	291.9
	400×300	390	300	10	16	13	133.25	104.6	37363	7203	16.75	7.35	1916	480.2
	450×300	440	300	11	18	13	153.89	120.8	54067	8105	18.74	7.26	2458	540.3
	500×300	482	300	11	15	13	141.17	110.8	57212	6756	20.13	6.92	2374	450.4
		488	300	11	18	13	159.17	124.9	67916	8106	20.66	7.14	2783	540.4
	550×300	544	300	11	15	13	147.99	116.2	74874	6756	22.49	6.76	2753	450.4
		550	300	11	18	13	165.99	130.3	88470	8106	23.09	6.99	3217	540.4
	600×300	582	300	12	17	13	169.21	132.8	97287	7659	23.98	6.73	3343	510.6
		588	300	12	20	13	187.21	147.0	112827	9009	24.55	6.94	3838	600.6
		594	302	14	23	13	217.09	170.4	132179	10572	24.68	6.98	4450	700.1
HN（窄翼缘H型钢）	100×50	100	50	5	7	8	11.85	9.3	191.0	14.7	4.02	1.11	38.2	5.9
	125×60	125	60	6	8	8	16.69	13.1	407.7	29.1	4.94	1.32	65.2	9.7
	150×75	150	75	5	7	8	17.85	14.0	645.7	49.4	6.01	1.66	86.1	13.2
	175×90	175	90	5	8	8	22.90	18.0	1174	97.4	7.16	2.06	134.2	21.7
	200×100	198	99	4.5	7	8	22.69	17.8	1484	113.4	8.09	2.24	149.9	22.9
		200	100	5.5	8	8	26.67	20.9	1753	133.7	8.11	2.24	175.3	26.7
	250×125	248	124	5	8	8	31.99	25.1	3346	254.5	10.23	2.82	269.8	41.1
		250	125	6	9	8	36.97	29.0	3868	293.5	10.23	2.82	309.4	47.0
	300×150	298	149	5.5	8	13	40.80	32.0	5911	441.7	12.04	3.29	396.7	59.3
		300	150	6.5	9	13	46.78	36.7	6829	507.2	12.08	3.29	455.3	67.6
	350×175	346	174	6	9	13	52.45	41.2	10456	791.1	14.12	3.88	604.4	90.9
		350	175	7	11	13	62.91	49.4	12980	983.8	14.36	3.95	781.7	112.4
	400×150	400	150	8	13	13	70.37	55.2	17906	733.2	15.95	3.23	895.3	97.8
	400×200	396	199	7	11	13	71.41	56.1	19023	1446	16.32	4.50	960.8	145.3
		400	200	8	13	13	83.37	65.4	22775	1735	16.53	4.56	1139	173.5
	450×200	446	199	8	12	13	82.97	65.1	27146	1578	18.09	4.36	1217	158.6
		450	200	9	14	13	95.43	74.9	31973	1870	18.30	4.43	1421	187.0
	500×200	496	199	9	14	13	99.29	77.9	39628	1842	19.98	4.31	1598	185.1
		500	200	10	16	13	112.25	88.1	45685	2138	20.17	4.36	1827	213.8
		506	201	11	19	13	129.31	101.5	54478	2577	20.53	4.46	2153	256.4
	550×200	546	199	9	14	13	103.79	81.5	49245	842	121.78	4.21	1804	185.2
		550	200	10	16	13	149.25	117.2	79515	7205	23.08	6.95	2891	480.3
	600×200	596	199	10	15	13	117.75	92.4	64739	1975	23.45	4.10	2172	198.5
		600	200	11	17	13	131.71	103.4	73.749	2273	23.66	4.15	2458	227.3
		606	201	12	20	13	149.77	117.6	86656	2716	24.05	4.26	2860	270.2
	650×300	646	299	10	15	13	152.75	119.9	107794	6688	26.56	6.62	3337	447.4
		650	300	11	17	13	171.21	134.4	122739	7657	26.77	6.69	3777	510.5
		656	301	12	20	13	195.77	153.7	144433	9100	27.16	6.82	4403	604.6

续表

类别	型号（高度×宽度）（mm×mm）	截面尺寸(mm)					截面面积（cm^2）	质量（kg/m）	惯性矩(cm^4)		回转半径(cm)		截面模量(cm^3)	
		h	b	t_1	t_2	r			I_x	I_y	i_x	i_y	W_x	W_y
HN（窄翼缘H型钢）	700×300	692	300	13	20	18	207.54	162.9	164101	9014	28.12	6.59	4743	600.9
		700	300	13	24	18	231.54	181.8	193622	10814	28.92	6.83	5532	720.9
	750×300	734	299	12	16	18	182.70	143.4	155539	7140	29.18	6.25	4238	477.6
		742	300	13	20	18	214.04	168.0	191989	9015	29.95	6.49	5175	601.0
		750	300	13	24	18	238.04	186.9	225863	10815	30.80	6.74	6023	721.0
		758	303	16	28	18	284.78	223.6	271350	13008	30.87	6.76	7160	858.6
	800×300	792	300	14	22	18	239.50	188.0	242399	9919	31.81	6.44	6121	661.3
		800	300	14	26	18	263.50	206.8	280925	11719	32.65	6.67	7023	781.3
	850×300	834	298	14	19	18	227.46	178.6	243858	8400	32.74	6.08	5848	563.8
		842	299	15	23	18	259.72	203.9	291216	10271	33.49	6.29	6917	687.0
		850	300	16	27	18	292.14	229.3	339670	12179	34.10	6.46	7992	812.0
		858	301	17	31	18	324.72	254.9	389234	14125	34.62	6.60	9073	938.5
	900×300	890	299	15	23	18	266.92	209.5	330588	10273	35.19	6.20	7429	687.1
		900	300	16	28	18	305.82	240.1	397241	12631	36.04	6.43	8828	842.1
		912	302	18	34	18	364.06	282.6	484615	15652	36.69	6.59	10628	1037
	1000×300	970	297	16	21	18	276.00	216.7	382977	9203	37.25	5.77	7896	619.7
		980	298	17	26	18	315.50	247.7	462157	11505	38.27	6.04	9432	772.3
		990	298	17	31	18	345	271.1	535201	13713	39.37	6.30	10812	920.3
		1000	300	19	36	18	395.1	310.2	626396	16256	39.82	6.41	12528	1084
		1008	302	21	40	18	439.26	344.8	704572	18437	40.05	6.48	13980	1221
HT（薄壁H型钢）	100×50	95	48	3.2	4.5	8	7.62	6.0	109.7	8.4	3.79	1.05	23.1	3.5
		97	49	4	5.5	8	9.38	7.4	141.8	10.9	3.89	1.08	29.2	4.4
	100×100	96	99	4.5	6	8	16.21	12.7	272.7	97.1	4.10	2.45	56.8	19.6
	125×60	118	58	3.2	4.5	8	9.26	7.3	202.4	14.7	4.68	1.26	34.3	5.1
		102	59	4	5.5	8	11.40	8.9	259.7	18.9	4.77	1.29	43.3	6.4
	125×125	119	123	4.5	6	8	20.12	15.8	523.6	186.2.1	5.10	3.04	88.0	30.3
	150×75	145	73	3.2	4.5	8	11.47	9.0	383.2	29.3	5.78	1.60	52.9	8.0
		147	74	4	5.5	8	14.13	11.1	488.0	37.3	5.88	1.62	66.4	10.1
	150×100	139	97	3.2	4.5	8	13.44	10.5	447.3	68.5	5.77	2.26	64.4	14.1
		142	99	4.5	6	8	18.28	14.3	632.7	97.2	5.88	2.31	89.1	19.6
	150×150	144	148	5	7	8	27.77	21.8	1070	378.4	6.21	3.69	148.6	51.1
		147	149	6	8.5	8	33.68	26.4	1338	468.9	6.30	3.73	182.1	62.9
	175×90	168	88	3.2	4.5	8	13.56	10.6	619.6	51.2	6.76	1.94	73.8	11.6
		171	89	4	6	8	17.59	13.8	852.1	70.6	6.96	2.00	99.7	15.9
	175×175	167	173	5	7	13	33.32	26.2	1731	604.5	7.21	4.26	207.2	69.9
		172	175	6.5	9.5	13	44.65	35.0	2466	849.2	7.43	4.36	286.8	97.1
	200×100	193	98	3.2	4.5	8	15.26	12.0	921.0	70.7	7.77	2.15	95.4	14.4
		196	99	4	6	8	19.79	15.5	1260	97.2	7.98	2.22	128.6	19.6
	200×150	188	149	4.5	6	8	26.35	20.7	1669	331.0	7.96	3.54	177.6	44.4
	200×200	192	198	6	8	13	43.69	34.3	2984	1036	8.26	4.87	310.8	104.6
	250×125	244	124	4.5	6	8	25.87	20.3	2529	190.9	9.89	2.72	207.3	30.8

续表

类别	型号(高度×宽度)(mm×mm)	截面尺寸(mm)					截面面积(cm^2)	质量(kg/m)	惯性矩(cm^4)		回转半径(cm)		截面模量(cm^3)	
		h	b	t_1	t_2	r			I_x	I_y	i_x	i_y	W_x	W_y
HT(薄壁H型钢)	250×175	238	173	4.5	8	13	39.12	30.7	4045	690.8	10.17	4.20	339.9	79.9
	300×150	294	148	4.5	6	13	31.90	25.0	4342	324.6	11.67	3.19	295.4	43.9
	300×200	286	198	6	8	13	49.33	38.7	7000	1036	11.91	4.58	489.5	104.6
	350×175	340	173	4.5	6	13	36.97	29.0	6823	518.3	13.58	3.74	401.3	59.9
	400×150	390	148	6	8	13	47.57	37.3	10900	433.2	15.14	559.0	58.5	
	400×200	390	198	6	8	13	55.57	43.6	13819	1036	15.77	4.32	708.7	104.6

注:(1) 同一型号的产品,其内侧尺寸高度一致;
(2) 截面面积计算公式为:$t_1(H-2t_2)+2Bt_2+0.858r^2$。

附表 5　HN 型钢与工字钢型号及截面特性参数对比

工字钢型号	HN 型钢型号	截面面积	抗弯强度	抗剪强度	抗弯刚度	回转半径		工字钢型号	HN 型钢型号	截面面积	抗弯强度	抗剪强度	抗弯刚度	回转半径	
						i_x	i_y							i_x	i_y
I10	125×60	1.16	1.33	1.62	1.66	1.19	0.87	I32b	350×175	0.86	1.02	0.67	1.12	1.14	1.54
I12.6	150×75	0.99	1.11	1.15	1.32	1.16	1.03		400×150	0.96	1.23	0.86	1.54	1.27	1.26
I14	175×90	1.07	1.32	1.12	1.65	1.25	1.19		396×199	0.97	1.32	0.76	1.64	1.30	1.75
I16	175×90	0.88	0.95	0.90	1.04	1.09	1.09	I32c	350×175	0.79	0.97	0.58	1.07	1.16	1.56
	198×99	0.87	1.06	0.91	1.32	1.23	1.19		400×150	0.88	1.18	0.74	1.47	1.29	1.28
	200×100	1.02	1.24	1.12	1.56	1.23	1.19		396×199	0.89	1.26	0.66	1.56	1.32	1.78
I18	200×100	0.87	0.95	0.91	1.03	1.10	1.12	I36a	400×150	0.92	1.02	0.87	1.13	1.29	1.20
	248×124	1.04	1.46	1.04	1.97	1.39	1.41		396×199	0.93	1.09	0.77	1.20	1.31	1.67
I20a	248×124	0.90	1.14	0.88	1.41	1.25	1.34	I36b	400×150	0.84	0.97	0.73	1.08	1.13	1.22
	250×125	1.04	1.31	1.06	1.63	1.25	1.34		396×199	0.85	1.04	0.65	1.15	1.16	1.70
I20b	248×124	0.81	1.08	0.88	1.34	1.29	1.36		400×200	1.00	1.24	0.76	1.37	1.17	1.73
	250×125	0.93	1.24	0.84	1.55	1.29	1.36		406×199	0.99	1.32	0.83	1.64	1.28	1.65
I22a	250×125	0.88	1.00	0.90	1.14	1.14	1.22	I36c	396×199	0.79	1.00	0.56	1.10	1.18	1.73
	298×149	0.97	1.28	0.95	1.74	1.34	1.42		400×200	0.92	1.18	0.66	1.31	1.20	1.75
I22b	250×125	0.80	0.95	0.72	1.08	1.17	1.24		446×199	0.91	1.26	0.72	1.56	1.31	1.68
	298×149	0.88	1.22	0.76	1.65	1.37	1.45	I40a	400×200	0.97	1.05	0.77	1.05	1.04	1.65
	300×150	1.00	1.40	0.91	1.91	1.38	1.45		446×199	0.96	1.12	0.85	1.25	1.14	1.57
I25a	298×149	0.84	0.99	0.79	1.18	1.18	1.37	I40b	400×200	0.89	1.00	0.65	1.00	1.06	1.68
	300×150	0.96	1.13	0.94	1.36	1.19	1.37		446×199	0.88	1.07	0.72	1.19	1.16	1.61
I25b	298×149	0.76	0.94	0.64	1.12	1.21	1.39		450×200	1.01	1.25	0.82	1.40	1.18	1.63
	300×150	0.87	10.8	0.76	1.29	1.22	1.39	I40c	400×200	0.82	0.96	0.57	0.96	1.08	1.71
	346×174	0.98	1.43	0.82	1.98	1.42	1.64		446×199	0.81	1.02	0.63	1.14	1.18	1.63
I28a	346×174	0.95	1.19	0.85	1.50	1.25	1.56		450×200	0.93	1.19	0.72	1.34	1.20	1.66
I28b	346×174	0.86	1.13	0.70	1.40	1.27	1.59		496×199	0.97	1.34	0.78	1.66	1.31	1.61
	350×175	1.03	1.39	0.84	1.74	1.30	1.62	I45a	450×200	0.93	0.99	0.79	1.00	1.03	1.53
I32a	350×175	0.94	1.07	0.80	1.17	1.12	1.51		496×199	0.97	1.12	0.86	1.23	1.13	1.49

续表

工字钢型号	HN 型钢型号	截面面积	抗弯强度	抗剪强度	抗弯刚度	回转半径 i_x	回转半径 i_y
I45b	450×200	0.86	0.95	0.68	0.95	1.05	1.56
	496×199	0.89	1.07	0.74	1.17	1.15	1.52
	500×200	1.01	1.22	0.84	1.35	1.16	1.54
I45c	450×200	0.79	0.91	0.60	0.91	1.07	1.59
	496×199	0.82	1.02	0.65	1.12	1.17	1.54
	500×200	0.93	1.17	0.74	1.29	1.18	1.56
	500×199	0.98	1.39	0.86	1.84	1.37	1.47
I50a	500×200	0.94	0.98	0.83	0.98	1.02	1.42
	596×199	0.99	1.17	0.98	1.39	1.19	1.34
I50b	506×201	1.00	1.11	0.81	1.12	1.06	1.48
	596×199	0.91	1.12	0.85	1.33	1.21	1.36
	600×200	1.02	1.27	0.94	1.52	1.22	1.38

工字钢型号	HN 型钢型号	截面面积	抗弯强度	抗剪强度	抗弯刚度	回转半径 i_x	回转半径 i_y
I50c	500×200	0.81	0.90	0.64	0.90	1.06	1.47
	506×201	0.93	1.06	0.72	1.08	1.08	1.51
	596×199	0.85	1.07	0.75	1.28	1.23	1.39
	600×200	0.95	1.21	0.83	1.46	1.24	1.40
I56a	596×199	0.87	0.93	0.84	0.99	1.07	1.29
	600×200	0.97	1.05	0.93	1.12	1.07	1.31
I56b	606×201	1.02	1.17	0.90	1.26	1.11	1.37
I56c	600×200	0.83	0.96	0.72	1.03	1.11	1.34
	606×201	0.95	1.21	0.80	1.21	1.13	1.39
I63a	582×300	1.09	1.12	0.87	1.03	0.97	2.03
I63b	582×300	1.01	1.07	0.77	0.99	0.99	2.07
I63c	582×300	0.94	1.03	0.68	0.95	1.00	2.10

附表 6　剖分 T 型钢规格及截面特性(按 GB/T 11263—2005)

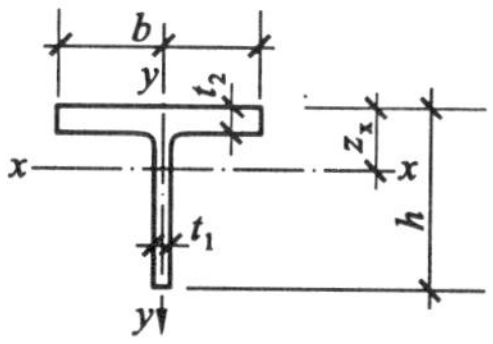

类别	型号(高度×宽度)(mm×mm)	截面尺寸(mm) h	b	t_1	t_2	r	截面面积(cm²)	质量(kg/m)	惯性矩(cm⁴) I_x	I_y	回转半径(cm) i_x	i_y	截面模量(cm³) W_x	W_y	重心 z_x	对应H型钢系列型号
TW(宽翼缘剖分T型钢)	50×100	50	100	6	8	8	10.79	8.47	16.7	67.7	1.23	2.49	4.2	13.5	1.00	100×100
	62.5×125	62.5	125	6.5	9	8	15.00	11.8	35.2	147.1	1.53	3.13	6.9	23.5	1.19	125×125
	75×150	75	150	7	10	8	19.82	15.6	66.6	281.9	1.83	3.77	10.9	37.6	1.37	150×150
	87.5×175	87.5	175	7.5	11	13	25.71	20.2	115.8	494.4	2.12	4.38	16.1	56.5	1.55	175×175
	100×200	100	200	8	12	13	31.77	24.9	185.6	803.3	2.42	5.03	22.4	80.3	1.73	200×200
		100	204	12	12	13	35.77	28.1	256.3	853.6	2.68	4.89	32.4	83.7	2.09	
	125×250	125	250	9	14	13	45.72	35.9	413.0	1827	3.01	6.32	39.6	146.1	2.08	250×250
		125	255	14	14	13	51.97	40.8	589.3	1941	3.37	6.11	59.4	152.2	2.58	
	150×300	147	302	12	12	13	53.17	41.7	855.8	2760	4.01	7.20	72.2	182.8	2.85	300×300
		150	300	10	15	13	59.23	46.5	798.7	3379	3.67	7.55	63.8	225.3	2.47	
		150	305	15	15	13	66.72	52.4	1107	3554	4.07	7.30	92.5	233.1	3.04	
	175×350	172	348	10	16	13	72.01	56.5	1231	5624	4.13	8.78	84.7	323.2	2.67	350×350
		175	350	12	19	13	85.95	67.5	1520	6794	4.21	8.89	103.9	388.2	2.87	
	200×400	194	402	15	15	22	89.23	70.0	2479	8150	5.27	9.56	157.9	405.5	3.70	400×400
		197	398	11	18	22	93.41	73.3	2050	9481	4.69	10.07	122.9	476.4	3.01	
		200	400	13	21	22	109.35	85.8	2483	1122	4.77	10.13	147.9	561.3	3.21	
		200	408	21	21	22	125.35	98.4	3654	1192	5.40	9.75	229.4	584.7	4.07	
		207	405	18	28	22	147.70	115.9	3634	1553	4.96	10.26	213.6	767.2	3.68	
		214	407	20	35	22	180.33	141.6	4393	1970	4.94	10.45	251.0	968.2	3.90	

续表

类别	型号(高度×宽度)(mm×mm)	截面尺寸(mm)					截面面积(cm²)	质量(kg/m)	惯性矩(cm⁴)		回转半径(cm)		截面模量(cm³)		重心	对应H型钢系列型号
		h	b	t_1	t_2	r			I_x	I_y	i_x	i_y	W_x	W_y	z_x	
TM(中翼缘剖分T型钢)	75×100	74	100	6	9	8	13.17	10.3	51.7	75.6	1.98	2.39	8.9	15.1	1.56	150×100
	100×150	97	150	6	9	8	19.05	15.0	124.4	253.7	2.56	3.65	15.8	33.8	1.80	200×150
	125×175	122	175	7	11	13	27.75	21.8	288.3	494.4	3.22	4.22	29.1	56.5	2.28	250×175
	150×200	147	200	8	12	13	35.53	27.9	570.0	803.5	4.01	4.76	48.1	80.3	2.85	300×200
	175×250	170	250	9	14	13	49.77	39.1	1016	1827	4.52	6.06	73.1	146.1	3.11	350×250
	200×300	195	300	10	16	13	66.63	52.3	1730	3605	5.10	7.36	107.7	240.3	3.43	400×300
	225×300	220	300	11	18	13	76.95	60.4	2680	4056	5.90	7.26	149.6	270.4	4.09	450×300
	250×300	241	300	11	15	28	73.23	57.5	3420	3380	6.83	6.80	178	226	4.90	500×300
		244	300	11	18	28	82.23	64.5	3620	4060	6.64	7.03	184	271	4.65	
	275×300	272	300	11	15	13	74.00	58.1	4789	3381	8.04	6.76	225.4	225.4	5.96	550×300
		275	300	11	18	13	83.00	65.2	5093	4056	7.83	6.99	232.5	270.4	5.59	
	300×300	291	300	12	17	13	84.61	66.4	6324	3832	8.65	6.73	280.0	255.5	6.51	600×300
		294	300	12	20	13	84.61	66.4	6324	3832	8.65	6.73	288.0	255.5	6.51	
		297	302	14	23	13	108.55	85.2	7917	5289	8.54	6.98	339.9	350.3	6.41	
TN(窄翼缘剖分T型钢)	50×50	50	50	5	7	8	5.92	4.7	11.9	7.8	1.42	1.14	3.2	3.1	1.28	100×50
	62.5×60	62.5	60	6	8	8	8.34	6.6	27.5	14.9	1.81	1.34	6.0	5.0	1.64	125×60
	75×75	75	75	5	7	8	8.92	7.0	42.4	25.1	2.18	1.68	7.4	6.7	1.79	150×75
	87.5×90	87.5	90	5	8	8	11.45	9.0	70.5	49.1	2.48	2.07	10.3	10.9	1.93	175×90
	100×100	99	99	4.5	7	8	11.34	8.9	93.1	57.1	2.87	2.24	12.0	11.5	2.17	200×100
		100	100	5.5	8	8	13.33	10.5	113。9	67.2	2.92	2.25	14.8	13.4	2.31	
	125×125	124	124	5	8	8	15.99	12.6	206.7	127.6	3.59	2.82	21.2	20.6	2.66	250×125
		125	125	6	9	8	18.48	14.5	247.5	147.1	3.66	2.82	25.5	23.5	2.81	
	150×150	149	149	5.5	8	13	20.40	16.0	390.4	223.3	4.37	3.31	33.5	30.0	3.26	300×150
		150	150	6.5	9	13	23.39	18.4	460.4	256.1	4.44	3.31	39.7	34.2	3.41	
	175×175	173	174	6	9	13	26.23	20.6	674.7	398.0	5.07	3.90	49.7	45.8	3.72	350×175
		175	175	7	11	13	31.46	24.7	811.1	494.5	5.08	3.96	59.0	56.5	3.76	
	200×200	198	199	7	11	13	35.71	28.0	1188	725.7	5.77	4.51	76.2	72.9	4.20	400×200
		200	200	8	13	13	41.69	32.7	1392	870.3	5.78	4.57	88.4	87.0	4.26	
	225×200	223	199	8	12	13	41.49	32.6	1863	791.8	6.70	4.37	108.7	79.6	5.15	450×200
		225	200	9	14	13	47.72	37.5	2148	937.6	6.71	4.43	124.1	93.6	5.19	
	250×200	248	199	9	14	13	49.65	39.0	2820	923.8	7.54	4.31	149.8	92.8	5.97	500×200
		250	200	10	16	13	56.13	44.1	3201	1072	7.55	4.37	168.7	107.2	6.03	
		253	201	11	19	13	64.66	50.8	3666	1292	7.53	4.47	189.9	128.5	6.00	
	275×200	273	199	9	14	13	51.90	40.7	3689	924.0	8.43	4.22	180.3	92.9	6.85	550×200
		275	199	9	14	13	51.90	40.7	3689	924.0	8.43	4.22	180.3	92.9	6.85	
	300×200	298	199	10	15	13	58.88	46.2	5148	990.6	9.35	4.10	235.3	99.6	7.92	600×200
		300	200	11	17	13	65.86	51.7	5779	1140	9.37	4.16	262.1	114.0	7.95	
		303	201	12	20	13	74.89	58.8	6554	1361	9.36	4.26	292.4	135.4	7.88	
	325×300	323	299	10	105	12	76.27	59.9	7230	3346	9.74	6.62	289.0	223.8	7.28	650×300
		325	300	11	17	13	85.61	67.2	8095	3832	9.72	6.69	321.1	255.4	7.29	
		328	301	12	20	13	97.89	76.8	9139	4553	9.66	6.82	357.0	302.5	7.20	

续表

类别	型号(高度×宽度)(mm×mm)	截面尺寸(mm) h	b	t_1	t_2	r	截面面积(cm^2)	质量(kg/m)	惯性矩(cm^4) I_x	I_y	回转半径(cm) i_x	i_y	截面模量(cm^3) W_x	W_y	重心 z_x	对应H型钢系列型号
TN(窄翼缘剖分T型钢)	350×300	346	300	13	20	13	103.11	80.9	1126	4510	10.45	6.61	425.3	300.6	8.12	700×300
		350	300	13	24	13	115.11	90.4	1201	5410	10.22	6.86	439.5	360.6	7.65	
	400×300	396	300	14	22	18	119.75	94.0	1766	4970	12.14	6.44	592.1	331.3	9.77	800×300
		400	300	14	26	18	131.75	103.4	1877	5870	11.94	6.67	610.8	391.3	9.27	
	450×300	445	299	15	23	18	133.46	104.8	2589	5147	13.93	6.21	790.0	344.3	11.72	900×300
		450	300	16	28	18	152.91	120.0	2922	6327	13.82	6.43	868.5	421.8	11.35	
		456	302	18	34	18	180.03	141.3	3434	7838	13.81	6.60	1002	519.0	11.34	

附表 7　工字钢规格及截面特性(按 GB/T 706—2008)

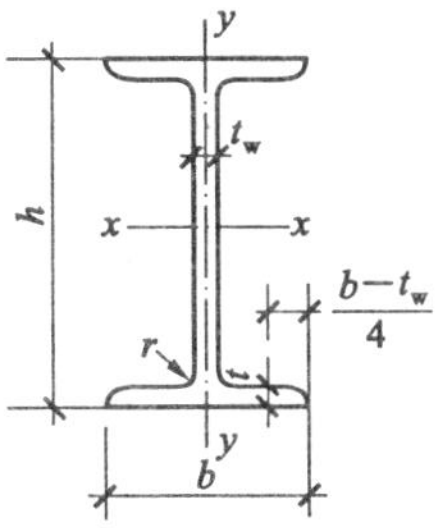

型号	截面尺寸(mm) h	b	d	t	r	r_1	截面面积(cm^2)	质量(kg/m)	惯性矩(cm^4) I_x	I_y	回转半径(cm) i_x	i_y	截面模量(cm^3) W_x	W_y
10	100	68	4.5	7.6	6.5	3.3	14.345	11.261	245	33.0	4.14	1.52	49.07	9.72
12	120	74	5.0	8.4	7.0	3.5	17.818	13.987	436	46.9	4.95	1.62	72.7	12.7
12.6	126	74	5.0	8.4	7.0	3.5	18.118	14.223	488	46.9	5.20	1.61	77.5	12.7
14	140	80	5.5	9.1	7.5	3.8	21.516	16.890	712	64.4	5.76	1.73	102	16.1
16	160	88	6.0	9.9	8.0	4.0	26.131	20.513	1130	93.1	6.58	1.89	141	21.2
18	180	94	6.5	10.7	8.5	4.3	30.756	24.143	1660	122	7.36	2.00	185	26.0
20a	200	100	7.0	11.4	9.0	4.5	35.578	27.929	2370	158	8.15	2.12	237	31.5
20b		102	9.0				39.578	31.069	2500	169	7.96	2.05	250	33.1
22a	220	110	7.5	12.3	9.5	4.8	42.128	33.070	3400	225	8.99	2.31	309	40.9
22b		112	9.5				46.528	36.524	3570	239	8.78	2.27	325	325
24a	240	116	8.0	13.0	10.0	5.0	47.741	37.477	4570	280	9.77	2.42	381	48.4
24b		118	10.0				52.541	41.245	4800	297	9.57	2.38	400	50.4
25a	250	116	8.0				48.541	38.105	5020	280	10.2	2.40	402	48.3
25b		118	10.8				53.541	42.030	5280	309	9.94	2.40	423	52.4
27a	270	122	8.5	13.7	10.5	5.3	54.554	42.825	6550	345	10.9	2.51	485	56.6
27b		124	10.5				59.954	47.064	6870	366	10.7	2.47	509	58.9
28a	280	122	8.5				55.404	43.492	7110	345	11.3	2.50	508	56.6
28b		124	10.5				61.004	47.888	7480	379	11.1	2.49	534	61.2

续表

型号	截面尺寸(mm)						截面面积	质量	惯性矩(cm^4)		回转半径(cm)		截面模量(cm^3)	
	h	b	d	t	r	r_1	(cm^2)	(kg/m)	I_x	I_y	i_x	i_y	W_x	W_y
30a		126	9.0				61.254	48.084	8950	400	12.1	2.55	597	63.5
30b	300	128	11.0	14.4	11.0	5.5	67.254	52.794	9400	422	11.8	2.50	627	65.9
30c		130	13.0				73.254	57.504	9850	445	11.6	2.46	657	68.5
32a		130	9.5				67.156	52.717	11100	460	12.8	2.62	692	70.8
32b	320	132	11.5	15.0	11.5	5.8	73.556	57.741	11600	502	12.6	2.61	726	76.0
32c		134	13.5				79.956	62.765	12200	544	12.3	2.61	760	81.2
36a		136	10.0				76.480	60.037	15800	552	14.4	2.69	857	81.2
36b	360	138	12.0	15.8	12.0	6.0	83.680	65.589	16500	582	14.1	2.64	919	84.3
36c		140	14.0				90.880	71.341	17300	612	13.8	2.60	962	87.4
40a		142	10.5				86.112	67.598	21700	660	15.9	2.77	1090	93.2
40b	400	144	12.5	16.5	12.5	6.3	94.112	73.878	22800	692	15.6	2.71	1140	96.2
40c		146	14.5				102.112	80.158	23900	727	15.2	2.65	1190	99.6
45a		150	11.5				102.446	80.420	32200	855	17.7	2.89	1430	114
45b	450	152	13.5	18.0	13.5	6.8	111.446	87.485	33800	894	17.4	2.84	1500	118
45c		154	15.5				120.446	94.550	35300	938	17.1	2.79	1570	122
50a		158	12.0				119.304	93.654	46500	1120	19.7	3.07	1860	142
50b	500	160	14.0	20.0	14.0	7.0	129.304	101.504	48600	1170	19.4	3.01	1940	146
50c		162	16.0				139.304	109.354	50600	1220	19.0	2.96	2080	151
55a		166	12.5				134.185	105.335	62900	1370	21.6	3.19	2290	164
55b	550	168	14.5				145.185	113.970	65600	1420	21.2	3.14	2390	170
55c		170	16.5	21.0	14.5	7.3	156.185	122.605	68400	1480	20.9	3.08	2490	175
56a		166	12.5				135.435	106.316	65600	1370	22.0	3.18	2340	165
56b	560	168	14.5				146.635	115.108	68500	1490	21.6	3.16	2450	174
56c		170	16.5				157.835	123.900	71400	1560	21.3	3.16	2550	183
63a		176	13.0				154.558	121.407	93900	1700	24.5	3.31	2980	193
63b	630	178	15.0	22.0	15.0	7.5	167.258	131.298	98100	1810	24.2	3.29	3160	204
63c		180	17.0				179.858	141.189	102000	1920	23.8	3.27	3300	214

附表 8　槽钢规格及截面特性(按 GB/T 706—2008)

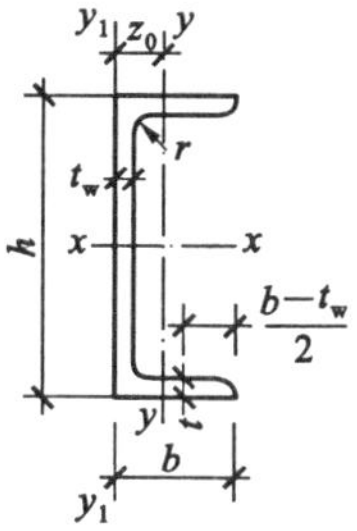

型号	截面尺寸(mm)						截面面积 (cm^2)	质量 (kg/m)	惯性矩 (cm^4)			回转半径 (cm)		截面模量 (cm^3)		重心距离 (cm)
	h	b	d	t	r	r_1			I_x	I_y	I_{y1}	i_x	i_y	W_x	W_y	z_0
5	50	37	4.5	7.0	7.0	3.5	6.928	5.438	26.0	8.30	20.9	1.94	1.10	10.4	3.55	1.35
6.3	63	40	4.8	7.5	7.5	3.8	8.451	6.634	50.8	11.9	28.4	2.45	1.19	16.1	4.50	1.36
8	80	43	5.0	8.0	8.0	4.0	10.248	8.045	101	16.6	37.4	3.15	1.27	25.3	5.79	1.43
10	100	48	5.3	8.5	8.5	4.2	12.748	10.007	198	25.6	54.9	3.95	1.41	39.7	7.80	1.52
12	120	53	5.5	9.0	9.0	4.5	15.362	12.059	346	37.4	77.7	4.75	1.56	57.7	10.2	1.62
12.6	126	53	5.5	9.0	9.0	4.5	15.692	12.318	391	38.0	77.1	4.95	1.57	62.1	10.2	1.59
14a	140	58	6.0	9.5	9.5	4.8	18.516	14.535	564	53.2	107	5.52	1.70	80.5	13.0	1.71
14b		60	8.0				21.316	16.733	609	61.6	121	5.35	1.69	87.1	14.1	1.67
16a	160	63	6.5	10.0	10.0	5.0	21.962	17.24	866	73.3	144	6.28	1.83	108	16.3	1.80
16b		65	8.5				25.162	19.752	935	83.4	161	6.10	1.82	117	17.6	1.72
18a	180	68	7.0	10.5	10.5	5.2	25.699	20.174	1270	98.6	190	7.04	1.96	141	20.0	1.88
18b		70	9.0				29.999	23.000	1370	111	210	6.84	1.95	152	21.5	1.84
20a	200	73	7.0	11.0	11.0	5.5	28.837	22.637	1.780	128	244	7.86	2.11	178	24.2	2.01
20b		75	9.0				32.837	25.777	1910	144	268	7.64	2.09	191	25.9	1.95
22a	220	77	7.0	11.5	11.5	5.8	31.846	24.999	2390	158	298	8.67	2.23	218	28.2	2.10
22b		79	9.0				36.246	28.453	2570	176	326	8.42	2.21	234	30.1	2.03
24a	240	78	7.0	12.0	12.0	6.0	34.217	26.860	3050	174	325	9.45	2.25	254	30.5	2.10
24b		80	9.0				39.017	30.628	3280	194	355	9.17	2.23	274	32.5	2.03
24c		82	11.0				43.817	34.396	3510	213	388	8.96	2.21	293	34.4	2.00
25a	250	78	7.0				34.917	27.410	3370	176	322	9.82	2.24	270	30.6	2.07
25b		80	9.0				39.917	31.335	3530	196	353	9.41	2.22	282	32.7	1.98
25c		82	11.0				44.917	35.260	3690	218	384	9.07	2.21	295	35.9	1.92
27a	270	82	7.5	12.5	12.5	6.2	39.284	30.838	4350	216	393	10.5	2.34	323	35.5	2.13
27b		84	9.5				44.684	35.077	4690	239	428	10.3	2.31	347	37.7	2.06
27c		86	11.5				50.084	39.316	5020	261	467	10.1	2.28	372	39.8	2.03
28a	280	82	7.5				40.034	31.427	4760	218	388	10.9	2.33	340	35.7	2.10
28b		84	9.5				45.634	35.823	5130	242	428	10.6	2.30	366	37.9	2.02
28c		86	11.5				51.234	40.219	5500	268	463	10.4	2.29	393	40.3	1.95

续表

型号	截面尺寸(mm)						截面面积 (cm^2)	质量 (kg/m)	惯性矩 (cm^4)			回转半径 (cm)		截面模量 (cm^3)		重心距离 (cm)
	h	b	d	t	r	r_1			I_x	I_y	I_{y1}	i_x	i_y	W_x	W_y	z_0
30a	300	85	7.5	13.5	13.5	6.8	43.902	34.463	6050	260	467	11.7	2.43	403	41.1	2.17
30b		87	9.5				49.902	39.173	6500	289	515	11.4	2.41	433	44.0	2.13
30c		89	11.5				55.902	43.883	6950	316	560	11.2	2.38	463	46.4	2.09
32a	320	88	8.0	14.0	14.0	7.0	48.513	38.083	7600	305	552	12.5	2.50	475	46.5	2.24
32b		90	10.0				54.913	43.107	8140	336	593	12.2	2.47	509	49.2	2.16
32c		92	12.0				51.313	48.131	8690	374	643	11.9	2.47	543	52.6	2.09
36a	360	96	9.0	16.0	16.0	8.0	60.910	47.814	11900	455	818	14.0	2.73	660	63.5	2.44
36b		98	11.0				68.110	53.466	12700	497	880	13.6	2.70	703	66.9	2.37
36c		100	13.0				75.310	59.118	13400	536	948	13.4	2.67	746	70.0	2.34
40a	400	100	10.5	18.0	18.0	9.0	75.068	58.928	17600	592	1070	15.3	2.81	879	78.8	2.49
40b		102	12.5				83.068	65.208	18600	640	1140	15.0	2.78	932	82.5	2.44
40c		104	14.5				91.068	71.488	19700	688	1220	14.7	2.75	986	86.2	2.42

附表 9　等边角钢规格及截面特性(按 GB/T 706—2008)

型号	单角钢 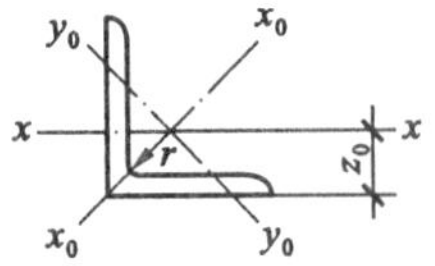										双角钢 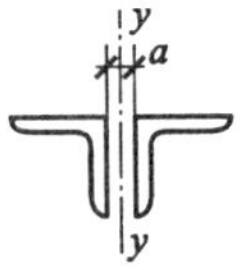			
	圆角 r	形心距 z_0	截面面积	质量	惯性矩 I_x	截面模量		回转半径			i_y,当 a 为下列数值:			
						W_x^{max}	W_x^{min}	i_x	i_{x_0}	i_{y_0}	6mm	8mm	10mm	12mm
	mm		cm^2	kg/m	cm^4	cm^3		cm			cm			
∟20×3	3.5	6.0	1.13	0.89	0.40	0.67	0.29	0.59	0.75	0.39	1.08	1.16	1.25	1.34
∟20×4		6.4	1.46	1.15	0.50	0.78	0.36	0.58	0.73	0.38	1.11	1.19	1.28	1.37
∟25×3	3.5	7.3	1.43	1.12	0.82	1.12	0.46	0.76	0.95	0.49	1.28	1.36	1.44	1.53
∟25×4		7.6	1.86	1.46	1.03	1.36	0.59	0.74	0.93	0.48	1.30	1.38	1.46	1.55
∟30×3		8.5	1.75	1.37	1.46	1.72	0.68	0.91	1.15	0.59	1.47	1.55	1.63	1.71
∟30×4		8.9	2.28	1.79	1.84	2.06	0.87	0.90	1.13	0.58	1.49	1.57	1.66	1.74
∟36×3	4.5	10.0	2.11	1.66	2.58	2.58	0.99	1.11	1.39	0.71	1.71	1.75	1.86	1.95
∟36×4		10.4	2.76	2.16	3.29	3.16	1.28	1.09	1.38	0.70	1.73	1.81	1.89	1.97
∟36×5		10.7	3.38	2.65	3.95	3.70	1.56	1.08	1.36	0.70	1.74	1.82	1.91	1.99
∟40×3		10.9	2.36	1.85	3.59	3.30	1.23	1.23	1.55	0.79	1.85	1.93	2.01	2.09
∟40×4		11.3	3.09	2.42	4.60	4.07	1.60	1.22	1.54	0.79	1.88	1.96	2.04	2.12
∟40×5		11.7	3.79	2.98	5.53	4.73	1.96	1.21	1.52	0.78	1.90	1.98	2.06	2.14
∟45×3	5	12.2	2.66	2.09	5.17	4.24	1.58	1.40	1.76	0.90	2.06	2.14	2.21	2.29
∟45×4		12.6	3.49	2.74	6.65	5.28	2.05	1.38	1.74	0.89	2.08	2.16	2.24	2.32
∟45×5		13.0	4.29	3.37	8.04	6.19	2.51	1.37	1.72	0.88	2.11	2.18	2.26	2.34
∟45×6		13.3	5.08	3.99	9.33	7.0	2.95	1.36	1.70	0.88	2.12	2.20	2.28	2.36
∟50×3	5.5	13.4	2.97	2.33	7.18	5.36	1.96	1.55	1.96	1.00	2.26	2.33	2.41	2.49
∟50×4		13.8	3.90	3.06	9.26	6.71	2.56	1.54	1.94	0.99	2.28	2.35	2.43	2.51
∟50×5		14.2	4.80	3.77	11.21	7.89	3.13	1.53	1.92	0.98	2.30	2.38	2.45	2.53
∟50×6		14.6	5.69	4.47	13.05	8.94	3.68	1.52	1.91	0.98	2.32	2.40	2.48	2.56

续表

型号	单角钢 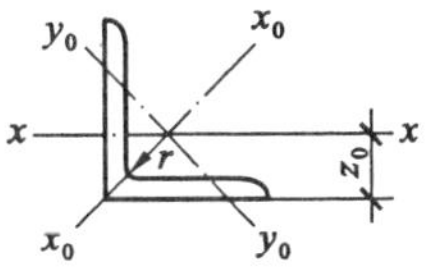										双角钢 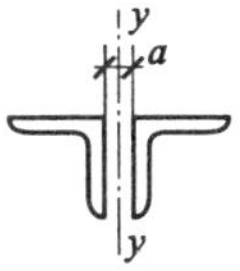			
	圆角 r	形心距 z_0	截面面积	质量	惯性矩 I_x	截面模量		回转半径			i_y，当 a 为下列数值：			
						W_x^{max}	W_x^{min}	i_x	i_{x_0}	i_{y_0}	6mm	8mm	10mm	12mm
	mm		cm²	kg/m	cm⁴	cm³		cm			cm			
∟56×3	6	14.8	3.34	2.62	10.19	6.89	2.48	1.75	2.20	1.13	2.49	2.57	2.64	2.71
4		15.3	4.39	3.45	13.18	8.63	3.24	1.73	2.18	1.11	2.52	2.59	2.67	2.75
5		15.7	5.42	4.25	16.02	10.20	3.97	1.72	2.17	1.10	2.54	2.62	2.69	2.77
6		16.1	6.42	5.04	18.69	11.61	4.68	1.71	2.15	1.10	2.56	2.64	2.71	2.79
7		16.4	7.40	5.81	21.23	12.95	5.36	1.69	2.13	1.09	2.58	2.65	2.73	2.81
8		16.8	8.37	6.57	23.63	14.07	6.03	1.68	2.11	1.09	2.60	2.67	2.75	2.83
∟60×5	6	16.7	5.83	4.58	19.89	11.91	4.59	1.85	2.33	1.19	2.70	2.77	2.85	2.93
6		17.0	6.91	5.43	23.25	13.68	5.41	1.83	2.31	1.18	2.71	2.79	2.86	2.94
7		17.4	7.98	6.26	26.44	15.20	6.21	1.82	2.29	1.17	2.73	2.81	2.89	2.96
8		17.8	9.02	7.08	29.47	16.56	6.98	1.81	2.27	1.17	2.76	2.83	2.91	2.99
∟63×4	7	17.0	4.98	3.91	19.03	11.19	4.13	1.96	2.46	1.26	2.80	2.87	2.94	3.02
5		17.4	6.14	4.82	23.17	13.32	5.08	1.94	2.45	1.25	2.82	2.89	2.97	3.04
6		17.8	7.29	5.72	27.12	15.24	6.00	1.93	2.43	1.24	2.84	2.91	2.99	3.06
7		18.2	8.41	6.60	30.87	16.96	6.88	1.92	2.41	1.23	2.86	2.93	3.01	3.09
8		18.5	9.52	7.47	34.46	18.63	7.75	1.90	2.40	1.23	2.87	2.95	3.02	3.10
10		19.3	11.66	9.15	41.09	21.29	9.39	1.88	2.36	1.22	2.91	2.99	3.07	3.15
∟70×4	8	18.6	5.57	4.37	26.39	14.19	5.14	2.18	2.74	1.40	3.07	3.14	3.21	3.28
5		19.1	6.88	5.40	32.21	16.86	6.32	2.16	2.73	1.39	3.09	3.17	3.24	3.31
6		19.5	8.16	6.41	37.77	19.37	7.48	2.15	2.71	1.38	3.11	3.19	3.26	3.34
7		19.9	9.42	7.40	43.09	21.65	8.59	2.14	2.69	1.38	3.13	3.21	3.28	3.36
8		20.3	10.7	8.37	48.17	23.73	9.68	2.12	2.68	1.37	3.15	3.23	3.30	3.38
∟75×5	9	20.4	7.41	5.82	39.97	19.59	7.32	2.33	2.92	1.50	3.30	3.37	3.45	3.52
6		20.7	8.80	6.91	46.95	22.68	8.64	2.31	2.90	1.49	3.31	3.38	3.46	3.53
7		21.1	10.16	7.98	53.57	25.39	9.93	2.30	2.89	1.48	3.33	3.40	3.48	3.55
8		21.5	11.50	9.03	59.96	27.89	11.2	2.28	2.88	1.47	3.35	3.42	3.50	3.57
9		21.8	12.83	10.07	66.10	30.32	12.43	2.27	2.86	1.46	3.36	3.44	3.51	3.59
10		22.2	14.13	11.09	71.98	32.42	13.64	2.26	2.84	1.46	3.38	3.46	3.53	3.61
∟80×5	9	21.5	7.91	6.21	48.79	22.69	8.34	2.48	3.13	1.60	3.49	3.56	3.63	3.71
6		21.9	9.40	7.38	57.35	26.19	9.87	2.47	3.11	1.59	3.51	3.58	3.65	3.72
7		22.3	10.86	8.53	65.58	29.41	11.37	2.46	3.10	1.58	3.53	3.60	3.67	3.75
8		22.7	12.30	9.66	73.49	32.37	12.83	2.44	3.08	1.57	3.55	3.62	3.69	3.77
9		23.1	13.73	10.77	81.11	35.11	14.25	2.43	3.06	1.56	3.57	3.64	3.72	3.79
10		23.5	15.13	11.87	88.43	37.63	15.64	2.42	3.04	1.56	3.59	3.66	3.74	3.81
∟90×6	10	24.4	10.64	8.35	82.77	33.92	12.61	2.79	3.51	1.80	3.91	3.98	4.05	4.13
7		24.8	12.30	9.66	94.83	38.24	14.54	2.78	3.50	1.78	3.93	4.00	4.07	4.15
8		25.2	13.94	10.95	106.47	42.25	16.42	2.76	3.48	1.78	3.95	4.02	4.09	4.17
9		25.6	15.57	12.22	117.72	45.98	18.27	2.75	3.46	1.77	3.97	4.04	4.11	4.19
10		25.9	17.17	13.48	128.58	49.64	20.07	2.74	3.45	1.76	3.98	4.05	4.13	4.20
12		26.7	20.31	15.94	149.22	55.89	23.57	2.71	3.41	1.75	4.02	4.10	4.17	4.25

续表

型号	单角钢 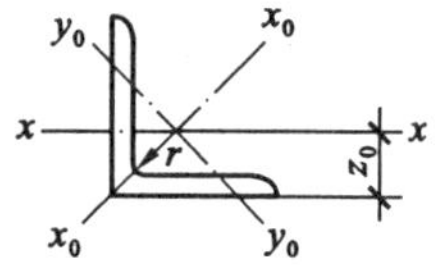										双角钢 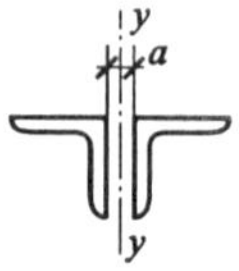			
	圆角 r	形心距 z_0	截面面积	质量	惯性矩 I_x	截面模量 W_x^{max}	截面模量 W_x^{min}	回转半径 i_x	回转半径 i_{x_0}	回转半径 i_{y_0}	i_y，当 a 为下列数值：6mm	8mm	10mm	12mm
	mm		cm^2	kg/m	cm^4	cm^3		cm			cm			
6	12	26.7	11.93	9.37	114.95	43.05	15.68	3.10	3.90	2.00	4.30	4.37	4.44	4.51
7		27.1	13.80	10.83	131.86	48.66	18.10	3.09	3.89	1.99	4.31	4.39	4.46	4.53
8		27.6	15.64	12.28	148.24	53.71	20.47	3.08	3.88	1.98	4.34	4.41	4.48	4.56
∟100×9		28.0	17.46	13.71	164.12	58.61	22.79	3.07	3.86	1.97	4.36	4.43	4.50	4.58
10		28.4	19.26	15.12	179.51	63.21	25.06	3.05	3.84	1.96	4.38	4.45	4.52	4.60
12		29.1	22.80	17.90	208.90	71.79	29.48	3.03	3.81	1.95	4.41	4.49	4.56	4.63
14		29.9	26.26	20.61	236.53	79.11	33.73	3.00	3.77	1.94	4.45	4.53	4.60	4.68
16		30.6	29.63	23.26	262.53	89.79	37.82	2.98	3.74	1.94	4.49	4.56	4.64	4.72
7	12	29.6	15.20	11.93	177.16	59.85	22.05	3.41	4.30	2.20	4.72	4.79	4.86	4.92
8		30.1	17.24	13.53	199.46	66.27	24.95	3.40	4.28	2.19	4.75	4.82	4.89	4.96
∟110×10		30.9	21.26	16.69	242.19	78.38	30.60	3.38	4.25	2.17	4.78	4.86	4.93	5.00
12		31.6	25.20	19.78	282.55	89.41	36.05	3.35	4.22	2.15	4.81	4.89	4.96	5.03
14		32.4	29.06	22.81	320.71	98.98	41.31	3.32	4.18	2.14	4.85	4.93	5.00	5.07
8	14	33.7	19.75	15.50	297.03	88.14	32.52	3.88	4.88	2.50	5.34	5.41	5.48	5.55
10		34.5	24.37	19.13	361.67	104.83	39.97	3.85	4.85	2.48	5.38	5.45	5.52	5.59
∟125×12		35.3	28.91	22.70	423.16	119.88	41.17	3.83	4.82	2.46	5.41	5.48	5.56	5.63
14		36.1	33.37	26.19	481.65	133.42	54.16	3.80	4.78	2.45	5.45	5.52	5.60	5.67
16		36.8	37.74	29.63	537.31	146.01	60.93	3.77	4.75	2.43	5.48	5.56	5.63	5.71
10		38.2	27.37	21.49	514.65	134.73	50.58	4.34	5.46	2.78	5.98	6.05	6.12	6.19
∟140×12		39.0	32.51	25.52	603.68	154.79	59.80	4.31	5.43	2.76	6.02	6.09	6.16	6.23
14		39.8	37.57	29.49	688.81	173.01	68.75	4.28	5.40	2.75	6.05	6.12	6.20	6.27
16		40.6	42.54	33.39	770.24	189.71	77.46	4.26	5.36	2.74	6.09	6.16	6.24	6.31
8	21	39.9	23.75	18.64	521.37	130.67	47.36	4.69	5.90	3.01	6.35	6.42	6.49	6.56
10		40.8	29.37	23.06	637.50	156.25	58.35	4.66	5.87	2.99	6.39	6.46	6.53	6.60
∟150×12		41.5	34.91	27.41	748.85	180.45	69.04	4.63	5.84	2.97	6.42	6.49	6.56	6.63
14		42.3	40.37	31.69	855.64	202.28	79.45	4.60	5.80	2.95	6.46	6.53	6.60	6.67
15		42.7	43.06	33.80	907.39	212.50	84.56	4.59	5.78	2.95	6.48	6.55	6.62	6.69
16		43.1	45.74	35.91	958.08	222.29	89.59	4.58	5.77	2.94	6.50	6.57	6.64	6.71
10	16	43.1	31.50	24.73	779.53	180.87	66.70	4.98	6.27	3.20	6.78	6.85	6.92	6.99
∟160×12		43.9	37.44	29.39	916.58	208.79	78.98	4.95	6.24	3.18	6.82	6.89	6.96	7.02
14		44.7	43.30	33.99	1048.36	234.53	90.95	4.92	6.20	3.16	6.85	6.92	6.99	7.07
16		45.5	49.07	38.52	1175.08	258.26	102.63	4.89	6.17	3.14	6.89	6.96	7.03	7.10
12		48.9	42.24	33.16	1321.35	270.21	100.82	5.59	7.05	3.58	7.63	7.70	7.77	7.84
∟180×14		49.7	48.90	38.38	1514.48	304.72	116.25	5.56	7.02	3.57	7.66	7.73	7.81	7.87
16		50.5	55.47	43.54	1700.99	336.83	131.13	5.54	6.98	3.55	7.70	7.77	7.84	7.91
18		51.3	61.96	48.63	1875.12	365.52	145.64	5.50	6.94	3.53	7.73	7.80	7.87	7.94
14	18	54.6	54.64	42.89	2103.55	385.27	144.70	6.20	7.82	3.98	8.47	8.53	8.60	8.67
16		55.4	62.01	48.68	2366.15	427.10	163.65	6.18	7.79	3.96	8.50	8.57	8.64	8.71
∟200×18		56.2	69.30	54.40	2620.64	466.31	182.22	6.15	7.75	3.94	8.54	8.61	8.67	8.75
20		56.9	76.51	60.06	2867.30	503.92	200.42	6.12	7.72	3.93	8.56	8.64	8.71	8.78
24		58.7	90.66	71.17	3338.25	568.70	236.17	6.07	7.64	3.90	8.65	8.73	8.80	8.87

续表

型号	单角钢 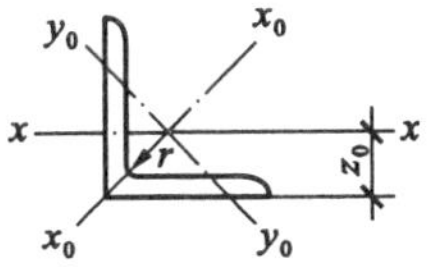										双角钢 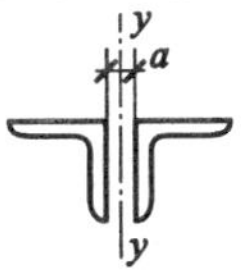			
	圆角 r	形心距 z_0	截面面积	质量	惯性矩 I_x	截面模量		回转半径			i_y，当 a 为下列数值：			
						W_x^{max}	W_x^{min}	i_x	i_{x_0}	i_{y_0}	6mm	8mm	10mm	12mm
	mm		cm^2	kg/m	cm^4	cm^3		cm			cm			
∟220×16	21	60.3	68.66	53.90	3187.36	528.58	199.55	6.81	8.59	4.37	9.30	9.37	9.44	9.51
∟220×18		61.1	76.75	60.25	3534.30	578.45	222.37	6.79	8.55	4.35	9.33	9.40	9.47	9.54
∟220×20		61.8	84.76	66.53	3871.49	626.45	244.77	6.76	8.52	4.34	9.36	9.43	9.50	9.57
∟220×22		62.6	92.68	72.75	4199.23	670.80	266.78	6.73	8.48	4.32	9.40	9.47	9.54	9.61
∟220×24		63.3	100.51	78.90	4517.83	713.72	288.39	6.70	8.45	4.31	9.43	9.50	9.57	9.64
∟220×26		64.1	108.26	84.99	4827.58	753.13	309.62	6.68	8.41	4.30	9.47	9.54	9.61	9.68
∟250×18	24	68.4	87.84	68.96	5268.22	770.21	290.12	7.74	9.76	4.97	10.53	10.60	10.67	10.74
∟250×20		69.2	97.05	76.18	5779.34	835.16	319.66	7.72	9.73	4.95	10.57	10.64	10.71	10.78
∟250×24		70.7	115.20	90.43	6763.93	956.71	377.34	7.66	9.66	4.92	10.63	10.70	10.77	10.84
∟250×26		71.5	124.15	97.46	7238.08	1012.32	405.50	7.63	9.62	4.90	10.67	10.74	10.81	10.88
∟250×28		72.2	133.02	104.42	7700.60	1066.57	433.22	7.61	9.58	4.89	10.70	10.77	10.84	10.91
∟250×30		73.0	141.81	111.32	8151.80	1116.68	460.51	7.58	9.55	4.88	10.74	10.81	10.88	10.95
∟250×32		73.7	150.51	118.15	8592.01	1165.81	487.39	7.56	9.51	4.87	10.77	10.84	10.91	10.98
∟250×35		74.8	163.40	128.27	9232.44	1234.28	526.97	7.52	9.46	4.86	10.82	10.89	10.96	11.04

附表10 不等边角钢规格及截面特性(按GB/T 706—2008)

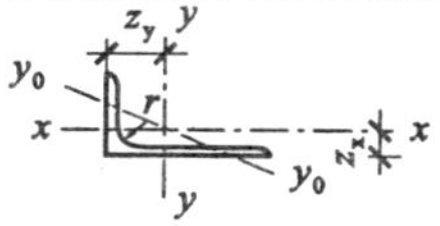

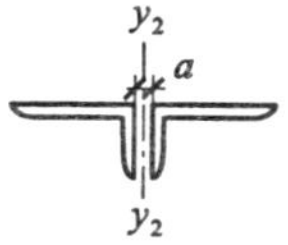

型号	单角钢										双角钢							
	圆角 r	形心距		截面面积	质量	惯性矩		回转半径			i_{y_1}，当a为下列数值				i_{y_2}，当a为下列数值			
		z_x	z_y			I_x	I_y	i_x	i_y	i_{y_0}	6mm	8mm	10mm	12mm	6mm	8mm	10mm	12mm
		mm		cm^2	kg/m	cm^4		cm			cm				cm			
∟25×16×3	3.5	4.2	8.6	1.16	0.91	0.22	0.70	0.44	0.78	0.34	0.84	0.93	1.02	1.11	1.40	1.48	1.57	1.65
∟25×16×4		4.6	9.0	1.50	1.18	0.27	0.88	0.43	0.77	0.34	0.87	0.96	1.05	1.14	1.42	1.51	1.60	1.68
∟32×20×3		4.9	10.8	1.49	1.17	0.46	1.53	0.55	1.01	0.43	0.97	1.05	1.14	1.22	1.71	1.79	1.88	1.96
∟32×20×4		5.3	11.2	1.94	1.52	0.57	1.93	0.54	1.00	0.42	0.99	1.08	1.16	1.25	1.74	1.82	1.90	1.99
∟40×25×3	4	5.9	13.2	1.89	1.48	0.93	3.08	0.70	1.28	0.54	1.13	1.21	1.30	1.38	2.06	2.14	2.22	2.31
∟40×25×4		6.3	13.7	2.47	1.94	1.18	3.93	0.69	1.26	0.54	1.16	1.24	1.32	1.41	2.09	2.17	2.26	2.34
∟45×28×3	5	6.4	14.7	2.15	1.69	1.34	4.45	0.79	1.44	0.61	1.23	1.31	1.39	1.47	2.28	2.36	2.44	2.52
∟45×28×4		6.8	15.1	2.81	2.20	1.70	5.69	0.78	1.42	0.60	1.25	1.33	1.41	1.50	2.30	2.38	2.46	2.55
∟50×32×3	5.5	7.3	16.0	2.43	1.91	2.02	6.24	0.91	1.60	0.70	1.38	1.45	1.53	1.61	2.49	2.56	2.64	2.72
∟50×32×4		7.7	16.5	3.18	2.49	2.58	8.02	0.90	1.59	0.69	1.40	1.48	1.56	1.64	2.52	2.59	2.67	2.75
∟56×36×3	6	8.0	17.8	2.74	2.15	2.92	8.88	1.03	1.80	0.79	1.51	1.58	1.66	1.74	2.75	2.83	2.90	2.98
∟56×36×4		8.5	18.2	3.59	2.82	3.76	11.45	1.02	1.79	0.79	1.54	1.62	1.69	1.77	2.77	2.85	2.93	3.01
∟56×36×5		8.8	18.7	4.42	3.47	4.49	13.86	1.01	1.77	0.78	1.55	1.63	1.71	1.79	2.80	2.87	2.96	3.04
∟63×40×4	7	9.2	20.4	4.06	3.19	5.23	16.49	1.14	2.02	0.88	1.67	1.74	1.82	1.90	3.09	3.16	3.24	3.32
∟63×40×5		9.5	20.8	4.99	3.92	6.31	20.02	1.12	2.00	0.87	1.68	1.76	1.83	1.91	3.11	3.19	3.27	3.35
∟63×40×6		9.9	21.2	5.91	4.64	7.29	23.36	1.11	1.98	0.86	1.70	1.78	1.86	1.94	3.13	3.21	3.29	3.37
∟63×40×7		10.3	21.5	6.80	5.34	8.24	26.53	1.10	1.96	0.86	1.73	1.80	1.88	1.97	3.15	3.23	3.30	3.39
∟70×45×4	7.5	10.2	22.4	4.55	3.57	7.55	23.17	1.29	2.26	0.98	1.84	1.92	1.99	2.07	3.40	3.48	3.56	3.62
∟70×45×5		10.6	22.8	5.61	4.40	9.13	27.95	1.28	2.23	0.98	1.86	1.94	2.01	2.09	3.41	3.49	3.57	3.64
∟70×45×6		10.9	23.2	6.65	5.22	10.62	32.54	1.26	2.21	0.98	1.88	1.95	2.03	2.11	3.43	3.51	3.58	3.66
∟70×45×7		11.3	23.6	7.66	6.01	12.01	37.22	1.25	2.20	0.97	1.90	1.98	2.06	2.14	3.45	3.53	3.61	3.69
∟75×50×5	8	11.7	24.0	6.13	4.81	12.61	34.86	1.44	2.39	1.10	2.05	2.13	2.20	2.28	3.60	3.68	3.76	3.83
∟75×50×6		12.1	24.4	7.26	5.70	14.70	41.12	1.42	2.38	1.08	2.07	2.15	2.22	2.30	3.63	3.71	3.78	3.86
∟75×50×8		12.9	25.2	9.47	7.43	18.53	52.39	1.40	2.35	1.07	2.12	2.10	2.27	2.35	3.67	3.75	3.83	3.91
∟75×50×10		13.6	26.0	11.6	9.10	21.96	62.71	1.38	2.33	1.06	2.16	2.23	2.31	2.40	3.72	3.80	3.88	3.96

续表

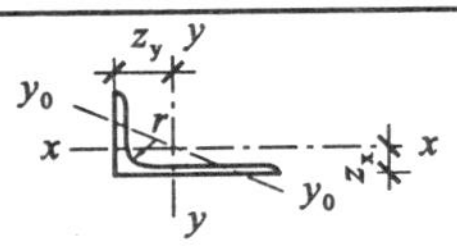

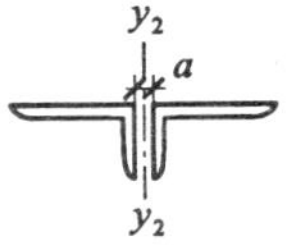

型号	单角钢										双角钢							
	圆角 r	形心距		截面面积	质量	惯性矩		回转半径			i_{y_1}，当a为下列数值				i_{y_2}，当a为下列数值			
		z_x	z_y			I_x	I_y	i_x	i_y	i_{y_0}	6mm	8mm	10mm	12mm	6mm	8mm	10mm	12mm
	mm			cm^2	kg/m	cm^4		cm			cm				cm			
∟80×50×5	8	11.4	26.0	6.38	5.01	12.82	41.96	1.42	2.56	1.10	2.02	2.09	2.17	2.24	3.87	3.95	4.02	4.10
∟80×50×6		11.8	26.5	7.56	5.94	14.95	49.49	1.41	2.55	1.08	2.04	2.12	2.19	2.27	3.90	3.98	4.06	4.14
∟80×50×7		12.1	26.9	8.72	6.85	16.96	56.16	1.39	2.54	1.08	2.06	2.13	2.21	2.28	3.92	4.00	4.08	4.15
∟80×50×8		12.5	27.3	9.87	7.75	18.85	62.83	1.38	2.52	1.07	2.08	2.15	2.23	2.31	3.94	4.02	4.10	4.18
∟90×56×5	9	12.5	29.1	7.21	5.66	18.32	60.45	1.59	2.90	1.23	2.22	2.29	2.37	2.44	4.32	4.40	4.47	4.55
∟90×56×6		12.9	29.5	8.56	6.72	21.42	71.03	1.58	2.88	1.23	2.24	2.32	2.39	2.46	4.34	4.42	4.49	4.57
∟90×56×7		13.3	30.0	9.88	7.76	24.36	81.01	1.57	2.86	1.22	2.25	2.34	2.41	2.49	4.37	4.45	4.52	4.60
∟90×56×8		13.6	30.4	11.18	8.78	27.15	91.03	1.56	2.85	1.21	2.28	2.35	2.43	2.50	4.39	4.47	4.55	4.62
∟100×63×6	10	14.3	32.4	9.62	7.55	30.94	99.06	1.79	3.21	1.38	2.49	2.56	2.63	2.71	4.78	4.85	4.93	5.00
∟100×63×7		14.7	32.8	11.11	8.72	35.26	113.45	1.78	3.20	1.38	2.51	2.58	2.66	2.73	4.80	4.87	4.95	5.03
∟100×63×8		15.0	33.2	12.58	9.88	39.39	127.37	1.77	3.18	1.37	2.52	2.60	2.67	2.75	4.82	4.89	4.97	5.05
∟100×63×10		15.8	34.0	15.47	12.14	47.12	153.81	1.74	3.15	1.35	2.57	2.64	2.72	2.79	4.86	4.94	5.02	5.09
∟100×80×6		19.7	29.5	10.64	8.35	61.24	107.04	2.40	3.17	1.72	3.30	3.37	3.44	3.52	4.54	4.61	4.69	4.76
∟100×80×7		20.1	30.0	12.30	9.66	70.08	123.73	2.39	3.16	1.72	3.32	3.39	3.46	3.54	4.57	4.64	4.71	4.79
∟100×80×8		20.5	30.4	13.94	10.95	78.58	137.92	2.37	3.14	1.71	3.34	3.41	3.48	3.56	4.59	4.66	4.74	4.81
∟100×80×10		21.3	31.2	17.17	13.48	94.65	166.87	2.35	3.12	1.69	3.38	3.45	3.53	3.60	4.63	4.70	4.78	4.85
∟110×70×6		15.7	35.3	10.64	8.35	42.92	133.37	2.01	3.54	1.54	2.74	2.81	2.88	2.97	5.22	5.29	5.36	5.44
∟110×70×7		16.1	35.7	12.30	9.66	49.01	153.00	2.00	3.53	1.53	2.76	2.83	2.90	2.98	5.24	5.31	5.39	5.46
∟110×70×8		16.5	36.2	13.94	10.95	54.87	172.04	1.98	3.51	1.53	2.78	2.85	2.93	3.00	5.26	5.34	5.41	5.49
∟110×70×10		17.2	37.0	17.17	13.48	65.88	208.39	1.96	3.48	1.51	2.81	2.89	2.96	3.04	5.30	5.38	5.46	5.53
∟125×80×7	11	18.0	40.1	14.10	11.07	74.42	227.98	2.30	4.02	1.76	3.11	3.18	3.25	3.32	5.89	5.97	6.04	6.12
∟125×80×8		18.4	40.6	15.99	12.55	83.49	256.77	2.28	4.01	1.75	3.13	3.20	3.27	3.34	5.92	6.00	6.07	6.15
∟125×80×10		19.2	41.4	19.71	15.47	100.67	312.04	2.26	3.98	1.74	3.17	3.24	3.31	3.38	5.96	6.04	6.11	6.19
∟125×80×12		20.0	42.2	23.35	18.33	116.67	364.41	2.24	3.95	1.72	3.21	3.28	3.35	3.43	6.00	6.08	6.15	6.23

续表

型号	单角钢 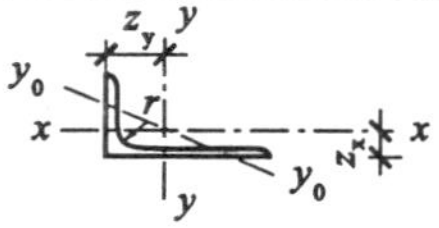										双角钢 				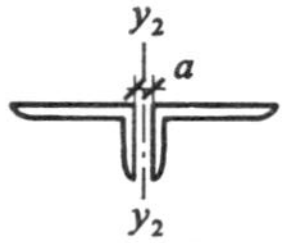			
	圆角 r	形心距		截面面积	质量	惯性矩		回转半径			i_{y_1}，当a为下列数值				i_{y_2}，当a为下列数值			
		z_x	z_y			I_x	I_y	i_x	i_y	i_{y_0}	6mm	8mm	10mm	12mm	6mm	8mm	10mm	12mm
	mm			cm^2	kg/m	cm^4		cm			cm				cm			
∟140×90×8	12	20.4	45.0	18.04	14.16	120.69	365.64	2.59	4.50	1.98	3.49	3.56	3.63	3.70	6.58	6.65	6.72	6.79
∟140×90×10		21.2	45.8	22.26	17.46	146.03	445.50	2.56	4.47	1.96	3.52	3.59	3.66	3.74	6.62	6.69	6.77	6.84
∟140×90×12		21.9	46.6	26.40	20.72	169.79	521.59	2.54	4.44	1.95	3.55	3.62	3.70	3.77	6.66	6.74	6.81	6.89
∟140×90×14		22.7	47.4	30.47	23.91	192.10	594.10	2.51	4.42	1.94	3.59	3.67	3.74	3.81	6.70	6.78	6.85	6.93
∟150×90×8		19.7	49.2	18.84	14.79	122.80	442.05	2.55	4.84	1.98	3.42	3.48	3.55	3.62	7.12	7.19	7.27	7.34
∟150×90×10		20.5	50.1	23.26	18.26	148.62	539.24	2.53	4.81	1.97	3.45	3.52	3.59	3.66	7.17	7.24	7.32	7.39
∟150×90×12		21.2	50.9	27.60	21.67	172.85	632.08	2.50	4.79	1.95	3.48	3.55	3.62	3.70	7.21	7.28	7.36	7.43
∟150×90×14		22.0	51.7	31.86	25.01	195.62	720.77	2.48	4.76	1.94	3.52	3.59	3.66	3.74	7.25	7.32	7.40	7.48
∟150×90×15		22.4	52.1	33.95	26.65	206.50	763.62	2.47	4.74	1.93	3.54	3.61	3.69	3.76	7.27	7.35	7.42	7.50
∟150×90×16		22.7	52.5	36.03	28.28	217.07	805.51	2.45	4.73	1.93	3.55	3.62	3.70	3.78	7.29	7.37	7.44	7.52
∟160×100×10	13	22.8	52.4	25.32	19.87	205.03	668.69	2.85	5.14	2.19	3.84	3.91	3.98	4.05	7.56	7.63	7.70	7.78
∟160×100×12		23.6	53.2	30.05	23.59	239.06	784.91	2.82	5.11	2.17	3.88	3.95	4.02	4.09	7.60	7.67	7.75	7.82
∟160×100×14		24.3	54.0	34.71	27.25	271.20	896.30	2.80	5.08	2.16	3.91	3.98	4.05	4.12	7.64	7.71	7.79	7.86
∟160×100×16		25.1	54.8	39.28	30.84	301.60	1003.04	2.77	5.05	2.16	3.95	4.02	4.09	4.17	7.68	7.75	7.83	7.91
∟180×110×10	14	24.4	58.9	28.37	22.27	278.11	956.25	3.13	5.80	2.42	4.16	4.23	4.29	4.36	8.47	8.56	8.63	8.71
∟180×110×12		25.2	59.8	33.71	26.46	325.03	1124.72	3.10	5.78	2.40	4.19	4.26	4.33	4.40	8.53	8.61	8.68	8.76
∟180×110×14		25.9	60.6	38.97	30.59	369.55	1286.91	3.08	5.75	2.39	4.22	4.29	4.36	4.43	8.57	8.65	8.72	8.80
∟180×110×16		26.7	61.4	44.14	34.65	411.85	1443.06	3.06	5.72	2.38	4.26	4.33	4.40	4.47	8.61	8.69	8.76	8.84
∟200×125×12		28.3	65.4	37.91	29.76	483.16	1570.90	3.57	6.44	2.74	4.75	4.81	4.88	4.95	9.39	9.47	9.54	9.61
∟200×125×14		29.1	66.2	43.87	34.44	550.83	1800.97	3.54	6.41	2.73	4.78	4.85	4.92	4.99	9.43	9.50	9.58	9.65
∟200×125×16		29.9	67.0	49.74	39.05	615.44	2023.35	3.52	6.38	2.71	4.82	4.89	4.96	5.03	9.47	9.54	9.62	9.69
∟200×125×18		30.6	67.8	55.53	43.59	677.19	2238.30	3.49	6.35	2.70	4.85	4.92	4.99	5.07	9.51	9.58	9.66	9.74

附表 11　焊接钢管规格及截面特性(节选自 GB/T 21835—2008)

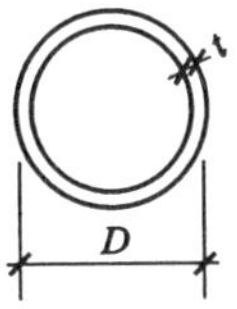

尺寸(mm) d	尺寸(mm) t	截面面积 A (cm²)	质量 (kg/m)	惯性矩 I (cm⁴)	截面模量 W (cm³)	回转半径 i (cm)
32	2.0	1.38	1.48	2.13	1.33	1.06
	2.5	2.32	1.82	2.54	1.59	1.05
38	2.0	2.26	1.78	3.68	1.93	1.27
	2.5	2.79	2.19	4.41	2.32	1.26
40	2.0	2.39	1.87	4.32	2.16	1.35
	2.5	2.95	2.31	5.20	2.60	1.33
42	2.0	2.51	1.97	5.04	2.40	1.42
	2.5	3.10	2.44	6.07	2.89	1.40
45	2.0	2.70	2.12	6.26	2.78	1.52
	2.5	3.34	2.62	7.56	3.36	1.51
	3.0	3.96	3.11	8.77	3.90	1.49
51	2.0	3.08	2.42	9.26	3.63	1.73
	2.5	3.81	2.99	11.23	4.40	1.72
	3.0	4.52	3.55	13.08	5.13	1.70
	3.5	5.22	4.10	14.81	5.81	1.68
53	2.0	3.20	2.52	10.43	3.94	1.80
	2.5	3.97	3.11	12.67	4.78	1.79
	3.0	4.71	3.70	14.78	5.58	1.77
	3.5	5.44	4.27	16.75	6.32	1.75
57	2.0	3.46	2.71	13.08	4.59	1.95
	2.5	4.28	3.36	15.93	5.59	1.93
	3.0	5.09	4.00	18.61	6.53	1.91
	3.5	5.88	4.62	21.14	7.42	1.90
60	2.0	3.64	2.86	15.34	5.11	2.05
	2.5	4.52	3.55	18.70	6.23	2.03
	3.0	5.37	4.22	21.88	7.29	2.02
	3.5	6.21	4.88	24.88	8.29	2.00
63.5	2.0	3.86	3.03	18.29	5.76	2.18
	2.5	4.79	3.76	22.32	7.03	2.16
	3.0	5.70	4.48	26.15	8.24	2.14
	3.5	6.60	5.18	29.79	9.38	2.12
70	2.0	4.27	3.35	24.72	7.06	2.41
	2.5	5.30	4.16	30.23	8.64	2.39
	3.0	6.31	4.96	35.50	10.14	2.37
	3.5	7.31	5.74	40.53	11.58	2.35
	4.5	9.26	7.27	49.89	14.26	2.32
76	2.0	4.65	3.65	31.85	8.38	2.62
	2.5	5.77	4.53	39.03	10.27	2.60
	3.0	6.88	5.40	45.91	12.08	2.58
	3.5	7.97	6.26	52.50	13.82	2.57
	4.0	9.05	7.10	58.81	15.48	2.55
	4.5	10.11	7.93	64.85	17.07	2.53
83	2.0	5.09	4.00	41.76	10.06	2.86
	2.5	6.32	4.96	51.26	12.35	2.85
	3.0	7.54	5.92	60.40	14.56	2.83
	3.5	8.74	6.86	69.19	16.67	2.81
	4.0	9.93	7.79	77.64	18.71	2.80
	4.5	11.10	8.71	85.76	20.67	2.78
89	2.0	5.47	4.29	51.75	11.63	3.08
	2.5	6.79	5.33	63.59	14.29	3.06
	3.0	8.11	6.36	75.02	16.86	3.04
	3.5	9.40	7.38	86.05	19.34	3.03
	4.0	10.68	8.38	96.68	21.73	3.01
	4.5	11.95	9.38	106.92	24.03	2.99
95	2.0	5.84	4.59	63.20	13.31	3.29
	2.5	7.26	5.70	77.76	16.37	3.27
	3.0	8.67	6.81	91.83	19.33	3.25
	3.5	10.06	7.90	105.45	22.20	3.24
102	2.0	6.28	4.93	78.57	15.41	3.54
	2.5	7.81	6.13	96.77	18.97	3.52
	3.0	9.33	7.32	114.42	22.43	3.50
	3.5	10.83	8.50	131.52	25.79	3.48
	4.0	12.32	9.67	148.09	29.04	3.47
	4.5	13.78	10.82	164.14	32.18	3.45
	5.0	15.24	11.96	179.68	35.23	3.43
108	3.0	9.90	7.77	136.49	25.28	3.71
	3.5	11.49	9.02	157.02	29.08	3.70
	4.0	13.07	10.26	176.95	32.77	3.68
114	3.0	10.46	8.21	161.24	28.29	3.93
	3.5	12.15	9.54	185.63	32.57	3.91
	4.0	13.82	10.85	209.35	36.73	3.89
	4.5	15.48	12.15	232.41	40.77	3.87
	5.0	17.12	13.44	254.81	44.70	3.86
121	3.0	11.12	8.73	193.69	32.01	4.17
	3.5	12.92	10.14	223.17	36.89	4.16
	4.0	14.70	11.54	251.87	41.63	4.14
127	3.0	11.69	9.17	224.75	35.39	4.39
	3.5	13.58	10.66	259.11	40.80	4.37
	4.0	15.46	12.13	292.61	46.08	4.35
	4.5	17.32	13.59	325.29	51.23	4.33
	5.0	19.16	15.04	357.14	56.24	4.32

续表

尺寸(mm) d	t	截面面积 A (cm^2)	质量 (kg/m)	惯性矩 I (cm^4)	截面模量 W (cm^3)	回转半径 i (cm)
133	3.5	14.24	11.18	298.71	44.92	4.58
	4.0	16.21	12.73	337.53	50.76	4.56
	4.5	18.17	14.26	375.42	56.45	4.55
	5.0	20.11	15.78	412.40	62.02	4.53
140	3.5	15.01	11.78	349.79	49.97	4.83
	4.0	17.09	13.42	395.47	56.50	4.81
	4.5	19.16	15.04	440.12	62.87	4.79
	5.0	21.21	16.65	483.76	69.11	4.78
	5.5	23.24	18.24	526.40	75.20	4.76
152	3.5	16.33	12.82	450.35	59.26	5.25
	4.0	18.60	14.60	509.59	67.05	5.23
	4.5	20.85	16.37	567.61	74.69	5.22
	5.0	23.09	18.13	624.43	82.16	5.20
	5.5	25.31	19.87	680.06	89.48	5.18
159	4.5	21.84	17.15	652.27	82.05	5.46
	5.0	24.19	18.99	717.88	90.30	5.45
	5.5	26.52	20.82	782.18	98.39	5.43
	6.0	28.84	22.64	845.19	106.31	5.41
	6.5	31.14	24.45	906.92	114.08	5.40
	7.0	33.43	26.24	967.41	121.69	5.38
	7.5	35.70	28.02	1026.65	129.14	5.36
	8.0	37.95	29.79	1084.67	136.44	5.35
	9.0	42.41	33.29	1197.12	150.58	5.31
	10	46.81	36.75	1304.88	164.14	5.28
168	4.5	23.11	18.14	772.96	92.02	5.78
	5.0	25.60	20.10	851.14	101.33	5.77
	5.5	28.08	22.04	927.85	110.46	5.75
	6.0	30.54	23.97	1003.12	119.42	5.73
	6.5	32.98	25.89	1076.95	128.21	5.71
	7.0	35.41	27.79	1149.36	136.83	5.70
	7.5	37.82	29.69	1220.38	145.28	5.68
	8.0	40.21	31.57	1290.01	153.57	5.66
	9.0	44.96	35.29	1425.22	169.67	5.63
	10	49.64	38.97	1555.13	185.13	5.60
180	5.0	27.49	21.58	1053.17	117.02	6.19
	5.5	30.15	23.67	1148.79	127.64	6.17
	6.0	32.80	25.75	1242.72	138.08	6.16
	6.5	35.43	27.81	1335.00	148.33	6.14
	7.0	38.04	29.87	1425.63	158.40	6.12
	7.5	40.64	31.91	1514.64	168.29	6.10
	8.0	43.23	33.93	1602.04	178.00	6.09
	9.0	48.25	37.95	1772.12	196.90	6.05
	10	53.41	41.92	1936.01	215.11	6.02
	12	63.33	49.72	2245.84	249.54	5.95

尺寸(mm) d	t	截面面积 A (cm^2)	质量 (kg/m)	惯性矩 I (cm^4)	截面模量 W (cm^3)	回转半径 i (cm)
194	5.0	29.69	23.31	1326.54	136.76	6.68
	5.5	32.57	25.57	1447.86	149.26	6.67
	6.0	35.44	27.82	1567.21	161.57	6.65
	6.5	38.29	30.06	1684.61	173.67	6.63
	7.0	41.12	32.28	1800.08	185.57	6.62
	7.5	43.94	34.50	1913.64	197.28	6.60
	8.0	46.75	36.70	2025.31	208.79	6.58
	9.0	52.31	41.06	2243.08	231.25	6.55
	10	57.81	45.38	2453.55	252.94	6.51
	12	68.61	53.86	2853.25	294.15	6.45
203	6.0	37.13	29.15	1803.07	177.64	6.97
	6.5	40.13	31.50	1938.81	191.02	6.95
	7.0	43.10	33.84	2072.43	204.18	6.93
	7.5	46.06	36.16	2203.94	217.14	6.92
	8.0	49.01	38.47	2333.37	229.89	6.90
	9.0	54.85	43.06	2586.08	254.79	6.87
	10	60.63	47.60	2830.72	278.89	6.83
	12	72.01	56.52	3296.49	324.78	6.77
	14	83.13	65.25	3732.07	367.69	6.70
	16	94.00	73.79	4138.78	407.76	6.64
219	6.0	40.15	31.52	2278.74	208.10	7.53
	6.5	43.39	34.06	2451.64	223.89	7.52
	7.0	46.62	36.60	2622.04	239.46	7.50
	7.5	49.83	39.12	2789.96	254.79	7.48
	8.0	53.03	41.63	2955.43	269.90	7.47
	9.0	59.38	46.61	3279.12	299.46	7.43
	10	65.66	51.54	3593.29	328.15	7.40
	12	78.04	61.26	4193.81	383.00	7.33
	14	90.16	70.78	4758.50	434.57	7.26
	16	102.04	80.10	5288.81	483.00	7.20
245	6.5	48.70	38.23	3465.46	282.89	8.44
	7.0	52.34	41.08	3709.06	302.78	8.42
	7.5	55.96	43.93	3949.52	322.41	8.40
	8.0	59.56	46.76	4186.87	341.79	8.38
	9.0	66.73	52.38	4652.32	379.78	8.35
	10	73.83	57.95	5105.63	416.79	8.32
	12	87.84	68.95	5976.67	487.89	8.25
	14	101.60	79.76	6801.68	555.24	8.18
	16	115.11	90.36	7582.30	618.96	8.12

续表

尺寸(mm)		截面面积 A (cm²)	质量 (kg/m)	惯性矩 I (cm⁴)	截面模量 W (cm³)	回转半径 i (cm)
d	t					
273	6.5	54.42	42.72	4834.18	354.15	9.42
	7.0	58.50	45.92	5177.30	379.29	9.41
	7.5	62.56	49.11	5516.47	404.14	9.39
	8.0	66.60	52.28	5851.71	428.70	9.37
	9.0	74.64	58.60	6510.56	476.96	9.34
	10	82.62	64.86	7154.09	524.11	9.31
	12	98.39	77.24	8396.14	615.10	9.24
	14	113.91	89.42	9579.75	701.81	9.17
	16	129.18	101.41	10706.79	784.38	9.10
299	7.5	68.68	53.92	7300.02	488.30	10.31
	8.0	73.14	57.41	7747.42	518.22	10.29
	9.0	82.00	64.37	8628.09	577.43	10.26
	10	90.79	71.27	9490.15	634.79	10.22
	12	108.20	84.93	11159.52	746.46	10.16
	14	125.35	98.40	12757.61	853.35	10.09
	16	142.25	111.67	14286.48	955.62	10.02

尺寸(mm)		截面面积 A (cm²)	质量 (kg/m)	惯性矩 I (cm⁴)	截面模量 W (cm³)	回转半径 i (cm)
d	t					
325	7.5	74.81	58.73	9431.80	580.42	11.23
	8.0	79.67	62.54	10013.92	616.24	11.21
	9.0	89.35	70.14	11161.33	686.85	11.18
	10	98.96	77.68	12286.52	756.09	11.14
	12	118.00	92.63	14471.45	890.55	11.07
	14	136.78	107.38	16570.98	1019.75	11.04
	16	155.32	121.93	18587.38	1143.84	10.94
351	8.0	86.21	67.67	12684.36	722.76	12.13
	9.0	96.70	75.91	14147.55	806.13	12.10
	10	107.13	84.10	15584.62	888.01	12.06
	12	127.80	100.32	18381.63	1047.39	11.99
	14	148.22	116.35	21077.86	1201.02	11.93
	16	168.39	132.19	23675.75	1349.05	11.86

注：标准中更大规格未列入。

附表 12　无缝钢管规格及截面特性(节选自 GB/T 17395—2008)

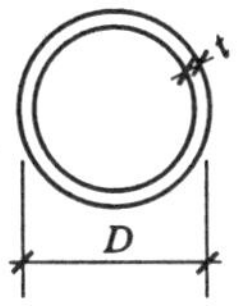

尺寸(mm)		截面面积 A (cm²)	质量 (kg/m)	惯性矩 I (cm⁴)	截面模量 W (cm³)	回转半径 i (cm)
D	t					
32	2.5	2.32	1.82	2.54	1.59	1.05
	3.0	2.73	2.15	2.90	1.82	1.03
	3.5	3.13	2.46	3.23	2.02	1.02
	4.0	3.52	2.76	3.52	2.20	1.00
38	2.5	2.79	2.19	4.41	2.32	1.26
	3.0	3.30	2.59	5.09	2.68	1.24
	3.5	3.79	2.98	5.70	3.00	1.23
	4.0	4.27	3.35	6.26	3.29	1.21
42	2.5	3.10	2.44	6.07	2.89	1.40
	3.0	3.68	2.89	7.03	3.35	1.38
	3.5	4.23	3.32	7.91	3.77	1.37
	4.0	4.78	3.75	8.71	4.15	1.35

尺寸(mm)		截面面积 A (cm²)	质量 (kg/m)	惯性矩 I (cm⁴)	截面模量 W (cm³)	回转半径 i (cm)
D	t					
45	2.5	3.34	2.62	7.56	3.36	1.51
	3.0	3.96	3.11	8.77	3.90	1.49
	3.5	4.56	3.58	9.89	4.40	1.47
	4.0	5.15	4.04	10.93	4.86	1.46
50	2.5	3.73	2.93	10.55	4.22	1.68
	3.0	4.43	3.48	12.28	4.91	1.67
	3.5	5.11	4.01	13.90	5.56	1.65
	4.0	5.78	4.54	15.41	6.16	1.63
	4.5	6.43	5.05	16.81	6.72	1.62
	5.0	7.07	5.55	18.11	7.25	1.60
54	3.0	4.81	3.77	15.68	5.81	1.81
	3.5	5.55	4.36	17.79	6.59	1.79
	4.0	6.28	4.93	19.76	7.32	1.77
	4.5	7.00	5.49	21.61	8.00	1.76
	5.0	7.70	6.04	23.34	8.64	1.74
	5.5	8.38	6.58	24.96	9.24	1.73
	6.0	9.05	7.10	26.46	9.80	1.71

续表

尺寸 (mm) D	尺寸 (mm) t	截面面积 A (cm²)	质量 (kg/m)	惯性矩 I (cm⁴)	截面模量 W (cm³)	回转半径 i (cm)
57	3.0	5.09	4.00	18.61	6.53	1.91
	3.5	5.88	4.62	21.14	7.42	1.90
	4.0	6.66	5.23	23.52	8.25	1.88
	4.5	7.42	5.83	25.76	9.04	1.86
	5.0	8.17	6.41	27.86	9.78	1.85
	5.5	8.90	6.99	29.84	10.47	1.83
	6.0	9.61	7.55	31.69	11.12	1.82
60	3.0	5.37	4.22	21.88	7.29	2.02
	3.5	6.21	4.88	24.88	8.29	2.00
	4.0	7.04	5.52	27.73	9.24	1.98
	4.5	7.85	6.16	30.41	10.14	1.97
	5.0	8.64	6.78	32.94	10.98	1.95
	5.5	9.42	7.39	25.32	11.77	1.94
	6.0	10.18	7.99	37.56	12.52	1.92
63.5	3.0	5.70	4.48	26.15	8.24	2.14
	3.5	6.60	5.18	29.79	9.38	2.12
	4.0	7.48	5.87	33.24	10.47	2.11
	4.5	8.34	6.55	36.50	11.50	2.09
	5.0	9.19	7.21	39.60	12.47	2.08
	5.5	10.02	7.87	42.52	13.39	2.06
	6.0	10.84	8.51	45.28	14.26	2.04
68	3.0	6.13	4.81	32.42	9.54	2.30
	3.5	7.09	5.57	36.99	10.88	2.28
	4.0	8.04	6.31	41.34	12.16	2.27
	4.5	8.98	7.05	45.47	13.37	2.25
	5.0	9.90	7.77	49.41	14.53	2.23
	5.5	10.80	8.48	53.14	15.63	2.22
	6.0	11.69	9.17	56.68	16.67	2.20
70	3.0	6.31	4.96	35.50	10.14	2.37
	3.5	7.31	5.74	40.53	11.58	2.35
	4.0	8.29	6.51	45.33	12.95	2.34
	4.5	9.26	7.27	49.89	14.26	2.32
	5.0	10.21	8.01	54.24	15.50	2.33
	5.5	11.14	8.75	58.38	16.68	2.29
	6.0	12.06	9.47	62.31	17.80	2.27
73	3.0	6.60	5.18	40.48	11.09	2.48
	3.5	7.64	6.00	46.26	12.67	2.46
	4.0	8.67	6.81	51.78	14.19	2.44
	4.5	9.68	7.60	57.04	15.63	2.43
	5.0	10.68	8.38	62.07	17.01	2.41
	5.5	11.66	9.16	66.87	18.32	2.39
	6.0	12.63	9.91	71.43	19.57	2.38
76	3.0	6.88	5.40	45.91	12.08	2.58
	3.5	7.97	6.26	52.50	13.82	2.57
	4.0	9.05	7.10	58.81	15.48	2.55
	4.5	10.11	7.93	64.85	17.07	2.53
	5.0	11.15	8.75	70.62	18.59	2.52
	5.5	12.18	9.56	76.14	20.04	2.50
	6.0	13.19	10.36	81.41	21.42	2.48
83	3.5	8.74	6.86	69.19	16.67	2.81
	4.0	9.93	7.79	77.64	18.71	2.80
	4.5	11.10	8.71	85.76	20.67	2.78
	5.0	12.25	9.62	93.56	22.54	2.76
	5.5	13.39	10.51	101.04	24.35	2.75
	6.0	14.51	11.39	108.22	26.08	2.73
	6.5	15.62	12.26	115.10	27.74	2.71
	7.0	16.71	13.12	121.69	29.32	2.70
89	3.5	9.40	7.38	86.05	19.34	3.03
	4.0	10.68	8.38	96.68	21.73	3.01
	4.5	11.95	9.38	106.92	24.03	2.99
	5.0	13.19	10.36	116.79	26.24	2.98
	5.5	14.43	11.33	126.29	28.38	2.96
	6.0	15.65	12.28	135.43	30.43	2.94
	6.5	16.85	13.22	144.22	32.41	2.93
	7.0	18.03	14.16	152.67	34.31	2.91
95	3.5	10.06	7.90	105.45	22.20	3.24
	4.0	11.44	8.98	118.60	24.97	3.22
	4.5	12.79	10.04	131.31	27.64	3.20
	5.0	14.14	11.10	143.58	30.23	3.19
	5.5	15.46	12.14	155.43	32.72	3.17
	6.0	16.78	13.17	166.86	35.13	3.15
	6.5	18.07	14.19	177.89	37.45	3.14
	7.0	19.35	15.19	188.51	39.69	3.12
102	3.5	10.83	8.50	131.52	25.79	3.48
	4.0	12.32	9.67	148.09	29.04	3.47
	4.5	13.78	10.82	164.14	32.18	3.45
	5.0	15.24	11.96	179.68	35.23	3.43
	5.5	16.67	13.09	194.72	38.18	3.42
	6.0	18.10	14.21	209.28	41.03	3.40
	6.5	19.50	15.31	223.35	43.79	3.38
	7.0	20.89	16.40	236.96	46.46	3.37

续表

尺寸 (mm) D	t	截面面积 A (cm²)	质量 (kg/m)	惯性矩 I (cm⁴)	截面模量 W (cm³)	回转半径 i (cm)
114	4.0	13.82	10.85	209.35	36.73	3.89
	4.5	15.48	12.15	232.41	40.77	3.87
	5.0	17.12	13.44	254.81	44.70	3.86
	5.5	18.75	14.72	276.58	48.52	3.84
	6.0	20.36	15.98	297.73	52.23	3.82
	6.5	21.95	17.23	318.26	55.84	3.81
	7.0	23.53	18.47	338.19	59.33	3.79
	7.5	25.09	19.70	357.58	62.73	3.77
	8.0	26.64	20.91	376.30	66.02	3.76
121	4.0	14.70	11.54	251.87	41.63	4.14
	4.5	16.47	12.93	279.83	46.25	4.12
	5.0	18.22	14.30	307.05	50.75	4.11
	5.5	19.96	15.67	333.54	55.13	4.09
	6.0	21.68	17.02	359.32	59.39	4.07
	6.5	23.38	18.35	384.40	63.54	4.05
	7.0	25.07	19.68	408.80	67.57	4.04
	7.5	26.74	20.99	432.51	71.49	4.02
	8.0	28.40	22.29	455.57	75.30	4.01
127	4.0	15.46	12.13	292.61	46.08	4.35
	4.5	17.32	13.59	325.29	51.23	4.33
	5.0	19.16	15.04	357.14	56.24	4.32
	5.5	20.99	16.48	388.19	61.13	4.30
	6.0	22.81	17.90	418.44	65.90	4.28
	6.5	24.61	19.32	447.92	70.54	4.27
	7.0	26.39	20.72	476.63	75.06	4.25
	7.5	28.16	22.10	504.58	79.46	4.23
	8.0	29.91	23.48	531.80	83.75	4.22
133	4.0	16.21	12.73	337.53	50.76	4.56
	4.5	18.17	14.26	375.42	56.45	4.55
	5.0	20.11	15.78	412.40	62.02	4.53
	5.5	22.03	17.29	448.50	67.44	4.51
	6.0	23.94	18.79	483.72	72.74	4.50
	6.5	25.83	20.28	518.07	77.91	4.48
	7.0	27.71	21.75	551.58	82.94	4.46
	7.5	29.57	23.21	584.25	87.86	4.45
	8.0	31.42	24.66	616.11	92.65	4.43

尺寸 (mm) D	t	截面面积 A (cm²)	质量 (kg/m)	惯性矩 I (cm⁴)	截面模量 W (cm³)	回转半径 i (cm)
140	4.5	19.16	15.04	440.12	62.87	4.79
	5.0	21.21	16.65	483.76	69.11	4.78
	5.5	23.24	18.24	526.40	75.20	4.76
	6.0	25.26	19.83	568.06	81.15	4.74
	6.5	27.26	21.40	608.76	86.97	4.73
	7.0	29.25	22.96	648.51	92.64	4.71
	7.5	31.22	24.51	687.32	98.19	4.69
	8.0	33.18	26.04	725.21	103.60	4.68
	9.0	37.04	29.08	798.29	114.04	4.64
	10	40.84	32.06	867.86	123.98	4.61
146	4.5	20.00	15.70	501.16	68.65	5.01
	5.0	22.15	17.39	551.10	75.49	4.99
	5.5	24.28	19.06	599.95	82.19	4.97
	6.0	26.39	20.72	647.73	88.73	4.95
	6.5	28.49	22.36	694.44	95.13	4.94
	7.0	30.57	24.00	740.12	101.39	4.92
	7.5	32.63	25.62	784.77	107.50	4.90
	8.0	34.68	27.23	828.41	113.48	4.89
	9.0	38.74	30.41	912.71	125.03	4.85
	10	42.73	33.54	993.16	136.05	4.82
152	4.5	20.85	16.37	567.61	74.69	5.22
	5.0	23.09	18.13	624.43	82.16	5.20
	5.5	25.31	19.87	680.06	89.48	5.18
	6.0	27.52	21.60	734.52	96.65	5.17
	6.5	29.71	23.32	787.82	103.66	5.15
	7.0	31.89	25.03	839.99	110.52	5.13
	7.5	34.05	26.73	891.03	117.24	5.12
	8.0	36.19	28.41	940.97	123.81	5.10
	9.0	40.43	31.74	1037.59	136.53	5.07
	10	44.61	35.02	1129.99	148.68	5.03
159	4.5	21.84	17.15	652.27	82.05	5.46
	5.0	24.19	18.99	717.88	90.33	5.45
	5.5	26.52	20.82	782.18	98.39	5.43
	6.0	28.84	22.64	845.19	106.31	5.41
	6.5	31.14	24.45	906.92	114.08	5.40
	7.0	33.43	26.24	967.41	121.69	5.38
	7.5	35.70	28.02	1026.65	129.14	5.36
	8.0	37.95	29.79	1084.67	136.44	5.35
	9.0	42.41	33.29	1197.12	150.58	5.31
	10	46.81	36.75	1304.88	164.14	5.28

续表

尺寸 (mm)		截面面积 A (cm²)	质量 (kg/m)	惯性矩 I (cm⁴)	截面模量 W (cm³)	回转半径 i (cm)
D	t					
168	4.5	23.11	18.14	772.96	92.02	5.78
	5.0	25.60	20.10	851.14	101.33	5.77
	5.5	28.08	22.04	927.85	110.46	5.75
	6.0	30.54	23.97	1003.12	119.42	5.73
	6.5	32.98	25.89	1076.95	128.21	5.71
	7.0	35.41	27.79	1149.36	136.83	5.70
	7.5	37.82	29.69	1220.38	145.28	5.68
	8.0	40.21	31.57	1290.01	153.57	5.66
	9.0	44.96	35.29	1425.22	169.67	5.63
	10	49.64	38.97	1555.13	185.13	5.60
180	5.0	27.49	21.58	1053.17	117.02	6.19
	5.5	30.15	23.67	1148.79	127.64	6.17
	6.0	32.80	25.75	1242.72	138.08	6.16
	6.5	35.43	27.81	1335.00	148.33	6.14
	7.0	38.04	29.87	1425.63	158.40	6.12
	7.5	40.64	31.91	1514.64	168.29	6.10
	8.0	43.23	33.93	1602.04	178.00	6.09
	9.0	48.35	37.95	1772.12	196.90	6.05
	10	53.41	41.92	1936.01	215.11	6.02
	12	63.33	49.72	2245.84	249.54	5.95
194	5.0	29.69	23.31	1326.54	136.76	6.68
	5.5	32.57	25.57	1447.86	149.26	6.67
	6.0	35.44	27.82	1567.21	161.57	6.65
	6.5	38.29	30.06	1684.61	173.67	6.63
	7.0	41.12	32.28	1800.08	185.57	6.62
	7.5	43.94	34.50	1913.64	197.28	6.60
	8.0	46.75	36.70	2025.31	208.79	6.58
	9.0	52.31	41.06	2243.08	231.25	6.55
	10	57.81	45.38	2453.55	252.94	6.51
	12	68.61	53.86	2853.25	294.15	6.45
203	6.0	37.13	29.15	1803.07	177.64	6.97
	6.5	40.13	31.50	1938.81	191.02	6.95
	7.0	43.10	33.84	2072.43	204.18	6.93
	7.5	46.06	36.16	2203.94	217.14	6.92
	8.0	49.01	38.47	2333.37	229.89	6.90
	9.0	54.85	43.06	2586.08	254.79	6.87
	10	60.63	47.60	2830.72	278.89	6.83
	12	72.01	56.52	3296.49	324.78	6.77
	14	83.13	65.25	3732.07	367.69	6.70
	16	94.00	73.79	4138.78	407.76	6.64
219	6.0	40.15	31.52	2278.74	208.10	7.53
	6.5	43.39	34.06	2451.64	223.89	7.52
	7.0	46.63	36.60	2622.04	239.46	7.50
	7.5	49.83	39.12	2789.96	254.79	7.48
	8.0	53.03	41.63	2955.43	269.90	7.47
219	9.0	59.38	46.61	3279.12	299.46	7.43
	10	65.66	51.54	3593.29	328.15	7.40
	12	78.04	61.26	4193.81	383.00	7.33
	14	90.16	70.78	4758.50	434.57	7.26
	16	102.04	80.10	5288.81	483.00	7.20
245	6.5	48.70	38.23	3465.46	282.89	8.44
	7.0	52.34	41.08	3709.06	302.78	8.42
	7.5	55.96	43.93	3949.52	322.41	8.40
	8.0	59.56	46.76	4186.87	341.79	8.38
	9.0	66.73	52.38	4652.32	379.78	8.35
	10	73.83	57.95	5105.63	416.79	8.32
	12	87.84	68.95	5976.67	487.89	8.25
	14	101.60	79.76	6801.68	555.24	8.18
	16	115.11	90.36	7582.30	618.96	8.12
273	6.5	54.42	42.72	4834.18	354.15	9.42
	7.0	58.50	45.92	5177.30	379.29	9.41
	7.5	62.56	49.11	5516.47	404.14	9.39
	8.0	66.60	52.28	5851.71	428.70	9.37
	9.0	74.64	58.60	6510.56	476.96	9.34
	10	82.62	64.86	7154.09	524.11	9.31
	12	98.39	77.24	8396.14	615.10	9.24
	14	113.91	89.42	9579.75	701.81	9.17
	16	129.18	101.41	10706.79	784.38	9.10
299	7.5	68.68	53.92	7300.02	488.30	10.31
	8.0	73.14	57.41	7747.42	518.22	10.29
	9.0	82.00	64.37	8628.09	577.13	10.26
	10	90.79	71.27	9490.15	634.79	10.22
	12	108.20	84.93	11159.52	746.46	10.16
	14	125.35	98.40	12757.61	853.35	10.09
	16	142.25	111.67	14286.48	955.62	10.02
325	7.5	74.81	58.73	9431.80	580.42	11.23
	8.0	79.67	62.54	10013.92	616.24	11.21
	9.0	89.35	70.14	11161.33	686.85	11.18
	10	98.96	77.68	12286.52	756.09	11.14
	12	118.00	92.63	14471.45	890.55	11.07
	14	136.78	107.38	16570.98	1019.75	11.01
	16	155.32	121.93	18587.38	1143.84	10.94
351	8.0	86.21	67.67	12684.36	722.76	12.13
	9.0	96.70	75.91	14147.55	806.13	12.10
	10	107.13	84.10	15584.62	888.01	12.06
	12	127.80	100.32	18381.63	1047.39	11.99
	14	148.22	116.35	21077.86	1201.02	11.93
	16	168.39	132.19	23675.75	1349.05	11.86

注：标准中更大规格未列入。

附表13　各种截面回转半径的近似值

$i_x=0.30h$ $i_y=0.30b$ $i_{x0}=0.385$ $i_{y0}=0.195h$	$i_x=0.40h$ $i_y=0.21b$	$i_x=0.60b$ $i_y=0.38h$	$i_x=0.41h$ $i_y=0.22b$
$i_x=0.32h$ $i_y=0.28b$ $i_{y0}=0.18\frac{h+b}{2}$	$i_x=0.45h$ $i_y=0.235b$	$i_x=0.44b$ $i_y=0.38h$	$i_x=0.32h$ $i_y=0.49b$
$i_x=0.305h$ $i_y=0.215b$	$i_x=0.29h$ $i_y=0.29b$	$i_x=0.32h$ $i_y=0.58b$	$i_x=0.29h$ $i_y=0.50b$
$i_x=0.32h$ $i_y=0.20b$	$i_x=0.43h$ $i_y=0.43b$	$i_x=0.32h$ $i_y=0.40b$	$i_x=0.29h$ $i_y=0.45b$
$i_x=0.28h$ $i_y=0.24b$	$i_x=0.39h$ $i_y=0.20b$	$i_x=0.38h$ $i_y=0.12b$	$i_x=0.29h$ $i_y=0.29b$
$i_x=0.27h$ $i_y=0.23b$	$i_x=0.42h$ $i_y=0.22b$	$i_x=0.44h$ $i_y=0.32b$	$i_x=0.41h_{平}$ $i_y=0.41b_{平}$
$i_x=0.40h$ $i_y=0.40b$	$i_x=0.43h$ $i_y=0.24b$	$i_x=0.44h$ $i_y=0.38b$	$i=0.25d$
$i_x=0.21h$ $i_y=0.21b$ $i_{x0}=0.185h$	$i_x=0.365h$ $i_y=0.275b$	$i_x=0.54b$ $i_y=0.37h$	$i=0.35d_{平}$
$i_x=0.21h$ $i_y=0.21b$	$i_x=0.35h$ $i_y=0.56b$	$i_x=0.45b$ $i_y=0.37h$	$i_x=0.39h$ $i_y=0.53b$
$i_x=0.45h$ $i_y=0.24b$	$i_x=0.39h$ $i_y=0.29b$	$i_x=0.40h$ $i_y=0.24b$	$i_x=0.50b$ $i_y=0.40h$

附表 14　锚栓规格

型　式		Ⅰ				Ⅱ			Ⅲ			
		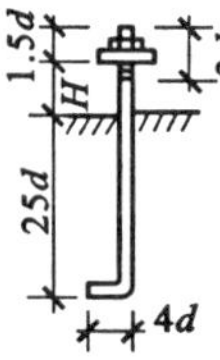				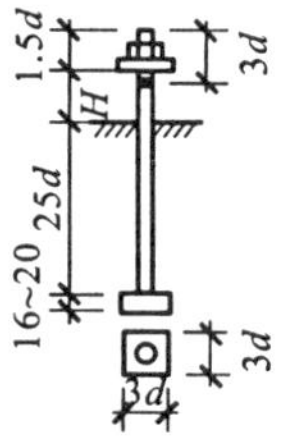			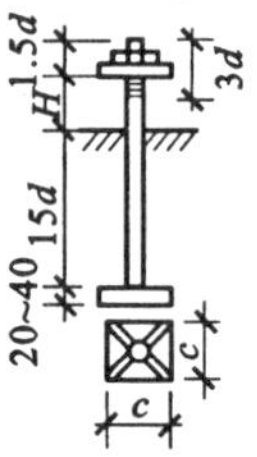			
锚栓直径 d(mm)		20	24	30	36	42	48	56	64	72	80	90
锚栓有效截面面积(cm^2)		2.45	3.53	5.61	8.17	11.20	14.70	20.30	26.80	34.60	43.44	55.91
锚栓拉力设计值(kN)(Q235 钢)		34.3	49.4	78.5	114.4	156.9	206.2	284.2	375.2	484.4	608.2	782.7
Ⅲ型锚栓	锚板宽度 c(mm)					140	200	200	240	280	350	400
	锚板厚度 t(mm)					20	20	20	25	30	40	40

附表 15　螺栓的有效截面面积

螺栓直径 d(mm)	16	18	20	22	24	27	30
螺距 p(mm)	2	2.5	2.5	2.5	3	3	3.5
螺栓有效直径 d_e(mm)	14.1236	15.6545	17.6545	19.6545	21.1854	24.1854	26.7163
螺栓有效截面面积 A_e(mm^2)	156.7	192.5	244.8	303.4	352.5	459.4	560.6

注：表中的螺栓有效截面面积 A_e 值系按下式算得：$A_e=\frac{\pi}{A}\left(d-\frac{13}{24}\sqrt{3}p\right)^2$。

参考文献

1 中华人民共和国国家标准.建筑结构可靠度设计统一标准(GB 50068—2001).北京:中国建筑工业出版社,2001

2 中华人民共和国国家标准.钢结构设计规范(GB 50017—2003).北京:中国计划出版社,2003

3 中华人民共和国国家标准.钢结构工程施工质量验收规范(GB 50205—2001).北京:中国计划出版社,2001

4 中国工程建设标准化协会标准.门式刚架轻型房屋钢结构技术规程(CECS 102:2002).北京:中国计划出版社,2002

5 CECS102:2002 规程管理组.对《门式刚架轻型房屋钢结构技术规程》(CECS102:2002)的勘误和补遗.钢结构 2006—4 期.北京:工业建筑杂志社.

6 中华人民共和国行业标准.网架结构设计与施工规程(JGJ 7—1991).北京:中国建筑工业出版社,1991

7 中华人民共和国行业标准.建筑钢结构焊接技术规程(JGJ 81—2002).北京:中国建筑工业出版社,2002

8 中华人民共和国行业标准.钢结构高强度螺栓连接的设计、施工及验收规程(JGJ 82—91).北京:中国建筑工业出版社,1991

9 中华人民共和国国家标准.建筑结构设计术语和符号标准(GB/T 50083—97).北京:中国建筑工业出版社,1997

10 陈绍蕃著.钢结构设计原理.第 3 版.北京:科学出版社,2005

11 吕烈武,沈世钊,沈祖炎,胡学仁编.钢结构构件稳定理论.北京:中国建筑工业出版社,1983

12 王国周,瞿履谦主编.钢结构——原理与设计.北京:清华大学出版社,1993

13 Alexander Newman 著.余洲亮译.金属建筑系统设计与规范.北京:清华大学出版社,2001

14 轻型钢结构设计指南编写组.轻型钢结构设计指南.北京:中国建筑工业出版社,2002

15 夏志斌,姚谏主编.钢结构原理与设计.北京:中国建筑工业出版社,2004

16 崔佳,魏明钟,赵熙元,但泽义编.钢结构设计规范理解与应用.北京:中国建筑工业出版社,2004

17 《钢结构设计手册》编辑委员会.钢结构设计手册(上册).第 3 版.北京:中国建筑工业出版社,2004

18 刘声扬主编.钢结构.第 5 版.北京:中国建筑工业出版社,2010

19 刘声扬编著.钢结构疑难释义——附解题指导.第 3 版.北京:中国建筑工业出版社,2004